目标跟踪前沿理论与应用

刘妹琴　兰 剑　著

科 学 出 版 社

北 京

内 容 简 介

本书涵盖了目标跟踪的基础理论和最前沿的研究成果。全书分为两大部分：第一部分介绍了概率、统计和估计理论的基础知识；第二部分针对机动目标跟踪、扩展目标跟踪、多目标跟踪和水下目标跟踪四个方向的前沿研究热点，介绍了各方向的问题描述、解决理论、详细推导和应用场景等内容。

本书取材新颖，理论深入浅出，工程实用性强，适合高等院校信息专业高年级本科生、研究生和教师阅读，也可供控制工程、信息融合和航空航天等领域的科研人员和技术人员参考。

图书在版编目(CIP)数据

目标跟踪前沿理论与应用/刘妹琴，兰剑著. —北京：科学出版社，2015.
ISBN 978-7-03-042633-8

Ⅰ. ①目… Ⅱ. ①刘… ②兰… Ⅲ. ①目标跟踪 Ⅳ. ①TN953

中国版本图书馆CIP数据核字(2014)第277384号

责任编辑：王 哲 董素芹 / 责任校对：桂伟利
责任印制：吴兆东 / 封面设计：迷底书装

科学出版社 出版
北京东黄城根北街16号
邮政编码：100717
http://www.sciencep.com
北京凌奇印刷有限责任公司 印刷
科学出版社发行 各地新华书店经销

*

2015年2月第 一 版 开本：720×1 000 1/16
2023年4月第七次印刷 印张：19 1/2
字数：390 000

定价：159.00元

作 者 简 介

刘妹琴，1972 年出生于福建省福州市，浙江大学电气工程学院教授，中南大学控制理论与控制工程专业博士，华中科技大学控制系博士后，美国新奥尔良大学访问学者，IEEE 高级会员。长期从事人工智能理论、信息融合技术和非线性控制等方面的理论及应用研究。在国际期刊和国际会议上发表论文 100 余篇，主持 20 多项国家级和省部级项目，获浙江省科学技术奖二等奖 2 项，浙江省高校科研成果奖一等奖 1 项。入选“教育部新世纪优秀人才支持计划”和“浙江省 151 人才二层次培养计划”。2012 年获得国家优秀青年科学基金资助。

兰剑，1983 年出生于四川省中江县，2004 年本科毕业于国防科学技术大学机电工程与自动化学院，2010 年毕业于清华大学自动化系并获工学博士学位，2008—2009 年国家公派留学于美国新奥尔良大学电子工程系。现为西安交通大学电子与信息工程学院信息工程研究中心副教授、IEEE 会员。长期从事机动目标、多目标及扩展目标跟踪、非线性系统估计及融合、导航与制导理论及技术、性能评估等多源信息融合领域关键理论与技术的研究，在 IEEE TSP、IEEE TAES 等国际权威期刊发表多篇论文，主持多项国家级和省部级项目。

序

认识和改造世界是人类孜孜不倦的追求，认识世界又是改造世界的前提和基础。目标是人类认识世界的对象。为了达到对目标的精准认识，一方面，人类竭尽所能地研发传感设备，利用新的传感技术，不断提高设备的观测感知能力，获得关于目标的感知数据；另一方面，研究信号和数据处理关键技术，对数据去伪存真、去粗取精，从数据中尽可能提取出关于目标的有价值的信息。目标跟踪的核心，即在已有传感设备的基础上，综合利用关于目标的先验知识和传感设备的感知数据，实现对目标特征的有效估计。

本书对目标跟踪前沿理论与应用进行了详尽地阐述，不仅深入浅出地介绍了目标跟踪领域的理论基础，包括概率、统计和估计基础理论，还重点阐述了目标跟踪领域的最新研究成果，包括机动目标跟踪、多目标跟踪、扩展目标跟踪和水下目标跟踪等方向与技术。作者长期从事目标跟踪相关理论与技术的研究，并针对以上研究方向在国际权威期刊和会议上发表了一系列高水平论文，从而保证了本书内容的前沿性、严谨性和完整性。总体而言，本书内容安排合理、深浅相宜，既适合作为信息学科初学者的入门读物，也可作为相关领域研究者深入了解、学习和比较目标跟踪领域最新研究成果的学术书籍。

鉴于目标跟踪理论在民用机器人技术、交通监控、智能汽车等领域和军用的雷达信号处理、制导及反导系统、空间及水下目标预警与跟踪等方面的广泛应用，我相信本书的出版将有助于研究者了解目标跟踪领域的前沿研究成果，并推动国内目标跟踪相关理论与应用研究的进步。

孙优贤

中国工程院院士

2014 年 9 月 25 日

前　言

目标跟踪是利用多源异构传感器对感兴趣的运动体的特征进行估计的过程。用于目标跟踪的传感器包括雷达、光学传感器和声纳等，它们提供了关于目标特征的带不确定性干扰的量测数据。一般而言，目标的特征包括目标的数目、位置、速度和加速度等运动状态。随着传感器技术的进步，现代传感器可提供更多关于目标形状的信息，因而目标的特征又包括目标大小、形状和朝向的扩展形态。因此，目标跟踪就是综合运用信号和信息处理技术，融合关于目标的先验信息和传感器提供的在线量测信息，对目标的运动状态与扩展形态进行在线估计的过程。目标跟踪技术在机器人传感系统、智能交通监控系统、卫星测控、雷达预警及跟踪系统、导弹制导及反导系统、水下目标定位与跟踪系统等方面起着关键作用，因此具有重要的应用价值。

目标跟踪技术迄今已有 50 余年的发展历史，经历了从单目标跟踪、多目标跟踪、机动目标跟踪和扩展目标及群目标跟踪的发展过程。总体而言，目标跟踪解决两个关键性的难点问题，即目标动态不确定性问题和量测数据不确定性问题。目标的动态不确定性源自目标的非协作性，其导致跟踪者无法确知目标的个数及其动态运动规律，因此也称为模型不确定性。量测数据的不确定性源自不可避免的测量野值和测量噪声。为解决这两大难点问题，对目标跟踪的研究催生了大量的理论和技术，包括状态估计及融合理论、非线性滤波理论、混杂系统建模及估计理论、基于随机集的状态估计理论和基于随机矩阵的建模及估计理论等。同时，由于上述典型的模型不确定性和数据不确定性问题在其他领域中也大量存在，目标跟踪相关理论研究成果又进一步推动了其他相关领域的发展。

日新月异的新传感器技术和新飞行器等运动体的不断出现，赋予目标跟踪上述两大关键性难点问题新的内涵，促使目标跟踪理论与技术不断发展。我们长期从事目标跟踪领域关键问题的研究，近年来就相关前沿问题的研究，持续在国内外相关权威期刊包括 IEEE 汇刊等和国际顶级会议上发表了大量的高水平学术论文。在充分汇集和综合近年来研究工作的基础上，撰写了本书，期望本书能为初学者提供相关基础理论知识，更重要的是，可为相关专业研究人员提供一个了解和学习国际前沿相关研究成果的途径，以推动国内相关领域的发展。

本书涵盖了目标跟踪的基础理论和当今最前沿的研究结果。具体而言，第 1 章介绍概率及统计理论基础；在第 2 章估计理论基础中，详尽地阐述估计理论中的基本概念和基本方法；在第 3 章随机滤波理论与算法中，对滤波理论进行深入探讨并给出当前流行滤波器的推导过程和性质分析；在第 4 章 H_∞滤波理论与算法中，阐述鲁棒滤波理论基础。第 5～8 章就机动目标跟踪、随机有限集框架下的多目标跟踪、扩展目标跟踪和水下目标跟踪四大目标跟踪领域的前沿研究热点方向进行详尽的阐述。首先对各方向所研究的问题进行详细的数学描述，继而结合第 1～3 章给出的估计理论知识，详尽地推导各方向的理论和算法，并结合仿真实例，展示和比较验证所给出方法与当前流行算法的跟踪性能。总之，各章节内容充分阐述相关研究方向起源、当前的理论及推导和相关理论方法的仿真验证结果。

本书得到了国家自然科学基金（61174142、61222310、61203120、61374021、61328302）和浙江大学工业控制技术国家重点实验室自主课题经费的资助。

孙优贤院士在百忙之中，不辞辛苦，仔细审阅了全书，并提出了许多指导性意见。在此，作者致以衷心的感谢！

在本书完成之际，作者要特别感谢美国新奥尔大学的李晓榕教授，是他将我们带入这个领域，在这个领域取得的一些成果离不开他宝贵的帮助。

浙江大学张森林教授不仅参与了本书的撰写，而且对全书进行了仔细地审阅并修改了不妥和错误之处，在此作者一并致以诚挚的谢意。

作者对参与课题研究和本书撰写的王写、孙力帆、江同洋、张强、陈华炎、孙欣悦等表示感谢！

尽管付出了最大努力，但由于本书成果丰富，尤其是需要阐述前沿的研究性成果，难免存在不足之处，望广大读者批评指正。

刘妹琴　兰　剑

2014 年 9 月

符号与缩略词

$\langle \cdot,\cdot \rangle$	内积
$\perp$	正交
$E[\cdot]$	期望
$\mathrm{var}(\cdot)$	方差
$\boldsymbol{x}_k$	k 时刻系统状态向量
$\boldsymbol{w}_k$	k 时刻系统过程噪声
$\boldsymbol{v}_k$	k 时刻系统量测噪声
$\boldsymbol{z}_k$	k 时刻的量测向量
$\boldsymbol{Z}^k$	从 1 到 k 时刻量测向量序列： $\boldsymbol{Z}^k = \{z_1, \cdots, z_k\}$
$\hat{\boldsymbol{x}}_{k\|k-1}$	k 时刻系统状态向量一步预测值
$\hat{\boldsymbol{x}}_k$	k 时刻系统状态向量估计值
$\boldsymbol{P}_{k\|k-1}$	k 时刻系统状态向量预测值的协方差矩阵
$\boldsymbol{P}_k$	k 时刻系统状态向量估计值的协方差矩阵
T	采样间隔
$\mathbb{R}^n$	n 维实数向量空间
CV	Constant Velocity，匀速
CA	Constant Acceleration，匀加速
CT	Constant Turn rate，匀转弯速率
ML	Maximum Likelihood，极大似然
MAP	Maximum A Posteriori，最大后验
LS	Least Squares，最小二乘
MMSE	Minimum Mean Square Error，最小均方误差
LMMSE	Linear MMSE，线性最小均方误差
KF	Kalman Filter，卡尔曼滤波器
EKF	Extend Kalman Filter，扩展卡尔曼滤波器
UT	Unscented Transformation，无迹变换
UF	Unscented Filter，无迹滤波器
CKF	Cubature Kalman Filter，容积卡尔曼滤波器
PF	Particle Filter，粒子滤波器
MC	Monte Carlo，蒙特卡洛

SIS	Sequential Importance Sampling，序贯重要性采样
SMC	Sequential Monte-Carlo，序贯蒙特卡洛
AMM	Autonomous Multiple-Model，自主式多模型
CMM	Cooperating Multiple-Model，协作式多模型
VSMM	Variable-Structure Multiple-Model，变结构多模型
IMM	Interacting Multiple Model，交互式多模型
GPB	Generalized Pseudo-Bayesian，广义伪贝叶斯
MSA	Model-Set Adaptation，模型集自适应
EMA	Expected-Mode Augmentation，期望模式扩展
BMA	Best-Model Augmentation，最优模型扩展
TPM	Transition Probability Matrix，转移概率矩阵
PHD	Probability Hypothesis Density，概率假设密度
CPHD	Cardinalized PHD，势概率假设密度
CBMeMBer	Cardinality Balanced Multiple Target Multi-Bernoulli，势均衡多目标多伯努利
FISST	FInite Set STatistics，有限集统计
JPDA	Joint Probabilistic Data Association，联合概率数据关联
MHT	Multiple Hypothesis Tracking，多假设跟踪
SNR	Signal to Noise Ratio，信噪比
OSPA	Optimal Sub Pattern Assignment，最优子模式分配

目　录

第 1 章　概率与统计理论基础

对某个信号进行滤波，即试图从被噪声污染的量测值中获取有用的信号。为了做到这一点，需要清楚什么是噪声、噪声的特点和工作方式。本章回顾了概率理论，1.1 节介绍概率与条件概率的基本概念，1.2 节介绍全概率公式和贝叶斯公式，1.3 节介绍随机变量及其函数变换，随后本章讨论的内容如下。

（1）本书不但可以使用数值型的向量，而且可以使用随机变量型的向量，在 1.4 节中将重点讨论随机向量。

（2）在 1.5 节中将讨论随时间变化的随机变量（随机过程）。

（3）噪声可以分为两种：白噪声和有色噪声。在 1.6 节将讨论这些概念。

（4）1.7 节对整章内容进行了总结。

由于篇幅有限，本章对概率论和随机过程知识进行简要介绍和总结，这部分内容主要来自文献[1]和文献[2]。如果读者对细节感兴趣，也可以参考其他相关书籍[3-5]。

1.1　概率与条件概率

设想已经进行了确定次数的某个试验，有时事件 A 发生，而有时不发生。例如，试验是掷一个六面的骰子，事件 A 表示骰子数字 4 的面朝上，事件 A 发生的概率是 1/6。同样地，如果重复进行多次试验，可以发现数字 1 朝上的次数大约占总次数的 1/6。这种直觉为概率的严格定义奠定了基础。定义事件 A 的概率为

$$P(A)=\frac{A\text{发生的次数}}{\text{试验总次数}} \tag{1.1}$$

这种对概率的常识性理解称为相对频率。在 20 世纪 30 年代，Andrey Kolomogorov 最先在集合论的基础上建立了一个更加规范的概率定义，但在这里，相对频率的定义已经足够了。

注意，一般来说，知道从 n 个对象中选取 k 个对象一共有 $\binom{n}{k}$ 种不同的方法（假设对象的选取没有顺序），这里 $\binom{n}{k}$ 定义为

$$\binom{n}{k}=\frac{n!}{(n-k)!k!} \tag{1.2}$$

例如，假设有1美分的硬币（P），一个5美分的硬币（N）、一个10美分的硬币（D）和一个25美分的硬币（Q）。从这一套硬币中拾取3个硬币一共有多少种情况呢？共有 PND、PNQ、PDQ 或者 NDQ 4种可能情况，这等价于$\binom{4}{3}$。

例 1.1　一口袋装有6只球，其中4只白球、2只红球。从袋中取球两次，每次随机地取一只（第一次取一只球，观察颜色后放回袋中），求取到的两只球都是白球的概率。

解　以事件 A 表示事件“取到的两只球都是白球”。第一次从袋中取球有6只球可供抽取，第二次也有6只球可供抽取，一共有36种取法。第一次有4只白球可供抽取，第二次也有4只白球可供抽取，一共有16种取法。于是有

$$P(A)=\frac{4\times4}{6\times6}=\frac{4}{9} \tag{1.3}$$

如果事件 B 发生的概率不为零，则可以定义在事件 B 发生的条件下事件 A 发生的条件概率。在事件 B 发生的条件下，事件 A 发生的条件概率定义为

$$P(A\mid B)=\frac{P(A,B)}{P(B)} \tag{1.4}$$

$P(A\mid B)$ 表示在事件 B 发生的前提下事件 A 发生的条件概率。$P(A,B)$ 表示事件 A 和事件 B 的联合概率，也就是事件 A 和事件 B 同时发生的概率。一个独立事件发生的概率（如 $P(A)$ 或者 $P(B)$）称做先验概率，因为它是不涉及之前任何信息的独立事件的概率。条件概率（如 $P(A\mid B)$）称做后验概率，因为它是相关事件 B 的某种信息已知的条件下事件 A 的概率。

例如，假设事件 A 表示骰子朝上面显示的数字是4，事件 B 表示骰子朝上面显示的数字是偶数，$P(A)=1/6$。但是如果已知骰子朝上面显示的数字是偶数，那么 $P(A)=1/3$（因为这个偶数可能是2、4或6）。这个例子是直观的，通过式（1.4）也可以得到同样的答案。$P(A,B)$ 表示事件 A（骰子数字4朝上）和事件 B（骰子偶数朝上）同时发生的概率，所以 $P(A,B)=1/6$。于是通过式（1.4）得到

$$P(A\mid B)=\frac{1/6}{1/2}=1/3 \tag{1.5}$$

事件 A 的先验概率为1/6，而在事件 B 发生的条件下事件 A 的后验概率为1/3。

1.2　全概率公式与贝叶斯公式

下面建立两个用来计算概率的重要公式，为此，先介绍样本空间划分的定义。

定义 1.1　设 S 为试验 E 的样本空间，$B_1,B_2,\cdots,B_n$ 为 E 的一组事件。若满足① $B_iB_j=\varnothing,i\neq j,i,j=1,2,\cdots,n$；② $B_1\cup B_2\cup\cdots\cup B_n=S$，则称 $B_1,B_2,\cdots,B_n$ 为样本空间 S

的一个划分。若 $B_1, B_2, \cdots, B_n$ 为样本空间的一个划分，那么对每次试验，事件 $B_1, B_2, \cdots, B_n$ 必有一个且仅有一个发生。

例如，假设试验 E 为“投掷一颗骰子观察其点数”。它的样本空间为 $S=\{1,2,3,4,5,6\}$，E 的一组事件 $B_1=\{1,2,3\}$，$B_2=\{4,5\}$，$B_3=\{6\}$ 是 S 的一个划分。而事件组 $C_1=\{1,2,3\}$，$C_2=\{3,4\}$，$C_3=\{5,6\}$ 不是 S 的一个划分。

定理 1.1　假设试验 E 的样本空间为 S，A 为 E 的事件，$B_1, B_2, \cdots, B_n$ 为 S 的一个划分，且 $P(B_i)>0(i=1,2,\cdots,n)$，则

$$P(A)=P(A\mid B_1)P(B_1)+P(A\mid B_2)P(B_2)+\cdots+P(A\mid B_n)P(B_n) \tag{1.6}$$

式（1.6）称为全概率公式。

证明　因为 $A=AS=A(B_1\cup B_2\cup\cdots\cup B_n)=AB_1\cup AB_2\cup\cdots\cup AB_n$，且由于假设 $P(B_i)>0(i=1,2,\cdots,n)$ 且 $(AB_i)(AB_j)=\varnothing, i\neq j, i,j=1,2,\cdots,n$，可以得到

$$\begin{aligned}P(A)&=P(AB_1)+P(AB_2)+\cdots+P(AB_n)\\&=P(A\mid B_1)P(B_1)+P(A\mid B_2)P(B_2)+\cdots+P(A\mid B_n)P(B_n)\end{aligned}$$

证毕。

另一个重要的公式是下述的贝叶斯公式。

定理 1.2　假设试验 E 的样本空间为 S，A 为 E 的事件，$B_1, B_2, \cdots, B_n$ 为 S 的一个划分，且 $P(A)>0, P(B_i)>0(i=1,2,\cdots,n)$，则

$$P(B_i\mid A)=\frac{P(A\mid B_i)P(B_i)}{\sum_{j=1}^{n}P(A\mid B_i)P(B_i)},\quad i=1,2,\cdots,n \tag{1.7}$$

式（1.7）称为贝叶斯公式。

证明　由条件概率的定义和全概率公式，容易得到

$$P(B_i\mid A)=\frac{P(B_i,A)}{P(A)}=\frac{P(A\mid B_i)P(B_i)}{\sum_{j=1}^{n}P(A\mid B_j)P(B_j)},\quad i=1,2,\cdots,n$$

证毕。

例 1.2　某电子设备制造厂所用的元件是由三家元件制造厂提供的。根据以往的记录有以下的数据，如表 1.1 所示。

表 1.1　元件记录数据

元件制造厂	次品率	提供元件的份额
1	0.02	0.15
2	0.01	0.80
3	0.03	0.05

设这三家工厂的产品在仓库中是均匀混合的，且无区别的标志。

（1）在仓库中随机取一只元件，求它是次品的概率。

（2）在仓库中随机取一只元件，若已经知道取到的是次品，为分析此次品出自何厂，需求出此次品由三家工厂生产的概率分别是多少，试求这些概率。

解 设 A 表示“取到的是一只次品”，$B_i(i=1,2,3)$ 表示“所取到的产品是由第 i 家工厂提供的”。易知 B_1，B_2，B_3 为样本空间的 S 的一个划分，且有 $P(B_1)=0.15$，$P(B_2)=0.80$，$P(B_3)=0.05$，$P(A|B_1)=0.02$，$P(A|B_2)=0.01$，$P(A|B_3)=0.03$。由全概率公式，可得

$$P(A)=P(A|B_1)P(B_1)+P(A|B_2)P(B_2)+P(A|B_3)P(B_3)=0.0125$$

由贝叶斯公式得

$$P(B_1|A)=\frac{P(A|B_1)P(B_1)}{P(A)}=0.24,\quad P(B_2|A)=0.64,\quad P(B_3|A)=0.12$$

以上结果表明，此次品来自第二家工厂的可能性最大。

1.3 随机变量及其函数变换

随机变量定义为一系列试验输出（域）到一个实数集合（范围）的函数映射。例如，投掷骰子可以看做一个随机变量，将骰子上的数字 1 映射为输出 1，骰子上的数字 2 映射为输出 2，以此类推。

当然，投掷完骰子后，骰子朝上的数字不再是一个随机变量，它变成确定的数。一次特定的试验结果不再是一个随机变量。如果定义 X 为一个表示投掷骰子的随机变量，那么 X 为 4 的概率为 1/6。如果投掷骰子为 4，这个 4 为这个随机变量的一次实现。如果再投掷一次骰子为 3，这个 3 为这个随机变量的另一次实现。然而，随机变量 X 独立于它的任何实现。随机变量和其实现之间的区别对于概率概念的理解非常重要。一个随机变量的实现和这个随机变量本身不是等价的。当 X=4 的概率为 1/6 时，也就是说有 1/6 的概率 X 的实现为 4。随机变量 X 是随机的，永远不会是一个具体的数。

随机变量可以是连续的或者离散的。投掷骰子是一个离散的随机变量，因为它的实现是一系列离散值。明天的最高温度是个连续随机变量，因为它的实现是连续值。

随机变量 X 最基本的性质是它的累积分布函数（Cumulative Distribution Function，CDF），定义为

$$F_X(x)=P(X\leqslant x) \tag{1.8}$$

式中，$F_X(x)$ 是随机变量 X 的累积分布函数，x 是一个非随机的独立变量或者常值。从它的定义可得到累积分布函数的一些性质，即

$$\begin{cases} F_X(x) \in [0,1] \\ F_X(-\infty) = 0 \\ F_X(\infty) = 1 \\ F_X(a) \leqslant F_X(b), \quad a \leqslant b \\ P(a < X \leqslant b) = F_X(b) - F_X(a) \end{cases} \tag{1.9}$$

概率密度函数（Probability Density Function，PDF）定义为 CDF 的微分，即

$$p_X(x) = \frac{\mathrm{d}F_X(x)}{\mathrm{d}x} \tag{1.10}$$

从它的定义可得到概率密度函数的一些性质：

$$\begin{cases} (1) F_X(x) = \int_{-\infty}^{x} p_X(z)\mathrm{d}x \\ (2) p_X(x) \geqslant 0 \\ (3) \int_{-\infty}^{\infty} p_X(x)\mathrm{d}x = 1 \\ (4) P(a \leqslant x \leqslant b) = \int_{a}^{b} p_X(x)\mathrm{d}x \end{cases} \tag{1.11}$$

由性质（3）知道介于曲线 $y = p_X(x)$ 与 Ox 轴之间的面积等于 1。由性质（4）知道 X 落在区间[a，b]的概率等于区间[a，b]上曲线 $y = p_X(x)$ 之下的曲边梯形的面积。

对于离散随机变量 X，与概率密度函数相对应，可以定义概率质量函数（Probability Mass Function，PMF）为

$$u_X(\xi_i) = P\{X = \xi_i\} = \mu_i, \quad i = 1, \cdots, n \tag{1.12}$$

式中，μ_i 称为点质量。

随机变量的 Q 函数定义为 1 减去累积分布函数。这等价于随机变量大于函数参数的概率，即

$$Q(x) = 1 - F_X(x) = P(X > x) \tag{1.13}$$

正如在式（1.4）中定义条件概率，同样可以定义条件累积分布函数和条件概率密度函数。在给定事件 A 发生的条件下，随机变量 X 的条件分布和条件密度定义为

$$\begin{cases} F_X(x \mid A) = P(X \leqslant x \mid A) = \dfrac{P(X \leqslant x, A)}{P(A)} \\ p_X(x \mid A) = \dfrac{\mathrm{d}F_X(x \mid A)}{\mathrm{d}x} \end{cases} \tag{1.14}$$

在 1.2 节讨论的贝叶斯公式可以推广到条件密度。假设有两个随机变量 X_1 和 X_2。随机变量 X_2 等于其一次实现 x_2 的条件下，随机变量 X_1 的条件概率密度函数，定义为

$$p_{X_1|X_2}(x_1 \mid x_2) = \frac{p_{X_1,X_2}(x_1, x_2)}{p_{X_2}(x_2)} \tag{1.15}$$

尽管这并不是很直观，但是其可以通过简单的推导得到。现在考虑下面两个条件概率密度函数的乘积，即

$$\begin{aligned} p[x_1 \mid (x_2,x_3,x_4)]p[(x_2,x_3)|x_4] &= \frac{p(x_1,x_2,x_3,x_4)}{p(x_2,x_3,x_4)}\frac{p(x_2,x_3,x_4)}{p(x_4)} \\ &= \frac{p(x_1,x_2,x_3,x_4)}{p(x_4)} \\ &= p[(x_1,x_2,x_3)|x_4] \end{aligned} \tag{1.16}$$

注意在式（1.16）中，$p(\cdot)$ 函数省略了下标。如果上下文中和概率密度函数相关的随机变量是清楚的，这样的省略是可行的。这个公式称做 Chapman-Kolmogorov 公式，它可以扩展到任意多个随机变量，是贝叶斯状态估计的基础。

随机变量 X 的期望值定义为大量试验的平均值，也称做随机变量的期望、均值或平均值。设想进行了 N 次试验，观测到 m 种不同的结果。观测到 n_1 次结果 A_1, n_2 次结果 $A_2,\cdots,n_m$ 次结果 A_m。那么 X 的期望值为

$$E(X) = \frac{1}{N}\sum_{i=1}^{m} A_i n_i \tag{1.17}$$

$E(X)$ 也常常写为 $E(x)$、$\bar{X}$ 或者 $\bar{x}$。

举一个随机变量的期望值的例子。假设投掷了无数次骰子，期望看到每一个可能的数（1～6）占总次数的 1/6，投掷骰子的期望值为

$$E(X) = \lim_{N\to\infty}\frac{1}{N}[(1)(N/6)+\cdots+(6)(N/6)] = 3.5 \tag{1.18}$$

注意，当进行一个特定的试验时，随机变量的期望值并不一定是可看到的。例如，尽管上面 X 的期望值为 3.5，但是当投掷骰子时永远不会看到 3.5。

就像分析任意标量的函数一样，同样可以分析随机变量的函数。如果函数 $g(X)$ 作用于一个随机变量，那么这个函数的输出仍然是一个随机变量。例如，如果 X 表示投掷骰子，那么 $P(X=4)=1/6$。如果 $g(X)=X_2$，那么 $P(g(X)=16)=1/6$。任意函数 $g(X)$ 的期望值为

$$E(g(X)) = \int_{-\infty}^{\infty} g(x)p_X(x)\mathrm{d}x \tag{1.19}$$

式中，$p_X(x)$ 是 X 的概率密度函数。如果 $g(X)=X$，那么可以计算 X 的期望值为

$$E(X) = \int_{-\infty}^{\infty} x p_X(x)\mathrm{d}x \tag{1.20}$$

与条件概率密度对应，可以定义条件期望为

$$E(X \mid Y) = \int_{-\infty}^{\infty} x p_{X|Y}(x \mid y)\mathrm{d}x \tag{1.21}$$

条件期望具有平滑特性，即

$$
\begin{aligned}
E\{E(X \mid Y)\} &= \int_{y=-\infty}^{\infty}\left[\int_{x=-\infty}^{\infty} x p_{X|Y}(x \mid y)\mathrm{d}x\right] p_Y(y)\mathrm{d}y \\
&= \int_{x=-\infty}^{\infty} x\left[\int_{y=-\infty}^{\infty} p_{X,Y}(x,y)\mathrm{d}y\right]\mathrm{d}x \\
&= \int_{x=-\infty}^{\infty} x p_X(x)\mathrm{d}x = E(X)
\end{aligned}
\tag{1.22}
$$

式（1.22）称为全期望公式。

随机变量的方差是用来衡量期望随机变量相对于其均值的偏差大小。方差用来衡量随机变量的变化性的大小。在极端的情况下，如果随机变量 X 始终等于一个值（例如，骰子中装有东西，使每次投掷完骰子始终得到数字 4)，那么 X 的方差为 0。另一个极端的例子，如果 X 能在正负无穷之间取任意值，而且取每一个值的可能性是一样的，那么 X 的方差趋向于无穷。随机变量的方差定义为

$$\sigma_X^2 = E[(X-\overline{x})^2] = \int_{-\infty}^{\infty}(x-\overline{x})^2 p_X(x)\mathrm{d}x \tag{1.23}$$

随机变量的标准差 σ 定义为方差的平方根。如果需要明确讨论某个随机变量的标准差，则用 σ_X 来表示。注意方差可以写成

$$\sigma^2 = E[X^2 - 2X\overline{x} + \overline{x}^2] = E(X^2) - 2\overline{x}^2 + \overline{x}^2 = E(X^2) - \overline{x}^2 \tag{1.24}$$

使用这个标记

$$X \sim (\overline{x}, \sigma^2) \tag{1.25}$$

来表示 X 是一个均值为 $\overline{x}$ 、方差为 σ^2 的随机变量。随机变量的偏度（skew）是用来衡量概率密度函数在均值附近的不对称程度。偏度定义为

$$\mathrm{skew} = E[(X-\overline{x})^3] \tag{1.26}$$

偏度系数（skewness）将偏度经过标准差的三次方归一化为

$$\mathrm{skewness} = \mathrm{skew}/\sigma^3 \tag{1.27}$$

一般来说，随机变量 X 的 i 阶矩等于 X 的 i 次方期望，随机变量 X 的 i 阶中心矩等于 X 减去其期望的 i 次方的期望，即

$$\begin{cases} X\text{的 } i \text{ 阶矩} = E(X^i) \\ X\text{的 } i \text{ 阶中心矩} = E[(X-\overline{x})^i] \end{cases} \tag{1.28}$$

例如，随机变量的一阶矩等于其均值，随机变量的一阶中心矩总是为零，随机变量的二阶中心矩等于其方差。

如果一个随机变量的概率密度函数在有界范围内是一个常值，则称这个随机变量是均匀分布的。这意味着这个随机变量在它的取值范围内等于任何值的概率是相等的，并且等于该范围以外的值的概率为零，即

$$p_X(x)=\begin{cases}\dfrac{1}{b-a}, & x\in[a,b]\\ 0, & \text{其他}\end{cases} \tag{1.29}$$

例 1.3　假设随机变量 X 服从均匀分布 $X\sim\mathcal{U}(a,b)$，求该随机变量的期望和方差。这个随机变量的概率密度函数如式（1.29）所示，由期望的定义可知，期望为

$$\bar{x}=\int_{-\infty}^{\infty}xp_X(x)\mathrm{d}x=\int_a^b\frac{x}{b-a}\mathrm{d}x=\frac{a+b}{2} \tag{1.30}$$

由于

$$\sigma_X^2=E(X^2)-[E(X)]^2 \tag{1.31}$$

所以，方差为

$$\sigma_X^2=\int_a^b x^2\frac{1}{b-a}\mathrm{d}x-\left(\frac{a+b}{2}\right)^2=\frac{(b-a)^2}{12} \tag{1.32}$$

如果一个随机变量的概率密度函数有如下形式：

$$p_X(x)=\frac{1}{\sqrt{2\pi}\sigma}\mathrm{e}^{-\frac{(x-\bar{x})^2}{2\sigma^2}} \tag{1.33}$$

则称这个随机变量为高斯分布或者正态分布。在法国其称为拉普拉斯分布，它还有包括 Robert Adrain 在内的很多其他的发现者。注意式（1.33）中的 $\bar{x}$ 和 σ 分别表示这个高斯随机变量的均值和标准差。使用以下描述方式：

$$X\sim\mathcal{N}(\bar{x},\sigma^2) \tag{1.34}$$

来表示 X 是一个均值为 $\bar{x}$、方差为 σ^2 的高斯随机变量。高斯随机变量的累积分布函数表示为

$$F_X(x)=\frac{1}{\sqrt{2\pi}\sigma}\int_{-\infty}^{x}\mathrm{e}^{-\frac{(z-\bar{x})^2}{2\sigma^2}}\mathrm{d}z \tag{1.35}$$

这个积分没有一个精确的解析解，必须通过数值估计计算。均值为 0、方差为 1 的随机变量的标准高斯累积分布函数可简化为

$$F_{X_0}(x)=\frac{1}{\sqrt{2\pi}}\int_{-\infty}^{x}\mathrm{e}^{-\frac{z^2}{2}}\mathrm{d}z \tag{1.36}$$

任何标量的高斯累积分布函数都可以用这个标准的高斯累积分布函数来表示，即

$$F_X(x)=F_{X_0}(x)\left(\frac{x-\bar{x}}{\sigma}\right) \tag{1.37}$$

此外，高斯累积分布函数可以近似为

$$F_X(x) \approx 1 - \left[\frac{1}{(1-a)x + a\sqrt{x^2+b}}\right]\frac{e^{-\frac{x^2}{2}}}{\sqrt{2\pi}}, \quad x \geqslant 0, a = 0.339, b = 5.510 \tag{1.38}$$

假设有一个均值为零，概率密度函数式对称的（如 $p_X(x) = p_X(-x)$ ）随机变量 X。在这种情况下，X 的 i 阶矩可写为

$$\begin{aligned} m_i = E(X^i) &= \int_{-\infty}^{\infty} x^i p_X(x)\mathrm{d}x \\ &= \int_{-\infty}^{0} x^i p_X(x)\mathrm{d}x + \int_{0}^{\infty} x^i p_X(x)\mathrm{d}x \end{aligned} \tag{1.39}$$

如果 i 是奇数，那么 $x^i = -(-x)^i$ 。结合 $p_X(x) = p_X(-x)$ ，可得到

$$\begin{aligned} \int_{-\infty}^{0} x^i p_X(x)\mathrm{d}x &= \int_{0}^{\infty} (-x)^i p_X(-x)\mathrm{d}x \\ &= -\int_{0}^{\infty} (x)^i p_X(x)\mathrm{d}x \end{aligned} \tag{1.40}$$

所以对于奇数 i，式（1.39）中的 i 阶矩等于 0。可以看到，所有均值为零且有对称概率密度函数的随机变量的奇数阶矩都等于 0。

接下来讨论当一个随机变量经过某个函数变换后它的概率密度函数有什么变化。假设有两个随机变量 X 和 Y，它们之间通过单调函数 $g(\cdot)$ 和 $h(\cdot)$ 相关联，即

$$\begin{cases} Y = g(X) \\ X = g^{-1}(Y) = h(Y) \end{cases} \tag{1.41}$$

如果已知 X 的概率密度函数 $p_X(x)$ ，那么可以计算 Y 的概率密度函数 $p_Y(x)$ 为

$$\begin{cases} P(X \in [x, x+\mathrm{d}x]) = P(Y \in [y, y+\mathrm{d}y]), \quad \mathrm{d}x > 0 \\ \displaystyle\int_{x}^{x+\mathrm{d}x} p_X(z)\mathrm{d}z = \begin{cases} \displaystyle\int_{y}^{y+\mathrm{d}y} p_Y(z)\mathrm{d}z, & \mathrm{d}y > 0 \\ \displaystyle -\int_{y}^{y+\mathrm{d}y} p_Y(z)\mathrm{d}z, & \mathrm{d}y < 0 \end{cases} \\ p_X(x)\mathrm{d}x = p_Y(y)\,|\,\mathrm{d}y\,| \\ p_Y(y) = \left|\dfrac{\mathrm{d}x}{\mathrm{d}y}\right| p_X[h(y)] = |h'(y)|\, p_X[h(y)] \end{cases} \tag{1.42}$$

在上面的计算中用到了 $\mathrm{d}x$ 和 $\mathrm{d}y$ 为小量的假设。

下面计算一个高斯随机变量线性函数的概率密度函数。假设 $X \sim \mathcal{N}(\bar{x}, \delta^2)$ 且 $Y = g(X) = aX + b$ （ $a \neq 0$ 且 b 是任何实常数）那么

$$\begin{cases} X = h(Y) = (Y-b)/a,\ h'(y) = 1/a \\ p_Y(y) = |h'(y)|\, p_X[h(y)] \\ \qquad = \left|\dfrac{1}{a}\right| \dfrac{1}{\sqrt{2\pi}\sigma_X} \mathrm{e}^{\left\{\frac{-\left(\frac{y-b}{a}-\overline{x}\right)^2}{2\sigma_X^2}\right\}} \\ \qquad = \dfrac{1}{\sqrt{2\pi}a\sigma_X} \mathrm{e}^{\left\{\frac{-[y-(a\overline{x}+b)]^2}{2a^2\sigma_X^2}\right\}} \end{cases} \tag{1.43}$$

即经过线性变换后，随机变量 Y 满足高斯分布，它的均值和方差为

$$\begin{cases} \overline{y} = a\overline{x} + b \\ \sigma_Y^2 = a^2\sigma_X^2 \end{cases} \tag{1.44}$$

这个重要的例子说明了一个高斯随机变量的线性变换是一个新的高斯随机变量。

下面再计算一个高斯随机变量非线性函数的概率密度函数。假设一个高斯随机变量 $X \sim \mathcal{N}(0,\sigma_X^2)$ 经过非线性函数 $Y = g(X) = X^3$ 变换为

$$\begin{cases} X = h(Y) = Y^{1/3}, \quad h'(y) = \dfrac{y^{-2/3}}{3} \\ p_Y(y) = |h'(y)|\, p_X[h(y)] \\ \qquad = \dfrac{y^{-2/3}}{3} \dfrac{1}{\sqrt{2\pi}\sigma_x} \mathrm{e}^{-\frac{x^2}{2\sigma_x^2}} \\ \qquad = \dfrac{y^{-2/3}}{3} \dfrac{1}{\sqrt{2\pi}\sigma_x} \mathrm{e}^{-\frac{y^{2/3}}{2\sigma_x^2}} \end{cases} \tag{1.45}$$

非线性函数 $Y = X^3$ 将一个高斯随机变量转变为一个非高斯随机变量。可以发现，当 $y \to 0$ 时，$p_Y(y) \to \infty$。无论如何，$p_Y(y)$ 曲线所围的面积始终等于 1，因为它是一个概率密度函数。

在一般情况下，对于随机变量的函数 $Y = g(X)$，这里 $g(\cdot)$ 是一个非单调函数，Y 的概率密度函数在 y 点的值可以根据 X 的概率密度函数得到，即

$$p_Y(y) = \sum_i \frac{p_X(x_i)}{|g(x_i)|} \tag{1.46}$$

式中，x_i 的值就是方程 $y = g(x)$ 的解。

1.4　多元随机变量

前面已经定义了随机变量的累积分布函数。例如，如果 X 和 Y 为随机变量，那么它们的分布函数定义为

$$\begin{cases} F_X(x) = P(X \leqslant x) \\ F_Y(y) = P(Y \leqslant y) \end{cases} \tag{1.47}$$

现在将 $X \leqslant x$ 且 $Y \leqslant y$ 时的概率定义为 X 和 Y 的联合累积分布函数，即

$$F_{XY}(x, y) = P(X \leqslant x, Y \leqslant y) \tag{1.48}$$

如果没有歧义，使用简化的标注 $F(x, y)$ 来表示分布函数 $F_{XY}(x, y)$。联合分布函数的一些特性为

$$\begin{cases} F(x, y) \in [0,1] \\ F(x, -\infty) = F(-\infty, y) = 0 \\ F(\infty, \infty) = 1 \\ F(a, c) \leqslant F(b, d), \quad a \leqslant b \text{且} c \leqslant d \\ P(a < x \leqslant b, c < y \leqslant d) = F(b, d) + F(a, c) - F(a, d) - F(b, c) \\ F(x, \infty) = F(x) \\ F(\infty, y) = F(y) \end{cases} \tag{1.49}$$

注意，依据最后两个特性，单个随机变量的分布函数可以从联合分布函数中得到。通过上述方法得到的随机变量的分布函数称为边缘分布函数。

联合概率密度函数定义为联合分布函数的微分，即

$$p_{XY}(x, y) = \frac{\partial^2 F_{XY}(x, y)}{\partial x \partial y} \tag{1.50}$$

常常使用简化的标注 $p(x, y)$ 来表示联合概率密度函数 $p_{XY}(x, y)$。根据定义，可以得到联合概率密度函数的一些特性，即

$$\begin{cases} F(x, y) = \int_{-\infty}^{x} \int_{-\infty}^{y} p(z_1, z_2) \mathrm{d}z_1 \mathrm{d}z_2 \\ p(x, y) \geqslant 0 \\ \int_{-\infty}^{\infty} \int_{-\infty}^{\infty} p(x, y) \mathrm{d}x \mathrm{d}y = 1 \\ P(a < x \leqslant b, c < y \leqslant d) = \int_{c}^{d} \int_{a}^{b} p(x, y) \mathrm{d}x \mathrm{d}y \\ p(x) = \int_{-\infty}^{\infty} p(x, y) \mathrm{d}y \\ p(y) = \int_{-\infty}^{\infty} p(x, y) \mathrm{d}x \end{cases} \tag{1.51}$$

注意，依据后面两个特性，单个随机变量的概率密度函数可以通过联合概率密度函数得到，将此概率密度函数称做边缘概率密度函数。计算一个含有两个随机变量的函数 $g(\cdot,\cdot)$ 的期望值与计算含有一个随机变量的函数的期望值相似，即

$$E[g(x, y)] = \int_{-\infty}^{\infty} \int_{-\infty}^{\infty} g(x, y) p(x, y) \mathrm{d}x \mathrm{d}y \tag{1.52}$$

1.4.1 独立统计

回顾 1.1 节，如果一个事件的发生对另外一个事件发生的概率没有影响，那么这两个事件是相互独立的。这里对此进行扩展，如果两个随机变量 X 和 Y 满足下面的关系，则这两个随机变量是相互独立的，即

$$P(X \leqslant x, Y \leqslant y) = P(X \leqslant x)P(Y \leqslant y) \tag{1.53}$$

由联合分布函数和联合概率密度函数的定义，可以发现式（1.53）意味着

$$\begin{cases} F_{XY}(x,y) = F_X(x)F_Y(y) \\ p_{XY}(x,y) = p_X(x)p_Y(y) \end{cases} \tag{1.54}$$

不管独立随机变量的概率密度函数是什么，多个独立随机变量的和趋近于一个高斯随机变量，这就是自然界中的随机变量大多服从高斯分布的原因。事实上自然界中很多随机变量是许多独立随机变量的和。例如，在任何地方、任何一天的最高温度满足高斯分布。这是因为温度受云、降雨量、风、空气压力、湿度和其他因素的影响，所有这些因素由其他随机因素决定。这些独立的随机变量共同决定了高温随机变量具有高斯概率密度分布。

定义两个标量随机变量 X 和 Y 的协方差为

$$C_{XY} = E[(X-\bar{X})(Y-\bar{Y})] = E(XY) - \overline{X}\overline{Y} \tag{1.55}$$

两个标量随机变量 X 和 Y 的互相关联系数为

$$\rho = \frac{C_{XY}}{\sigma_X \sigma_Y} \tag{1.56}$$

这个互相关联系数是两个随机变量 X 和 Y 的相关性的归一化测量。如果 X 和 Y 是相互独立的，那么 $\rho = 0$（尽管相反的情况不一定成立）。如果 Y 是 X 的线性函数，则 $\rho = \pm 1$ 。

定义两个标量随机变量 X 和 Y 的互相关矩阵为

$$\boldsymbol{R}_{XY} = E(XY) \tag{1.57}$$

如果 $\boldsymbol{R}_{XY} = E(X)E(Y)$，则这两个随机变量不相关。

从独立性的定义中，可以得到如果两个随机变量是相互独立的，那么它们是不相关的。独立意味着不相关，但不相关并不意味着独立。然而，如果两个随机变量既是高斯变量又是不相关的，那么它们是相互独立的。

如果 $\boldsymbol{R}_{XY} = 0$，则这两个随机变量是正交的。如果两个随机变量是不相关的，那么只有它们中至少有一个的均值为零时，它们才是正交的。如果两个随机变量是正交的，它们可能是相关的，也可能是不相关的。

例 1.4 用随机变量 X 和 Y 分别表示两次投掷骰子。因为第一次投掷骰子对第二次投掷骰子没有任何影响，所以这两个随机变量是相互独立的。由期望的定义可知

$$E(X) = E(Y) = \frac{1+2+3+4+5+6}{6} = 3.5 \tag{1.58}$$

两次投掷骰子总共有 36 种不同的组合方式，每种组合方式的概率为 1/36，因此 X 和 Y 之间的互相关联矩阵为

$$\boldsymbol{R}(X,Y)=E(XY)=\frac{1}{36}\sum_{i=1}^{6}\sum_{j=1}^{6}ij=12.25=E(X)E(Y) \tag{1.59}$$

由于 $E(XY)=E(X)E(Y)$，可知 X 和 Y 是不相关的。然而，$\boldsymbol{R}_{XY}\neq\boldsymbol{O}$，所以 X 和 Y 是非正交的。

1.4.2　多变量统计学

1.4.1 节的讨论可以推广到随机变量是向量的情况。在这种情况下，之前定义的标量变成向量和矩阵。已知一个 n 维的随机向量 $\boldsymbol{X}$ 和一个 m 维的随机向量 $\boldsymbol{Y}$（假设 $\boldsymbol{X}$ 和 $\boldsymbol{Y}$ 都是列向量），它们的互相关矩阵定义为

$$\boldsymbol{R}(\boldsymbol{X},\boldsymbol{Y})=E(\boldsymbol{X}\boldsymbol{Y}^{\mathrm{T}})=\begin{bmatrix} E(X_1Y_1) & \cdots & E(X_1,Y_m) \\ \vdots & & \vdots \\ E(X_nY_1) & \cdots & E(X_nY_m) \end{bmatrix} \tag{1.60}$$

协方差矩阵定义为

$$\boldsymbol{C}_{XY}=E[(\boldsymbol{X}-\bar{\boldsymbol{X}})(\boldsymbol{Y}-\bar{\boldsymbol{Y}})^{\mathrm{T}}]=E(\boldsymbol{X}\boldsymbol{Y}^{\mathrm{T}})-\bar{\boldsymbol{X}}\bar{\boldsymbol{Y}}^{\mathrm{T}} \tag{1.61}$$

这个 n 维的随机向量的自相关矩阵定义为

$$\boldsymbol{R}_X=E[\boldsymbol{X}\boldsymbol{X}^{\mathrm{T}}]=\begin{bmatrix} E(X_1^2) & \cdots & E(X_1X_n) \\ \vdots & & \vdots \\ E(X_nX_1) & \cdots & E(X_n^2) \end{bmatrix} \tag{1.62}$$

注意 $E(X_iX_j)=E(X_jX_i)$，所以自相关矩阵总是对称的，而且对任意 n 维列向量 $\boldsymbol{z}$ 有

$$\boldsymbol{z}^{\mathrm{T}}\boldsymbol{R}_X\boldsymbol{z}=\boldsymbol{z}^{\mathrm{T}}E[\boldsymbol{X}\boldsymbol{X}^{\mathrm{T}}]\boldsymbol{z}=E[\boldsymbol{z}^{\mathrm{T}}\boldsymbol{X}\boldsymbol{X}^{\mathrm{T}}\boldsymbol{z}]=E[(\boldsymbol{z}^{\mathrm{T}}\boldsymbol{X})^2]\geqslant 0 \tag{1.63}$$

所以自相关矩阵总是半正定的。n 维随机向量 $\boldsymbol{X}$ 的自协方差矩阵定义为

$$\begin{aligned}\boldsymbol{C}_X&=E[(\boldsymbol{X}-\bar{\boldsymbol{X}})(\boldsymbol{X}-\bar{\boldsymbol{X}})^{\mathrm{T}}]\\&=\begin{bmatrix} E[(X_1-\bar{X}_1)^2] & \cdots & E[(X_1-\bar{X}_1)(X_n-\bar{X}_n)] \\ \vdots & & \vdots \\ E[(X_n-\bar{X}_n)(X_1-\bar{X}_1)] & \cdots & E[(X_n-\bar{X}_n)^2] \end{bmatrix}\\&=\begin{bmatrix} \sigma_1^2 & \cdots & \sigma_{1n} \\ \vdots & & \vdots \\ \sigma_{n1} & \cdots & \sigma_n^2 \end{bmatrix}\end{aligned} \tag{1.64}$$

注意 $\sigma_{ij}=\sigma_{ji}$，所以 $\boldsymbol{C}_X=\boldsymbol{C}_X^{\mathrm{T}}$，即自协方差矩阵总是对称的。而且对于任意 n 维列向量 $\boldsymbol{z}$ 有

$$\begin{aligned}
z^{\mathrm{T}}C_X z &= z^{\mathrm{T}}E[(X-\bar{X})(X-\bar{X})^{\mathrm{T}}]z \\
&= E\,[z^{\mathrm{T}}(X-\bar{X})(X-\bar{X})^{\mathrm{T}}z] \\
&= E[(z^{\mathrm{T}}(X-\bar{X}))^2] \geqslant 0
\end{aligned} \tag{1.65}$$

所以自协方差矩阵总是半正定的。如果有

$$\mathrm{PDF}(X) = \frac{1}{(2\pi)^{n/2}\left|C_X\right|^{1/2}}\mathrm{e}^{\left[-\frac{1}{2}(X-\bar{X})^{\mathrm{T}}C_X^{-1}(X-\bar{X})\right]} \tag{1.66}$$

则一个 n 维随机向量是高斯随机向量。

现在考虑一个高斯随机向量 X 经过线性变换，即

$$Y = g(X) = AX + b \tag{1.67}$$

式中，A 是一个 $n\times n$ 的常矩阵；b 是一个 n 维向量。如果 A 是可逆的，那么

$$X = h(Y) = A^{-1}Y - A^{-1}b \tag{1.68}$$

由式（1.42）且 $h'(y) = A^{-1}$，可以得到

$$\begin{aligned}
p_Y(y) &= \left|h'(y)\right| p_X[h(y)] \\
&= \left|A^{-1}\right|\frac{1}{(2\pi)^{n/2}\left|C_X\right|^{1/2}}\mathrm{e}^{\left[-\frac{1}{2}(A^{-1}y-A^{-1}b-\bar{x})^{\mathrm{T}}C_X^{-1}(\cdots)\right]} \\
&= \frac{1}{(2\pi)^{n/2}\left|A\right|\left|C_X\right|^{1/2}}\mathrm{e}^{\left[-\frac{1}{2}(A^{-1}y-A^{-1}\bar{y})^{\mathrm{T}}C_X^{-1}(A^{-1}y-A^{-1}\bar{y})\right]} \\
&= \frac{1}{(2\pi)^{n/2}\left|A\right|^{1/2}\left|C_X\right|^{1/2}\left|A^{\mathrm{T}}\right|^{1/2}}\mathrm{e}^{\left[-\frac{1}{2}(y-\bar{y})^{\mathrm{T}}A^{-\mathrm{T}}C_X^{-1}A^{-1}(y-\bar{y})\right]} \\
&= \frac{1}{(2\pi)^{n/2}\left|AC_XA^{\mathrm{T}}\right|^{1/2}}\mathrm{e}^{\left[-\frac{1}{2}(y-\bar{y})^{\mathrm{T}}(AC_XA^{\mathrm{T}})^{-1}(y-\bar{y})\right]}
\end{aligned} \tag{1.69}$$

即 $y \sim \mathcal{N}(A\bar{x}+b, AC_XA^{\mathrm{T}})$，这说明随机向量经过线性变换后，随机向量的正态性得以保留。

1.5　随 机 过 程

随机过程是随机变量概念的简单扩展。随机过程 X_t 是随机变量 X 随时间的变化。随机过程有以下四种类型。

（1）如果随机变量在任何时刻都是连续的而且时间是连续的，那么 X_t 是一个连续的随机过程。例如，在一天中任何时刻的温度是一个连续的随机过程，因为温度和时间都是连续的。

（2）如果随机变量在任何时刻是离散的而时间是连续的，那么 X_t 是一个离散的随

机过程。例如，在一天中的任何时刻一个特定建筑物中的人数是一个离散的随机过程，因为人的数量是离散的而时间是连续的。

（3）如果随机变量在任何时刻是连续的而时间是离散的，那么 X_t 是一个连续的随机序列。例如，每天的最高温是一个连续的随机序列，因为温度是连续的但时间是离散的。

（4）如果随机变量在任何时刻都是离散的而且时间是离散的，那么 X_t 是一个离散的时间序列。例如，一个特定建筑物每天的最多人数是一个离散的随机序列，因为人数和时间都是离散的。

因为随机过程是一个随时间变化的随机变量，它有一个随时间变化的分布和密度函数。X_t 的累积分布函数为

$$F_X(x,t) = P(X_t \leqslant x) \tag{1.70}$$

如果 $\boldsymbol{X}_t$ 是一个随机向量，那么上面的不等式由每一个元素的不等式组成。例如，如果 $\boldsymbol{X}_t$ 是 n 维的，那么

$$F_X(\boldsymbol{x},t) = P[X_{1,t} \leqslant x_1, \cdots, X_{n,t} \leqslant x_n] \tag{1.71}$$

$\boldsymbol{X}_t$ 的概率密度函数为

$$p_X(\boldsymbol{x},t) = \frac{\mathrm{d}F_X(\boldsymbol{x},t)}{\mathrm{d}\boldsymbol{x}} \tag{1.72}$$

如果 $\boldsymbol{X}_t$ 是一个随机向量，那么上面的微分对 $\boldsymbol{x}$ 的每一个元素执行一次。例如，如果 $\boldsymbol{X}_t$ 有 n 维，那么

$$p_X(\boldsymbol{x},t) = \frac{\mathrm{d}^n F_X(\boldsymbol{x},t)}{\mathrm{d}x_1 \cdots \mathrm{d}x_n} \tag{1.73}$$

$\boldsymbol{X}_t$ 的均值和协方差也是时间的函数，即

$$\begin{cases} \bar{\boldsymbol{x}}_t = \int_{-\infty}^{\infty} \boldsymbol{x} p(\boldsymbol{x},t)\mathrm{d}x \\ \boldsymbol{C}_{X,t} = E\{[\boldsymbol{X}_t - \bar{\boldsymbol{x}}_t][\boldsymbol{X}_t - \bar{\boldsymbol{x}}_t]^{\mathrm{T}}\} \\ \qquad = \int_{-\infty}^{\infty} [\boldsymbol{X}_t - \bar{\boldsymbol{x}}_t][\boldsymbol{X}_t - \bar{\boldsymbol{x}}_t]^{\mathrm{T}} p(\boldsymbol{x},t)\mathrm{d}\boldsymbol{x} \end{cases} \tag{1.74}$$

注意，$\boldsymbol{X}_t$ 在两个不同的时刻可以构成两个不同的随机向量（$\boldsymbol{X}_{t_1}$ 和 $\boldsymbol{X}_{t_2}$），因此，可以讨论 $\boldsymbol{X}_{t_1}$ 和 $\boldsymbol{X}_{t_2}$ 的联合概率密度函数。它们称为二阶分布函数和二阶概率密度函数，即

$$\begin{cases} F(\boldsymbol{x}_1, \boldsymbol{x}_2, t_1, t_2) = P(\boldsymbol{X}_{t_1} \leqslant \boldsymbol{x}_1, \boldsymbol{X}_{t_2} \leqslant \boldsymbol{x}_2) \\ p(\boldsymbol{x}_1, \boldsymbol{x}_2, t_1, t_2) = \dfrac{\partial^2 F(\boldsymbol{x}_1, \boldsymbol{x}_2, t_1, t_2)}{\partial \boldsymbol{x}_1 \partial \boldsymbol{x}_2} \end{cases} \tag{1.75}$$

正如前面讨论的，如果 $\boldsymbol{X}_t$ 是一个 n 维的随机向量，那么定义 $F(\boldsymbol{x}_1, \boldsymbol{x}_2, t_1, t_2)$ 的不等式实际上包含了 $2n$ 个不等式，定义 $p(\boldsymbol{x}_1, \boldsymbol{x}_2, t_1, t_2)$ 的微分包含 $2n$ 个微分。

两个随机向量 $\boldsymbol{X}_{t_1}$ 和 $\boldsymbol{X}_{t_2}$ 之间的相关性称为随机过程 $\boldsymbol{X}_t$ 的自相关，即

$$\boldsymbol{R}_{\boldsymbol{X}}(t_1,t_2)=E[\boldsymbol{X}_{t_1}\boldsymbol{X}_{t_2}^{\mathrm{T}}] \tag{1.76}$$

随机过程的自协方差矩阵定义为

$$\boldsymbol{C}_{\boldsymbol{X}}(t_1,t_2)=E\{[\boldsymbol{X}_{t_1}-\bar{\boldsymbol{X}}_{t_1}][\boldsymbol{X}_{t_2}-\bar{\boldsymbol{X}}_{t_2}]^{\mathrm{T}}\} \tag{1.77}$$

对于一些随机过程，概率密度函数不随时间变化而改变。例如，如果抛一个硬币10 次，可以把这个过程看做一个随机过程，每次的统计特性都是相同的。在这种情况下，随机过程称做严格平稳的（Strict-Sense Stationary，SSS）。这种情况下，随机过程的均值是不随时间变化的常值，而且自相关函数是一个关于相对时间 t_2-t_1 的函数（而不是关于绝对时间的函数），即

$$\begin{cases}E[\boldsymbol{X}_t]=\bar{\boldsymbol{x}}\\ E[\boldsymbol{X}_{t_1}\boldsymbol{X}_{t_2}^{\mathrm{T}}]=\boldsymbol{R}_{\boldsymbol{X}}(t_2-t_1)\end{cases} \tag{1.78}$$

对于一些随机过程，尽管概率密度函数是随时间变化的，但是也满足这两个条件。满足这两个条件的随机过程称做广义稳定的（Wide-Sense Stationary，WSS）。一个稳定的过程是广义稳定的，但是一个广义稳定的过程可能是稳定的也可能是不稳定的。从自相关的定义中可以看出，对于一个广义稳定的过程会有

$$\begin{cases}\boldsymbol{R}_{\boldsymbol{X}}(0)=E[\boldsymbol{X}_t\boldsymbol{X}_t^{\mathrm{T}}]\\ \boldsymbol{R}_{\boldsymbol{X}}(-\tau)=\boldsymbol{R}_{\boldsymbol{X}}(\tau)\end{cases} \tag{1.79}$$

对于标量随机过程，它满足

$$|\boldsymbol{R}_{\boldsymbol{X}}(\tau)|\leqslant \boldsymbol{R}_{\boldsymbol{X}}(0) \tag{1.80}$$

例 1.5　（1）每天的高温可以认为是一个随机过程。但是，这个过程不是稳定的。7 月某一天的高温可能是一个均值为 37.78℃的随机变量。但是 11 月某一天的高温的均值可能为–1.11℃。这是一个统计特性随时间变化的随机过程，所以这个过程不是稳定的。

（2）电压表的电子噪声可能均值为零且方差为 $1(\mathrm{mV})^2$。如果第二天继续测量噪声，它的均值和方差会和之前一样。如果噪声的统计特性每天都是不变的，那么电子噪声是一个稳定的过程。需要注意的是，实际上噪声的统计特性最终会改变。例如，几十年之后，仪器性能下降，电子噪声的均值和方差会发生变化，在这种情况下，稳定的随机过程就不存在了。但是实际中，如果一个随机过程的统计特性在一段时间内保持不变，那么认为这个过程是稳定的。

假设有一个随机过程 $\boldsymbol{X}_t$，进一步假设这个过程的实现为 $\boldsymbol{x}_t$。$\boldsymbol{X}_t$ 的平均值用 $\boldsymbol{A}[\boldsymbol{X}_t]$ 来表示，$\boldsymbol{X}_t$ 的自相关用 $\boldsymbol{R}[\boldsymbol{X}_t]$ 来表示。对于一个时间连续的随机过程，这些量表示为

$$\begin{cases}\boldsymbol{A}[\boldsymbol{X}_t]=\lim\limits_{T\to\infty}\dfrac{1}{2T}\displaystyle\int_{-T}^{T}\boldsymbol{x}_t\mathrm{d}t\\ \boldsymbol{R}[\boldsymbol{X}_t,\tau]=\boldsymbol{A}\left[\boldsymbol{X}_t\boldsymbol{X}_{t+\tau}^{\mathrm{T}}\right]\end{cases} \tag{1.81}$$

时间离散随机过程的定义是对时间连续随机过程定义的扩展。

一个具有各态历经性的过程是一个稳定的随机过程，它满足

$$\begin{cases} \boldsymbol{A}[\boldsymbol{X}_t] = E(\boldsymbol{X}) \\ \boldsymbol{R}[\boldsymbol{X}_t, \tau] = \boldsymbol{R}_X(\tau) \end{cases} \tag{1.82}$$

在现实世界中，人们常常局限于一个随机过程的一些实现。例如，测量一个电压表读数的波动，事实上只测量了一个随机过程的一次实现。可以计算这次实现的时间平均、时间自相关系统和其他时间相关的统计数据。如果随机过程是各态历经的，那么可以使用这些时间平均来估计这个随机过程的统计特性。

例 1.6 （1）假设每一个电子仪器制造时都带有一定的随机偏差。如果要测量仪器的噪声，那么需要测量仪器的偏差，也就是噪声的平均值。然而，如果测量另外一个仪器，可能会得到一个不同的平均值，因为它有一个不同的偏差。换句话说，仅通过研究一个仪器，不能得到这个随机过程的平均值。因此，这个随机过程不是各态历经的。

（2）假设每一个电子仪器都是在同等条件下制造的，都有均值为零的稳定的高斯噪声。在这种情况下，可以通过一次测量多个单独仪器的噪声或者多次测量一个仪器的噪声来测量过程的均值。任何一次试验都能正确地验证稳定过程的平均值为零。可以通过一次使用所有的仪器或者多次使用同一个仪器来发现平稳过程的统计特性。因此，这个随机过程是各态历经的。

相关系数和协方差的定义可以扩展到两个随机过程 $\boldsymbol{X}_t$ 和 $\boldsymbol{Y}_t$。$\boldsymbol{X}_t$ 和 $\boldsymbol{Y}_t$ 的互相关矩阵定义为

$$\boldsymbol{R}_{XY}(t_1, t_2) = E[\boldsymbol{X}_{t_1} \boldsymbol{Y}_{t_2}^{\mathrm{T}}] \tag{1.83}$$

如果对所有的 t_1 和 t_2，有 $\boldsymbol{R}_{XY}(t_1, t_2) = E[\boldsymbol{X}_{t_1}]E[\boldsymbol{Y}_{t_2}^{\mathrm{T}}]$，则随机过程 $\boldsymbol{X}_t$ 和 $\boldsymbol{Y}_t$ 是不相关的。$\boldsymbol{X}_t$ 和 $\boldsymbol{Y}_t$ 的互协方差矩阵定义为

$$\boldsymbol{C}_{XY}(t_1, t_2) = E\{[\boldsymbol{X}_t - \bar{\boldsymbol{X}}_{t_1}][\boldsymbol{Y}_{t_2} - \bar{\boldsymbol{Y}}_{t_2}]^{\mathrm{T}}\} \tag{1.84}$$

1.6　白噪声和有色噪声

如果对于所有的 $t_1 \neq t_2$，随机变量 $\boldsymbol{X}_{t_1}$ 独立于随机变量 $\boldsymbol{X}_{t_2}$，那么 $\boldsymbol{X}_t$ 称为白噪声；否则，X_t 称为有色噪声。一个随机过程是否为白噪声由其功率频谱决定。一个广义平稳的随机过程 X_t 的功率谱 $\boldsymbol{S}_X(\omega)$ 定义为自相关矩阵的傅里叶变换。自相关矩阵是功率谱的反傅里叶变换，即

$$\begin{cases} \boldsymbol{S}_X(\omega) = \int_{-\infty}^{\infty} \boldsymbol{R}_X(\tau) \mathrm{e}^{-\mathrm{j}\omega\tau} \mathrm{d}\tau \\ \boldsymbol{R}_X(\tau) = \dfrac{1}{2\pi} \int_{-\infty}^{\infty} \boldsymbol{S}_X(\omega) \mathrm{e}^{\mathrm{j}\omega\tau} \mathrm{d}\omega \end{cases} \tag{1.85}$$

这些等式称为维纳-辛钦等式。功率谱有时称为功率密度谱、功率谱密度或者功率密度。一个广义平稳的随机过程的功率定义为

$$\boldsymbol{P}_X = \frac{1}{2\pi}\int_{-\infty}^{\infty}\boldsymbol{S}_X(\omega)\mathrm{d}\omega \tag{1.86}$$

两个广义平稳的随机过程 X_t 和 Y_t 的互相关功率谱定义为互相关矩阵的傅里叶变换，即

$$\begin{cases}\boldsymbol{S}_{XY}(\omega) = \int_{-\infty}^{\infty}\boldsymbol{R}_{XY}(\tau)\mathrm{e}^{-\mathrm{j}\omega\tau}\mathrm{d}\tau \\ \boldsymbol{R}_{XY}(\tau) = \frac{1}{2\pi}\int_{-\infty}^{\infty}\boldsymbol{S}_{XY}(\omega)\mathrm{e}^{-\mathrm{j}\omega\tau}\mathrm{d}\omega\end{cases} \tag{1.87}$$

对于离散随机过程有类似的定义。一个离散随机过程的功率谱定义为

$$\begin{cases}\boldsymbol{S}_X(\omega) = \sum_{k=-\infty}^{\infty}\boldsymbol{R}_X(k)\mathrm{e}^{-\mathrm{j}\omega\tau}\mathrm{d}\tau, \quad \omega\in[-\pi,\pi] \\ \boldsymbol{R}_X(k) = \frac{1}{2\pi}\int_{-\infty}^{\infty}\boldsymbol{S}_X(\omega)\mathrm{e}^{\mathrm{j}k\omega}\mathrm{d}\omega\end{cases} \tag{1.88}$$

满足如下条件的离散随机过程 X_t 称为白噪声，即

$$\boldsymbol{R}_X(k) = \begin{cases}\boldsymbol{Q}, & k=0 \\ 0, & k\neq 0\end{cases} \tag{1.89}$$

离散白噪声的定义说明白噪声只和自身当前时刻相关，在其他时刻和自身不相关。如果 X_t 是一个离散的白噪声过程，那么随机变量 X_n 和 X_m 不相关，除非 $n=m$。这表明离散白噪声过程的功率在所有的频率处是相等的，即

$$\boldsymbol{S}_X(\omega) = \boldsymbol{R}_X(0), \quad \forall\omega\in[-\pi,\pi] \tag{1.90}$$

对于一个连续的随机过程，白噪声的定义是类似的。白噪声过程的功率在所有的频率处是相等的（类似于白光），即

$$\boldsymbol{S}_X(\omega) = \boldsymbol{R}_X(0) \tag{1.91}$$

将这个 $\boldsymbol{S}_X(\omega)$ 的表达式代入式（1.86），可看到对连续的白噪声，有

$$\boldsymbol{R}_X(\tau) = \boldsymbol{R}_X(0)\delta(\tau) \tag{1.92}$$

式中，$\delta(\tau)$ 是连续的脉冲函数。通过比较式（1.87）和式（1.92）可以发现，连续的白噪声有无穷大的功率，因此它在实际中并不存在。然而，很多连续过程可以近似为白噪声，而且在信号与系统的数学分析中很有用。

1.7 小　结

本章回顾了概率论、随机变量和随机过程的基本概念。某个事件发生的概率可以

定义为事件发生的次数除以试验的总次数。随机变量是一个符合概率理论的不确定的变量。例如，考试分数是不确定的，是一个随机变量。如果对考试内容理解得相当好，预测自己可能得到 80～90 分，但是实际分数会受到随机事件的影响，如健康情况、考试前的睡眠情况、去学校路上的交通情况、老师批改试卷时的心情等。随机过程是一个随时间变化的随机变量，如某门课程所有测验的成绩。如果随着课程的进行，比之前更加努力，那么成绩可能会上升；如果随着课程的进行，没有之前那么用功，那么成绩可能会下降。概率、随机变量和随机过程是比较大的研究领域，本章仅进行了简单的介绍，这些内容将有助于读者理解后续章节。

参 考 文 献

[1] Simon D. Optimal State Estimation: Kalman, H_∞, and Nonlinear Approaches. New York: Wiley, 2006.

[2] 西蒙. 最优状态估计: 卡尔曼、H_∞及非线性滤波. 张勇刚, 李宁, 奔粤阳, 译. 北京: 国防工业出版社, 2013.

[3] Papoulis A, Pillai S U. Probability, Random Variables and Stochastic Processes. New York: McGraw-Hill, 2002.

[4] Peebles P. Probability, Random Variables, and Random Signal Principles. New York: McGraw-Hill, 2001.

[5] Bar-Shalom Y, Li X R, Kirubarajan T. Estimation with Applications to Tracking and Navigation. New York: Wiley, 2001.

第2章　估计理论基础

本章介绍一些基本的估计方法，这将为状态估计及其应用（如跟踪、导航等）提供理论基础。2.1 节定义参数估计问题，并介绍两种常见的参数估计模型；2.2 节介绍极大似然（Maximum Likelihood，ML）估计和最大后验（Maximum A Posteriori，MAP）估计；2.3 节介绍最小二乘（Least Squares，LS）估计和最小均方误差（Minimum Mean Square Error，MMSE）估计；2.4 节介绍线性最小均方误差（Linear Minimum Mean Square Error，LMMSE）估计。接下来的章节介绍如何评价估计的性能，2.5 节讨论估计的方差与均方误差；2.6 节讨论估计的无偏性；2.7 节讨论估计的一致性和有效性。2.8 节对整章内容进行总结。

由于篇幅有限，本章仅对参数估计理论进行简要介绍和总结，这部分内容主要来自文献[1]，如果读者对细节感兴趣，可以参考其他相关书籍[2, 3]。

2.1　参数估计问题描述

2.1.1　参数估计定义

本章假设参数是时不变的，时不变参数 x 的估计表示为

$$\hat{x}_k \stackrel{\text{def}}{=} \hat{x}[k, Z^k] \tag{2.1}$$

式中，Z^k 为从 1 时刻到 k 时刻所有的量测，即

$$Z^k \stackrel{\text{def}}{=} \{z_j\}_{j=1}^k \tag{2.2}$$

式中，z_j 为带噪声 ω_j 的量测，表示为

$$z_j = h[j, x, \omega_j] \tag{2.3}$$

式（2.1）的函数称做参数的估计，函数值称做参数的估计值，估计误差定义为

$$\tilde{x} \stackrel{\text{def}}{=} x - \hat{x} \tag{2.4}$$

如果参数 k 是固定的，式（2.1）的另一种描述方式为

$$\hat{x}(Z) \stackrel{\text{def}}{=} \hat{x}[k, Z^k] \tag{2.5}$$

式中，Z 为所有量测的集合。

2.1.2　参数估计模型

参数估计模型可以分为两类。

（1）非随机模型：被估计的参数为未知的常值，该模型也称做非贝叶斯模型或费舍尔方法模型。

（2）随机模型：被估计的参数是先验分布为 $p(x)$ 的随机变量，该参数在测量过程中保持不变，该模型也称做贝叶斯方法模型。

1. 非贝叶斯（似然函数）方法模型

非贝叶斯方法模型不需要参数的先验概率。在这种情况下，参数的似然函数表示为

$$\Lambda_Z(x) \stackrel{\text{def}}{=} p(Z \mid x) \tag{2.6}$$

或者

$$\Lambda_k(x) \stackrel{\text{def}}{=} p(Z^k \mid x) \tag{2.7}$$

接下来的章节将讨论如何利用似然函数和后验分布来估计参数。

2. 贝叶斯方法模型

在给定参数先验概率的条件下，可以利用贝叶斯准则获得参数的后验概率，贝叶斯准则为

$$p(x \mid Z) = \frac{p(Z \mid x)p(x)}{p(Z)} = \frac{1}{c} p(Z \mid x)p(x) \tag{2.8}$$

式中，归一化常数 $c = p(Z) = \int p(z \mid x)p(x)\mathrm{d}x$ 。

2.2　极大似然和最大后验估计

2.2.1　两种估计方法的定义

1. 极大似然估计

极大似然估计是一种估计非随机参数的常用方法，该方法可以描述为

$$\hat{x}^{\mathrm{ML}}(Z) = \arg\max_x \Lambda_Z(x) = \arg\max_x p(Z \mid x) \tag{2.9}$$

式中，x 为未知的常数，随机观测 Z 的函数 $\hat{x}^{\mathrm{ML}}(Z)$ 是一个随机变量。式（2.9）可以利用下式求解：

$$\frac{\mathrm{d}\Lambda_Z(x)}{\mathrm{d}x} = \frac{\mathrm{d}p(Z \mid x)}{\mathrm{d}x} = 0 \tag{2.10}$$

2. 最大后验估计

对于随机变量的估计问题，常采用最大后验估计，该方法可以描述为

$$\hat{x}^{\mathrm{MAP}}(Z) = \arg\max_x p(x \mid Z) = \arg\max_x [p(Z \mid x)p(x)] \tag{2.11}$$

式（2.11）的最后一项忽略了贝叶斯准则中的归一化常数。最大后验估计是一个依赖于量测 Z 的随机变量。

2.2.2 先验信息为高斯分布时两种估计方法的比较

假设带有加性噪声的标量量测为

$$z = x + \omega \tag{2.12}$$

式中，x 为未知参数；ω 为均值为零、方差为 σ^2 的高斯分布，即

$$\omega \sim \mathcal{N}(0, \sigma^2) \tag{2.13}$$

首先，假设 x 为未知的常值（无法获得参数的先验信息）。参数 x 的似然函数为

$$\Lambda(x) = p(z \mid x) = \mathcal{N}(z; x, \sigma^2) = \frac{1}{\sqrt{2\pi}\sigma} \mathrm{e}^{-\frac{(z-x)^2}{2\sigma^2}} \tag{2.14}$$

因为式（2.14）在 $x = z$ 处取最大值，所以参数 x 的极大似然估计为

$$\hat{x}^{\mathrm{ML}} = \arg\max_{x} \Lambda(x) = z \tag{2.15}$$

若假设未知参数 x 的先验信息为均值为 $\bar{x}$、方差为 σ_0^2 的高斯分布，即

$$p(x) = \mathcal{N}(x; \bar{x}, \sigma_0^2) \tag{2.16}$$

则参数的后验概率为

$$p(x \mid z) = \frac{p(z \mid x) p(x)}{p(z)} = \frac{1}{c} \mathrm{e}^{-\frac{(z-x)^2}{2\sigma^2} - \frac{(x-\bar{x})^2}{2\sigma_0^2}} \tag{2.17}$$

式中

$$c = 2\pi \sigma \sigma_0 p(z) \tag{2.18}$$

为独立于参数 x 的归一化常数。式（2.17）可重写为

$$p(x \mid z) = \mathcal{N}(x; \xi(z), \sigma_1^2) = \frac{1}{\sqrt{2\pi}\sigma_1} \mathrm{e}^{-\frac{[x-\xi(z)]^2}{2\sigma_1^2}} \tag{2.19}$$

式中

$$\xi(z) \stackrel{\mathrm{def}}{=} \frac{\sigma^2}{\sigma_0^2 + \sigma^2} \bar{x} + \frac{\sigma_0^2}{\sigma_0^2 + \sigma^2} z = \bar{x} + \frac{\sigma_0^2}{\sigma_0^2 + \sigma^2} (z - \bar{x}) \tag{2.20}$$

$$\sigma_1^2 \stackrel{\mathrm{def}}{=} \frac{\sigma_0^2 \sigma^2}{\sigma_0^2 + \sigma^2} \tag{2.21}$$

最大化式（2.19）可以得到参数 x 的最大后验估计为

$$\hat{x}^{\mathrm{MAP}} = \xi(z) \tag{2.22}$$

在高斯假设的条件下，最大后验估计为测量和先验信息均值的加权组合，式（2.20）可重写为

$$\begin{aligned}\hat{x}^{\mathrm{MAP}} &= (\sigma_0^{-2}+\sigma^{-2})^{-1}\sigma_0^{-2}\overline{x}+(\sigma_0^{-2}+\sigma^{-2})^{-1}\sigma^{-2}z \\ &= (\sigma_0^{-2}+\sigma^{-2})^{-1}\left[\frac{\overline{x}}{\sigma_0^2}+\frac{z}{\sigma^2}\right]\end{aligned} \tag{2.23}$$

式（2.23）说明测量和先验信息均值对应的权值与它们的方差成反比。

2.2.3　先验信息为单边指数分布的最大后验估计

假设参数 x 的先验概率密度函数为单边指数分布，即

$$p(x)=a\mathrm{e}^{-ax},\quad x\geqslant 0 \tag{2.24}$$

参数 x 的极大似然估计与 2.2.2 节的相同，即

$$\hat{x}^{\mathrm{ML}}=z \tag{2.25}$$

参数 x 的后验概率密度为

$$p(x\mid z)=c(z)\mathrm{e}^{-\frac{(z-x)^2}{2\sigma^2}-ax},\quad x\geqslant 0 \tag{2.26}$$

最大化式（2.26）可以得到参数 x 的最大后验估计为

$$\hat{x}^{\mathrm{MAP}}=\max(z-\sigma^2 a,0) \tag{2.27}$$

可以发现，只要式（2.25）为非负，式（2.27）对应的最大后验估计总是小于极大似然估计。

2.2.4　扩散先验信息条件下的最大后验估计

极大似然估计是非贝叶斯的，而最大后验估计是基于贝叶斯的，当参数 x 具有扩散的先验概率密度函数时，其最大似然估计和最大后验估计一致，可以通过对贝叶斯公式的分母变形得到这一结论。贝叶斯公式为

$$p(x\mid Z)=\frac{p(Z\mid x)p(x)}{p(Z)} \tag{2.28}$$

由全概率公式可知

$$p(Z)=\int_{-\infty}^{\infty}p(Z\mid x)p(x)\mathrm{d}x \tag{2.29}$$

假设参数具有扩散均一的先验概率密度函数为

$$p(x)=\varepsilon,\quad |x|<\frac{1}{2\varepsilon} \tag{2.30}$$

由式（2.29）和式（2.30）可得

$$p(Z)=\varepsilon\int_{-\frac{1}{2\varepsilon}}^{\frac{1}{2\varepsilon}}p(Z\,|\,x)\mathrm{d}x=\varepsilon g(Z) \tag{2.31}$$

式中，函数 g 独立于参数 x。把式（2.31）代入式（2.28），可得

$$p(x\,|\,Z)=\frac{p(Z\,|\,x)\varepsilon}{\varepsilon g(Z)}=\frac{p(Z\,|\,x)}{g(Z)}=\frac{1}{c}p(Z\,|\,x) \tag{2.32}$$

可以发现，当参数 x 具有扩散的先验概率密度函数时，参数 x 的后验概率密度函数正比于其似然函数，因此最大后验估计与极大似然估计一致。

2.3　最小二乘与最小均方误差估计

2.3.1　两种估计方法的定义

1. 最小二乘估计

最小二乘估计是另一种常见的对非随机参数的估计方法。给定标量线性/非线性量测：

$$z_j=h(j,x)+\omega_j,\quad j=1,\cdots,k \tag{2.33}$$

参数 x 的最小二乘估计为

$$\hat{x}_k^{\mathrm{LS}}=\arg\min_x\left\{\sum_{j=1}^{k}[z_j-h(j,x)]^2\right\} \tag{2.34}$$

式（2.34）没有对测量噪声 ω_j 进行任何假设。如果测量噪声为独立同分布的零均值的高斯随机变量，即

$$\omega_j\sim\mathcal{N}(0,\sigma^2) \tag{2.35}$$

那么最小二乘估计与极大似然估计一致。因为在上述假设的条件下，测量 z_j 服从高斯分布，即

$$z_j\sim\mathcal{N}(h(j,x),\sigma^2),\quad j=1,\cdots,k \tag{2.36}$$

参数 x 的似然函数为

$$\begin{aligned}\Lambda_k(x)&\overset{\text{def}}{=}p(Z^k\,|\,x)\overset{\text{def}}{=}p[z_1,\cdots,z_k\,|\,x]\\&=\prod_{j=1}^{k}\mathcal{N}[z_j;h(j,x),\sigma^2]=c\mathrm{e}^{-\frac{1}{2\sigma^2}\sum_{j=1}^{k}[z_j-h(j,x)]^2}\end{aligned} \tag{2.37}$$

可以发现最小化式（2.34）等价于最大化式（2.37），即最小二乘估计等价于极大似然估计。

2. 最小均方误差估计

对于随机参数，与最小二乘估计相对应的估计为最小均方误差估计，即

$$\hat{x}^{\mathrm{MMSE}}(Z)=\arg\min_{\hat{x}} E[(\hat{x}-x)^2 \mid Z] \tag{2.38}$$

式（2.38）的解为参数 x 的条件均值，即

$$\hat{x}^{\mathrm{MMSE}}(Z)=E[x \mid Z]\overset{\mathrm{def}}{=}\int_{-\infty}^{\infty} xp(x \mid Z)\mathrm{d}x \tag{2.39}$$

式（2.38）的一阶导数为

$$\frac{\mathrm{d}}{\mathrm{d}\hat{x}}E[(\hat{x}-x)^2 \mid Z]=E[2(\hat{x}-x) \mid Z]=2(\hat{x}-E[x \mid Z]) \tag{2.40}$$

显然，式（2.39）可以通过令式（2.40）等于 0 得到。

2.3.2　常见的最小二乘估计

1. 单量测情况

假设单量测的测量方程为

$$z=x+\omega \tag{2.41}$$

参数 x 的最小二乘估计为

$$\hat{x}^{\mathrm{LS}}=\arg\min_{x}[(z-x)^2]=z \tag{2.42}$$

可以发现，当量测噪声服从零均值的高斯分布时，最小二乘估计结果与极大似然估计相同。这是因为最大化似然函数（式（2.14））等价于最小化其指数上的平方项。

2. 多量测情况

假设 k 个量测的测量方程为

$$z_j=x+\omega_j,\quad j=1,\cdots,k \tag{2.43}$$

式中，ω_j 服从独立的高斯分布，其均值为 0，方差为 σ^2。参数 x 的似然函数（与式（2.37）相同）为

$$\Lambda_k(x)=c\mathrm{e}^{-\frac{1}{2\sigma^2}\sum_{j=1}^{k}[z_j-x]^2} \tag{2.44}$$

这时参数 x 的最小二乘估计与极大似然估计相同，即

$$\hat{x}^{\mathrm{ML}}(k)=\hat{x}^{\mathrm{LS}}(k)=\frac{1}{k}\sum_{j=1}^{k}z(j)=\overline{z} \tag{2.45}$$

$\overline{z}$ 通常称为样本均值。

2.3.3　最小均方误差估计与最大后验估计的比较

2.2.2 节给出了单量测情况下，参数 x 的后验概率密度函数，即

$$p(x\mid z)=\frac{1}{\sqrt{2\pi}\sigma_1}\mathrm{e}^{-\frac{[x-\xi(z)]^2}{2\sigma_1^2}} \tag{2.46}$$

显然，该高斯分布的均值与式（2.46）的最大值对应的参数都等于 $\xi(z)$，所以参数 x 的最小均方误差估计与最大后验估计相同，即

$$\hat{x}^{\mathrm{MMSE}}=E[x\mid z]=\xi(z)=\hat{x}^{\mathrm{MAP}} \tag{2.47}$$

这主要是因为高斯分布概率密度函数的均值和最大值相同。

2.4 线性最小均方误差估计

2.4.1 正交性原理

由式（2.39）可知，随机变量 x 的最小均方误差估计为条件均值 $E[x\mid z]$。在很多问题中，通常无法获得计算条件均值所需要的分布信息；即使知道这些分布信息，计算条件期望仍然很复杂。为了解决上述问题，线性最小均方误差估计被提出，其优点如下：①简单，其为观测的线性函数；②需要更少的信息，其只需要一阶矩和二阶矩信息。一个随机变量关于另一个随机变量（量测）的最优（最小均方误差意义下的最优）线性估计需要满足如下两个条件：①估计是无偏的（无偏性将在 2.6 节讨论）；②估计误差与测量不相关，即它们是正交的。

1. 均值为零随机变量的线性最小均方误差估计

线性最小均方误差估计问题可以从随机变量线性空间的角度来考虑。实值标量的零均值随机变量 $z_i(i=1,\cdots,n)$ 的集合可以视为抽象向量空间或线性空间的向量。对于该空间任何两个随机变量的线性组合，也是此空间的一个元素，即该空间是闭合的。在一个向量空间中定义内积可以得到希尔伯特空间，内积的定义为

$$\langle z_i,z_k\rangle=E[z_iz_k] \tag{2.48}$$

由于这里考虑的随机变量是零均值的，所以式（2.49）满足范数的特性，即

$$\langle z_i,z_i\rangle=E[z_i^2]=\|z_i\|^2 \tag{2.49}$$

如果用式（2.49）定义范数，线性相关可以定义为存在一组权系数 $\{\alpha_i\}_{i=1}^m$ 使得向量的线性组合的范数为 0，即

$$E\left[\left(\sum_{i=1}^m\alpha_iz_i\right)^2\right]=0 \tag{2.50}$$

如果 $\alpha_1\neq0$，那么 z_1 为 $z_2,\cdots,z_m$ 的线性组合，即

$$z_i=-\frac{1}{\alpha_1}\sum_{i=2}^m\alpha_iz_i \tag{2.51}$$

换言之，z_1 为由 $z_2,\cdots,z_m$ 构成的子空间的元素。两个向量正交（记为 $z_i \perp z_k$）的充要条件为

$$\langle z_i, z_k \rangle = 0 \tag{2.52}$$

该条件等价于零均值随机变量不相关的条件。

零均值随机变量 x 基于量测 $z_i, i=1,\cdots,n$ 的线性最小均方误差估计为

$$\hat{x} = \sum_{i=1}^{n} \beta_i z_i \tag{2.53}$$

此估计将使估计误差的范数最小，估计误差定义为

$$\tilde{x} \overset{\text{def}}{=\!=} x - \hat{x} \tag{2.54}$$

估计误差的范数为

$$\|\tilde{x}\|^2 = E[(x-\hat{x})^2] = E\left[\left(x - \sum_{i=1}^{n} \beta_i z_i\right)^2\right] \tag{2.55}$$

求式（2.55）关于 β_k 的一阶导数并令其为 0，即

$$-\frac{1}{2}\frac{\partial}{\partial \beta_k}\|\tilde{x}\|^2 = E\left[\left(x - \sum_{i=1}^{n} \beta_i z_i\right) z_k\right] = E[\tilde{x} z_k] = \langle \tilde{x}, z_k \rangle = 0, \quad k=1,\cdots,n \tag{2.56}$$

式（2.56）等价于正交特性，即

$$\tilde{x} \perp z_k \tag{2.57}$$

综上所述，正交原理可表述为：为了使估计误差的范数最小，估计误差必须与量测正交。该表述的另外一种等价表述为：估计 $\hat{x}$ 为参数 x 在观测空间的投影。

2. 均值不为零随机变量的线性最小均方误差估计

对于均值为 $\bar{x}$ 的随机变量 x，其最优线性估计为

$$\hat{x} = \beta_0 + \sum_{i=1}^{n} \beta_i z_i \tag{2.58}$$

均方误差等于期望的平方加上估计方差，即

$$E[\tilde{x}^2] = (E[\tilde{x}])^2 + \mathrm{var}(\tilde{x}) \tag{2.59}$$

假设此估计具有无偏性，即

$$E[\tilde{x}] = 0 \tag{2.60}$$

由式（2.58）和式（2.60）可得

$$\beta_0 = \bar{x} - \sum_{i=1}^{n} \beta_i \bar{z}_i \tag{2.61}$$

式中

$$\bar{z}_i = E[z_i] \tag{2.62}$$

将式（2.61）代入式（2.58）可得

$$\hat{x} = \bar{x} + \sum_{i=1}^{n} \beta_i (z_i - \bar{z}_i) \tag{2.63}$$

相应的估计误差为

$$\begin{aligned}\tilde{x} &\overset{\text{def}}{=\!=} x - \hat{x} \\ &= x - \bar{x} - \sum_{i=1}^{n} \beta_i (z_i - \bar{z}_i)\end{aligned} \tag{2.64}$$

这样，将均值为非零的情况转换成了均值为零的情况。根据正交性原理，通过式（2.65）计算 β_i，即

$$\langle \tilde{x}, z_k \rangle = E[\tilde{x} z_k] = E\left[\left[x - \bar{x} - \sum_{i=1}^{n} \beta_i (z_i - \bar{z}_i)\right] z_k\right] = 0 \tag{2.65}$$

式（2.63）对应的估计也称做最优线性无偏估计。

2.4.2　向量随机变量的线性最小均方误差估计

对于向量随机变量 $\boldsymbol{x}$ 和 $\boldsymbol{z}$（它们不一定是零均值高斯随机向量），将计算 $\boldsymbol{x}$ 基于 $\boldsymbol{z}$ 的最优线性估计。这里说的最优是最小均方误差意义下的最优，即寻找一个线性估计：

$$\hat{\boldsymbol{x}} = \boldsymbol{A}\boldsymbol{z} + \boldsymbol{b} \tag{2.66}$$

使得估计的均方误差最小。多维情况下的均方误差为

$$J \overset{\text{def}}{=\!=} E[(\boldsymbol{x} - \hat{\boldsymbol{x}})^{\mathrm{T}} (\boldsymbol{x} - \hat{\boldsymbol{x}})] \tag{2.67}$$

根据前面的讨论，可以知道对于线性最小均方误差估计，估计误差 $\tilde{\boldsymbol{x}}$ 均值为 $\boldsymbol{0}$ 且 $\tilde{\boldsymbol{x}}$ 应与量测 $\boldsymbol{z}$ 正交。根据估计的无偏性可知

$$E[\tilde{\boldsymbol{x}}] = \bar{\boldsymbol{x}} - (\boldsymbol{A}\bar{\boldsymbol{z}} + \boldsymbol{b}) = \boldsymbol{0} \tag{2.68}$$

于是，参数 $\boldsymbol{b}$ 为

$$\boldsymbol{b} = \bar{\boldsymbol{x}} - \boldsymbol{A}\bar{\boldsymbol{z}} \tag{2.69}$$

估计误差为

$$\tilde{\boldsymbol{x}} = \boldsymbol{x} - \bar{\boldsymbol{x}} - \boldsymbol{A}(\boldsymbol{z} - \bar{\boldsymbol{z}}) \tag{2.70}$$

对于多维情况，正交性原理要求估计误差 $\tilde{\boldsymbol{x}}$ 的每一个元素与测量 $\boldsymbol{z}$ 的每一个元素正交，于是正交条件可重写为

$$\begin{aligned}E[\tilde{\boldsymbol{x}}\boldsymbol{z}^{\mathrm{T}}] &= E\{[\boldsymbol{x} - \bar{\boldsymbol{x}} - \boldsymbol{A}(\boldsymbol{z} - \bar{\boldsymbol{z}})]\boldsymbol{z}^{\mathrm{T}}\} \\ &= \boldsymbol{P}_{xz} - \boldsymbol{A}\boldsymbol{P}_{zz} = \boldsymbol{O}\end{aligned} \tag{2.71}$$

式中，$\boldsymbol{P}_{xz} = E[(\boldsymbol{x} - \bar{\boldsymbol{x}})(\boldsymbol{z} - \bar{\boldsymbol{z}})^{\mathrm{T}}]$，$\boldsymbol{P}_{zz} = E[(\boldsymbol{z} - \bar{\boldsymbol{z}})(\boldsymbol{z} - \bar{\boldsymbol{z}})^{\mathrm{T}}]$。如果 $\boldsymbol{P}_{zz}$ 可逆，那么加权矩阵 $\boldsymbol{A}$ 为

$$A = P_{xz} P_{zz}^{-1} \tag{2.72}$$

这样就得到了多维情况下的线性最小均方误差估计，即

$$\hat{x} = \bar{x} + P_{xz} P_{zz}^{-1}(z - \bar{z}) \tag{2.73}$$

相应的均方误差矩阵为

$$E[\tilde{x}\tilde{x}^{\mathrm{T}}] = P_{xx} - P_{xz} P_{zz}^{-1} P_{zx} = P_{xx|z} \tag{2.74}$$

式中，$P_{xx} = E[(x - \bar{x})(x - \bar{x})^{\mathrm{T}}]$，$P_{xz} = E[(x - \bar{x})(z - \bar{z})^{\mathrm{T}}] = P_{z,x}^{\mathrm{T}}$，$P_{zz} = E[(z - \bar{z})(z - \bar{z})^{\mathrm{T}}]$，$P_{xx|z} = E[(x - \bar{x})(x - \bar{x})^{\mathrm{T}} \mid z]$ 为条件协方差矩阵。

式（2.73）和式（2.74）非常重要，它们是第 3 章所讨论的滤波算法的重要基础。

2.5　估计的方差与均方误差

2.5.1　估计方差的定义

1. 非贝叶斯情况

假设非贝叶斯参数 x 的估计为 $\hat{x}(Z)$，此估计的方差定义为

$$\mathrm{var}[\hat{x}(Z)] \overset{\mathrm{def}}{=\!=} E[\{\hat{x}(Z) - E[\hat{x}(Z)]\}^2] \tag{2.75}$$

式中，$E[\{\hat{x}(Z) - E[\hat{x}(Z)]\}^2]$ 是关于测量集合 Z 的数学期望。如果参数 x 的估计是无偏的，那么

$$E[\hat{x}(Z)] = x_0 \tag{2.76}$$

式中，x_0 为估计值的真实值。式（2.75）可重写为

$$\mathrm{var}[\hat{x}(Z)] \overset{\mathrm{def}}{=\!=} E[\{\hat{x}(Z) - x_0\}^2] \tag{2.77}$$

如果参数 x 的估计是无偏的，式（2.77）也是估计的均方误差，即

$$\mathrm{MSE}[\hat{x}(Z)] \overset{\mathrm{def}}{=\!=} E[\{\hat{x}(Z) - x_0\}^2] \tag{2.78}$$

2. 贝叶斯情况

对于贝叶斯估计，非条件均方误差定义为

$$\mathrm{MSE}[\hat{x}(Z)] \overset{\mathrm{def}}{=\!=} E[\{\hat{x}(Z) - x\}^2] \tag{2.79}$$

式中，$E[\{\hat{x}(Z) - x\}^2]$ 是关于测量 Z 和参数 x 联合概率密度函数的期望。根据期望的平滑特性，式（2.79）可重写为

$$\mathrm{MSE}[\hat{x}(Z)] = E[E\{[\hat{x}(Z) - x]^2 \mid Z\}] = E[\mathrm{MSE}[\hat{x}(Z) \mid Z]] \tag{2.80}$$

式中，$\mathrm{MSE}[\hat{x}(Z)\,|\,Z]$ 为条件均方误差。

最小均方误差估计的条件均方误差为

$$
\begin{aligned}
E[[\hat{x}^{\mathrm{MMSE}}(Z)-x]^2\,|\,Z] &= E[[x-E(x\,|\,Z)]^2\,|\,Z] \\
&= \mathrm{var}(x\,|\,Z)
\end{aligned}
\tag{2.81}
$$

式（2.81）中的期望是关于条件概率密度函数 $p(x\,|\,Z)$ 的期望。对量测 Z 求均值，有

$$
E[\mathrm{var}(x\,|\,Z)] = E[[x-E(x\,|\,Z)]^2]
\tag{2.82}
$$

式（2.82）为最小均方误差的非条件均方误差。

3. 一般性定义

定义估计误差为

$$
\tilde{x} \stackrel{\mathrm{def}}{=} x-\hat{x}
\tag{2.83}
$$

估计方差或均方误差定义为估计误差平方的均值，即

$$
E[\tilde{x}^2] = \begin{cases} \mathrm{var}(\hat{x}), & \hat{x}\text{是无偏的，且}x\text{为非随机变量} \\ \mathrm{MSE}(\hat{x}), & \text{其他} \end{cases}
\tag{2.84}
$$

估计方差（或均方误差）的平方根称做标准差，定义为

$$
\sigma_{\hat{x}} \stackrel{\mathrm{def}}{=} \sqrt{\mathrm{var}(\hat{x})}
\tag{2.85}
$$

2.5.2　极大似然估计与最大后验估计的方差

极大似然估计的方差为

$$
\mathrm{var}(\hat{x}^{\mathrm{ML}}) = E[(\hat{x}^{\mathrm{ML}}-x_0)^2] = E[(z-x_0)^2] \stackrel{\mathrm{def}}{=} \sigma^2
\tag{2.86}
$$

式 $\hat{x}^{\mathrm{MAP}}=\xi(z)$ 给出的最大后验估计的方差为

$$
\begin{aligned}
\mathrm{var}(\hat{x}^{\mathrm{MAP}}) &= E[(\hat{x}^{\mathrm{MAP}}-x)^2] \\
&= E\left\{\left[\frac{\sigma^2}{\sigma_0^2+\sigma^2}\bar{x}+\frac{\sigma_0^2}{\sigma_0^2+\sigma^2}(x+\omega)-x\right]^2\right\} \\
&= E\left[\left[\frac{\sigma^2}{\sigma_0^2+\sigma^2}(\bar{x}-x)+\frac{\sigma_0^2}{\sigma_0^2+\sigma^2}\omega\right]^2\right] \\
&= \frac{\sigma_0^2\sigma^2}{\sigma_0^2+\sigma^2} < \sigma^2 = \mathrm{var}(\hat{x}^{\mathrm{ML}})
\end{aligned}
\tag{2.87}
$$

可以发现，最大后验估计的方差小于极大似然估计的方差，这是因为前者利用了参数的先验信息。

2.5.3　样本均值与样本方差的方差

极大似然估计对应的样本均值的方差为

$$E[(\hat{x}^{\mathrm{ML}}-x_0)^2]=E\left\{\left[\frac{1}{k}\sum_{j=1}^{k}[z_j-x_0]\right]^2\right\}=\frac{\sigma^2}{k} \tag{2.88}$$

当 k 趋向于无穷时，式（2.88）逼近零。因此，此估计是一致的（一致性的定义由 2.7 节给出）。

假设样本方差的均值已知，且为零。在此条件下，方差的估计为

$$(\hat{\sigma}^{\mathrm{ML}})^2=\frac{1}{k}\sum_{j=1}^{k}z_j^2 \tag{2.89}$$

显然此估计是无偏的。此估计的方差为

$$\begin{aligned}E[[(\hat{\sigma}^{\mathrm{ML}})^2-\sigma^2]^2]&=E\left\{\left[\frac{1}{k}\sum_{j=1}^{k}z_j^2-\sigma^2\right]^2\right\}\\&=\frac{1}{k^2}\sum_{j=1}^{k}\sum_{i=1}^{k}E[\omega_j^2\omega_i^2]-2\sigma^2\frac{1}{k}\sum_{j=1}^{k}E[\omega_j^2]+\sigma^4\\&=\frac{1}{k^2}[k(k-1)\sigma^4+3k\sigma^4]-\frac{2}{k}k\sigma^4+\sigma^4=\frac{2\sigma^4}{k}\end{aligned} \tag{2.90}$$

当 k 趋向于无穷时，式（2.90）逼近零。式（2.90）的推导利用了如下关系式：

$$E[\omega_i^2\omega_j^2]=\begin{cases}\sigma^4, & i\neq j\\3\sigma^4, & i=j\end{cases} \tag{2.91}$$

2.6　估计的无偏性

2.6.1　估计无偏性的定义

1. 非贝叶斯情况

如果参数 x 为非随机的参数，估计为无偏的条件为

$$E[\hat{x}(k,Z^k)]=x_0 \tag{2.92}$$

式中，x_0 为参数的真实值；$E[\hat{x}(k,Z^k)]$ 是关于条件概率密度函数 $p(Z^k\mid x=x_0)$ 的数学期望。若式（2.92）在 $k\to\infty$ 的极限情况下成立，则称此估计为渐近无偏估计，否则为有偏估计。

2. 贝叶斯情况

如果 x 为先验概率密度函数为 $p(x)$ 的随机变量，估计为无偏估计的条件为

$$E[\hat{x}(k,Z^k)]=E(x) \tag{2.93}$$

式中，$E[\hat{x}(k,Z^k)]$ 是关于联合概率密度函数 $p(Z^k,x)$ 的数学期望；$E(x)$ 是关于先验概

率密度函数 $p(x)$ 的数学期望。若式（2.93）在 $k \to \infty$ 的极限情况下成立，则称此估计为渐近无偏估计，否则为有偏估计。

2.6.2　极大似然估计和最大后验估计的无偏性

式（2.15）给出了单量测情况下的参数 x（真实值为 x_0）的极大似然估计，即

$$\hat{x}^{\mathrm{ML}} = z \tag{2.94}$$

测量方程为

$$z = x + \omega \tag{2.95}$$

对估计取期望可得

$$E[\hat{x}^{\mathrm{ML}}] = E[z] = E[x_0 + \omega] = x_0 + E[\omega] = x_0 \tag{2.96}$$

根据式（2.92）可知，极大似然估计为无偏估计。

当参数 x 的先验概率分布为均值是 $\bar{x}$、方差是 σ_0^2 的高斯分布时，式（2.22）给出了 x 的最大后验估计，即

$$\hat{x}^{\mathrm{MAP}} = \xi(z) \stackrel{\mathrm{def}}{=\!=} \frac{\sigma^2}{\sigma_0^2 + \sigma^2}\bar{x} + \frac{\sigma_0^2}{\sigma_0^2 + \sigma^2} z \tag{2.97}$$

对估计取期望可得

$$\begin{aligned} E[\hat{x}^{\mathrm{MAP}}] &= E[\xi(z)] \stackrel{\mathrm{def}}{=\!=} \frac{\sigma^2}{\sigma_0^2 + \sigma^2}\bar{x} + \frac{\sigma_0^2}{\sigma_0^2 + \sigma^2} E[z] \\ &= \frac{\sigma^2}{\sigma_0^2 + \sigma^2}\bar{x} + \frac{\sigma_0^2}{\sigma_0^2 + \sigma^2}[\hat{x} + E(\omega)] = \bar{x} = E[x] \end{aligned} \tag{2.98}$$

根据式（2.93）可知，最大后验估计为无偏估计。

2.6.3　两个未知参数极大似然估计的有偏性

式（2.43）描述的估计问题假设测量噪声的方差 σ^2 是已知的，这里假设 σ^2 是未知的。参数 x 和 σ^2 的似然函数为

$$\Lambda_k(x,\sigma) = p[z_1,\cdots,z_k \mid x,\sigma] = \frac{1}{(2\pi)^{k/2}\sigma^k} \mathrm{e}^{-\frac{1}{2\sigma^2}\sum_{j=1}^{k}[z_j - x]^2} \tag{2.99}$$

可以通过令 $\ln \Lambda_k(x,\sigma)$ 的一阶导数为零，来求式（2.99）的最大值，即

$$\frac{\partial \ln \Lambda_k}{\partial x} = \frac{1}{\sigma^2}\sum_{j=1}^{k}[z_j - x] = 0 \tag{2.100}$$

$$\frac{\partial \ln \Lambda_k}{\partial \sigma} = -\frac{k}{\sigma} + \frac{1}{\sigma^3}\sum_{j=1}^{k}[z_j - x]^2 = 0 \tag{2.101}$$

1. 似然方程的解

由式（2.45）和式（2.100）可知，参数 x 的极大似然估计 $\hat{x}^{\mathrm{ML}}$ 为样本均值，测量噪声方差未知对参数 x 的估计没有任何影响。把 $\hat{x}^{\mathrm{ML}}$ 代入式（2.101）可得

$$\frac{\partial \ln \Lambda_k}{\partial \sigma}=-\frac{k}{\sigma}+\frac{1}{\sigma^3}\sum_{j=1}^{k}[z_j-\hat{x}^{\mathrm{ML}}]^2=0 \tag{2.102}$$

则可得方差估计结果为样本方差，即

$$[\hat{\sigma}_k^{\mathrm{ML}}]^2=\frac{1}{k}\sum_{j=1}^{k}[z_j-\hat{x}^{\mathrm{ML}}]^2=\frac{1}{k}\sum_{i=1}^{k}\left[z_j-\frac{1}{k}\sum_{i=1}^{k}z_i\right]^2 \tag{2.103}$$

2. 样本均值和样本方差的数学期望

假设参数 x 和 σ 的真实值为 x_0 和 σ_0，样本均值的数学期望为

$$E[\hat{x}_k^{\mathrm{ML}}]=E\left[\frac{1}{k}\sum_{j=1}^{k}z_j\right]=x_0 \tag{2.104}$$

因此，参数 x 的极大似然估计是无偏的。样本方差的数学期望为

$$\begin{aligned}
E\{[\hat{\sigma}_k^{\mathrm{ML}}]^2\}&=E\left\{\frac{1}{k}\sum_{j=1}^{k}\left[z_j-\frac{1}{k}\sum_{i=1}^{k}z_i\right]^2\right\}\\
&=\frac{1}{k}\sum_{j=1}^{k}E\left\{\left[\omega_j-\frac{1}{k}\sum_{i=1}^{k}\omega_i\right]^2\right\}\\
&=\frac{1}{k^3}\sum_{j=1}^{k}E\left\{\left[(k-1)\omega_j-\sum_{\substack{i=1\\ i\neq j}}^{k}\omega_i\right]^2\right\}\\
&=\frac{1}{k^2}[(k-1)^2+k-1]\sigma_0^2\\
&=\frac{k-1}{k}\sigma_0^2
\end{aligned} \tag{2.105}$$

因此，参数 σ^2 的极大似然估计是有偏的。可以发现当 k 趋向于无穷大时，$E\{[\hat{\sigma}_k^{\mathrm{ML}}]^2\}=\dfrac{k-1}{k}\sigma_0^2$，即参数 σ^2 的极大似然估计是渐近无偏的。为了保持估计的无偏性，式（2.103）的分母应该为（$k-1$）而不是 k，即

$$[\hat{\sigma}_k]^2=\frac{1}{k-1}\sum_{j=1}^{k}\left[z_j-\frac{1}{k}\sum_{i=1}^{k}z_i\right]^2 \tag{2.106}$$

式（2.106）为更常用的样本方差。然而，当 k 取值很大时，式（2.106）与式（2.103）没有明显差别。

2.7　估计的一致性与有效性

2.7.1　一致性定义

如果非随机参数的估计在统计意义下收敛于其真实值，那么此估计具有一致性。利用均方收敛准则，均方意义下一致性准则为

$$\lim_{k\to\infty} E[[\hat{x}(k,Z^k)-x_0]^2]=0 \tag{2.107}$$

式中，$E[[\hat{x}(k,Z^k)-x_0]^2]$ 是关于量测 Z^k 的数学期望，$Z^k \overset{\text{def}}{=\!=} \{z_1,\cdots z_k\}$。

对于随机参数，均方意义下一致性准则为

$$\lim_{k\to\infty} E[[\hat{x}(k,Z^k)-x]^2]=0 \tag{2.108}$$

式中，$E[[\hat{x}(k,Z^k)-x]^2]$ 是关于量测 Z^k 和 x 的数学期望。

与无偏估计类似，在统计意义下的一致性准则可以用估计误差来描述，即

$$\lim_{k\to\infty} \tilde{x}(k,Z^k)=0 \tag{2.109}$$

2.7.2　克拉美罗下界与费舍尔信息矩阵

1. 标量情况

如果非随机变量 x 的无偏估计为 $\hat{x}(Z)$，下式给出了估计方差的下界，即

$$E[[\hat{x}(Z)-x_0]^2]\geqslant \boldsymbol{J}^{-1} \tag{2.110}$$

式中

$$\boldsymbol{J} \overset{\text{def}}{=\!=} -E\left[\frac{\partial^2 \ln \Lambda(x)}{\partial x^2}\right]_{x=x_0} = E\left\{\left[\frac{\partial \ln \Lambda(x)}{\partial x}\right]^2\right\}_{x=x_0} \tag{2.111}$$

为费舍尔信息矩阵，$\Lambda(x)=p(Z\mid x)$ 为似然函数，x_0 为参数 x 的真实值。

假设随机变量 x 的无偏估计为 $\hat{x}(Z)$，下式给出了估计方差的下界，即

$$E[[\hat{x}(Z)-x]^2]\geqslant \boldsymbol{J}^{-1} \tag{2.112}$$

式中

$$\boldsymbol{J} \overset{\text{def}}{=\!=} -E\left[\frac{\partial^2 \ln p(Z,x)}{\partial x^2}\right] = E\left\{\left[\frac{\partial \ln p(Z,x)}{\partial x}\right]^2\right\} \tag{2.113}$$

式（2.111）是关于测量 Z^k 的数学期望，式（2.113）测量 Z^k 和 x 的数学期望。如果估计的方差等于克拉美罗下界，那么此估计为有效估计。

2. 多维情况

对于非随机的向量参数，其无偏估计的克拉美罗下界为

$$E[[\hat{\boldsymbol{x}}(\boldsymbol{Z})-\boldsymbol{x}_0][\hat{\boldsymbol{x}}(\boldsymbol{Z})-\boldsymbol{x}_0]^{\mathrm{T}} \geqslant \boldsymbol{J}^{-1}] \tag{2.114}$$

费舍尔信息矩阵为

$$\boldsymbol{J} \overset{\text{def}}{=} -E[\nabla_{\boldsymbol{x}}\nabla_{\boldsymbol{x}}^{\mathrm{T}} \ln \Lambda(\boldsymbol{x})]_{\boldsymbol{x}=\boldsymbol{x}_0} = E\left[[\nabla_{\boldsymbol{x}} \ln \Lambda(\boldsymbol{x})][\nabla_{\boldsymbol{x}} \ln \Lambda(\boldsymbol{x})]^{\mathrm{T}}\right]_{\boldsymbol{x}=\boldsymbol{x}_0} \tag{2.115}$$

式中，$\boldsymbol{x}_0$ 为向量参数 $\boldsymbol{x}$ 的真实值。

2.7.3 克拉美罗下界的证明[1]

假设 $\hat{x}(z)$ 为非随机参数 x 的无偏估计，似然函数为

$$\Lambda(x)=p(z\,|\,x) \tag{2.116}$$

假设似然函数的一阶导数和二阶导数存在，且完全可积。根据估计 $\hat{x}(z)$ 的无偏条件，有

$$E[\hat{x}(z)-x]=\int_{-\infty}^{\infty}[\hat{x}(z)-x]p(z\,|\,x)\mathrm{d}z=0 \tag{2.117}$$

对式（2.117）求导可得

$$\begin{aligned}\frac{\partial}{\partial x}\int_{-\infty}^{\infty}[\hat{x}(z)-x]p(z\,|\,x)\mathrm{d}z &= \int_{-\infty}^{\infty}\frac{\partial}{\partial x}\{[\hat{x}(z)-x]p(z\,|\,x)\}\mathrm{d}z \\ &= -\int_{-\infty}^{\infty}p(z\,|\,x)\mathrm{d}z+\int_{-\infty}^{\infty}[\hat{x}(z)-x]\frac{\partial p(z\,|\,x)}{\partial x}\mathrm{d}z \\ &= 0\end{aligned} \tag{2.118}$$

由于 $\int_{-\infty}^{\infty}p(z\,|\,x)\mathrm{d}z=1$ 和 $\frac{\partial p(z\,|\,x)}{\partial x}=\frac{\partial \ln p(z\,|\,x)}{\partial x}p(z\,|\,x)$，式（2.118）可重写为

$$\int_{-\infty}^{\infty}[\hat{x}(z)-x]\frac{\partial \ln p(z\,|\,x)}{\partial x}p(z\,|\,x)\mathrm{d}z=1 \tag{2.119}$$

式（2.119）可重写为

$$\int_{-\infty}^{\infty}[\hat{x}(z)-x]\sqrt{p(z\,|\,x)}\left\{\frac{\partial \ln p(z\,|\,x)}{\partial x}\sqrt{p(z\,|\,x)}\right\}\mathrm{d}z=1 \tag{2.120}$$

此处需要施瓦茨不等式，其一般形式为

$$|\langle f_1,f_2\rangle| \overset{\text{def}}{=} \int_{-\infty}^{\infty}f_1(z)f_2(z)\mathrm{d}z \leqslant \|f_1\|\|f_2\| \tag{2.121}$$

式中

$$\|f_i\| \overset{\text{def}}{=} \{\langle f_1,f_2\rangle\}^{1/2}=\left\{\int_{-\infty}^{\infty}f_i(z)^2\mathrm{d}z\right\}^{1/2} \tag{2.122}$$

式（2.122）成立的充分必要条件为

$$f_1(z)=cf_2(z) \tag{2.123}$$

由于式（2.120）的左半部分为形式如式（2.121）两个函数的内积，可以用式（2.121）来放大式（2.120）的左半部分，即

$$\left\{\int_{-\infty}^{\infty}[\hat{x}(z)-x]^2 p(z\mid x)\mathrm{d}z\right\}^{1/2}\left\{\int_{-\infty}^{\infty}\left[\frac{\partial \ln p(z\mid x)}{\partial x}\right]^2 p(z\mid x)\mathrm{d}z\right\}^{1/2}\geqslant 1 \tag{2.124}$$

可以得到

$$E\{[\hat{x}(z)-x]^2\}\geqslant\left\{E\left[\frac{\partial \ln p(z\mid x)}{\partial x}\right]^2\right\}^{-1} \tag{2.125}$$

式（2.125）成立的充分必要条件为

$$\frac{\partial \ln p(z\mid x)}{\partial x}=c(x)[\hat{x}(z)-x] \tag{2.126}$$

证明完毕。

2.7.4　有效估计的例子

对于式（2.44）的似然函数，费舍尔信息为标量，即

$$J=-E\left[\frac{\partial^2 \ln \Lambda_k(x)}{\partial x^2}\right]_{x=x_0}=\frac{k}{\sigma^2} \tag{2.127}$$

因此

$$E[[\hat{x}^{\mathrm{ML}}(k)-x_0]^2]\geqslant J^{-1}=\frac{\sigma^2}{k} \tag{2.128}$$

通过比较式（2.103）和式（2.128），极大似然估计是有效的。当 k 趋向于无穷时，式（2.128）趋向于零，因此极大似然估计也是一致的。

2.8　小　　结

本章介绍了参数估计问题，给出了两种常见的参数估计模型：非随机模型和随机模型，并详细介绍了几种常见的参数估计方法：极大似然估计、最大后验估计、最小二乘估计、最小均方误差估计和线性最小均方误差估计。另外，为了评价估计的性能，本章还介绍了估计的方差与均方误差、估计的无偏性、一致性和有效性。需要指出的是，本章涉及的内容（尤其是线性最小均方误差估计部分）是滤波和跟踪理论的基础，学习本章内容有助于读者理解后续章节的内容。

参 考 文 献

[1] Bar-Shalom Y, Li X R, Kirubarajan T. Estimation with Applications to Tracking and Navigation. New York: Wiley, 2001.

[2] Simon D. Optimal State Estimation: Kalman, H_∞, and Nonlinear Approaches. New York: Wiley, 2006.

[3] 韩崇昭, 朱洪艳, 段战胜. 多源信息融合. 北京: 清华大学出版社, 2010.

第 3 章　随机滤波理论与算法

根据状态与量测在时间上的对应关系的不同，状态估计问题可分为预测、滤波和平滑。本章将对状态估计中的滤波方法进行介绍。在目标跟踪领域中，状态估计一般都基于状态空间模型。对于与实际系统匹配的线性高斯状态空间模型（模型线性，过程噪声与量测噪声分别为不相关的高斯白噪声，系统初始状态也为不相关的高斯分布），卡尔曼滤波器（Kalman Filter，KF）[1]是最小均方误差意义下的最优估计器。当目标模型满足线性高斯条件时，采用卡尔曼滤波器为状态估计通用的做法。然而，对于非线性模型，需要采用非线性滤波方法来提高估计精度。

总体上说，非线性滤波可分为两大类：点估计和概率密度估计[2]。点估计器直接估计随机状态值（及其相关二阶统计量）本身，并不需要估计其概率密度函数。概率密度估计的目的是基于先验信息和在线数据估计状态的后验概率密度函数。一般而言，点估计器的输出为状态的一阶和二阶统计量，即其均值和协方差矩阵。大部分用于目标跟踪的滤波器均为点估计滤波器。点估计从非线性逼近技术上说可分为函数逼近、统计量逼近和随机模型逼近[2]。函数逼近类的非线性滤波器一般采用非线性函数的泰勒展开的多项式进行逼近，例如，扩展卡尔曼滤波器（Extended Kalman Filter，EKF）[3]，二阶和高阶扩展卡尔曼滤波器[4-6]。扩展卡尔曼滤波器是应用最为广泛的非线性滤波器。直观上说，采用扩展卡尔曼滤波器获取一次状态估计后，在更新的状态估计值附近对原非线性函数进行重新泰勒展开，再次利用扩展卡尔曼滤波器对重新展开后的线性化函数进行估计可能会获得更好的估计值。这个过程可以重复迭代进行，进而得到迭代扩展卡尔曼滤波器（Iterated Extended Kalman Filter，IEKF）[4，7]。而逼近技术的第二类——统计量逼近技术直接对被估计状态的一阶和二阶统计量进行逼近。其中最著名的为无迹滤波器（Unscented Filter，UF）[8，9]。UF 具有比一阶扩展卡尔曼滤波器更小的计算量且更好的逼近性能。属于这类的估计器还包括高斯-赫尔米特滤波器（Gauss-Hermite Filter，GHF）[10]。第三类随机模型逼近技术，与扩展卡尔曼滤波器中泰勒展开过程将目标状态当成非随机变量的操作不同，这类方法在展开过程中将相应状态当做随机变量处理，而这也更符合实际情况。属于这类方法的滤波器包括中心差分滤波器（Central Difference Filter，CDF）[11]和区分差分滤波器（Divided Difference Filter，DD1/DD2）[12]。上述滤波器均属于点估计器的范畴。而在目标跟踪中，属于概率密度估计器的是粒子滤波器（Particle Filter，PF）[13，14]。这类滤波器是一种序贯蒙特卡洛（Sequential Monte Carlo，SMC）方法，直接对非线性函数对应的概率密度函数进行逼近。总体而言，目标跟踪的目的是获取对于目标状态值的精确估计，因此一般实际系统均采用点估计器而不采用概率密度估计器。前者直接回答了目标跟踪的问题，而后者需要先估计出概率密度，再基于密度估算状态值，需要更大的计算量，尤其是当状态维数较高时，密度估计器庞大的计算量往往是实时目标跟踪系统难以承受的。然而，当系统的非线性程度极高时，采用密度估计器可获得比点估计器更高的状态估计性能。

3.1　卡尔曼滤波

3.1.1　离散时间线性系统描述

卡尔曼滤波是离散时间状态空间线性系统模型下的最小均方误差估计，此时，系统的动态方程和量测方程都应满足线性高斯条件，通常表示为

$$\boldsymbol{x}_k = \boldsymbol{F}_{k-1}\boldsymbol{x}_{k-1} + \boldsymbol{w}_{k-1} \tag{3.1}$$

$$\boldsymbol{z}_k = \boldsymbol{H}_k\boldsymbol{x}_k + \boldsymbol{v}_k \tag{3.2}$$

式中，$\boldsymbol{x}_k \in \mathbb{R}^n$ 表示 k 时刻的状态向量；$\boldsymbol{z}_k \in \mathbb{R}^n$ 表示 k 时刻的量测向量；$\boldsymbol{F}_{k-1}$ 是动态模型的状态转移矩阵；$\boldsymbol{H}_k$ 是量测模型矩阵；$\boldsymbol{w}_k \sim \mathcal{N}(\boldsymbol{O},\boldsymbol{Q}_k)$ 和 $\boldsymbol{v}_k \sim \mathcal{N}(\boldsymbol{O},\boldsymbol{R}_k)$ 分别是服从高斯分布的过程噪声序列和量测噪声序列，二者互不相关，即对所有 k 和 j，模型的基本统计性质为

$$E\{\boldsymbol{w}_k\} = \boldsymbol{O} \tag{3.3}$$

$$E\{\boldsymbol{v}_k\} = \boldsymbol{O} \tag{3.4}$$

$$C(\boldsymbol{w}_k,\boldsymbol{w}_j) = E\{\boldsymbol{w}_k\boldsymbol{w}_j^{\mathrm{T}}\} = \boldsymbol{Q}_k\delta_{kj} \tag{3.5}$$

$$C(\boldsymbol{v}_k,\boldsymbol{v}_j) = E\{\boldsymbol{v}_k\boldsymbol{v}_j^{\mathrm{T}}\} = \boldsymbol{R}_k\delta_{kj} \tag{3.6}$$

$$C(\boldsymbol{w}_k,\boldsymbol{v}_j) = E\{\boldsymbol{w}_k\boldsymbol{v}_j^{\mathrm{T}}\} = \boldsymbol{O} \tag{3.7}$$

式中，δ_{kj} 是克罗内克函数，即

$$\delta_{kj} = \begin{cases} 1, & k = j \\ 0, & k \neq j \end{cases} \tag{3.8}$$

定义直到 k 时刻的所有量测信息为

$$\boldsymbol{Z}^k \stackrel{\text{def}}{=} \{\boldsymbol{z}_1, \boldsymbol{z}_2, \cdots, \boldsymbol{z}_k\} \tag{3.9}$$

此时，对 j 时刻状态量进行估计，当 $j > k$ 时为预测，$j = k$ 时为滤波，$j < k$ 时为平滑。

3.1.2　卡尔曼滤波推导

1. 一步预测与新息

假设基于量测 $\boldsymbol{Z}^{k-1}$ 已有估计值 $\hat{\boldsymbol{x}}_{k-1}$，则根据式（3.1）来预测 k 时刻的状态值，直

观的想法是，因为 $\boldsymbol{w}_{k-1}$ 均值为零，则定义 $\hat{\boldsymbol{x}}_{k|k-1}$ 为根据 $\boldsymbol{Z}^{k-1}$ 所得的估计值 $\hat{\boldsymbol{x}}_{k-1}$ 的一步预测合理数值，即

$$\hat{\boldsymbol{x}}_k = \boldsymbol{F}_{k-1}\hat{\boldsymbol{x}}_{k|k-1} \tag{3.10}$$

而考虑到 $\boldsymbol{v}_k$ 均值为零，因此量测的期望为 $\boldsymbol{H}_k\hat{\boldsymbol{x}}_{k|k-1}$ 是合适的。基于以上两点，可认为根据 k 时刻的量测数据 $\boldsymbol{z}_k$ 来估计 $\boldsymbol{x}_k$ 的递推形式为

$$\hat{\boldsymbol{x}}_k = \hat{\boldsymbol{x}}_{k|k} = \hat{\boldsymbol{x}}_{k|k-1} + \boldsymbol{K}_k(\boldsymbol{z}_k - \boldsymbol{H}_k\hat{\boldsymbol{x}}_{k|k-1}) \tag{3.11}$$

式中，$(\boldsymbol{z}_k - \boldsymbol{H}_k\hat{\boldsymbol{x}}_{k|k-1})$ 为 k 时刻量测的一步预测误差，反映了第 k 个量测对状态估计提供的新息，卡尔曼滤波利用新息对状态估计进行在线修正；$\boldsymbol{K}_k$ 是一个待定的校正增益矩阵，是 k 时刻对新息的加权，反映了状态估计过程中对新息的重视程度，其目标是使估计误差方差最小。为此，先推导误差方差公式。

2. 估计误差方差

现定义

$$\tilde{\boldsymbol{x}}_{k|k-1} = \hat{\boldsymbol{x}}_{k|k-1} - \boldsymbol{x}_k \tag{3.12}$$

$$\tilde{\boldsymbol{x}}_k = \hat{\boldsymbol{x}}_k - \boldsymbol{x}_k \tag{3.13}$$

其含义分别为接收到 $\boldsymbol{z}_k$ 之前和之后对 $\boldsymbol{x}_k$ 的估计误差。则根据式（3.13），考虑到式（3.11），并将式（3.2）、式（3.12）代入式（3.13）可得

$$\begin{aligned}\tilde{\boldsymbol{x}}_k &= \hat{\boldsymbol{x}}_k - \boldsymbol{x}_k \\ &= \hat{\boldsymbol{x}}_{k|k-1} + \boldsymbol{K}_k(\boldsymbol{H}_k\boldsymbol{x}_k + \boldsymbol{v}_k - \boldsymbol{H}_k\hat{\boldsymbol{x}}_{k|k-1}) - \boldsymbol{x}_k \\ &= (\boldsymbol{I} - \boldsymbol{K}_k\boldsymbol{H}_k)\tilde{\boldsymbol{x}}_{k|k-1} + \boldsymbol{K}_k\boldsymbol{v}_k\end{aligned} \tag{3.14}$$

估计误差方差矩阵为

$$\begin{aligned}\boldsymbol{P}_k = E\{\tilde{\boldsymbol{x}}_k\tilde{\boldsymbol{x}}_k^{\mathrm{T}}\} = E\{&(\boldsymbol{I} - \boldsymbol{K}_k\boldsymbol{H}_k)\tilde{\boldsymbol{x}}_{k|k-1}[\tilde{\boldsymbol{x}}_{k|k-1}^{\mathrm{T}}(\boldsymbol{I} - \boldsymbol{K}_k\boldsymbol{H}_k)^{\mathrm{T}} + \boldsymbol{v}_k^{\mathrm{T}}\boldsymbol{K}_k^{\mathrm{T}}] \\ &+ \boldsymbol{K}_k\boldsymbol{v}_k[\tilde{\boldsymbol{x}}_{k|k-1}^{\mathrm{T}}(\boldsymbol{I} - \boldsymbol{K}_k\boldsymbol{H}_k)^{\mathrm{T}} + \boldsymbol{v}_k^{\mathrm{T}}\boldsymbol{K}_k^{\mathrm{T}}]\}\end{aligned} \tag{3.15}$$

定义一步预测误差方差为

$$\boldsymbol{P}_{k|k-1} = E\{\tilde{\boldsymbol{x}}_{k|k-1}\tilde{\boldsymbol{x}}_{k|k-1}^{\mathrm{T}}\} \tag{3.16}$$

由模型的基本统计性质可知

$$E\{\boldsymbol{v}_k\boldsymbol{v}_k^{\mathrm{T}}\} = \boldsymbol{R}_k \tag{3.17}$$

而且，预测误差与量测噪声互不相关，即

$$E\{\tilde{\boldsymbol{x}}_{k|k-1}\boldsymbol{v}_k^{\mathrm{T}}\} = E\{\boldsymbol{v}_k\tilde{\boldsymbol{x}}_{k|k-1}^{\mathrm{T}}\} = \boldsymbol{O} \tag{3.18}$$

将式（3.16）～式（3.18）代入式（3.15），得

$$\begin{aligned}\boldsymbol{P}_k &= (\boldsymbol{I} - \boldsymbol{K}_k\boldsymbol{H}_k)\boldsymbol{P}_{k|k-1}(\boldsymbol{I} - \boldsymbol{K}_k\boldsymbol{H}_k)^{\mathrm{T}} + \boldsymbol{K}_k\boldsymbol{R}_k\boldsymbol{K}_k^{\mathrm{T}} \\ &= \boldsymbol{P}_{k|k-1} - \boldsymbol{K}_k\boldsymbol{H}_k\boldsymbol{P}_{k|k-1} - \boldsymbol{P}_{k|k-1}\boldsymbol{H}_k^{\mathrm{T}}\boldsymbol{K}_k^{\mathrm{T}} + \boldsymbol{K}_k\boldsymbol{H}_k\boldsymbol{P}_{k|k-1}\boldsymbol{H}_k^{\mathrm{T}}\boldsymbol{K}_k^{\mathrm{T}} + \boldsymbol{K}_k\boldsymbol{R}_k\boldsymbol{K}_k^{\mathrm{T}}\end{aligned} \tag{3.19}$$

要完成递推，还需要分析从 $\boldsymbol{P}_{k-1}$ 到 $\boldsymbol{P}_{k|k-1}$ 的递推公式，由式（3.10）两边减去 $\boldsymbol{x}_k$，可得

$$\hat{\boldsymbol{x}}_k - \boldsymbol{x}_k = \boldsymbol{F}_{k-1}\hat{\boldsymbol{x}}_{k|k-1} - \boldsymbol{x}_k \tag{3.20}$$

将式（3.1）和式（3.12）代入，得

$$\tilde{\boldsymbol{x}}_{k|k-1} = \boldsymbol{F}_{k-1}\tilde{\boldsymbol{x}}_{k-1} - \boldsymbol{w}_{k-1} \tag{3.21}$$

又由于估计误差与过程噪声互不相关，即

$$E\{\tilde{\boldsymbol{x}}_{k|k-1}\boldsymbol{w}_k^{\mathrm{T}}\} = E\{\boldsymbol{w}_k\tilde{\boldsymbol{x}}_{k|k-1}^{\mathrm{T}}\} = 0 \tag{3.22}$$

所以

$$\boldsymbol{P}_{k|k-1} = \boldsymbol{F}_{k-1}\boldsymbol{P}_{k-1}\boldsymbol{F}_{k-1}^{\mathrm{T}} + \boldsymbol{Q}_{k-1} \tag{3.23}$$

在求得估计误差方差的递推公式之后，进而讨论 $\boldsymbol{K}_k$ 的选择，以使得误差方差 $\boldsymbol{P}_k$ 最小。

3. 增益矩阵 $\boldsymbol{K}_k$

要使估计误差方差 $\boldsymbol{P}_k$ 取最小值，即等价于使误差方差矩阵的迹最小。为此，可将估计误差方差 $\boldsymbol{P}_k$ 的迹对 $\boldsymbol{K}_k$ 求偏导并令偏导数为零，即

$$\frac{\partial}{\partial \boldsymbol{K}_k}\mathrm{tr}(\boldsymbol{P}_k) = 0 \tag{3.24}$$

对式（3.19）取迹，有

$$\begin{aligned}\mathrm{tr}(\boldsymbol{P}_k) = {} & \mathrm{tr}(\boldsymbol{P}_{k|k-1}) - \mathrm{tr}(\boldsymbol{K}_k\boldsymbol{H}_k\boldsymbol{P}_{k|k-1}) - \mathrm{tr}(\boldsymbol{P}_{k|k-1}\boldsymbol{H}_k^{\mathrm{T}}\boldsymbol{K}_k^{\mathrm{T}}) \\ & + \mathrm{tr}(\boldsymbol{K}_k\boldsymbol{H}_k\boldsymbol{P}_{k|k-1}\boldsymbol{H}_k^{\mathrm{T}}\boldsymbol{K}_k^{\mathrm{T}}) + \mathrm{tr}(\boldsymbol{K}_k\boldsymbol{R}_k\boldsymbol{K}_k^{\mathrm{T}})\end{aligned} \tag{3.25}$$

应用矩阵迹的求导公式：

$$\frac{\partial}{\partial \boldsymbol{X}}\mathrm{tr}(\boldsymbol{X}\boldsymbol{A}) = \frac{\partial}{\partial \boldsymbol{X}}\mathrm{tr}(\boldsymbol{A}^{\mathrm{T}}\boldsymbol{X}^{\mathrm{T}}) = \boldsymbol{A}^{\mathrm{T}}$$

$$\frac{\partial}{\partial \boldsymbol{X}}\mathrm{tr}(\boldsymbol{X}\boldsymbol{A}\boldsymbol{X}^{\mathrm{T}}) = \boldsymbol{X}(\boldsymbol{A} + \boldsymbol{A}^{\mathrm{T}})$$

并考虑到 $\boldsymbol{P}_{k|k-1}$、$\boldsymbol{R}_k$ 为对称矩阵，可得

$$\begin{aligned}\frac{\partial}{\partial \boldsymbol{K}_k}\mathrm{tr}(\boldsymbol{P}_k) &= -\boldsymbol{P}_{k|k-1}^{\mathrm{T}}\boldsymbol{H}_k^{\mathrm{T}} - \boldsymbol{P}_{k|k-1}\boldsymbol{H}_k^{\mathrm{T}} + \boldsymbol{K}_k(\boldsymbol{H}_k\boldsymbol{P}_{k|k-1}\boldsymbol{H}_k^{\mathrm{T}} + \boldsymbol{H}_k\boldsymbol{P}_{k|k-1}^{\mathrm{T}}\boldsymbol{H}_k^{\mathrm{T}}) + \boldsymbol{K}_k(\boldsymbol{R}_k + \boldsymbol{R}_k^{\mathrm{T}}) \\ &= -2\boldsymbol{P}_{k|k-1}\boldsymbol{H}_k^{\mathrm{T}} + 2\boldsymbol{K}_k\boldsymbol{H}_k\boldsymbol{P}_{k|k-1}\boldsymbol{H}_k^{\mathrm{T}} + 2\boldsymbol{K}_k\boldsymbol{R}_k\end{aligned} \tag{3.26}$$

令式（3.26）为零，得卡尔曼滤波增益为

$$\boldsymbol{K}_k = \boldsymbol{P}_{k|k-1}\boldsymbol{H}_k^{\mathrm{T}}(\boldsymbol{H}_k\boldsymbol{P}_{k|k-1}\boldsymbol{H}_k^{\mathrm{T}} + \boldsymbol{R}_k)^{-1} \tag{3.27}$$

进而，估计误差方差矩阵可简化为

$$\begin{aligned}\boldsymbol{P}_k &= (\boldsymbol{I}-\boldsymbol{K}_k\boldsymbol{H}_k)\boldsymbol{P}_{k|k-1}(\boldsymbol{I}-\boldsymbol{K}_k\boldsymbol{H}_k)^{\mathrm{T}}+\boldsymbol{K}_k\boldsymbol{R}_k\boldsymbol{K}_k^{\mathrm{T}}\\ &= (\boldsymbol{I}-\boldsymbol{K}_k\boldsymbol{H}_k)\boldsymbol{P}_{k|k-1}-\boldsymbol{P}_{k|k-1}\boldsymbol{H}_k^{\mathrm{T}}\boldsymbol{K}_k^{\mathrm{T}}+\boldsymbol{K}_k(\boldsymbol{H}_k\boldsymbol{P}_{k|k-1}\boldsymbol{H}_k^{\mathrm{T}}+\boldsymbol{R}_k)\boldsymbol{K}_k^{\mathrm{T}}\\ &= (\boldsymbol{I}-\boldsymbol{K}_k\boldsymbol{H}_k)\boldsymbol{P}_{k|k-1}\end{aligned} \tag{3.28}$$

3.1.3 卡尔曼滤波算法

根据前述推导，对式（3.1）和式（3.2）所描述的系统模型，总结离散时间线性系统条件下的最优卡尔曼滤波的基本方程及其算法如下。

算法 3.1 卡尔曼滤波

（1）初始化。

步骤 1 给定滤波器初始条件：$\hat{\boldsymbol{x}}_0$，$\boldsymbol{P}_0$，$\boldsymbol{Q}_0$，$\boldsymbol{R}_0$。

对于时刻 $k=1,2,3,\cdots$ 循环进行步骤 2～步骤 4。

（2）预测。

步骤 2 状态估计和估计误差协方差为

$$\hat{\boldsymbol{x}}_{k|k-1}=\boldsymbol{F}_{k-1}\hat{\boldsymbol{x}}_{k-1}$$

$$\boldsymbol{P}_{k|k-1}=\boldsymbol{F}_{k-1}\boldsymbol{P}_{k-1}\boldsymbol{F}_{k-1}^{\mathrm{T}}+\boldsymbol{Q}_{k-1}$$

（3）更新。

步骤 3 计算量测预测、新息协方差矩阵和卡尔曼增益为

$$\hat{\boldsymbol{z}}_{k|k-1}=\boldsymbol{H}_k\hat{\boldsymbol{x}}_{k|k-1}$$

$$\boldsymbol{S}_k=\boldsymbol{H}_k\boldsymbol{P}_{k|k-1}\boldsymbol{H}_k^{\mathrm{T}}+\boldsymbol{R}_k$$

$$\boldsymbol{K}_k=\boldsymbol{P}_{k|k-1}\boldsymbol{H}_k^{\mathrm{T}}\boldsymbol{S}_k^{-1}$$

步骤 4 状态估计和估计误差协方差为

$$\hat{\boldsymbol{x}}_k=\hat{\boldsymbol{x}}_{k|k-1}+\boldsymbol{K}_k(\boldsymbol{z}_k-\hat{\boldsymbol{z}}_{k|k-1})$$

$$\boldsymbol{P}_k=\boldsymbol{P}_{k|k-1}-\boldsymbol{K}_k\boldsymbol{H}_k\boldsymbol{P}_{k|k-1}$$

3.1.4 卡尔曼滤波的性质

在前面推导滤波递推公式的过程中，可以看到卡尔曼滤波有以下几点性质。

1. 递推性

离散时间卡尔曼滤波是一种递推计算方法，通过更新均值和协方差完成滤波。递推过程包括两个阶段：预测，也称时间更新，根据 $k-1$ 时刻的状态估计和估计方差，获得对 k 时刻的状态预测和预测方差；更新，也称量测更新，利用预测的状态值和方差，求出卡尔曼增益，进而获得 k 时刻的最小方差状态估计及其估计方差。

卡尔曼滤波方法的特点是，不要求保存过去的量测信息，当获得新的量测之后，

根据新数据和前一时刻的估计值，利用动态方程和递推公式即可求得新的估计值。因此卡尔曼滤波比较适合于动态测量，例如，船舶动态定位、人造卫星定轨计算、弹道测定和目标跟踪、惯性测量和卫星组合导航等。

2. 无偏性

因为状态 $\boldsymbol{x}_k$ 的卡尔曼滤波值 $\hat{\boldsymbol{x}}_k$ 是 $\boldsymbol{x}_k$ 的线性最小均方误差估计，所以由投影的性质可知，卡尔曼滤波估计 $\hat{\boldsymbol{x}}_k$ 是无偏估计，即 $E\{\hat{\boldsymbol{x}}_k\}=E\{\boldsymbol{x}_k\}$。

3. 最优性

若对于初始状态或初始状态误差和所有系统噪声均满足高斯假设，则卡尔曼滤波的误差方差矩阵 $\boldsymbol{P}_k$ 是基于量测 $\boldsymbol{Z}^k$ 的所有估计中的最小均方误差矩阵，即卡尔曼滤波为最优的最小方差估计。若噪声为非高斯，则 $\boldsymbol{P}_k$ 是基于量测 $\boldsymbol{Z}^k$ 的所有线性估计中的最小均方误差矩阵，即卡尔曼滤波为线性最小均方误差估计。而对于非线性系统，不同的非线性卡尔曼滤波方法可得到次优解，这类问题将在随后的几节中讨论。

4. 稳定性

卡尔曼滤波的稳定性问题考虑初值对滤波效果的影响情况。因为卡尔曼滤波器以估计误差方差最小为准则，所以只需最优初始估计值和方差为 $\hat{\boldsymbol{x}}_0=E\{\boldsymbol{x}_0\}$、$\boldsymbol{P}_0=\text{var}\{\boldsymbol{x}_0\}$，即可保证滤波的无偏且估计误差方差最小。然而在实际系统中，对初始状态的统计特性并没有确切的了解，所选取的初值与最优初值存在误差。滤波的稳定性问题考虑的就是随时间增长能否保证估计值趋于真实值，即 $E\{\hat{\boldsymbol{x}}_k\}=E\{\boldsymbol{x}_k\}$ 且 $\boldsymbol{P}_k$ 为最小方差矩阵，稳定的卡尔曼滤波器能够消除初值误差对滤波结果的影响。卡尔曼从原系统出发，证明了滤波稳定性定理：如果式（3.1）和式（3.2）所描述的原系统是一致完全能控和一致完全能观的，则其卡尔曼滤波器是一致渐近稳定的。

3.2　扩展卡尔曼滤波

根据 3.1 节的内容可知，卡尔曼滤波是线性高斯条件下的状态估计最优解，然而在实际系统中，动态过程和量测过程通常是非线性的，不能直接使用卡尔曼滤波算法。可以通过泰勒级数展开的方法，获得非线性系统的线性近似，进而采用卡尔曼滤波处理非线性系统的滤波问题，这就是扩展卡尔曼滤波。

3.2.1　离散时间非线性系统描述

1. 带有加性噪声的离散时间非线性系统

考虑如下方程所描述的离散时间非线性动态系统，假定系统中的过程噪声和量测噪声都是加性噪声：

$$\boldsymbol{x}_k = \boldsymbol{f}(\boldsymbol{x}_{k-1}) + \boldsymbol{w}_{k-1} \tag{3.29}$$

$$\boldsymbol{z}_k = \boldsymbol{h}(\boldsymbol{x}_k) + \boldsymbol{v}_k \tag{3.30}$$

式中，$\boldsymbol{x}_k \in \mathbb{R}^n$ 表示 k 时刻的状态向量；$\boldsymbol{z}_k \in \mathbb{R}^n$ 表示 k 时刻的量测向量；非线性函数 $\boldsymbol{f}(\cdot)$ 和 $\boldsymbol{h}(\cdot)$ 分别为动态模型函数和量测模型函数；$\boldsymbol{w}_k \sim \mathcal{N}(\boldsymbol{O},\boldsymbol{Q}_k)$ 和 $\boldsymbol{v}_k \sim \mathcal{N}(\boldsymbol{O},\boldsymbol{R}_k)$ 分别为系统服从高斯分布过程噪声和量测噪声，协方差分别为 $\boldsymbol{Q}_k$ 和 $\boldsymbol{R}_k$，其统计特性满足式（3.3）～式（3.7）。

2. 带有非加性噪声的离散时间非线性系统

若离散时间非线性动态系统中的过程噪声和量测噪声为非加性，系统模型描述为

$$\boldsymbol{x}_k = \boldsymbol{f}(\boldsymbol{x}_{k-1}, \boldsymbol{w}_{k-1}) \tag{3.31}$$

$$\boldsymbol{y}_k = \boldsymbol{h}(\boldsymbol{x}_k, \boldsymbol{v}_k) \tag{3.32}$$

式中，$\boldsymbol{x}_k \in \mathbb{R}^n$ 表示 k 时刻的状态向量；$\boldsymbol{z}_k \in \mathbb{R}^n$ 表示 k 时刻的量测向量；非线性函数 $\boldsymbol{f}(\cdot)$ 和 $\boldsymbol{h}(\cdot)$ 分别为动态模型函数和量测模型函数；$\boldsymbol{w}_k \sim \mathcal{N}(\boldsymbol{O},\boldsymbol{Q}_k)$ 和 $\boldsymbol{v}_k \sim \mathcal{N}(\boldsymbol{O},\boldsymbol{R}_k)$ 分别为系统服从高斯分布过程噪声和量测噪声，协方差分别为 $\boldsymbol{Q}_k$ 和 $\boldsymbol{R}_k$，其统计特性也满足式（3.3）～式（3.7）。该模型在形式上更具有一般性。

3.2.2 非线性系统泰勒级数展开

考虑如下非线性变换，将高斯随机变量 $\boldsymbol{x}$ 转换为随机变量 $\boldsymbol{y}$:

$$\boldsymbol{x} \sim \mathcal{N}(\boldsymbol{m}, \boldsymbol{P}) \tag{3.33}$$

$$\boldsymbol{y} = \boldsymbol{g}(\boldsymbol{x}) \tag{3.34}$$

式中，$\boldsymbol{x} \in \mathbb{R}^n$；$\boldsymbol{y} \in \mathbb{R}^m$；而 $\boldsymbol{g}(\cdot)$ 是非线性函数随机变量 $\boldsymbol{y}$ 的概率密度，表示为[15]

$$p(\boldsymbol{y}) = |J(\boldsymbol{y})|\, \mathcal{N}(\boldsymbol{g}^{-1}(\boldsymbol{y}); \boldsymbol{m}, \boldsymbol{P}) \tag{3.35}$$

式中，$|J(\boldsymbol{y})|$ 是逆变换 $\boldsymbol{g}^{-1}(\boldsymbol{y})$ 的雅可比矩阵的行列式。但由于 $\boldsymbol{g}(\cdot)$ 为非线性，所以其分布难以直接获得。

对 $\boldsymbol{y}$ 的分布进行一阶泰勒级数近似形式如下。

令 $\boldsymbol{x} = \boldsymbol{m} + \delta\boldsymbol{x}$，其中，$\delta\boldsymbol{x} \sim \mathcal{N}(\boldsymbol{0}, \boldsymbol{P})$，则可得函数 $\boldsymbol{g}(\cdot)$ 的泰勒级数展开为

$$\boldsymbol{g}(\boldsymbol{x}) = \boldsymbol{g}(\boldsymbol{m} + \delta\boldsymbol{x}) = \boldsymbol{g}(\boldsymbol{m}) + \boldsymbol{G}_x(\boldsymbol{m})\delta\boldsymbol{x} + \sum_i \frac{1}{2}\delta\boldsymbol{x}^{\mathrm{T}}\boldsymbol{G}_{xx}^{(i)}(\boldsymbol{m})\delta\boldsymbol{x}\boldsymbol{e}_i + \cdots \tag{3.36}$$

式中，$\boldsymbol{G}_x(\boldsymbol{m})$ 为 $\boldsymbol{g}(\cdot)$ 的雅可比矩阵（Jacobian matrix），其元素定义为

$$[\boldsymbol{G}_x(\boldsymbol{m})]_{j,j'} = \left.\frac{\partial \boldsymbol{g}_j(\boldsymbol{x})}{\partial \boldsymbol{x}_{j'}}\right|_{\boldsymbol{x}=\boldsymbol{m}} \tag{3.37}$$

$G_{xx}^{(i)}(m)$ 是黑塞矩阵（Hessian matrix），即

$$[G_{xx}^{(i)}(m)]_{j,j'} = \left.\frac{\partial^2 g_i(x)}{\partial x_j \partial x_{j'}}\right|_{x=m} \tag{3.38}$$

$e_i = [0 \ \cdots \ 0 \ 1 \ 0 \ \cdots \ 0]^{\mathrm{T}}$ 是坐标轴 i 方向上的单位向量，只在位置 i 取值为 1，其余位置取值均为 0。

取泰勒级数的前两项对非线性函数进行线性化近似，即

$$g(x) \approx g(m + \delta x) = g(m) + G_x(m)\delta x \tag{3.39}$$

计算式（3.39）在 $x = m$ 点的期望为

$$\begin{aligned} E\{g(x)\} &\approx E\{g(m) + G_x(m)\delta x\} \\ &= g(m) + G_x(m)E\{\delta x\} \\ &= g(m) \end{aligned} \tag{3.40}$$

协方差为

$$\begin{aligned} C(g(x)) &= E\{(g(x) - E\{g(x)\})(g(x) - E\{g(x)\})^{\mathrm{T}}\} \\ &\approx E\{(g(x) - g(m))(g(x) - g(m))^{\mathrm{T}}\} \\ &\approx E\{(g(m) + G_x(m)\delta x - g(m))(g(m) + G_x(m)\delta x - g(m))^{\mathrm{T}}\} \\ &= E\{(G_x(m)\delta x)(G_x(m)\delta x)^{\mathrm{T}}\} \\ &= G_x(m)E\{\delta x \delta x^{\mathrm{T}}\}G_x^{\mathrm{T}}(m) \\ &= G_x(m)PG_x^{\mathrm{T}}(m) \end{aligned} \tag{3.41}$$

而随机变量 x 和 y 之间的互协方差可通过如下的增广变换获得，即

$$\tilde{g}(x) = [x \quad g(x)]^{\mathrm{T}} \tag{3.42}$$

则可推导出其均值和协方差分别为

$$E\{\tilde{g}(x)\} \approx [m \quad g(m)]^{\mathrm{T}} \tag{3.43}$$

$$\begin{aligned} C(\tilde{g}(x)) &= E\{(\tilde{g}(x) - E\{\tilde{g}(x)\})(\tilde{g}(x) - E\{\tilde{g}(x)\})^{\mathrm{T}}\} \\ &\approx \mathrm{E}\left\{\begin{bmatrix} x - m \\ g(x) - g(m) \end{bmatrix}[x - m \quad g(x) - g(m)]\right\} \\ &\approx E\left\{\begin{bmatrix} \delta x \\ G_x(m)\delta x \end{bmatrix}[\delta x \quad G_x(m)\delta x]\right\} \\ &\approx \begin{bmatrix} 1 \\ G_x(m) \end{bmatrix} P [1 \quad G_x(m)] \\ &= \begin{bmatrix} P & PG_x^{\mathrm{T}}(m) \\ G_x(m)P & G_x(m)PG_x^{\mathrm{T}}(m) \end{bmatrix} \end{aligned} \tag{3.44}$$

1. 带有加性噪声的线性化近似

为了推导扩展卡尔曼滤波方程，对于噪声为加性的非线性变换，通常采用如下变换形式：

$$\boldsymbol{x} \sim \mathcal{N}(\boldsymbol{m}, \boldsymbol{P}) \tag{3.45}$$

$$\boldsymbol{q} \sim \mathcal{N}(\boldsymbol{O}, \boldsymbol{Q}) \tag{3.46}$$

$$\boldsymbol{y} = \boldsymbol{g}(\boldsymbol{x}) + \boldsymbol{q} \tag{3.47}$$

式中，随机变量 $\boldsymbol{q}$ 与 $\boldsymbol{x}$ 相互独立。$\boldsymbol{x}$ 与 $\boldsymbol{y}$ 的联合分布可线性化近似为

$$\begin{bmatrix} \boldsymbol{x} \\ \boldsymbol{y} \end{bmatrix} \sim \mathcal{N}\left(\begin{bmatrix} \boldsymbol{m} \\ \boldsymbol{\mu}_L \end{bmatrix}, \begin{bmatrix} \boldsymbol{P} & \boldsymbol{C}_L \\ \boldsymbol{C}_L^{\mathrm{T}} & \boldsymbol{S}_L \end{bmatrix}\right) \tag{3.48}$$

式中

$$\boldsymbol{\mu}_L = \boldsymbol{g}(\boldsymbol{m}) \tag{3.49}$$

$$\boldsymbol{S}_L = \boldsymbol{G}_x(\boldsymbol{m})\boldsymbol{P}\boldsymbol{G}_x^{\mathrm{T}}(\boldsymbol{m}) + \boldsymbol{Q} \tag{3.50}$$

$$\boldsymbol{C}_L = \boldsymbol{P}\boldsymbol{G}_x^{\mathrm{T}}(\boldsymbol{m}) \tag{3.51}$$

$\boldsymbol{G}_x(\boldsymbol{m})$ 是函数 $\boldsymbol{g}(\cdot)$ 关于 $\boldsymbol{x}$ 在 $\boldsymbol{x} = \boldsymbol{m}$ 处的雅可比矩阵，矩阵元素由下式求得：

$$[\boldsymbol{G}_x(\boldsymbol{m})]_{j,j'} = \left.\frac{\partial \boldsymbol{g}_j(\boldsymbol{x})}{\partial \boldsymbol{x}_{j'}}\right|_{\boldsymbol{x}=\boldsymbol{m}} \tag{3.52}$$

2. 带有非加性噪声线性化近似

在式（3.45）的滤波模型中，若过程噪声为非加性，则模型可表示为

$$\boldsymbol{x} \sim \mathcal{N}(\boldsymbol{m}, \boldsymbol{P}) \tag{3.53}$$

$$\boldsymbol{q} \sim \mathcal{N}(\boldsymbol{O}, \boldsymbol{Q}) \tag{3.54}$$

$$\boldsymbol{y} = \boldsymbol{g}(\boldsymbol{x}, \boldsymbol{q}) \tag{3.55}$$

式中，随机变量 $\boldsymbol{q}$ 与 $\boldsymbol{x}$ 相互独立。其均值和协方差可通过将方程中的增广向量 $(\boldsymbol{x},\boldsymbol{q})$ 替换为 $\boldsymbol{x}$ 求得。联合雅可比矩阵可表示为 $\boldsymbol{G}_{x,q} = [\boldsymbol{G}_x \quad \boldsymbol{G}_q]$，$\boldsymbol{G}_q$ 是函数 $\boldsymbol{g}(\cdot)$ 关于 $\boldsymbol{q}$ 在 $\boldsymbol{x} = \boldsymbol{m}$，$\boldsymbol{q} = \boldsymbol{O}$ 处的雅可比矩阵。均值和协方差为

$$\begin{aligned} \boldsymbol{C}(\tilde{g}(\boldsymbol{x},\boldsymbol{q})) &\approx \begin{bmatrix} 1 & \boldsymbol{O} \\ \boldsymbol{G}_x(\boldsymbol{m}) & \boldsymbol{G}_q(\boldsymbol{m}) \end{bmatrix} \begin{bmatrix} \boldsymbol{P} & \boldsymbol{O} \\ \boldsymbol{O} & \boldsymbol{Q} \end{bmatrix} \begin{bmatrix} 1 & \boldsymbol{O} \\ \boldsymbol{G}_x(\boldsymbol{m}) & \boldsymbol{G}_q(\boldsymbol{m}) \end{bmatrix}^{\mathrm{T}} \\ &= \begin{bmatrix} \boldsymbol{P} & \boldsymbol{P}\boldsymbol{G}_x^{\mathrm{T}}(\boldsymbol{m}) \\ \boldsymbol{G}_x(\boldsymbol{m})\boldsymbol{P} & \boldsymbol{G}_x(\boldsymbol{m})\boldsymbol{P}\boldsymbol{G}_x^{\mathrm{T}}(\boldsymbol{m}) + \boldsymbol{G}_q(\boldsymbol{m})\boldsymbol{Q}\boldsymbol{G}_q^{\mathrm{T}}(\boldsymbol{m}) \end{bmatrix} \end{aligned} \tag{3.56}$$

由此，$\boldsymbol{x}$ 与 $\boldsymbol{y}$ 的联合分布可线性化近似为

$$\begin{bmatrix}\boldsymbol{x}\\ \boldsymbol{y}\end{bmatrix} \sim \mathcal{N}\left(\begin{bmatrix}\boldsymbol{m}\\ \boldsymbol{\mu}_L\end{bmatrix},\begin{bmatrix}\boldsymbol{P} & \boldsymbol{C}_L\\ \boldsymbol{C}_L^{\mathrm{T}} & \boldsymbol{S}_L\end{bmatrix}\right) \tag{3.57}$$

式中

$$\boldsymbol{\mu}_L = \boldsymbol{g}(\boldsymbol{m}) \tag{3.58}$$

$$\boldsymbol{S}_L = \boldsymbol{G}_{\boldsymbol{x}}(\boldsymbol{m})\boldsymbol{P}\boldsymbol{G}_{\boldsymbol{x}}^{\mathrm{T}}(\boldsymbol{m}) + \boldsymbol{G}_{\boldsymbol{q}}(\boldsymbol{m})\boldsymbol{Q}\boldsymbol{G}_{\boldsymbol{q}}^{\mathrm{T}}(\boldsymbol{m}) \tag{3.59}$$

$$\boldsymbol{C}_L = \boldsymbol{P}\boldsymbol{G}_{\boldsymbol{x}}^{\mathrm{T}}(\boldsymbol{m}) \tag{3.60}$$

$\boldsymbol{G}_{\boldsymbol{x}}(\boldsymbol{m})$ 是函数 $\boldsymbol{g}(\cdot)$ 关于 $\boldsymbol{x}$ 在 $\boldsymbol{x}=\boldsymbol{m}$ ， $\boldsymbol{q}=\boldsymbol{0}$ 处的雅可比矩阵，矩阵元素由下式求得：

$$[\boldsymbol{G}_{\boldsymbol{x}}(\boldsymbol{m})]_{j,j'} = \left.\frac{\partial \boldsymbol{g}_j(\boldsymbol{x},\boldsymbol{q})}{\partial \boldsymbol{x}_{j'}}\right|_{\boldsymbol{x}=\boldsymbol{m},\boldsymbol{q}=\boldsymbol{0}} \tag{3.61}$$

相应地，$\boldsymbol{G}_{\boldsymbol{q}}(\boldsymbol{m})$ 是函数 $\boldsymbol{g}(\cdot)$ 关于噪声 $\boldsymbol{q}$ 在 $\boldsymbol{x}=\boldsymbol{m}$ ， $\boldsymbol{q}=\boldsymbol{O}$ 处的雅可比矩阵，矩阵元素由下式求得：

$$[\boldsymbol{G}_{\boldsymbol{x}}(\boldsymbol{m})]_{j,j'} = \left.\frac{\partial \boldsymbol{g}_j(\boldsymbol{x},\boldsymbol{q})}{\partial \boldsymbol{x}_{j'}}\right|_{\boldsymbol{x}=\boldsymbol{m},\boldsymbol{q}=\boldsymbol{O}} \tag{3.62}$$

3.2.3　扩展卡尔曼滤波算法

1. 带有加性噪声的扩展卡尔曼滤波

考虑式（3.29）和式（3.30）描述的带有加性噪声的非线性系统滤波模型：

$$\boldsymbol{x}_k = \boldsymbol{f}(\boldsymbol{x}_{k-1}) + \boldsymbol{w}_{k-1} \tag{3.63}$$

$$\boldsymbol{z}_k = \boldsymbol{h}(\boldsymbol{x}_k) + \boldsymbol{v}_k \tag{3.64}$$

$$\boldsymbol{w}_k \sim \mathcal{N}(\boldsymbol{O},\boldsymbol{Q}_k) \tag{3.65}$$

$$\boldsymbol{v}_k \sim \mathcal{N}(\boldsymbol{O},\boldsymbol{R}_k) \tag{3.66}$$

将非线性函数 $\boldsymbol{f}(\cdot)$ 和 $\boldsymbol{h}(\cdot)$ 局部线性化处理，写成一阶泰勒展开的形式，进而利用卡尔曼滤波公式计算。扩展卡尔曼滤波算法步骤描述如下。

算法 3.2　扩展卡尔曼滤波 I

（1）初始化。

步骤 1　给定滤波器初始条件 $\hat{\boldsymbol{x}}_0$， $\boldsymbol{P}_0$， $\boldsymbol{Q}_0$， $\boldsymbol{R}_0$。

对于时刻 $k=1,2,3,\cdots$ 循环进行步骤 2～步骤 6。

（2）预测。

步骤 2　计算动态系统状态方程的雅可比矩阵为

$$\boldsymbol{F}_k = \left.\frac{\partial \boldsymbol{f}(\boldsymbol{x})}{\partial \boldsymbol{x}}\right|_{\boldsymbol{x}=\hat{\boldsymbol{x}}_{k-1}}$$

步骤 3　状态估计和估计误差协方差，即

$$\hat{\boldsymbol{x}}_{k|k-1} = \boldsymbol{f}(\hat{\boldsymbol{x}}_{k-1})$$

$$\boldsymbol{P}_{k|k-1} = \boldsymbol{F}_k \boldsymbol{P}_{k-1} \boldsymbol{F}_k^{\mathrm{T}} + \boldsymbol{Q}_{k-1}$$

（3）更新。

步骤 4　计算量测方程的雅可比矩阵为

$$\boldsymbol{H}_k = \left.\frac{\partial \boldsymbol{h}(\boldsymbol{x})}{\partial \boldsymbol{x}}\right|_{\boldsymbol{x}=\hat{\boldsymbol{x}}_{k|k-1}}$$

步骤 5　计算量测预测、新息协方差矩阵和卡尔曼增益为

$$\hat{\boldsymbol{z}}_{k|k-1} = \boldsymbol{h}(\hat{\boldsymbol{x}}_{k|k-1})$$

$$\boldsymbol{S}_k = \boldsymbol{H}_k \boldsymbol{P}_{k|k-1} \boldsymbol{H}_k^{\mathrm{T}} + \boldsymbol{R}_k$$

$$\boldsymbol{K}_k = \boldsymbol{P}_{k|k-1} \boldsymbol{H}_k^{\mathrm{T}} \boldsymbol{S}_k^{-1}$$

步骤 6　状态估计和估计误差协方差为

$$\hat{\boldsymbol{x}}_k = \hat{\boldsymbol{x}}_{k|k-1} + \boldsymbol{K}_k (\boldsymbol{z}_k - \hat{\boldsymbol{z}}_{k|k-1})$$

$$\boldsymbol{P}_k = \boldsymbol{P}_{k|k-1} - \boldsymbol{K}_k \boldsymbol{H}_k \boldsymbol{P}_{k|k-1}$$

2. 带有非加性噪声的扩展卡尔曼滤波

再考虑式（3.31）和式（3.32）描述的带有非加性噪声的非线性系统滤波模型：

$$\boldsymbol{x}_k = \boldsymbol{f}(\boldsymbol{x}_{k-1}, \boldsymbol{w}_{k-1}) \tag{3.67}$$

$$\boldsymbol{z}_k = \boldsymbol{h}(\boldsymbol{x}_k, \boldsymbol{v}_k) \tag{3.68}$$

$$\boldsymbol{w}_k \sim \mathcal{N}(\boldsymbol{O}, \boldsymbol{Q}_k) \tag{3.69}$$

$$\boldsymbol{v}_k \sim \mathcal{N}(\boldsymbol{O}, \boldsymbol{R}_k) \tag{3.70}$$

这种情况下的扩展卡尔曼滤波算法步骤描述如下。

算法 3.3　扩展卡尔曼滤波 II

（1）初始化。

步骤 1　给定滤波器初始条件 $\hat{\boldsymbol{x}}_0$， $\boldsymbol{P}_0$， $\boldsymbol{Q}_0$， $\boldsymbol{R}_0$。

对于时刻 $k=1,2,3,\cdots$ 循环进行步骤 2～步骤 6。

（2）预测。

步骤 2　计算动态系统状态方程的雅可比矩阵为

$$\boldsymbol{F}_{k,x}=\left.\frac{\partial \boldsymbol{f}(\boldsymbol{x},\boldsymbol{w})}{\partial \boldsymbol{x}}\right|_{\boldsymbol{x}=\hat{\boldsymbol{x}}_{k-1},\boldsymbol{w}_{k-1}=\boldsymbol{0}}$$

$$\boldsymbol{F}_{k,w}=\left.\frac{\partial \boldsymbol{f}(\boldsymbol{x},\boldsymbol{w})}{\partial \boldsymbol{w}}\right|_{\boldsymbol{x}=\hat{\boldsymbol{x}}_{k-1},\boldsymbol{w}_{k-1}=\boldsymbol{0}}$$

步骤 3　状态估计和估计误差协方差，即

$$\hat{\boldsymbol{x}}_{k|k-1}=\boldsymbol{f}(\hat{\boldsymbol{x}}_{k-1},\boldsymbol{O})$$

$$\boldsymbol{P}_{k|k-1}=\boldsymbol{F}_{k,x}\boldsymbol{P}_{k-1}\boldsymbol{F}_{k,x}^{\mathrm{T}}+\boldsymbol{F}_{k,w}\boldsymbol{Q}_{k-1}\boldsymbol{F}_{k,w}^{\mathrm{T}}$$

（3）更新。

步骤 4　计算量测方程的雅可比矩阵为

$$\boldsymbol{H}_{k,x}=\left.\frac{\partial \boldsymbol{h}(\boldsymbol{x},\boldsymbol{v})}{\boldsymbol{x}}\right|_{\boldsymbol{x}=\hat{\boldsymbol{x}}_{k|k-1},\boldsymbol{v}_{k}=\boldsymbol{O}}$$

$$\boldsymbol{H}_{k,v}=\left.\frac{\partial \boldsymbol{h}(\boldsymbol{x},\boldsymbol{v})}{\partial \boldsymbol{v}}\right|_{\boldsymbol{x}=\hat{\boldsymbol{x}}_{k|k-1},\boldsymbol{v}_{k}=\boldsymbol{O}}$$

步骤 5　计算量测预测、新息协方差矩阵和卡尔曼增益为

$$\hat{\boldsymbol{z}}_{k|k-1}=\boldsymbol{h}(\hat{\boldsymbol{x}}_{k|k-1},\boldsymbol{O})$$

$$\boldsymbol{S}_{k}=\boldsymbol{H}_{k,x}\boldsymbol{P}_{k|k-1}\boldsymbol{H}_{k,x}^{\mathrm{T}}+\boldsymbol{H}_{k,v}\boldsymbol{R}_{k}\boldsymbol{H}_{k,v}^{\mathrm{T}}$$

$$\boldsymbol{K}_{k}=\boldsymbol{P}_{k|k-1}\boldsymbol{H}_{k}^{\mathrm{T}}\boldsymbol{S}_{k}^{-1}$$

步骤 6　状态估计和估计误差协方差为

$$\hat{\boldsymbol{x}}_{k}=\hat{\boldsymbol{x}}_{k|k-1}+\boldsymbol{K}_{k}(\boldsymbol{z}_{k}-\hat{\boldsymbol{z}}_{k|k-1})$$

$$\boldsymbol{P}_{k}=\boldsymbol{P}_{k|k-1}-\boldsymbol{K}_{k}\boldsymbol{H}_{k}\boldsymbol{P}_{k|k-1}$$

相对于其他非线性滤波方法，扩展卡尔曼滤波的优点是使用较为简便的算法即可获得较好的滤波效果。而且在工程实践上，线性化近似是解决非线性系统问题的常用手段，易于理解和使用，因此可以广泛应用于大多数实际问题中。其缺点在于，扩展卡尔曼滤波基于局部线性化方法，因而在非线性度较高的系统中无法获得满意的滤波效果，模型的线性化误差往往会严重影响最终的滤波精度，甚至导致滤波的发散。而且扩展卡尔曼滤波算法要求动态模型和量测模型函数是可微的，由于实际问题中无法简单获得所需的雅可比矩阵，扩展卡尔曼滤波算法无法实现，甚至即使获得了雅可比矩阵，庞大的计算量也会积累较大的计算误差，导致程序难以调试，因此越来越多的研究转向了寻求更多新的非线性滤波算法。

3.3 无迹滤波

3.3.1 无迹变换

无迹变换（Unscented Transformation，UT）[8, 9]是用于计算经非线性变换的随机变量统计特性的数值计算方法。该方法与线性化或统计线性化方法不同，它直接求出目标分布的均值和协方差，避免了对非线性函数的近似[8]。

无迹变换的思想是利用初始分布的均值和协方差生成一系列确定的 sigma 采样点，这些 sigma 点通过非线性函数传播，从而得到估计的均值和协方差。值得注意的是，尽管无迹变换与蒙特卡洛方法相似，但二者有着本质的区别，因为无迹变换的 sigma 点的选取是确定性的[16]。

考虑 n 维随机变量 $\boldsymbol{x} \sim \mathcal{N}(\bar{\boldsymbol{x}}, \boldsymbol{P}_x)$ 和 m 维随机变量 $\boldsymbol{y} \sim \mathcal{N}(\bar{\boldsymbol{y}}, \boldsymbol{P}_y)$：

$$\boldsymbol{y} = \boldsymbol{g}(\boldsymbol{x}) \tag{3.71}$$

式中，$\boldsymbol{g}(\cdot)$ 为非线性变换函数。

无迹变换的目的就是根据 $\boldsymbol{x}$ 的统计特性，获得非线性函数传播后的 $\boldsymbol{y}$ 的统计特性，为此需要选取 $2n+1$ 个 sigma 点 $\boldsymbol{\mathcal{X}}^i$，sigma 点及其权系数的选取规则为

$$\begin{cases} \boldsymbol{\mathcal{X}}^0 = \bar{\boldsymbol{x}}, \\ \boldsymbol{\mathcal{X}}^i = \bar{\boldsymbol{x}} + \sqrt{n+\lambda}\left[\sqrt{\boldsymbol{P}_x}\right]_i, \quad i = 1, \cdots, n \\ \boldsymbol{\mathcal{X}}^{n+i} = \bar{\boldsymbol{x}} - \sqrt{n+\lambda}\left[\sqrt{\boldsymbol{P}_x}\right]_i, \end{cases} \tag{3.72}$$

$$\begin{cases} w_0^{(m)} = \lambda / (n+\lambda), \\ w_0^{(c)} = \lambda / (n+\lambda) + (1 - \alpha^2 + \beta), \quad i = 1, \cdots, 2n \\ w_i^{(m)} = w_i^{(c)} = 1 / (2n + 2\lambda), \end{cases} \tag{3.73}$$

式中，$\lambda = \alpha^2(n+\kappa) - n$，决定 sigma 点与均值 $\bar{\boldsymbol{x}}$ 的距离；参数 α 通常设为一个较小的正数（$10^{-4} \leqslant \alpha < 1$）；$\kappa$ 通常取为 0 或 $3-n$；对于高斯分布，$\beta = 2$ 是最优的，而如果状态变量是单变量，则最佳的选择是 $\beta = 0$；矩阵方根表示 $\sqrt{\boldsymbol{P}_x}^{\mathrm{T}}\sqrt{\boldsymbol{P}_x} = \boldsymbol{P}_x$，$[]_i$ 表示矩阵第 i 列，各 sigma 点构成 sigma 矩阵的各列。将这些 sigma 点经过非线性函数 $\boldsymbol{g}(\cdot)$ 传播，得到

$$\boldsymbol{\mathcal{Y}}^i = \boldsymbol{g}(\boldsymbol{\mathcal{X}}^i), \quad i = 0, 1, \cdots, 2n \tag{3.74}$$

则随机变量 $\boldsymbol{y}$ 的均值和方差可计算为

$$\bar{\boldsymbol{y}} = \sum_{i=0}^{2n} w_i^{(m)} \boldsymbol{\mathcal{Y}}^i \tag{3.75}$$

$$P_y = \sum_{i=0}^{2n} w_i^{(c)} (\mathcal{Y}^i - \overline{y})(\mathcal{Y}^i - \overline{y})^{\mathrm{T}} \tag{3.76}$$

3.3.2　无迹滤波算法

1. 带有加性噪声的无迹滤波

考虑式（3.29）和式（3.30）描述的带有加性噪声的非线性系统滤波模型：

$$\boldsymbol{x}_k = \boldsymbol{f}(\boldsymbol{x}_{k-1}) + \boldsymbol{w}_{k-1} \tag{3.77}$$

$$\boldsymbol{z}_k = \boldsymbol{h}(\boldsymbol{x}_k) + \boldsymbol{v}_k \tag{3.78}$$

$$\boldsymbol{w}_k \sim \mathcal{N}(\boldsymbol{O}, \boldsymbol{Q}_k) \tag{3.79}$$

$$\boldsymbol{v}_k \sim \mathcal{N}(\boldsymbol{O}, \boldsymbol{R}_k) \tag{3.80}$$

将无迹变换与卡尔曼滤波算法相结合，可得加性噪声情况下的无迹滤波算法步骤描述如下。

算法 3.4　无迹滤波 I

（1）初始化。

步骤 1　给定滤波器初始条件 $\hat{\boldsymbol{x}}_0$，$\boldsymbol{P}_0$，$\boldsymbol{Q}_0$，$\boldsymbol{R}_0$。

对于时刻 $k = 1, 2, 3, \cdots$ 循环进行步骤 2～步骤 8。

（2）预测。

步骤 2　根据 $k-1$ 时刻估计均值 $\hat{\boldsymbol{x}}_{k-1}$ 和协方差矩阵 $\boldsymbol{P}_{k-1}$，利用式(3.72)和式(3.73)选取 sigma 点 $\boldsymbol{\mathcal{X}}_{k-1}^0, \boldsymbol{\mathcal{X}}_{k-1}^1, \cdots, \boldsymbol{\mathcal{X}}_{k-1}^{2n}$ 和权值 $w_0, w_1, \cdots, w_{2n}$。

步骤 3　根据动态模型进行 sigma 点非线性变换，即

$$\hat{\boldsymbol{\mathcal{X}}}_{k|k-1}^i = \boldsymbol{f}(\boldsymbol{\mathcal{X}}_{k-1}^i), \quad i = 0, \cdots, 2n$$

步骤 4　状态预测均值和预测协方差为

$$\hat{\boldsymbol{x}}_{k|k-1} = \sum_{i=0}^{2n} w_i^{(m)} \hat{\boldsymbol{\mathcal{X}}}_{k|k-1}^i$$

$$\boldsymbol{P}_{k|k-1} = \sum_{i=0}^{2n} w_i^{(c)} (\hat{\boldsymbol{\mathcal{X}}}_{k|k-1}^i - \hat{\boldsymbol{x}}_{k|k-1})(\hat{\boldsymbol{\mathcal{X}}}_{k|k-1}^i - \hat{\boldsymbol{x}}_{k|k-1})^{\mathrm{T}} + \boldsymbol{Q}_{k-1}$$

（3）更新。

步骤 5　根据 k 时刻预测均值 $\hat{\boldsymbol{x}}_{k|k-1}$ 和协方差矩阵 $\boldsymbol{P}_{k|k-1}$，选取 σ 点 $\boldsymbol{\mathcal{X}}_{k|k-1}^0, \boldsymbol{\mathcal{X}}_{k|k-1}^1, \cdots, \boldsymbol{\mathcal{X}}_{k|k-1}^{2n}$ 和权值 $w_0, w_1, \cdots, w_{2n}$。此步骤可以省略，即避免重新生成新的 sigma 点，而利用预测阶段得到的 $\hat{\boldsymbol{\mathcal{X}}}_{k|k-1}^i$，从而以牺牲部分精度为代价减小计算量。

步骤 6　根据量测模型进行 sigma 点非线性变换，即

$$\hat{\boldsymbol{\mathcal{Z}}}_{k|k-1}^i = \boldsymbol{h}(\boldsymbol{\mathcal{X}}_{k|k-1}^i), \quad i = 0, \cdots, 2n$$

步骤 7　量测预测均值、新息协方差、状态与量测间的互协方差和滤波增益为

$$\hat{z}_{k|k-1} = \sum_{i=0}^{2n} w_i^{(m)} \hat{\mathcal{Z}}_{k|k-1}^i$$

$$S_k = \sum_{i=0}^{2n} w_i^{(c)} (\hat{\mathcal{Z}}_{k|k-1}^i - \hat{z}_{k|k-1})(\hat{\mathcal{Z}}_{k|k-1}^i - \hat{z}_{k|k-1})^{\mathrm{T}} + R_k$$

$$C_k = \sum_{i=0}^{2n} w_i^{(c)} (\mathcal{X}_{k|k-1}^i - \hat{x}_{k|k-1})(\hat{\mathcal{Z}}_{k|k-1}^i - \hat{z}_{k|k-1})^{\mathrm{T}}$$

$$K_k = C_k S_k^{-1}$$

步骤 8　k 时刻后验状态估计均值和协方差矩阵为

$$\hat{x}_k = \hat{x}_{k|k-1} + K_k (z_k - \hat{z}_{k|k-1})$$

$$P_k = P_{k|k-1} - K_k S_k K_k^{\mathrm{T}}$$

2. 带有非加性噪声的无迹滤波

再考虑式（3.31）和式（3.32）描述的带有非加性噪声的非线性系统滤波模型：

$$x_k = f(x_{k-1}, w_{k-1}) \tag{3.81}$$

$$z_k = h(x_k, v_k) \tag{3.82}$$

$$w_k \sim \mathcal{N}(O, Q_k) \tag{3.83}$$

$$v_k \sim \mathcal{N}(O, R_k) \tag{3.84}$$

非加性形式的无迹滤波算法[16]可通过将状态变量与过程噪声和测量噪声联合扩维，进而采用无迹变换近似。或者，可以先在预测步骤中，将状态变量与过程噪声联合扩维，再在更新步骤中与测量噪声联合扩维[17]。

若采用分步扩维的方式，则带有非加性噪声的无迹滤波算法步骤描述如下。

算法 3.5　无迹滤波 II

（1）初始化。

步骤 1　给定滤波器初始条件 $\hat{x}_0$， P_0， Q_0， R_0。

对于时刻 $k = 1,2,3,\cdots$ 循环进行步骤 2～步骤 8：

（2）预测。

步骤 2　将 $k-1$ 时刻的随机变量扩维，其估计均值和协方差为

$$\tilde{x}_{k-1} = [\hat{x}_{k-1}^{\mathrm{T}} \quad O]^{\mathrm{T}}$$

$$\tilde{P}_{k-1} = \begin{bmatrix} P_{k-1} & O \\ O & Q_{k-1} \end{bmatrix}$$

利用式（3.72）和式（3.73）选取 sigma 点 $\tilde{\mathcal{X}}_{k-1}^0, \tilde{\mathcal{X}}_{k-1}^1, \cdots, \tilde{\mathcal{X}}_{k-1}^{2n'}$ 和权值 $w_0, w_1, \cdots, w_{2n'}$。

其中，n 由 n' 代替，$n' = n + n_w$，n 为状态维数，n_w 为过程噪声维数；λ 由 λ' 代替，$\lambda' = \alpha^2(n' + \kappa) - n'$。

步骤 3　根据动态模型进行 sigma 点非线性变换，即

$$\hat{\boldsymbol{\mathcal{X}}}_{k|k-1}^{i,x} = \boldsymbol{f}(\tilde{\boldsymbol{\mathcal{X}}}_{k-1}^{i,x}, \tilde{\boldsymbol{\mathcal{X}}}_{k-1}^{i,w}), \quad i = 0, \cdots, 2n'$$

式中，$\tilde{\boldsymbol{\mathcal{X}}}_{k-1}^{i,x}$ 表示 $\tilde{\boldsymbol{\mathcal{X}}}_{k-1}^{i}$ 中的前 n 项；$\tilde{\boldsymbol{\mathcal{X}}}_{k-1}^{i,w}$ 表示 $\tilde{\boldsymbol{\mathcal{X}}}_{k-1}^{i}$ 中的后 n_w 项。

步骤 4　状态预测均值和预测协方差为

$$\hat{\boldsymbol{x}}_{k|k-1} = \sum_{i=0}^{2n'} w_i^{(m)\prime} \hat{\boldsymbol{\mathcal{X}}}_{k|k-1}^{i,x}$$

$$\boldsymbol{P}_{k|k-1} = \sum_{i=0}^{2n'} w_i^{(c)\prime} (\hat{\boldsymbol{\mathcal{X}}}_{k|k-1}^{i,x} - \hat{\boldsymbol{x}}_{k|k-1})(\hat{\boldsymbol{\mathcal{X}}}_{k|k-1}^{i,x} - \hat{\boldsymbol{x}}_{k|k-1})^{\mathrm{T}}$$

（3）更新。

步骤 5　将 k 时刻的随机变量扩维，其估计均值和协方差为

$$\tilde{\boldsymbol{x}}_{k|k-1} = [\hat{\boldsymbol{x}}_{k|k-1}^{\mathrm{T}} \quad \boldsymbol{O}]^{\mathrm{T}}$$

$$\tilde{\boldsymbol{P}}_{k|k-1} = \begin{bmatrix} \boldsymbol{P}_{k|k-1} & \boldsymbol{O} \\ \boldsymbol{O} & \boldsymbol{R}_k \end{bmatrix}$$

选取 σ 点 $\tilde{\boldsymbol{\mathcal{X}}}_{k|k-1}^{0}, \tilde{\boldsymbol{\mathcal{X}}}_{k|k-1}^{1}, \cdots, \tilde{\boldsymbol{\mathcal{X}}}_{k|k-1}^{2n''}$ 和权值 $w_0, w_1, \cdots, w_{2n''}$。其中，$n$ 由 n'' 代替，$n'' = n + n_v$，n 为状态维数，n_v 为量测噪声维数；λ 由 λ'' 代替，$\lambda'' = \alpha^2(n'' + \kappa) - n''$。

步骤 6　根据量测模型进行 sigma 点非线性变换，即

$$\hat{\boldsymbol{\mathcal{Z}}}_{k|k-1}^{i} = \boldsymbol{h}(\tilde{\boldsymbol{\mathcal{X}}}_{k|k-1}^{i,x}, \tilde{\boldsymbol{\mathcal{X}}}_{k|k-1}^{i,v}), \quad i = 0, \cdots, 2n''$$

式中，$\tilde{\boldsymbol{\mathcal{X}}}_{k|k-1}^{i,x}$ 表示 $\tilde{\boldsymbol{\mathcal{X}}}_{k|k-1}^{i}$ 中的前 n 项；$\tilde{\boldsymbol{\mathcal{X}}}_{k|k-1}^{i,v}$ 表示 $\tilde{\boldsymbol{\mathcal{X}}}_{k|k-1}^{i}$ 中的后 n_v 项。

步骤 7　量测预测均值、新息协方差、状态与量测间的互协方差和滤波增益为

$$\hat{\boldsymbol{z}}_{k|k-1} = \sum_{i=0}^{2n''} w_i^{(m)''} \hat{\boldsymbol{\mathcal{Z}}}_{k|k-1}^{i}$$

$$\boldsymbol{S}_k = \sum_{i=0}^{2n''} w_i^{(c)''} (\hat{\boldsymbol{\mathcal{Z}}}_{k|k-1}^{i} - \hat{\boldsymbol{z}}_{k|k-1})(\hat{\boldsymbol{\mathcal{Z}}}_{k|k-1}^{i} - \hat{\boldsymbol{z}}_{k|k-1})^{\mathrm{T}}$$

$$\boldsymbol{C}_k = \sum_{i=0}^{2n''} w_i^{(c)''} (\hat{\boldsymbol{\mathcal{X}}}_{k|k-1}^{i,x} - \hat{\boldsymbol{x}}_{k|k-1})(\hat{\boldsymbol{\mathcal{Z}}}_{k|k-1}^{i} - \hat{\boldsymbol{z}}_{k|k-1})^{\mathrm{T}}$$

$$\boldsymbol{K}_k = \boldsymbol{C}_k \boldsymbol{S}_k^{-1}$$

步骤 8　k 时刻后验状态估计均值和协方差矩阵为

$$\hat{\boldsymbol{x}}_k = \hat{\boldsymbol{x}}_{k|k-1} + \boldsymbol{K}_k(\boldsymbol{z}_k - \hat{\boldsymbol{z}}_{k|k-1})$$

$$\boldsymbol{P}_k = \boldsymbol{P}_{k|k-1} - \boldsymbol{K}_k \boldsymbol{S}_k \boldsymbol{K}_k^{\mathrm{T}}$$

若扩维的增广向量直接由原始状态向量、过程噪声和量测噪声三者构成，则这种方法的带有非加性噪声的无迹滤波算法步骤描述如下。

算法 3.6　无迹滤波Ⅲ

（1）初始化。

步骤 1　直接将随机变量扩维为 $\boldsymbol{x}^a=\begin{bmatrix}\boldsymbol{x}^{\mathrm{T}} & \boldsymbol{w}^{\mathrm{T}} & \boldsymbol{v}^{\mathrm{T}}\end{bmatrix}^{\mathrm{T}}$，根据给定的滤波器初始条件 $\hat{\boldsymbol{x}}_0$、$\boldsymbol{P}_0$、$\boldsymbol{Q}_0$、$\boldsymbol{R}_0$，构造增广矩阵：

$$\boldsymbol{x}_0^a=[\hat{\boldsymbol{x}}_0^{\mathrm{T}}\quad \boldsymbol{O}\quad \boldsymbol{O}]^{\mathrm{T}}$$

$$\boldsymbol{P}_0^a=\begin{bmatrix}\boldsymbol{P}_0 & \boldsymbol{O} & \boldsymbol{O}\\ \boldsymbol{O} & \boldsymbol{Q}_0 & \boldsymbol{O}\\ \boldsymbol{O} & \boldsymbol{O} & \boldsymbol{R}_0\end{bmatrix}$$

对于时刻 $k=1,2,3,\cdots$ 循环进行步骤 2～步骤 7。

（2）预测。

步骤 2　根据扩维的估计均值和协方差矩阵：

$$\hat{\boldsymbol{x}}_{k-1}^a=\begin{bmatrix}\boldsymbol{x}_{k-1}^{\mathrm{T}} & \boldsymbol{w}_{k-1}^{\mathrm{T}} & \boldsymbol{v}_k^{\mathrm{T}}\end{bmatrix}^{\mathrm{T}}$$

$$\boldsymbol{P}_{k-1}^a=\begin{bmatrix}\boldsymbol{P}_{k-1} & \boldsymbol{O} & \boldsymbol{O}\\ \boldsymbol{O} & \boldsymbol{Q}_{k-1} & \boldsymbol{O}\\ \boldsymbol{O} & \boldsymbol{O} & \boldsymbol{R}_k\end{bmatrix}$$

利用式（3.72）和式（3.73）选取 sigma 点 $\boldsymbol{\mathcal{X}}_{k-1}^{0,a},\boldsymbol{\mathcal{X}}_{k-1}^{1,a},\cdots,\boldsymbol{\mathcal{X}}_{k-1}^{2n,a}$ 和权值 $w_0,w_1,\cdots,w_{2n}$。其中，n 由 n_a 代替，$n_a=n+n_w+n_v$，n 为状态维数，n_w 为过程噪声维数，n_v 为量测噪声维数；λ 由 λ_a 代替，$\lambda_a=\alpha^2(n_a+\kappa)-n_a$。

步骤 3　根据动态模型进行 sigma 点非线性变换，即

$$\hat{\boldsymbol{\mathcal{X}}}_{k|k-1}^{i,x}=\boldsymbol{f}(\boldsymbol{\mathcal{X}}_{k-1}^{i,x},\boldsymbol{\mathcal{X}}_{k-1}^{i,w}),\quad i=0,\cdots,2n_a$$

步骤 4　状态预测均值和预测协方差为

$$\hat{\boldsymbol{x}}_{k|k-1}=\sum_{i=0}^{2n_a}w_i^{(m)}\hat{\boldsymbol{\mathcal{X}}}_{k|k-1}^{i,x}$$

$$\boldsymbol{P}_{k|k-1}=\sum_{i=0}^{2n_a}w_i^{(c)}(\hat{\boldsymbol{\mathcal{X}}}_{k|k-1}^{i,x}-\hat{\boldsymbol{x}}_{k|k-1})(\hat{\boldsymbol{\mathcal{X}}}_{k|k-1}^{i,x}-\hat{\boldsymbol{x}}_{k|k-1})^{\mathrm{T}}$$

（3）更新。

步骤 5　根据量测模型进行 sigma 点非线性变换，即

$$\hat{\boldsymbol{\mathcal{Z}}}_{k|k-1}^{i}=\boldsymbol{h}(\boldsymbol{\mathcal{X}}_{k|k-1}^{i,x},\boldsymbol{\mathcal{X}}_{k|k-1}^{i,v}),\quad i=0,\cdots,2n_a$$

式中，$\boldsymbol{\mathcal{X}}_{k|k-1}^{i,x}$ 表示 $\boldsymbol{\mathcal{X}}_{k|k-1}^{i,a}$ 中的前 n 项；$\boldsymbol{\mathcal{X}}_{k|k-1}^{i,v}$ 表示 $\boldsymbol{\mathcal{X}}_{k|k-1}^{i,a}$ 中的后 n_v 项。

步骤 6　量测预测均值、新息协方差、状态与量测间的互协方差和滤波增益为

$$\hat{z}_{k|k-1}=\sum_{i=0}^{2n_a}w_i^{(m)}\hat{\mathcal{Z}}_{k|k-1}^i$$

$$S_k=\sum_{i=0}^{2n_a}w_i^{(c)}(\hat{\mathcal{Z}}_{k|k-1}^i-\hat{z}_{k|k-1})(\hat{\mathcal{Z}}_{k|k-1}^i-\hat{z}_{k|k-1})^{\mathrm{T}}$$

$$C_k=\sum_{i=0}^{2n_a}w_i^{(c)}(\mathcal{X}_{k|k-1}^{i,x}-\hat{x}_{k|k-1})(\hat{\mathcal{Z}}_{k|k-1}^i-\hat{z}_{k|k-1})^{\mathrm{T}}$$

$$K_k=C_kS_k^{-1}$$

步骤 7　k 时刻后验状态估计均值和协方差矩阵为

$$\hat{x}_k=\hat{x}_{k|k-1}+K_k(z_k-\hat{z}_{k|k-1})$$

$$P_k=P_{k|k-1}-K_kS_kK_k^{\mathrm{T}}$$

相对于扩展卡尔曼滤波，无迹滤波将状态随机变量以一系列采样点的形式表示，这些采样点能获取随机变量的均值和协方差。无迹滤波的优点是其并没有近似非线性动态模型和量测模型，而是直接利用原系统模型。当状态量通过实际的非线性系统之后，后验均值和协方差可以精确到三阶，且对任何非线性系统都有这一近似精度。而且，由于不需要要求系统可微，也不需要计算复杂的雅可比矩阵，基于无迹变换的无迹滤波算法因此更具有实际应用价值。

无迹滤波算法可以广义划分到一类滤波器，称为“sigma 点滤波器”[18]中，这类滤波器还包括如中心差分卡尔曼滤波器（Central Difference Kalman Filter，CDKF），Gauss-Hermite 卡尔曼滤波器（Gauss-Hermite Kalman Filter，GHKF）和其他滤波器[11, 12, 19]。文献[18]对于 sigma 点法的分类是基于将此法解释为随机线性回归[20]的一种特殊情况。如文献[18]所述，随机线性化与 sigma 点近似密切相关，因为它们都是基于随机线性回归的。然而随机线性回归是 sigma 点法的结构基础，但不等同于通常所说的随机线性化[21]，随机线性回归可以理解为使随机线性化的离散近似。与扩展卡尔曼滤波中的局部线性化不同，随机线性化利用了系统在状态空间中的多点信息，因此通常无迹滤波精度要高于扩展卡尔曼滤波。

无迹滤波自提出以来，在工程上具有广泛的应用，但处理高维数（维数 $n\geqslant 4$）时，无迹滤波中的自由调节参数 $\kappa<0$，使某些 sigma 点的权值 $w<0$，从而使滤波过程中的协方差出现非正定，导致滤波数值不稳定甚至有可能出现发散，因而无迹滤波在高维数系统中出现应用困难的情况[22]。

3.4　容积卡尔曼滤波

为了克服无迹滤波在高维系统中出现精度低的情况，近年来，Arasaratnam 和 Haykin 提出了基于 Cubature 变换的容积卡尔曼滤波（Cubature Kalman Filter，CKF）[19]方法。

3.4.1 容积规则

对于高斯分布下的非线性滤波问题，可以将其归结为积分计算问题，其中被积函数表示为非线性函数与高斯密度的乘积，考虑积分：

$$I(f)=\int_{\mathbb{R}^n} f(\boldsymbol{x})\exp(-\boldsymbol{x}^{\mathrm{T}}\boldsymbol{x})\mathrm{d}\boldsymbol{x} \tag{3.85}$$

为了数值化求解该积分，可首先将其变换为球面径向（spherical-radial）形式，进而采用球面径向规则进行积分。具体求解方式如下。

1. 球面径向变换

利用球面径向变换，将笛卡儿坐标系中的向量$\boldsymbol{x}$转换为径向的标量r与方向向量$\boldsymbol{y}$的乘积，即$\boldsymbol{x}=r\boldsymbol{y}$，且$\boldsymbol{y}^{\mathrm{T}}\boldsymbol{y}=1$，则可得$\boldsymbol{x}^{\mathrm{T}}\boldsymbol{x}=r^2$，$r\in[0,\infty)$，因而式（3.85）的积分在球面径向坐标系中表示为

$$I(f)=\int_0^{\infty}\int_{U_n} f(r\boldsymbol{y})r^{n-1}\exp(-r^2)\mathrm{d}\sigma(\boldsymbol{y})\mathrm{d}r \tag{3.86}$$

式中，U_n表示半径为 1 的球形表面，即$U_n=\{\boldsymbol{y}\in\mathbb{R}^n \mid \boldsymbol{y}^{\mathrm{T}}\boldsymbol{y}=1\}$；$\sigma(\cdot)$表示球面测度。进一步化简，式（3.86）可表示为

$$I(f)=\int_0^{\infty} S(r)r^{n-1}\exp(-r^2)\mathrm{d}r \tag{3.87}$$

在单位权重函数$w(\boldsymbol{y})=1$时，$S(r)$定义为

$$S(r)=\int_{U_n} f(r\boldsymbol{y})\mathrm{d}\sigma(\boldsymbol{y}) \tag{3.88}$$

球面积分和径向积分利用后面介绍的球面容积规则和高斯求积规则分别进行数值计算。为了介绍这些规则，首先明确如下定义。

定义 3.1 满足以下两个条件的容积规则称为全对称。

（1）若$\boldsymbol{x}\in\mathcal{D}$，则$\boldsymbol{y}\in\mathcal{D}$，其中$\boldsymbol{y}$由$\boldsymbol{x}$通过置换或者符号变换得到。

（2）在$\mathcal{D}$域上，$w(\boldsymbol{x})=w(\boldsymbol{y})$，即集合中全对称的点具有相同的权值。

例如，在一维全对称集$\mathbb{R}$中，若$x\in\mathbb{R}$，则必有$(-x)\in\mathbb{R}$且$w(x)=w(-x)$。

定义 3.2 在一个全对称域中，如果$\boldsymbol{u}=(u_1,u_2,\cdots,u_r,0,\cdots,0)\in\mathbb{R}^n$，其中$u_i\geqslant u_{i+1}>0$，$i=1,2,\cdots,(r-1)$，则称点$\boldsymbol{u}$为生成元。

定义 3.3 为简化起见，省略$(n-r)$个 0 分量，把全对称集中的生成元$\boldsymbol{u}$简记为$[u_1,u_2,\cdots,u_r]$。若生成元中各分量互异，则生成元的全对称集有$\dfrac{2^r n!}{(n-r)!}$个点。例如，$[\mathbf{1}]\in\mathbb{R}^2$表示二维空间的点集$\left\{\begin{bmatrix}1\\0\end{bmatrix},\begin{bmatrix}0\\1\end{bmatrix},\begin{bmatrix}-1\\0\end{bmatrix},\begin{bmatrix}0\\-1\end{bmatrix}\right\}$，该点集的生成元为$\begin{bmatrix}1\\0\end{bmatrix}$。

定义 3.4 用$[u_1,u_2,\cdots,u_r]_i$表示全对称集$[u_1,u_2,\cdots,u_r]$中的第i个点。

2. 球面容积规则

根据不变量理论，假定一个三阶球面容积规则的最简单形式为

$$\int_{U_n} f(r\boldsymbol{y})\mathrm{d}\sigma(\boldsymbol{y}) \approx w\sum_{i=1}^{2n} f[u]_i \tag{3.89}$$

由$[u]_i$经过置换和符号变换得到的点集是不变量。对于单项式$\{y_1^{d_1}y_2^{d_2}y_3^{d_3}\cdots y_n^{d_n}\}$，若$\sum_{i=1}^{n}d_i$为奇数，则式（3.89）可以准确积分。对于所有三阶以下的单项式，只需要考虑单项式处于$\sum_{i=1}^{n}d_i = 0,2$的情况。因此对于单项式$f(\boldsymbol{y})=1$和$f(\boldsymbol{y})=y_1^2$，需要找到未知参量$\boldsymbol{u}$和w，使其满足全对称容积规则。

当$f(\boldsymbol{y})=1$时，有

$$2nw = \int_{U_n}\mathrm{d}\sigma(\boldsymbol{y}) = A_n \tag{3.90}$$

当$f(\boldsymbol{y})=y_1^2$时，有

$$2nw = \int_{U_n} y_1^2\,\mathrm{d}\sigma(\boldsymbol{y}) = \frac{A_n}{n} \tag{3.91}$$

式中，$A_n = \dfrac{2\sqrt{\pi^n}}{\Gamma(n/2)}$是单位球体的表面，$\Gamma(n) = \int_0^{\infty} x^{n-1}\exp(-x)\mathrm{d}x$。求解式（3.90）和式（3.91）得$w = \dfrac{A_n}{2n}$，$u^2 = 1$。因此容积积分点位于单位球和其轴的交点处。

3. 径向规则

接下来介绍一种高斯求积法来求解径向积分问题。高斯求积法是现有的求解一维积分最为有效的数值积分方法。m点的高斯积分可以很好地逼近（$2m-1$）阶多项式，即

$$\int_a^b f(x)w(x)\mathrm{d}x \approx \sum_{i=1}^{m} w_i f(x_i) \tag{3.92}$$

式中，$w(x)$是$[a,b]$上的已知非负权函数；未知积分点$\{x_i\}$和相关权值$\{w_i\}$具有唯一解。比较式（3.87）和式（3.92）可得区间$[0,\infty)$上的权函数为$w(x) = x^{n-1}\exp(-x^2)$。为了将这种积分转化成熟悉的形式，采用变量代换法，令$t = x^2$，则

$$\int_0^{\infty} f(x)x^{n-1}\exp(-x^2)\mathrm{d}x = \frac{1}{2}\int_0^{\infty}\tilde{f}(t)t^{\left(\frac{n}{2}-1\right)}\exp(-t)\mathrm{d}t \tag{3.93}$$

式中，$\tilde{f}(t) = f(\sqrt{t})$。式（3.93）右边的积分就是所熟知的高斯-拉格朗日形式。高斯-拉格朗日积分的点和权值可以按照文献[23]所述方法得到。对于一阶高斯规则，有$\tilde{f}(t)=1$，t；$f(x)=1$，x^2。但是它对于奇数阶多项式$f(x)=x$，x^3并不适用，但若把径向规则与球面规则相结合计算积分式（3.85），则所有的奇数阶多项式积分为零。

这是因为对于球面规则（式（3.86）），所有奇数阶多项式在对称空间的积分为零。因此，球面径向规则适用于所有奇数阶。对于 $x \in \mathbb{R}^n$，为了使所有三阶多项式适用于球面径向规则，则一阶通用高斯-拉格朗日规则需要具有一个点和相应的权值。为此，写成如下形式：

$$\int_0^{\infty} f(x)x^{n-1}\exp(-x^2)\,\mathrm{d}x \approx w_1 f(x_1) \tag{3.94}$$

式中，点 x_1 选为一阶拉格朗日多项式解的平方根，其关于权重函数 $x^{\left(\frac{n}{2}-1\right)}\exp(-x^2)$ 正交。随后通过解零阶矩方程获得 w_1。由此可得，$w_1 = \dfrac{\Gamma(n/2)}{2}$ 和 $x_1 = \sqrt{\dfrac{n}{2}}$。

高斯求积的点和权值的具体计算过程可参考文献[24]。

4. 球面径向规则

为了将球面规则和径向规则结合起来，并且将球面径向规则应用于高斯加权积分，下面介绍两个相关定理。

定理 3.1　根据 m_r 点高斯求积规则对径向积分进行数值计算，即

$$\int_0^{\infty} f(r)r^{n-1}\exp(-r^2)\,\mathrm{d}r = \sum_{i=1}^{m_r} a_i f(r_i) \tag{3.95}$$

根据 m_s 点球面规则对球面积分进行数值计算，即

$$\int_{U_n} f(r\boldsymbol{s})\,\mathrm{d}\sigma(\boldsymbol{s}) = \sum_{j=1}^{m_s} b_j f(r\boldsymbol{s}_j) \tag{3.96}$$

于是可得一个 $m_s \times m_r$ 点的球面径向容积规则，即

$$\int_{\mathbb{R}^n} f(\boldsymbol{x})\exp(-\boldsymbol{x}^{\mathrm{T}}\boldsymbol{x})\mathrm{d}\boldsymbol{x} \approx \sum_{j=1}^{m_s}\sum_{i=1}^{m_r} a_i b_j f(r_i \boldsymbol{s}_j) \tag{3.97}$$

证明　由于容积规则可以设计成适用于单项式的子空间，为此考虑以下被积函数形式：

$$f(\boldsymbol{x}) = x_1^{d_1} x_2^{d_2} \cdots x_n^{d_n} \tag{3.98}$$

式中，$\{d_i\}$ 是正整数。因此，有

$$I(f) = \int_{\mathbb{R}^n} x_1^{d_1} x_2^{d_2} \cdots x_n^{d_n} \exp(-\boldsymbol{x}^{\mathrm{T}}\boldsymbol{x})\mathrm{d}\boldsymbol{x} \tag{3.99}$$

此时，假定式（3.99）中的被积函数是一个 d 阶单项式，即 $\sum_{i=1}^{n} d_i = d$，进行球面径向变换可得

$$I(f) = \int_0^{\infty}\int_{U_n} (ry_1)^{d_1}(ry_2)^{d_2}\cdots(ry_n)^{d_n} r^{n-1}\exp(-r^2)\mathrm{d}\sigma(\boldsymbol{y})\mathrm{d}r \tag{3.100}$$

将式（3.100）分解为一个径向积分和一个球面积分，得

$$I(f)=\int_0^{\infty} r^{n+d-1}\exp(-r^2)\,\mathrm{d}r\int_{U_n} y_1^{d_1}y_2^{d_2}\cdots y_n^{d_n}\,\mathrm{d}\sigma(\boldsymbol{y}) \tag{3.101}$$

应用数值规则，可得

$$\begin{aligned}I(f)&\approx\left(\sum_{i=1}^{m_r}a_i r_i^d\right)\left(\sum_{j=1}^{m_s}b_j s_{j_1}^{d_1}s_{j_2}^{d_2}\cdots s_{j_n}^{d_n}\right)\\&=\sum_{i=1}^{m_r}\sum_{j=1}^{m_s}a_i b_j (r_i\boldsymbol{s}_{j_1})^{d_1}(r_i\boldsymbol{s}_{j_2})^{d_2}\cdots(r_i\boldsymbol{s}_{j_n})^{d_n}\end{aligned} \tag{3.102}$$

证毕。

对于被积函数是任意阶数不超过 d 的单项式，上述定理均适用。

定理 3.2　令权函数 $w_1(\boldsymbol{x})$ 和 $w_2(\boldsymbol{x})$ 分别为 $w_1(\boldsymbol{x})=\exp(-\boldsymbol{x}^{\mathrm{T}}\boldsymbol{x})$ 和 $w_2(\boldsymbol{x})=\mathcal{N}(\boldsymbol{x};\boldsymbol{\mu},\boldsymbol{\Sigma})$，则对于满足 $\sqrt{\boldsymbol{\Sigma}}\sqrt{\boldsymbol{\Sigma}}^{\mathrm{T}}=\boldsymbol{\Sigma}$ 的平方根矩阵 $\boldsymbol{\Sigma}$，有

$$\int_{\mathbb{R}^n} f(\boldsymbol{x})w_2(\boldsymbol{x})\mathrm{d}\boldsymbol{x}=\frac{1}{\sqrt{\pi^n}}\int_{\mathbb{R}^n} f(\sqrt{2\boldsymbol{\Sigma}}\boldsymbol{x}+\boldsymbol{\mu})w_1(\boldsymbol{x})\mathrm{d}\boldsymbol{x} \tag{3.103}$$

证明　考虑式(3.103)的左侧，由于 $\boldsymbol{\Sigma}$ 是一个正定矩阵，进行矩阵分解 $\sqrt{\boldsymbol{\Sigma}}\sqrt{\boldsymbol{\Sigma}}^{\mathrm{T}}=\boldsymbol{\Sigma}$。进行变量代换，令 $\boldsymbol{x}=\sqrt{2\boldsymbol{\Sigma}}\boldsymbol{y}+\boldsymbol{\mu}$，可以得到

$$\begin{aligned}\int_{\mathbb{R}^n} f(\boldsymbol{x})\mathcal{N}(\boldsymbol{x};\boldsymbol{\mu},\boldsymbol{\Sigma})\mathrm{d}\boldsymbol{x}&=\int_{\mathbb{R}^n} f(\sqrt{2\boldsymbol{\Sigma}}\boldsymbol{y}+\boldsymbol{\mu})\frac{1}{\sqrt{|2\pi\boldsymbol{\Sigma}|}}\exp(-\boldsymbol{y}^{\mathrm{T}}\boldsymbol{y})\sqrt{|2\boldsymbol{\Sigma}|}\mathrm{d}\boldsymbol{y}\\&=\frac{1}{\sqrt{\pi^n}}\int_{\mathbb{R}^n} f(\sqrt{2\boldsymbol{\Sigma}}\boldsymbol{y}+\boldsymbol{\mu})w_1(\boldsymbol{y})\mathrm{d}\boldsymbol{y}\\&=\frac{1}{\sqrt{\pi^n}}\int_{\mathbb{R}^n} f(\sqrt{2\boldsymbol{\Sigma}}\boldsymbol{x}+\boldsymbol{\mu})w_1(\boldsymbol{x})\mathrm{d}\boldsymbol{x}\end{aligned} \tag{3.104}$$

证毕。

对于三阶的球面径向规则，$m_r=1$ 且 $m_s=2n$，共需要 $2n$ 个容积点。根据以上两条定理，可利用三阶球面径向规则计算标准高斯加权积分，即

$$I_{\mathcal{N}}(f)=\int_{\mathbb{R}^n} f(\boldsymbol{x})\mathcal{N}(\boldsymbol{x};\boldsymbol{0},\boldsymbol{I})\,\mathrm{d}\,\boldsymbol{x}\approx\sum_{i=1}^{m}w_i f(\boldsymbol{\xi}_i) \tag{3.105}$$

式中

$$\boldsymbol{\xi}_i=\sqrt{\frac{m}{2}}[\boldsymbol{1}]_i,\quad i=1,2,\cdots,m=2n \tag{3.106}$$

$$w_i=\frac{1}{m},\quad i=1,2,\cdots,m=2n \tag{3.107}$$

而 $[\boldsymbol{1}]\subset\mathbb{R}^n$ 表示 n 维空间的点集，即

$$[\mathbf{1}]=\left\{\begin{pmatrix}1\\0\\\vdots\\0\end{pmatrix},\begin{pmatrix}0\\1\\\vdots\\0\end{pmatrix},\cdots,\begin{pmatrix}0\\0\\\vdots\\1\end{pmatrix},\begin{pmatrix}-1\\0\\\vdots\\0\end{pmatrix},\begin{pmatrix}0\\-1\\\vdots\\0\end{pmatrix},\cdots,\begin{pmatrix}0\\0\\\vdots\\-1\end{pmatrix}\right\} \tag{3.108}$$

使用容积点集$\{\boldsymbol{\xi}_i, w_i\}$数值化计算积分，即可得到容积卡尔曼滤波算法。需要指出的是，上述容积点集定义在笛卡儿坐标系。

进而，若$\boldsymbol{x}\sim\mathcal{N}(\boldsymbol{x};\hat{\boldsymbol{x}},\boldsymbol{P})$，令$\boldsymbol{P}=\boldsymbol{S}\boldsymbol{S}^{\mathrm{T}}$，得

$$I_{\mathcal{N}}(f)=\int_{\mathbb{R}^n} f(\boldsymbol{x})\mathcal{N}(\boldsymbol{x};\hat{\boldsymbol{x}},\boldsymbol{P})\mathrm{d}\boldsymbol{x}\approx\sum_{i=1}^{m} w_i f(\boldsymbol{S}\boldsymbol{\xi}_i+\hat{\boldsymbol{x}}) \tag{3.109}$$

3.4.2　容积卡尔曼滤波算法

1. 带有加性噪声的容积卡尔曼滤波

考虑式（3.29）和式（3.30）描述的带有加性噪声的非线性系统滤波模型：

$$\boldsymbol{x}_k=\boldsymbol{f}(\boldsymbol{x}_{k-1})+\boldsymbol{w}_{k-1} \tag{3.110}$$

$$\boldsymbol{z}_k=\boldsymbol{h}(\boldsymbol{x}_k)+\boldsymbol{v}_k \tag{3.111}$$

$$\boldsymbol{w}_k\sim\mathcal{N}(\boldsymbol{O},\boldsymbol{Q}_k) \tag{3.112}$$

$$\boldsymbol{v}_k\sim\mathcal{N}(\boldsymbol{O},\boldsymbol{R}_k) \tag{3.113}$$

将容积规则应用到卡尔曼滤波算法中，可得加性噪声情况下的容积卡尔曼滤波算法如下。

算法 3.7　容积卡尔曼滤波 I

（1）初始化。

步骤 1　给定滤波器初始条件$\hat{\boldsymbol{x}}_0$，$\boldsymbol{P}_0$，$\boldsymbol{Q}_0$，$\boldsymbol{R}_0$。

对于时刻$k=1,2,3,\cdots$循环进行步骤 2～步骤 8。

（2）预测。

步骤 2　根据$k-1$时刻估计均值$\hat{\boldsymbol{x}}_{k-1}$和协方差矩阵$\boldsymbol{P}_{k-1}$，利用式（3.106）～式（3.109）计算容积点为

$$\boldsymbol{S}_{k-1}=\sqrt{\boldsymbol{P}_{k-1}}$$

$$\boldsymbol{\mathcal{X}}_{k-1}^{i}=\hat{\boldsymbol{x}}_{k-1}+\boldsymbol{S}_{k-1}\boldsymbol{\xi}_i$$

步骤 3　根据动态模型进行容积点非线性变换，即

$$\hat{\boldsymbol{\mathcal{X}}}_{k|k-1}^{i}=\boldsymbol{f}(\boldsymbol{\mathcal{X}}_{k-1}^{i}),\quad i=0,\cdots,m$$

步骤 4　状态预测均值和预测协方差为

$$\hat{\boldsymbol{x}}_{k|k-1}=\frac{1}{m}\sum_{i=1}^{m}\hat{\boldsymbol{\mathcal{X}}}_{k|k-1}^{i}$$

$$\boldsymbol{P}_{k|k-1}=\frac{1}{m}\sum_{i=1}^{m}(\hat{\boldsymbol{\mathcal{X}}}_{k|k-1}^{i}-\hat{\boldsymbol{x}}_{k|k-1})(\hat{\boldsymbol{\mathcal{X}}}_{k|k-1}^{i}-\hat{\boldsymbol{x}}_{k|k-1})^{\mathrm{T}}+\boldsymbol{Q}_{k-1}$$

（3）更新。

步骤 5　根据 k 时刻预测均值 $\hat{\boldsymbol{x}}_{k|k-1}$ 和协方差矩阵 $\boldsymbol{P}_{k|k-1}$，计算容积点为

$$\boldsymbol{S}_{k|k-1}=\sqrt{\boldsymbol{P}_{k|k-1}}$$

$$\boldsymbol{\mathcal{X}}_{k|k-1}^{i}=\hat{\boldsymbol{x}}_{k|k-1}+\boldsymbol{S}_{k|k-1}\boldsymbol{\xi}_{i}$$

步骤 6　根据量测模型进行容积点非线性变换，即

$$\hat{\boldsymbol{\mathcal{Z}}}_{k|k-1}^{i}=\boldsymbol{h}(\boldsymbol{\mathcal{X}}_{k|k-1}^{i}),\quad i=0,\cdots,m$$

步骤 7　量测预测均值、新息协方差、状态与量测间的互协方差和滤波增益为

$$\hat{\boldsymbol{z}}_{k|k-1}=\frac{1}{m}\sum_{i=1}^{m}\hat{\boldsymbol{\mathcal{Z}}}_{k|k-1}^{i}$$

$$\boldsymbol{S}_{k}=\frac{1}{m}\sum_{i=1}^{m}(\hat{\boldsymbol{\mathcal{Z}}}_{k|k-1}^{i}-\hat{\boldsymbol{z}}_{k|k-1})(\hat{\boldsymbol{\mathcal{Z}}}_{k|k-1}^{i}-\hat{\boldsymbol{z}}_{k|k-1})^{\mathrm{T}}+\boldsymbol{R}_{k}$$

$$\boldsymbol{C}_{k}=\frac{1}{m}\sum_{i=1}^{m}(\hat{\boldsymbol{\mathcal{X}}}_{k|k-1}^{i}-\hat{\boldsymbol{x}}_{k|k-1})(\hat{\boldsymbol{\mathcal{Z}}}_{k|k-1}^{i}-\hat{\boldsymbol{z}}_{k|k-1})^{\mathrm{T}}$$

$$\boldsymbol{K}_{k}=\boldsymbol{C}_{k}\boldsymbol{S}_{k}^{-1}$$

步骤 8　k 时刻后验状态估计均值和协方差矩阵为

$$\hat{\boldsymbol{x}}_{k}=\hat{\boldsymbol{x}}_{k|k-1}+\boldsymbol{K}_{k}(\boldsymbol{z}_{k}-\hat{\boldsymbol{z}}_{k|k-1})$$

$$\boldsymbol{P}_{k}=\boldsymbol{P}_{k|k-1}-\boldsymbol{K}_{k}\boldsymbol{S}_{k}\boldsymbol{K}_{k}^{\mathrm{T}}$$

2. 带有非加性噪声的容积卡尔曼滤波

再考虑式（3.31）和式（3.32）描述的带有非加性噪声的非线性系统滤波模型：

$$\boldsymbol{x}_{k}=\boldsymbol{f}(\boldsymbol{x}_{k-1},\boldsymbol{w}_{k-1})\tag{3.114}$$

$$\boldsymbol{z}_{k}=\boldsymbol{h}(\boldsymbol{x}_{k},\boldsymbol{v}_{k})\tag{3.115}$$

$$\boldsymbol{w}_{k}\sim\mathcal{N}(\boldsymbol{O},\boldsymbol{Q}_{k})\tag{3.116}$$

$$\boldsymbol{v}_{k}\sim\mathcal{N}(\boldsymbol{O},\boldsymbol{R}_{k})\tag{3.117}$$

非加性噪声情况下的容积卡尔曼滤波算法如下。

算法 3.8　容积卡尔曼滤波 II

（1）初始化。

步骤 1　给定滤波器初始条件 $\hat{\boldsymbol{x}}_{0}$，$\boldsymbol{P}_{0}$，$\boldsymbol{Q}_{0}$，$\boldsymbol{R}_{0}$。

对于时刻 $k=1,2,3,\cdots$ 循环进行步骤 2～步骤 8。

（2）预测。

步骤 2　将 $k-1$ 时刻的随机变量扩维，其估计均值和协方差为

$$\tilde{\boldsymbol{x}}_{k-1} = \begin{bmatrix} \hat{\boldsymbol{x}}_{k-1}^{\mathrm{T}} & \boldsymbol{O} \end{bmatrix}^{\mathrm{T}}$$

$$\tilde{\boldsymbol{P}}_{k-1} = \begin{bmatrix} \boldsymbol{P}_{k-1} & \boldsymbol{O} \\ \boldsymbol{O} & \boldsymbol{Q}_{k-1} \end{bmatrix}$$

利用式（3.106）～式（3.109）计算容积点为

$$\tilde{\boldsymbol{S}}_{k-1} = \sqrt{\tilde{\boldsymbol{P}}_{k-1}}$$

$$\boldsymbol{\mathcal{X}}_{k-1}^{i} = \hat{\boldsymbol{x}}_{k-1} + \tilde{\boldsymbol{S}}_{k-1}\boldsymbol{\xi}_i'$$

式中，以 m' 代替 m，$\boldsymbol{\xi}'$ 代替 $\boldsymbol{\xi}_i$，$m' = 2n'$，$n' = n + n_w$，n 为状态维数，n_w 为过程噪声维数。

步骤 3　根据动态模型进行容积点非线性变换，即

$$\hat{\boldsymbol{\mathcal{X}}}_{k|k-1}^{i} = \boldsymbol{f}(\tilde{\boldsymbol{\mathcal{X}}}_{k-1}^{i,x}, \tilde{\boldsymbol{\mathcal{X}}}_{k-1}^{i,w}),\quad i = 0,\cdots,m'$$

式中，$\tilde{\boldsymbol{\mathcal{X}}}_{k-1}^{i,x}$ 表示 $\tilde{\boldsymbol{\mathcal{X}}}_{k-1}^{i}$ 中的前 n 项；$\tilde{\boldsymbol{\mathcal{X}}}_{k-1}^{i,w}$ 表示 $\tilde{\boldsymbol{\mathcal{X}}}_{k-1}^{i}$ 中的后 n_w 项。

步骤 4　状态预测均值和预测协方差为

$$\hat{\boldsymbol{x}}_{k|k-1} = \frac{1}{m'}\sum_{i=1}^{m'} \hat{\boldsymbol{\mathcal{X}}}_{k|k-1}^{i}$$

$$\boldsymbol{P}_{k|k-1} = \frac{1}{m'}\sum_{i=1}^{m'} (\hat{\boldsymbol{\mathcal{X}}}_{k|k-1}^{i} - \hat{\boldsymbol{x}}_{k|k-1})(\hat{\boldsymbol{\mathcal{X}}}_{k|k-1}^{i} - \hat{\boldsymbol{x}}_{k|k-1})^{\mathrm{T}}$$

（3）更新。

步骤 5　将 k 时刻的随机变量扩维，其估计均值和协方差为

$$\tilde{\boldsymbol{x}}_{k|k-1} = \begin{bmatrix} \hat{\boldsymbol{x}}_{k|k-1}^{\mathrm{T}} & \boldsymbol{O} \end{bmatrix}^{\mathrm{T}}$$

$$\tilde{\boldsymbol{P}}_{k|k-1} = \begin{bmatrix} \boldsymbol{P}_{k|k-1} & \boldsymbol{O} \\ \boldsymbol{O} & \boldsymbol{R}_k \end{bmatrix}$$

利用式（3.106）～式（3.109）计算容积点为

$$\tilde{\boldsymbol{S}}_{k|k-1} = \sqrt{\tilde{\boldsymbol{P}}_{k|k-1}}$$

$$\boldsymbol{\mathcal{X}}_{k|k-1}^{i} = \hat{\boldsymbol{x}}_{k|k-1} + \tilde{\boldsymbol{S}}_{k|k-1}\boldsymbol{\xi}_i''$$

式中，以 m'' 代替 m，$\boldsymbol{\xi}''$ 代替 $\boldsymbol{\xi}_i$，$m'' = 2n''$，$n'' = n + n_v$，n 为状态维数，n_v 为测量噪声维数。

步骤 6　根据量测模型进行容积点非线性变换，即

$$\hat{\boldsymbol{\mathcal{Z}}}_{k|k-1}^{i} = \boldsymbol{h}(\tilde{\boldsymbol{\mathcal{X}}}_{k|k-1}^{i,x}, \tilde{\boldsymbol{\mathcal{X}}}_{k|k-1}^{i,v}),\quad i = 0,\cdots,m''$$

式中，$\tilde{\mathcal{X}}_{k|k-1}^{i,x}$ 表示 $\tilde{\mathcal{X}}_{k|k-1}^{i}$ 中的前 n 项；$\tilde{\mathcal{X}}_{k|k-1}^{i,w}$ 表示 $\tilde{\mathcal{X}}_{k|k-1}^{i}$ 中的后 n_v 项。

步骤 7 量测预测均值、新息协方差、状态与量测间的互协方差和滤波增益为

$$\hat{z}_{k|k-1} = \frac{1}{m''}\sum_{i=1}^{m''}\hat{\mathcal{Z}}_{k|k-1}^{i}$$

$$\boldsymbol{S}_k = \frac{1}{m''}\sum_{i=1}^{m''}(\hat{\mathcal{Z}}_{k|k-1}^{i} - \hat{z}_{k|k-1})(\hat{\mathcal{Z}}_{k|k-1}^{i} - \hat{z}_{k|k-1})^{\mathrm{T}}$$

$$\boldsymbol{C}_k = \frac{1}{m''}\sum_{i=1}^{m''}(\hat{\mathcal{X}}_{k|k-1}^{i} - \hat{\boldsymbol{x}}_{k|k-1})(\hat{\mathcal{Z}}_{k|k-1}^{i} - \hat{z}_{k|k-1})^{\mathrm{T}}$$

$$\boldsymbol{K}_k = \boldsymbol{C}_k\boldsymbol{S}_k^{-1}$$

步骤 8 k 时刻后验状态估计均值和协方差矩阵为

$$\hat{\boldsymbol{x}}_k = \hat{\boldsymbol{x}}_{k|k-1} + \boldsymbol{K}_k(\boldsymbol{y}_k - \hat{\boldsymbol{y}}_{k|k-1})$$

$$\boldsymbol{P}_k = \boldsymbol{P}_{k|k-1} - \boldsymbol{K}_k\boldsymbol{S}_k\boldsymbol{K}_k^{\mathrm{T}}$$

另一种全扩维方法下的容积卡尔曼滤波算法如下。

算法 3.9 容积卡尔曼滤波Ⅲ

（1）初始化。

步骤 1 直接将随机变量扩维为 $\boldsymbol{x}^a = \begin{bmatrix}\boldsymbol{x}^{\mathrm{T}} & \boldsymbol{w}^{\mathrm{T}} & \boldsymbol{v}^{\mathrm{T}}\end{bmatrix}^{\mathrm{T}}$，根据给定的滤波器初始条件 $\hat{\boldsymbol{x}}_0$，$\boldsymbol{P}_0$，$\boldsymbol{Q}_0$，$\boldsymbol{R}_0$，构造扩维矩阵：

$$\boldsymbol{x}_0^a = \begin{bmatrix}\hat{\boldsymbol{x}}_0^{\mathrm{T}} & \boldsymbol{O} & \boldsymbol{O}\end{bmatrix}^{\mathrm{T}}$$

$$\boldsymbol{P}_0^a = \begin{bmatrix}\boldsymbol{P}_0 & \boldsymbol{O} & \boldsymbol{O}\\ \boldsymbol{O} & \boldsymbol{Q}_0 & \boldsymbol{O}\\ \boldsymbol{O} & \boldsymbol{O} & \boldsymbol{R}_0\end{bmatrix}$$

对于时刻 $k = 1,2,3,\cdots$ 循环进行步骤 2～步骤 8。

（2）预测。

步骤 2 根据扩维的估计均值和协方差矩阵为

$$\hat{\boldsymbol{x}}_{k-1}^a = [\boldsymbol{x}_{k-1}^{\mathrm{T}} \quad \boldsymbol{w}_{k-1}^{\mathrm{T}} \quad \boldsymbol{v}_k^{\mathrm{T}}]^{\mathrm{T}}$$

$$\boldsymbol{P}_{k-1}^a = \begin{bmatrix}\boldsymbol{P}_{k-1} & \boldsymbol{O} & \boldsymbol{O}\\ \boldsymbol{O} & \boldsymbol{Q}_{k-1} & \boldsymbol{O}\\ \boldsymbol{O} & \boldsymbol{O} & \boldsymbol{R}_k\end{bmatrix}$$

利用式（3.106）～式（3.109）计算容积点为

$$\boldsymbol{S}_{k-1}^a = \sqrt{\boldsymbol{P}_{k-1}^a}$$

$$\mathcal{X}_{k-1}^{i} = \hat{\boldsymbol{x}}_{k-1} + \boldsymbol{S}_{k-1}^a\boldsymbol{\xi}_i'$$

式中，以 m_a 代替 m，$\boldsymbol{\xi}_a$ 代替 $\boldsymbol{\xi}_i$，$m_a = 2n_a$，$n_a = n + n_w + n_v$，n 为状态维数，n_w 为过

程噪声维数，n_v 为量测噪声维数。

步骤 3　根据动态模型进行容积点非线性变换，即

$$\hat{\mathcal{X}}_{k|k-1}^{i,x} = f(\tilde{\mathcal{X}}_{k-1}^{i,x}, \tilde{\mathcal{X}}_{k-1}^{i,w}), \quad i = 0, \cdots, m_a$$

步骤 4　状态预测均值和预测协方差为

$$\hat{\boldsymbol{x}}_{k|k-1} = \frac{1}{m_a} \sum_{i=1}^{m_a} \hat{\mathcal{X}}_{k|k-1}^{i,x}$$

$$\boldsymbol{P}_{k|k-1} = \frac{1}{m_a} \sum_{i=1}^{m_a} (\hat{\mathcal{X}}_{k|k-1}^{i,x} - \hat{\boldsymbol{x}}_{k|k-1})(\hat{\mathcal{X}}_{k|k-1}^{i,x} - \hat{\boldsymbol{x}}_{k|k-1})^{\mathrm{T}}$$

（3）更新。

步骤 5　根据量测模型进行容积点非线性变换，即

$$\hat{\mathcal{Z}}_{k|k-1}^{i} = \boldsymbol{h}(\tilde{\mathcal{X}}_{k|k-1}^{i,x}, \tilde{\mathcal{X}}_{k|k-1}^{i,v}), \quad i = 0, \cdots, m_a$$

步骤 6　量测预测均值、新息协方差、状态与量测间的互协方差和滤波增益为

$$\hat{\boldsymbol{z}}_{k|k-1} = \frac{1}{m_a} \sum_{i=1}^{m_a} \hat{\mathcal{Z}}_{k|k-1}^{i}$$

$$\boldsymbol{S}_k = \frac{1}{m_a} \sum_{i=1}^{m_a} (\hat{\mathcal{Z}}_{k|k-1}^{i} - \hat{\boldsymbol{z}}_{k|k-1})(\hat{\mathcal{Z}}_{k|k-1}^{i} - \hat{\boldsymbol{z}}_{k|k-1})^{\mathrm{T}}$$

$$\boldsymbol{C}_k = \frac{1}{m_a} \sum_{i=1}^{m_a} (\hat{\mathcal{X}}_{k|k-1}^{i,x} - \hat{\boldsymbol{x}}_{k|k-1})(\hat{\mathcal{Z}}_{k|k-1}^{i} - \hat{\boldsymbol{z}}_{k|k-1})^{\mathrm{T}}$$

$$\boldsymbol{K}_k = \boldsymbol{C}_k \boldsymbol{S}_k^{-1}$$

步骤 7　k 时刻后验状态估计均值和协方差矩阵为

$$\hat{\boldsymbol{x}}_k = \hat{\boldsymbol{x}}_{k|k-1} + \boldsymbol{K}_k (\boldsymbol{y}_k - \hat{\boldsymbol{y}}_{k|k-1})$$

$$\boldsymbol{P}_k = \boldsymbol{P}_{k|k-1} - \boldsymbol{K}_k \boldsymbol{S}_k \boldsymbol{K}_k^{\mathrm{T}}$$

容积卡尔曼滤波滤波过程与无迹滤波类似，都是通过一组具有权重的采样点集经过非线性系统方程的转换计算转换来计算滤波所需的一、二阶矩，避免了对非线性模型的线性化处理，不依赖于具体系统的非线性方程，算法相对独立，适用于任何形式的非线性模型，但它们之间具有本质的区别。容积卡尔曼滤波采用偶数并具有相同权值的点集，无迹滤波选用奇数和不同权值的点集；在高维数系统中无迹滤波的 sigma 点权值容易出现负值情况，而容积卡尔曼滤波权值永远为正，因而高维情况下其数值稳定性和滤波精度优于无迹滤波。

由于具有不容易发散且计算量小的优点，容积卡尔曼滤波一被提出就广泛应用于各领域的估计问题中[25-28]。

3.5 粒子滤波

近年来，随着计算机处理器性能的不断提高，粒子滤波（Particle Filter，PF）逐渐成为当前研究非线性、非高斯随机系统状态估计问题的热点[29]。粒子滤波使用了大量的随机样本，采用蒙特卡洛（Monte Carlo，MC）仿真技术完成贝叶斯递推滤波（Recursive Bayesian Filter）过程，其核心是使用一组具有相应权值的随机样本（粒子）来表示状态的后验分布。该方法的基本思路是选取一个重要性概率密度并从中进行随机抽样，得到一些带有相应权值的随机样本后，在状态观测的基础上调节权值的大小和粒子的位置，再使用这些样本来逼近状态后验分布，最后将这组样本的加权求和作为状态的估计值。粒子滤波不受系统模型的线性和高斯假设约束，采用样本形式而不是函数形式对状态概率密度进行描述，使其不需要对状态变量的概率分布进行过多的约束，因而在非线性非高斯动态系统中广泛应用[30]。尽管如此，粒子滤波目前仍存在计算量过大、粒子退化等关键问题亟待突破。

3.5.1 贝叶斯滤波

对于离散时间非线性动态系统模型：

$$\boldsymbol{x}_k = \boldsymbol{f}(\boldsymbol{x}_{k-1}, \boldsymbol{w}_{k-1}) \tag{3.118}$$

$$\boldsymbol{z}_k = \boldsymbol{h}(\boldsymbol{x}_k, \boldsymbol{v}_k) \tag{3.119}$$

式中，$\boldsymbol{x}_k$ 为系统的状态变量；$\boldsymbol{z}_k$ 为系统量测值；$\boldsymbol{w}_{k-1}$ 和 $\boldsymbol{v}_k$ 分别表示系统的过程噪声和量测噪声，对 $\boldsymbol{x}_k$ 的滤波估计值源于所有 1～k 时刻的量测值 $\boldsymbol{z}_{1:k} = \{\boldsymbol{z}_i, i = 1, \cdots, k\}$。

贝叶斯滤波问题就是计算对 k 时刻状态 $\boldsymbol{x}_k$ 估计的置信程度，为此构造概率密度函数 $p(\boldsymbol{x}_k \mid \boldsymbol{z}_{1:k})$，在给定初始值 $p(\boldsymbol{x}_0 \mid \boldsymbol{z}_0) = p(\boldsymbol{x}_0)$ 后，从理论上看，可以通过预测和更新两个步骤递推得到概率密度函数 $p(\boldsymbol{x}_k \mid \boldsymbol{z}_{1:k})$ 的值。

1. 预测

现假定 $k-1$ 时刻的概率密度函数已知，则通过将 Chapman-Kolmogorov 等式应用于动态方程（式（3.118）），即可预测 k 时刻状态的先验概率密度函数为

$$p(\boldsymbol{x}_k \mid \boldsymbol{z}_{1:k-1}) = \int p(\boldsymbol{x}_k \mid \boldsymbol{x}_{k-1}) p(\boldsymbol{x}_{k-1} \mid \boldsymbol{z}_{1:k-1}) \mathrm{d}\, \boldsymbol{x}_{k-1} \tag{3.120}$$

在式（3.120）中隐含假定了 $p(\boldsymbol{x}_k \mid \boldsymbol{x}_{k-1}) = p(\boldsymbol{x}_k \mid \boldsymbol{x}_{k-1}, \boldsymbol{z}_{1:k-1})$，而 $p(\boldsymbol{x}_k \mid \boldsymbol{x}_{k-1})$ 称为状态的转移密度函数，用于描述式（3.118）中的马尔可夫过程。

2. 更新

在获得 $p(\boldsymbol{x}_k \mid \boldsymbol{z}_{1:k-1})$ 的基础上，结合 k 时刻得到的新的量测值 $\boldsymbol{z}_k$，可以通过如下的贝叶斯规则计算 k 时刻状态的后验概率密度函数：

$$p(\boldsymbol{x}_k \mid \boldsymbol{z}_{1:k}) = \frac{p(\boldsymbol{z}_k \mid \boldsymbol{x}_k) p(\boldsymbol{x}_k \mid \boldsymbol{z}_{1:k-1})}{p(\boldsymbol{z}_k \mid \boldsymbol{z}_{1:k-1})} \tag{3.121}$$

式中，常量：

$$p(\boldsymbol{z}_k \mid \boldsymbol{z}_{1:k-1}) = \int p(\boldsymbol{z}_k \mid \boldsymbol{x}_k) p(\boldsymbol{x}_k \mid \boldsymbol{z}_{1:k-1}) \mathrm{d}\boldsymbol{x}_k \tag{3.122}$$

是由量测模型（式（3.119））和已知 $\boldsymbol{v}_k$ 的统计量定义的似然函数 $p(\boldsymbol{z}_k \mid \boldsymbol{x}_k)$。在更新阶段式（3.121）量测 $\boldsymbol{z}_k$ 用于修正先验概率，进而获得所需的当前状态后验概率。

式（3.121）和式（3.122）描述了一个由 $k-1$ 时刻后验概率密度函数向 k 时刻后验概率密度函数递推的完整过程，从而构成了贝叶斯估计最优解的通用表示形式。进而通过后验分布 $p(\boldsymbol{x}_k \mid \boldsymbol{z}_{1:k})$ 可以得到不同准则条件下 $\boldsymbol{x}_k$ 的最优估计 $\hat{\boldsymbol{x}}_k$，如最小均方误差（MMSE）估计为

$$\hat{\boldsymbol{x}}_k^{\mathrm{MMSE}} \overset{\mathrm{def}}{=} E\{\boldsymbol{x}_k \mid \boldsymbol{z}_{1:k}\} = \int \boldsymbol{x}_k p(\boldsymbol{x}_k \mid \boldsymbol{z}_{1:k}) \mathrm{d}\boldsymbol{x}_k \tag{3.123}$$

和最大后验（MAP）估计为

$$\hat{\boldsymbol{x}}_k^{\mathrm{MAP}} \overset{\mathrm{def}}{=} \arg\max_{\boldsymbol{x}_k} p(\boldsymbol{x}_k \mid \boldsymbol{z}_{1:k}) \tag{3.124}$$

通过以上步骤递推得到的后验概率只是一般概念下的表达式，通常情况下难以得到其解析表达式。只有在满足特定条件时，才可以得到最优贝叶斯解。

3.5.2 蒙特卡洛方法

如前面所述，贝叶斯方法求解状态估计问题是通过已知量测建立当前状态 $\boldsymbol{x}_k$ 的后验概率密度函数来实现的，一旦获得 $p(\boldsymbol{x}_k \mid \boldsymbol{z}_{1:k})$，也就得到了关于状态 $\boldsymbol{x}_k$ 的某一映射函数 $\boldsymbol{g}(\cdot)$ 的估计，即

$$E_{p(\boldsymbol{x}_k \mid \boldsymbol{z}_{1:k})}\{\boldsymbol{g}(\boldsymbol{x}_k)\} = \int \boldsymbol{g}(\boldsymbol{x}_k) p(\boldsymbol{x}_k \mid \boldsymbol{z}_{1:k}) \mathrm{d}\boldsymbol{x}_k \tag{3.125}$$

一般情况下，式（3.125）很难求得解析解。

蒙特卡洛方法又称为随机采样法或统计模拟法，它是以概率和统计理论方法为基础的一种计算方法，其基本思想是将所求解的问题描述为某种概率统计模型化的随机变量，利用计算机进行模拟采样，从而获得问题的近似解。粒子滤波就是基于蒙特卡洛仿真的一种滤波方法。

假设 $\{\boldsymbol{x}_k^{(i)}\}_{i=1}^N$ 表示从后验概率分布函数 $p(\boldsymbol{x}_k \mid \boldsymbol{z}_{1:k})$ 采样得到的 N 个独立同分布的样本，则状态的后验概率密度可以通过如下经验公式近似得到：

$$p(\boldsymbol{x}_k \mid \boldsymbol{z}_{1:k}) = \frac{1}{N} \sum_{i=1}^N \delta(\boldsymbol{x}_k - \boldsymbol{x}_k^{(i)}) \tag{3.126}$$

式中，$\delta(\cdot)$ 表示狄拉克函数。

为此，根据蒙特卡洛原理，式（3.125）积分可近似表示为

$$\hat{E}_{p(\boldsymbol{x}_k|\boldsymbol{z}_{1:k})}\{\boldsymbol{g}(\boldsymbol{x}_k)\} \approx \frac{1}{N}\sum_{i=1}^{N}\boldsymbol{g}(\boldsymbol{x}_k^{(i)}) \tag{3.127}$$

当样本数 N 增加时，根据大数定理，期望的估计几乎总是（almost surely）收敛于真实期望，即

$$\hat{E}_{p(\boldsymbol{x}_k|\boldsymbol{z}_{1:k})}\{\boldsymbol{g}(\boldsymbol{x}_k)\} \xrightarrow[\text{a.s.}]{N\to\infty} E_{p(\boldsymbol{x}_k|\boldsymbol{z}_{1:k})}\{\boldsymbol{g}(\boldsymbol{x}_k)\} \tag{3.128}$$

需要指出的是，从后验概率分布 $p(\boldsymbol{x}_k \mid \boldsymbol{z}_{1:k})$ 进行采样近似只是蒙特卡洛方法的一种特殊形式，实际上更一般的情况是从完整的后验分布 $p(\boldsymbol{x}_{0:k} \mid \boldsymbol{z}_{1:k})$ 中进行采样。

3.5.3　重要性采样

通常情况下，对于一般化的非线性系统，无法从后验概率密度函数 $p(\boldsymbol{x}_{0:k} \mid \boldsymbol{z}_{1:k})$ 中直接进行采样，常规的解决方法是从某一已知的、容易采样的函数 $q(\boldsymbol{x}_{0:k} \mid \boldsymbol{z}_{1:k})$ 中间接采样，这种函数称为重要性密度函数（Importance Density Function，IDF），而这种采样方法称为重要性采样（Importance Sampling，IS）。为此可以得到

$$\begin{aligned}
E\{\boldsymbol{g}(\boldsymbol{x}_{0:k})\} &= \int \boldsymbol{g}(\boldsymbol{x}_{0:k})\frac{p(\boldsymbol{x}_{0:k} \mid \boldsymbol{z}_{1:k})}{q(\boldsymbol{x}_{0:k} \mid \boldsymbol{z}_{1:k})}q(\boldsymbol{x}_{0:k} \mid \boldsymbol{z}_{1:k})\mathrm{d}\boldsymbol{x}_{0:k} \\
&= \int \boldsymbol{g}(\boldsymbol{x}_{0:k})\frac{p(\boldsymbol{z}_{1:k} \mid \boldsymbol{x}_{0:k})p(\boldsymbol{x}_{0:k})}{p(\boldsymbol{z}_{1:k})q(\boldsymbol{x}_{0:k} \mid \boldsymbol{z}_{1:k})}q(\boldsymbol{x}_{0:k} \mid \boldsymbol{z}_{1:k})\mathrm{d}\boldsymbol{x}_{0:k} \\
&= \int \boldsymbol{g}(\boldsymbol{x}_{0:k})\frac{w(\boldsymbol{x}_{0:k})}{p(\boldsymbol{z}_{1:k})}q(\boldsymbol{x}_{0:k} \mid \boldsymbol{z}_{1:k})\mathrm{d}\boldsymbol{x}_{0:k}
\end{aligned} \tag{3.129}$$

式中，$w(\boldsymbol{x}_{0:k})$ 称为重要性权值，其值为

$$w(\boldsymbol{x}_{0:k}) = \frac{p(\boldsymbol{z}_{1:k} \mid \boldsymbol{x}_{0:k})p(\boldsymbol{x}_{0:k})}{q(\boldsymbol{x}_{0:k} \mid \boldsymbol{z}_{1:k})} \tag{3.130}$$

由于 $p(\boldsymbol{z}_{1:k})$ 是未知的，可以将式（3.129）进一步表示为

$$\begin{aligned}
E\{\boldsymbol{g}(\boldsymbol{x}_{0:k})\} &= \frac{1}{p(\boldsymbol{z}_{1:k})}\int \boldsymbol{g}(\boldsymbol{x}_{0:k})w(\boldsymbol{x}_{0:k})q(\boldsymbol{x}_{0:k} \mid \boldsymbol{z}_{1:k})\mathrm{d}\boldsymbol{x}_{0:k} \\
&= \frac{\int \boldsymbol{g}(\boldsymbol{x}_{0:k})w(\boldsymbol{x}_{0:k})q(\boldsymbol{x}_{0:k} \mid \boldsymbol{z}_{1:k})\mathrm{d}\boldsymbol{x}_{0:k}}{\int p(\boldsymbol{z}_{1:k} \mid \boldsymbol{x}_{0:k})p(\boldsymbol{x}_{0:k})\dfrac{q(\boldsymbol{x}_{0:k} \mid \boldsymbol{z}_{1:k})}{q(\boldsymbol{x}_{0:k} \mid \boldsymbol{z}_{1:k})}\mathrm{d}\boldsymbol{x}_{0:k}} \\
&= \frac{\int \boldsymbol{g}(\boldsymbol{x}_{0:k})w(\boldsymbol{x}_{0:k})q(\boldsymbol{x}_{0:k} \mid \boldsymbol{z}_{1:k})\mathrm{d}\boldsymbol{x}_{0:k}}{\int w(\boldsymbol{x}_{0:k})q(\boldsymbol{x}_{0:k} \mid \boldsymbol{z}_{1:k})\mathrm{d}\boldsymbol{x}_{0:k}} \\
&= \frac{E_{q(\boldsymbol{x}_{0:k}|\boldsymbol{z}_{1:k})}\{\boldsymbol{g}(\boldsymbol{x}_{0:k})w(\boldsymbol{x}_{0:k})\}}{E_{q(\boldsymbol{x}_{0:k}|\boldsymbol{z}_{1:k})}\{w(\boldsymbol{x}_{0:k})\}}
\end{aligned} \tag{3.131}$$

即从概率分布 $q(\boldsymbol{x}_{0:k} \mid \boldsymbol{z}_{1:k})$ 中采样，得到一组粒子 $\{\boldsymbol{x}_{0:k}^{(i)}\}_{i=1}^{N}$。通常将重要性权值 $w(\boldsymbol{x}_{0:k})$ 简

记为 w_k，则期望的估计表示为

$$\hat{E}\{\boldsymbol{g}(\boldsymbol{x}_{0:k})\} = \frac{\frac{1}{N}\sum_{i=1}^{N}\boldsymbol{g}(\boldsymbol{x}_{0:k}^{(i)})w_k^{(i)}}{\frac{1}{N}\sum_{i=1}^{N}w_k^{(i)}} = \sum_{i=1}^{N}\boldsymbol{g}(\boldsymbol{x}_{0:k}^{(i)})\tilde{w}_k^{(i)} \tag{3.132}$$

式中，归一化重要性权值 $\tilde{w}_k^{(i)}$ 表示为

$$\tilde{w}_k^{(i)} = \frac{w_k^{(i)}}{\sum_{j=1}^{N}w_k^{(j)}} \tag{3.133}$$

式（3.132）的估计结果是有偏的，因为其包括一部分估计值。但可以通过以下两个假设获得渐近收敛和 $\hat{E}\{\boldsymbol{g}(\boldsymbol{x}_{0:k})\}$ 的中心极限定理[31, 32]。

（1）$\boldsymbol{x}_{0:k}^{(i)}$ 是一组从建议分布中采样得到的粒子，$\hat{E}\{\boldsymbol{g}(\boldsymbol{x}_{0:k})\}$ 存在并且有限。

（2）通过后验分布得到的 w_k 和 $w_k\boldsymbol{g}^2(\boldsymbol{x}_{0:k})$ 的期望存在且有限。

验证第二个假设成立的一个充分条件是 $\boldsymbol{g}(\boldsymbol{x}_{0:k})$ 的方差和重要性权值有界。因此，随着 N 趋于无穷大，后验密度函数可以用点估计近似，即

$$p(\boldsymbol{x}_{0:k} \mid \boldsymbol{z}_{1:k}) = \sum_{i=1}^{N}\tilde{w}_k^{(i)}\delta(\boldsymbol{x}_{0:k} - \boldsymbol{x}_{0:k}^{(i)}) \tag{3.134}$$

3.5.4　序贯重要性采样

前面的贝叶斯重要性采样是一种常用的蒙特卡洛积分方法，但其不能直接用来进行递推估计，主要因为估计 $p(\boldsymbol{x}_{0:k} \mid \boldsymbol{z}_{1:k})$ 的过程需要用到所有的量测信息 $\boldsymbol{z}_{1:k}$，然而每次在 k+1 时刻更新量测信息 $\boldsymbol{z}_{k+1}$ 时，则需要重新计算整个状态序列的重要性权值，所以其计算量将随时间的推移而大量增加。为了解决这一问题，序贯重要性采样（Sequential Importance Sampling，SIS）[33]方法得以提出。这种方法在 k 时刻采样时不会改动过去的状态序列 $\boldsymbol{x}_{0:k-1}$，而重要性密度函数分解为

$$q(\boldsymbol{x}_{0:k} \mid \boldsymbol{z}_{1:k}) = q(\boldsymbol{x}_k \mid \boldsymbol{x}_{0:k-1}, \boldsymbol{z}_{1:k})q(\boldsymbol{x}_{0:k-1} \mid \boldsymbol{z}_{1:k-1}) \tag{3.135}$$

系统模型满足以下假设。

（1）系统状态符合一阶马尔可夫过程。

（2）在给定状态下，不同量测值是相互条件独立的。

（3）初始的先验密度为 $p(\boldsymbol{x}_0)$。

即满足

$$p(\boldsymbol{x}_{0:k}) = p(\boldsymbol{x}_0)\prod_{j=1}^{k}p(\boldsymbol{x}_j \mid \boldsymbol{x}_{j-1}) \tag{3.136}$$

$$p(\boldsymbol{z}_{1:k} \mid \boldsymbol{x}_{0:k}) = \prod_{j=1}^{k}p(\boldsymbol{z}_j \mid \boldsymbol{x}_j) \tag{3.137}$$

将式（3.135）～式（3.137）代入式（3.130）中，得到重要性权值的递推公式为

$$
\begin{aligned}
w_k &= \frac{p(\boldsymbol{z}_{1:k} \mid \boldsymbol{x}_{0:k})p(\boldsymbol{x}_{0:k})}{q(\boldsymbol{x}_k \mid \boldsymbol{x}_{0:k-1}, \boldsymbol{z}_{1:k})q(\boldsymbol{x}_{0:k-1} \mid \boldsymbol{z}_{1:k-1})} \\
&= \frac{p(\boldsymbol{z}_{1:k-1} \mid \boldsymbol{x}_{0:k-1})p(\boldsymbol{x}_{0:k-1})}{q(\boldsymbol{x}_{0:k-1} \mid \boldsymbol{z}_{1:k-1})} \frac{p(\boldsymbol{z}_{1:k} \mid \boldsymbol{x}_{0:k})p(\boldsymbol{x}_{0:k})}{p(\boldsymbol{z}_{1:k-1} \mid \boldsymbol{x}_{0:k-1})p(\boldsymbol{x}_{0:k-1})q(\boldsymbol{x}_k \mid \boldsymbol{x}_{0:k-1}, \boldsymbol{z}_{1:k})} \\
&= w_{k-1} \frac{p(\boldsymbol{z}_{1:k} \mid \boldsymbol{x}_{0:k})}{p(\boldsymbol{z}_{1:k-1} \mid \boldsymbol{x}_{0:k-1})} \frac{p(\boldsymbol{x}_{0:k})}{p(\boldsymbol{x}_{0:k-1})} \frac{1}{q(\boldsymbol{x}_k \mid \boldsymbol{x}_{0:k-1}, \boldsymbol{z}_{1:k})} \\
&= w_{k-1} \frac{p(\boldsymbol{x}_k \mid \boldsymbol{x}_{k-1})p(\boldsymbol{z}_k \mid \boldsymbol{x}_k)}{q(\boldsymbol{x}_k \mid \boldsymbol{x}_{0:k-1}, \boldsymbol{z}_{1:k})}
\end{aligned} \tag{3.138}
$$

在给定合适的重要性密度函数 $q(\boldsymbol{x}_k \mid \boldsymbol{x}_{0:k-1}, \boldsymbol{z}_{1:k})$ 的条件下，利用式（3.138）可以通过递归方法简化重要性权值的计算。

此外，如果重要性密度函数满足

$$
q(\boldsymbol{x}_k \mid \boldsymbol{x}_{0:k-1}, \boldsymbol{z}_{1:k}) = q(\boldsymbol{x}_k \mid \boldsymbol{x}_{k-1}, \boldsymbol{z}_k) \tag{3.139}
$$

则其只依赖于 $\boldsymbol{x}_{k-1}$ 和 $\boldsymbol{z}_k$。由该函数采样得到的粒子 $\boldsymbol{x}_k^{(i)} \sim q(\boldsymbol{x}_k \mid \boldsymbol{x}_{k-1}, \boldsymbol{z}_k)$ 对应的归一化重要性权值为

$$
\tilde{w}_k^{(i)} = \tilde{w}_{k-1}^{(i)} \frac{p(\boldsymbol{x}_k^{(i)} \mid \boldsymbol{x}_{k-1}^{(i)})p(\boldsymbol{z}_k \mid \boldsymbol{x}_k^{(i)})}{q(\boldsymbol{x}_k^{(i)} \mid \boldsymbol{x}_{k-1}^{(i)}, \boldsymbol{z}_k)} \tag{3.140}
$$

从而，得到后验滤波概率密度为

$$
\hat{p}(\boldsymbol{x}_k \mid \boldsymbol{z}_{1:k}) = \sum_{i=1}^{N} \tilde{w}_k^{(i)} \delta(\boldsymbol{x}_k - \boldsymbol{x}_k^{(i)}) \tag{3.141}
$$

序贯重要性采样算法根据每一步接收到新的量测信息，逐次进行采样粒子和重要性权值的递推，算法步骤如下。

算法 3.10　序贯重要性采样粒子滤波

For $i = 1:N$

　　采样粒子 $\boldsymbol{x}_k^{(i)} \sim q(\boldsymbol{x}_k \mid \boldsymbol{x}_{k-1}^{(i)}, \boldsymbol{z}_k)$

　　根据式（3.140）确定粒子的权值 $w_k^{(i)}$

End For

3.5.5　粒子退化问题与重采样

1．粒子退化问题

序贯重要性采样的一个常见问题就是粒子退化现象，即经过若干次迭代之后，除了少数几个粒子，大部分其他粒子的权值将小到可以忽略不计。根据文献[31]所述，

粒子退化现象的原因在于，重要性权值的方差将随时间的推移而增加。因此，粒子退化问题的存在意味着大量的计算工作将浪费在更新那些对 $p(\boldsymbol{x}_k \mid \boldsymbol{z}_{1:k})$ 的估计作用几乎为零的粒子上[34]。文献[35]和[36]给出了一种衡量算法的粒子退化程度的方法，定义有效样本数（effective sample size）为

$$N_{\text{eff}} = \frac{N}{1 + \text{var}(w_k^{*(i)})} \tag{3.142}$$

式中，$w_k^{*(i)} = p(\boldsymbol{x}_k^{(i)} \mid \boldsymbol{z}_{1:k}) / q(\boldsymbol{x}_k^{(i)} \mid \boldsymbol{x}_{k-1}^{(i)}, \boldsymbol{z}_k)$ 称为真权值（true weight）。有效样本数无法通过计算准确得到，但可以用以下估计值获得：

$$\hat{N}_{\text{eff}} = \frac{1}{\sum_{i=1}^{N} (w_k^{(i)})^2} \tag{3.143}$$

式中，$w_k^{(i)}$ 是由式（3.140）定义的归一化权值。易知 $\hat{N}_{\text{eff}} \leqslant N$，而很小的 $\hat{N}_{\text{eff}}$ 意味着粒子严重退化。显然粒子退化问题是在粒子滤波过程中所不希望看到的，一种强制措施是采用大量粒子，增大粒子数 N，这种方法通常情况下是不现实的。因此，可考虑采用两种解决方案：选择合适的重要性密度函数、使用重采样法。

2. 选择合适的重要性密度函数

选择合适的重要性密度函数 $q(\boldsymbol{x}_k \mid \boldsymbol{x}_{k-1}^{(i)}, \boldsymbol{z}_k)$ 旨在使方差 $\text{var}(w_k^{*(i)})$ 最小化，从而使 N_{eff} 最大化。当条件为 $\boldsymbol{x}_{k-1}^{(i)}$ 和 $\boldsymbol{z}_k$ 时，使真权值 $w_k^{*(i)}$ 的方差为最小的最优重要性密度函数，可表示为[31]

$$\begin{aligned} q(\boldsymbol{x}_k \mid \boldsymbol{x}_{k-1}^{(i)}, \boldsymbol{z}_k)_{\text{opt}} &= p(\boldsymbol{x}_k \mid \boldsymbol{x}_{k-1}^{(i)}, \boldsymbol{z}_k) \\ &= \frac{p(\boldsymbol{z}_k \mid \boldsymbol{x}_k, \boldsymbol{x}_{k-1}^{(i)}) p(\boldsymbol{x}_k \mid \boldsymbol{x}_{k-1}^{(i)})}{p(\boldsymbol{z}_k \mid \boldsymbol{x}_{k-1}^{(i)})} \end{aligned} \tag{3.144}$$

将式（3.144）代入式（3.140）得

$$\begin{aligned} w_k^{(i)} &= w_{k-1}^{(i)} p(\boldsymbol{z}_k \mid \boldsymbol{x}_{k-1}^{(i)}) \\ &= w_{k-1}^{(i)} \int p(\boldsymbol{z}_k \mid \boldsymbol{x}'_k) p(\boldsymbol{x}'_k \mid \boldsymbol{x}_{k-1}^{(i)}) \mathrm{d} \boldsymbol{x}'_k \end{aligned} \tag{3.145}$$

对于给定的 $\boldsymbol{x}_{k-1}^{(i)}$，无论 $q(\boldsymbol{x}_k \mid \boldsymbol{x}_{k-1}^{(i)}, \boldsymbol{z}_k)_{\text{opt}}$ 如何采样，$w_k^{(i)}$ 都取相同的值，所以重要性密度函数的选择是最优的。因此，在 $\boldsymbol{x}_{k-1}^{(i)}$ 的条件下，$\text{var}(w_k^{*(i)}) = 0$，这就是不同采样粒子 $\boldsymbol{x}_k^{(i)}$ 得到的不同 $w_k^{(i)}$ 的方差。

这种最优重要性密度函数主要存在以下缺点：它要求具有从 $p(\boldsymbol{x}_k \mid \boldsymbol{x}_{k-1}^{(i)}, \boldsymbol{z}_k)$ 采样的能力并且对新状态计算积分值。通常情况下，很难直接完成这些任务。

为此，更为常用的选取方案是次优的重要性密度函数，即

$$q(\boldsymbol{x}_k \mid \boldsymbol{x}_{k-1}^{(i)}, \boldsymbol{z}_k) = p(\boldsymbol{x}_k \mid \boldsymbol{x}_{k-1}^{(i)}) \tag{3.146}$$

进而得到

$$w_k^{(i)} = w_{k-1}^{(i)} p(\boldsymbol{z}_k \mid \boldsymbol{x}_k^{(i)}) \tag{3.147}$$

这种方案虽然未能利用最新的量测信息，使得采样粒子的方差较大，但其优点在于较为直观且易于实现，所以得到了广泛使用。

3. 重采样

重采样（resampling）也是抑制粒子退化现象的一种有效方法。重采样法的主要思想是，预先设定一个 N_{T} 作为有效样本数 N_{eff} 的阈值，当 N_{eff} 低于 N_{T} 时进行重采样，其目的在于抑制权值较小的粒子，而只关心权值较大的粒子。重采样的步骤是，对于给定的后验概率密度函数 $p(\boldsymbol{x}_k \mid \boldsymbol{z}_{1:k})$ 的离散近似：

$$p(\boldsymbol{x}_k \mid \boldsymbol{z}_{1:k}) \approx \sum_{i=1}^{N} w_k^{(i)} \delta(\boldsymbol{x}_k - \boldsymbol{x}_k^{(i)}) \tag{3.148}$$

采样 N 次重新生成一组新的粒子 $\{\boldsymbol{x}_k^{(i)*}\}_{i=1}^{N}$，使得 $P(\boldsymbol{x}_k^{(i)*} = \boldsymbol{x}_k^{j}) = w_k^{(j)}$。而根据重采样粒子的独立同分布特性，其权值将重置为 $w_k^{(i)} = 1/N$。

需要指出的是，虽然重采样方法在某种程度上可以抑制粒子退化问题，但会降低粒子的多样性，使得原本权值较小的粒子缺乏子代粒子，而少数权值较大的粒子具有多个相同的子代粒子。常用的重采样方法包括系统重采样、多项式重采样、残差重采样、分层重采样等。

重采样算法如下。

算法 3.11　重采样

初始化累积分布函数（CDF）：$c_1 = 0$

For $i = 2: N$

　　构造 CDF：$c_i = c_{i-1} + w_k^{(i)}$

　　从 CDF 的底部开始：$i = 1$

　　采样起始点 $u_1 \sim \mathcal{U}[0, 1/N]$

End For

For $j = 1: N$

　　沿 CDF 移动：$u_j = u_1 + (j-1)/\mathrm{N}$

　　While $u_j > c_i$

　　$i = i+1$

　　End While

　　赋值粒子：$\boldsymbol{x}_k^{(j)*} = \boldsymbol{x}_k^{(i)}$

赋值权值：$w_k^{(j)}=1/N$

赋值父代：$i^{(j)}=i$

End For

3.5.6 标准粒子滤波算法

如前面所述，通常情况下选择先验作为重要性密度函数，即

$$q(\boldsymbol{x}_k \mid \boldsymbol{x}_{k-1}^{(i)}, \boldsymbol{z}_k) = p(\boldsymbol{x}_k \mid \boldsymbol{x}_{k-1}^{(i)}) \tag{3.149}$$

对该函数采样得到的粒子 $\boldsymbol{x}_k^{(i)} \sim p(\boldsymbol{x}_k \mid \boldsymbol{x}_{k-1}^{(i)})$ 的权值为

$$w_k^{(i)} = w_{k-1}^{(i)} p(\boldsymbol{z}_k \mid \boldsymbol{x}_k^{(i)}) \tag{3.150}$$

由此可得标准粒子滤波算法步骤描述如下。

算法 3.12 标准粒子滤波

步骤 1 根据 $p(\boldsymbol{x}_0)$ 采样得到 N 个粒子 $\{\boldsymbol{x}_0^{(i)}\}_{i=1}^N$。

对于时刻 $k=1,2,3,\cdots$ 循环进行步骤 2～步骤 5。

步骤 2 根据状态转移函数产生新的粒子为

$$\boldsymbol{x}_k^{(i)} \sim p(\boldsymbol{x}_k \mid \boldsymbol{x}_{k-1}^{(i)})$$

步骤 3 计算权值

$$w_k^{(i)} = w_{k-1}^{(i)} p(\boldsymbol{z}_k \mid \boldsymbol{x}_k^{(i)})$$

并进行权值归一化得

$$\tilde{w}_k^{(i)} = \frac{w_k^{(i)}}{\sum_{i=1}^N w_k^{(i)}}$$

步骤 4 使用算法 3.11 对粒子进行重采样。

步骤 5 得到 k 时刻状态估计为

$$\hat{\boldsymbol{x}}_k = \sum_{i=1}^N \tilde{w}_k^{(i)} \boldsymbol{x}_k^{(i)}$$

3.6 仿真结果与分析

考虑典型系统动态方程描述为

$$x_k = 0.5x_{k-1} + \frac{25x_{k-1}}{1+x_{k-1}^2} + 8\cos[1.2(k-1)] + w_k \tag{3.151}$$

量测模型为

$$y_k = \frac{1}{20} x_k^2 + v_k \tag{3.152}$$

式中，$\{w_k\}$ 和 $\{v_k\}$ 均为方差为 1 的零均值高斯白噪声序列。假定系统具有初始状态 $x_0 = 0.1$，初始状态估计为 $\hat{x}_0 = x_0$，卡尔曼滤波的初始估计协方差为 $P_0 = 2$。通过非线性滤波方法对状态 x 进行估计，使用仿真长度为 50 个时间步长，粒子滤波采用 100 个粒子，蒙特卡洛仿真次数为 2000 次。在 Intel Core i5-3210M CPU 计算机的 MATLAB 2012b 环境下运行结果如下。

图 3.1 给出了扩展卡尔曼滤波、无迹滤波、容积卡尔曼滤波和粒子滤波对于高度非线性标量系统的状态估计结果。图 3.2 给出了上述四种滤波方法进行 2000 次蒙特卡洛仿真的均方误差（Mean Squared Error，MSE）。表 3.1 给出了四种滤波方法的时间平均化 MSE。表 3.2 给出了各滤波方法的平均计算时间。

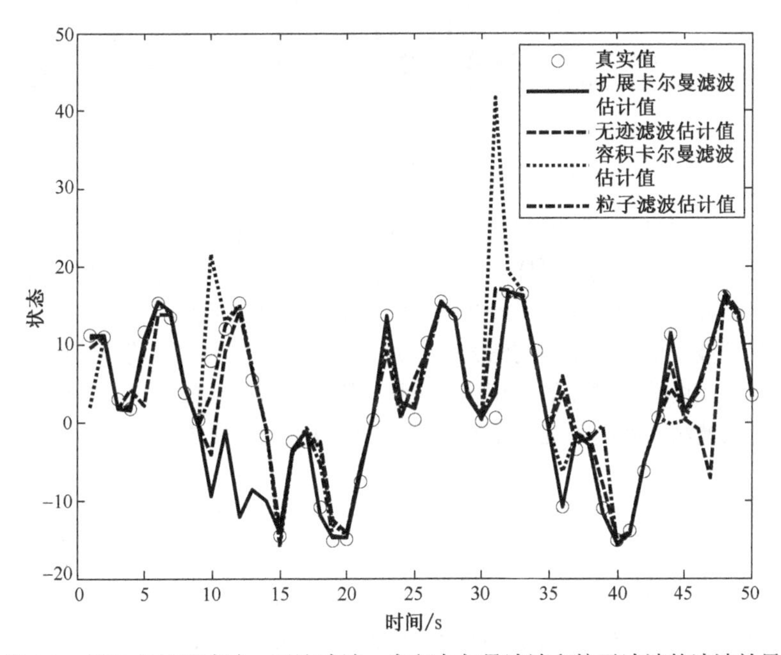

图 3.1　扩展卡尔曼滤波、无迹滤波、容积卡尔曼滤波和粒子滤波的滤波效果

表 3.1　四种滤波方法的平均均方误差

	扩展卡尔曼滤波	无迹滤波	容积卡尔曼滤波	粒子滤波
时间平均化均方误差	107.328399	31.247708	75.235459	12.230726

表 3.2　四种滤波方法的平均时间

	扩展卡尔曼滤波	无迹滤波	容积卡尔曼滤波	粒子滤波
平均时间/s	0.004055	0.013047	0.011346	0.037613

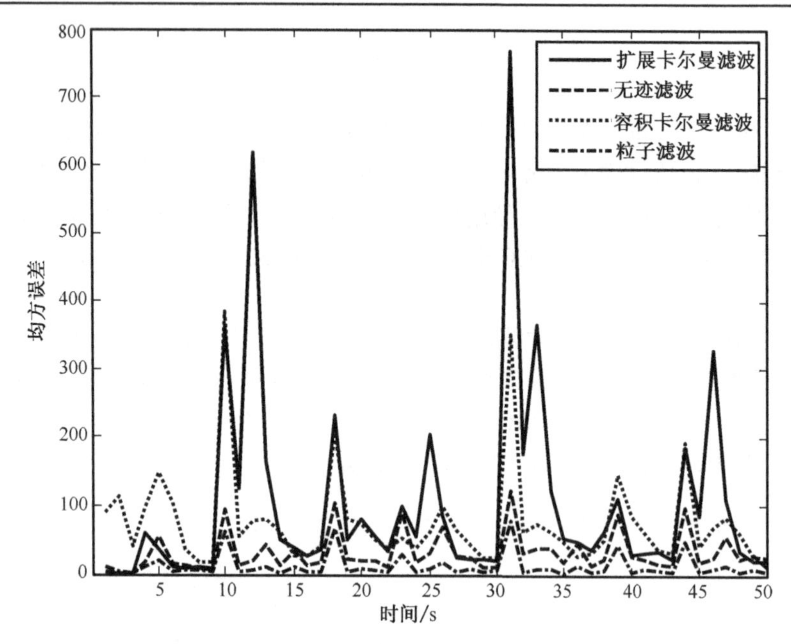

图 3.2　蒙特卡洛仿真均方误差比较

结果表明，低维情况下，粒子滤波对该系统的滤波效果最好，误差最小，但需要更大的计算量，在高维状态空间中采样时，计算负担将变得很重，采样效率也会很低；无迹滤波效果次之，计算量较少，说明无迹滤波方法更适合于这种低维、非线性程度高的系统；而容积卡尔曼滤波在低维系统中的滤波效果并不明显；扩展卡尔曼滤波的局部线性化方法也并不适合此类高度非线性化的系统滤波过程。因此，根据动态系统特性选取适当的滤波算法是解决随机滤波问题的关键，而各类改进滤波算法也将成为国内外研究的热点。

3.7　小　　结

本章主要介绍了目前主要的随机滤波相关理论和算法。3.1 节在线性高斯条件下，给出了基于最小均方误差意义的最优卡尔曼滤波原理与算法，这也是其他次优卡尔曼滤波方法的基础，对非线性、高斯/非高斯系统条件下的滤波问题也具有指导意义。3.2 节～3.4 节介绍了非线性系统中基于线性最小均方误差意义的卡尔曼滤波框架下求近似解的点估计方法，如扩展卡尔曼滤波、无迹滤波和容积卡尔曼滤波，这些滤波算法解决了多种非线性条件下的滤波问题，是以最优卡尔曼滤波原理为核心的拓展，具有较大的实际应用价值。3.5 节介绍了在贝叶斯滤波框架下对状态后验分布进行估计的方法并给出了粒子滤波的算法，与前述的点估计方法不同，这种算法基于概率密度估计，而其多种改进算法也是当前研究的热点。3.6 节将各滤波方法应用在典型的一维非线性系统中，并给出了滤波结果的比较。

参 考 文 献

[1] Kalman R E. A new approach to linear filtering and prediction problems. Journal of Basic Engineering, 1960, 82(1):35-45.

[2] Li X R, Jilkov V P. A survey of maneuvering target tracking-part VI: Approximation techniques for nonlinear filtering. Proceedings of SPIE Conference on Signal and Data Processing of Small Targets, 2004: 537-550.

[3] Jazwinski A H. Filtering for nonlinear dynamical systems. IEEE Transactions on Automatic Control, 1996, 11(5):765-766.

[4] Jazwinski A H. Stochastic Processes and Filtering Theory. New York: Academic Press, 1970.

[5] Bass R, Norum V, Schwartz L. Optimal multichannel nonlinear filtering. Journal of Mathematical Analysis and Applications, 1966, 16(1):152-164.

[6] Kushner H. Approximations to optimal nonlinear filters. IEEE Transactions on Automatic Control, 1967, 12(5):546-556.

[7] Kerr T H. Streamlining measurement iteration for EKF target tracking. IEEE Transactions on Aerospace and Electronic Systems, 1991, 27(2):408-421.

[8] Julier S J, Uhlmann J K. A new approach for filtering nonlinear systems. Proceedings of American Control Conference, Seattle, 1995:1628-1632.

[9] Julier S J, Uhlmann J K, Durrant-Whyte H F. A new method for nonlinear transformation of means and covariances in filters and estimators. IEEE Transactions on Automatic Control, 2000, 45(3):477-482.

[10] Ito K, Xiong K. Gaussian filters for nonlinear filtering problems. IEEE Transactions on Automatic Control, 2000, 45(5):910-927.

[11] Schei T S. A finite-difference method for linearization in nonlinear estimation algorithms. Automatica, 1997, 33(11):2053-2058.

[12] Norgaard M, Poulsen N K, Ravn O. New developments in state estimation for nonlinear Systems. Automatica, 2000, 36(11):1627-1638.

[13] Doucet A, Godsill S, Andrieu C. On sequential Monte Carlo methods for Bayesian filtering. Statistics and Computing, 2000, 10(3):197-208.

[14] Doucet A, de Freitas N, Gordon N J. Sequential Monte Carlo methods in practice. Berlin: Springer, 2001.

[15] Gelman, A, Carlin, J B, Stern H S, et al. Bayesian Data Analysis. London:Chapman&Hall, 1995.

[16] Julier S J, Uhlmann J K. Unscented filtering and nonlinear estimation. Proceeding of IEEE, 2004, 92 (3):401-422.

[17] Wu Y X, Hu De W, Wu M P, et al. Unscented Kalman filtering for additive noise case: Augmented versus nonaugmented. IEEE Signal Processing Letters, 2005, 12(5):357-360.

[18] van der Merwe R, Wan E. Sigma-Point Kalman filters for probabilistic inference in dynamic state-space

models. Proceedings of the Workshop on Advances in Machine Learning, Montreal, 2003.
[19] Arasaratnam I, Haykin S. Cubature Kalman filters. IEEE Transactions on Automatic Control, 2009, 54(6):1254-1269.
[20] Lefebvre T, Bruyninclcx H, de Schutter J. Comment on "A new method for the nonlinear transformation of means and covariances in filters and estimates" and authors' reply. IEEE Transactions on Automatic Control, 2002, 47(8):1406-1409.
[21] Gelb A. Applied Optimal Estimation. Cambridge: The MIT Press, 1974.
[22] Wu Y X, Hu D W, Wu M P, et al. A numerical-integration perspective on Gaussian filters. IEEE Transactions on Signal Processing, 2006, 54(8):2910-2921.
[23] Stroud A H. Gaussian Quadrature Formulas. NJ: Prentice Hall, 1966.
[24] Press W H, Teukolsky S A. Orthogonal polynomials and Gaussian quadrature with nonclassical weighting functions. Computers in Physics, 1990, 4(4):423-426.
[25] Arasaratnam I, Haykin S, Hurd T R. Cubature Kalman filtering for continuous-discrete systems: Theory and simulations. IEEE Transactions on Signal Processing, 2010, 58(10):4977-4993.
[26] Chandra K P B, Gu D W, Postlethwaite I. Cubature Kalman filter based localization and mapping. The 18th IFAC World Congress, 2011:2121-2125.
[27] Havlicek M, Friston K J, Jan J, et al. Dynamic modeling of neuronal responses in fMRI using cubature Kalman filtering. Neuroimage, 2011, 56(4):2109-2128.
[28] Huang J J, Zhong J L, Jiang F. A CKF based spatial alignment of radar and infrared sensors. IEEE 10th International Conference on Signal Processing, 2010:2386-2390.
[29] Doucet A, de Freitas N, Gordon N. Sequential Monte Carlo in practice. Berlin: Springer, 2001: 350-436.
[30] Arulampalam M S, Maskell S, Gordon N, et al. A tutorial on particle filters for online nonliear/Non-Gaussian Bayesian tracking. IEEE Transactions on Signal Processing, 2002, 50(2):174-188.
[31] Doucet A. On Sequential Monte Carlo methods for Bayesian filtering. Cambridge: University of Cambridge, 1998.
[32] Geweke J. Bayesian inference in econometric models using Monte Carlo integration. Econometrica, 1989, 57(6):1317-1339.
[33] Hammersley J M, Morton K W. Poor man's Monte Carlo. Journal of the Royal Statistical Society B, 1954, 16(1):23-38.
[34] Godsill S, Clapp T. Improvement strategies for Monte Carlo particle filters. Signal Processing Group, University of Cambridge, 1998, 2(1):17-23.
[35] Bergman N. Recursive Bayesian Estimation: Navigation and Tracking Applications. Sweden: Linköping University, 1999:579.
[36] Liu J S, Chen R. Sequential Monte Carlo methods for dynamical systems. Journal of the American Statistical Association, 1998, 93(443):1032-1044.

第4章　H_∞滤波理论与算法

4.1　线性系统 H_∞滤波理论与算法

在系统信息模型和噪声统计特性已知的前提下，卡尔曼滤波技术能提供较好的估计结果。自其20世纪60年代诞生以来，卡尔曼滤波在航天与航空领域都取得了巨大的成功。但在20世纪70年代，人们尝试将卡尔曼滤波应用到更普通的工业应用中时，很快就暴露出卡尔曼滤波潜在的假设与工业状态估计问题之间存在严重的不匹配问题。在工业问题中，系统的精确模型和噪声的统计特性都不易获得。在此背景下，亟需开发出一项能应对建模误差和噪声不确定性的控制和滤波技术，于是相关研究的重点转向适用于这类问题的具有“鲁棒性”的滤波器。尽管可以设计基于卡尔曼滤波的鲁棒滤波器，但这仅是对现有方法的修正，而 H_∞滤波是专门为鲁棒性设计的。

4.1.1　卡尔曼滤波和 H_∞滤波的比较

下面先来比较一下卡尔曼滤波和 H_∞滤波的主要区别，以及卡尔曼滤波在现代工业生产中的一些局限性。给定离散系统：

$$\begin{cases} \boldsymbol{x}_{k+1} = \boldsymbol{F}_k \boldsymbol{x}_k + \boldsymbol{w}_k \\ \boldsymbol{y}_k = \boldsymbol{H}_k \boldsymbol{x}_k + \boldsymbol{v}_k \\ \boldsymbol{z}_k = \boldsymbol{L}_k \boldsymbol{x}_k \end{cases} \tag{4.1}$$

式中，$\boldsymbol{x}_k$ 是系统状态；$\boldsymbol{y}_k$ 是量测值；$\boldsymbol{z}_k$ 是需要估计的量；$\boldsymbol{F}_k$、$\boldsymbol{H}_k$ 分别是对应的系统参数矩阵；$\boldsymbol{L}_k$ 由设计者自定，如果 $\boldsymbol{L}_k = \boldsymbol{I}$，则直接估计系统状态 $\boldsymbol{x}_k$；$\boldsymbol{w}_k$ 和 $\boldsymbol{v}_k$ 是噪声项。

卡尔曼滤波一般需要一些确定的前提条件。

（1）需要知道噪声 $\boldsymbol{w}_k$ 和 $\boldsymbol{v}_k$ 在每一时刻的均值和相关性。

（2）需要知道噪声的协方差 $\boldsymbol{Q}_k$ 和 $\boldsymbol{R}_k$。卡尔曼滤波需要 $\boldsymbol{Q}_k$ 和 $\boldsymbol{R}_k$ 设计估计器，所以如果不知道 $\boldsymbol{Q}_k$ 和 $\boldsymbol{R}_k$ 这两个值，将很难成功地使用卡尔曼滤波。

（3）卡尔曼滤波最大的优势在于可以使估计的均方误差最小，换言之，当噪声为高斯分布时卡尔曼滤波为最小均方误差估计，当噪声不是高斯分布时也可采用卡尔曼滤波得到线性最小均方误差估计。

因此在系统噪声特性未知等恶劣条件下，卡尔曼滤波无法完成估计目标时，可以考虑后面将要阐述的 H_∞滤波，也称为极小极大滤波。

表 4.1 描述了卡尔曼滤波和 H∞滤波的主要区别。$\hat{\boldsymbol{z}}_k$ 是 $\boldsymbol{z}_k$ 的估计值，$\boldsymbol{x}_0$ 是估计的初始状态。J 是根据博弈论模拟自然和人进行零和博弈得到的估计目标函数，更详细的描述参考 4.2.1 节。从表 4.1 中可以看出，H∞滤波对噪声 $\boldsymbol{w}_k$ 和 $\boldsymbol{v}_k$ 的限制条件放得很宽，只需能量有界。而且它最小化最大估计误差，这也正是极小极大滤波这一别名的来源。

表 4.1　离散系统卡尔曼滤波和 H∞滤波比较

	估 计 目 标	噪 声 描 述
卡尔曼	$\min E\Vert\boldsymbol{z}_k-\hat{\boldsymbol{z}}_k\Vert_2^2$	$\boldsymbol{w}_k\sim\mathcal{N}(0,\boldsymbol{Q});\boldsymbol{v}_k\sim\mathcal{N}(0,\boldsymbol{R});\boldsymbol{x}_0\sim\mathcal{N}(\hat{\boldsymbol{x}}_0,\boldsymbol{P}_0)$
H∞	$\min\limits_{\hat{z}_k}\max\limits_{w_k,v_k,x_0} J$	$\Vert\boldsymbol{w}_k\Vert_2^2<\boldsymbol{Q}_\infty^2;\Vert\boldsymbol{v}_k\Vert_2^2<\boldsymbol{R}_\infty^2$

因此在现代复杂的工业应用环境中，系统的精确模型和噪声的统计特性很难得到的前提下，为了提高估计器的鲁棒性，可以考虑使用 H∞滤波。

根据文献[1]的概述，H∞滤波的推导可以通过微分对策理论、频域分析、传递函数等多种方法。本章将详尽地阐述 H∞滤波器的推导过程，并通过仿真实验探讨滤波器的鲁棒特性。

4.1.2　基于博弈论的 H∞滤波

最早应用博弈论对 H∞方法的研究是在控制领域中[2, 3]，根据对偶的原则，H∞方法成功地在滤波估计领域中得到了应用。在本节中叙述的 H∞方法最早见于文献[4]和文献[5]，又在文献[6]和文献[7]中得到了进一步的发展。文献[8]在文献[7]的基础上，给出了详细的推导和叙述，本节的 H∞滤波方法主要参考了文献[8]。假如有离散系统：

$$\begin{cases}\boldsymbol{x}_{k+1}=\boldsymbol{F}_k\boldsymbol{x}_k+\boldsymbol{w}_k\\ \boldsymbol{y}_k=\boldsymbol{H}_k\boldsymbol{x}_k+\boldsymbol{v}_k\\ \boldsymbol{z}_k=\boldsymbol{L}_k\boldsymbol{x}_k\end{cases}\tag{4.2}$$

式中，$\boldsymbol{x}_k\in\mathbb{R}^n$、$\boldsymbol{y}_k\in\mathbb{R}^p$、$\boldsymbol{z}_k\in\mathbb{R}^r$ 分别是系统状态、量测值和要估计的对象；$\boldsymbol{w}_k\in\mathbb{R}^n$ 和 $\boldsymbol{v}_k\in\mathbb{R}^p$ 分别是过程噪声和量测噪声；系统中的其他参数均有相应的维数。噪声 $\boldsymbol{w}_k$ 和 $\boldsymbol{v}_k$ 可能是随机的，且统计特性未知，也可能是确定的，它们的均值可能非零。需要估计时刻 $N-1$ 之前（包括 $N-1$ 时刻）的 $\boldsymbol{z}_k$，表示为 $\hat{\boldsymbol{z}}_k$。初始状态的估计为 $\hat{\boldsymbol{x}}_0$。根据博弈论，该问题的代价函数可定义为

$$J_1=\frac{\sum\limits_{k=0}^{N-1}\Vert\boldsymbol{z}_k-\hat{\boldsymbol{z}}_k\Vert_{S_k}^2}{\Vert\boldsymbol{x}_0-\hat{\boldsymbol{x}}_0\Vert_{P_0^{-1}}^2+\sum\limits_{k=0}^{N-1}(\Vert\boldsymbol{w}_k\Vert_{Q_k^{-1}}^2)+\Vert\boldsymbol{v}_k\Vert_{R_k^{-1}}^2)}\tag{4.3}$$

式中，对称正定矩阵 $\boldsymbol{P}_0$、$\boldsymbol{Q}_k$、$\boldsymbol{R}_k$、$\boldsymbol{S}_k$ 由设计者基于特定问题选择，这些矩阵值的大小直接反映了对相应变量的重视程度。根据博弈论的零和理论，作为设计者，目标是找到 $\boldsymbol{z}_k$ 的一个估计 $\hat{\boldsymbol{z}}_k$ 使 J_1 最小化。相反的是，根据博弈论的原理，自然界的目标是通

过$\boldsymbol{w}_k$、$\boldsymbol{v}_k$、$\boldsymbol{x}_0$最大化J_1。自然界的最终目标是通过$\boldsymbol{w}_k$、$\boldsymbol{v}_k$、$\boldsymbol{x}_0$最大化误差$\boldsymbol{z}_k-\hat{\boldsymbol{z}}_k$，因此在定义$J_1$时，将$\boldsymbol{w}_k$、$\boldsymbol{v}_k$、$\boldsymbol{x}_0$安排在分母上。这样，便不能一味地使用无穷大的$\boldsymbol{w}_k$、$\boldsymbol{v}_k$、$\boldsymbol{x}_0$最大化估计误差，而需要合适地配置这三个值来干扰估计。同样，设计者也需要采取合理的估计策略最小化$\boldsymbol{z}_k-\hat{\boldsymbol{z}}_k$。

上面就是基于博弈论的H∞滤波的哲学本质。与卡尔曼估计最大的不同是，卡尔曼滤波中已知噪声的概率密度分布函数，可以应用它去获得统计学上的状态最优估计。此时自然界是无关紧要的，无法改变这个概率密度分布函数来干扰估计过程。在H∞滤波中，自然界将尽可能降低估计性能。

直接最小化J_1很难处理，所以选择了一个性能边界，该问题的目标是使其满足代价函数：

$$J_1<\frac{1}{\theta} \tag{4.4}$$

把J_1的表达式代入式（4.4），并重新整理可得

$$\begin{aligned}J=&\frac{-1}{\theta}\|\boldsymbol{x}_0-\hat{\boldsymbol{x}}_0\|_{P_0^{-1}}^2+\sum_{k=0}^{N-1}[\|\boldsymbol{z}_k-\hat{\boldsymbol{z}}_k\|_{S_k}^2\\&-\frac{1}{\theta}(\|\boldsymbol{w}_k\|_{Q_k^{-1}}^2+\|\boldsymbol{v}_k\|_{R_k^{-1}}^2)]<0\end{aligned} \tag{4.5}$$

因此，这个极小极大化问题转化为

$$J^*=\min_{\hat{z}_k}\max_{w_k,v_k,x_0}J \tag{4.6}$$

因为$\boldsymbol{z}_k=\boldsymbol{L}_k\boldsymbol{x}_k$，所以$\hat{\boldsymbol{z}}_k=\boldsymbol{L}_k\hat{\boldsymbol{x}}_k$，这个问题变为

$$J^*=\min_{\hat{x}_k}\max_{w_k,y_k,x_0}J \tag{4.7}$$

又由于自然选择$\boldsymbol{w}_k$、$\boldsymbol{v}_k$、$\boldsymbol{x}_0$来最大化J，$\boldsymbol{w}_k$、$\boldsymbol{v}_k$、$\boldsymbol{x}_0$完全确定$\boldsymbol{y}_k$，所以可以用$\boldsymbol{y}_k$来代替$\boldsymbol{v}_k$，即

$$J^*=\min_{\hat{z}_k}\max_{w_k,y_k,x_0}J \tag{4.8}$$

由$\boldsymbol{y}_k=\boldsymbol{H}_k\boldsymbol{x}_k+\boldsymbol{v}_k$，可得$\boldsymbol{v}_k=\boldsymbol{y}_k-\boldsymbol{H}_k\boldsymbol{x}_k$，以及

$$\|\boldsymbol{v}_k\|_{R_k^{-1}}^2=\|\boldsymbol{y}_k-\boldsymbol{H}_k\boldsymbol{x}_k\|_{R_k^{-1}}^2 \tag{4.9}$$

根据系统方程，由于$\boldsymbol{z}_k=\boldsymbol{L}_k\boldsymbol{x}_k$，可设$\hat{\boldsymbol{z}}_k=\boldsymbol{L}_k\hat{\boldsymbol{x}}_k$，由此可得

$$\begin{aligned}\|\boldsymbol{z}_k-\hat{\boldsymbol{z}}_k\|_{S_k}^2&=(\boldsymbol{z}_k-\hat{\boldsymbol{z}}_k)^{\mathrm{T}}\boldsymbol{S}_k(\boldsymbol{z}_k-\hat{\boldsymbol{z}}_k)\\&=(\boldsymbol{x}_k-\hat{\boldsymbol{x}}_k)^{\mathrm{T}}\boldsymbol{L}_k^{\mathrm{T}}\boldsymbol{S}_k\boldsymbol{L}_k(\boldsymbol{x}_k-\hat{\boldsymbol{x}}_k)\\&=\|\boldsymbol{x}_k-\hat{\boldsymbol{x}}_k\|_{\bar{S}_k}^2\end{aligned} \tag{4.10}$$

式中，$\bar{\boldsymbol{S}}_k$的定义为

$$\bar{\boldsymbol{S}}_k=\boldsymbol{L}_k^{\mathrm{T}}\boldsymbol{S}_k\boldsymbol{L}_k \tag{4.11}$$

以上所得结果代入式（4.5）有

$$
\begin{aligned}
J &= \frac{-1}{\theta}\|\boldsymbol{x}_0-\hat{\boldsymbol{x}}_0\|_{P_0^{-1}}^2+\sum_{k=0}^{N-1}[\|\boldsymbol{x}_k-\hat{\boldsymbol{x}}_k\|_{\bar{S}_k}^2 \\
&\quad -\frac{1}{\theta}(\|\boldsymbol{w}_k\|_{Q_k^{-1}}^2+\|\boldsymbol{y}_k-\boldsymbol{H}_k\boldsymbol{x}_k\|_{R_k^{-1}}^2)] \\
&= \boldsymbol{\psi}(\boldsymbol{x}_0)+\sum_{k=0}^{N-1}\boldsymbol{\mathcal{L}}_k
\end{aligned} \tag{4.12}
$$

式中，$\boldsymbol{\psi}(\boldsymbol{x}_0)$和$\boldsymbol{\mathcal{L}}_k$由式（4.12）的对应项定义。

综上，该问题就是在限制条件$\boldsymbol{x}_{k+1}=\boldsymbol{F}_k\boldsymbol{x}_k+\boldsymbol{w}_k$下，求$J$的极值。为解决该极大极小值问题，分两步进行，第一步找到J关于$\boldsymbol{x}_0$和$\boldsymbol{w}_k$的极值点，第二步找到J关于$\hat{\boldsymbol{x}}_k$和$\boldsymbol{y}_k$的极值点。

1. $\boldsymbol{J}$关于$\boldsymbol{x}_0$和$\boldsymbol{w}_k$的极值点

根据拉格朗日乘子法，该问题的哈密顿函数为

$$
\boldsymbol{\mathcal{H}}_k=\boldsymbol{\mathcal{L}}_k+\frac{2\boldsymbol{\lambda}_{k+1}^{\mathrm{T}}}{\theta}(\boldsymbol{F}_k\boldsymbol{x}_k+\boldsymbol{w}_k) \tag{4.13}
$$

需要注意的是，此处把$\frac{2\boldsymbol{\lambda}_{k+1}}{\theta}$定义为拉格朗日乘子，而不是传统的$\boldsymbol{\lambda}_{k+1}$。这样不会改变问题的解，仅仅是将原始的拉格朗日乘子缩放了常数倍，并且在数学计算中更直观。由拉格朗日乘子法可得四个式子来求解J关于$\boldsymbol{x}_0$和$\boldsymbol{w}_k$的约束最优问题，即

$$
\begin{aligned}
&\frac{2\boldsymbol{\lambda}_0^{\mathrm{T}}}{\theta}+\frac{\partial\boldsymbol{\psi}_0}{\partial\boldsymbol{x}_0}=0 \\
&\frac{2\boldsymbol{\lambda}_N^{\mathrm{T}}}{\theta}=0 \\
&\frac{\partial\boldsymbol{\mathcal{H}}}{\partial\boldsymbol{w}_k}=0 \\
&\frac{2\boldsymbol{\lambda}_k^{\mathrm{T}}}{\theta}=\frac{\partial\boldsymbol{\mathcal{H}}_k}{\partial\boldsymbol{x}_k}
\end{aligned} \tag{4.14}
$$

把式（4.13）中的$\boldsymbol{\mathcal{H}}_k$和式（4.12）中的$\boldsymbol{\mathcal{L}}_k$分别代入化简可得

$$
\boldsymbol{x}_0=\hat{\boldsymbol{x}}_0+\boldsymbol{P}_0\boldsymbol{\lambda}_0 \tag{4.15}
$$

$$
\boldsymbol{\lambda}_N=0 \tag{4.16}
$$

$$
\boldsymbol{w}_k=\boldsymbol{Q}_k\boldsymbol{\lambda}_{k+1} \tag{4.17}
$$

$$
\boldsymbol{\lambda}_k=\boldsymbol{F}_k^{\mathrm{T}}\boldsymbol{\lambda}_{k+1}+\theta\bar{\boldsymbol{S}}_k(\boldsymbol{x}_k-\hat{\boldsymbol{x}}_k)+\boldsymbol{H}_k^{\mathrm{T}}\boldsymbol{R}_k^{-1}(\boldsymbol{y}_k-\boldsymbol{H}_k\boldsymbol{x}_k) \tag{4.18}
$$

把式（4.17）代入原动态方程中可得

$$
\boldsymbol{x}_{k+1}=\boldsymbol{F}_k\boldsymbol{x}_k+\boldsymbol{Q}_k\boldsymbol{\lambda}_{k+1} \tag{4.19}
$$

由式（4.15），可假设

$$\boldsymbol{x}_k = \boldsymbol{\mu}_k + \boldsymbol{P}_k \boldsymbol{\lambda}_k \tag{4.20}$$

对所有的 k 都成立，$\boldsymbol{\mu}_k$、$\boldsymbol{P}_k$ 是待定的函数，$\boldsymbol{\mu}_0 = \hat{\boldsymbol{x}}_0$，$\boldsymbol{P}_0$ 为已知。这一步骤假设 $\boldsymbol{x}_k$ 是 $\boldsymbol{\lambda}_k$ 的仿射函数，可能正确，也可能不正确。但在这里，假设其是正确的，继续往下进行。如果最终的推算结果确实可行，那么该假设确实有效。将式（4.20）代入式（4.19）可得

$$\boldsymbol{\mu}_{k+1} + \boldsymbol{P}_{k+1}\boldsymbol{\lambda}_{k+1} = \boldsymbol{F}_k\boldsymbol{\mu}_k + \boldsymbol{F}_k\boldsymbol{P}_k\boldsymbol{\lambda}_k + \boldsymbol{Q}_k\boldsymbol{\lambda}_{k+1} \tag{4.21}$$

将式（4.20）代入式（4.18）得

$$\boldsymbol{\lambda}_k = \boldsymbol{F}_k^{\mathrm{T}}\boldsymbol{\lambda}_{k+1} + \theta\overline{\boldsymbol{S}}_k(\boldsymbol{\mu}_k + \boldsymbol{P}_k\boldsymbol{\lambda}_k - \hat{\boldsymbol{x}}_k) + \boldsymbol{H}_k^{\mathrm{T}}\boldsymbol{R}_k^{-1}(\boldsymbol{y}_k - \boldsymbol{H}_k(\boldsymbol{\mu}_k + \boldsymbol{P}_k\boldsymbol{\lambda}_k)) \tag{4.22}$$

重新整理化简后可得

$$\begin{aligned}\boldsymbol{\lambda}_k = &[\boldsymbol{I} - \theta\overline{\boldsymbol{S}}_k\boldsymbol{P}_k + \boldsymbol{H}_k^{\mathrm{T}}\boldsymbol{R}_k^{-1}\boldsymbol{H}_k\boldsymbol{P}_k]^{-1}[\boldsymbol{F}_k^{\mathrm{T}}\boldsymbol{\lambda}_{k+1} + \theta\overline{\boldsymbol{S}}_k(\boldsymbol{\mu}_k - \hat{\boldsymbol{x}}_k) \\ &+ \boldsymbol{H}_k^{\mathrm{T}}\boldsymbol{R}_k^{-1}(\boldsymbol{y}_k - \boldsymbol{H}_k\boldsymbol{\mu}_k)]\end{aligned} \tag{4.23}$$

再把式（4.23）代入式（4.21）中，可得

$$\begin{aligned}\boldsymbol{\mu}_{k+1} + \boldsymbol{P}_{k+1}\boldsymbol{\lambda}_{k+1} = &\boldsymbol{F}_k\boldsymbol{\mu}_k + \boldsymbol{F}_k\boldsymbol{P}_k[\boldsymbol{I} - \theta\overline{\boldsymbol{S}}_k\boldsymbol{P}_k + \boldsymbol{H}_k^{\mathrm{T}}\boldsymbol{R}_k^{-1}\boldsymbol{H}_k\boldsymbol{P}_k]^{-1} \\ &\times[\boldsymbol{F}_k^{\mathrm{T}}\boldsymbol{\lambda}_{k+1} + \theta\overline{\boldsymbol{S}}_k(\boldsymbol{\mu}_k - \hat{\boldsymbol{x}}_k) + \boldsymbol{H}_k^{\mathrm{T}}\boldsymbol{R}_k^{-1}(\boldsymbol{y}_k - \boldsymbol{H}_k\boldsymbol{\mu}_k)] + \boldsymbol{Q}_k\boldsymbol{\lambda}_{k+1}\end{aligned} \tag{4.24}$$

并重新整理可得

$$\begin{aligned}&\boldsymbol{\mu}_{k+1} - \boldsymbol{F}_k\boldsymbol{\mu}_k - \boldsymbol{F}_k\boldsymbol{P}_k[\boldsymbol{I} - \theta\overline{\boldsymbol{S}}_k\boldsymbol{P}_k + \boldsymbol{H}_k^{\mathrm{T}}\boldsymbol{R}_k^{-1}\boldsymbol{H}_k\boldsymbol{P}_k]^{-1} \\ &\times[\theta\overline{\boldsymbol{S}}_k(\boldsymbol{\mu}_k - \hat{\boldsymbol{x}}_k) + \boldsymbol{H}_k^{\mathrm{T}}\boldsymbol{R}_k^{-1}(\boldsymbol{y}_k - \boldsymbol{H}_k\boldsymbol{\mu}_k)] \\ &= [-\boldsymbol{P}_{k+1} + \boldsymbol{F}_k\boldsymbol{P}_k[\boldsymbol{I} - \theta\overline{\boldsymbol{S}}_k\boldsymbol{P}_k + \boldsymbol{H}_k^{\mathrm{T}}\boldsymbol{R}_k^{-1}\boldsymbol{H}_k\boldsymbol{P}_k]^{-1}\boldsymbol{F}_k^{\mathrm{T}} + \boldsymbol{Q}_k]\boldsymbol{\lambda}_{k+1}\end{aligned} \tag{4.25}$$

式（4.25）对任意的 $\boldsymbol{\lambda}_{k+1}$ 均必须成立，因此，当式（4.25）等号两边都为零时，等式可以满足。等式左边为零时可得

$$\begin{aligned}\boldsymbol{\mu}_{k+1} = &\boldsymbol{F}_k\boldsymbol{\mu}_k + \boldsymbol{F}_k\boldsymbol{P}_k[\boldsymbol{I} - \theta\overline{\boldsymbol{S}}_k\boldsymbol{P}_k + \boldsymbol{H}_k^{\mathrm{T}}\boldsymbol{R}_k^{-1}\boldsymbol{H}_k\boldsymbol{P}_k]^{-1} \\ &\times[\theta\overline{\boldsymbol{S}}_k(\boldsymbol{\mu}_k - \hat{\boldsymbol{x}}_k) + \boldsymbol{H}_k^{\mathrm{T}}\boldsymbol{R}_k^{-1}(\boldsymbol{y}_k - \boldsymbol{H}_k\boldsymbol{\mu}_k)]\end{aligned} \tag{4.26}$$

初始状态为

$$\boldsymbol{\mu}_0 = \hat{\boldsymbol{x}}_0 \tag{4.27}$$

等式右边为零可得

$$\boldsymbol{P}_{k+1} = \boldsymbol{F}_k\boldsymbol{P}_k[\boldsymbol{I} - \theta\overline{\boldsymbol{S}}_k\boldsymbol{P}_k + \boldsymbol{H}_k^{\mathrm{T}}\boldsymbol{R}_k^{-1}\boldsymbol{H}_k\boldsymbol{P}_k]^{-1}\boldsymbol{F}_k^{\mathrm{T}} + \boldsymbol{Q}_k = \boldsymbol{F}_k\tilde{\boldsymbol{P}}_k\boldsymbol{F}_k^{\mathrm{T}} + \boldsymbol{Q}_k \tag{4.28}$$

式中

$$\tilde{\boldsymbol{P}}_k = \boldsymbol{P}_k[\boldsymbol{I} - \theta\overline{\boldsymbol{S}}_k\boldsymbol{P}_k + \boldsymbol{H}_k^{\mathrm{T}}\boldsymbol{R}_k^{-1}\boldsymbol{H}_k\boldsymbol{P}_k]^{-1} = [\boldsymbol{P}_k^{-1} - \theta\overline{\boldsymbol{S}}_k + \boldsymbol{H}_k^{\mathrm{T}}\boldsymbol{R}_k^{-1}\boldsymbol{H}_k]^{-1} \tag{4.29}$$

从上面的等式可以看出，如果对于所有 k，$\boldsymbol{P}_0$、$\boldsymbol{R}_k$、$\boldsymbol{Q}_k$、$\boldsymbol{S}_k$ 是对称的，那么任何时刻的 $\tilde{\boldsymbol{P}}_k$、$\boldsymbol{P}_k$ 都将是对称的。

综上所述，J 关于 $\boldsymbol{x}_0$ 和 $\boldsymbol{w}_k$ 的静态点可总结为

$$\begin{cases}\boldsymbol{x}_0=\hat{\boldsymbol{x}}_0+\boldsymbol{P}_0\boldsymbol{\lambda}_0\\ \boldsymbol{w}_k=\boldsymbol{Q}_k\boldsymbol{\lambda}_{k+1}\\ \boldsymbol{\lambda}_N=0\\ \boldsymbol{\lambda}_k=[\boldsymbol{I}-\theta\overline{\boldsymbol{S}}_k\boldsymbol{P}_k+\boldsymbol{H}_k^{\mathrm{T}}\boldsymbol{R}_k^{-1}\boldsymbol{H}_k\boldsymbol{P}_k]^{-1}\\ \qquad\times[\boldsymbol{F}_k^{\mathrm{T}}\boldsymbol{\lambda}_{k+1}+\theta\overline{\boldsymbol{S}}_k(\boldsymbol{\mu}_k-\hat{\boldsymbol{x}}_k)+\boldsymbol{H}_k^{\mathrm{T}}\boldsymbol{R}_k^{-1}(\boldsymbol{y}_k-\boldsymbol{H}_k\boldsymbol{\mu}_k)]\\ \boldsymbol{P}_{k+1}=\boldsymbol{F}_k\boldsymbol{P}_k[\boldsymbol{I}-\theta\overline{\boldsymbol{S}}_k\boldsymbol{P}_k+\boldsymbol{H}_k^{T}\boldsymbol{R}_k^{-1}\boldsymbol{H}_k\boldsymbol{P}_k]^{-1}\boldsymbol{F}_k^{\mathrm{T}}+\boldsymbol{Q}_k\\ \boldsymbol{\mu}_0=\hat{\boldsymbol{x}}_0\\ \boldsymbol{\mu}_{k+1}=\boldsymbol{F}_k\boldsymbol{\mu}_k+\boldsymbol{F}_k\boldsymbol{P}_k[\boldsymbol{I}-\theta\overline{\boldsymbol{S}}_k\boldsymbol{P}_k+\boldsymbol{H}_k^{\mathrm{T}}\boldsymbol{R}_k^{-1}\boldsymbol{H}_k\boldsymbol{P}_k]^{-1}\\ \qquad\times[\theta\overline{\boldsymbol{S}}_k(\boldsymbol{\mu}_k-\hat{\boldsymbol{x}}_k)+\boldsymbol{H}_k^{\mathrm{T}}\boldsymbol{R}_k^{-1}(\boldsymbol{y}_k-\boldsymbol{H}_k\boldsymbol{\mu}_k)]\end{cases}\tag{4.30}$$

由此可找到 J 关于 $\boldsymbol{x}_0$ 和 $\boldsymbol{w}_k$ 的极值点，那么将 $\boldsymbol{x}_k$ 视为 $\boldsymbol{\lambda}_k$ 的仿射函数这个假设是正确的。接下来进行推导的第二步。

2. *J 关于 $\hat{\boldsymbol{x}}_k$ 和 $\boldsymbol{y}_k$ 的极值点*

第二步是根据已有的 $\boldsymbol{x}_0$ 和 $\boldsymbol{w}_k$ 找到 J 关于 $\hat{\boldsymbol{x}}_k$ 和 $\boldsymbol{y}_k$ 的静态点。

由式（4.20）和式（4.27）中 $\boldsymbol{\mu}_k$ 的初始条件可得

$$\begin{cases}\boldsymbol{\lambda}_k=\boldsymbol{P}_k^{-1}(\boldsymbol{x}_k-\boldsymbol{\mu}_k)\\ \boldsymbol{\lambda}_0=\boldsymbol{P}_0^{-1}(\boldsymbol{x}_0-\hat{\boldsymbol{x}}_0)\end{cases}\tag{4.31}$$

那么有

$$\begin{aligned}\|\boldsymbol{\lambda}_0\|_{P_0}^2&=\boldsymbol{\lambda}_0^{\mathrm{T}}\boldsymbol{P}_0\boldsymbol{\lambda}_0\\&=(\boldsymbol{x}_0-\hat{\boldsymbol{x}}_0)^{\mathrm{T}}\boldsymbol{P}_0^{-\mathrm{T}}\boldsymbol{P}_0\boldsymbol{P}_0^{-1}(\boldsymbol{x}_0-\hat{\boldsymbol{x}}_0)\\&=(\boldsymbol{x}_0-\hat{\boldsymbol{x}}_0)^{\mathrm{T}}\boldsymbol{P}_0^{-1}(\boldsymbol{x}_0-\hat{\boldsymbol{x}}_0)\\&=\|\boldsymbol{x}_0-\hat{\boldsymbol{x}}_0\|_{P_0^{-1}}^2\end{aligned}\tag{4.32}$$

代入式（4.12）可得

$$\begin{aligned}J=\frac{-1}{\theta}\|\boldsymbol{\lambda}\|_{P_0}^2+\sum_{k=0}^{N-1}[\|\boldsymbol{x}_k-\hat{\boldsymbol{x}}_k\|_{\overline{S}_k}^2\\-\frac{1}{\theta}(\|\boldsymbol{w}_k\|_{Q_k^{-1}}^2+\|\boldsymbol{y}_k-\boldsymbol{H}_k\boldsymbol{x}_k\|_{R_k^{-1}}^2)]\end{aligned}\tag{4.33}$$

将式（4.20）中的 $\boldsymbol{x}_k$ 代入式（4.33）可得

$$\begin{aligned}J=\frac{-1}{\theta}\|\boldsymbol{\lambda}\|_{P_0}^2+\sum_{k=0}^{N-1}[\|\boldsymbol{\mu}_k+\boldsymbol{P}_k\boldsymbol{\lambda}_k-\hat{\boldsymbol{x}}_k\|_{\overline{S}_k}^2\\-\frac{1}{\theta}(\|\boldsymbol{w}_k\|_{Q_k^{-1}}^2+\|\boldsymbol{y}_k-\boldsymbol{H}_k(\boldsymbol{\mu}_k+\boldsymbol{P}_k\boldsymbol{\lambda}_k)\|_{R_k^{-1}}^2)]\end{aligned}\tag{4.34}$$

考虑式（4.34）中的 $\|\boldsymbol{w}_k\|_{Q_k^{-1}}^2$ 这一项，根据式（4.17）可以得到

$$\begin{aligned}\|\boldsymbol{w}_k\|_{\boldsymbol{Q}_k^{-1}}^2 &= \boldsymbol{w}_k^{\mathrm{T}}\boldsymbol{Q}_k^{-1}\boldsymbol{w}_k \\ &= \boldsymbol{\lambda}_{k+1}^{\mathrm{T}}\boldsymbol{Q}_k^{\mathrm{T}}\boldsymbol{Q}_k^{-1}\boldsymbol{Q}_k\boldsymbol{\lambda}_{k+1} \\ &= \boldsymbol{\lambda}_{k+1}^{\mathrm{T}}\boldsymbol{Q}_k\boldsymbol{\lambda}_{k+1}\end{aligned} \tag{4.35}$$

上面的推导中应用了 $\boldsymbol{Q}_k$ 是对称矩阵这一特性。因此，式（4.34）又可改写为

$$\begin{aligned}J = &\frac{-1}{\theta}\|\boldsymbol{\lambda}\|_{P_0}^2 + \sum_{k=0}^{N-1}[\|\boldsymbol{\mu}_k + \boldsymbol{P}_k\boldsymbol{\lambda}_k - \hat{\boldsymbol{x}}_k\|_{\bar{\boldsymbol{S}}_k}^2 \\ &-\frac{1}{\theta}\|\boldsymbol{y}_k - \boldsymbol{H}_k(\boldsymbol{\mu}_k + \boldsymbol{P}_k\boldsymbol{\lambda}_k)\|_{\boldsymbol{R}_k^{-1}}^2] - \frac{1}{\theta}\sum_{k=0}^{N-1}\|\boldsymbol{\lambda}_{k+1}\|_{\boldsymbol{Q}_k}^2\end{aligned} \tag{4.36}$$

前面已经得到式（4.16），$\boldsymbol{\lambda}_N = 0$，所以可得出

$$\begin{aligned}0 &= \sum_{k=0}^{N}\boldsymbol{\lambda}_k^{\mathrm{T}}\boldsymbol{P}_k\boldsymbol{\lambda}_k - \sum_{k=0}^{N-1}\boldsymbol{\lambda}_k^{\mathrm{T}}\boldsymbol{P}_k\boldsymbol{\lambda}_k \\ &= \boldsymbol{\lambda}_0^{\mathrm{T}}\boldsymbol{P}_0\boldsymbol{\lambda}_0 + \sum_{k=1}^{N}\boldsymbol{\lambda}_k^{\mathrm{T}}\boldsymbol{P}_k\boldsymbol{\lambda}_k - \sum_{k=0}^{N-1}\boldsymbol{\lambda}_k^{\mathrm{T}}\boldsymbol{P}_k\boldsymbol{\lambda}_k \\ &= \boldsymbol{\lambda}_0^{\mathrm{T}}\boldsymbol{P}_0\boldsymbol{\lambda}_0 + \sum_{k=0}^{N-1}\boldsymbol{\lambda}_{k+1}^{\mathrm{T}}\boldsymbol{P}_{k+1}B_{k+1} - \sum_{k=0}^{N-1}\boldsymbol{\lambda}_k^{\mathrm{T}}\boldsymbol{P}_k\boldsymbol{\lambda}_k \\ &= \frac{-1}{\theta}\|\boldsymbol{\lambda}_0\|_{P_0}^2 - \frac{1}{\theta}\sum_{k=0}^{N-1}(\boldsymbol{\lambda}_{k+1}^{\mathrm{T}}\boldsymbol{P}_{k+1}\boldsymbol{\lambda}_{k+1} - \boldsymbol{\lambda}_k^{\mathrm{T}}\boldsymbol{P}_k\boldsymbol{\lambda}_k)\end{aligned} \tag{4.37}$$

于是

$$\frac{-1}{\theta}\|\boldsymbol{\lambda}_0\|_{P_0}^2 = \frac{1}{\theta}\sum_{k=0}^{N-1}(\boldsymbol{\lambda}_{k+1}^{\mathrm{T}}\boldsymbol{P}_{k+1}\boldsymbol{\lambda}_{k+1} - \boldsymbol{\lambda}_k^{\mathrm{T}}\boldsymbol{P}_k\boldsymbol{\lambda}_k) \tag{4.38}$$

将式（4.38）代入式（4.36）并整理可得

$$\begin{aligned}J = &\sum_{k=0}^{N-1}\Big[\|\boldsymbol{\mu}_k + \boldsymbol{P}_k\boldsymbol{\lambda}_k - \hat{\boldsymbol{x}}_k\|_{\bar{\boldsymbol{S}}_k}^2 - \frac{1}{\theta}\|\boldsymbol{\lambda}_{k+1}\|_{\boldsymbol{Q}_k}^2 + \frac{1}{\theta}(\boldsymbol{\lambda}_{k+1}^{\mathrm{T}}\boldsymbol{P}_{k+1}\boldsymbol{\lambda}_{k+1} \\ &-\boldsymbol{\lambda}_k^{\mathrm{T}}\boldsymbol{P}_k\boldsymbol{\lambda}_k) - \frac{1}{\theta}\|\boldsymbol{y}_k - \boldsymbol{H}_k(\boldsymbol{\mu}_k + \boldsymbol{P}_k\boldsymbol{\lambda}_k)\|_{\boldsymbol{R}_k^{-1}}^2\Big] \\ = &\sum_{k=0}^{N-1}\Big[(\boldsymbol{\mu}_k - \hat{\boldsymbol{x}}_k)^{\mathrm{T}}\bar{\boldsymbol{S}}_k(\boldsymbol{\mu}_k - \hat{\boldsymbol{x}}_k) + 2(\boldsymbol{\mu}_k - \hat{\boldsymbol{x}}_k)^{\mathrm{T}}\bar{\boldsymbol{S}}_k\boldsymbol{P}_k\boldsymbol{\lambda}_k \\ &+\boldsymbol{\lambda}_k^{\mathrm{T}}\boldsymbol{P}_k\bar{\boldsymbol{S}}_k\boldsymbol{P}_k\boldsymbol{\lambda}_k + \frac{1}{\theta}\boldsymbol{\lambda}_{k+1}^{\mathrm{T}}(\boldsymbol{P}_{k+1} - \boldsymbol{Q}_k)\boldsymbol{\lambda}_{k+1} - \frac{1}{\theta}\boldsymbol{\lambda}_k^{\mathrm{T}}\boldsymbol{P}_k\boldsymbol{\lambda}_k \\ &-\frac{1}{\theta}(\boldsymbol{y}_k - \boldsymbol{H}_k\boldsymbol{\mu}_k)^{\mathrm{T}}\boldsymbol{R}_k^{-1}(\boldsymbol{y}_k - \boldsymbol{H}_k\boldsymbol{\mu}_k) + \frac{2}{\theta}(\boldsymbol{y}_k - \boldsymbol{H}_k\boldsymbol{\mu}_k)^{\mathrm{T}} \\ &\times\boldsymbol{R}_k^{-1}\boldsymbol{H}_k\boldsymbol{P}_k\boldsymbol{\lambda}_k - \frac{1}{\theta}\boldsymbol{\lambda}_k^{\mathrm{T}}\boldsymbol{P}_k\boldsymbol{H}_k^{\mathrm{T}}\boldsymbol{R}_k^{-1}\boldsymbol{H}_k\boldsymbol{P}_k\boldsymbol{\lambda}_k\Big]\end{aligned} \tag{4.39}$$

考虑式（4.39）中的 $\boldsymbol{\lambda}_{k+1}^{\mathrm{T}}(\boldsymbol{P}_{k+1} - \boldsymbol{Q}_k)\boldsymbol{\lambda}_{k+1}$，把式（4.28）代入可得

$$\begin{aligned}\boldsymbol{\lambda}_{k+1}^{\mathrm{T}}(\boldsymbol{P}_{k+1}-\boldsymbol{Q}_k)\boldsymbol{\lambda}_{k+1}&=\boldsymbol{\lambda}_{k+1}^{\mathrm{T}}(\boldsymbol{Q}_k+\boldsymbol{F}_k\tilde{\boldsymbol{P}}_k\boldsymbol{F}_k^{\mathrm{T}}-\boldsymbol{Q}_k)\boldsymbol{\lambda}_{k+1}\\&=\boldsymbol{\lambda}_{k+1}^{\mathrm{T}}\boldsymbol{F}_k\tilde{\boldsymbol{P}}_k\boldsymbol{F}_k^{\mathrm{T}}\boldsymbol{\lambda}_{k+1}\end{aligned}\tag{4.40}$$

又由式（4.22）可知

$$\begin{aligned}\boldsymbol{F}_k^{\mathrm{T}}\boldsymbol{\lambda}_{k+1}=\boldsymbol{\lambda}_k-\theta\overline{\boldsymbol{S}}_k(\boldsymbol{\mu}_k+\boldsymbol{P}_k\boldsymbol{\lambda}_k-\hat{\boldsymbol{x}}_k)-\boldsymbol{H}_k^{\mathrm{T}}\boldsymbol{R}_k^{-1}\\\times[\boldsymbol{y}_k-\boldsymbol{H}_k(\boldsymbol{\mu}_k+\boldsymbol{P}_k\boldsymbol{\lambda}_k)]\end{aligned}\tag{4.41}$$

代入式（4.40）并化简可得

$$\begin{aligned}&\boldsymbol{\lambda}_{k+1}^{\mathrm{T}}(\boldsymbol{P}_{k+1}-\boldsymbol{Q}_k)\boldsymbol{\lambda}_{k+1}\\&=\{\boldsymbol{\lambda}_k-\theta\overline{\boldsymbol{S}}_k(\boldsymbol{\mu}_k+\boldsymbol{P}_k\boldsymbol{\lambda}_k-\hat{\boldsymbol{x}}_k)-\boldsymbol{H}_k^{\mathrm{T}}\boldsymbol{R}_k^{-1}[\boldsymbol{y}_k-\boldsymbol{H}_k(\boldsymbol{\mu}_k+\boldsymbol{P}_k\boldsymbol{\lambda}_k)]\}^{\mathrm{T}}\\&\quad\times\tilde{\boldsymbol{P}}_k\{\boldsymbol{\lambda}_k-\theta\overline{\boldsymbol{S}}_k(\boldsymbol{\mu}_k+\boldsymbol{P}_k\boldsymbol{\lambda}_k-\hat{\boldsymbol{x}}_k)-\boldsymbol{H}_k^{\mathrm{T}}\boldsymbol{R}_k^{-1}[\boldsymbol{y}_k-\boldsymbol{H}_k(\boldsymbol{\mu}_k+\boldsymbol{P}_k\boldsymbol{\lambda}_k)]\}\\&=\{\boldsymbol{\lambda}_k^{\mathrm{T}}(\boldsymbol{I}-\theta\boldsymbol{P}_k\overline{\boldsymbol{S}}_k+\boldsymbol{P}_k\boldsymbol{H}_k^{\mathrm{T}}\boldsymbol{R}_k^{-1}\boldsymbol{H}_k)-\theta(\boldsymbol{\mu}_k-\hat{\boldsymbol{x}}_k)^{\mathrm{T}}\overline{\boldsymbol{S}}_k\\&\quad-(\boldsymbol{y}_k-\boldsymbol{H}_k\boldsymbol{\mu}_k)^{\mathrm{T}}\boldsymbol{R}_k^{-1}\boldsymbol{H}_k\}\tilde{\boldsymbol{P}}_k\{\boldsymbol{\lambda}_k^{\mathrm{T}}(\boldsymbol{I}-\theta\boldsymbol{P}_k\overline{\boldsymbol{S}}_k+\boldsymbol{P}_k\boldsymbol{H}_k^{\mathrm{T}}\boldsymbol{R}_k^{-1}\boldsymbol{H}_k)\\&\quad-\theta(\boldsymbol{\mu}_k-\hat{\boldsymbol{x}}_k)^{\mathrm{T}}\overline{\boldsymbol{S}}_k-(\boldsymbol{y}_k-\boldsymbol{H}_k\boldsymbol{\mu}_k)^{\mathrm{T}}\boldsymbol{R}_k^{-1}\boldsymbol{H}_k\}^{\mathrm{T}}\end{aligned}\tag{4.42}$$

又根据式（4.29）可知，$(\boldsymbol{I}-\theta\boldsymbol{P}_k\overline{\boldsymbol{S}}_k+\boldsymbol{P}_k\boldsymbol{H}_k^{\mathrm{T}}\boldsymbol{R}_k^{-1}\boldsymbol{H}_k)=\boldsymbol{P}_k\tilde{\boldsymbol{P}}_k^{-1}$，代入式（4.42）可得

$$\begin{aligned}&\boldsymbol{\lambda}_{k+1}^{\mathrm{T}}(\boldsymbol{P}_{k+1}-\boldsymbol{Q}_k)\boldsymbol{\lambda}_{k+1}\\&=\{\boldsymbol{\lambda}_k^{\mathrm{T}}\boldsymbol{P}_k\tilde{\boldsymbol{P}}_k^{-1}-\theta(\boldsymbol{\mu}_k-\hat{\boldsymbol{x}}_k)^{\mathrm{T}}\overline{\boldsymbol{S}}_k-(\boldsymbol{y}_k-\boldsymbol{H}_k\boldsymbol{\mu}_k)^{\mathrm{T}}\boldsymbol{R}_k^{-1}\boldsymbol{H}_k\}\\&\quad\times\tilde{\boldsymbol{P}}_k\{\boldsymbol{\lambda}_k^{\mathrm{T}}\boldsymbol{P}_k\tilde{\boldsymbol{P}}_k^{-1}-\theta(\boldsymbol{\mu}_k-\hat{\boldsymbol{x}}_k)^{\mathrm{T}}\overline{\boldsymbol{S}}_k-(\boldsymbol{y}_k-\boldsymbol{H}_k\boldsymbol{\mu}_k)^{\mathrm{T}}\boldsymbol{R}_k^{-1}\boldsymbol{H}_k\}^{\mathrm{T}}\\&=\boldsymbol{\lambda}_k^{\mathrm{T}}\boldsymbol{P}_k\tilde{\boldsymbol{P}}_k^{-1}\boldsymbol{P}_k\boldsymbol{\lambda}_k-\theta(\boldsymbol{\mu}_k-\hat{\boldsymbol{x}}_k)^{\mathrm{T}}\overline{\boldsymbol{S}}_k\boldsymbol{P}_k\boldsymbol{\lambda}_k\\&\quad-(\boldsymbol{y}-\boldsymbol{H}_k\boldsymbol{\mu}_k)^{\mathrm{T}}\boldsymbol{R}_k^{-1}\boldsymbol{H}_k\boldsymbol{P}_k\boldsymbol{\lambda}_k-\theta\boldsymbol{\lambda}_k\boldsymbol{P}_k\overline{\boldsymbol{S}}_k(\boldsymbol{\mu}_k-\hat{\boldsymbol{x}}_k)\\&\quad+\theta^2(\boldsymbol{\mu}-\hat{\boldsymbol{x}})^{\mathrm{T}}\overline{\boldsymbol{S}}_k\tilde{\boldsymbol{P}}_k\overline{\boldsymbol{S}}_k(\boldsymbol{\mu}_k-\hat{\boldsymbol{x}}_k)+\theta(\boldsymbol{y}_k-\boldsymbol{H}_k\boldsymbol{\mu}_k)^{\mathrm{T}}\boldsymbol{R}_k^{-1}\boldsymbol{H}_k\\&\quad\times\tilde{\boldsymbol{P}}_k\overline{\boldsymbol{S}}_k(\boldsymbol{\mu}_k-\hat{\boldsymbol{x}}_k)-\boldsymbol{\lambda}_k^{\mathrm{T}}\boldsymbol{P}_k\boldsymbol{H}_k^{\mathrm{T}}\boldsymbol{R}_k^{-1}(\boldsymbol{y}_k-\boldsymbol{H}_k\boldsymbol{\mu}_k)\\&\quad+\theta(\boldsymbol{y}_k-\hat{\boldsymbol{x}}_k)^{\mathrm{T}}\overline{\boldsymbol{S}}_k\tilde{\boldsymbol{P}}_k\boldsymbol{H}_k^{\mathrm{T}}\boldsymbol{R}_k^{-1}(\boldsymbol{y}_k-\boldsymbol{H}_k\boldsymbol{\mu}_k)\\&\quad+(\boldsymbol{y}_k-\boldsymbol{H}_k\boldsymbol{\mu}_k)^{\mathrm{T}}\boldsymbol{R}_k^{-1}\boldsymbol{H}_k\tilde{\boldsymbol{P}}_k\boldsymbol{H}_k^{\mathrm{T}}\boldsymbol{R}_k^{-1}(\boldsymbol{y}_k-\boldsymbol{H}_k\boldsymbol{\mu}_k)\end{aligned}\tag{4.43}$$

由式（4.43）左边可知，计算结果为一个标量，也就意味着等式右边的每一项都是一个标量，并且每一项都等于其转置。可得$\theta(\boldsymbol{\mu}_k-\hat{\boldsymbol{x}}_k)^{\mathrm{T}}\overline{\boldsymbol{S}}_k\boldsymbol{P}_k\boldsymbol{\lambda}_k=\theta\boldsymbol{\lambda}_k^{\mathrm{T}}\boldsymbol{P}_k\overline{\boldsymbol{S}}_k(\boldsymbol{\mu}_k-\hat{\boldsymbol{x}}_k)$，因此，式（4.43）可以转化为

$$\begin{aligned}&\boldsymbol{\lambda}_{k+1}^{\mathrm{T}}(\boldsymbol{P}_{k+1}-\boldsymbol{Q}_k)\boldsymbol{\lambda}_{k+1}\\&=\boldsymbol{\lambda}_k^{\mathrm{T}}\boldsymbol{P}_k\tilde{\boldsymbol{P}}_k^{-1}\boldsymbol{P}_k\boldsymbol{\lambda}_k-2\theta(\boldsymbol{\mu}_k-\hat{\boldsymbol{x}}_k)^{\mathrm{T}}\overline{\boldsymbol{S}}_k\boldsymbol{P}_k\boldsymbol{\lambda}_k\\&\quad-2(\boldsymbol{y}-\boldsymbol{H}_k\boldsymbol{\mu}_k)^{\mathrm{T}}\boldsymbol{R}_k^{-1}\boldsymbol{H}_k\boldsymbol{P}_k\boldsymbol{\lambda}_k+\theta^2(\boldsymbol{\mu}-\hat{\boldsymbol{x}})^{\mathrm{T}}\overline{\boldsymbol{S}}_k\tilde{\boldsymbol{P}}_k\overline{\boldsymbol{S}}_k(\boldsymbol{\mu}_k-\hat{\boldsymbol{x}}_k)\\&\quad+2\theta(\boldsymbol{y}_k-\hat{\boldsymbol{x}}_k)^{\mathrm{T}}\overline{\boldsymbol{S}}_k\tilde{\boldsymbol{P}}_k\boldsymbol{H}_k^{\mathrm{T}}\boldsymbol{R}_k^{-1}(\boldsymbol{y}_k-\boldsymbol{H}_k\boldsymbol{\mu}_k)\\&\quad+(\boldsymbol{y}_k-\boldsymbol{H}_k\boldsymbol{\mu}_k)^{\mathrm{T}}\boldsymbol{R}_k^{-1}\boldsymbol{H}_k\tilde{\boldsymbol{P}}_k\boldsymbol{H}_k^{\mathrm{T}}\boldsymbol{R}_k^{-1}(\boldsymbol{y}_k-\boldsymbol{H}_k\boldsymbol{\mu}_k)\end{aligned}\tag{4.44}$$

又由式（4.29）可得

$$
\begin{aligned}
\tilde{\boldsymbol{P}}_k^{-1} &= [\boldsymbol{I} - \theta\overline{\boldsymbol{S}}_k\boldsymbol{P}_k + \boldsymbol{H}_k^{\mathrm{T}}\boldsymbol{R}_k^{-1}\boldsymbol{H}_k\boldsymbol{P}_k]\boldsymbol{P}_k^{-1} \\
&= \boldsymbol{P}_k^{-1}[\boldsymbol{P}_k^{-1} - \theta\overline{\boldsymbol{S}}_k + \boldsymbol{H}_k^{\mathrm{T}}\boldsymbol{R}_k^{-1}\boldsymbol{H}_k]\boldsymbol{P}_k^{-1} \\
&= \boldsymbol{P}_k^{-1}[\boldsymbol{I} - \boldsymbol{P}_k\theta\overline{\boldsymbol{S}}_k + \boldsymbol{P}_k\boldsymbol{H}_k^{\mathrm{T}}\boldsymbol{R}_k^{-1}\boldsymbol{H}_k]
\end{aligned} \tag{4.45}
$$

有

$$
\begin{aligned}
\boldsymbol{\lambda}_k^{\mathrm{T}}\boldsymbol{P}_k\tilde{\boldsymbol{P}}_k^{-1}\boldsymbol{P}_k\boldsymbol{\lambda}_k &= \boldsymbol{\lambda}_k^{\mathrm{T}}[\boldsymbol{I} - \theta\overline{\boldsymbol{S}}_k\boldsymbol{P}_k + \boldsymbol{H}_k^{\mathrm{T}}\boldsymbol{R}_k^{-1}\boldsymbol{H}_k\boldsymbol{P}_k]\boldsymbol{P}_k\boldsymbol{\lambda}_k \\
&= \boldsymbol{\lambda}_k^{\mathrm{T}}\boldsymbol{P}_k\boldsymbol{\lambda}_k - \theta\boldsymbol{\lambda}_k^{\mathrm{T}}\boldsymbol{P}_k\overline{\boldsymbol{S}}_k\boldsymbol{P}_k\boldsymbol{\lambda}_k + \boldsymbol{\lambda}_k^{\mathrm{T}}\boldsymbol{P}_k\boldsymbol{H}_k^{\mathrm{T}}\boldsymbol{R}_k^{-1}\boldsymbol{H}_k\boldsymbol{P}_k\boldsymbol{\lambda}_k
\end{aligned} \tag{4.46}
$$

将式（4.46）代入式（4.44）中可得

$$
\begin{aligned}
&\boldsymbol{\lambda}_{k+1}^{\mathrm{T}}(\boldsymbol{P}_{k+1} - \boldsymbol{Q}_k)\boldsymbol{\lambda}_{k+1} \\
&= \boldsymbol{\lambda}_k^{\mathrm{T}}\boldsymbol{P}_k\boldsymbol{\lambda}_k - \theta\boldsymbol{\lambda}_k^{\mathrm{T}}\boldsymbol{P}_k\overline{\boldsymbol{S}}_k\boldsymbol{P}_k\boldsymbol{\lambda}_k + \boldsymbol{\lambda}_k^{\mathrm{T}}\boldsymbol{P}_k\boldsymbol{H}_k^{\mathrm{T}}\boldsymbol{R}_k^{-1}\boldsymbol{H}_k\boldsymbol{P}_k\boldsymbol{\lambda}_k \\
&\quad - 2\theta(\boldsymbol{\mu}_k - \hat{\boldsymbol{x}}_k)^{\mathrm{T}}\overline{\boldsymbol{S}}_k\boldsymbol{P}_k\boldsymbol{\lambda}_k - 2(\boldsymbol{y}_k - \boldsymbol{H}_k\boldsymbol{\mu}_k)^{\mathrm{T}}\boldsymbol{R}_k^{-1}\boldsymbol{H}_k\boldsymbol{P}_k\boldsymbol{\lambda}_k \\
&\quad + \theta^2(\boldsymbol{\mu}_k - \hat{\boldsymbol{x}}_k)^{\mathrm{T}}\overline{\boldsymbol{S}}_k\tilde{\boldsymbol{P}}_k\overline{\boldsymbol{S}}_k(\boldsymbol{\mu}_k - \hat{\boldsymbol{x}}_k) \\
&\quad + 2\theta(\boldsymbol{\mu}_k - \hat{\boldsymbol{x}}_k)^{\mathrm{T}}\overline{\boldsymbol{S}}_k\tilde{\boldsymbol{P}}_k\boldsymbol{H}_k^{\mathrm{T}}\boldsymbol{R}_k^{-1}(\boldsymbol{y}_k - \boldsymbol{H}_k\boldsymbol{\mu}_k) \\
&\quad + (\boldsymbol{y}_k - \boldsymbol{H}_k\boldsymbol{\mu}_k)^{\mathrm{T}}\boldsymbol{R}_k^{-1}\boldsymbol{H}_k\tilde{\boldsymbol{P}}_k\boldsymbol{H}_k^{\mathrm{T}}\boldsymbol{R}_k^{-1}(\boldsymbol{y}_k - \boldsymbol{H}_k\boldsymbol{\mu}_k)
\end{aligned} \tag{4.47}
$$

把式（4.47）代入式（4.39）中，并化简可得

$$
\begin{aligned}
J = &\sum_{k=0}^{N-1}[(\boldsymbol{\mu}_k - \hat{\boldsymbol{x}}_k)^{\mathrm{T}}\overline{\boldsymbol{S}}_k(\boldsymbol{\mu}_k - \hat{\boldsymbol{x}}_k) - \frac{1}{\theta}(\boldsymbol{y}_k - \boldsymbol{H}_k\boldsymbol{\mu}_k)^{\mathrm{T}}\boldsymbol{R}_k^{-1}(\boldsymbol{y}_k - \boldsymbol{H}_k\boldsymbol{\mu}_k) \\
&+ \theta(\boldsymbol{\mu}_k - \hat{\boldsymbol{x}}_k)^{\mathrm{T}}\overline{\boldsymbol{S}}_k\tilde{\boldsymbol{P}}_k\overline{\boldsymbol{S}}_k(\boldsymbol{\mu}_k - \hat{\boldsymbol{x}}_k) \\
&+ 2(\boldsymbol{\mu}_k - \hat{\boldsymbol{x}}_k)^{\mathrm{T}}\overline{\boldsymbol{S}}_k\tilde{\boldsymbol{P}}_k\boldsymbol{H}_k^{T}\boldsymbol{R}_k^{-1}(\boldsymbol{y}_k - \boldsymbol{H}_k\boldsymbol{\mu}_k) \\
&+ \frac{1}{\theta}(\boldsymbol{y}_k - \boldsymbol{H}_k\boldsymbol{\mu}_k)^{\mathrm{T}}\boldsymbol{R}_k^{-1}\boldsymbol{H}_k\tilde{\boldsymbol{P}}_k\boldsymbol{H}_k^{\mathrm{T}}\boldsymbol{R}_k^{-1}(\boldsymbol{y}_k - \boldsymbol{H}_k\boldsymbol{\mu}_k)] \\
= &\sum_{k=0}^{N-1}[(\boldsymbol{\mu}_k - \hat{\boldsymbol{x}}_k)^{\mathrm{T}}(\overline{\boldsymbol{S}}_k + \theta\overline{\boldsymbol{S}}_k\tilde{\boldsymbol{P}}_k\overline{\boldsymbol{S}}_k)(\boldsymbol{\mu}_k - \hat{\boldsymbol{x}}_k) \\
&+ 2(\boldsymbol{\mu}_k - \hat{\boldsymbol{x}}_k)^{\mathrm{T}}\overline{\boldsymbol{S}}_k\tilde{\boldsymbol{P}}_k\boldsymbol{H}_k^{\mathrm{T}}\boldsymbol{R}_k^{-1}(\boldsymbol{y}_k - \boldsymbol{H}_k\boldsymbol{\mu}_k) \\
&+ \frac{1}{\theta}(\boldsymbol{y}_k - \boldsymbol{H}_k\boldsymbol{\mu}_k)^{\mathrm{T}}(\boldsymbol{R}_k^{-1}\boldsymbol{H}_k\tilde{\boldsymbol{P}}\boldsymbol{H}_k^{\mathrm{T}}\boldsymbol{R}_k^{-1} - \boldsymbol{R}_k^{-1})(\boldsymbol{y}_k - \boldsymbol{H}_k\boldsymbol{\mu}_k)]
\end{aligned} \tag{4.48}
$$

现在，根据最初目标，要求 J 关于 $\hat{\boldsymbol{x}}_k$、$\boldsymbol{y}_k$ 的极值解。求式（4.48）关于 $\hat{\boldsymbol{x}}_k$、$\boldsymbol{y}_k$ 的偏微分，并令其等于零，有

$$
\begin{cases}
\dfrac{\partial J}{\partial \hat{\boldsymbol{x}}_k} = 2(\overline{\boldsymbol{S}}_k + \theta\overline{\boldsymbol{S}}_k\tilde{\boldsymbol{P}}_k\overline{\boldsymbol{S}}_k)(\hat{\boldsymbol{x}}_k - \boldsymbol{\mu}_k) \\
\qquad\qquad + 2\overline{\boldsymbol{S}}_k\tilde{\boldsymbol{P}}_k\boldsymbol{H}_k^{\mathrm{T}}\boldsymbol{R}_k^{-1}(\boldsymbol{H}_k\boldsymbol{\mu}_k - \boldsymbol{y}_k) = 0 \\
\dfrac{\partial J}{\partial \boldsymbol{y}_k} = \dfrac{2}{\theta}(\boldsymbol{R}_k^{-1}\boldsymbol{H}_k\tilde{\boldsymbol{P}}\boldsymbol{H}_k^{\mathrm{T}}\boldsymbol{R}_k^{-1} - \boldsymbol{R}_k^{-1})(\boldsymbol{y}_k - \boldsymbol{H}_k\boldsymbol{\mu}_k) \\
\qquad\qquad + 2\boldsymbol{R}_k^{-1}\boldsymbol{H}_k\tilde{\boldsymbol{P}}_k\overline{\boldsymbol{S}}_k(\boldsymbol{\mu}_k - \hat{\boldsymbol{x}}_k) = 0
\end{cases} \tag{4.49}
$$

显然，上述方程的解为

$$\begin{cases}\hat{\boldsymbol{x}}_k = \boldsymbol{\mu}_k \\ \boldsymbol{y}_k = \boldsymbol{H}_k \boldsymbol{\mu}_k\end{cases} \tag{4.50}$$

为验证极值点是 J 的最大值点还是最小值点，可以对其求二阶偏微分，即

$$\frac{\partial^2 J}{\partial \hat{\boldsymbol{x}}_k^2} = 2(\bar{\boldsymbol{S}}_k + \theta \bar{\boldsymbol{S}}_k \tilde{\boldsymbol{P}}_k \bar{\boldsymbol{S}}_k) \tag{4.51}$$

当式（4.51）为正定时，所得 $\hat{\boldsymbol{x}}_k$ 就是 J 的最小值点。而 $\bar{\boldsymbol{S}}$ 一直保持正定。所以根据式（4.29）中 $\tilde{\boldsymbol{P}}_k$ 的定义，需

$$(\boldsymbol{P}_k^{-1} - \theta \bar{\boldsymbol{S}}_k + \boldsymbol{H}_k^{\mathrm{T}} \boldsymbol{R}_k^{-1} \boldsymbol{H}_k)^{-1}$$

保持正定。也就是说需要保持 $\theta \bar{\boldsymbol{S}}_k$ 足够小。根据前面的定义，只要 θ 、 $\boldsymbol{L}_k$ 或 $\boldsymbol{S}_k$ 足够小即可。需要注意的是，较小的 θ 意味着性能要求不严格，如果性能要求过严，可能导致问题无解；较小的 $\boldsymbol{L}_k$ 会使代价函数的分子变小，意味着非常容易使代价函数很小。如果 $\boldsymbol{L}_k$ 过大，那么该问题可能无解；最后，较小的 $\boldsymbol{S}_k$ 同样会使代价函数的分子变小，过大时问题将无解。

而对于 J 关于 $\boldsymbol{y}_k$ 的极值点是否为最大值点，这里没有兴趣，所以也不需要赘述求 J 关于 $\boldsymbol{y}_k$ 的二阶偏微分。目标是找到关于 $\hat{\boldsymbol{x}}_k$ 的最小值点。

3. 小结

综上所述，对于系统方程：

$$\begin{cases}\boldsymbol{x}_{k+1} = \boldsymbol{F}_k \boldsymbol{x}_k + \boldsymbol{w}_k \\ \boldsymbol{y}_k = \boldsymbol{H}_k \boldsymbol{x}_k + \boldsymbol{v}_k \\ \boldsymbol{z}_k = \boldsymbol{L}_k \boldsymbol{x}_k\end{cases} \tag{4.52}$$

式中， $\boldsymbol{w}_k$ 和 $\boldsymbol{v}_k$ 是噪声。

该问题的代价函数定义为

$$J_1 = \frac{\sum_{k=0}^{N-1} \|\boldsymbol{z}_k - \hat{\boldsymbol{z}}_k\|_{\boldsymbol{S}_k}^2}{\|\boldsymbol{x}_0 - \hat{\boldsymbol{x}}_0\|_{\boldsymbol{P}_0^{-1}}^2 + \sum_{k=0}^{N-1}(\|\boldsymbol{w}_k\|_{\boldsymbol{Q}_k^{-1}}^2 + \|\boldsymbol{v}_k\|_{\boldsymbol{R}_k^{-1}}^2)} < \frac{1}{\theta} \tag{4.53}$$

式中， $\boldsymbol{P}_0$ 、 $\boldsymbol{Q}_k$ 、 $\boldsymbol{R}_k$ 、 $\boldsymbol{S}_k$ 为工程师针对具体情况定义的对称正定矩阵； $1/\theta$ 为工程师定义的边界。

H∞的估计策略为

$$\begin{cases}\bar{\boldsymbol{S}}_k = \boldsymbol{L}_k^{\mathrm{T}}\boldsymbol{S}_k\boldsymbol{L}_k \\ \boldsymbol{K}_k = \boldsymbol{P}_k[\boldsymbol{I} - \theta\bar{\boldsymbol{S}}_k\boldsymbol{P}_k + \boldsymbol{H}_k^{\mathrm{T}}\boldsymbol{R}_k^{-1}\boldsymbol{H}_k\boldsymbol{P}_k]^{-1}\boldsymbol{H}_k^{\mathrm{T}}\boldsymbol{R}_k^{-1} \\ \hat{\boldsymbol{x}}_{k+1} = \boldsymbol{F}_k\hat{\boldsymbol{x}}_k + \boldsymbol{F}_k\boldsymbol{K}_k(\boldsymbol{y}_k - \boldsymbol{H}_k\hat{\boldsymbol{x}}_k) \\ \boldsymbol{P}_{k+1} = \boldsymbol{F}_k\boldsymbol{P}_k[\boldsymbol{I} - \theta\bar{\boldsymbol{S}}_k\boldsymbol{P}_k + \boldsymbol{H}_k^{\mathrm{T}}\boldsymbol{R}_k^{-1}\boldsymbol{H}_k\boldsymbol{P}_k]^{-1}\boldsymbol{F}_k^{\mathrm{T}} + \boldsymbol{Q}_k\end{cases} \tag{4.54}$$

为保证估计结果，在每一步时间 k 的估计中，需满足

$$\boldsymbol{P}_k^{-1} - \theta\bar{\boldsymbol{S}}_k + \boldsymbol{H}_k^{\mathrm{T}}\boldsymbol{R}_k^{-1}\boldsymbol{H}_k > 0 \tag{4.55}$$

4.1.3　稳态 H∞滤波

假如系统和设计参数都是时不变的，可以获得 H∞滤波的稳态解[8]。考虑系统：

$$\begin{cases}\boldsymbol{x}_{k+1} = \boldsymbol{F}\boldsymbol{x}_k + \boldsymbol{w}_k \\ \boldsymbol{y}_k = \boldsymbol{H}\boldsymbol{x}_k + \boldsymbol{v}_k \\ \boldsymbol{z}_k = \boldsymbol{L}\boldsymbol{x}_k\end{cases} \tag{4.56}$$

式中，$\boldsymbol{w}_k$ 和 $\boldsymbol{v}_k$ 是噪声。目标是估计 $\boldsymbol{z}_k$ ，目标函数为

$$J_1 = \lim_{N\to\infty}\frac{\sum_{k=0}^{N-1}\|\boldsymbol{z}_k - \hat{\boldsymbol{z}}_k\|_{\boldsymbol{S}}^2}{\sum_{k=0}^{N-1}(\|\boldsymbol{w}_k\|_{\boldsymbol{Q}^{-1}}^2 + \|\boldsymbol{v}_k\|_{\boldsymbol{R}^{-1}}^2)} < \frac{1}{\theta} \tag{4.57}$$

式中，$\boldsymbol{Q}$、$\boldsymbol{R}$、$\boldsymbol{S}$ 为对称正定矩阵，由设计者基于特定问题选择。稳态滤波方法为

$$\begin{cases}\bar{\boldsymbol{S}} = \boldsymbol{L}^{\mathrm{T}}\boldsymbol{S}\boldsymbol{L} \\ \boldsymbol{K} = \boldsymbol{P}[\boldsymbol{I} - \theta\bar{\boldsymbol{S}}\boldsymbol{P} + \boldsymbol{H}^{\mathrm{T}}\boldsymbol{R}^{-1}\boldsymbol{H}\boldsymbol{P}]^{-1}\boldsymbol{H}^{\mathrm{T}}\boldsymbol{R}^{-1} \\ \hat{\boldsymbol{x}}_{k+1} = \boldsymbol{F}\hat{\boldsymbol{x}}_k + \boldsymbol{F}\boldsymbol{K}(\boldsymbol{y}_k - \boldsymbol{H}\hat{\boldsymbol{x}}_k) \\ \boldsymbol{P} = \boldsymbol{F}\boldsymbol{P}[\boldsymbol{I} - \theta\bar{\boldsymbol{S}}\boldsymbol{P} + \boldsymbol{H}^{\mathrm{T}}\boldsymbol{R}^{-1}\boldsymbol{H}\boldsymbol{P}]^{-1}\boldsymbol{F}^{\mathrm{T}} + \boldsymbol{Q}\end{cases} \tag{4.58}$$

为保证估计结果，在每一步时间 k 的估计中，需满足

$$\boldsymbol{P}^{-1} - \theta\bar{\boldsymbol{S}} + \boldsymbol{H}^{\mathrm{T}}\boldsymbol{R}^{-1}\boldsymbol{H} > 0 \tag{4.59}$$

接下来考虑一个稳态卡尔曼滤波和稳态 H∞滤波的例子。事先需要声明的是，正如本章开始时所说，卡尔曼滤波和 H∞滤波的应用场景和滤波目标并不一样。前者是在诸如系统模型和噪声等统计模型已知的前提下求最小均方误差估计，后者是在噪声统计特性未知时求最小化最大误差估计。以下示例仅仅是为了说明当系统噪声统计特性未知时，H∞滤波要优于卡尔曼滤波。

例 4.1　考虑标量系统：

$$\begin{cases}x(k+1) = x(k) + w(k) \\ y(k) = x(k) + v(k) \\ z(k) = x(k)\end{cases} \tag{4.60}$$

其中，系统过程的噪声是有偏的，非零均值。设定$\theta=1/3$（H∞滤波参数）。运行卡尔曼滤波器和H∞滤波器，图4.1展示了各滤波器的估计误差，表4.2展示了各滤波器误差的均方根值（Root Mean Square，RMS）值。

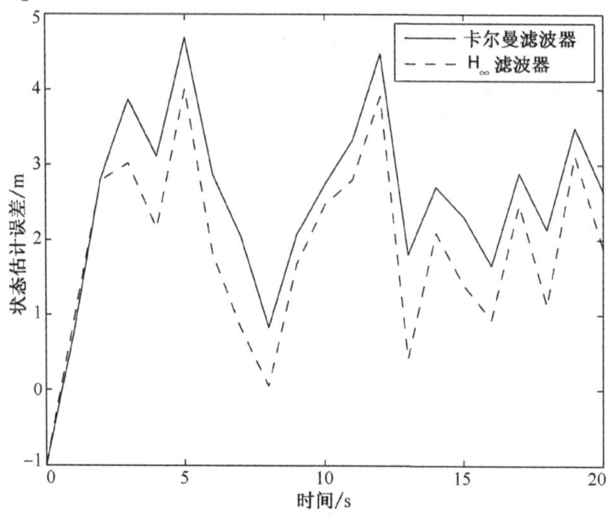

图4.1　滤波器误差比较

如表4.2所示，H∞滤波器的效果大约比卡尔曼滤波器好15%。虽然H∞滤波器在仿真开始阶段并不比卡尔曼滤波器表现优异，但在稳态时的表现要好得多。总体上来说，在当前场景下H∞滤波器给出的估计结果是最理想的。

表4.2　各滤波器估计误差RMS

滤波器	RMS
卡尔曼	3.13
H∞	2.66

有趣的是，比较卡尔曼滤波和H∞滤波方法可以发现，当令在H∞滤波中使用的$\boldsymbol{S}_k=\boldsymbol{I}$时，假如$\theta=0$，那么H∞滤波将变成卡尔曼滤波。换言之，卡尔曼滤波是H∞滤波的性能边界为∞时的一个特例。尽管卡尔曼滤波最小化了估计均方误差，但是它无法保证最坏情况时的估计误差，也就是说，卡尔曼滤波无法像H∞滤波一样，最终的估计结果能够保证一个性能边界，从例4.1即可看出这一点。

因此，在现代工业环境中，H∞滤波相对卡尔曼滤波更具有现实意义，其设计具有更好的鲁棒性。将H∞滤波与卡尔曼滤波相比较，可以知道H∞滤波其实就是一个鲁棒形式的卡尔曼滤波。

4.1.4　连续时间的H∞滤波

考虑连续时间系统：

$$\begin{cases}\dot{\boldsymbol{x}}=\boldsymbol{A}\boldsymbol{x}+\boldsymbol{B}\boldsymbol{u}+\boldsymbol{w}\\ \boldsymbol{y}=\boldsymbol{C}\boldsymbol{x}+\boldsymbol{v}\\ \boldsymbol{z}=\boldsymbol{L}\boldsymbol{x}\end{cases}\tag{4.61}$$

式中，$\boldsymbol{L}$ 是用户自定义的矩阵；$\boldsymbol{z}$ 是想要估计的量，估计量记为 $\hat{\boldsymbol{z}}$。状态初始估计记为 $\hat{\boldsymbol{x}}(0)$。$\boldsymbol{w}$ 和 $\boldsymbol{v}$ 是统计特性未知的噪声。基于博弈论的 H∞滤波，定义代价函数为

$$J_1 = \frac{\int_0^T \|\boldsymbol{z}_k - \hat{\boldsymbol{z}}_k\|_{\boldsymbol{S}}^2 \,\mathrm{d}t}{\|\boldsymbol{x}_0 - \hat{\boldsymbol{x}}_0\|_{\boldsymbol{P}_0^{-1}}^2 + \int_0^T (\|\boldsymbol{w}\|_{\boldsymbol{Q}^{-1}}^2 + \|\boldsymbol{v}\|_{\boldsymbol{R}^{-1}}^2)\mathrm{d}t} \tag{4.62}$$

式中，$\boldsymbol{P}_0$、$\boldsymbol{Q}$、$\boldsymbol{R}$、$\boldsymbol{S}$ 是设计者根据特定问题选择的对称正定矩阵；T 为采样周期。目标是找到一个估计器使其满足

$$J_1 < \frac{1}{\theta} \tag{4.63}$$

该估计器为[8]

$$\begin{cases} \boldsymbol{P}(0) = \boldsymbol{P}_0 \\ \dot{\boldsymbol{P}} = \boldsymbol{AP} + \boldsymbol{PA}^{\mathrm{T}} + \boldsymbol{Q} - \boldsymbol{KCP} + \theta \boldsymbol{PL}^{\mathrm{T}}\boldsymbol{SLP} \\ \boldsymbol{K} = \boldsymbol{PC}^{\mathrm{T}}\boldsymbol{R}^{-1} \\ \dot{\hat{\boldsymbol{x}}} = \boldsymbol{A}\hat{\boldsymbol{x}} + \boldsymbol{Bu} + \boldsymbol{K}(\boldsymbol{y} - \boldsymbol{C}\hat{\boldsymbol{x}}) \\ \hat{\boldsymbol{z}} = \boldsymbol{L}\hat{\boldsymbol{x}} \end{cases} \tag{4.64}$$

当且仅当对于所有的 $t \in [0,T]$，$\boldsymbol{P}(t)$ 都正定时，上述估计器能解决 H∞滤波问题。

4.1.5　传递函数方法推导 H∞滤波器

需要强调的是，不止通过一种途径能够推导出 H∞滤波技术。文献[8]简要叙述了稳态下基于传递函数推导出来的 H∞滤波。该稳态下的滤波方法是在文献[9]和文献[10]的基础上总结而出的。现在将详细推导过程叙述如下。考虑线性时不变系统：

$$\begin{cases} \boldsymbol{x}_{k+1} = \boldsymbol{F}\boldsymbol{x}_k + \boldsymbol{w}_k \\ \boldsymbol{x}_0 = 0 \\ \boldsymbol{y}_k = \boldsymbol{H}\boldsymbol{x}_k + \boldsymbol{v}_k \\ \boldsymbol{z}_k = \boldsymbol{L}\boldsymbol{x}_k \end{cases} \tag{4.65}$$

式中，$\boldsymbol{w}_k$ 和 $\boldsymbol{v}_k$ 是不相关的系统噪声和量测噪声；$\boldsymbol{y}_k$ 是量测向量；$\boldsymbol{z}_k$ 是估计向量。定义估计误差为

$$\tilde{\boldsymbol{z}}_{k|k-1} = \boldsymbol{z}_k - \hat{\boldsymbol{z}}_{k|k-1} \tag{4.66}$$

定义一个扩展扰动向量为

$$\boldsymbol{e}_k = \begin{bmatrix} \boldsymbol{w}_k \\ \boldsymbol{v}_k \end{bmatrix} \tag{4.67}$$

估计问题的目标是找到一个估计器使得从扩展噪声向量 $\boldsymbol{e}$ 到估计误差 $\tilde{\boldsymbol{z}}$ 的传递函数的无穷范数小于自定义的边界，即

$$\|G_{\tilde{z}e}\|_\infty < \frac{1}{\theta} \tag{4.68}$$

假定估计器有如下结构：

$$\hat{\boldsymbol{x}}_{k+1|k} = \boldsymbol{F}\hat{\boldsymbol{x}}_{k|k-1} + \boldsymbol{K}(\boldsymbol{y}_k - \boldsymbol{H}\hat{\boldsymbol{x}}_{k|k-1}) \tag{4.69}$$

和

$$\hat{\boldsymbol{z}}_{k|k-1} = \boldsymbol{L}\hat{\boldsymbol{x}}_{k|k-1} \tag{4.70}$$

由式（4.69）和式（4.65）可以得到

$$\tilde{\boldsymbol{x}}_{k+1|k} = (\boldsymbol{F} - \boldsymbol{K}\boldsymbol{H})\tilde{\boldsymbol{x}}_{k|k-1} + \begin{bmatrix}\boldsymbol{I} & -\boldsymbol{K}\end{bmatrix}\boldsymbol{e}_k \tag{4.71}$$

式中

$$\tilde{\boldsymbol{x}}_{k|k-1} = \boldsymbol{x}_k - \hat{\boldsymbol{x}}_{k|k-1} \tag{4.72}$$

通过式（4.65）、式（4.66）、式（4.71）和式（4.72）可以得到传递函数为

$$\boldsymbol{G}_{\tilde{z}e}^{-} = \boldsymbol{L}(z\boldsymbol{I} - \boldsymbol{F} + \boldsymbol{K}\boldsymbol{H})^{-1}\begin{bmatrix}\boldsymbol{I} & -\boldsymbol{K}\end{bmatrix} \tag{4.73}$$

先引入如下引理。

引理 4.1 对于传递函数：

$$\boldsymbol{G}(z) = \boldsymbol{C}(z\boldsymbol{I} - \boldsymbol{F})^{-1}\boldsymbol{B} \tag{4.74}$$

式中，z 是 Z 变换。假设 $\boldsymbol{F}$ 是非奇异稳定矩阵，且 $(\boldsymbol{F}^{\mathrm{T}}, \boldsymbol{B}^{\mathrm{T}}, \boldsymbol{C}^{\mathrm{T}})$ 是可观测的。那么当且仅当存在正定矩阵 $\boldsymbol{\Sigma}$ 满足如下条件时，$\|\boldsymbol{G}(z)\|_\infty < 1$，即

$$\boldsymbol{\Sigma} = \boldsymbol{F}\boldsymbol{\Sigma}\boldsymbol{F}^{\mathrm{T}} + \boldsymbol{\Sigma}\boldsymbol{C}^{\mathrm{T}}(\boldsymbol{I} + \boldsymbol{C}\boldsymbol{\Sigma}\boldsymbol{C}^{\mathrm{T}})^{-1}\boldsymbol{C}\boldsymbol{\Sigma} + \boldsymbol{B}\boldsymbol{B}^{\mathrm{T}} \tag{4.75}$$

引理的详细证明过程可以查阅文献[3]的附录[A]。

在式（4.68）中，可以用 $\boldsymbol{L}_\theta = \theta\boldsymbol{L}$ 替代传递函数，即式（4.73）中的 $\boldsymbol{L}$，只需要求

$$\left\|\boldsymbol{G}_{\tilde{z}e}^{-}\right\|_\infty < 1 \tag{4.76}$$

式中

$$\boldsymbol{G}_{\tilde{z}e}^{-} = \boldsymbol{L}_\theta(z\boldsymbol{I} - \boldsymbol{F} + \boldsymbol{K}\boldsymbol{H})^{-1}\begin{bmatrix}\boldsymbol{I} & -\boldsymbol{K}\end{bmatrix} \tag{4.77}$$

这样可以直接应用引理 4.1 的结果，当且仅当存在 $\boldsymbol{\Sigma} > 0$ 满足如下条件时，传递函数 $\boldsymbol{G}_{\tilde{z}e}$ 满足式（4.68）：

$$\boldsymbol{\Sigma} = (\boldsymbol{F} - \boldsymbol{K}\boldsymbol{H})\boldsymbol{\Sigma}(\boldsymbol{F} - \boldsymbol{K}\boldsymbol{H})^{\mathrm{T}} + \boldsymbol{\Sigma}\boldsymbol{L}_\theta^{\mathrm{T}}(\boldsymbol{I} + \boldsymbol{L}_\theta\boldsymbol{\Sigma}\boldsymbol{L}_\theta^{\mathrm{T}})^{-1}\boldsymbol{L}_\theta\boldsymbol{\Sigma} + \boldsymbol{I} + \boldsymbol{K}\boldsymbol{K}^{\mathrm{T}} \tag{4.78}$$

式（4.78）右边展开可以得到

$$\begin{aligned}
\boldsymbol{\Sigma} &= \boldsymbol{F}\boldsymbol{\Sigma}\boldsymbol{F}^{\mathrm{T}} - \boldsymbol{F}\boldsymbol{\Sigma}\boldsymbol{H}^{\mathrm{T}}\boldsymbol{K}^{\mathrm{T}} - \boldsymbol{K}\boldsymbol{H}\boldsymbol{\Sigma}\boldsymbol{F}^{\mathrm{T}} + \boldsymbol{K}\boldsymbol{H}\boldsymbol{\Sigma}\boldsymbol{H}^{\mathrm{T}}\boldsymbol{K}^{\mathrm{T}} \\
&\quad + \boldsymbol{\Sigma}\boldsymbol{L}_\theta^{\mathrm{T}}(\boldsymbol{I} + \boldsymbol{L}_\theta\boldsymbol{\Sigma}\boldsymbol{L}_\theta^{\mathrm{T}})^{-1}\boldsymbol{L}_\theta\boldsymbol{\Sigma} + \boldsymbol{I} + \boldsymbol{K}\boldsymbol{K}^{\mathrm{T}} \\
&= \boldsymbol{F}\boldsymbol{\Sigma}\boldsymbol{F}^{\mathrm{T}} + \boldsymbol{\Sigma}\boldsymbol{L}_\theta^{\mathrm{T}}(\boldsymbol{I} + \boldsymbol{L}_\theta\boldsymbol{\Sigma}\boldsymbol{L}_\theta^{\mathrm{T}})^{-1}\boldsymbol{L}_\theta\boldsymbol{\Sigma} + \boldsymbol{I} - \boldsymbol{F}\boldsymbol{\Sigma}\boldsymbol{H}^{\mathrm{T}}\boldsymbol{K}^{\mathrm{T}} \\
&\quad - \boldsymbol{K}\boldsymbol{H}\boldsymbol{\Sigma}\boldsymbol{F}^{\mathrm{T}} + \boldsymbol{K}(\boldsymbol{I} + \boldsymbol{H}\boldsymbol{\Sigma}\boldsymbol{H}^{\mathrm{T}})\boldsymbol{K}^{\mathrm{T}} \\
&\overset{\text{def}}{=\!=} \boldsymbol{F}\boldsymbol{\Sigma}\boldsymbol{F}^{\mathrm{T}} + \boldsymbol{\Sigma}\boldsymbol{L}_\theta^{\mathrm{T}}(\boldsymbol{I} + \boldsymbol{L}_\theta\boldsymbol{\Sigma}\boldsymbol{L}_\theta^{\mathrm{T}})^{-1}\boldsymbol{L}_\theta\boldsymbol{\Sigma} + \boldsymbol{I} + \boldsymbol{\Delta}
\end{aligned} \tag{4.79}$$

式中

$$\begin{aligned}\boldsymbol{\Delta} &= \boldsymbol{K}(\boldsymbol{I}+\boldsymbol{H\Sigma H}^{\mathrm{T}})\boldsymbol{K}^{\mathrm{T}} - \boldsymbol{F\Sigma H}^{\mathrm{T}}\boldsymbol{K}^{\mathrm{T}} - \boldsymbol{KH\Sigma F}^{\mathrm{T}} \\ &= \boldsymbol{K}(\boldsymbol{I}+\boldsymbol{H\Sigma H}^{\mathrm{T}})\boldsymbol{K}^{\mathrm{T}} - \boldsymbol{F\Sigma H}^{\mathrm{T}}(\boldsymbol{I}+\boldsymbol{H\Sigma H}^{\mathrm{T}})^{-1} \\ &\quad \times(\boldsymbol{I}+\boldsymbol{H\Sigma H}^{\mathrm{T}})\boldsymbol{K}^{\mathrm{T}} - \boldsymbol{KH\Sigma F}^{\mathrm{T}} \\ &= [\boldsymbol{K} - \boldsymbol{F\Sigma H}^{\mathrm{T}}(\boldsymbol{I}+\boldsymbol{H\Sigma H}^{\mathrm{T}})^{-1}](\boldsymbol{I}+\boldsymbol{H\Sigma H}^{\mathrm{T}})\boldsymbol{K}^{\mathrm{T}} - \boldsymbol{KH\Sigma F}^{\mathrm{T}}\end{aligned} \tag{4.80}$$

为了最后能变成黎卡提方程的形式，对式（4.80）补项：

$$\boldsymbol{F\Sigma H}^{\mathrm{T}}(\boldsymbol{I}+\boldsymbol{H\Sigma H}^{\mathrm{T}})^{-1}\boldsymbol{H\Sigma F}^{\mathrm{T}}$$

并同时减去可得

$$\begin{aligned}\boldsymbol{\Delta} &= [\boldsymbol{K} - \boldsymbol{F\Sigma H}^{\mathrm{T}}(\boldsymbol{I}+\boldsymbol{H\Sigma H}^{\mathrm{T}})^{-1}](\boldsymbol{I}+\boldsymbol{H\Sigma H}^{\mathrm{T}})\boldsymbol{K}^{\mathrm{T}} \\ &\quad - \boldsymbol{KH\Sigma F}^{\mathrm{T}} + \boldsymbol{F\Sigma H}^{\mathrm{T}}(\boldsymbol{I}+\boldsymbol{H\Sigma H}^{\mathrm{T}})^{-1}\boldsymbol{H\Sigma F}^{\mathrm{T}} \\ &\quad - \boldsymbol{F\Sigma H}^{\mathrm{T}}(\boldsymbol{I}+\boldsymbol{H\Sigma H}^{\mathrm{T}})^{-1}\boldsymbol{H\Sigma F}^{\mathrm{T}} \\ &= [\boldsymbol{K} - \boldsymbol{F\Sigma H}^{\mathrm{T}}(\boldsymbol{I}+\boldsymbol{H\Sigma H}^{\mathrm{T}})^{-1}](\boldsymbol{I}+\boldsymbol{H\Sigma H}^{\mathrm{T}})\boldsymbol{K}^{\mathrm{T}} \\ &\quad - \boldsymbol{K}(\boldsymbol{I}+\boldsymbol{H\Sigma H}^{\mathrm{T}})(\boldsymbol{I}+\boldsymbol{H\Sigma H}^{\mathrm{T}})^{-1}\boldsymbol{H\Sigma F}^{\mathrm{T}} \\ &\quad + \boldsymbol{F\Sigma H}^{\mathrm{T}}(\boldsymbol{I}+\boldsymbol{H\Sigma H}^{\mathrm{T}})^{-1}(\boldsymbol{I}+\boldsymbol{H\Sigma H}^{\mathrm{T}})(\boldsymbol{I}+\boldsymbol{H\Sigma H}^{\mathrm{T}})^{-1}\boldsymbol{H\Sigma F}^{\mathrm{T}} \\ &\quad - \boldsymbol{F\Sigma H}^{\mathrm{T}}(\boldsymbol{I}+\boldsymbol{H\Sigma H}^{\mathrm{T}})^{-1}\boldsymbol{H\Sigma F}^{\mathrm{T}}\end{aligned} \tag{4.81}$$

式（4.81）右边第二项和第三项先结合可得

$$\begin{aligned}\boldsymbol{\Delta} &= [\boldsymbol{K} - \boldsymbol{F\Sigma H}^{\mathrm{T}}(\boldsymbol{I}+\boldsymbol{H\Sigma H}^{\mathrm{T}})^{-1}](\boldsymbol{I}+\boldsymbol{H\Sigma H}^{\mathrm{T}})\boldsymbol{K}^{\mathrm{T}} \\ &\quad -[\boldsymbol{K} - \boldsymbol{F\Sigma H}^{\mathrm{T}}(\boldsymbol{I}+\boldsymbol{H\Sigma H}^{\mathrm{T}})^{-1}](\boldsymbol{I}+\boldsymbol{H\Sigma H}^{\mathrm{T}})(\boldsymbol{I}+\boldsymbol{H\Sigma H}^{\mathrm{T}})^{-1} \\ &\quad \times \boldsymbol{H\Sigma F}^{\mathrm{T}} - \boldsymbol{F\Sigma H}^{\mathrm{T}}(\boldsymbol{I}+\boldsymbol{H\Sigma H}^{\mathrm{T}})^{-1}\boldsymbol{H\Sigma F}^{\mathrm{T}}\end{aligned} \tag{4.82}$$

再将式（4.82）右边的第一项和第二项结合可得

$$\begin{aligned}\boldsymbol{\Delta} &= [\boldsymbol{K} - \boldsymbol{F\Sigma H}^{\mathrm{T}}(\boldsymbol{I}+\boldsymbol{H\Sigma H}^{\mathrm{T}})^{-1}](\boldsymbol{I}+\boldsymbol{H\Sigma H}^{\mathrm{T}}) \\ &\quad \times[\boldsymbol{K}^{\mathrm{T}} - (\boldsymbol{I}+\boldsymbol{H\Sigma H}^{\mathrm{T}})^{-1}\boldsymbol{H\Sigma F}^{\mathrm{T}}] \\ &\quad - \boldsymbol{F\Sigma H}^{\mathrm{T}}(\boldsymbol{I}+\boldsymbol{H\Sigma H}^{\mathrm{T}})^{-1}\boldsymbol{H\Sigma F}^{\mathrm{T}}\end{aligned} \tag{4.83}$$

将 $\boldsymbol{\Delta}$ 代回式（4.79）中，并整理可得

$$\begin{aligned}\boldsymbol{\Sigma} &= \boldsymbol{F\Sigma F}^{\mathrm{T}} + \boldsymbol{\Sigma L}_{\theta}^{\mathrm{T}}(\boldsymbol{I}+\boldsymbol{L}_{\theta}\boldsymbol{\Sigma L}_{\theta}^{\mathrm{T}})^{-1}\boldsymbol{L}_{\theta}\boldsymbol{\Sigma} \\ &\quad - \boldsymbol{F\Sigma H}^{\mathrm{T}}(\boldsymbol{I}+\boldsymbol{H\Sigma H}^{\mathrm{T}})^{-1}\boldsymbol{H\Sigma F}^{\mathrm{T}} + \boldsymbol{I} + \boldsymbol{S}\end{aligned} \tag{4.84}$$

式中

$$\begin{aligned}\boldsymbol{S} &= [\boldsymbol{K} - \boldsymbol{F\Sigma H}^{\mathrm{T}}(\boldsymbol{I}+\boldsymbol{H\Sigma H}^{\mathrm{T}})^{-1}](\boldsymbol{I}+\boldsymbol{H\Sigma H}^{\mathrm{T}}) \\ &\quad \times[\boldsymbol{K}^{\mathrm{T}} - (\boldsymbol{I}+\boldsymbol{H\Sigma H}^{\mathrm{T}})^{-1}\boldsymbol{H\Sigma F}^{\mathrm{T}}]\end{aligned} \tag{4.85}$$

式中，令

$$\boldsymbol{K}=\boldsymbol{FPH}^{\mathrm{T}}(\boldsymbol{I}+\boldsymbol{HPH}^{\mathrm{T}})^{-1} \tag{4.86}$$

那么$\boldsymbol{S}=0$。并用$\boldsymbol{P}$替换其中的$\boldsymbol{\Sigma}$，式（4.84）可写为

$$\boldsymbol{P}=\boldsymbol{I}+\boldsymbol{FPF}^{\mathrm{T}}-\boldsymbol{FPH}^{\mathrm{T}}(\boldsymbol{I}+\boldsymbol{HPH}^{\mathrm{T}})^{-1}\boldsymbol{HPF}^{\mathrm{T}} \\ +\boldsymbol{PL}_{\theta}^{\mathrm{T}}(\boldsymbol{I}+\boldsymbol{L}_{\theta}\boldsymbol{PL}_{\theta}^{\mathrm{T}})^{-1}\boldsymbol{L}_{\theta}\boldsymbol{P} \tag{4.87}$$

至此，根据引理4.1可以得到如下结论。

定理4.1　当且仅当存在$\boldsymbol{P}>0$满足如下代数黎卡提等式时：

$$\boldsymbol{P}=\boldsymbol{I}+\boldsymbol{FPF}^{\mathrm{T}}-\boldsymbol{FPH}^{\mathrm{T}}(\boldsymbol{I}+\boldsymbol{HPH}^{\mathrm{T}})^{-1}\boldsymbol{HPF}^{\mathrm{T}} \\ +\boldsymbol{PL}_{\theta}^{\mathrm{T}}(\boldsymbol{I}+\boldsymbol{L}_{\theta}\boldsymbol{PL}_{\theta}^{\mathrm{T}})^{-1}\boldsymbol{L}_{\theta}\boldsymbol{P} \tag{4.88}$$

不等式（4.68）有解，且$\boldsymbol{F}-\boldsymbol{KH}$稳定。将$\boldsymbol{L}_{\theta}=\theta\boldsymbol{L}$代回式（4.88）中，有

$$\boldsymbol{P}=\boldsymbol{I}+\boldsymbol{FPF}^{\mathrm{T}}-\boldsymbol{FPH}^{\mathrm{T}}(\boldsymbol{I}+\boldsymbol{HPH}^{\mathrm{T}})^{-1}\boldsymbol{HPF}^{\mathrm{T}} \\ +\boldsymbol{PL}^{\mathrm{T}}(\boldsymbol{I}/\theta^{2}+\boldsymbol{LPL}^{\mathrm{T}})^{-1}\boldsymbol{LP} \tag{4.89}$$

如果这样的$\boldsymbol{P}$存在，且上述条件满足，则估计器增益矩阵为

$$\boldsymbol{K}=\boldsymbol{FPH}^{\mathrm{T}}(\boldsymbol{I}+\boldsymbol{HPH}^{\mathrm{T}})^{-1} \tag{4.90}$$

需要注意的是，由于量测值有一个时刻的滞后，上面给出的是先验滤波。如果考虑“现在”这一时刻的量测值，需要后验滤波。根据系统状态方程（4.65），k时刻的后验值与$k+1$时刻的先验值有如下关系：

$$\hat{\boldsymbol{x}}_{k+1|k}=\boldsymbol{F}\hat{\boldsymbol{x}}_{k|k} \tag{4.91}$$

类似于式（4.69）和式（4.70），可以假设$k+1$时刻的先验值和后验值有如下关系：

$$\hat{\boldsymbol{x}}_{k+1|k+1}=\hat{\boldsymbol{x}}_{k+1|k}+\boldsymbol{K}_{p}(\boldsymbol{y}_{k+1}-\boldsymbol{H}\hat{\boldsymbol{x}}_{k+1|k}) \tag{4.92}$$

在不失一般性的前提下，由式（4.91）和式（4.92）可以得到后验滤波估计为

$$\hat{\boldsymbol{x}}_{k+1|k+1}=(\boldsymbol{I}-\boldsymbol{K}_{p}\boldsymbol{H})\boldsymbol{F}\hat{\boldsymbol{x}}_{k|k}+\boldsymbol{K}_{p}\boldsymbol{y}_{k+1} \tag{4.93}$$

定义

$$\tilde{\boldsymbol{x}}_{k|k}=\boldsymbol{x}_{k}-\hat{\boldsymbol{x}}_{k|k} \tag{4.94}$$

和

$$\tilde{\boldsymbol{z}}_{k|k}=\boldsymbol{L}\tilde{\boldsymbol{x}}_{k|k} \tag{4.95}$$

式（4.93）和系统状态方程，即式（4.65）中的$\boldsymbol{x}_{k+1}$项相减并代入$\boldsymbol{y}_{k+1}$可以得到

$$\tilde{\boldsymbol{x}}_{k+1|k+1}=(\boldsymbol{I}-\boldsymbol{K}_{p}\boldsymbol{H})\boldsymbol{F}\tilde{\boldsymbol{x}}_{k|k}+(\boldsymbol{I}-\boldsymbol{K}_{p}\boldsymbol{H})\boldsymbol{w}_{k}-\boldsymbol{K}_{p}\boldsymbol{v}_{k+1} \tag{4.96}$$

对式（4.96）进行Z变换，可得

$$\tilde{\boldsymbol{X}}_{k+1|k+1}=(\boldsymbol{I}-\boldsymbol{K}_{p}\boldsymbol{H})\boldsymbol{F}\tilde{\boldsymbol{X}}_{k|k}+(\boldsymbol{I}-\boldsymbol{K}_{p}\boldsymbol{H})\boldsymbol{W}_{k}-\boldsymbol{K}_{p}\boldsymbol{V}_{k+1} \tag{4.97}$$

根据 Z 域中时滞的性质 $\tilde{\boldsymbol{X}}_{k+1|k+1}=z\tilde{\boldsymbol{X}}_{k|k}$ 和 $\boldsymbol{V}_{k+1}=z\boldsymbol{V}_k$，可得

$$z\tilde{\boldsymbol{X}}_{k|k}=(\boldsymbol{I}-\boldsymbol{K}_p\boldsymbol{H})\boldsymbol{F}\tilde{\boldsymbol{X}}_{k|k}+(\boldsymbol{I}-\boldsymbol{K}_p\boldsymbol{H})\boldsymbol{W}_k-z\boldsymbol{K}_p\boldsymbol{V}_k \tag{4.98}$$

进行简单变换可得

$$\tilde{\boldsymbol{X}}_{k|k}=[z\boldsymbol{I}-(\boldsymbol{I}-\boldsymbol{K}_p\boldsymbol{H})\boldsymbol{F}]^{-1}[\boldsymbol{I}-\boldsymbol{K}_p\boldsymbol{H}\quad -z\boldsymbol{K}_p]\begin{bmatrix}\boldsymbol{W}_k\\ \boldsymbol{V}_k\end{bmatrix} \tag{4.99}$$

考虑式（4.95），可知

$$\tilde{\boldsymbol{Z}}_{k|k}=\boldsymbol{L}\tilde{\boldsymbol{X}}_{k|k} \tag{4.100}$$

由此，可以得到传递函数为

$$\boldsymbol{G}_{\tilde{z}e}^{+}=\boldsymbol{L}[z\boldsymbol{I}-(\boldsymbol{I}-\boldsymbol{K}_p\boldsymbol{H})\boldsymbol{F}]^{-1}[\boldsymbol{I}-\boldsymbol{K}_p\boldsymbol{H}\quad -z\boldsymbol{K}_p] \tag{4.101}$$

采用与 4.1.4 节相同的方法，用 $\boldsymbol{L}_\theta=\theta\boldsymbol{L}$ 替代 $\boldsymbol{L}$。根据文献[9]，考虑到 $\boldsymbol{G}_{\tilde{z}e}^{+}(z)\boldsymbol{G}_{\tilde{z}e}^{+\mathrm{T}}(z^{-1})$ 的特征值在单位圆内，可以用 $-\boldsymbol{K}_p$ 代替式（4.101）中的 $-z\boldsymbol{K}_p$。那么该后验 H∞问题就变成求增益矩阵 $\boldsymbol{K}_p$ 的问题，使传递函数满足

$$\left\|\boldsymbol{G}_{\tilde{z}e}^{+}\right\|_\infty<1 \tag{4.102}$$

和先验滤波的过程和步骤一样，根据引理 4.1，当且仅当存在 $\boldsymbol{P}>0$ 满足如下等式时，式（4.102）成立：

$$\begin{aligned}\boldsymbol{P}=&(\boldsymbol{I}-\boldsymbol{K}_p\boldsymbol{H})\boldsymbol{F}\boldsymbol{P}\boldsymbol{F}^{\mathrm{T}}(\boldsymbol{I}-\boldsymbol{K}_p\boldsymbol{H})^{\mathrm{T}}+\boldsymbol{P}\boldsymbol{L}_\theta^{\mathrm{T}}(\boldsymbol{I}+\boldsymbol{L}_\theta\boldsymbol{P}\boldsymbol{L}_\theta^{\mathrm{T}})^{-1}\boldsymbol{L}_\theta\boldsymbol{P}\\&+[\boldsymbol{I}-\boldsymbol{K}_p\boldsymbol{H}\quad -\boldsymbol{K}_p]\begin{bmatrix}(\boldsymbol{I}-\boldsymbol{K}_p\boldsymbol{H})^{\mathrm{T}}\\(-\boldsymbol{K}_p)^{\mathrm{T}}\end{bmatrix}\end{aligned} \tag{4.103}$$

还是和先验滤波时一样，可以对式（4.103）进行变换，首先展开：

$$\begin{aligned}\boldsymbol{P}=&\boldsymbol{F}\boldsymbol{P}\boldsymbol{F}^{\mathrm{T}}-\boldsymbol{K}_p\boldsymbol{H}\boldsymbol{F}\boldsymbol{P}\boldsymbol{F}^{\mathrm{T}}-\boldsymbol{F}\boldsymbol{P}\boldsymbol{F}^{\mathrm{T}}\boldsymbol{H}^{\mathrm{T}}\boldsymbol{K}_p^{\mathrm{T}}\\&+\boldsymbol{K}_p\boldsymbol{H}\boldsymbol{F}\boldsymbol{P}\boldsymbol{F}^{\mathrm{T}}\boldsymbol{H}^{\mathrm{T}}\boldsymbol{K}_p^{\mathrm{T}}+\boldsymbol{P}\boldsymbol{L}_\theta^{\mathrm{T}}(\boldsymbol{I}+\boldsymbol{L}_\theta\boldsymbol{P}\boldsymbol{L}_\theta^{\mathrm{T}})^{-1}\boldsymbol{L}_\theta\boldsymbol{P}\\&+\boldsymbol{I}-\boldsymbol{H}^{\mathrm{T}}\boldsymbol{K}_p^{\mathrm{T}}-\boldsymbol{K}_p\boldsymbol{H}+\boldsymbol{K}_p\boldsymbol{H}\boldsymbol{H}^{\mathrm{T}}\boldsymbol{K}_p^{\mathrm{T}}+\boldsymbol{K}_p\boldsymbol{K}_p^{\mathrm{T}}\\=&\boldsymbol{F}\boldsymbol{P}\boldsymbol{F}^{\mathrm{T}}+\boldsymbol{P}\boldsymbol{L}_\theta^{\mathrm{T}}(\boldsymbol{I}+\boldsymbol{L}_\theta\boldsymbol{P}\boldsymbol{L}_\theta^{\mathrm{T}})^{-1}\boldsymbol{L}_\theta\boldsymbol{P}+\boldsymbol{I}-\boldsymbol{K}_p\boldsymbol{H}(\boldsymbol{I}+\boldsymbol{F}\boldsymbol{P}\boldsymbol{F}^{\mathrm{T}})\\&-(\boldsymbol{I}+\boldsymbol{F}\boldsymbol{P}\boldsymbol{F}^{\mathrm{T}})\boldsymbol{H}^{\mathrm{T}}\boldsymbol{K}_p^{\mathrm{T}}+\boldsymbol{K}_p\boldsymbol{H}(\boldsymbol{I}+\boldsymbol{F}\boldsymbol{P}\boldsymbol{F}^{\mathrm{T}})\boldsymbol{H}^{\mathrm{T}}\boldsymbol{K}_p^{\mathrm{T}}+\boldsymbol{K}_p\boldsymbol{K}_p^{\mathrm{T}}\\\overset{\mathrm{def}}{=\!=}&\boldsymbol{F}\boldsymbol{P}\boldsymbol{F}^{\mathrm{T}}+\boldsymbol{P}\boldsymbol{L}_\theta^{\mathrm{T}}(\boldsymbol{I}+\boldsymbol{L}_\theta\boldsymbol{P}\boldsymbol{L}_\theta^{\mathrm{T}})^{-1}\boldsymbol{L}_\theta\boldsymbol{P}+\boldsymbol{I}+\boldsymbol{\varDelta}\end{aligned} \tag{4.104}$$

式中

$$\begin{aligned}\boldsymbol{\varDelta}=&\boldsymbol{K}_p\boldsymbol{H}(\boldsymbol{I}+\boldsymbol{F}\boldsymbol{P}\boldsymbol{F}^{\mathrm{T}})\boldsymbol{H}^{\mathrm{T}}\boldsymbol{K}_p^{\mathrm{T}}+\boldsymbol{K}_p\boldsymbol{K}_p^{\mathrm{T}}\\&-\boldsymbol{K}_p\boldsymbol{H}(\boldsymbol{I}+\boldsymbol{F}\boldsymbol{P}\boldsymbol{F}^{\mathrm{T}})-(\boldsymbol{I}+\boldsymbol{F}\boldsymbol{P}\boldsymbol{F}^{\mathrm{T}})\boldsymbol{H}^{\mathrm{T}}\boldsymbol{K}_p^{\mathrm{T}}\\\overset{\mathrm{def}}{=\!=}&\boldsymbol{K}_p\boldsymbol{H}\boldsymbol{\varPhi}\boldsymbol{H}^{\mathrm{T}}\boldsymbol{K}_p^{\mathrm{T}}+\boldsymbol{K}_p\boldsymbol{K}_p^{\mathrm{T}}-\boldsymbol{K}_p\boldsymbol{H}\boldsymbol{\varPhi}-\boldsymbol{\varPhi}\boldsymbol{H}^{\mathrm{T}}\boldsymbol{K}_p^{\mathrm{T}}\end{aligned} \tag{4.105}$$

为简略起见，式中的 $\boldsymbol{\varPhi}=\boldsymbol{I}+\boldsymbol{F}\boldsymbol{P}\boldsymbol{F}^{\mathrm{T}}$。继续对式（4.105）进行变换：

$$
\begin{aligned}
\boldsymbol{\Delta} &= \boldsymbol{K}_p(\boldsymbol{I}+\boldsymbol{H\Phi H}^{\mathrm{T}})\boldsymbol{K}_p^{\mathrm{T}} - \boldsymbol{K}_p\boldsymbol{H\Phi} - \boldsymbol{\Phi H}^{\mathrm{T}}\boldsymbol{K}_p^{\mathrm{T}} \\
&= \boldsymbol{K}_p(\boldsymbol{I}+\boldsymbol{H\Phi H}^{\mathrm{T}})\boldsymbol{K}_p^{\mathrm{T}} - \boldsymbol{\Phi H}^{\mathrm{T}}(\boldsymbol{I}+\boldsymbol{H\Phi H}^{\mathrm{T}})^{-1} \\
&\quad \times(\boldsymbol{I}+\boldsymbol{H\Phi H}^{\mathrm{T}})\boldsymbol{K}_p^{\mathrm{T}} - \boldsymbol{K}_p\boldsymbol{H\Phi} \\
&= [\boldsymbol{K}_p - \boldsymbol{\Phi H}^{\mathrm{T}}(\boldsymbol{I}+\boldsymbol{H\Phi H}^{\mathrm{T}})^{-1}](\boldsymbol{I}+\boldsymbol{H\Phi H}^{\mathrm{T}})\boldsymbol{K}_p^{\mathrm{T}} \\
&\quad - \boldsymbol{K}_p(\boldsymbol{I}+\boldsymbol{H\Phi H}^{\mathrm{T}})(\boldsymbol{I}+\boldsymbol{H\Phi H}^{\mathrm{T}})^{-1}\boldsymbol{H\Phi} + \boldsymbol{\Phi H}^{\mathrm{T}} \\
&\quad \times(\boldsymbol{I}+\boldsymbol{H\Phi H}^{\mathrm{T}})^{-1}(\boldsymbol{I}+\boldsymbol{H\Phi H}^{\mathrm{T}})(\boldsymbol{I}+\boldsymbol{H\Phi H}^{\mathrm{T}})^{-1} \\
&\quad \times \boldsymbol{H\Phi} - \boldsymbol{\Phi H}^{\mathrm{T}}(\boldsymbol{I}+\boldsymbol{H\Phi H}^{\mathrm{T}})^{-1}\boldsymbol{H\Phi} \\
&= [\boldsymbol{K}_p - \boldsymbol{\Phi H}^{\mathrm{T}}(\boldsymbol{I}+\boldsymbol{H\Phi H}^{\mathrm{T}})^{-1}](\boldsymbol{I}+\boldsymbol{H\Phi H}^{\mathrm{T}})\boldsymbol{K}_p^{\mathrm{T}} \\
&\quad - [\boldsymbol{K}_p - \boldsymbol{\Phi H}^{\mathrm{T}}(\boldsymbol{I}+\boldsymbol{H\Phi H}^{\mathrm{T}})^{-1}](\boldsymbol{I}+\boldsymbol{H\Phi H}^{\mathrm{T}}) \\
&\quad \times(\boldsymbol{I}+\boldsymbol{H\Phi H}^{\mathrm{T}})^{-1}\boldsymbol{H\Phi} - \boldsymbol{\Phi H}^{\mathrm{T}}(\boldsymbol{I}+\boldsymbol{H\Phi H}^{\mathrm{T}})^{-1}\boldsymbol{H\Phi} \\
&= [\boldsymbol{K}_p - \boldsymbol{\Phi H}^{\mathrm{T}}(\boldsymbol{I}+\boldsymbol{H\Phi H}^{\mathrm{T}})^{-1}](\boldsymbol{I}+\boldsymbol{H\Phi H}^{\mathrm{T}}) \\
&\quad \times[\boldsymbol{K}_p^{\mathrm{T}} - (\boldsymbol{I}+\boldsymbol{H\Phi H}^{\mathrm{T}})^{-1}\boldsymbol{H}^{\mathrm{T}}\boldsymbol{\Phi}] - \boldsymbol{\Phi H}^{\mathrm{T}}(\boldsymbol{I}+\boldsymbol{H\Phi H}^{\mathrm{T}})^{-1}\boldsymbol{H\Phi}
\end{aligned} \tag{4.106}
$$

对式（4.104）～式（4.106）进行整理可得

$$
\begin{aligned}
\boldsymbol{P} &= \boldsymbol{FPF}^{\mathrm{T}} + \boldsymbol{PL}_{\theta}^{\mathrm{T}}(\boldsymbol{I}+\boldsymbol{L}_{\theta}\boldsymbol{PL}_{\theta}^{\mathrm{T}})^{-1}\boldsymbol{L}_{\theta}\boldsymbol{P} \\
&\quad - \boldsymbol{\Phi H}^{\mathrm{T}}(\boldsymbol{I}+\boldsymbol{H\Phi H}^{\mathrm{T}})^{-1}\boldsymbol{H\Phi} + \boldsymbol{I} + \boldsymbol{S}
\end{aligned} \tag{4.107}
$$

式中

$$
\begin{aligned}
\boldsymbol{S} &= [\boldsymbol{K}_p - \boldsymbol{\Phi H}^{\mathrm{T}}(\boldsymbol{I}+\boldsymbol{H\Phi H}^{\mathrm{T}})^{-1}](\boldsymbol{I}+\boldsymbol{H\Phi H}^{\mathrm{T}}) \\
&\quad \times[\boldsymbol{K}_p^{\mathrm{T}} - (\boldsymbol{I}+\boldsymbol{H\Phi H}^{\mathrm{T}})^{-1}\boldsymbol{H}^{\mathrm{T}}\boldsymbol{\Phi}]
\end{aligned} \tag{4.108}
$$

$$
\boldsymbol{\Phi} = \boldsymbol{I} + \boldsymbol{FPF}^{\mathrm{T}} \tag{4.109}
$$

与前面的步骤一样，将 $\boldsymbol{L}_{\theta} = \theta\boldsymbol{L}$ 代回式（4.107）中，可以得到后验滤波的类似结论如下。

定理 4.2　当且仅当存在 $\boldsymbol{P} > 0$ 满足如下代数黎卡提等式：

$$
\begin{aligned}
\boldsymbol{P} &= \boldsymbol{FPF}^{\mathrm{T}} + \boldsymbol{PL}^{\mathrm{T}}(\boldsymbol{I}/\theta^2 + \boldsymbol{LPL}^{\mathrm{T}})^{-1}\boldsymbol{LP} \\
&\quad - \boldsymbol{\Phi H}^{\mathrm{T}}(\boldsymbol{I}+\boldsymbol{H\Phi H}^{\mathrm{T}})^{-1}\boldsymbol{H\Phi} + \boldsymbol{I}
\end{aligned} \tag{4.110}
$$

且 $\boldsymbol{I} - \boldsymbol{K}_p\boldsymbol{H}$ 稳定时，该后验 H_{∞}滤波问题有解。如果这样的 $\boldsymbol{P}$ 存在，且上述条件满足时，估计器增益矩阵为

$$
\begin{aligned}
\boldsymbol{K}_p &= \boldsymbol{\Phi H}^{\mathrm{T}}(\boldsymbol{I}+\boldsymbol{H\Phi H}^{\mathrm{T}})^{-1} \\
\boldsymbol{\Phi} &= \boldsymbol{I} + \boldsymbol{FPF}^{\mathrm{T}}
\end{aligned} \tag{4.111}
$$

根据文献[9]，后验滤波还有另外一种形式，即

$$
\boldsymbol{\Sigma}^{-1} = \boldsymbol{P}^{-1} - \theta^2\boldsymbol{L}^{\mathrm{T}}\boldsymbol{L} + \boldsymbol{H}^{\mathrm{T}}\boldsymbol{H} \tag{4.112}
$$

式中

$$\boldsymbol{P} = \boldsymbol{F\Sigma F}^{\mathrm{T}} + \boldsymbol{I} \tag{4.113}$$

$$\boldsymbol{K}_p = [\boldsymbol{I} + \theta^2 \boldsymbol{L}^{\mathrm{T}} \boldsymbol{L}]^{-1} \boldsymbol{\Sigma H}^{\mathrm{T}} = \boldsymbol{P}(\boldsymbol{I} + \boldsymbol{H}^{\mathrm{T}} \boldsymbol{HP})^{-1} \boldsymbol{H}^{\mathrm{T}} \tag{4.114}$$

具体证明过程请参考文献[9]。

4.2　非线性系统 H∞滤波理论与算法

4.2.1　连续非线性系统的 H∞滤波

对于非线性系统，H∞在控制领域中的应用也略早于滤波估计领域[11-13]。文献[14]考虑耗散系统的性质[15, 16]，提出了连续非线性系统中的 H∞滤波方法。给出非线性系统：

$$\begin{cases} \dot{\boldsymbol{x}}(t) = f(\boldsymbol{x},t) + g_1(\boldsymbol{x},t)\boldsymbol{w} \\ \boldsymbol{y}(t) = h_2(\boldsymbol{x},t) + k(\boldsymbol{x},t)\boldsymbol{w} \end{cases} \tag{4.115}$$

式中，$\boldsymbol{x}(t)$ 是状态向量；$\boldsymbol{y}(t)$ 是量测值；$\boldsymbol{w}(t)$ 是未知扰动量。假设 $\forall t$，$f(\boldsymbol{x}_0,t) = 0$，$h_2(\boldsymbol{x}_0) = 0$，$g_1(\boldsymbol{x},t)k^{\mathrm{T}}(\boldsymbol{x},t) = 0$。

目标是根据已得到的量测值构造一个如下结构的非线性估计器对系统的状态 $\boldsymbol{x}(t)$ 进行估计：

$$\dot{\hat{\boldsymbol{x}}}(t) = f(\hat{\boldsymbol{x}},t) + G(\hat{\boldsymbol{x}},t)[\boldsymbol{y}(t) - h_2(\hat{\boldsymbol{x}}(t))], \quad \hat{\boldsymbol{x}}(0) = \hat{\boldsymbol{x}}_0 \tag{4.116}$$

首先定义补偿函数为

$$\boldsymbol{z} = h_1(\boldsymbol{x}) - h_1(\hat{\boldsymbol{x}}) \tag{4.117}$$

和正函数 $\bar{N}(\boldsymbol{x}(0), \hat{\boldsymbol{x}}(0))$。根据具体情况工程师自定义一个标量值 $\gamma \geqslant 0$。对于所有噪声 $\boldsymbol{w} \in L_2[0,T]$ 和初始值 $\hat{\boldsymbol{x}}(0) = \hat{\boldsymbol{x}}_0$，需要的估计器的设计目标是

$$\int_0^T \|\boldsymbol{z}(s)\|^2 \mathrm{d}s \leqslant \gamma^2 \left[\bar{N}(\boldsymbol{x}(0), \hat{\boldsymbol{x}}(0)) + \int_0^T \|\boldsymbol{w}(s)\|^2 \mathrm{d}s \right] \tag{4.118}$$

或者可以写成更紧凑的形式，即

$$\|\boldsymbol{z}\|_{L_2}^2 \leqslant \gamma^2 [\bar{N}(\boldsymbol{x}(0), \hat{\boldsymbol{x}}(0)) + \|\boldsymbol{w}\|_{L_2}^2] \tag{4.119}$$

需要注意的是，大多数情况下，假设 $\bar{N}(\boldsymbol{x}(0), \hat{\boldsymbol{x}}(0)) = N(\boldsymbol{x}(0) - \hat{\boldsymbol{x}}(0))$ 和 $N(0) = 0$。如果 $\boldsymbol{x}(0)$ 已知，一般情况下取值 $\hat{\boldsymbol{x}}(0) = \boldsymbol{x}(0)$。在这些前提假设下，式（4.119）可以简写为

$$\|\boldsymbol{z}\|_{L_2}^2 \leqslant \gamma^2 \|\boldsymbol{w}\|_{L_2}^2 \tag{4.120}$$

综上所述，该滤波问题的目标就是构造如式（4.116）的估计器，根据博弈论，得出满足限制条件的函数 $G(\hat{\boldsymbol{x}},t)$ 为

$$J[\boldsymbol{w}, G(\hat{\boldsymbol{x}},t)] \overset{\text{def}}{=} \|\boldsymbol{z}\|^2 - \gamma^2 \|\boldsymbol{w}\|^2 \leqslant 0 \tag{4.121}$$

1. 基本假设

根据前面部分的内容和假设，式（4.115）、式（4.116）可以整合为

$$\begin{bmatrix} \dot{\boldsymbol{x}} \\ \dot{\hat{\boldsymbol{x}}} \end{bmatrix} = \begin{bmatrix} f(\boldsymbol{x},t) \\ f(\hat{\boldsymbol{x}},t) + G(\hat{\boldsymbol{x}},t)[h_2(\boldsymbol{x},t) - h_2(\hat{\boldsymbol{x}},t)] \end{bmatrix} + \begin{bmatrix} g_1(\boldsymbol{x},t) \\ G(\hat{\boldsymbol{x}},t)k(\boldsymbol{x},t) \end{bmatrix} \boldsymbol{w} \tag{4.122}$$

定义 $\boldsymbol{X} \overset{\text{def}}{=} \left[\boldsymbol{x}^{\mathrm{T}}, \hat{\boldsymbol{x}}^{\mathrm{T}}\right]^{\mathrm{T}}$。式（4.122）与式（4.117）结合可以得到

$$\begin{cases} \dot{\boldsymbol{X}} = F(\boldsymbol{X},t) + g(\boldsymbol{X},t)\boldsymbol{w}(t) \\ \boldsymbol{z} = h_1(\boldsymbol{x}) - h_1(\hat{\boldsymbol{x}}) \end{cases} \tag{4.123}$$

式中，F、g、h_1、h_2 分别等于式（4.122）相对应的部分。

2. 滤波问题

根据文献[14]，整个滤波问题的推导是在系统为耗散系统的前提下进行的，所以这里先简要介绍什么是耗散系统和满足的必要条件。考虑式（4.123），输入为 $\boldsymbol{w}$，输出为 $\boldsymbol{z}$。定义映射 $U:\mathbb{Z}\times\mathbb{W}\to\mathbb{R}$，其中 $\boldsymbol{z}\in\mathbb{Z}$，$\mathbb{Z}$ 是输出空间，$\boldsymbol{w}\in\mathbb{W}$，$\mathbb{W}$ 是输入空间。如果存在非负函数 $V(\boldsymbol{X},t)$ 满足如下不等式，式（4.123）称为耗散系统：

$$V(\boldsymbol{X}(t),t) \leqslant V(\boldsymbol{X}(0),0) + \int_0^t U(s)\mathrm{d}s, \quad \forall t\in[0,T] \tag{4.124}$$

如果 V 对 $\boldsymbol{x}$ 和 t 都可微分，那么式（4.124）可写为

$$\frac{\partial V}{\partial t} + V_X[F(\boldsymbol{X},t) + g(\boldsymbol{X},t)\boldsymbol{w}] \leqslant U(t) \tag{4.125}$$

式中，$V_X = \partial V/\partial \boldsymbol{X}$。根据式（4.119），可以设

$$U(t) = \gamma^2\|\boldsymbol{w}(t)\|^2 - \|\boldsymbol{z}(t)\|^2 \tag{4.126}$$

至此，可以得到当 V 满足如下条件时，式（4.123）为耗散系统：

$$\frac{\partial V}{\partial t} + V_X[F(\boldsymbol{X},t) + g(\boldsymbol{X},t)\boldsymbol{w}] - \gamma^2\boldsymbol{w}^{\mathrm{T}}\boldsymbol{w} + \boldsymbol{z}^{\mathrm{T}}\boldsymbol{z} \leqslant 0 \tag{4.127}$$

式（4.127）的左边对 $\boldsymbol{w}$ 求偏微分，即可得到对 $\boldsymbol{w}$ 的最大值，即

$$\boldsymbol{w}^* = \frac{1}{2\gamma^2} g(\boldsymbol{X},t)^{\mathrm{T}} V_X^{\mathrm{T}} \tag{4.128}$$

代入可以得到

$$\frac{\partial V}{\partial t} + V_X F(\boldsymbol{X},t) + \boldsymbol{z}^{\mathrm{T}}\boldsymbol{z} + \frac{1}{4\gamma^2} V_X g(\boldsymbol{X},t)[V_X g(\boldsymbol{X},t)]^{\mathrm{T}} \leqslant 0 \tag{4.129}$$

该不等式又称为哈密顿-雅可比不等式。综上所述，当 V 满足如上哈密顿-雅可比不等式时，式（4.123）为耗散系统。

回头再看扩展系统，即式（4.123）和滤波目标，即式（4.119）。这里可以将 $J(\boldsymbol{w},G)$ 视为博弈论中的零和博弈，对于 G 要最小化 J，而对于 $\boldsymbol{w}$，要最大化 J。基于此，展开如下推导过程。

首先考虑哈密顿-雅可比等式：

$$-\frac{\partial V}{\partial t}=\min_G \max_w \{V_X[F(\boldsymbol{X},t)+g(\boldsymbol{X},t)\boldsymbol{w}]-\gamma^2\boldsymbol{w}^{\mathrm{T}}\boldsymbol{w}+\boldsymbol{z}^{\mathrm{T}}\boldsymbol{z}\} \tag{4.130}$$

$$V(\boldsymbol{X},0)=\gamma^2\bar{N}(\boldsymbol{X},0) \tag{4.131}$$

式中

$$V(\boldsymbol{X},t)=V(\boldsymbol{x},\hat{\boldsymbol{x}},t)$$
$$V_X=[V_x,V_{\hat{x}}]$$

这里，目标就是要得到一对值 $(G^*,\boldsymbol{w}^*)$，存在正函数 $V(\boldsymbol{X},t)$ 使其满足式（4.130），即

$$\begin{aligned}(G^*,\boldsymbol{w}^*)=\arg\{\min_G \max_w \{&V_X[F(\boldsymbol{X},t)+g(\boldsymbol{X},t)\boldsymbol{w}]\\&-\gamma^2\boldsymbol{w}^{\mathrm{T}}\boldsymbol{w}+\boldsymbol{z}^{\mathrm{T}}\boldsymbol{z}\}\}\end{aligned} \tag{4.132}$$

定义

$$\begin{aligned}&\mathcal{H}(G,\boldsymbol{w},\boldsymbol{x},\hat{\boldsymbol{x}},t)\\&\overset{\text{def}}{=}V_X[F(\boldsymbol{X},t)+g(\boldsymbol{X},t)\boldsymbol{w}]-\gamma^2\boldsymbol{w}^{\mathrm{T}}\boldsymbol{w}+\boldsymbol{z}^{\mathrm{T}}\boldsymbol{z}\\&=V_x f(\boldsymbol{x},t)+V_x g_1(\boldsymbol{x},t)w+V_{\hat{x}}f(\hat{\boldsymbol{x}},t)+V_{\hat{x}}G[h_2(\boldsymbol{x},t)-h_2(\hat{\boldsymbol{x}},t)]\\&\quad+V_{\hat{x}}Gk(\boldsymbol{x},t)\boldsymbol{w}-\gamma^2\boldsymbol{w}^{\mathrm{T}}\boldsymbol{w}+\boldsymbol{z}^{\mathrm{T}}\boldsymbol{z}\end{aligned} \tag{4.133}$$

和初始条件 $V(\boldsymbol{x},\hat{\boldsymbol{x}},0)=\bar{N}(\boldsymbol{x},\hat{\boldsymbol{x}})$，$R_1(\boldsymbol{x},t)\overset{\text{def}}{=}g_1(\boldsymbol{x},t)g_1^{\mathrm{T}}(\boldsymbol{x},t)$，$R_2(\boldsymbol{x},t)\overset{\text{def}}{=}k(\boldsymbol{x},t)k^{\mathrm{T}}(\boldsymbol{x},t)$。式（4.133）对 $\boldsymbol{w}$ 求导可以得到

$$\boldsymbol{w}^*=\frac{1}{2\gamma^2}[g_1^{\mathrm{T}}(\boldsymbol{x},t)V_x^{\mathrm{T}}+k^{\mathrm{T}}(\boldsymbol{x},t)G^{\mathrm{T}}V_{\hat{x}}^{\mathrm{T}}]$$

将 $\boldsymbol{w}^*$ 代入式（4.133）中，有

$$\begin{aligned}\mathcal{H}(G,\boldsymbol{w}^*)=&V_x f(\boldsymbol{x},t)+V_{\hat{x}}(\hat{\boldsymbol{x}},t)f(\hat{\boldsymbol{x}},t)+\boldsymbol{z}^{\mathrm{T}}\boldsymbol{z}\\&+V_{\hat{x}}G[h_2(\boldsymbol{x},t)+h_2(\hat{\boldsymbol{x}},t)]+\frac{1}{4\gamma^2}V_xR_1(\boldsymbol{x},t)V_x^{\mathrm{T}}\\&+\frac{1}{4\gamma^2}V_{\hat{x}}GR_2(\boldsymbol{x},t)G^{\mathrm{T}}V_{\hat{x}}^{\mathrm{T}}\\=&V_x f(\boldsymbol{x},t)+V_{\hat{x}}(\hat{\boldsymbol{x}},t)f(\hat{\boldsymbol{x}},t)+\boldsymbol{z}^{\mathrm{T}}\boldsymbol{z}\\&+\frac{1}{4\gamma^2}\{V_{\hat{x}}G-\gamma^2[h_2(\boldsymbol{x},t)-h_2(\hat{\boldsymbol{x}},t)]^{\mathrm{T}}R_2^{-1}(\boldsymbol{x},t)\}\\&\times R_2(\boldsymbol{x},t)\{G^{\mathrm{T}}V_{\hat{x}}^{\mathrm{T}}+2\gamma^2R_2^{-1}(\boldsymbol{x},t)[h_2(\boldsymbol{x},t)-h_2(\hat{\boldsymbol{x}},t)]\}\\&+\frac{1}{4\gamma^2}V_xg_1(\boldsymbol{x},t)g_1^{\mathrm{T}}(\boldsymbol{x},t)V_x^{\mathrm{T}}-\gamma^2[h_2(\boldsymbol{x},t)-h_2(\hat{\boldsymbol{x}},t)]^{\mathrm{T}}\\&\times R_2^{-1}(\boldsymbol{x},t)[h_2(\boldsymbol{x},t)-h_2(\hat{\boldsymbol{x}},t)]\end{aligned} \tag{4.134}$$

式（4.134）对 G 求偏微分，并令其等于零，有

$$\frac{\partial \mathcal{H}}{\partial G}=\frac{1}{4\gamma^2}\frac{\partial}{\partial G}\{V_{\hat{x}}GR_2G^{\mathrm{T}}V_{\hat{x}}^{\mathrm{T}}-\gamma^2[h_2(\boldsymbol{x},t)-h_2(\hat{\boldsymbol{x}},t)]^{\mathrm{T}}G^{\mathrm{T}}V_{\hat{x}}^{\mathrm{T}} \\ +2\gamma^2V_{\hat{x}}G[h_2(\boldsymbol{x},t)-h_2(\hat{\boldsymbol{x}},t)]\} \tag{4.135}$$

可以得到，当 G^* 满足

$$V_{\hat{x}}G=-2\gamma[h_2(\boldsymbol{x},t)-h_2(\hat{\boldsymbol{x}},t)]^{\mathrm{T}}R_2^{-1}(\boldsymbol{x},t) \tag{4.136}$$

$\mathcal{H}(G^*,\boldsymbol{w}^*)$ 取得极值。且有如下关系：

$$\mathcal{H}(G^*,\boldsymbol{w})\leqslant\mathcal{H}(G^*,\boldsymbol{w}^*)\leqslant\mathcal{H}(G,\boldsymbol{w}^*) \tag{4.137}$$

小结如下，初始条件 $V(\boldsymbol{x},\hat{\boldsymbol{x}},0)=\bar{N}(\boldsymbol{x},\hat{\boldsymbol{x}})$。当

$$\frac{\partial V}{\partial t}+V_xf(\boldsymbol{x},t)+V_{\hat{x}}f(\hat{\boldsymbol{x}},t)-\gamma^2[h_2(\boldsymbol{x},t)-h_2(\hat{\boldsymbol{x}},t)]^{\mathrm{T}}R_2^{-1}(\boldsymbol{x},t) \\ \times[h_2(\boldsymbol{x},t)-h_2(\hat{\boldsymbol{x}},t)]+\boldsymbol{z}^{\mathrm{T}}\boldsymbol{z}+\frac{1}{4\gamma^2}V_xR_1(\boldsymbol{x},t)V_x^{\mathrm{T}}=0 \tag{4.138}$$

有解，$V(\boldsymbol{x},\hat{\boldsymbol{x}},t)\in\mathbb{R}^{2n}\times[0,T]$ 存在时，那么任意满足如下等式的连续矩阵 $G(\boldsymbol{x},t)\in\mathbb{R}^{2n}\times[0,T]$ 即解决了该 H_∞ 滤波问题：

$$V_{\hat{x}}G(\hat{\boldsymbol{x}},t)=-2\gamma^2[h_2(\boldsymbol{x},t)-h_2(\hat{\boldsymbol{x}},t)]^{\mathrm{T}}R_2^{-1}(\boldsymbol{x},t) \tag{4.139}$$

4.2.2　离散非线性系统的 H_∞ 滤波

对离散时间下非线性系统的 H_∞ 滤波问题，文献[17]为实现 H_∞ 输出反馈控制，得到了与文献[18]的估计器结构非常相近的观测器。文献[18]中的内容是在文献[14]基础上的延续。同样考虑耗散系统的性质，可以采用和前面部分连续系统类似的方法。考虑非线性系统：

$$\begin{cases}\boldsymbol{x}_{k+1}=f_k(\boldsymbol{x}_k)+g_{1,k}(\boldsymbol{x}_k)\boldsymbol{w}_k \\ \boldsymbol{y}_k=h_{2,k}(\boldsymbol{x}_k)+k_{2,k}(\boldsymbol{x}_k)\boldsymbol{w}_k\end{cases} \tag{4.140}$$

式中，$\boldsymbol{x}_k\in\mathbb{R}^n$、$\boldsymbol{y}_k\in\mathbb{R}^p$、$\boldsymbol{w}_k\in\mathbb{R}^r$ 分别是系统状态、量测值和噪声。初始状态 $\boldsymbol{x}_0$ 假设未知。目标是利用已知量测 $\boldsymbol{Y}_k\overset{\mathrm{def}}{=}\{\boldsymbol{y}_i,i\leqslant k-1\}$ 得到如下结构的估计器：

$$\hat{\boldsymbol{x}}_{k+1}=f_k(\hat{\boldsymbol{x}}_k)+\boldsymbol{G}_k(\hat{\boldsymbol{x}}_k)(\boldsymbol{y}_k-h_{2,k}(\hat{\boldsymbol{x}}_k)) \tag{4.141}$$

式中，$\boldsymbol{G}_k(\hat{\boldsymbol{x}}_k)$ 为 $n\times p$ 的矩阵。$\hat{\boldsymbol{x}}_0$ 是 $\boldsymbol{x}_0$ 的先验最优估计。由式（4.140）和式（4.141），定义估计误差 $\boldsymbol{e}_k\overset{\mathrm{def}}{=}\boldsymbol{x}_k-\hat{\boldsymbol{x}}_k$。

$$\boldsymbol{e}_{k+1}=F_k(\boldsymbol{e}_k,\hat{\boldsymbol{x}}_k,\boldsymbol{G}_k(\hat{\boldsymbol{x}}_k))+\tilde{g}_{1,k}(\boldsymbol{e}_k,\hat{\boldsymbol{x}}_k,\boldsymbol{G}_k(\hat{\boldsymbol{x}}_k))\boldsymbol{w}_k \tag{4.142}$$

式中

$$F_k(\boldsymbol{e}_k,\hat{\boldsymbol{x}}_k,\boldsymbol{G}_k(\hat{\boldsymbol{x}}_k)) = f_k(\boldsymbol{e}_k+\hat{\boldsymbol{x}}_k) - f(\hat{\boldsymbol{x}}_k) - \boldsymbol{G}_k(\hat{\boldsymbol{x}}_k)[h_{2,k}(\boldsymbol{e}_k+\hat{\boldsymbol{x}}_k) - h_{2,k}(\hat{\boldsymbol{x}}_k)] \tag{4.143}$$

$$\tilde{g}_{1,k}(\boldsymbol{e}_k,\hat{\boldsymbol{x}}_k,\boldsymbol{G}_k(\hat{\boldsymbol{x}}_k)) = g_{1,k}(\boldsymbol{e}_k+\hat{\boldsymbol{x}}_k) - \boldsymbol{G}_k(\hat{\boldsymbol{x}}_k)k_{2,k}(\boldsymbol{e}_k+\hat{\boldsymbol{x}}_k) \tag{4.144}$$

定义 $\boldsymbol{z}_k \overset{\text{def}}{=} \boldsymbol{C}_{1,k}\boldsymbol{e}_k$，$\boldsymbol{C}_{1,k}$ 为 $s\times n$ 的矩阵。该滤波问题的目标就是在如下不等式的限制下得到估计器中的 $\{\boldsymbol{G}_k(\hat{\boldsymbol{x}}_k)\}$：

$$\sum_{i=0}^{N-1}\|\boldsymbol{z}_{i+1}\|^2 \leqslant \gamma^2\left[\bar{N}(\boldsymbol{e}_0) + \sum_{i=0}^{N-1}\|\boldsymbol{w}_i\|^2\right],\quad \forall\{\boldsymbol{w}_i\}\in\ell_2[0,N-1] \tag{4.145}$$

式中，γ 为工程师根据具体情况自定义的标量；$\bar{N}$ 为正函数，通常情况下取 $\bar{N}(\boldsymbol{e}) = \boldsymbol{e}^{\mathrm{T}}\boldsymbol{P}_0\boldsymbol{e}$，$\boldsymbol{P}_0$ 为正定矩阵。

定义 $U_i \overset{\text{def}}{=} \gamma^2\|\boldsymbol{w}_i\|^2 - \|\boldsymbol{z}_{i+1}\|^2$。当存在非负函数集 $\{V_i\}$ 满足如下不等式时，式（4.142）称为耗散系统：

$$V(\boldsymbol{e}_{i+1}) - V(\boldsymbol{e}_i) \leqslant \gamma^2\|\boldsymbol{w}_i\|^2 - \|\boldsymbol{z}_{i+1}\|^2,\quad \forall\{\boldsymbol{w}_k\}\in\ell_2[0,N-1] \tag{4.146}$$

比较式（4.145）和式（4.146）。可以发现，若令 $V(\boldsymbol{e}_0) = \gamma^2\bar{N}(\boldsymbol{e}_0)$，当式（4.146）成立时，式（4.145）也满足。因此，如果解决了 $\{G_i\}$ 使式（4.142）耗散的问题，也就解决了 H∞滤波问题。与连续时间下的情况类似，定义

$$\begin{aligned}&\mathcal{H}_i(\boldsymbol{e},G_i,\boldsymbol{w}_i,\gamma)\\ &\overset{\text{def}}{=} V_{i+1}(F_i(\boldsymbol{e},\hat{\boldsymbol{x}}_i,G_i) + \tilde{g}_{1,i}(\boldsymbol{e},\hat{\boldsymbol{x}}_i,G_i)\boldsymbol{w}_i) - \gamma^2\|\boldsymbol{w}_i\|^2\\ &\quad + \|C_{1,i+1}[F_i(\boldsymbol{e},\hat{\boldsymbol{x}}_i,G_i) + \tilde{g}_{1,i}(\boldsymbol{e},\hat{\boldsymbol{x}}_i,G_i)\boldsymbol{w}_i]\|^2\end{aligned} \tag{4.147}$$

那么 $\{G_i^*,\boldsymbol{w}_i^*\} \overset{\text{def}}{=} \arg\{\min_{G_i}\max_{w_i}\mathcal{H}_i(\boldsymbol{e},G_i,\boldsymbol{w}_i,\gamma)\}$。并令 $V_i(\boldsymbol{e})$ 有如下形式：

$$V_i(\boldsymbol{e}) = \gamma^2\boldsymbol{e}^{\mathrm{T}}\boldsymbol{Q}_i\boldsymbol{e}$$

式中，$\boldsymbol{Q}_i$ 为一系列正定矩阵。

为了使书写方便，首先定义如下矩阵和推导过程中需要的假设条件：

$$\begin{aligned}&\alpha_i(\boldsymbol{e},\hat{\boldsymbol{x}}_i) \overset{\text{def}}{=} f_i(\boldsymbol{e}+\hat{\boldsymbol{x}}_i) - f_i(\hat{\boldsymbol{x}}_i)\\ &\beta_i(\boldsymbol{e},\hat{\boldsymbol{x}}_i) \overset{\text{def}}{=} h_{2,i}(\boldsymbol{e}+\hat{\boldsymbol{x}}_i) - h_{2,i}(\hat{\boldsymbol{x}}_i)\\ &R_{1,i}(\boldsymbol{e}+\hat{\boldsymbol{x}}_i) \overset{\text{def}}{=} g_{1,i}(\boldsymbol{e}+\hat{\boldsymbol{x}}_i)g_{1,i}^{\mathrm{T}}(\boldsymbol{e}+\hat{\boldsymbol{x}}_i)\\ &R_{2,i}(\boldsymbol{e}+\hat{\boldsymbol{x}}_i) \overset{\text{def}}{=} k_{2,i}(\boldsymbol{e}+\hat{\boldsymbol{x}}_i)k_{2,i}^{\mathrm{T}}(\boldsymbol{e}+\hat{\boldsymbol{x}}_i)\\ &\bar{\boldsymbol{Q}}_{i+1} \overset{\text{def}}{=} \boldsymbol{Q}_{i+1} + \gamma^{-2}\boldsymbol{C}_{1,i+1}^{\mathrm{T}}\boldsymbol{C}_{1,i+1}\\ &\tilde{\boldsymbol{Q}}_{i+1} \overset{\text{def}}{=} \boldsymbol{I} - \tilde{g}_{1,i}^{\mathrm{T}}(\boldsymbol{e},\hat{\boldsymbol{x}}_i,G_i)\bar{\boldsymbol{Q}}_{i+1}\tilde{g}_{1,i}(\boldsymbol{e},\hat{\boldsymbol{x}}_i,G_i)\\ &\boldsymbol{D}_i \overset{\text{def}}{=} \bar{\boldsymbol{Q}}_{i+1}^{-1} - R_{1,i}(\boldsymbol{e}+\hat{\boldsymbol{x}}_i)\end{aligned}$$

假设如下。

（1）$\boldsymbol{Q}_i > 0, \forall i \in [1, N]$。

（2）$\tilde{\boldsymbol{Q}}_i > 0, \forall i \in [1, N]$，且 $\forall \boldsymbol{e}_i, \hat{\boldsymbol{x}}_i \in \mathbb{R}^n$。

（3）$R_{2,i}(\boldsymbol{x}) > 0, \forall i \in [1, N-1]$，$\boldsymbol{x} \in \mathbb{R}^n$。

（4）$k_{2,i}(\boldsymbol{x}) g_{1,i}^{\mathrm{T}}(\boldsymbol{x}) = 0, \forall i \in [1, N-1]$，$\boldsymbol{x} \in \mathbb{R}^n$。

对滤波器的推导过程如下。

将 $V_i(\boldsymbol{e}) = \gamma^2 \boldsymbol{e}^{\mathrm{T}} \boldsymbol{Q}_i \boldsymbol{e}$ 和式（4.142）定义的 $\boldsymbol{e}_{i+1}$ 代入式（4.147）中。为简洁起见，$\boldsymbol{e}_i$ 简写为 $\boldsymbol{e}$，并且省略掉各函数矩阵的系数，可以得到

$$
\begin{aligned}
\gamma^{-2}\mathcal{H}_i &= \left[F_i^{\mathrm{T}} + \boldsymbol{w}_i^{\mathrm{T}} \tilde{g}_{1,i}^{\mathrm{T}}\right] \boldsymbol{Q}_{i+1} \left[F_i + \tilde{g}_{1,i} \boldsymbol{w}_i\right] - \boldsymbol{w}_i^{\mathrm{T}} \boldsymbol{w}_i \\
&\quad + \gamma^{-2} \left[F_i^{\mathrm{T}} + \boldsymbol{w}_i^{\mathrm{T}} \tilde{g}_{1,i}^{\mathrm{T}}\right] C_{1,i+1}^{\mathrm{T}} C_{1,i+1} \left[F_i + \tilde{g}_{1,i} \boldsymbol{w}_i\right] \\
&= -\left[\boldsymbol{w}_i^{\mathrm{T}} - F_i^{\mathrm{T}} \bar{\boldsymbol{Q}}_{i+1} \tilde{g}_{1,i} \tilde{\boldsymbol{Q}}_{i+1}^{-1}\right] \tilde{\boldsymbol{Q}}_{i+1} \left[\boldsymbol{w}_i - \tilde{\boldsymbol{Q}}_{i+1} \tilde{g}_{1,i}^{\mathrm{T}} \bar{\boldsymbol{Q}}_{i+1} F_i\right] \\
&\quad + F_i^{\mathrm{T}} \bar{\boldsymbol{Q}}_{i+1} \left[\boldsymbol{I} - \tilde{g}_{1,i} \tilde{g}_{1,i}^{\mathrm{T}} \bar{\boldsymbol{Q}}_{i+1}\right]^{-1} F_i
\end{aligned} \tag{4.148}
$$

将式（4.148）对 $\boldsymbol{w}_i$ 求偏微分并令其等于零，就可以得到

$$
\boldsymbol{w}_i^* = \tilde{\boldsymbol{Q}}_{i+1}^{-1} \tilde{g}_{1,i}^{\mathrm{T}} \bar{\boldsymbol{Q}}_{i+1} F_i \tag{4.149}
$$

代回式（4.148）中，得

$$
\begin{aligned}
\gamma^{-2}\mathcal{H}_i(\boldsymbol{e}, G_i, \boldsymbol{w}_i^*, \gamma) &= F_i^{\mathrm{T}}(\boldsymbol{e}, \hat{\boldsymbol{x}}_i, G_i) \bar{\boldsymbol{Q}}_{i+1} \\
&\quad \times \left[I - \tilde{g}_{1,i}(\boldsymbol{e}, \hat{\boldsymbol{x}}_i, G_i) \tilde{g}_{1,i}^{\mathrm{T}}(\boldsymbol{e}, \hat{\boldsymbol{x}}_i, G_i) \bar{\boldsymbol{Q}}_{i+1}\right]^{-1} F_i(\boldsymbol{e}, \hat{\boldsymbol{x}}_i, G_i)
\end{aligned} \tag{4.150}
$$

根据 α_i、β_i、D_i 的定义，式（4.150）可写为

$$
\begin{aligned}
&\gamma^{-2}\mathcal{H}_i(\boldsymbol{e}, G_i, \boldsymbol{w}_i^*, \gamma) \\
&= \left[\alpha_i^{\mathrm{T}}(\boldsymbol{e}, \hat{\boldsymbol{x}}_i) - \beta_i^{\mathrm{T}}(\boldsymbol{e}, \hat{\boldsymbol{x}}_i) G_i^{\mathrm{T}}\right] \left[D_i - G_i R_{2,i}(\boldsymbol{e} + \hat{\boldsymbol{x}}_i) G_i^{\mathrm{T}}\right]^{-1} \\
&\quad \times [\alpha_i(\boldsymbol{e}, \hat{\boldsymbol{x}}_i) - G_i \beta_i(\boldsymbol{e}, \hat{\boldsymbol{x}}_i)] \\
&= \alpha_i^{\mathrm{T}}(\boldsymbol{e}, \hat{\boldsymbol{x}}_i) D_i^{-1} \alpha_i(\boldsymbol{e}, \hat{\boldsymbol{x}}_i) - \beta_i^{\mathrm{T}}(\boldsymbol{e}, \hat{\boldsymbol{x}}_i) R_{2,i}^{-1} \beta_i(\boldsymbol{e}, \hat{\boldsymbol{x}}_i) \\
&\quad + \left[G_i^{\mathrm{T}} D_i^{-1} \alpha_i(\boldsymbol{e}, \hat{\boldsymbol{x}}_i) - R_{2,i}^{-1} \beta_i(\boldsymbol{e}, \hat{\boldsymbol{x}}_i)\right]^{\mathrm{T}} \left[R_{2,i}^{-1} - G_i^{\mathrm{T}} D_i^{-1} G_i\right]^{-1} \\
&\quad \times \left[G_i^{\mathrm{T}} D_i^{-1} \alpha_i(\boldsymbol{e}, \hat{\boldsymbol{x}}_i) - R_{2,i}^{-1} \beta_i(\boldsymbol{e}, \hat{\boldsymbol{x}}_i)\right]
\end{aligned} \tag{4.151}
$$

同样的方法，对 G_i 求偏微分，可以得到当 G_i 满足

$$
\begin{aligned}
\beta_i^{\mathrm{T}}(\boldsymbol{e}, \hat{\boldsymbol{x}}_i) R_{2,i}^{-1}(\boldsymbol{e} + \hat{\boldsymbol{x}}_i) &= \alpha_i^{\mathrm{T}}(\boldsymbol{e}, \hat{\boldsymbol{x}}_i) \bar{\boldsymbol{Q}}_{i+1} \\
&\quad \times \left[I - R_{1,i}(\boldsymbol{e} + \hat{\boldsymbol{x}}_i) \bar{\boldsymbol{Q}}_{i+1}\right]^{-1} G_i^*(\hat{\boldsymbol{x}}_i)
\end{aligned} \tag{4.152}
$$

有

$$
\begin{aligned}
\gamma^{-2}\mathcal{H}_i(\boldsymbol{e}, G_i^*, \boldsymbol{w}_i^*, \gamma) &= \min\nolimits_{G_i} \max\nolimits_{w_i} \mathcal{H}_i(\boldsymbol{e}, G_i, \boldsymbol{w}_i, \gamma) \\
&= \alpha_i^{\mathrm{T}}(\boldsymbol{e}, \hat{\boldsymbol{x}}_i) D_i^{-1} \alpha_i(\boldsymbol{e}, \hat{\boldsymbol{x}}_i) \\
&\quad - \beta_i^{\mathrm{T}}(\boldsymbol{e}, \hat{\boldsymbol{x}}_i) R_{2,i}^{-1} \beta_i(\boldsymbol{e}, \hat{\boldsymbol{x}}_i)
\end{aligned} \tag{4.153}
$$

式（4.146）可写为

$$\begin{aligned}&\alpha_i^{\mathrm T}(\boldsymbol e,\hat{\boldsymbol x}_i)\left[(\boldsymbol Q_{i+1}+\gamma^{-2}C_{1,i+1}^{\mathrm T}C_{1,i+1})^{-1}-R_{1,i}(\boldsymbol e+\hat{\boldsymbol x}_i)\right]^{-1}\\&\quad\times\alpha_i(\boldsymbol e,\hat{\boldsymbol x}_i)-\beta_i^{\mathrm T}(\boldsymbol e,\hat{\boldsymbol x}_i)R_{2,i}^{-1}(\boldsymbol e+\hat{\boldsymbol x}_i)\beta_i(\boldsymbol e,\hat{\boldsymbol x}_i)-\boldsymbol e^{\mathrm T}\boldsymbol Q_i\boldsymbol e\leqslant 0,\quad\forall\boldsymbol e\in\mathbb R^n\end{aligned}\tag{4.154}$$

综上所述，在一系列矩阵集 $\{\boldsymbol Q_i\}_{i=0}^N$ 满足 4 个假设，并且满足

$$\begin{aligned}&\alpha_i^{\mathrm T}(\boldsymbol e,\hat{\boldsymbol x}_i)\left[(\boldsymbol Q_{i+1}+\gamma^{-2}C_{1,i+1}^{\mathrm T}C_{1,i+1})^{-1}-R_{1,i}(\boldsymbol e+\hat{\boldsymbol x}_i)\right]^{-1}\alpha_i(\boldsymbol e,\hat{\boldsymbol x}_i)\\&\quad-\beta_i^{\mathrm T}(\boldsymbol e,\hat{\boldsymbol x}_i)R_{2,i}^{-1}(\boldsymbol e+\hat{\boldsymbol x}_i)\beta_i(\boldsymbol e,\hat{\boldsymbol x}_i)-\boldsymbol e^{\mathrm T}\boldsymbol Q_i\boldsymbol e\leqslant 0,\quad\forall\boldsymbol e\in\mathbb R^n\end{aligned}\tag{4.155}$$

$\boldsymbol Q_0=\boldsymbol P_0$、$\hat{\boldsymbol x}_0$ 已知，那么满足以下等式的 $\{G_i^*\}_{i=0}^{N-1}$ 即解决了本节的 H∞滤波问题：

$$\begin{aligned}\beta_i^{\mathrm T}(\boldsymbol e,\hat{\boldsymbol x}_i)R_{2,i}^{-1}(\boldsymbol e+\hat{\boldsymbol x}_i)&=\alpha_i^{\mathrm T}(\boldsymbol e,\hat{\boldsymbol x}_i)\bar{\boldsymbol Q}_{i+1}\\&\quad\times\left[\boldsymbol I-R_{1,i}(\boldsymbol e+\hat{\boldsymbol x}_i)\bar{\boldsymbol Q}_{i+1}\right]^{-1}G_i^*(\hat{\boldsymbol x}_i)\end{aligned}\tag{4.156}$$

系统状态的估计值为

$$\hat{\boldsymbol x}_{k+1}=f_k(\hat{\boldsymbol x}_k)+G_k^*(\hat{\boldsymbol x}_k)(\boldsymbol y_k-h_{2,k}(\hat{\boldsymbol x}_k))\tag{4.157}$$

这个方法的缺陷是，通常情况下通过式（4.156）计算 $\{G_i^*\}$ 是一个相当复杂的过程，并且无法保证有解。另一种方法是在 $\{\boldsymbol e_i\}=\{0\}$ 的轨迹上对 $\mathcal H_i(\boldsymbol e,G_i,\boldsymbol w_i,\gamma)$ 进行线性化，以寻求局部最优解。这也就是 4.2.3 节要进行阐述的内容，也可以称为扩展 H∞滤波方法。

4.2.3　扩展 H∞滤波

与扩展卡尔曼滤波类似，在估计量 $\{\hat{\boldsymbol x}_i\}$ 轨迹的邻域内对式（4.140）进行线性化。文献[18]中就考虑了这种方法。和 4.2.2 节一样，考虑离散时间非线性系统：

$$\begin{cases}\boldsymbol x_{k+1}=f_k(\boldsymbol x_k)+g_{1,k}(\boldsymbol x_k)\boldsymbol w_k\\ \boldsymbol y_k=h_{2,k}(\boldsymbol x_k)+k_{2,k}(\boldsymbol x_k)\boldsymbol w_k\end{cases}\tag{4.158}$$

式中，$\boldsymbol x_k\in\mathbb R^n$、$\boldsymbol y_k\in\mathbb R^p$、$\boldsymbol w_k\in\mathbb R^r$ 分别是系统状态、量测值和噪声。定义

$$\begin{aligned}H_{2,i}(\hat{\boldsymbol x}_i)&\overset{\text{def}}{=\!=}\left[\frac{\partial h_{2,i}(\boldsymbol x)}{\partial\boldsymbol x}\right]_{x=\hat x_i}\\A_i(\hat{\boldsymbol x}_i)&\overset{\text{def}}{=\!=}\left[\frac{\partial f_i(\boldsymbol x)}{\partial\boldsymbol x}\right]_{x=\hat x_i}\end{aligned}\tag{4.159}$$

在前面 4 个假设的前提下，$A_i(\hat{\boldsymbol x}_i)$ 非奇异，$\epsilon>0$，当存在正定矩阵 $\{\boldsymbol Q_i\}$ 满足如下不等式时：

$$\begin{aligned}&A_i^{\mathrm T}(\hat{\boldsymbol x}_i)[\bar{\boldsymbol Q}_{i+1}^{-1}-R_{1,i}(\hat{\boldsymbol x}_i)]^{-1}A_i(\hat{\boldsymbol x}_i)\\&\quad-H_{2,i}^{\mathrm T}(\hat{\boldsymbol x}_i)R_{2,i}^{-1}(\hat{\boldsymbol x}_i)H_{2,i}(\hat{\boldsymbol x}_i)-\boldsymbol Q_i+\epsilon\boldsymbol I\leqslant 0\end{aligned}\tag{4.160}$$

解决该滤波问题的 G_i 为

$$\begin{cases} G_i^*(\hat{\boldsymbol{x}}_i)=[\bar{\boldsymbol{Q}}_{i+1}^{-1}-R_{1,i}(\hat{\boldsymbol{x}}_i)]A_i^{-\mathrm{T}}H_{2,i}^{\mathrm{T}}H_{2,i}^{\mathrm{T}}(\hat{\boldsymbol{x}}_i)R_{2,i}^{-1}(\hat{\boldsymbol{x}}_i) \\ \hat{\boldsymbol{x}}_{k+1}=f_k(\hat{\boldsymbol{x}}_k)+G_k^*(\hat{\boldsymbol{x}}_k)(\boldsymbol{y}_k-h_{2,k}(\hat{\boldsymbol{x}}_k)) \end{cases} \tag{4.161}$$

$\boldsymbol{Q}_0$、ϵ 均为已知。相对于 4.2.2 节中的 H∞滤波方法，扩展 H∞至少能保证在局部解决该滤波问题。

需要注意的是，能够得到式（4.161）的前提是 $A_i(\hat{\boldsymbol{x}}_i),\forall i\in[0,N-1]$ 非奇异。如果式（4.160）两边取等号，该前提条件可以忽略。那么式（4.160）变为

$$\begin{aligned} \bar{\boldsymbol{Q}}_{i+1}^{-1}=&A_i(\hat{\boldsymbol{x}}_i)[\boldsymbol{Q}_i+H_{2,i}^{\mathrm{T}}(\hat{\boldsymbol{x}}_i)R_{2,i}^{-1}(\hat{\boldsymbol{x}}_i)H_{2,i}(\hat{\boldsymbol{x}}_i)-\epsilon\boldsymbol{I}]^{-1} \\ &\times A_i^{\mathrm{T}}(\hat{\boldsymbol{x}}_i)+R_{1,i}(\hat{\boldsymbol{x}}_i) \end{aligned} \tag{4.162}$$

相应地

$$\begin{aligned} G_i^*=&A_i(\hat{\boldsymbol{x}}_i)[\boldsymbol{Q}_i+H_{2,i}^{\mathrm{T}}(\hat{\boldsymbol{x}}_i)R_{2,i}^{-1}(\hat{\boldsymbol{x}}_i)H_{2,i}(\hat{\boldsymbol{x}}_i)-\epsilon\boldsymbol{I}]^{-1} \\ &\times H_{2,i}^{\mathrm{T}}(\hat{\boldsymbol{x}}_i)R_{2,i}^{-1}(\hat{\boldsymbol{x}}_i) \end{aligned} \tag{4.163}$$

具体证明过程可参考文献[18]。

例 4.2　考虑系统：

$$\begin{aligned} \boldsymbol{x}_{k+1}&=\boldsymbol{A}\boldsymbol{x}_k+\boldsymbol{B}\boldsymbol{w}_k \\ \boldsymbol{y}_k&=\begin{bmatrix}3 & 0\end{bmatrix}\boldsymbol{x}_k+\sin(\begin{bmatrix}2 & 0\end{bmatrix}\boldsymbol{x}_k)+0.5\boldsymbol{v}_k \\ \boldsymbol{z}_k&=\begin{bmatrix}0 & 1\end{bmatrix}\boldsymbol{x}_k \end{aligned}$$

式中，$\boldsymbol{A}=\begin{bmatrix}0.569 & 0.763\\ -0.763 & 0.416\end{bmatrix}$；$\boldsymbol{B}=\begin{bmatrix}1.267\\ -1.625\end{bmatrix}$；状态向量 $\boldsymbol{x}_k\in\mathbb{R}^2$；量测向量 $\boldsymbol{y}_k\in\mathbb{R}$；估计向量 $\boldsymbol{z}_k\in\mathbb{R}$；$\boldsymbol{w}_k$ 和 $\boldsymbol{v}_k$ 是不相关的噪声，$\boldsymbol{w}_k=\sqrt{2}\sin(0.1k)$，$\boldsymbol{v}_k$ 为高斯白噪声。取 $\boldsymbol{Q}_0=\boldsymbol{P}_0=10^5\boldsymbol{I}$，$\gamma=2.8$。图 4.2 为仿真结果。

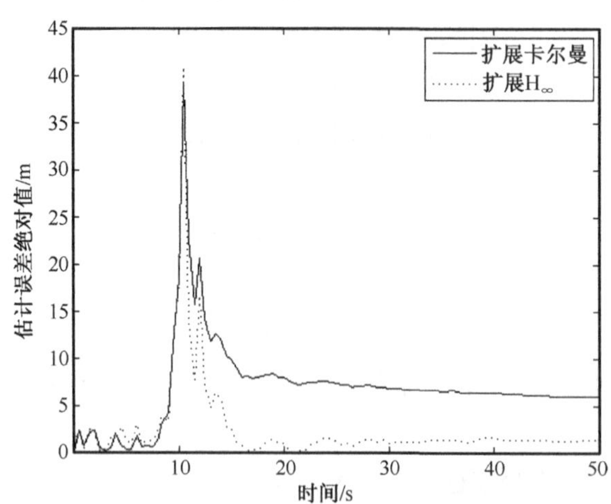

图 4.2　扩展 H∞滤波与扩展卡尔曼滤波比较仿真

图 4.2 展示了扩展 H∞滤波与扩展卡尔曼滤波的估计结果对比。扩展 H∞滤波误差

的均方值为 27.7，扩展卡尔曼滤波估计误差的均方值为 85.3。扩展 H_∞滤波的结果远远好于扩展卡尔曼滤波。当然，这是在噪声 $\boldsymbol{w}_k$ 为非高斯白噪声的前提下，当 $\boldsymbol{w}_k$ 为高斯白噪声时，两者的估计结果相差不大。这也进一步说明，当噪声环境比较复杂时，扩展 H_∞滤波的适用性要优于扩展卡尔曼滤波。

4.3 小　　结

在本章中，总结了常见的线性和非线性 H_∞滤波方法。H_∞滤波比最小化估计误差均方值的卡尔曼滤波具有更强的鲁棒性，在越来越复杂的工业环境下，有着更高的适用能力。相对于卡尔曼滤波，H_∞滤波提供了一种对于模型不确定或者噪声统计特性不确定的估计方法。但是 H_∞估计器设计参数相对较多，对参数的敏感性也相对比较强，也就导致了应用难度的增大。值得提出的一点是，在线性 H_∞滤波问题中，给出了基于博弈论和基于传递函数的两种 H_∞滤波方法，相较而言，前者因为具有迭代的形式，所以更适用于计算机仿真和实际应用。为了结合卡尔曼滤波和 H_∞滤波的优点，也有学者提出了混合卡尔曼/H_∞滤波[19]和鲁棒卡尔曼/H_∞滤波方法[20]。文献[21]对卡尔曼滤波器、H_∞滤波器和鲁棒混合滤波器进行了性能评估和比较。不过需要注意的是，混合滤波器虽然提高了鲁棒性，但也导致其结构复杂性大大增加和参数配置的难度加大。在使用滤波器时还需要考虑具体的应用环境和硬件系统的运算能力。由于 H_∞滤波器特有的性能，在混沌系统和神经网络中也有相应的应用[22, 23]。而且随着环境越来越复杂，还需要考虑系统量测值的时滞、量测值的缺失等因素[24, 25]。总之，在现代错综复杂的工业环境中，H_∞滤波器有着广泛的应用前景。

参 考 文 献

[1] Rawicz P L, Kalata P R. H_∞/H_2/Kalman Filtering of Linear Dynamical Systems via Variational Techniques with Applications to Target Tracking. Philadelphia: Drexel University, 2000.

[2] Limebeer D J, Green M, Walker D. Discrete-time H_∞ control. Proceedings of the 28th IEEE Conference on Decision and Control, 1989, 1: 392-396.

[3] Basar T. A dynamic games approach to controller design: Disturbance rejection in discrete-time. IEEE Transactions on Automatic Control, 1991, 36(0): 936-952.

[4] Banavar R N, Speyer J L. A linear-quadratic game approach to estimation and smoothing. American Control Conference, 1991: 2818-2822.

[5] Banavar R N. A Game Theoretic Approach to Linear Dynamic Estimation. Austin: University of Texas, 1992.

[6] Shen X. Discrete H_∞ filter design with application to speech enhancement. International Conference on Acoustics, Speech, and Signal Processing, 1995, (2): 1504-1507.

[7] Shen X, Deng L. Game theory approach to discrete H_∞ filter design. IEEE Transactions on Signal Processing, 1997, 45(4): 1092-1095.

[8] Simon D. Optimal State Estimation: Kalman, H_∞, and Nonlinear Approaches. New York: Wiley, 2006.

[9] Yaesh I, Shaked U. A transfer function approach to the problems of discrete-time systems: H_∞-optimal linear control and filtering. IEEE Transactions on Automatic Control, 1991, 36(11): 1264-1271.

[10] Yaesh I, Shaked U. Minimum H_∞-norm regulation of linear discrete-time systems and its relation to linear quadratic discrete games. IEEE Transactions on Automatic Control, 1990, 35(9): 1061-1064.

[11] Ball J A, Helton J W, Walker M L. H_∞ control for nonlinear systems with output feedback. IEEE Transactions on Automatic Control, 1993, 38(4): 546-559.

[12] Isidori A, Astolfi A. Disturbance attenuation and H_∞-control via measurement feedback in nonlinear systems. IEEE Transactions on Automatic Control, 1992, 37(9): 1283-1293.

[13] Isidori A. H_∞ control via measurement feedback for affine nonlinear systems. International Journal of Robust and Nonlinear Control, 1994, 4: 553-574.

[14] Berman N, Shaked U. H_∞ nonlinear filtering. International Journal of Robust and Nonlinear Control, 1996, 6(4): 281-296.

[15] Hill D J, Moylan P J. Dissipative dynamical systems: Basic input-output and state properties. Journal of the Franklin Institute, 1980, 309(5): 327-357.

[16] Willems J C. Dissipative dynamical systems part I: General theory. Archive for Rational Mechanics and Analysis, 1972, 45: 321-351.

[17] Ball J A, Helton J W. Nonlinear H_∞ control theory for stable plants. Mathematics of Control, Signals and Systems, 1992, 5: 233-261.

[18] Shaked U, Berman N. H_∞ nonlinear filtering of discrete-time processes. IEEE Transactions on Signal Processing, 1995, 43(9): 2205-2209.

[19] Haddad W M, Bernstein D S, Mustafa D. Mixed-norm H_2/H_∞ regulation and estimation: The discrete-time case. Systems & Control Letters, 1991, 16(4): 235-247.

[20] Hung Y S, Yang F. Robust H_∞ filtering with error variance constraints for discrete time-varying systems with uncertainty. Automatica, 2003, 39(7): 1185-1194.

[21] Wang X, Zhang S L, Liu M Q. Comparison of Kalman filter, H_∞ filter and robust mixed Kalman/H_∞ filter. Proceedings of the 30th Chinese Control Conference, 2011: 3277-3281.

[22] Liu M Q, Zhang S L, Qiu M K. H_∞ synchronization of general discrete-time chaotic neural networks with time delays. 6th International Symposium on Neural Networks (ISNN 2009), Part I, 2009: 366-374.

[23] Liu M, Zhang S, Fan Z, et al. H_∞ state estimation for a unified chaotic system with uncertainty. Proceedings of the 31st Chinese Control Conference, 2012: 957-962.

[24] Liu M Q, Qiu M K, Zhang S L, et al. Robust H_∞ fusion filtering for discrete-time nonlinear delayed systems with missing measurement. Proceedings of the 2010 American Control Conference, 2010: 6803-6808.

[25] Liu M Q, Zhang S L, Zhen S Y. New results on H_∞ filter design for time-delayed discrete-time systems with nonlinear sensors. Proceedings of the 30th Chinese Control Conference, 2011: 3078-3082.

第5章　机动目标跟踪

5.1　机动目标跟踪建模

5.1.1　动态模型

1. *动态模型概述*

机动目标模型描述了目标状态随着时间变化的过程。文献[1]指出，一个好的模型抵得上大量的数据。当前几乎所有的目标跟踪算法都是基于模型进行状态估计的。在卡尔曼滤波器被引入目标跟踪领域后，基于状态空间的机动目标建模成为主要研究对象之一。目标的空间运动基于不同的运动轨迹和坐标系，可分为一维、二维和三维运动。而根据不同方向的运动是否相关，目标机动模型可分为坐标间不耦合模型和坐标间耦合模型。

（1）坐标间不耦合模型。这类模型假设三维空间三个正交方向上的目标机动过程不耦合。目标机动是飞行器受到外力作用而使得加速度变化所致，所以对机动建模的难点在于对目标加速度的描述。对于无机动目标，常速（Constant Velocity，CV）模型常用于描述这类目标的运动，而常加速度（Constant Acceleration，CA）模型则常用于描述加速度趋近常数的机动目标的运动。然而这两种描述方式均是实际机动目标运动的特殊情况，即加速度近似为零或常数。实际中，即使在两个邻近的采样时刻，加速度也可能发生变化，并且这两个时刻的加速度之间具有一定的相关性。Singer 模型[2]研究了这种情况，并首先将目标加速度建模为具有自相关函数的零均值平稳马尔可夫过程，加速度在每个时刻具有一种三元一致对称分布。这种模型提供了从 CV 模型到 CA 模型间的一种过渡。可以说，Singer 模型是一种描述目标机动的标准模型，并且也是第一种将未知机动加速度建模成时间相关的随机过程的模型。然而，Singer 模型这种加速度零均值先验对称分布的假设在目标强烈机动时与实际加速度可为任意值的情况不符。为了解决该问题，研究者提出了多类更复杂的模型。这类坐标不耦合模型由于简单直观并且具有较强的机动描述能力，在实际系统中得到了广泛的应用。

（2）坐标间耦合模型。坐标间耦合模型绝大多数情况下指的是转弯运动模型。由于此类模型与坐标密切相关，所以可以分为两类：二维转弯模型和三维转弯模型。二维转弯模型又称为平面转弯模型。假设目标转弯速率已知，文献[3]和文献[4]最先将一类二维平面匀转弯速率（Constant Turn rate，CT）模型引入目标跟踪领域。在 CT 模型中，目标状态向量为目标两个方向上的位置与速度。而实际目标的转弯速率并非为先验知识，一种处理方式为在线利用目标估计速度进行估算[5-7]。类似于 Moose 处理坐标不相关机动加速度的方式，文献[6]～文献[8]将可能的转弯速率在一定范围内采样为一个离散值集合，并假设这些值有效时对应模型的序列为一个转移概率矩阵已知的半马尔可夫链。而参考 Singer 模型的处理方式，文献[9]将目标状态向量扩展一维，使得状态向量包含转弯速率，并假设该速率为平稳的一阶马尔可夫过程，从而对转弯速率进行在线估计。这几种二维转弯模型在实际中得到了广泛的应用。而考虑更高维数的三维转弯模型也得到了大量的研究。这类模型更加复杂，文献[1]对这类模型进行了深入的分析。在实际系统中，三维转弯模型不如上述二维转弯模型常用。

2. CV 模型

CV 模型是用来模拟目标进行匀速运动时的运动模型，即加速度 $\ddot{x}(t)$ 为 0。考虑到实际情况中，目标速度会有微小的改变，即加速度并不完全为 0，其 t 时刻的输入可以看做用零均值高斯白噪声建模的过程噪声 $w(t)$，即

$$\ddot{x}(t) = w(t) \tag{5.1}$$

其期望和协方差为

$$E[w(t)] = 0 \tag{5.2}$$

$$\begin{cases} E[w(t)w(\tau)] = q(t)\delta(t-\tau) \\ \delta(t-\tau) = \begin{cases} 0, & t \neq \tau \\ 1, & t = \tau \end{cases} \end{cases} \tag{5.3}$$

与 CV 模型对应的状态向量为

$$\boldsymbol{x}(t) = [x(t) \quad \dot{x}(t)]^{\mathrm{T}} \tag{5.4}$$

其连续时间的状态方程为

$$\begin{cases} \dot{\boldsymbol{x}}(t) = \boldsymbol{A}\boldsymbol{x}(t) + [0 \quad 1]^{\mathrm{T}} w(t) \\ \boldsymbol{A} = \begin{bmatrix} 0 & 1 \\ 0 & 0 \end{bmatrix} \end{cases} \tag{5.5}$$

相应的具有采样间隔 T 的离散时间状态方程为

$$\begin{cases} \boldsymbol{x}_{k+1} = \boldsymbol{F}\boldsymbol{x}_k + \boldsymbol{w}_k \\ \boldsymbol{F} = \mathrm{e}^{\boldsymbol{A}T} = \begin{bmatrix} 1 & T \\ 0 & 1 \end{bmatrix} \\ \boldsymbol{w}_k = \int_0^T \mathrm{e}^{\boldsymbol{A}(T-\tau)}[0 \quad 1]^{\mathrm{T}} w(kT+\tau)\mathrm{d}\tau \end{cases} \tag{5.6}$$

根据式（5.3），$\boldsymbol{w}_k$ 的协方差矩阵 $\boldsymbol{Q}$ 为

$$\boldsymbol{Q}=E[\boldsymbol{w}_k\boldsymbol{w}_k^{\mathrm{T}}]=\int_0^T\begin{bmatrix}T-\tau\\1\end{bmatrix}[T-\tau\quad 1]q\mathrm{d}\tau=q\begin{bmatrix}T^3/3 & T^2/2\\T^2/2 & T\end{bmatrix}\tag{5.7}$$

3. CA 模型

CA 模型是用来模拟目标进行匀加速运动时的运动模型，即 $\dddot{x}(t)$ 为 0。同样考虑到实际情况中，加速度的变化不可能为 0，其 t 时刻的输入可以看做用零均值高斯白噪声建模的过程噪声 $w(t)$，即

$$\dddot{x}(t)=w(t)\tag{5.8}$$

其期望和协方差与 CV 模型相同，与 CA 模型对应的状态向量为

$$\boldsymbol{x}(t)=[x(t)\quad \dot{x}(t)\quad \ddot{x}(t)]^{\mathrm{T}}\tag{5.9}$$

其连续时间状态方程为

$$\dot{\boldsymbol{x}}(t)=\boldsymbol{A}\boldsymbol{x}(t)+[0\quad 0\quad 1]^{\mathrm{T}}w(t),\quad \boldsymbol{A}=\begin{bmatrix}0&1&0\\0&0&1\\0&0&0\end{bmatrix}\tag{5.10}$$

相应的具有采样间隔 T 的离散时间状态方程为

$$\begin{cases}\boldsymbol{x}_{k+1}=\boldsymbol{F}\boldsymbol{x}_k+\boldsymbol{w}_k,\quad \boldsymbol{F}=\mathrm{e}^{\boldsymbol{A}T}=\begin{bmatrix}1&T&T^2/2\\0&1&T\\0&0&1\end{bmatrix}\\ \boldsymbol{w}_k=\int_0^T\mathrm{e}^{\boldsymbol{A}(T-\tau)}[0\quad 0\quad 1]^{\mathrm{T}}w(kT+\tau)\mathrm{d}\tau\end{cases}\tag{5.11}$$

过程噪声 $w(t)$ 的协方差矩阵 $\boldsymbol{Q}$ 为

$$\boldsymbol{Q}=E[\boldsymbol{w}_k\boldsymbol{w}_k^{\mathrm{T}}]=q\begin{bmatrix}T^5/20&T^4/8&T^3/6\\T^4/8&T^3/3&T^2/2\\T^3/6&T^2/2&T\end{bmatrix}\tag{5.12}$$

4. CT 模型

CT 运动模型是用来模拟目标进行角速度 $\Omega(t)$ 恒定的转弯运动时的运动模型。与 CT 模型相对应的状态向量为

$$\boldsymbol{x}(t)=[x(t)\quad \dot{x}(t)\quad y(t)\quad \dot{y}(t)\quad \Omega(t)]^{\mathrm{T}}\tag{5.13}$$

式中，$y(t)$ 和 $\dot{y}(t)$ 是与 x 垂直方向上的速度和加速度。假设其角速度 $\Omega(t)$ 在一定时间段内是恒定的，即

$$\Omega(t)=\Omega_k,\quad t\in(t_k,t_{k+1}]\tag{5.14}$$

其离散时间状态方程为

$$x_{k+1}=\begin{bmatrix}1 & \frac{\sin\Omega_k T}{\Omega_k} & 0 & -\frac{1-\cos\Omega_k T}{\Omega_k} & 0\\ 0 & \cos\Omega_k T & 0 & -\sin\Omega_k T & 0\\ 0 & \frac{1-\cos\Omega_k T}{\Omega_k} & 1 & \frac{\sin\Omega_k T}{\Omega_k} & 0\\ 0 & \sin\Omega_k T & 0 & \cos\Omega_k T & 0\\ 0 & 0 & 0 & 0 & 1\end{bmatrix}x_k+w_k \tag{5.15}$$

$$w_k=\begin{bmatrix}T^2/2 & 0 & 0\\ T & 0 & 0\\ 0 & T^2/2 & 0\\ 0 & T & 0\\ 0 & 0 & T\end{bmatrix}v_k \tag{5.16}$$

式中，v_k 是三维高斯白噪声，其方差为

$$E[v_k v_k^{\mathrm{T}}]=\mathrm{diag}(q,q,q_{\Omega}) \tag{5.17}$$

式中，q 是直线加速度过程噪声的方差；q_{Ω} 是角加速度的过程噪声方差。所以 w_k 的方差 Q_k 为

$$Q_k=\begin{bmatrix}qT^3/3 & qT^2/2 & 0 & 0 & 0\\ qT^2/2 & qT & 0 & 0 & 0\\ 0 & 0 & qT^3/3 & qT^2/2 & 0\\ 0 & 0 & qT^2/2 & qT & 0\\ 0 & 0 & 0 & 0 & q_{\Omega}T\end{bmatrix} \tag{5.18}$$

5. Singer 模型

考虑到加速度的时间性，Singer 模型[2]假设加速度 $a(t)$ 具有如下自相关函数的形式：

$$C_a(t,t+\tau)=E[a(t+\tau)a(t)]=\sigma^2\mathrm{e}^{-\alpha|\tau|} \tag{5.19}$$

于是基于此假设，加速度的谱密度函数就是 $S_a(\omega)=2\alpha\sigma^2/(\omega^2+\alpha^2)$。该假设通过 Wiener-Kolmogorov 白化过程进行处理可得关于加速度在状态空间的描述方式为

$$\dot{a}(t)=-\alpha a(t)+w(t) \tag{5.20}$$

式中，噪声 $w(t)$ 的自相关函数为

$$C_w(t,t+\tau)=2\alpha\sigma^2\delta(\tau) \tag{5.21}$$

令状态变量 $x=[p,\dot{p},\ddot{p}]^{\mathrm{T}}=[p,v,a]^{\mathrm{T}}$，连续时间的 Singer 模型动态方程可表示为

$$\dot{\boldsymbol{x}}(t)=\boldsymbol{A}\boldsymbol{x}(t)+\boldsymbol{B}w(t) \tag{5.22}$$

式中

$$\boldsymbol{A}=\begin{bmatrix}0 & 1 & 0\\ 0 & 0 & 1\\ 0 & 0 & -\alpha\end{bmatrix},\quad \boldsymbol{B}=\begin{bmatrix}0\\0\\1\end{bmatrix} \tag{5.23}$$

将式（5.22）按照采样周期 T 离散化处理后，Singer 模型的等价离散时间模型可表述为

$$\boldsymbol{x}_k=\boldsymbol{F}_k\boldsymbol{x}_{k-1}+\boldsymbol{w}_{k-1} \tag{5.24}$$

式中

$$\boldsymbol{F}_k=\begin{bmatrix}1 & T & (\alpha T-1+\mathrm{e}^{-\alpha T})/\alpha^2\\ 0 & 1 & (1-\mathrm{e}^{-\alpha T})/\alpha\\ 0 & 0 & \mathrm{e}^{-\alpha T}\end{bmatrix} \tag{5.25}$$

$\boldsymbol{w}_{k-1}$ 具有如下的协方差矩阵：

$$\boldsymbol{Q}_{k-1}=2\alpha\sigma^2\begin{bmatrix}q_{11} & q_{12} & q_{13}\\ q_{21} & q_{22} & q_{23}\\ q_{31} & q_{32} & q_{33}\end{bmatrix} \tag{5.26}$$

式中

$$\begin{cases}q_{11}=(2\alpha^3T^3-6\alpha^2T^2+6\alpha T+3-12\alpha T\mathrm{e}^{-\alpha T}-3\mathrm{e}^{-2\alpha T})/(6\alpha^5)\\ q_{12}=q_{21}=(\alpha^2T^2-2\alpha T+1-2(1-\alpha T)\mathrm{e}^{-\alpha T}+\mathrm{e}^{-2\alpha T})/(2\alpha^4)\\ q_{22}=(2\alpha T-3+4\mathrm{e}^{-\alpha T}-\mathrm{e}^{-2\alpha T})/(2\alpha^3)\\ q_{13}=q_{31}=(1-2\alpha T\mathrm{e}^{-\alpha T}-\mathrm{e}^{-2\alpha T})/(2\alpha^3)\\ q_{23}=q_{32}=(1-2\mathrm{e}^{-\alpha T}+\mathrm{e}^{-2\alpha T})/(2\alpha^2)\\ q_{33}=(1-\mathrm{e}^{-2\alpha T})/(2\alpha)\end{cases} \tag{5.27}$$

Singer 模型还提出通过如下三重一致混合分布对加速度分布进行建模。

（1）目标可能以概率 P_0 无加速运动。

（2）目标或以等概率 $P_{\max}$ 按最大或最小加速度 $\pm a_{\max}$ 运动。

（3）目标或者在区间 $(-a_{\max},+a_{\max})$ 按一致分布的加速度加、减速。

于是基于该假设，计算可得加速度均值为零并且其方差为

$$\sigma^2=\frac{a_{\max}^2}{3}(1+4P_{\max}-P_0) \tag{5.28}$$

式中，$P_{\max}$、P_0 和 $a_{\max}$ 均为先验设计的参数。

上述模型可以推广到其他模型。

（1）当时间常数 τ 较大，即 α 较小时，Singer 模型趋于 CA 模型。

（2）当τ较小，即α较大时，Singer 模型趋于 CV 模型。

所以，Singer 模型对目标机动模式的覆盖可以看做介于 CV 模型与 CA 模型之间。

6. “当前”统计模型

如前面分析，关于加速度的三重一致对称分布使得其均值为零的假设将导致 Singer 模型在高机动情况下与实际不符。为解决该问题，“当前”模型[10]对 Singer 模型进行修正，进一步假设加速度含有非零均值，且具有如下形式：$a(t)=a_0(t)+\bar{u}(t)$，即$a_0(t)=a(t)-\bar{u}(t)$，其中$a_0(t)$为 Singer 模型加速度。假设$\bar{u}(t)$在每个采样区间内为常数，即$\dot{\bar{u}}(t)=0$，$t\in[t_{k-1},t_k)$，并将$a_0(t)$代入式（5.20）中可得

$$\dot{a}(t)=-\alpha a(t)+\alpha\bar{u}(t)+w(t) \tag{5.29}$$

于是，假设$\boldsymbol{x}=[p,v,a]^{\mathrm{T}}$，“当前”模型可表示为

$$\dot{\boldsymbol{x}}(t)=\boldsymbol{A}\boldsymbol{x}(t)+\boldsymbol{B}_u\bar{u}(t)+\boldsymbol{B}w(t) \tag{5.30}$$

式中，$\boldsymbol{A}$、$\boldsymbol{B}$与式（5.23）中一致，且

$$\boldsymbol{B}_u=[0\quad 0\quad \alpha]^{\mathrm{T}} \tag{5.31}$$

与式（5.30）等价的离散时间“当前”模型为

$$\boldsymbol{x}_k=\boldsymbol{F}_k\boldsymbol{x}_{k-1}+\boldsymbol{G}_k\bar{u}_{k-1}+\boldsymbol{w}_{k-1} \tag{5.32}$$

式中，$\boldsymbol{F}_k$、$\boldsymbol{w}_{k-1}$与式（5.30）中一致，并且

$$\boldsymbol{G}_k=\left[\begin{bmatrix}T^2/2\\ T\\ 1\end{bmatrix}-\begin{bmatrix}(\alpha T-1+\mathrm{e}^{-\alpha T})/\alpha^2\\ (1-\mathrm{e}^{-\alpha T})/\alpha\\ \mathrm{e}^{-\alpha T}\end{bmatrix}\right] \tag{5.33}$$

当前模型的第二个关键假设为$\bar{u}_{k-1}=\hat{a}_{k-1}$，即

$$\bar{u}_{k-1}\approx E[a_{k-1}\mid\boldsymbol{Z}^{k-1}]\overset{\mathrm{def}}{=\!=}\hat{a}_{k-1} \tag{5.34}$$

式中，$\boldsymbol{Z}^{k-1}=\{z_1,\cdots,z_{k-1}\}$为 1～$k-1$所有时刻的量测向量；$E[\cdot]$为期望算子。

第三个关键假设为加速度服从如下的条件瑞利密度：

$$p[a\mid\bar{u}_{k-1}]=\begin{cases}c_{k-1}^2(a_{\max}-a)\exp[-(a_{\max}-a)^2/(2c_{k-1}^2)]\mathbf{1}(a_{\max}-a), & \bar{u}_{k-1}\geqslant 0\\ c_{k-1}^2(a_{\max}+a)\exp[-(a_{\max}+a)^2/(2c_{k-1}^2)]\mathbf{1}(a_{\max}+a), & \bar{u}_{k-1}<0\end{cases} \tag{5.35}$$

式中，$\mathbf{1}(\cdot)$为单位阶跃函数；c_{k-1}为与$\bar{u}_{k-1}$相关的归一化参数；$a_{\max}$为加速度的最大绝对值。基于这种分布假设，加速度方差可计算为

$$\begin{aligned}\sigma^2&\overset{\mathrm{def}}{=\!=}E[(a_k-\bar{a}_k)^2\mid\boldsymbol{Z}^k]=E[(a_k-\bar{u}_{k-1})\mid\boldsymbol{Z}^k]\\&=\begin{cases}(4-\pi)(a_{\max}-\hat{a}_{k-1})^2/\pi, & \hat{a}_{k-1}\geqslant 0\\ (4-\pi)(a_{\max}+\hat{a}_{k-1})^2/\pi, & \hat{a}_{k-1}<0\end{cases}\end{aligned} \tag{5.36}$$

值得注意的是，该方差随在线机动加速度的估计值$\hat{a}_{k-1}$自适应变化。

“当前”加速度在目标机动强烈的情况下，具有比 Singer 模型更好的机动描述能

力，即基于该模型的相应滤波器具有更好的估计精度。然而，采用式（5.36）具有如下两个特点。

（1）当目标无机动时，即理论加速度趋于 0 时，相应加速度估计值 $\hat{a}_{k-1}$ 应趋于 0，此时采用式（5.36）计算的 σ^2 趋于 $(4-\pi)a_{\max}^2/\pi$。该方差是所有可能方差的最大值，表明当目标无机动时，加速度具有最大的变化可能性。这会导致基于该模型的状态估计值在无机动时具有相应较大的方差。

（2）当目标机动最大或最小，即理论加速度为 $\pm a_{\max}$ 时，相应的加速度估计值 $\hat{a}_{k-1}$ 也应趋于 $\pm a_{\max}$，此时 σ^2 的计算值趋于 0。该方差为所有可能方差的最小值，表明当目标进行最强机动运动时，加速度变化的可能性最小。这与实际中加速度在任何时候均可能有一定变化的现象不符，从而导致相应的估计值在机动加速度绝对值较大且发生突变时具有较大的估计误差。

7. 基于参考加速度的自适应机动目标模型[11]

考虑模型：

$$\begin{cases} a(t) = a_0(t) + \bar{u}(t) \\ \dot{a}_0(t) = -\alpha a_0(t) + w(t) \end{cases} \tag{5.37}$$

式中，$a(t)$ 为目标在 t 时刻的加速度；$a_0(t)$ 为 t 时刻零均值有色噪声；$\bar{u}(t)$ 为 t 时刻非零加速度均值；$\alpha = 1/\tau > 0$ 为时间常数 τ 的倒数，机动越剧烈对应时间常数越大；$w(t)$ 为 t 时刻零均值高斯噪声，其自相关函数为

$$C_w(t,t+\tau) = 2\alpha\sigma(t)^2\delta(\tau), \quad \sigma_{\min}^2 \leqslant \sigma(t) \leqslant \sigma_{\max}^2 \tag{5.38}$$

为了实时融合机动信息，此处提出一种具有时变成员的四重一致混合分布[11]如下。

（1）目标以参考加速度 $u(t)$ 运动时概率为 P_u。

（2）无加速运动时概率为 P_0。

（3）最大/小加速度 $a_{\max}/-a_{\max}$ 运动时概率均为 $P_{\max}$。

（4）其他情况下相应加速度均匀分布在 $(-a_{\max}, a_{\max})$。

相应的概率密度函数如图 5.1 所示。

根据该概率密度函数，计算可得加速度相应的均值和方差为

$$\begin{cases} \bar{u}(t) = P_u u(t) \\ \sigma(t)^2 = \sigma_0^2 + P_u(1-P_u)u(t)^2 \end{cases} \tag{5.39}$$

式中，$\sigma_0^2 \stackrel{\text{def}}{=\!=} (1/3-(1/3)(P_0+P_u)+(4/3)P_{\max})a_{\max}^2$。由式（5.39）可知，加速度均值和方差均随着参考加速度 $u(t)$ 随时间变化。

该模型在 Singer 模型的基础上进行了如下扩展：①加速度从零均值扩展为时变的非零均值；② $w(t)$ 从零均值高斯白噪声扩展为零均值并具有式（5.38）描述的自相关函数的非平稳高斯噪声。

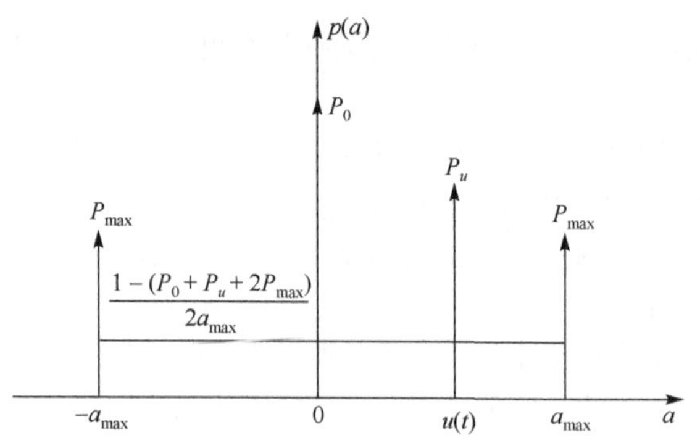

图 5.1　加速度四重一致分布示意图

下面给出相应的连续系统的模型形式：

$$\begin{cases}\dot{\boldsymbol{x}}(t)=\boldsymbol{A}\boldsymbol{x}(t)+\boldsymbol{B}_u u(t)+\boldsymbol{B}w(t)\\ \dot{u}(t)=-\beta u(t),\quad t\in[t_{k-1},t_k)\text{且}u(t_{k-1})=u_{\text{man}}(k-1)\end{cases}\tag{5.40}$$

式中，$u_{\text{man}}(k-1)$ 为 t_{k-1} 时刻与目标机动实时相关的估计量；β 值反映参考加速度变化的强烈程度，β 越小变化越强烈。实际中，目标跟踪算法需要模型的离散化形式。考虑式（5.40），对 $t\in[t_k,t_{k+1})$，将式（5.40）中的状态向量扩展为 $\boldsymbol{x}'=[\boldsymbol{x}^{\mathrm{T}}\quad u]^{\mathrm{T}}$ 得

$$\dot{\boldsymbol{x}}'(t)=\boldsymbol{A}'\boldsymbol{x}'(t)+\boldsymbol{B}'w(t)\tag{5.41}$$

式中

$$\boldsymbol{A}'=\begin{bmatrix}\boldsymbol{A} & \boldsymbol{B}_u\\ 0 & -\beta\end{bmatrix},\quad \boldsymbol{B}'=\begin{bmatrix}\boldsymbol{B}\\ 0\end{bmatrix}\tag{5.42}$$

离散化式（5.40）得

$$\boldsymbol{x}'_k=\boldsymbol{F}'\boldsymbol{x}'_{k-1}+\boldsymbol{w}_{k-1}\tag{5.43}$$

式中，$\boldsymbol{F}'=\mathrm{e}^{-\boldsymbol{A}'(t_k-t_{k-1})}=\mathrm{e}^{-\boldsymbol{A}'T}$，于是有

$$\boldsymbol{F}'=\begin{bmatrix}1 & T & (-1+\alpha T+\mathrm{e}^{-\alpha T})/\alpha^2 & f_{14}\\ 0 & 1 & (1-\mathrm{e}^{-\alpha T})/\alpha & f_{24}\\ 0 & 0 & \mathrm{e}^{-\alpha T} & f_{34}\\ 0 & 0 & 0 & \mathrm{e}^{-\beta T}\end{bmatrix}\tag{5.44}$$

式中

$$\begin{cases}f_{14}=P_u((-1+\beta T+\mathrm{e}^{-\beta T})/\beta^2-(-1+\alpha T+\mathrm{e}^{-\alpha T})/\alpha^2)\\ f_{24}=P_u((1-\mathrm{e}^{-\beta T})/\beta-(1-\mathrm{e}^{-\alpha T})/\alpha)\\ f_{34}=P_u(\mathrm{e}^{-\beta T}-\mathrm{e}^{-\alpha T})\end{cases}\tag{5.45}$$

过程噪声 w_{k-1} 具有如下的协方差矩阵：

$$\begin{aligned}\boldsymbol{Q}'_{k-1}&=E[\boldsymbol{w}_{k-1}\boldsymbol{w}_{k-1}^{\mathrm{T}}]\\ &=\int_{t_{k-1}}^{t_k}\int_{t_{k-1}}^{t_k}\mathrm{e}^{\boldsymbol{A}'(t_k-\tau)}\boldsymbol{B}'E[\boldsymbol{w}(\tau)\boldsymbol{w}^{\mathrm{T}}(\nu)](\boldsymbol{B}')^{\mathrm{T}}(\mathrm{e}^{\boldsymbol{A}'(t_k-\nu)})^{\mathrm{T}}\mathrm{d}\nu\mathrm{d}\tau\end{aligned}\tag{5.46}$$

将式（5.39）代入式（5.38），再代入式（5.46）中得

$$\boldsymbol{Q}'_{k-1}=2\alpha\int_{t_{k-1}}^{t_k}\int_{t_{k-1}}^{t_k}\mathrm{e}^{A'(t_k-\tau)}\boldsymbol{B}'\sigma(\tau)^2\delta(\tau-v)(\boldsymbol{B}')^{\mathrm{T}}(\mathrm{e}^{A'(t_k-v)})^{\mathrm{T}}\mathrm{d}v\mathrm{d}\tau$$
$$=2\alpha\int_{t_{k-1}}^{t_k}\mathrm{e}^{A'(t_k-\tau)}\boldsymbol{B}'\sigma(\tau)^2(\boldsymbol{B}')^{\mathrm{T}}(\mathrm{e}^{A'(t_k-\tau)})^{\mathrm{T}}\mathrm{d}\tau \tag{5.47}$$

假设参考加速度 $u(t)$ 在相邻两个时刻间变化不剧烈，即

$$u(\tau)\approx u(t_{k-1}),\quad t_{k-1}\leqslant\tau<t_k \tag{5.48}$$

则此时由式（5.39）可知

$$\sigma(\tau)^2\approx\sigma(t_{k-1})^2=\sigma_0^2+P_u(1-P_u)u(t_{k-1})^2,\quad t_{k-1}\leqslant\tau<t_k \tag{5.49}$$

将式（5.49）代入式（5.47）中，有

$$\boldsymbol{Q}'_{k-1}\approx2\alpha\sigma(t_{k-1})^2\int_{t_{k-1}}^{t_k}\mathrm{e}^{A'(t_k-\tau)}\boldsymbol{B}'(\boldsymbol{B}')^{\mathrm{T}}(\mathrm{e}^{A'(t_k-\tau)})^{\mathrm{T}}\mathrm{d}\tau \tag{5.50}$$

积分后得

$$\boldsymbol{Q}'_{k-1}=2\alpha\sigma(t_{k-1})^2\begin{bmatrix}q_{11}&q_{12}&q_{13}&0\\q_{21}&q_{22}&q_{23}&0\\q_{31}&q_{32}&q_{33}&0\\0&0&0&0\end{bmatrix} \tag{5.51}$$

式中，矩阵元素 $q_{ij},i,j=1,2,3$ 与式（5.27）相同。

将目标状态与参考加速度分离可得如下的离散化动态方程：

$$\boldsymbol{x}_k=\boldsymbol{F}\boldsymbol{x}_{k-1}+\boldsymbol{G}u_{k-1}+\boldsymbol{w}_{k-1} \tag{5.52}$$

式中，$\boldsymbol{x}_k$ 是式（5.40）中 $\boldsymbol{x}(t)$ 在 t_k 时刻的值；$\boldsymbol{F}$ 为状态转移矩阵；$\boldsymbol{G}$ 为输入驱动矩阵；$u_{k-1}=u_{\mathrm{man}}(k-1)=\hat{a}_{k-1}$；$\boldsymbol{w}_{k-1}$ 为式（5.40）中 $\boldsymbol{B}w(t)$ 对应的过程噪声，设其具有协方差矩阵 $\boldsymbol{Q}_{k-1}$。其中

$$\boldsymbol{F}=\begin{bmatrix}1&T&(-1+\alpha T+\mathrm{e}^{-\alpha T})/\alpha^2\\0&1&(1-\mathrm{e}^{-\alpha T})/\alpha\\0&0&\mathrm{e}^{-\alpha T}\end{bmatrix},\quad\boldsymbol{G}=\begin{bmatrix}f_{14}\\f_{24}\\f_{34}\end{bmatrix} \tag{5.53}$$

式中，f_{14}、f_{24}、f_{34} 与式（5.45）中一致。而对于 $\boldsymbol{w}_k$，其协方差矩阵为

$$\boldsymbol{Q}_{k-1}=2\alpha\sigma(t_{k-1})^2\begin{bmatrix}q_{11}&q_{12}&q_{13}\\q_{21}&q_{22}&q_{23}\\q_{31}&q_{32}&q_{33}\end{bmatrix} \tag{5.54}$$

式中，矩阵元素 $q_{ij},i,j=1,2,3$ 与式（5.51）中相同。

相应的观测方程可表述为

$$\boldsymbol{z}_k=\boldsymbol{H}_k\boldsymbol{x}_k+\boldsymbol{v}_k \tag{5.55}$$

式中，$\boldsymbol{z}_k\in\mathbb{R}^m$ 为观测向量；$\boldsymbol{H}_k\in\mathbb{R}^{m\times n}$ 为观测矩阵；$\boldsymbol{v}_k\in\mathbb{R}^m$ 为观测噪声，具有协方差矩阵 $\boldsymbol{R}$；m、n 分别为状态和观测向量的维数。

5.1.2 量测模型

传感器用于远程监控时可以分为两类：主动式传感器和被动式传感器。主动式传感器通过自身发出的信号在目标上的回波来获取目标的测量信息，被动式传感器本身不发送信号，通过监听目标发出或反射的信号获取目标的测量信息。

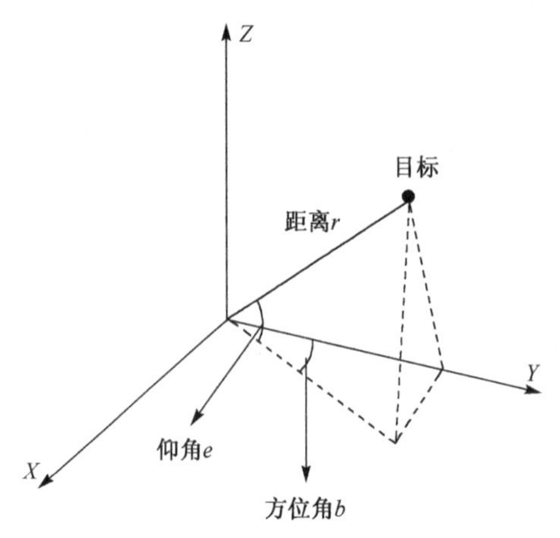

图 5.2　球形坐标系测量模型

1. 传感器坐标系模型

在许多情况下，传感器坐标系统是三维的球形或者二维的极面并且有如图 5.2 所示的量测分量：距离 r，方位角 b，仰角 e，多普勒 $\dot{r}$。但并不是所有的传感器都能获得所有以上的量测分量。例如，一些主动式传感器并不提供多普勒参数或者仰角参数，而被动式传感器仅提供角度。接下来只考虑三维情况下的量测模型，相应的二维模型可以从三维模型中直接得到。在传感器坐标系中，上述量测参数通常以加性噪声的形式建模为

$$\begin{cases} r = r_t + v_r \\ b = b_t + v_b \\ e = e_t + v_e \\ \dot{r} = \dot{r}_t + v_{\dot{r}} \end{cases} \tag{5.56}$$

式中，(r_t, b_t, e_t) 代表目标在传感器球坐标系下零误差的真实位置；$v_r, v_b, v_e, v_{\dot{r}}$ 是相应的零均值高斯白噪声，即

$$\begin{aligned} &\boldsymbol{v} \sim \mathcal{N}(\boldsymbol{0}, \boldsymbol{R}), \quad \boldsymbol{R} = \boldsymbol{C}_v = \mathrm{diag}(\sigma_r^2, \sigma_b^2, \sigma_e^2, \sigma_{\dot{r}}^2) \\ &\boldsymbol{v} = [v_r, v_b, v_e, v_{\dot{r}}]^{\mathrm{T}} \end{aligned} \tag{5.57}$$

上述球坐标下的量测模型是跟踪系统中最常见的，如旋转监测雷达[12, 13]。对于边检测边跟踪系统[14]，如相控阵雷达[15, 16]，传感器提供的量测参数为方向余弦 u 和 v，以替代方位角 b 和仰角 e。相应的替代模型为

$$\begin{cases} u = u_t + v_u \\ v = v_t + v_v \end{cases} \tag{5.58}$$

式中，u_t 和 v_t 代表零误差的目标位置的方向余弦；v_u 和 v_v 是相应的量测噪声。有时为了简便，引入一个冗余的（$w = \sqrt{1 - u^2 - v^2}$）方向余弦量测参数 $w = w_t + v_w$。模型的噪声向量 $\boldsymbol{v} = [v_r, v_u, v_v, v_{\dot{r}}]^{\mathrm{T}}$ 同样是零均值的高斯白噪声，即

$$v \sim \mathcal{N}(\mathbf{0}, \boldsymbol{R}), \quad \boldsymbol{R} = \boldsymbol{C}_v = \mathrm{diag}(\sigma_r^2, \sigma_u^2, \sigma_v^2, \sigma_{\dot{r}}^2) \tag{5.59}$$

上述两个模型是从雷达的测量方式中自然产生的，它们是线性高斯的并且可以改写成向量矩阵的形式，即

$$\boldsymbol{z} = \boldsymbol{H}\boldsymbol{x} + \boldsymbol{v}, \quad \boldsymbol{v} \sim \mathcal{N}(0, \boldsymbol{R}) \tag{5.60}$$

式中，$\boldsymbol{z} = [r, b, e, \dot{r}]^{\mathrm{T}}$ 或 $\boldsymbol{z} = [r, u, v, \dot{r}]^{\mathrm{T}}$；$\boldsymbol{x} = [r_t, b_t, e_t, \dot{r}_t, \cdots]^{\mathrm{T}}$ 或 $\boldsymbol{x} = [r_t, u_t, v_t, \dot{r}_t, \cdots]^{\mathrm{T}}$；$\boldsymbol{v} = [v_r, v_b, v_e, v_{\dot{r}}]^{\mathrm{T}}$ 或者 $\boldsymbol{v} = [v_r, v_u, v_v, v_{\dot{r}}]^{\mathrm{T}}$；$\boldsymbol{H} = [\boldsymbol{I}, \boldsymbol{O}]$，$\boldsymbol{I}$ 是单位矩阵，$\boldsymbol{O}$ 是零矩阵。

2. 不同坐标系下的量测模型

目标运动用笛卡儿坐标系描述最恰当，而量测信息则来自于传感器坐标系。因此可以在 3 种坐标系中实现跟踪：混合坐标系、传感器坐标系和笛卡儿坐标系。

（1）混合坐标系。这是最常见的坐标系，目标动态和量测以如下方式建模：

$$\boldsymbol{z} = h(\boldsymbol{x}) + \boldsymbol{v} \tag{5.61}$$

式中，目标状态向量 $\boldsymbol{x}$ 和过程噪声在笛卡儿坐标系；而量测 z 和其加性噪声 v 在传感器坐标系。令 (x, y, z) 表示笛卡儿坐标系下目标的真实位置，对传感器坐标系下的量测，可以得到 $\boldsymbol{z} = [r, b, e, \dot{r}]^{\mathrm{T}}$ 和 $h(\boldsymbol{x}) = [h_r, h_b, h_e, h_{\dot{r}}]^{\mathrm{T}}$，其中

$$h_r = \sqrt{x^2 + y^2 + z^2} \tag{5.62}$$

$$h_b = \begin{cases} \arctan(x / y), & y > x, x > 0 \\ \pi / 2 - \arctan(y / x), & y < x, x > 0 \\ \pi + \arctan(x / y), & y > x, x < 0 \\ 3\pi / 2 - \arctan(y / x), & y < x, x < 0 \end{cases} \tag{5.63}$$

$$h_e = \begin{cases} \arctan(z / \sqrt{x^2 + y^2}), & z > \sqrt{x^2 + y^2} \\ \pi / 2 - \arctan(\sqrt{x^2 + y^2} / z), & z < \sqrt{x^2 + y^2} \end{cases} \tag{5.64}$$

$$h_{\dot{r}} = \frac{x\dot{x} + y\dot{y} + z\dot{z}}{\sqrt{x^2 + y^2 + z^2}} \tag{5.65}$$

对于方向余弦的量测模型，可以得到 $\boldsymbol{z} = [r, u, v, \dot{r}]^{\mathrm{T}}$ 和 $h(\boldsymbol{x}) = [h_r, h_u, h_v, h_{\dot{r}}]^{\mathrm{T}}$，其中

$$h_u = \frac{x}{\sqrt{x^2 + y^2 + z^2}} \tag{5.66}$$

$$h_v = \frac{y}{\sqrt{x^2 + y^2 + z^2}} \tag{5.67}$$

显然，这些量测模型是非线性的并且与笛卡儿坐标相耦合。大多数的非线性估计和滤波，如扩展卡尔曼滤波，在此框架下实现。

（2）笛卡儿坐标系。此坐标系下，传感器坐标系下量测要转换到笛卡儿坐标系下。

令 $\boldsymbol{x}_p=[x,y,z]^{\mathrm{T}}=\boldsymbol{Hx}$ 表示 (r,b,e) 或 (r,u,v) 在笛卡儿坐标系下的等效表示。显然，$\boldsymbol{x}_p$ 是笛卡儿坐标系下目标的真实位置，是一个未知量。一旦目标位置的带噪声的量测转换到笛卡儿坐标系下，量测方程便转换为如下“线性”形式：

$$\boldsymbol{z}_c=\boldsymbol{Hx}+\boldsymbol{v}_c \tag{5.68}$$

令球坐标系到笛卡儿坐标系的转换函数为 $\varphi=h^{-1}$，则

$$\boldsymbol{z}_c=\begin{bmatrix}x_c\\ y_c\\ z_c\end{bmatrix}^{\mathrm{T}}=\varphi(\boldsymbol{z})=\varphi(r,b,e)=\begin{bmatrix}r\cos b\cos e\\ r\sin b\cos e\\ r\sin e\end{bmatrix} \tag{5.69}$$

对于方向余弦模型，有

$$\boldsymbol{z}_c=\phi(\boldsymbol{z})=\phi(r,u,v,w)=[ru,rv,rw]^{\mathrm{T}} \tag{5.70}$$

如果距离参数 r 是不可知的，如被动式传感器，则用估计的距离 $\hat{r}$ 替代 r。然后介绍将球坐标系转换为笛卡儿坐标系的方法。对于方向余弦模型，有兴趣的读者可以参阅文献[17]和文献[18]。

通过对 $\varphi(\boldsymbol{z}_t)$ 在带噪声量测 z 处进行泰勒级数展开，可以得到

$$\boldsymbol{x}_p=\varphi(\boldsymbol{z}_t)=\varphi(\boldsymbol{z}-\boldsymbol{v})=\varphi(\boldsymbol{z})-\boldsymbol{J}(\boldsymbol{z})\boldsymbol{v}+\mathrm{HOT}(\boldsymbol{v}) \tag{5.71}$$

式中，$\boldsymbol{z}_t=[r,b,e]^{\mathrm{T}}$ 是目标在球坐标系下的真实位置；$\mathrm{HOT}(\boldsymbol{v})$ 代表高阶项；$\boldsymbol{J}(\boldsymbol{z})$ 是在带噪声量测 $\boldsymbol{z}$ 处的雅可比矩阵，即

$$\boldsymbol{J}(\boldsymbol{z})=\left.\frac{\partial\varphi}{\partial\boldsymbol{z}_t}\right|_{\boldsymbol{z}_t=\boldsymbol{z}}=\begin{bmatrix}\cos b\cos e & -r\sin b\cos e & -r\cos b\sin e\\ \sin b\cos e & r\cos b\cos e & -r\sin b\sin e\\ \sin e & 0 & r\cos e\end{bmatrix} \tag{5.72}$$

然后，可以得到具体的转换后的量测模型为

$$\boldsymbol{z}_c=\varphi(\boldsymbol{z})=\boldsymbol{x}_p+\boldsymbol{v}_c=\boldsymbol{x}_p+\underbrace{\boldsymbol{J}(\boldsymbol{z})\boldsymbol{v}-\mathrm{HOT}(\boldsymbol{v})}_{\boldsymbol{v}_c}$$

这种量测有时候称为伪线性量测。与混合坐标系下的量测模型相比，这种模型消除了处理非线性量测的需要，所以其优势在于，如果目标的动态模型是线性的，则可以运用线性卡尔曼滤波器来处理。

这里需要强调的是，量测噪声 $\boldsymbol{v}_c$ 不仅坐标耦合和非高斯，而且状态相关，因此这种量测模型实际上是非线性的。然而，状态相关仅存在于量测噪声 $\boldsymbol{v}_c$ 中，而不是量测方程 $h(\cdot)$ 中，所以相比通过常用的非线性滤波器来处理 $h(\cdot)$ 中的非线性，其非线性因素对跟踪性能的影响会更小。另外，这种模型的主要缺陷是缺少适宜的方法来处理带有状态相关、非高斯误差的量测信息，反之，对于量测函数 $h(\cdot)$ 非线性的处理，则有大量可用的方法。

（3）传感器坐标系。或者，目标的动态模型可以从笛卡儿坐标系转换到传感器坐

标系以使理想的量测信息结构不被改变。然而，在传感器坐标系下描述目标的动态模型会导致高度非线性、坐标耦合，甚至有时会得到难以处理的模型。例如，CV 模型在用笛卡儿坐标系描述时是简单的两个状态、一维的模型，然而转换到球坐标系下则是非线性、形式复杂的模型，读者可以从文献[12]中找到具体的模型。虽然如此，这种坐标系也有其一定的优点，最主要的优点便是保持了量测模型的线性、不耦合、高斯结构。也有许多滤波器是运用在传感器坐标系下的，它们的共同点是都用了线性高斯的量测模型，区别在于目标动态模型的建模方法。具体的建模方法超出了本节的范畴，有兴趣的读者可以参阅文献[19]～文献[23]。

3. 非线性量测模型线性化

处理非线性量测模型的标准方法是扩展卡尔曼滤波。简单来说，它依赖于通过泰勒级数展开的前几项对非线性量测模型进行近似。应用最广的线性化一个非线性量测模型的方法是将量测函数 $h(\boldsymbol{x})$ 在预测状态 $\overline{\boldsymbol{x}}$ 处展开，并且忽略所有的非线性项，即

$$h(\boldsymbol{x}) \approx h(\overline{\boldsymbol{x}}) + \left.\frac{\partial h}{\partial \boldsymbol{x}}\right|_{\boldsymbol{x}=\overline{\boldsymbol{x}}} (\boldsymbol{x} - \overline{\boldsymbol{x}}) \tag{5.73}$$

这相当于用如下线性模型近似非线性模型，即

$$\boldsymbol{z} = \boldsymbol{H}(\overline{\boldsymbol{x}})\boldsymbol{x} + d(\overline{\boldsymbol{x}}) + \boldsymbol{v} \tag{5.74}$$

式中，$\boldsymbol{H}(\overline{\boldsymbol{x}}) = \left.\frac{\partial h}{\partial \boldsymbol{x}}\right|_{\boldsymbol{x}=\overline{\boldsymbol{x}}}$ 是 $h(\boldsymbol{x})$ 的雅可比矩阵并且 $d(\overline{\boldsymbol{x}}) = h(\overline{\boldsymbol{x}}) - \boldsymbol{H}(\overline{\boldsymbol{x}})\overline{\boldsymbol{x}}$。

对于线性化后的模型，可以应用线性卡尔曼滤波器更新预测状态及其协方差：

$$\begin{cases} \boldsymbol{K} = \overline{\boldsymbol{P}}\boldsymbol{H}^{\mathrm{T}}(\boldsymbol{H}\overline{\boldsymbol{P}}\boldsymbol{H}^{\mathrm{T}} + \boldsymbol{R})^{-1} \\ \hat{\boldsymbol{x}} = \overline{\boldsymbol{x}} + \boldsymbol{K}(\boldsymbol{z} - \overline{\boldsymbol{z}}) \\ \boldsymbol{P} = (\boldsymbol{I} - \boldsymbol{K}\boldsymbol{H})\overline{\boldsymbol{P}}(\boldsymbol{I} - \boldsymbol{K}\boldsymbol{H})^{\mathrm{T}} + \boldsymbol{K}\boldsymbol{R}\boldsymbol{K}^{\mathrm{T}} \end{cases} \tag{5.75}$$

式中，$\boldsymbol{H} = \boldsymbol{H}(\overline{\boldsymbol{x}})$ 并且 $\overline{\boldsymbol{z}} = \boldsymbol{H}(\overline{\boldsymbol{x}})\overline{\boldsymbol{x}} + d(\overline{\boldsymbol{x}}) + \overline{\boldsymbol{v}} = h(\overline{\boldsymbol{x}}) + \overline{\boldsymbol{v}}$。这种线性化模型只有在 $\boldsymbol{x} - \overline{\boldsymbol{x}}$ 足够小的时候才适用。这实际上是很难保证的，因为 $\overline{\boldsymbol{x}} = \hat{\boldsymbol{x}}_{k|k-1}$ 的精度依赖于目标状态的传播和上一时刻的状态估计 $\hat{\boldsymbol{x}}_{k-1}$。这些不精确度会不断累积最终导致滤波发散，所以接下来介绍一种减少线性化误差的方法。

迭代扩展卡尔曼滤波器，一旦得到了更新的状态估计 $\hat{\boldsymbol{x}}$，非线性的量测模型可以在 $\hat{\boldsymbol{x}}$ 处重新线性化。然后基于重线性化后的量测模型重更新状态估计及其协方差。这一过程可以反复进行，具体的算法公式为

$$\begin{cases} \hat{\boldsymbol{x}}^0 = \overline{\boldsymbol{x}} \\ \hat{\boldsymbol{x}}^{i+1} = \overline{\boldsymbol{x}} + \boldsymbol{K}(\hat{\boldsymbol{x}}^i)[\boldsymbol{z} - h(\hat{\boldsymbol{x}}^i) - \boldsymbol{H}(\hat{\boldsymbol{x}}^i)(\boldsymbol{x} - \hat{\boldsymbol{x}}^i)], \quad i = 0,1,\cdots,L \\ \hat{\boldsymbol{x}} = \hat{\boldsymbol{x}}^{L+1} \\ \boldsymbol{P} = [\boldsymbol{I} - \boldsymbol{K}(\hat{\boldsymbol{x}}^L)\boldsymbol{H}(\hat{\boldsymbol{x}}^L)]\overline{\boldsymbol{P}}[\boldsymbol{I} - \boldsymbol{K}(\hat{\boldsymbol{x}}^L)\boldsymbol{H}(\hat{\boldsymbol{x}}^L)]^{\mathrm{T}} + \boldsymbol{K}(\hat{\boldsymbol{x}}^L)\boldsymbol{R}\boldsymbol{K}(\hat{\boldsymbol{x}}^L)^{\mathrm{T}} \end{cases} \tag{5.76}$$

式中，$\hat{\boldsymbol{x}}^i$ 是经过 i 次迭代运算后的状态估计值；L 是预设的最大迭代次数；$\boldsymbol{H}(\hat{\boldsymbol{x}}^i)=\left.\dfrac{\partial h}{\partial \boldsymbol{x}}\right|_{\boldsymbol{x}=\hat{\boldsymbol{x}}}$ 是观测模型的雅可比矩阵；$\boldsymbol{K}(\hat{\boldsymbol{x}}^i)=\bar{\boldsymbol{P}}\boldsymbol{H}(\hat{\boldsymbol{x}}^i)^{\mathrm{T}}[\boldsymbol{H}(\hat{\boldsymbol{x}}^i)\bar{\boldsymbol{P}}\boldsymbol{H}(\hat{\boldsymbol{x}}^i)^{\mathrm{T}}+\boldsymbol{R}]^{-1}$ 是卡尔曼增益。

5.1.3 机动目标跟踪方法概述

机动目标跟踪是基于传感器信息对机动对象进行状态估计的过程。相应技术作为信息融合系统的重要组成部分，在国防科技和国民经济领域有着广泛的应用。机动过程的不确定性是机动目标的主要特点，也是机动目标跟踪技术研究的重点与难点，涉及机动目标建模、自适应滤波器设计和混杂系统多模型状态估计等理论。机动目标跟踪理论主要针对两个具有挑战性的问题：原始测量数据的不确定性问题和目标机动运动的不确定性问题。原始测量数据的不确定性来自于传感器在获取测量值的过程中，由于受到外界或自身设备本身的影响而导致的测量误差、错误等。关于这类问题的研究主要包括野值点剔除、轨迹融合等。而目标机动运动的不确定性则为机动目标的主要特点。造成目标运动的不确定性问题的原因在于实际的运动目标的机动方式具有随机性和不确定性，而作为跟踪对象的目标与跟踪者之间并无直接的信息交流，使得跟踪者无法对目标当前或即将发生的机动动作进行直接而精确的判断，因而无法直接获取目标的运动状态。

在机动目标跟踪领域中，状态估计算法一般采用基于状态空间的动态模型。本节将就机动目标跟踪中的单模型状态估计方法进行介绍。此处的单模型方法指的是在同一时刻仅采用一个模型（虽然模型可能发生切换）用于最终的状态估计。对于与实际系统匹配的线性高斯状态空间模型（模型线性，过程噪声与量测噪声分别为不相关的高斯白噪声，系统初始状态也为不相关的高斯分布），卡尔曼滤波器[24]是 MMSE 意义下的最优估计器。当目标模型满足线性高斯条件时，采用卡尔曼滤波器为状态估计通用的做法。

由于在目标跟踪系统中，各传感器量测向量与目标被估计状态往往处于不同的坐标系中，而坐标系的转换不可避免会导致系统模型具有非线性特性。在这种情况下，需要采用相应的非线性滤波器进行状态估计。扩展卡尔曼滤波器是用得最为广泛的函数逼近类非线性滤波器。直观上说，采用扩展卡尔曼滤波器获取一次状态估计后，在更新的状态估计值附近对原非线性函数进行重新泰勒展开，再次利用扩展卡尔曼滤波器对重新展开后的线性化函数进行估计可能获得更好的估计值。这个过程可以重复迭代进行，于是导致了迭代扩展卡尔曼滤波器[25]。统计量逼近技术中最著名的为 UF[26, 27]，UF 具有比一阶扩展卡尔曼滤波器更小的计算量且更好的逼近性能。属于随机模型逼近技术的滤波器包括中心差分滤波器[28]、区分差分滤波器[29]。上述滤波器均属于点估计器的范畴。而在目标跟踪中，用得较多的概率密度估计器是著名的粒子滤波器[31, 32]。这类滤波器是一种序贯蒙特卡洛方法，直接对非线性函数对应的概率密度函数进行逼近。这类方法在图像跟踪领域得到了广泛的应用。

5.2　机动目标跟踪多模型方法

5.2.1　多模型估计方法概述

由于目标机动状态或者系统模式的不确定性，用单个模型往往不足以描述目标运动。相比之下，一种更为合理和强大的描述方法为混杂系统（hybrid system）表述。混杂系统的状态包括两部分：一个连续变化的基本状态成员和一个系统模式（mode）成员。系统模式指的是一个（真实世界的）行为模式或者一个系统的结构。对于一个真实的过程，系统模式无法被精确地获取，而只能通过一个模型（model）进行逼近。一个模型指的是一个（数学的）在一定精度水平上对系统模式的表示或描述[33]。基于模型，基本状态可通过滤波器进行估计。对于一个模式空间 S（含有多个模式），往往需要采用一个模型集合进行逼近。

一个典型的混杂系统可描述为

$$\begin{cases}\boldsymbol{x}_k = \boldsymbol{F}_k^j \boldsymbol{x}_{k-1} + \boldsymbol{G}_k^j \boldsymbol{u}_{k-1}^j + \boldsymbol{w}_{k-1}^j \\ \boldsymbol{z}_k = \boldsymbol{H}_k^j \boldsymbol{x}_k + \boldsymbol{v}_k^j\end{cases}$$

式中，k 为时间索引；$\boldsymbol{x}$ 为基本状态向量；$\boldsymbol{z}$ 为带噪量测向量；$j \in \{1,\cdots,n\}$ 表示模型 j，此处 n 为模型个数；$\boldsymbol{w}$ 为过程噪声；$\boldsymbol{v}$ 为量测噪声；$\boldsymbol{F}$ 为基本状态 $\boldsymbol{x}$ 的转移矩阵；$\boldsymbol{G}$ 为输入 $\boldsymbol{u}$ 的增益矩阵；$\boldsymbol{H}$ 为量测矩阵。总体上，$\boldsymbol{F}$、$\boldsymbol{G}$、$\boldsymbol{u}$、$\boldsymbol{H}$、$\boldsymbol{w}$ 和 $\boldsymbol{v}$ 均依赖于 j。$\boldsymbol{w}_{k-1}^j$ 与 $\boldsymbol{v}_k^j$ 也相应假设为互不相关的零均值高斯分布随机变量，并且分别具有协方差矩阵 $\boldsymbol{Q}_{k-1}^j$ 与 $\boldsymbol{R}_k^j$。一般而言，用 m_k^j 表示在 k 时刻模型 j 与真实物理模式匹配。本章后续内容相关算法和推导均基于上述混杂系统模型。

对于这样的混杂系统，传统的方法依照“决策—估计”策略，将混杂系统的估计问题表述为先采用决策方法在一定判定标准下选择系统模型，并将该选择出的系统模型当做“真实”模式（与实际模式相匹配），然后基于该模型进行基本状态的估计。一般的决策—估计的方法较为直观，然而却具有一些显著的难点[34]：①在估计过程中并没有直接考虑决策过程可能导致的误差；②虽然估计结果可为决策过程提供有用的信息，然而由于决策与估计的先后关系而导致的不可逆转性，决策过程并不能充分利用这些估计信息。解决上述问题的一个可能的方法是使得决策估计过程迭代进行，即“决策→估计→再决策→再估计→…”，使得关于模式和状态的估计精度得以提高。然而，文献[34]指出，这种方式实际上等价于一种退化的多模型估计方法。

为避免由于真实模式的不确定性在传统的处理方法中导致的上述问题，多模型方法在同一时刻同时采用多个模型对混杂系统的状态进行估计。具体地说，在同一时刻，多模型方法：①假设一个集合内的所有模型均可能与未知的真实模式相匹配；②针对每个模型运行相应的滤波器，并分别给出相应的估计结果；③基于这些估计结果给出最终的状态估计。多模型估计方法通过这种处理方式提供了一种将决策与估计相结合的机动目标跟踪问题的解决方案。从最优化理论的角度来说，多模型方法具有得到全局最优解的能力，而这就使之先天性地具有比“决策—估计”中两步最优策略更好的估计性能[34]。

总体来说，多模型估计方法具有如下四个步骤[34]。

（1）模型集的给定。需要根据实际的模式空间设计或在线自适应模型集合。这也是多模型估计与单模型估计的本质区别，而多模型算法的估计性能很大程度上取决于模型集合的给定。

（2）协作策略。主要包括模型序列的合并（merging）、裁剪（pruning）和最可能模型序列的挑选等。

（3）条件滤波。基于各单个模型进行基本状态的估计。

（4）输出处理。包括对条件滤波的估计结果进行融合或挑选，以给出最优的总体估计结果。

迄今，多模型估计理论已有四十多年历史，并且可以分为三代：自主式多模型（Autonomous Multiple Model，AMM）估计、协作式多模型（Cooperation Multiple Model，CMM）估计和变结构多模型（Variable Structure Multiple Model，VSMM）估计。

5.2.2 自主式多模型估计

AMM 估计中，对模型集的假设如下。

（1）在每个采样时刻，真实模式是时不变的。

（2）真实模式所在的模式空间与先验设计的模型集合完全一致。

在绝大多数的 AMM 算法中，真实模式被假设为一个未知的随机变量，模型有效的概率取决于先验信息并采用在线量测数据进行更新。基于 MMSE、MAP 或者联合最大后验概率（Joint Maximum A Posteriori，JMAP）的最优准则，给出最终的状态估计值，如文献[35]（MMSE）和文献[36]（MAP）等。这类算法针对各模型的估计过程独立进行并且模型之间无信息交互，所以称为 AMM 算法。这类算法由文献[35]和文献[36]首先提出，并且被研究者广泛地应用与推广，包括多模型自适应滤波器（Multiple Model Adaptive Filter，MMAF）[37]、并行处理算法（Parallel Processing Algorithm，PPA）[38]、静态多模型算法（Static Multiple-Model Algorithm，SMMA）[39]等。文献[40]深入分析了 AMM 算法用于带单脉冲雷达的空空导弹对带电子对抗装置的高机动战机的捕捉与跟踪能力。

AMM 算法作为第一代多模型算法，此处不详细介绍，后面将重点介绍第二代、第三代多模型算法。

5.2.3 协作式多模型估计

1. 协作式多模型估计概述

与 AMM 估计不同的是，属于第二代的 CMM 估计中，基于模型的各个滤波器之间通过信息交互以提高估计性能。在 CMM 估计算法中，关于模型具有如下假设。

（1）真实模式序列为马尔可夫（或半马尔可夫）的。

（2）真实模式所在的模式空间与先验设计的模型集合完全一致。

这类算法主要采用的最优估计准则依然为 MMSE、MAP 或者 JMAP。然而，由于假设（1），当采用这些最优准则时，关于状态的最优估计需要考虑所有可能的模型序列，而该序列的个数随着时间会呈指数增长（n^k 个可能序列，n 为模型个数，k 为采样时刻），所以最优估计在计算上是不可行的。这就需要采用一定的协作策略（cooperation strategies），其主要包括两方面：假设（主要指关于模型序列的假设）缩减策略和迭代策略。

具体的假设缩减策略包括如下四部分[34]。

（1）合并“相似”的模型序列。将“相似”的模型序列合并，以基于这些序列的总体状态估计值代替序列信息，这是个软决策（soft decision）的过程。

（2）裁剪“不太可能”的模型序列，或挑选全局最优的模型序列等，这是个硬决策（hard decision）的过程。

（3）随机挑选可能序列全集的子集。

（4）其他策略，如将弱相关序列解耦合形成聚类等。

这些策略的基本出发点都是减少随着时间而指数增长的模型序列，而在实际中，主要采用的为合并和裁剪策略。

基于合并策略的代表性 CMM 估计算法包括η阶伪贝叶斯算法（Generalized Pseudo Bayesian algorithms of order η，GPBη）[41]（一般文献写成 GPBn，由于 n 已用来表示模型个数，此处以η代替）和交互多模型算法（Interacting Multiple-Model algorithm，IMM）[42]。这类方法均基于 MMSE 最优准则。GPBη 直接将在最邻近的η个采样时刻（假设当前时刻为 k，此处指从时刻$k-\eta+1$到 k）具有相同模型的模型序列合并，于是 GPBη 算法需要考虑n^η个不同的模型序列，并相应采用n^η个条件滤波器分别进行并行估计。实际中，最为流行的是 GPB1 与 GPB2 算法，GPB2 具有比 GPB1 更好的状态估计性能然而却需要大约 n（n 为模型个数）倍于 GPB1 的计算量。相比于 GPB1 与 GPB2，IMM 算法采用的交互式合并策略具有远高于这二者的性能/计算量比，具体地说，IMM 算法具有与 GPB2 匹配的估计性能，然而其计算量却与 GPB1 类似。后面将就此进行具体的探讨。因此，作为第二代多模型估计理论的一个代表，IMM 算法得到了深入的研究与广泛的应用[43, 44]。下面介绍 IMM 算法的具体内容。

2. 交互式多模型算法

IMM 算法[42]的基本思想是用多个不同的运动模型匹配机动目标的不同运动模式，不同模型间的转移概率是一个马尔可夫矩阵，目标的状态估计和模型概率的更新使用卡尔曼滤波。其算法流程图如图 5.3 所示。

关于马尔可夫状态转移矩阵的说明：它假设在每一个扫描时间，目标以先验的概率$\pi_{j|i}$从运动模型 i 转移到运动模型 j。下式给出了一个典型的模型个数 $r=3$ 的状态转移矩阵的数值例子，即

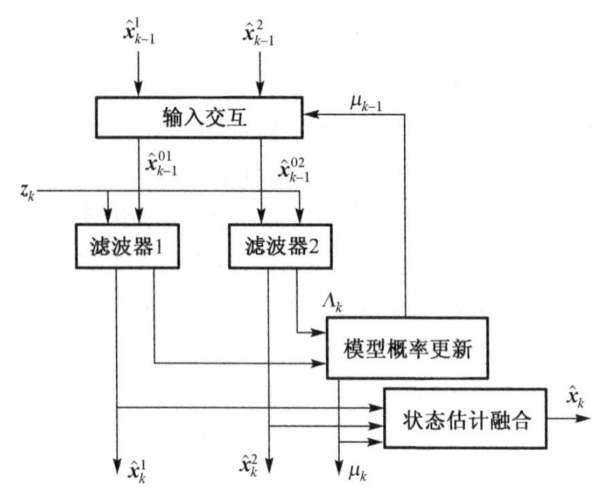

图 5.3　IMM 算法流程图

$$\boldsymbol{\Pi}=\begin{bmatrix}P_{11} & P_{12} & P_{13}\\ P_{21} & P_{22} & P_{23}\\ P_{31} & P_{32} & P_{33}\end{bmatrix}=\begin{bmatrix}0.8 & 0.1 & 0.1\\ 0.1 & 0.6 & 0.3\\ 0.15 & 0.05 & 0.8\end{bmatrix} \tag{5.77}$$

显然，对于所有的模型有

$$\sum_{j=1}^{r}\pi_{j|i}=1 \tag{5.78}$$

为了详细阐述 IMM 算法，先定义以下项。

（1）$\hat{\boldsymbol{x}}_k^i$ 为目标在 k 时刻于模型 i 的状态估计。

（2）$\boldsymbol{P}_k^i$ 为目标在 k 时刻于模型 i 的协方差矩阵。

（3）μ_k^i 为目标在 k 时刻处于模型 i 的概率。

（4）μ_k^{ij} 为目标在 k 时刻从模型 i 转移到模型 j 的条件概率。

根据全概率公式，状态 x 的条件概率密度函数可以分解为

$$\begin{aligned}p[\boldsymbol{x}_k|\boldsymbol{Z}^k]&=\sum_{j=1}^{r}p[\boldsymbol{x}_k|m_k^j,\boldsymbol{Z}^k]P\{m_k^j|\boldsymbol{Z}^k\}\\&=\sum_{j=1}^{r}p[\boldsymbol{x}_k|m_k^j,z_k,\boldsymbol{Z}^{k-1}]\mu_k^j\end{aligned} \tag{5.79}$$

式中，m_k^j 表示 k 时刻起作用的模型；$\boldsymbol{Z}^k$ 表示到 k 时刻为止累积的量测信息。状态的模型条件后验概率密度函数为

$$p[\boldsymbol{x}_k|m_k^j,z_k,\boldsymbol{Z}^{k-1}]=\frac{p[z_k|m_k^j,\boldsymbol{x}_k]}{p[z_k|m_k^j,\boldsymbol{Z}^{k-1}]}p[\boldsymbol{x}_k|m_k^j,\boldsymbol{Z}^{k-1}] \tag{5.80}$$

其反映的是对应模型 m_k^j 的状态估计滤波更新步骤，再运用一次全概率公式，可以得到

$$p[\boldsymbol{x}_k \big| m_k^j, \boldsymbol{Z}^{k-1}] = \sum_{i=1}^{r} p[\boldsymbol{x}_k \big| m_k^j, m_{k-1}^i, \boldsymbol{Z}^{k-1}] \times P\{m_{k-1}^i \big| m_k^j, \boldsymbol{Z}^{k-1}\}$$
$$\approx \sum_{i=1}^{r} p[\boldsymbol{x}_k \big| m_k^j, m_{k-1}^i, \{\boldsymbol{x}_{k-1}^l, \boldsymbol{P}_{k-1}^l\}_{l=1}^{r}]\mu_{k-1}^{ij}$$
$$= \sum_{i=1}^{r} p[\boldsymbol{x}_k \big| m_k^j, m_{k-1}^i, \hat{\boldsymbol{x}}_{k-1}^i, \boldsymbol{P}_{k-1}^i]\mu_{k-1}^{ij} \tag{5.81}$$

式（5.81）中的第二行是对整合 $k-1$ 时刻 r 个模型条件估计和协方差的一个近似。最后一行是对当前模型条件概率密度函数的一个加权混合。通过高斯分布近似后，可以得到

$$p[\boldsymbol{x}_k \big| m_k^j, \boldsymbol{Z}^{k-1}]$$
$$= \sum_{i=1}^{r} \mathcal{N}[\boldsymbol{x}_k; E[\boldsymbol{x}_k \big| m_k^j, \hat{\boldsymbol{x}}_{k-1}^i], C[\cdot]] \times \mu_{k-1}^{ij}$$
$$\approx \mathcal{N}[\boldsymbol{x}_k; \sum_{i=1}^{r} E[\boldsymbol{x}_k \big| \boldsymbol{M}_k^j, \hat{\boldsymbol{x}}_{k-1}^i] \times \mu_{k-1}^{ij}, C[\cdot]]$$
$$= \mathcal{N}[\boldsymbol{x}_k; E[\boldsymbol{x}_k \big| \boldsymbol{M}_k^j, \sum_{i=1}^{r} \hat{\boldsymbol{x}}_{k-1}^i \mu_{k-1}^{ij}], C[\cdot]] \tag{5.82}$$

式中，$\mathcal{N}[\boldsymbol{x}; \bar{\boldsymbol{x}}, \boldsymbol{P}]$ 表示均值为 $\bar{\boldsymbol{x}}$，方差为 $\boldsymbol{P}$ 的事件 $\boldsymbol{x}$ 的高斯概率密度函数。式（5.82）中的最后一行表明模型 j 的输入来自于 r 个模型基于相应权重的交互。

IMM 算法的一个循环流程如下：假设已经得到了 $k-1$ 时刻的目标状态 $\hat{\boldsymbol{x}}_{k-1}^i$、协方差 $\boldsymbol{P}_{k-1}^i$、模型概率 μ_{k-1}^i 和状态转移矩阵 $\boldsymbol{\Pi}$ 。

1）输入交互

$$c_{k-1}^j = \sum_{i=1}^{r} \pi_{j|i} \mu_{k-1}^i \tag{5.83}$$

$$\mu_{k-1}^{ij} = \frac{1}{c_{k-1}^j} \pi_{j|i} \mu_{k-1}^i \tag{5.84}$$

式中，c_{k-1}^j 代表输入交互后目标处于模型 j 的概率。

$$\hat{\boldsymbol{x}}_{k-1}^{0j} = \sum_{i=1}^{r} \hat{\boldsymbol{x}}_{k-1}^j \mu_{k-1}^{ij} \tag{5.85}$$

$$\boldsymbol{P}_{k-1}^{0j} = \sum_{i=1}^{r} \mu_{k-1}^{ij} \{\boldsymbol{P}_{k-1}^i + [\hat{\boldsymbol{x}}_{k-1}^i - \hat{\boldsymbol{x}}_{k-1}^j][\hat{\boldsymbol{x}}_{k-1}^i - \hat{\boldsymbol{x}}_{k-1}^j]^{\mathrm{T}}\} \tag{5.86}$$

式中，$\hat{\boldsymbol{x}}_{k-1}^{0j}$ 和 $\boldsymbol{P}_{k-1}^{0j}$ 是交互后目标于各模型的状态估计和协方差矩阵。

2）滤波器滤波

在获得测量信息后按照卡尔曼（非线性情况下可以用扩展卡尔曼或者粒子）滤波算法对各模型进行滤波估计得到 k 时刻的各模型的状态估计和协方差矩阵，即 $\hat{\boldsymbol{x}}_k^i$ 和 $\boldsymbol{P}_k^i$ 。

3）模型概率更新

在滤波器滤波算法中可以得到各模型的实际测量信息 $\tilde{\boldsymbol{y}}_k$ 和预测测量信息的误差向量和相应的协方差矩阵 $\boldsymbol{S}_k$，以线性测量为例，其计算式为

$$\tilde{\boldsymbol{y}}_k^i = \boldsymbol{y}_k - \boldsymbol{H}\hat{\boldsymbol{x}}_{k|k-1}^i \tag{5.87}$$

$$\boldsymbol{S}_k^i = \boldsymbol{H}\boldsymbol{P}_{k|k-1}^i \boldsymbol{H}^{\mathrm{T}} + \boldsymbol{R} \tag{5.88}$$

各模型的似然函数计算为

$$\Lambda_k^i = \frac{\exp[-(\tilde{\boldsymbol{y}}_k^i)^{\mathrm{T}}(\boldsymbol{S}_k^i)^{-1}\tilde{\boldsymbol{y}}_k^i / 2]}{\sqrt{(2\pi)^M \left|\boldsymbol{S}_k^i\right|}} \tag{5.89}$$

式中，M 是测量模型的维数。根据贝叶斯概率公式，各模型概率更新为

$$\mu_k^i = \Lambda_k^i c_k^i / C_k \tag{5.90}$$

$$C_k = \sum_{i=1}^{r} \Lambda_k^i c_k^i \tag{5.91}$$

4）整合各模型的状态估计和协方差，即

$$\hat{\boldsymbol{x}}_k = \sum_{i=1}^{r} \hat{\boldsymbol{x}}_k^i \mu_k^i \tag{5.92}$$

$$\boldsymbol{P}_k = \sum_{i=1}^{r} \mu_k^i \{\boldsymbol{P}_k^i + (\hat{\boldsymbol{x}}_k^i - \hat{\boldsymbol{x}}_k)(\hat{\boldsymbol{x}}_k^i - \hat{\boldsymbol{x}}_k)^{\mathrm{T}}\} \tag{5.93}$$

5.2.4　变结构多模型估计

1. 变结构多模型估计概述

前两代算法（AMM、CMM）均假设模型集在预先设定之后不再发生变化，所以也称为定结构多模型（Fixed-Structure Multiple-Model，FSMM）算法。当实际中可能的真实模式集合过大甚至不可数（例如，当机动加速度连续变化，而机动模型以某一固定加速度水平为特征）时，多模型算法实际采用的模型集合为真实模式（mode）集合的取样。这种取样过程又称为模型集的设计（model-set design）。模型集的设计对 AMM 和 CMM 算法非常重要，并为影响估计性能的关键因素之一。然而，FSMM 算法有一个固定的缺陷，即如果实际模式集合过大，为提高算法的估计性能，需要选用更多的模型组成可用集合，这会导致两个问题：①过多的模型会导致算法计算量过大；②过多的模型之间的竞争不仅不能使算法估计性能提高，反而可能使其下降。

为解决上述问题，Li 在文献[45]中提出了第三代多模型估计理论，即 VSMM 估计。该估计理论仅采用如下假设：真实模式序列为马尔可夫（或半马尔可夫）的。

与 AMM 和 CMM 估计相比，VSMM 估计实际上舍弃了前两代中关于实际模式空间与模型集合相同的假设，进一步考虑实际模式空间与模型集合不匹配的情况。其采用的主要最优准则为 MMSE 和 MAP。

与前两代不同的是，VSMM 算法假设模型集随着外界条件和实时信息变化而变化。这类算法得到了广泛的研究[33, 46-51]，并且也是当前多模型估计研究的最前沿。由于模型集时变并基于其基本假设，最优的 VSMM 估计实际上也是计算不可行的，所以需要在线找到一个最好的模型集合进行状态估计，即需要采用递归自适应模型集（Recursive Adaptive Model-Set，RAMS）方法[45]。该方法包括两部分：模型集自适应（Model-Set Adaptation，MSA）[33]和基于模型集序列的状态估计[34]。基于 CMM 估计中的 IMM 算法的思想，在给定可变模型集序列的条件下，文献[52]和文献[53]将基于模型序列的状态估计算法直接表述为 VSIMM 算法，该算法大量用于 VSMM 状态估计问题中，并为这类问题的主要解决方法。于是 VSMM 估计中 RAMS 方法的关键问题，也是其特有的问题就是 MSA 方法。而当前提出的具体的 VSMM 算法之间的主要区别在于 MSA 方法的不同。

2. 模型集自适应方法概述

文献[33]指出，MSA 的任务可划分为两部分：激活一个新模型的集合和终止一个当前的模型子集。它们实际上分别对应着模型集的扩展和缩减。激活新模型的目的在于找到“更好”的模型，并将其加入多模型算法用来进行状态估计的模型集中。此处，“更好”意为，在状态估计或量测预测的意义上，挑选出来的模型能比当前使用的模型集更好地描述目标的实际模式。而终止一个模型子集具有两个目的：①移除不能很好地描述真实模式的模型；②减少模型间不必要的竞争从而提高相应算法的性能并降低其计算复杂度。

期望模式扩展（Expected-Mode Augmentation，EMA）算法[49]就是一种激活模型的方法。在 EMA 算法中，原始的模型集合通过并入一个可变的新模型集合得到扩展，而这种新加入的模型试图匹配未知真实模式的期望值。具体来说，新激活的模型通过基于当前模型集得到的模式估计的（全局或局部）概率加权和得到。该算法比采用同样原始模型的 IMM 算法具有更好的性能。在该算法中，需要基于各当前模型获取可以求和的关于未知模式的估计值。这说明，EMA 算法仅能处理参数不同的模型构成的集合，而这种参数又需要具有相同的物理意义（可加性）。

而可能模型集（Likely-Model Set，LMS）[47]算法是另一类模型激活和终止的方法。在其最简单的版本中，模型集合基于如下两种策略自适应变化：①删除所有的不可能模型；②激活所有当前主要模型下一时刻即将跳变到的模型，从而对系统真实模式可能的转移进行预测。这种 MSA 过程基于模型的（预测）概率进行。与采用相同初始模型集的 IMM 算法相比，LMS 算法在保持估计性能的同时大幅减小了算法的复杂度。LMS 算法中的模型集合仅取决于模型的概率和它们之间的转移概率（需要指出的是，原始的 LMS 算法假设转移概率矩阵为先验知识）。因此，不同于 EMA 算法，LMS 对模型本身的结构几乎无具体要求。然而，LMS 算法却并不能像 EMA 算法一样，激活在先验定义的全部模型集合中不包括的模型。虽然如此，LMS 算法由于其自然而直接的 MSA 思想而在实际中得到了研究者的应用，如文献[50]提出的最小子模型集（Minimal Sub model Set，MSS）算法等。

另一种自然而简单的自适应结构就是自适应网格结构（Adaptive Grid，AG），其中模型表示为一个网格点[34, 51]。该结构对模式空间进行不均匀且自适应的采样。这类方法常常从一个粗糙的网格出发，基于在线数据和先验知识对网格进行自适应调整。这类算法包括文献[51]～文献[56]等。这类算法往往需要采用大量的先验信息对模型集转移条件进行设计，相对而言不如上述两种 VSMM 算法（LMS、EMA）通用。

更通用地，文献[34]和文献[33]将 MSA 中的各种代表性问题表述为各种相应的假设检验问题。基于所有可能模型的概率和似然函数值，文献[33]采用 Wald 的序贯概率比检验（Sequential Probability Ratio Test，SPRT）和序贯似然比检验（Sequential Likelihood Ratio Test，SLRT）来解决这些假设检验问题。这种序贯化的解决方法计算效率高，易于实现，并具有一定所需的最优特性。文献[33]的结论构成了开发好的、通用的并且可行的 MSA 方法的一种理论基础。然而，当整个模式集合较大甚至不可数时（例如，目标模式连续变化的情况），这种表述和解决方式由于必须获取各模型的概率和似然函数，可能在计算上不可行。

正如文献[33]指出的那样，激活一个模型集合成员总体上远比终止一个当前模型集合的子集困难。然而，前者却比后者更为重要，因为激活正确模型集的延迟或多或少将导致多模型算法性能恶化，而终止一个不正确模型集的延迟通常只会造成一些计算上的浪费。因此，本章将重点讨论通用模型的模型激活问题。基于对上述主要 VSMM 算法的分析，文献[57]、文献[58]、文献[59]、文献[60]指出，一个通用的 MSA 方法应具有如下特性。

（1）该方法应提供一个通用的模型激活与模型终止的标准。这个标准应提供一个衡量真实模式与具有不同结构和不同参数的待选模型间接近程度的度量。

（2）该方法应该计算上可行。这种 MSA 方法能够在可接受的计算量的条件下易于应用。这个性质对于以连续参数为特征的模型尤为重要。这就需要该 MSA 方法能够提供一种从连续的模式空间生成新模型的方式。

（3）该方法应独立于滤波器。这种需求使得 MSA 算法只能基于模型本身，因此可以排除各种滤波器对其结果的影响。

3. 变结构交互多模型算法

在 VSMM 估计算法中，应用 MSA 方法可得到 k 时刻用于状态估计的模型集合 $\boldsymbol{M}_k=\{m_k^j, j=1,\cdots,n_k\}$，其中 n_k 为 k 时刻模型集合 $\boldsymbol{M}_k$ 中模型的个数。于是基于模型集序列 $\boldsymbol{M}^k=\{\boldsymbol{M}_1,\boldsymbol{M}_2,\cdots,\boldsymbol{M}_k\}$ 和量测序列 $\boldsymbol{Z}^k=\{z_1,z_2,\cdots,z_k\}$ 可对 k 时刻的状态 x_k 进行估计，即获取

$$\begin{cases}\hat{\boldsymbol{x}}_k \overset{\text{def}}{=} E[\boldsymbol{x}_k \mid \boldsymbol{M}^k, \boldsymbol{Z}^k] \\ \boldsymbol{P}_k \overset{\text{def}}{=} E[(\boldsymbol{x}_k - \hat{\boldsymbol{x}}_k)(\cdot)^{\mathrm{T}} \mid \boldsymbol{M}^k, \boldsymbol{Z}^k]\end{cases} \tag{5.94}$$

结合 IMM 算法的思想，文献[52]和文献[53]对获取的估计过程进行推导，提出了 VSIMM 算法，该算法由于其形式简单而在关于 VSMM 估计的算法中大量应用，如文献[46]～文献[48]等。VSIMM 算法采用如下基本假设[46, 52]：

$$\begin{cases}\hat{\boldsymbol{x}}_k^j = E[\boldsymbol{x}_k \mid m_k^j, \boldsymbol{Z}^k] = E[\boldsymbol{x}_k \mid m_k^j, \boldsymbol{M}_{k-1}, \boldsymbol{Z}^k] \\ P\{m_k^j \mid \boldsymbol{M}_{k-1}, \boldsymbol{Z}^k\} = P\{m_k^j \mid \boldsymbol{M}_k, \boldsymbol{M}_{k-1}, \boldsymbol{Z}^k\}\end{cases} \tag{5.95}$$

式中，$m_k^j \in \boldsymbol{M}_k$。在该假设条件下，VSIMM 可具体描述如下[52, 53]（给定 M_{k-1}, M_k）。

1）基于模型的重初始化（$\forall m_k^j \in \boldsymbol{M}_k$）

模型概率预测为

$$\hat{\mu}_{k|k-1}^j \overset{\text{def}}{=} P\{m_k^j \mid \boldsymbol{M}_k, \boldsymbol{M}_{k-1}, z^{k-1}\} = \sum_{m_k^i \in \boldsymbol{M}_{k-1}} \pi_{j|i} \mu_{k-1}^i \tag{5.96}$$

交互权值为

$$\mu^{i|j} \overset{\text{def}}{=} P\{m_{k-1}^i \mid m_k^j, \boldsymbol{M}_{k-1}, z^{k-1}\} = \pi_{j|i} \mu_{k-1}^i / \hat{\mu}_{k|k-1}^j \tag{5.97}$$

交互估计为

$$\bar{\boldsymbol{x}}_{k-1}^j \overset{\text{def}}{=} E[\boldsymbol{x}_{k-1} \mid m_k^j, \boldsymbol{M}_{k-1}, z^{k-1}] = \sum_{m_k^i \in \boldsymbol{M}_{k-1}} \hat{\boldsymbol{x}}_{k-1}^i \mu^{i|j} \tag{5.98}$$

交互方差为

$$\begin{aligned}\bar{\boldsymbol{P}}_{k-1}^j &\overset{\text{def}}{=} E[(\boldsymbol{x}_k - \bar{\boldsymbol{x}}_{k-1}^j)(\cdot)^{\mathrm{T}} \mid m_k^j, \boldsymbol{M}_{k-1}, z^{k-1}] \\ &= \sum_{m_k^i \in \boldsymbol{M}_{k-1}} \mu^{i|j} [(\hat{\boldsymbol{x}}_{k-1}^i - \bar{\boldsymbol{x}}_{k-1}^j)(\cdot)^{\mathrm{T}}]\end{aligned} \tag{5.99}$$

2）基于模型的状态估计（$\forall m_k^j \in \boldsymbol{M}_k$）

预测状态为

$$\hat{\boldsymbol{x}}_{k|k-1}^j \overset{\text{def}}{=} E[\boldsymbol{x}_k \mid m_k^j, \boldsymbol{M}_{k-1}, z^{k-1}] = \boldsymbol{F}_k^j \bar{\boldsymbol{x}}_{k-1}^j \tag{5.100}$$

预测状态方差为

$$\begin{aligned}\boldsymbol{P}_{k|k-1}^j &\overset{\text{def}}{=} E[(\boldsymbol{x}_k - \hat{\boldsymbol{x}}_{k|k-1}^j)(\cdot)^{\mathrm{T}} \mid m_k^j, \boldsymbol{M}_{k-1}, \boldsymbol{Z}^{k-1}] \\ &= \boldsymbol{F}_k^j \bar{\boldsymbol{P}}_{k-1}^j (\boldsymbol{F}_k^j)^{\mathrm{T}} + \boldsymbol{Q}_{k-1}^j\end{aligned} \tag{5.101}$$

量测残差为

$$\begin{aligned}\tilde{z}_k^j &\overset{\text{def}}{=} z_k - E[z_k \mid m_k^j, \boldsymbol{M}_{k-1}, \boldsymbol{Z}^{k-1}] \\ &= z_k - \boldsymbol{H}_k^j \hat{\boldsymbol{x}}_{k-1}^j\end{aligned} \tag{5.102}$$

残差协方差矩阵为

$$\boldsymbol{S}_k^j \stackrel{\text{def}}{=} \boldsymbol{H}_k^j \boldsymbol{P}_{k|k-1}^j (\boldsymbol{H}_k^j)^{\mathrm{T}} + \boldsymbol{R}_k^j \tag{5.103}$$

滤波器增益为

$$\boldsymbol{K}_k^j = \boldsymbol{P}_{k|k-1}^j (\boldsymbol{H}_k^j)^{\mathrm{T}} (\boldsymbol{S}_k^j)^{-1} \tag{5.104}$$

状态估计（更新）为

$$\hat{\boldsymbol{x}}_k^j \stackrel{\text{def}}{=} E[\boldsymbol{x}_k \mid m_k^j, \boldsymbol{M}_{k-1}, \boldsymbol{Z}^k] = \hat{\boldsymbol{x}}_{k|k-1}^j + \boldsymbol{K}_k^j \tilde{\boldsymbol{z}}_k^j \tag{5.105}$$

状态估计协方差矩阵（更新）为

$$\boldsymbol{P}_k^j \stackrel{\text{def}}{=} E[(\boldsymbol{x}_k - \hat{\boldsymbol{x}}_k^j)(\cdot)^{\mathrm{T}} \mid m_k^j, \boldsymbol{M}_{k-1}, \boldsymbol{Z}^k] = (\boldsymbol{I} - \boldsymbol{K}_k^j \boldsymbol{H}_k^j) \boldsymbol{P}_{k|k-1}^j \tag{5.106}$$

3）模型概率更新（$\forall m_k^j \in \boldsymbol{M}_k$）

似然函数为

$$L_k^j \stackrel{\text{def}}{=} p[z_k \mid m_k^j, \boldsymbol{M}^{k-1}, \boldsymbol{z}^{k-1}] = \mathcal{N}(\boldsymbol{z}_k; \boldsymbol{H}_k^j \hat{\boldsymbol{x}}_{k-1}^j, \boldsymbol{S}_k^j) \tag{5.107}$$

模型概率为

$$\mu_k^j \stackrel{\text{def}}{=} P\{m_k^j \mid \boldsymbol{M}^k, \boldsymbol{Z}^k\} = \frac{\hat{\mu}_{k|k-1}^j L_k^j}{\sum\limits_{m_k^j \in \boldsymbol{M}_k} \hat{\mu}_{k|k-1}^j L_k^j} \tag{5.108}$$

4）融合（$\forall m_k^j \in \boldsymbol{M}_k$）

总体估计为

$$\hat{x}_k \stackrel{\text{def}}{=} E[\boldsymbol{x}_k \mid \boldsymbol{M}^k, \boldsymbol{Z}^k] = \sum_{m_k^j \in \boldsymbol{M}_k} \hat{\boldsymbol{x}}_k^j \mu_k^j \tag{5.109}$$

总体估计协方差矩阵为

$$\boldsymbol{P}_k \stackrel{\text{def}}{=} E[(\boldsymbol{x}_k - \hat{\boldsymbol{x}}_k)(\cdot)^{\mathrm{T}} \mid \boldsymbol{M}^k, \boldsymbol{Z}^k] = \sum_{m_k^j \in \boldsymbol{M}_k} \mu_k^j [\boldsymbol{P}_k^j + (\hat{\boldsymbol{x}}_k - \hat{\boldsymbol{x}}_k^j)(\cdot)^{\mathrm{T}}] \tag{5.110}$$

以上四个步骤构成了一个周期内的 VSIMM 算法。

总之，由于 VSIMM 算法解决了给定连续两个时刻可变模型集合的状态估计问题，后面将侧重于 VSMM 估计的根本问题，即模型集自适应方法的研究。

4. 期望模式扩展算法[49]

假设系统的模型集为$\boldsymbol{M}$，该算法的重点是寻找一个其他的模型集$\boldsymbol{C}$来扩展模型集，使$\boldsymbol{M} \cup \boldsymbol{C}$能更好地描述目标的运动状态。假如基于模型集 $\boldsymbol{C}$ 的目标状态 $\boldsymbol{x}^c$ 优于基于模型集 $\boldsymbol{M}$ 的目标状态 $\boldsymbol{x}^m$，则该扩展模型能有效地改善算法的跟踪效果。由于模型集 $\boldsymbol{C}$ 的自适应性、变结构性等因素，期望模型集也是变化的。

假设 $\boldsymbol{M}^1, \cdots, \boldsymbol{M}^q$ 为模型集 $\boldsymbol{M}$ 的 q 个子集，$\boldsymbol{M}^+ = \boldsymbol{M} \cup \boldsymbol{E}$ 表示通过 $\boldsymbol{E}$ 扩展后得到的模型集，即

$$\boldsymbol{E}=E[\boldsymbol{M};\boldsymbol{M}^1,\cdots,\boldsymbol{M}^q]=\{\bar{m}^1,\cdots,\bar{m}^q\} \tag{5.111}$$

式中，$\bar{m}^i$ 表示基于模型子集 $\boldsymbol{M}^i$ 得到的期望模型。由于该模型集的模型之间相互独立，因此可以通过条件估计得到 $\bar{m}^i$，即

$$\bar{m}^i=\bar{m}_k^{\boldsymbol{M}^i}=E[s_k|s_k\in\boldsymbol{M}_k,\boldsymbol{M}^{k-1},\boldsymbol{Z}^{k-1}]=\sum_{m^j\in\boldsymbol{M}^i}m^j\mu_k^j \tag{5.112}$$

或者

$$\bar{m}^i=\bar{m}_{k|k-1}^{\boldsymbol{M}^i}=E[s_k|s_k\in\boldsymbol{M}_k,\boldsymbol{M}^{k-1},\boldsymbol{Z}^{k-1}]=\sum_{m^j\in\boldsymbol{M}^i}m^j\mu_{k|k-1}^j \tag{5.113}$$

式中，$\boldsymbol{M}^k$ 和 $\boldsymbol{Z}^k$ 分别表示模型集序列和量测序列；$\mu_{k|k-1}^j=P\{s_k=m_j|s_k\in\boldsymbol{M}_k,\boldsymbol{M}^{k-1},\boldsymbol{Z}^{k-1}\}$ 表示模型 j 的预测模型概率值；$\mu_k^j=P\{s_k=m_j|s_k\in\boldsymbol{M}_k,\boldsymbol{M}^{k-1},\boldsymbol{Z}^k\}$ 表示模型 j 的更新概率值。

在期望模型集自适应算法中，其扩展的模型本质上是通过模型的概率加权和获得的。模型 $\boldsymbol{E}$ 称为期望模型集。一般模型集 $\boldsymbol{M}_k$ 是时变的，在期望模型自适应算法中，改进的模型集为

$$\boldsymbol{M}_k=\boldsymbol{E}_k\cup(\boldsymbol{M}_{k-1}-\boldsymbol{E}_{k-1}) \tag{5.114}$$

扩展模型集是由模型 $\boldsymbol{M}^1,\cdots,\boldsymbol{M}^q$ 决定的。当 $q=1$ 时，扩展模型集 $\boldsymbol{E}_k=\bar{m}^1=\sum_{m^j\in\boldsymbol{M}_k}m^j\mu_k^j$。当 $q>1$ 时，通常 $\boldsymbol{M}^i$ 选择模型概率最大的若干个模型或者模型的概率与 $\bar{m}^1$ 相接近的。

EMA 算法的实现主要包括下列功能模块。

（1）VSIMM$[\boldsymbol{M}_k,\boldsymbol{M}_{k-1}]$：以 $\boldsymbol{M}_k,\boldsymbol{M}_{k-1}$ 为模型集的变结构多模型算法。

（2）EF$[\boldsymbol{M}_k^1,\boldsymbol{M}_k^2;\boldsymbol{M}_{k-1}]$：对 VSIMM$[\boldsymbol{M}_k^1,\boldsymbol{M}_{k-1}]$ 和 VSIMM$[\boldsymbol{M}_k^2,\boldsymbol{M}_{k-1}]$ 得到的估计结果进行融合估计。

EMA 算法实现的细节主要有以下三种。

1）第一种

（1）根据各模型的预测模型概率值 $\{\mu_{k|k-1}^i\}_{m^i\in\boldsymbol{M}_{k-1}}$，获得扩展期望模型 $\boldsymbol{E}_k=E[\boldsymbol{M};\boldsymbol{M}^1,\cdots,\boldsymbol{M}^q]$。

（2）根据 $\boldsymbol{M}_k=\boldsymbol{E}_k\cup(\boldsymbol{M}_{k-1}-\boldsymbol{E}_{k-1})$ 得到 k 时刻的系统模型集，运用 VSIMM $[\boldsymbol{M}_k,\boldsymbol{M}_{k-1}]$ 计算出全局的状态估计、误差协方差、模型概率，即 $\{\boldsymbol{x}_k^i,\boldsymbol{P}_k^i,\mu_k^i\}_{m^i\in\boldsymbol{M}_k}$。

2）第二种

（1）根据 $\boldsymbol{M}^f=\boldsymbol{M}_{k-1}-\boldsymbol{E}_{k-1}$，运用 VSIMM$[\boldsymbol{M}_f,\boldsymbol{M}_{k-1}]$ 获得该模型集的各个子模型状态估计值、协方差值和模型概率，即 $\{\boldsymbol{x}_k^i,\boldsymbol{P}_k^i,\mu_k^i\}_{m^i\in\boldsymbol{M}^f}$。

（2）根据当前更新的模型概率值 $\{\mu_k^i\}_{m^i\in\boldsymbol{M}^f}$，获得扩展模型集 $\boldsymbol{E}_k=E[\boldsymbol{M};\boldsymbol{M}^1,\cdots,\boldsymbol{M}^q]$。

（3）运用 VSIMM$[\boldsymbol{E}_k,\boldsymbol{M}_{k-1}]$ 获得扩展的各模型状态估计值、协方差和模型概率分布，即 $\{\boldsymbol{x}_k^i,\boldsymbol{P}_k^i,\mu_k^i\}_{m^i\in\boldsymbol{E}_k}$。

（4）运用 EF$[\boldsymbol{M}^f, \boldsymbol{E}_k; \boldsymbol{M}_{k-1}]$ 来获得全局的状态估计值和误差协方差，以及模型概率 $\{\boldsymbol{x}_k^i, \boldsymbol{P}_k^i, \mu_k^i\}_{m^i \in \boldsymbol{M}_k}$，其中，$\boldsymbol{M}_k = \boldsymbol{M}_k^f \cup \boldsymbol{E}_k$。

3）第三种

（1）根据模型的预测概率 $\{\mu_{k|k-1}^i\}_{m^i \in \boldsymbol{M}_{k-1}}$，计算获得 k 时刻系统的预测扩展期望模型集 $\tilde{\boldsymbol{E}} = E[\boldsymbol{M}; \boldsymbol{M}^1, \cdots, \boldsymbol{M}^q]$。

（2）根据 $\tilde{\boldsymbol{M}}_k = \tilde{\boldsymbol{E}}_k \cup (\boldsymbol{M}_{k-1} - \boldsymbol{E}_{k-1})$ 获得 k 时刻系统预测模型集，运用 VSIMM $[\tilde{\boldsymbol{M}}_k, \boldsymbol{M}_{k-1}]$ 计算各模型的概率更新值 $\{\mu_k^i\}_{m^i \in \tilde{\boldsymbol{M}}_k}$。

（3）根据计算得到的模型概率 $\{\mu_k^i\}_{m^i \in \tilde{\boldsymbol{M}}_k}$ 计算扩展的模型集 $\boldsymbol{E}_k = E[\boldsymbol{M}; \boldsymbol{M}^1, \cdots, \boldsymbol{M}^q]$。

（4）计算 VSIMM$[\boldsymbol{E}_k, \boldsymbol{M}_{k-1}]$。

（5）根据 $\boldsymbol{M}^f = \boldsymbol{M}_{k-1} - \boldsymbol{E}_{k-1}$，计算 EF$[\boldsymbol{M}^f, \boldsymbol{E}_k; \boldsymbol{M}_{k-1}]$，获得全局的状态估计、误差协方差和模型概率，即 $\{\boldsymbol{x}_k^i, \boldsymbol{P}_k^i, \mu_k^i\}_{m^i \in \boldsymbol{M}_k}$，其中 $\boldsymbol{M}_k = \boldsymbol{M}_k^f \cup \boldsymbol{E}_k$。

5. 最优模型扩展算法[58]

在最优模型扩展（Best-Model Augmentation，BMA）算法[58]中，首先给出了基于 KL（Kullback-Leiber）准则的最优 MSA 方法，继而讨论了算法的具体形式，本节就这两部分分别进行阐述。

1）基于 KL 准则的 MSA 方法[58]

首先，定义如下的模型集合。

（1）$\boldsymbol{M}$：所有可能模型构成的全集。

（2）$\boldsymbol{M}_b$：基本模型构成的集合。

（3）$\boldsymbol{M}_k$：k 时刻用于状态估计的集合。

（4）$\boldsymbol{M}_k^c$：k 时刻用于激活的候选模型集合。

（5）$\boldsymbol{M}_k^a$：k 时刻被激活模型构成的集合。

（6）$\boldsymbol{M}_k^t$：k 时刻被终止模型构成的集合。

（7）$\boldsymbol{M}_k^r$：k 时刻保留的模型集合。

其中，$\boldsymbol{M} = \boldsymbol{M}_k^c \cup \boldsymbol{M}_k, \boldsymbol{M}_k^a \in \boldsymbol{M}_k^c, \boldsymbol{M}_{k-1} = \boldsymbol{M}_k^t + \boldsymbol{M}_k^r, \boldsymbol{M}_k^r \cap \boldsymbol{M}_k^a = \varnothing$。在 k 时刻，模型集自适应的过程可以分别在考虑或不考虑量测 z_k 的两种情形下进行，总体上说，从方法论的角度上可以分为如下两类。

第一类模型集自适应的目的在于从 $\hat{\boldsymbol{M}}_{k|k-1}$ 中挑选出 $\boldsymbol{M}_k^t$ 并将其终止，即

$$\boldsymbol{M}_k = \hat{\boldsymbol{M}}_{k|k-1} - \boldsymbol{M}_k^t \tag{5.115}$$

式中，$\hat{\boldsymbol{M}}_{k|k-1}$ 为基于 $\boldsymbol{M}_{k-1}$ 和先验以及在线信息对 $\boldsymbol{M}_k$ 的预测，获取 $\hat{\boldsymbol{M}}_{k|k-1}$ 的方法主要分为如下几种。

（1）在没有进一步的信息的情况下，直接采用模型全集作为预测模型集，即

$$\hat{\boldsymbol{M}}_{k|k-1} = \boldsymbol{M} \tag{5.116}$$

（2）仅考虑在线信息，模型集 $\boldsymbol{M}_{k-1}$ 可用于模型集预测，即

$$\hat{\boldsymbol{M}}_{k|k-1} = \boldsymbol{M}_{k-1} \tag{5.117}$$

在这种情况下，从 $\boldsymbol{M}_{k-1}$ 到 $\hat{\boldsymbol{M}}_{k|k-1}$ 的转移概率矩阵通过预先定义的方式给定。

（3）同时考虑在线信息和关于模型概率转移的先验信息，可预测模型集为

$$\hat{\boldsymbol{M}}_{k|k-1} = \{m_k^j \,|\, P\{m_k^j \,|\, m_{k-1}^i\} > 0, m_{k-1}^i \in \boldsymbol{M}_{k-1}\} \tag{5.118}$$

式中，$P\{m_k^j \,|\, m_{k-1}^i\}$ 为模型转移概率。

第二类模型集自适应的目的在于从 $\boldsymbol{M}_k^c$ 激活 $\boldsymbol{M}_k^a$ 以提高估计性能，即

$$\boldsymbol{M}_k = \boldsymbol{M}_b + \boldsymbol{M}_k^a \tag{5.119}$$

式中，$\boldsymbol{M}_b$ 为一个由必要模型构成的小的集合，用来确保对于 $\boldsymbol{S}$ 的基本覆盖。

对于式（5.115）中的模型终止和式（5.119）中的模型激活，将真实模式与候选模型进行比较是必要的，而该过程只能通过它们具有相同物理意义的共有变量来进行，尽管这些模式和模型可能在结构和参数上均不相同。下面介绍一种描述真实模型与候选模型差异的方法——KL 信息。令 $\boldsymbol{y}$ 为所有模式和模型的共有变量，候选模型 $\boldsymbol{m}_k^j \in \boldsymbol{M}_k^c$ 与真实模型 s_k 之间的差异可以度量为[58]

$$\begin{aligned} D_y(s_k, m_k^j) &\overset{\text{def}}{=} D(p[\boldsymbol{y} \,|\, s_k], p[\boldsymbol{y} \,|\, m_k^j]) \\ &= \int p[\boldsymbol{y} \,|\, s_k] \ln \frac{p[\boldsymbol{y} \,|\, s_k]}{p[\boldsymbol{y} \,|\, m_k^j]} \mathrm{d}\boldsymbol{y} \end{aligned} \tag{5.120}$$

式中，$p[\boldsymbol{y} \,|\, s_k]$ 与 $p[\boldsymbol{y} \,|\, m_k^j]$ 分别为以 s_k 与 m_k^j 为条件的 $\boldsymbol{y}$ 的概率密度函数。

当 k 时刻的变结构多模型算法中需要对该比较在线进行时，需要考虑由 $\boldsymbol{M}^{k-1}$ 与 $\mathbb{Z}$ 提供的实时信息，从而使式（5.120）修正为

$$\begin{aligned} D_y(s_k, m_k^j) &\overset{\text{def}}{=} D(p[\boldsymbol{y} \,|\, \boldsymbol{M}^{k-1}, s_k, \mathbb{Z}], p[\boldsymbol{y} \,|\, \boldsymbol{M}^{k-1}, m_k^j, \mathbb{Z}]) \\ &= \int p[\boldsymbol{y} \,|\, \boldsymbol{M}^{k-1}, s_k, \mathbb{Z}] \ln \frac{p[\boldsymbol{y} \,|\, \boldsymbol{M}^{k-1}, s_k, \mathbb{Z}]}{p[\boldsymbol{y} \,|\, \boldsymbol{M}^{k-1}, m_k^j, \mathbb{Z}]} \mathrm{d}\boldsymbol{y} \end{aligned} \tag{5.121}$$

式中，m_k^j 为 k 时刻待选模型 j；$\mathbb{Z} \overset{\text{def}}{=} \boldsymbol{Z}^k$ 或 $\boldsymbol{Z}^{k-1}$ 为模型集自适应过程是否考虑量测 $\boldsymbol{z}_k$ 的信息。对于 5.1.1 节中介绍的常见的目标运动模型，其相应的高斯假设使得它们的共有变量（如状态向量和量测向量）也为高斯变量。因此，可以假设 $\boldsymbol{y}$ 为具有分布 $\mathcal{N}(\boldsymbol{y};\bar{\boldsymbol{y}},\boldsymbol{\Sigma})$ 的高斯向量（$\mathcal{N}(\boldsymbol{x};\boldsymbol{\mu},\boldsymbol{P})$ 表示均值为 $\boldsymbol{\mu}$，协方差矩阵为 $\boldsymbol{P}$ 的高斯变量 $\boldsymbol{x}$ 的概率密度函数）。

因此，可假设

$$\begin{cases} p[\boldsymbol{y}|\boldsymbol{M}^{k-1},s_k,\boldsymbol{\mathcal{Z}}]=\mathcal{N}(\boldsymbol{y};\overline{\boldsymbol{y}}_k^{s_k},\boldsymbol{\Sigma}_k^{s_k}) \\ p[\boldsymbol{y}|\boldsymbol{M}^{k-1},m_k^j,\boldsymbol{\mathcal{Z}}]=\mathcal{N}(\boldsymbol{y};\overline{\boldsymbol{y}}_k^j,\boldsymbol{\Sigma}_k^j) \end{cases} \tag{5.122}$$

式中

$$\begin{cases} \overline{\boldsymbol{y}}_k^{s_k}=E[\boldsymbol{y}|\boldsymbol{M}^{k-1},s_k,\boldsymbol{\mathcal{Z}}] \\ \boldsymbol{\Sigma}_k^{s_k}=E[(\boldsymbol{y}-\overline{\boldsymbol{y}}_k^{s_k})(\boldsymbol{y}-\overline{\boldsymbol{y}}_k^{s_k})^{\mathrm{T}}|\boldsymbol{M}^{k-1},s_k,\boldsymbol{\mathcal{Z}}] \\ \overline{\boldsymbol{y}}_k^j=E[\boldsymbol{y}|\boldsymbol{M}^{k-1},m_k^j,\boldsymbol{\mathcal{Z}}] \\ \boldsymbol{\Sigma}_k^j=E[(\boldsymbol{y}-\overline{\boldsymbol{y}}_k^j)(\boldsymbol{y}-\overline{\boldsymbol{y}}_k^j)^{\mathrm{T}}|\boldsymbol{M}^{k-1},m_k^j,\boldsymbol{\mathcal{Z}}] \end{cases} \tag{5.123}$$

于是，式（5.107）可以具体给出为

$$D_y(s_k,m_k^j)=\frac{1}{2}\left\{\ln\frac{|\boldsymbol{\Sigma}_k^j|}{|\boldsymbol{\Sigma}_k^{s_k}|}-n+\mathrm{tr}[(\boldsymbol{\Sigma}_k^j)^{-1}(\boldsymbol{\Sigma}_k^{s_k}+(\overline{\boldsymbol{y}}_k^{s_k}-\overline{\boldsymbol{y}}_k^j)(\overline{\boldsymbol{y}}_k^{s_k}-\overline{\boldsymbol{y}}_k^j)^{\mathrm{T}})]\right\} \tag{5.124}$$

式中，n 为 $\boldsymbol{y}$ 的维数。式（5.124）所描述的准则称为 KL 准则。下面给出基于此准则的模型集自适应方法。

给定 k 时刻的候选模型集 $\boldsymbol{M}_k^c$，$\boldsymbol{M}_k^c$ 中的最优模型可选为具有最小 KL 准则的对应模型，即

$$\hat{m}_k=\arg\min_{m_k^j\in\boldsymbol{M}_k^c}D_y(s_k,m_k^j) \tag{5.125}$$

因此，$\hat{m}_k$ 就是模型集自适应算法所能激活的最优模型。既然 KL 准则为衡量模型与真实模型之间的接近程度提供了一种量度，那么模型集激活与终止的条件也可以给定为如下形式。

（1）被激活的模型集为

$$\boldsymbol{M}_k^a=\{m_k^j|D_y(s_k,m_k^j)<\varepsilon_a,m_k^j\in\boldsymbol{M}_k^c\} \tag{5.126}$$

（2）被终止的模型集为

$$\boldsymbol{M}_k^t=\{m_k^j|D_y(s_k,m_k^j)>\varepsilon_t,m_k^j\in\hat{\boldsymbol{M}}_{k|k-1}\} \tag{5.127}$$

（3）被保留的模型集为

$$\boldsymbol{M}_k^r=\hat{\boldsymbol{M}}_{k|k-1}-\boldsymbol{M}_k^t=\{m_k^j|m_k^j\notin\boldsymbol{M}_k^t,m_k^j\in\hat{\boldsymbol{M}}_{k|k-1}\} \tag{5.128}$$

式中，ε_a 和 ε_t 分别为模型集激活与模型集终止的门限值，一般由先验给定。

对于实际的动态过程，真实模型 s_k 未知。为获取模型集 $\boldsymbol{M}_k$，算法可利用的所有在线信息包括 $\boldsymbol{M}_{k-1}$、$\hat{\boldsymbol{M}}_{k|k-1}$ 和 $\boldsymbol{\mathcal{Z}}$。以这些信息为条件，共有变量 $\boldsymbol{y}$ 的概率密度函数可以估计为

$$\hat{p}[\boldsymbol{y}] = p[\boldsymbol{y} \big| \boldsymbol{M}^{k-1}, \hat{\boldsymbol{M}}_{k|k-1}, \mathbb{Z}] \tag{5.129}$$

在此假设下，式（5.123）中与 s_k 有关的等式修正为

$$\begin{cases} \bar{\boldsymbol{y}}_k^{s_k} \approx E[\boldsymbol{y} \big| \boldsymbol{M}^{k-1}, \hat{\boldsymbol{M}}_{k|k-1}, \mathbb{Z}] \\ \boldsymbol{\Sigma}_k^{s_k} \approx E[(\boldsymbol{y} - \bar{\boldsymbol{y}}_k^{s_k})(\boldsymbol{y} - \bar{\boldsymbol{y}}_k^{s_k})^{\mathrm{T}} \big| \boldsymbol{M}^{k-1}, \hat{\boldsymbol{M}}_{k|k-1}, \mathbb{Z}] \end{cases} \tag{5.130}$$

2）BMA 算法具体形式[58]

根据定义，$D_y(s_k, m_k^j)$ 直接依赖于 $\boldsymbol{y}$ 的选取，而不同的共有参数将导致不同的 MSA 算法。总体上说，k 时刻共有变量具有如下两类选择方法。

（1）状态向量 $\boldsymbol{x}_k$。

（2）量测向量 $\boldsymbol{z}_k$。

这两类变量的选择方法对于具有不同结构和参数的模型是通用的。这两种参数的任意一种均可设定为共有变量以计算式（5.121）中的 KL 准则。

在进行 MSA 过程，即式（5.125）、式（5.126）、式（5.127）和式（5.128）之前，需要按照式（5.124）计算 KL 准则。为计算 $D_y(s_k, m_k^j)$，需得到 $\bar{\boldsymbol{y}}_k^{s_k}$ 、$\bar{\boldsymbol{P}}_k^{s_k}$ 、$\bar{\boldsymbol{y}}_k^j$ 和 $\boldsymbol{\Sigma}_k^j$ 四个变量。所有这些项均可通过式（5.123）和式（5.130）获取。下面将具体讨论基于不同共有变量的这些项的计算过程。

（1）采用状态作为 MSA 使用的共有变量。

在不同的模式/模型中，状态向量具有相同的物理意义。对于 $\mathbb{Z}$ 的两种不同取值，可得到两种不同的 MSA 方法。

① $\boldsymbol{y} \overset{\text{def}}{=} \boldsymbol{x}_k$ 且 $\mathbb{Z} \overset{\text{def}}{=} \boldsymbol{Z}^k$。对于模式 s_k 并由式（5.130）可知

$$\begin{cases} \bar{\boldsymbol{y}}_k^{s_k} \approx E[\boldsymbol{x}_k \mid \boldsymbol{M}^{k-1}, \hat{\boldsymbol{M}}_{k|k-1}, \boldsymbol{Z}^k] \\ \boldsymbol{\Sigma}_k^{s_k} \approx E[(\boldsymbol{x} - \bar{\boldsymbol{y}}_k^{s_k})(\cdot)^{\mathrm{T}} \mid \boldsymbol{M}^{k-1}, \hat{\boldsymbol{M}}_{k|k-1}, \boldsymbol{Z}^k] \end{cases} \tag{5.131}$$

这说明，为计算式（5.131），需基于 $\boldsymbol{M}^{k-1}$ 与 $\hat{\boldsymbol{M}}_{k|k-1}$ 给出总体状态估计结果。该结果可通过采用 VSIMM 算法，并令算法中 $\boldsymbol{M}_{k-1} = \boldsymbol{M}_{k-1}$ 且 $\boldsymbol{M}_k \approx \hat{\boldsymbol{M}}_{k|k-1}$ 获取估计结果。

对于模型 $m_k^j \in \boldsymbol{M}^c$ 并由式（5.123）可知

$$\begin{cases} \bar{\boldsymbol{y}}_k^j = E[\boldsymbol{x}_k \mid \boldsymbol{M}^{k-1}, m_k^j, \boldsymbol{Z}^k] \\ \quad = E[\boldsymbol{x}_k \mid \boldsymbol{M}^{k-1}, m_k^j, \boldsymbol{Z}^{k-1}, \boldsymbol{z}_k] \\ \quad \approx E[\boldsymbol{x}_k \mid m_k^j, \hat{\boldsymbol{x}}_{k-1}, \boldsymbol{P}_{k-1}, \boldsymbol{z}_k] \\ \boldsymbol{\Sigma}_k^j = E[(\boldsymbol{x}_k - \bar{\boldsymbol{y}}_k^j)(\cdot)^{\mathrm{T}} \mid \boldsymbol{M}^{k-1}, m_k^j, \boldsymbol{Z}^k] \\ \quad \approx E[(\boldsymbol{x}_k - \bar{\boldsymbol{y}}_k^j)(\cdot)^{\mathrm{T}} \mid m_k^j, \hat{\boldsymbol{x}}_{k-1}, \boldsymbol{P}_{k-1}, \boldsymbol{z}_k] \end{cases} \tag{5.132}$$

式中，$\approx$ 意为用总体估计结果 $\hat{\boldsymbol{x}}_{k-1}$ 与 $\boldsymbol{P}_{k-1}$ 代替序列信息 $\{\boldsymbol{M}^{k-1}, \boldsymbol{Z}^{k-1}\}$。这种做法对于高

斯模型和变量是合理的，并在 IMM 算法等多模型算法中得到了广泛的应用。实际上，式（5.132）意味着基于模型 m_k^j，以 $\hat{\boldsymbol{x}}_{k-1}, \boldsymbol{P}_{k-1}$ 为初始条件并以 $\boldsymbol{z}_k$ 为量测向量，对状态 $\boldsymbol{x}_k$ 进行在 MMSE 意义下的最优估计。该估计过程可采用标准的卡尔曼滤波器予以实现。

② $\boldsymbol{y} \stackrel{\text{def}}{=} \boldsymbol{x}_k$ 且 $\mathbb{Z} \stackrel{\text{def}}{=} \boldsymbol{Z}^{k-1}$。类似地，对于模式 s_k 并由式（5.130）可知

$$\begin{cases} \overline{\boldsymbol{y}}_k^{s_k} \approx E[\boldsymbol{x}_k \mid \boldsymbol{M}^{k-1}, \hat{\boldsymbol{M}}_{k|k-1}, \boldsymbol{Z}^{k-1}] \\ \boldsymbol{\Sigma}_k^{s_k} \approx E[(\boldsymbol{x} - \overline{\boldsymbol{y}}_k^{s_k})(\cdot)^{\mathrm{T}} \mid \boldsymbol{M}^{k-1}, \hat{\boldsymbol{M}}_{k|k-1}, \boldsymbol{Z}^{k-1}] \end{cases} \tag{5.133}$$

基于预测模型集 $\hat{\boldsymbol{M}}_{k|k-1}$，式（5.133）可按如下过程计算：

$$\begin{cases} \overline{\boldsymbol{y}}_k^{s_k} \approx E[\boldsymbol{x}_k \mid \boldsymbol{M}^{k-1}, \hat{\boldsymbol{M}}_{k|k-1}, \boldsymbol{Z}^{k-1}] \\ \quad = E[E[\boldsymbol{x}_k \mid m_k^j \in \hat{\boldsymbol{M}}_{k|k-1}, \boldsymbol{M}^{k-1}, \boldsymbol{Z}^{k-1}] \mid \boldsymbol{M}^{k-1}, \hat{\boldsymbol{M}}_{k|k-1}, \boldsymbol{Z}^{k-1}] \\ \quad = \sum\limits_{m_k^j \in \hat{\boldsymbol{M}}_{k|k-1}} \hat{\boldsymbol{x}}_{k|k-1}^j \mu_{k|k-1}^j \\ \boldsymbol{\Sigma}_k^{s_k} \approx E[(\boldsymbol{x}_k - \overline{\boldsymbol{y}}_k^{s_k})(\cdot)^{\mathrm{T}} \mid \boldsymbol{M}^{k-1}, \hat{\boldsymbol{M}}_{k|k-1}, \boldsymbol{Z}^{k-1}] \\ \quad = \sum\limits_{m_k^j \in \hat{\boldsymbol{M}}_{k|k-1}} (\boldsymbol{P}_{k|k-1}^j + (\hat{\boldsymbol{x}}_{k|k-1}^j - \overline{\boldsymbol{y}}_k^{s_k})(\cdot)^{\mathrm{T}}) \mu_{k|k-1}^j \end{cases} \tag{5.134}$$

式中

$$\begin{cases} \hat{\boldsymbol{x}}_{k|k-1}^j = E[\boldsymbol{x}_k \mid m_k^j, \boldsymbol{M}^{k-1}, \boldsymbol{Z}^{k-1}] \\ \boldsymbol{P}_{k|k-1}^j = E[(\boldsymbol{x}_k - \hat{\boldsymbol{x}}_{k|k-1}^j)(\cdot)^{\mathrm{T}} \mid m_k^j, \boldsymbol{M}^{k-1}, \boldsymbol{Z}^{k-1}] \\ \mu_{k|k-1}^j \stackrel{\text{def}}{=} P[m_k^j \mid \boldsymbol{M}^{k-1}, \hat{\boldsymbol{M}}_{k|k-1}, \boldsymbol{Z}^{k-1}] \end{cases} \tag{5.135}$$

对模型 $m_k^j \in \boldsymbol{M}^c$ 并由式（5.123）可知

$$\begin{cases} \overline{\boldsymbol{y}}_k^j = E[\boldsymbol{x}_k \mid \boldsymbol{M}^{k-1}, m_k^j, \boldsymbol{Z}^{k-1}] \\ \quad \approx E[\boldsymbol{x}_k \mid m_k^j, \hat{\boldsymbol{x}}_{k-1}, \boldsymbol{P}_{k-1}] \\ \boldsymbol{\Sigma}_k^j = E[(\boldsymbol{x}_k - \overline{\boldsymbol{y}}_k^j)(\cdot)^{\mathrm{T}} \mid \boldsymbol{M}^{k-1}, m_k^j, \boldsymbol{Z}^{k-1}] \\ \quad \approx E[(\boldsymbol{x}_k - \overline{\boldsymbol{y}}_k^j)(\cdot)^{\mathrm{T}} \mid m_k^j, \hat{\boldsymbol{x}}_{k-1}, \boldsymbol{P}_{k-1}] \end{cases} \tag{5.136}$$

式中，≈、$\hat{\boldsymbol{x}}_{k-1}$ 和 $\boldsymbol{P}_{k-1}$ 与式（5.132）中一致。式（5.134)、式（5.135）和式（5.136）可直接基于 m_k^j 进行计算而不需要使用任何估计器或滤波器。

（2）采用量测作为 MSA 使用的共有变量。

在这种情况下，如果将 $\boldsymbol{z}_k$ 作为 k 时刻的共有变量 $\boldsymbol{y}$，仅能选择 $\mathbb{Z} \stackrel{\text{def}}{=} \boldsymbol{Z}^{k-1}$，因为另一个选项 $\boldsymbol{Z}^k$ 已经包含了 $\boldsymbol{z}_k$。对于模式 s_k，令 $\boldsymbol{y} \stackrel{\text{def}}{=} \boldsymbol{z}_k$ 且 $\mathbb{Z} \stackrel{\text{def}}{=} \boldsymbol{Z}^{k-1}$ 并按照式（5.130）有

$$\begin{cases} \overline{\boldsymbol{y}}_k^{s_k} \approx E[\boldsymbol{z}_k \mid \boldsymbol{M}^{k-1}, \hat{\boldsymbol{M}}_{k|k-1}, \boldsymbol{Z}^{k-1}] \\ \boldsymbol{\Sigma}_k^{s_k} \approx E[(\boldsymbol{z}_k - \overline{\boldsymbol{y}}_k^{s_k})(\cdot)^{\mathrm{T}} \mid \boldsymbol{M}^{k-1}, \hat{\boldsymbol{M}}_{k|k-1}, \boldsymbol{Z}^{k-1}] \end{cases} \tag{5.137}$$

基于预测模型集 $\hat{\boldsymbol{M}}_{k|k-1}$，式（5.137）可计算为

$$
\begin{cases}
\bar{\boldsymbol{y}}_k^{s_k} \approx E[\boldsymbol{z}_k \mid \boldsymbol{M}^{k-1}, \hat{\boldsymbol{M}}_{k|k-1}, \boldsymbol{Z}^{k-1}] \\
\quad = E[E[\boldsymbol{z}_k \mid m_k^j \in \hat{\boldsymbol{M}}_{k|k-1}, \boldsymbol{M}^{k-1}, \boldsymbol{Z}^{k-1}] \mid \boldsymbol{M}^{k-1}, \hat{\boldsymbol{M}}_{k|k-1}, \boldsymbol{Z}^{k-1}] \\
\quad = \sum_{m_k^j \in \hat{\boldsymbol{M}}_{k|k-1}} \hat{\boldsymbol{z}}_{k|k-1}^j \mu_{k|k-1}^j \\
\boldsymbol{\Sigma}_k^{s_k} \approx E[(\boldsymbol{z}_k - \bar{\boldsymbol{y}}_k^{s_k})(\cdot)^{\mathrm{T}} \mid \boldsymbol{M}^{k-1}, \hat{\boldsymbol{M}}_{k|k-1}, \boldsymbol{Z}^{k-1}] \\
\quad = \sum_{m_k^j \in \hat{\boldsymbol{M}}_{k|k-1}} (\boldsymbol{P}_{k|k-1}^j + (\hat{\boldsymbol{z}}_{k|k-1}^j - \bar{\boldsymbol{y}}_k^{s_k})(\cdot)^{\mathrm{T}}) \mu_{k|k-1}^j
\end{cases} \tag{5.138}
$$

式中

$$
\begin{cases}
\hat{\boldsymbol{z}}_{k|k-1}^j = E[\boldsymbol{z}_k \mid m_k^j, \boldsymbol{M}^{k-1}, \boldsymbol{Z}^{k-1}] \\
\boldsymbol{P}_{k|k-1}^j = E[(\boldsymbol{z}_k - \hat{\boldsymbol{z}}_{k|k-1}^j)(\cdot)^{\mathrm{T}} \mid m_k^j, \boldsymbol{M}^{k-1}, \boldsymbol{Z}^{k-1}] \\
\mu_{k|k-1}^j \stackrel{\text{def}}{=} P\{m_k^j \mid \boldsymbol{M}^{k-1}, \hat{\boldsymbol{M}}_{k|k-1}, \boldsymbol{Z}^{k-1}\}
\end{cases} \tag{5.139}
$$

对模型 $m_k^j \in \boldsymbol{M}^c$ 并由式（5.123）可知

$$
\begin{cases}
\bar{\boldsymbol{y}}_k^j = E[\boldsymbol{z}_k \mid \boldsymbol{M}^{k-1}, m_k^j, \boldsymbol{Z}^{k-1}] \\
\quad \approx E[\boldsymbol{z}_k \mid m_k^j, \hat{\boldsymbol{x}}_{k-1}, \boldsymbol{P}_{k-1}] \\
\boldsymbol{\Sigma}_k^j = E[(\boldsymbol{z}_k - \bar{\boldsymbol{y}}_k^j)(\cdot)^{\mathrm{T}} \mid \boldsymbol{M}^{k-1}, m_k^j, \boldsymbol{Z}^{k-1}] \\
\quad \approx E[(\boldsymbol{z}_k - \bar{\boldsymbol{y}}_k^j)(\cdot)^{\mathrm{T}} \mid m_k^j, \hat{\boldsymbol{x}}_{k-1}, \boldsymbol{P}_{k-1}]
\end{cases} \tag{5.140}
$$

式（5.138）、式（5.139）和式（5.140）也可直接基于 m_k^j 进行计算而不需要使用任何估计器或滤波器。

从以上分析可以看出[58]如下几点。

（1）采用状态和量测向量为共有向量使得 KL 准则适用于具有不同结构和参数的模型，于是上述通用的 MSA 方法的第一条需求可得到满足。

（2）采用 $\boldsymbol{x}_k$ 为共有参数并且使得 $\mathbb{Z} \stackrel{\text{def}}{=} \boldsymbol{Z}^k$，则需要采用滤波器基于 $\boldsymbol{M}_k^c$ 中所有候选模型进行状态估计。这种做法会导致两个问题：①MSA 过程需要过多的计算资源；②在模型挑选的过程中需要使用滤波器。因此，上述通用的 MSA 方法的第二条和第三条需求得不到满足。

（3）采用 $\boldsymbol{x}_k$ 或 $\boldsymbol{z}_k$ 为共有变量，并且使得 $\mathbb{Z} \stackrel{\text{def}}{=} \boldsymbol{Z}^{k-1}$ 可避免上述问题。进一步说，$\boldsymbol{z}_k$ 不仅包括 $\boldsymbol{x}_k$ 还包括模型量测方程中的信息。因此，$\boldsymbol{z}_k$ 比 $\boldsymbol{x}_k$ 更适合作为共有变量来进行模型比较和挑选。

基于上述第三条考虑，此处提出的基于 KL 准则的通用 MSA 算法将采用 $\boldsymbol{z}_k$ 为共有参数。总体来说，这种 VSMM 最优模型扩展[58]算法可总结如下。

（1）初始化。若 $k=1$，设计全集 $\boldsymbol{M}$ 来逼近模式空间 $\boldsymbol{S}$，并且选择 $\boldsymbol{M}_b$、$\boldsymbol{M}_1^c$ 和 $\boldsymbol{M}_1^a$。因此 $\boldsymbol{M}_1=\boldsymbol{M}_b+\boldsymbol{M}_1^a$，跳转到第（3）步。

（2）MSA。若 $k>1$，令 $\boldsymbol{y}=\boldsymbol{z}_k$，采用式（5.117）给出的 $\hat{\boldsymbol{M}}_{k|k-1}$ 对 $m_k^j \in \boldsymbol{M}_k^c$ 计算式（5.138）和式（5.140），从而得到 KL 准则，即式（5.124）。接着基于式（5.125）选择最好的用于激活的模型 $\hat{m}_k$ 并令 $\boldsymbol{M}_k^a=\{\hat{m}_k\}$。于是 $\boldsymbol{M}_k=\boldsymbol{M}_b+\boldsymbol{M}_k^a$，并跳转到第（3）步。

（3）状态估计。当获取真实量测 $\boldsymbol{z}_k$ 时，采用 VSIMM 算法基于 $\boldsymbol{M}_k$ 和 $\boldsymbol{M}^{k-1}$ 估计 $\boldsymbol{x}_k$，且 $\boldsymbol{M}^k=\{\boldsymbol{M}^{k-1},\boldsymbol{M}_k\}$。最后，令 $k=k+1$ 并跳转到第（2）步。

这种具体的多模型算法将记为 BMA 算法，因为在第（2）步 MSA 中，基本模型集 $\boldsymbol{M}_b$ 得到了最好的候选模型的扩展。事实上，基于 KL 准则，式（5.126）、式（5.127）和式（5.128）均可用于 VSMM 估计中的模型集自适应过程。

5.2.5　仿真结果与分析

1. 机动场景设计

本节试图设计大量的复杂机动目标的运动场景来对各种待比较的多模型算法进行全方位公平合理的测试。此处假设动态模型为具有固定加速的输入的二维运动 CV 模型，即

$$\begin{cases}\boldsymbol{x}_k=\boldsymbol{F}_k^j\boldsymbol{x}_{k-1}+\boldsymbol{G}_k^j\boldsymbol{u}_{k-1}^j+\boldsymbol{\Gamma}_k^j\boldsymbol{w}_{k-1}^j\\ \boldsymbol{z}_k=\boldsymbol{H}_k^j\boldsymbol{x}_k+\boldsymbol{v}_k^j\end{cases} \tag{5.141}$$

相应的参数为[48]

$$\begin{gathered}\boldsymbol{x}\overset{\text{def}}{=}[p_x\ v_x\ p_y\ v_y]^{\mathrm{T}},\quad \boldsymbol{u}_{k-1}^j\overset{\text{def}}{=}[a_x,a_y]^{\mathrm{T}},\quad \boldsymbol{F}_k^j=\operatorname{diag}(\boldsymbol{F},\boldsymbol{F})\\ \boldsymbol{G}_k^j=\boldsymbol{\Gamma}_k^j=\operatorname{diag}(\boldsymbol{G},\boldsymbol{G}),\quad \boldsymbol{w}_{k-1}^j\sim\mathcal{N}[\boldsymbol{0},\boldsymbol{Q}],\quad \boldsymbol{v}_k^j\sim\mathcal{N}[\boldsymbol{0},\boldsymbol{R}]\\ \boldsymbol{F}\overset{\text{def}}{=}\begin{bmatrix}1&T\\0&1\end{bmatrix},\quad \boldsymbol{G}\overset{\text{def}}{=}\begin{bmatrix}T^2/2\\T\end{bmatrix},\quad \boldsymbol{H}_k^j=\begin{bmatrix}1&0&0&0\\0&0&1&0\end{bmatrix}\end{gathered} \tag{5.142}$$

式中，$j=1,\cdots,n$。

在每个采样时刻，算法基于一个含有 13 个模型（与式（5.142）对应）的集合进行状态估计，模型间区别仅在于取值如下的加速度向量 $\boldsymbol{a}\overset{\text{def}}{=}[a_x,a_y]^{\mathrm{T}}(m/s^2)$，即

$$\begin{aligned}&m^1:\boldsymbol{a}=[0,0]^{\mathrm{T}},m^2:\boldsymbol{a}=[20,0]^{\mathrm{T}},m^3:\boldsymbol{a}=[0,20]^{\mathrm{T}}\\&m^4:\boldsymbol{a}=[-20,0]^{\mathrm{T}},m^5:\boldsymbol{a}=[0,-20]^{\mathrm{T}},m^6:\boldsymbol{a}=[20,20]^{\mathrm{T}}\\&m^7:\boldsymbol{a}=[-20,20]^{\mathrm{T}},m^8:\boldsymbol{a}=[-20,-20]^{\mathrm{T}},m^9:\boldsymbol{a}=[20,-20]^{\mathrm{T}}\\&m^{10}:\boldsymbol{a}=[40,0]^{\mathrm{T}},m^{11}:\boldsymbol{a}=[0,40]^{\mathrm{T}},m^{12}:\boldsymbol{a}=[-40,0]^{\mathrm{T}}\\&m^{13}:\boldsymbol{a}=[0,-40]^{\mathrm{T}}\end{aligned} \tag{5.143}$$

这些值是从如下的连续的加速度空间均匀采样而得到的，即

$$A^c = \{(a_x, a_y): |a_x| + |a_y| \leqslant 40\} \tag{5.144}$$

模型间的转移概率矩阵 $\boldsymbol{\Pi}$ 设计为

$$\boldsymbol{\Pi} = \begin{bmatrix}
\frac{116}{120} & \frac{1}{120} & \frac{1}{120} & \frac{1}{120} & \frac{1}{120} & 0 & 0 & 0 & 0 & 0 & 0 & 0 & 0 \\
0.02 & 0.95 & 0 & 0 & 0 & 0.01 & 0 & 0 & 0.01 & 0.01 & 0 & 0 & 0 \\
0.02 & 0 & 0.95 & 0 & 0 & 0.01 & 0.01 & 0 & 0 & 0 & 0.01 & 0 & 0 \\
0.02 & 0 & 0 & 0.95 & 0 & 0 & 0.01 & 0.01 & 0 & 0 & 0 & 0.01 & 0 \\
0.02 & 0 & 0 & 0 & 0.95 & 0 & 0 & 0.01 & 0.01 & 0 & 0 & 0 & 0.01 \\
0 & \frac{1}{30} & \frac{1}{30} & 0 & 0 & \frac{28}{30} & 0 & 0 & 0 & 0 & 0 & 0 & 0 \\
0 & 0 & \frac{1}{30} & \frac{1}{30} & 0 & 0 & \frac{28}{30} & 0 & 0 & 0 & 0 & 0 & 0 \\
0 & 0 & 0 & \frac{1}{30} & \frac{1}{30} & 0 & 0 & \frac{28}{30} & 0 & 0 & 0 & 0 & 0 \\
0 & \frac{1}{30} & 0 & 0 & \frac{1}{30} & 0 & 0 & 0 & \frac{28}{30} & 0 & 0 & 0 & 0 \\
0 & 0.1 & 0 & 0 & 0 & 0 & 0 & 0 & 0 & 0.9 & 0 & 0 & 0 \\
0 & 0 & 0.1 & 0 & 0 & 0 & 0 & 0 & 0 & 0 & 0.9 & 0 & 0 \\
0 & 0 & 0 & 0.1 & 0 & 0 & 0 & 0 & 0 & 0 & 0 & 0.9 & 0 \\
0 & 0 & 0 & 0 & 0.1 & 0 & 0 & 0 & 0 & 0 & 0 & 0 & 0.9
\end{bmatrix} \tag{5.145}$$

所有的估计算法均采用相同的参数，即

$$T = 1.0\text{s}, \quad \boldsymbol{R} = 1250\boldsymbol{I}\,\text{m}^2, \quad \boldsymbol{Q} = 0.001\boldsymbol{I}\text{m}^2/\text{s}^4 \tag{5.146}$$

本节将设计 4 个目标机动运动场景，其中 3 个为确定性机动场景 DS1（Deterministic Scenario）、DS2 和 DS3，以及 1 个随机机动场景 RS（Random Scenario）。需要指出的是，场景 DS1、DS2 和 RS 由文献[49]和文献[50]等设计并用于多模型估计算法测试，DS3 为本书进一步设计的机动场景。

（1）DS1 和 DS2 被设计来评估算法的峰值误差、稳态误差和响应时间。假设在 DS1 和 DS2 中，目标以初始状态 $\boldsymbol{x}_0 = [8000\text{m}, 25\text{m/s}, 8000\text{m}, 200\text{m/s}]^{\text{T}}$ 出发，按如表 5.1 所示的加速度跳变过程机动。

（2）在 DS3 中，目标从初始状态 $\boldsymbol{x}_0 = [8000\text{m}, 600\text{m/s}, 8000\text{m}, 600\text{m/s}]^{\text{T}}$ 出发，并在前 20s 内匀速运动。接下来，目标在 21～110s 进行协同转弯运动。转弯半径 $r_t = 18000\sqrt{2}\text{m}$，转弯速率为 $\omega_t = 1/30\text{rad/s}$。在此之后，目标继续保持匀速运动 50s 直至运动结束。在 DS3 中，目标机动时各方向上的加速度一直连续变化，使得对于此处的多模型算法，DS3 甚至比 DS1 与 DS2 更加困难。

表 5.1　场景 DS1 与 DS2 机动加速度跳变过程

场　景	DS1		DS2	
k	a_k^x	a_k^y	a_k^x	a_k^y
1～30	0	0	0	0
31～45	18	22	8	22
46～55	2	37	12	27
56～80	0	0	0	0
81～98	25	2	15	2
99～119	−2	19	−2	9
120～139	0	−1	0	−1
140～150	38	−1	28	−1
151～160	0	0	0	0

（3）为了使算法在一个机动轨迹集合上的比较尽可能公平，此处将采用一个 RS 对这些算法进行测试。在 RS 中，加速度向量$\boldsymbol{a}(t)=a(t)\angle\theta(t)$是一个二维的半马尔可夫过程，其中，加速度在一个幅度为 a、相位为θ的状态停留随机时间后跳变到另一个状态。简单而言，这个加速度模型假设：①加速度状态$a=a_k$的逗留时间τ_k具有一个截断$(\tau_k>0)$的高斯分布，其均值为$\bar{\tau}$，方差为σ_τ^2；②加速度的幅度a_{k+1}分别在 0 与最大值发生的概率为P_0和P_M，在其他取值处均匀分布；③如果$a_k=0$，加速度的角度θ_{k+1}为均匀分布，否则θ_{k+1}为均值为θ_k、方差为σ_θ^2的高斯变量。关于该加速度模型的所有细节可参考文献[49]。在此次仿真中，采用如下的相关参数：

$$
\begin{gathered}
\bar{\tau}=\bar{\tau}_M+\frac{a_{\max}-a}{a_{\max}}(\bar{\tau}_0-\bar{\tau}_M),\quad \sigma_\tau=\frac{1}{12}\bar{\tau}_a,\quad \bar{\tau}_M=10,\quad \bar{\tau}_0=30 \\
P_M=0.1,\quad a_{\max}=20\sqrt{2},\quad \sigma_\theta=\frac{\pi}{12},\quad P_0=0.8,\quad a_k=a_{\max}
\end{gathered}
\tag{5.147}
$$

2. 基于参数不同模型的仿真场景

本节中，将采用前面所描述的 4 种场景（DS1、DS2、DS3 和 RS），通过仿真比较 3 种算法——IMM、EMA 和 BMA 算法。实验表明[48, 49]，EMA 算法是当前所提出的 VSMM 算法中估计性能较好的算法，这是由于该算法采用在 MMSE 准则下关于模式的最优估计，即期望模式对基本模型集进行扩展。因此为公平起见，此处将这种典型的 VSMM 算法与所提出的算法进行比较。

式（5.144）表明系统的模式空间是连续的。实验中式（5.143）将作为 IMM 算法的模型集，并同时作为 BMA 算法的基本模型集$\boldsymbol{M}_b$。由于模式空间是连续的，BMA 中获取激活模型的候选模型集可分两种方式进行选择。第一种直接采用连续的加速度空间作为候选模型集，这就意味着在每个候选模型中的加速度输入可以为$\boldsymbol{A}^c$中的任意值。于是式（5.125）就成为一个凸优化的问题，即

$$
\hat{m}_k=\arg\min_{a^j\in\boldsymbol{A}^c}D_{z_k}(s_k,m_k^j) \tag{5.148}
$$

式中，a^j 为模型 m_k^j 的加速度输入。这种类型的 BMA 方法将记为 BMA_C。在仿真实验中，MATLAB 函数 fmincon 将用于求解该优化问题。

求解式（5.148）中的问题往往需要较大的计算量。为了减少计算，第二种方法采用一个从 $\boldsymbol{A}^c$ 二次（相对于式（5.143））均匀采样的离散加速度值构成的候选模型集 $\boldsymbol{M}_k^c$，即

$$\begin{aligned} &m^1:\boldsymbol{a}=[5,5]^{\mathrm{T}}, && m^2:\boldsymbol{a}=[-5,5]^{\mathrm{T}} \\ &m^3:\boldsymbol{a}=[-5,-5]^{\mathrm{T}}, && m^4:\boldsymbol{a}=[5,-5]^{\mathrm{T}} \\ &m^5:\boldsymbol{a}=[5,15]^{\mathrm{T}}, && m^6:\boldsymbol{a}=[-5,15]^{\mathrm{T}} \\ &m^7:\boldsymbol{a}=[-5,-15]^{\mathrm{T}}, && m^8:\boldsymbol{a}=[5,-15]^{\mathrm{T}} \\ &m^9:\boldsymbol{a}=[15,5]^{\mathrm{T}}, && m^{10}:\boldsymbol{a}=[-15,5]^{\mathrm{T}} \\ &m^{11}:\boldsymbol{a}=[-15,-5]^{\mathrm{T}}, && m^{12}:\boldsymbol{a}=[15,-5]^{\mathrm{T}} \end{aligned} \tag{5.149}$$

基于该模型，式（5.125）就可写为

$$\hat{m}_k=\underset{m^j\in\boldsymbol{M}_k^c}{\arg\min}\,D_{z_k}(s_k,m_k^j) \tag{5.150}$$

而求解该式是简单而直接的。相应的算法将记为 BMA_D（离散的，discrete）。

IMM（13 个模型）算法与 EMA（13+1 个模型）算法中采用的转移概率矩阵分别与文献[49]中相应矩阵一致。IMM 算法采用如式（5.145）所示的状态转移概率矩阵（TPM），此处设其为 $\boldsymbol{\Pi}^0=(\pi_{j|i}^0)_{13\times13}$。

EMA 采用的 TPM（$\mathrm{TPM_E}\overset{\mathrm{def}}{=}\boldsymbol{\Pi}^{\mathrm{e}}=(\pi_{j|i}^{\mathrm{e}})_{14\times14}$）直接从 IMM13 中采用的转移概率矩阵扩展而来。具体地说，在 EMA 算法中，各时刻总共需要 14 个模型，即 k 时刻 EMA 采用的模型集合为 $\boldsymbol{M}_k=\boldsymbol{M}_b+\{\hat{m}_k\}$，其中 $\hat{m}_k$ 为 k 时刻对应的期望模式。于是模型就为 13 个 $\boldsymbol{M}_b$ 中的模型和 1 个 $\hat{m}_k$。假设集合 M_b 中模型与 IMM 算法采用的 13 个模型一一对应，则第 14 个模型就是 $m_k^{14}=\hat{m}_k$。于是按照文献[49]中的设计方式，$\mathrm{TPM_E}\overset{\mathrm{def}}{=}\boldsymbol{\Pi}^{\mathrm{e}}=(\pi_{j|i}^{\mathrm{e}})_{14\times14}$ 为

$$\begin{cases}\pi_{14|1}^{\mathrm{e}}=0.01,\quad \pi_{14|i}^{\mathrm{e}}=0.05, & i=2,3,\cdots,13\\ \pi_{j|j}^{\mathrm{e}}=\pi_{j|j}^0-\pi_{14|j}^{\mathrm{e}},\quad \pi_{j|14}^{\mathrm{e}}=0.01, & j=2,3,\cdots,13\\ \pi_{j|i}^{\mathrm{e}}=\pi_{j|i}^0, & \text{其他情况}\end{cases} \tag{5.151}$$

BMA_C 与 BMA_D 算法采用与 EMA 相同的转移概率矩阵（此时第 14 个模型分别为式（5.148）和式（5.150）挑选出的 $\hat{m}_k$，并且在计算 $\hat{m}_k$ 的过程中，假设 $\boldsymbol{M}_{k-1}$ 到 $\hat{\boldsymbol{M}}_{k|k-1}$ 的转移概率矩阵也为上述式（5.151）中对应矩阵。这种处理方式与 EMA 算法类似）。所有的算法在状态估计中均采用相同的参数：$T=1.0\mathrm{s},\boldsymbol{R}=1250\boldsymbol{I}\mathrm{m}^2,\boldsymbol{Q}=0.001\boldsymbol{I}\mathrm{m}^2/\mathrm{s}^4$。所有这些参数，除了 $\boldsymbol{Q}=\boldsymbol{O}$，均同样用于在仿真场景中产生量测数据。

实验中，仿真了三个确定性场景（DS1、DS2、DS3）和一个随机性场景（RS）。这四个场景的机动过程与参数分别与前面的 DS1、DS2、DS3 和 RS 场景一一对应。

对于确定性机动过程，比较的结果为 200 次蒙特卡洛仿真的算法估计状态的均方根误差，而对于随机性机动过程，则是 500 次仿真的相应误差。图 5.4 与图 5.5 分别给

出了 DS1 场景中的位置与速度估计误差，图 5.6 与图 5.7 分别给出了 DS2 场景中的相应误差，图 5.8 与图 5.9 分别给出了 DS3 中的相应误差，最后，图 5.10 与图 5.11 分别给出了 RS 中的相应误差。

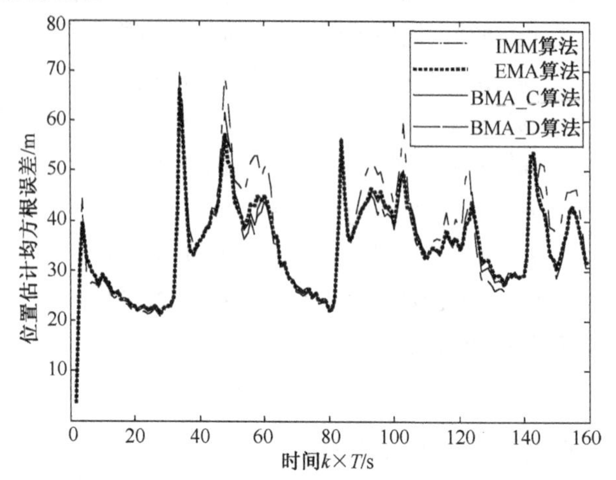

图 5.4　DS1 场景位置估计均方根误差

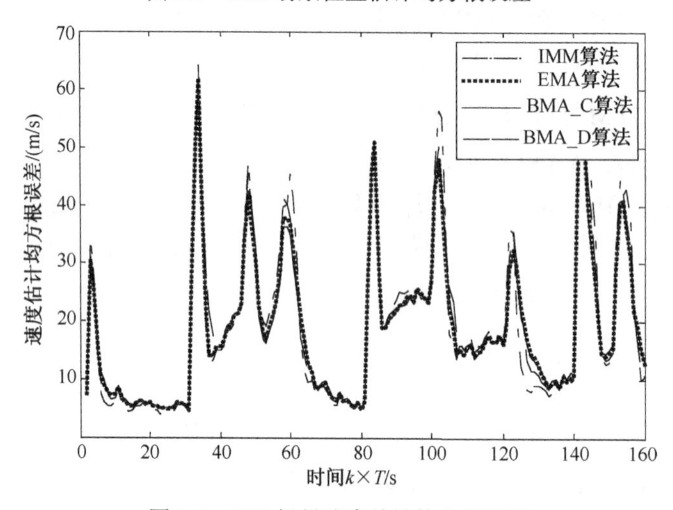

图 5.5　DS1 场景速度估计均方根误差

比较结果表明，BMA 算法具有比定结构的 IMM 算法更好的性能。BMA_C 在所有场景中具有与 EMA 几乎一致的估计结果。事实上，EMA 采用在线的期望模式对模型集进行扩展，而该模型正是以参数为特征的模型（模式）在基于量测数据的情况下能够获取的最好的模型。该比较结果因此说明了 BMA_C 算法的有效性。在 DS1 和 RS 中，BMA_D 具有与 BMA_C 和 EMA 一致的估计性能，它们之间的差异在这两个场景中并不明显。在其他场景，即 DS2 和 DS3 中，BMA_D 具有比其他两种算法更好的估计性能，尤其是在 DS3 中更是如此。实际上，除了 BMA_D 基于的候选模型集是由 12 个对称设计的模型组成的，

BMA_D 采用与 BMA_C 一致的准则进行模型挑选。而在 DS2 和 DS3 中对 BMA_D 的仿真结果则表明，这种对称设计的候选模型集在一些特定的场景下可能会进一步提高估计性能。这可能是因为对于这类以不同参数为特征的模型，这种设计可阻止被激活的模型与其他基本集合中的模型过于接近，因为这可能导致模型间的竞争而降低估计性能[45]。

在仿真中，BMA_C 所需计算时间实际上与不同的场景相关。为使得各算法的比较尽可能公平，本书在计算复杂度的比较中采用 RS 作为测试场景。表 5.2 中的比较结果表明，BMA（BMA_C，BMA_D）算法比 EMA 算法需要更多的计算资源。这是因为 BMA 算法需要在找出新模型的过程中对各候选模型进行测试，而 EMA 直接采用基本集合中模型的加速度的概率加权和生成新的模型。另一方面，BMA_D 占用的计算资源少于 BMA_C，因为 BMA_D 仅需考虑固定个数（12 个）的候选模型，而 BMA_C 需要在整个连续空间进行搜索。总之，可将候选模型的先验信息融入 BMA 算法中，正如 BMA_D 那样，在一些具体的场景中进一步提高估计性能并降低计算复杂度。

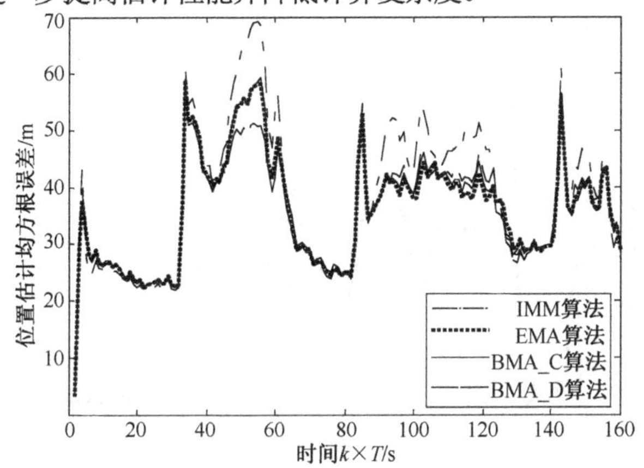

图 5.6　DS2 场景位置估计均方根误差

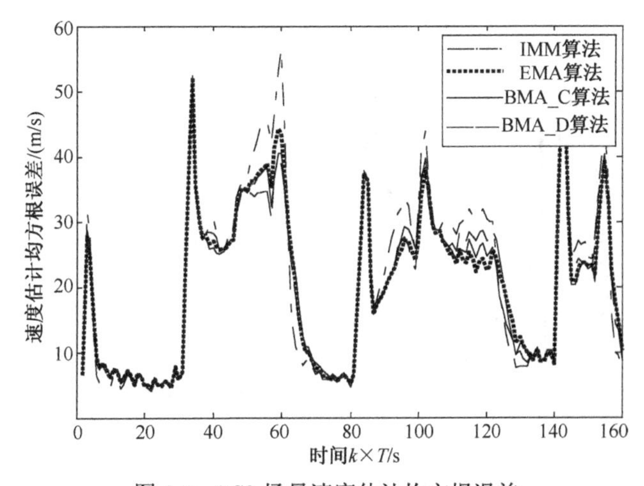

图 5.7　DS2 场景速度估计均方根误差

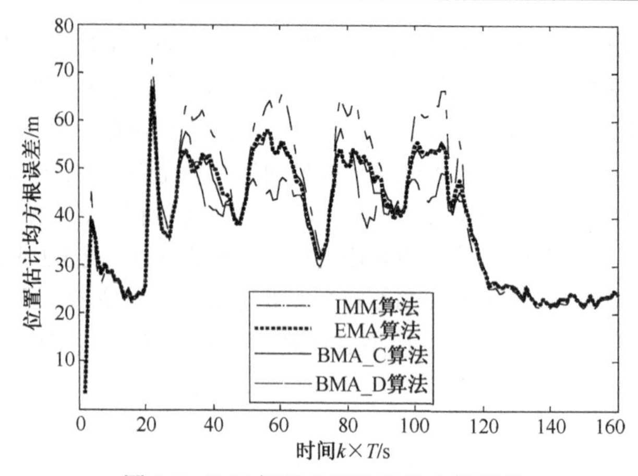

图 5.8　DS3 场景位置估计均方根误差

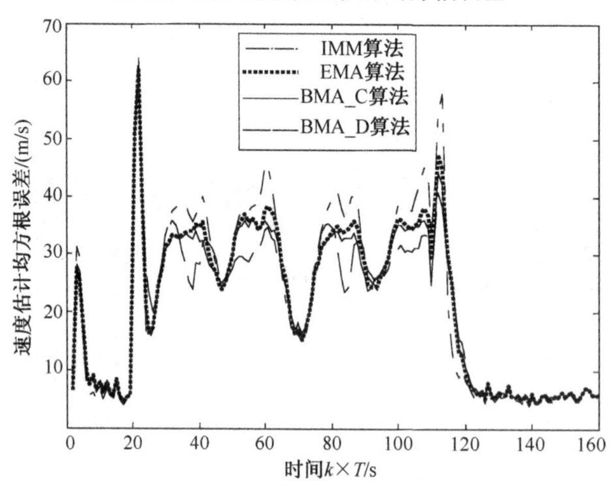

图 5.9　DS3 场景速度估计均方根误差

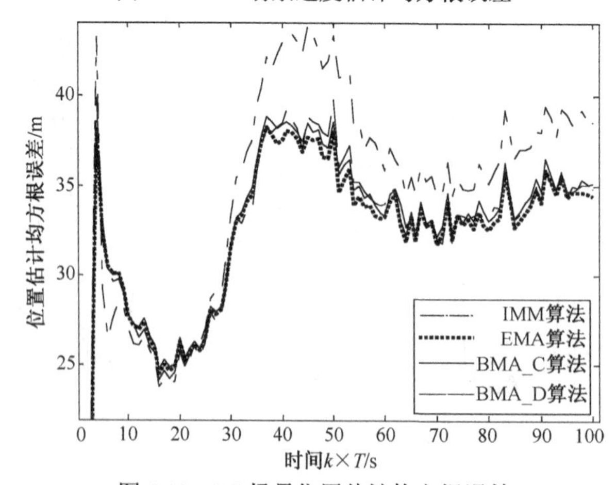

图 5.10　RS 场景位置估计均方根误差

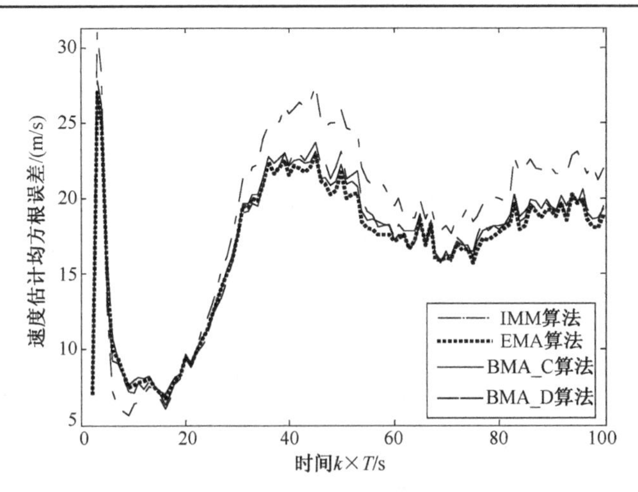

图 5.11 RS 场景速度估计均方根误差

表 5.2 算法相对计算量对比

IMM	EMA	BMA_C	BMA_D
1	1.107	2.544	1.363

3. 基于通用模型的仿真场景

下面将比较两种多模型算法，即 BMA 算法与 IMM 算法。在此，场景被设计用于评估这些算法在同时具有参数不同和结构不同的模型集上的应用。需要指出的是，EMA 算法不能在此处直接使用。此处采用两种模型，即 CV 模型和 CT 模型。在该场景中，CV 模型与前面的基本模型集合（如式（5.149）所示）一致。此外，8 个具有已知转移速率的 CT 模型也被包括在内。CT 模型可描述为

$$\boldsymbol{x} \stackrel{\text{def}}{=} [p_x \quad v_x \quad p_y \quad v_y]^{\mathrm{T}}, \quad \boldsymbol{F}_k^j \mathbf{u}_k^j = 0, \quad \boldsymbol{\Gamma}_k^j = \boldsymbol{I}, \quad \boldsymbol{w}_k^j \sim \mathcal{N}[0, \boldsymbol{Q}_j], \quad \boldsymbol{v}_k^j \sim \mathcal{N}[0, \boldsymbol{R}]$$

$$\boldsymbol{F}_k^j = \begin{bmatrix} 1 & \dfrac{\sin\omega_j T}{\omega} & 0 & -\dfrac{1-\cos\omega_j T}{\omega} \\ 0 & \cos\omega_j T & 0 & -\sin\omega_j T \\ 0 & \dfrac{1-\cos\omega_j T}{\omega_j} & 1 & \dfrac{\sin\omega_j T}{\omega_j} \\ 0 & \sin\omega_j T & 0 & \cos\omega_j T \end{bmatrix}, \quad \boldsymbol{H}_k^j = \begin{bmatrix} 1 & 0 & 0 & 0 \\ 0 & 0 & 1 & 0 \end{bmatrix} \tag{5.152}$$

式中，$j \in \{14, \cdots, 21\}$。这些模型之间的差异仅在于转动速率 ω_j，其属于如下的集合：

$$\omega_j \in \{-7, -5, -3, -1, 1, 3, 5, 7\} / 40 \tag{5.153}$$

仿真中，整个机动过程假设为 DS3。因此，在目标机动过程中（21～110s），m^{18} 为真实模型。实验比较了 3 种多模型算法，即 IMM13（采用 13 个基本 CV 模型）、IMM21（13 个基本模型和 8 个 CT 模型）和 BMA（13 个 CV 模型作为基本模型，8 个 CT 模

型作为候选模型）。IMM13 与 BMA 算法采用与前面场景中相同的 TPM 设计（包括 BMA 算法中从 $\boldsymbol{M}_{k-1}$ 到 $\hat{\boldsymbol{M}}_{k|k-1}$ 的 TPM 也与前面情景一致，这种处理方式与 EMA 算法类似）。对于 IMM21，此处假设 $m_k^j, j=1,\cdots,13$，与 IMM13 中相同，并且 $m_k^j, j=14,\cdots,21$ 为上述 CT 模型。在仿真中，IMM21 采用的转移概率矩阵（TPM21$\overset{\text{def}}{=}\boldsymbol{\Pi}^e=(\pi_{i,j}^e)_{21\times 21}$）直接从 IMM13 中采用的转移概率矩阵 $\boldsymbol{\Pi}^0=(\pi_{i,j}^0)_{13\times 13}$ 扩展而来。具体地说，TPM21 设计为

$$\pi_{i,j}^{\mathrm{e}}=\begin{cases}\begin{cases}\pi_{i,j}^0-a, & i=j\\ \pi_{i,j}^0, & i\neq j\end{cases}, & i,j\leqslant 13\\ a/8, & i\leqslant 13, j>13\\ \begin{cases}1-20b, & i=j\\ b, & i\neq j\end{cases}, & i>13\end{cases} \tag{5.154}$$

式中，$i,j=1,\cdots,21$ 且 $a=b=0.01$。

由于候选模型具有不同的结构，BMA 采用 BMA_D 中的方法进行模型挑选。估计算法中，所有模型均采用 $T=1\text{s}$，$R=1250I\text{m}^2$。对于 13 个基本模型，$Q_j=0.001I\text{m}^2/\text{s}^4$，$j=1,\cdots,13$，而对于 CT 模型，则采用如下的参数[1]：

$$\boldsymbol{Q}_j=S_w\begin{bmatrix}\dfrac{2(\omega_j-\sin\omega_j T)}{\omega_j^3} & \dfrac{1-\cos\omega_j T}{\omega_j^2} & 0 & \dfrac{\omega_j T-\sin\omega_j T}{\omega_j^2}\\ \dfrac{1-\cos\omega_j T}{\omega_j^2} & T & -\dfrac{\omega_j T-\sin\omega_j T}{\omega_j^2} & 0\\ 0 & -\dfrac{\omega_j T-\sin\omega_j T}{\omega_j^2} & \dfrac{2(\omega_j T-\sin\omega_j T)}{\omega_j^3} & \dfrac{1-\cos\omega_j T}{\omega_j^2}\\ \dfrac{\omega_j T-\sin\omega_j T}{\omega_j^2} & 0 & \dfrac{1-\cos\omega_j T}{\omega_j^2} & T\end{bmatrix} \tag{5.155}$$

式中，$j=14,\cdots,21$ 且 $S_w=0.001\text{m}^2/\text{s}^4$。

相应算法的 200 次蒙特卡洛运行的位置和速度估计的均方根误差分别如图 5.12 与图 5.13 所示。仿真结果表明，在不加入真实模式（CT 模型）的情况下，IMM13 的估计误差最大。在机动期间，BMA 算法甚至具有比 IMM21 更好的估计性能，这也验证了 BMA 算法具有从候选模型集中激活真实模型的性能。而表 5.3 中的结果表明 BMA 仅需比采用全集的 IMM21 算法更小的计算量。该场景证明了 BMA 算法对于具有不同结构的模型集合是有效的。作为一个 VSMM 算法，对于具有参数和结构不同的混杂模型集合，BMA 算法可具有比采用所有可能模型的 IMM 算法更好的估计性能和更小的计算量。

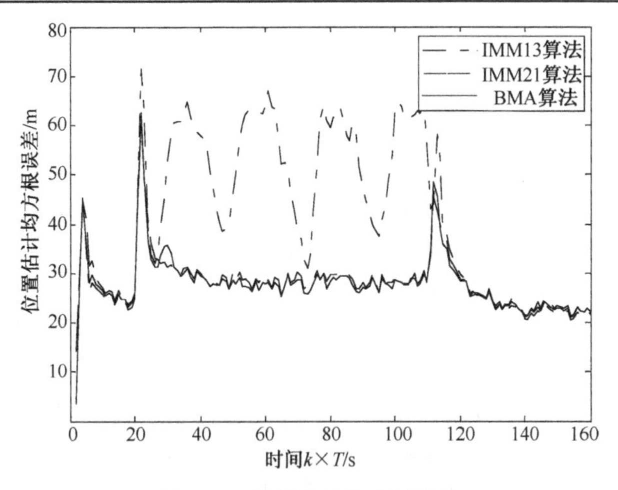

图 5.12　位置估计均方根误差

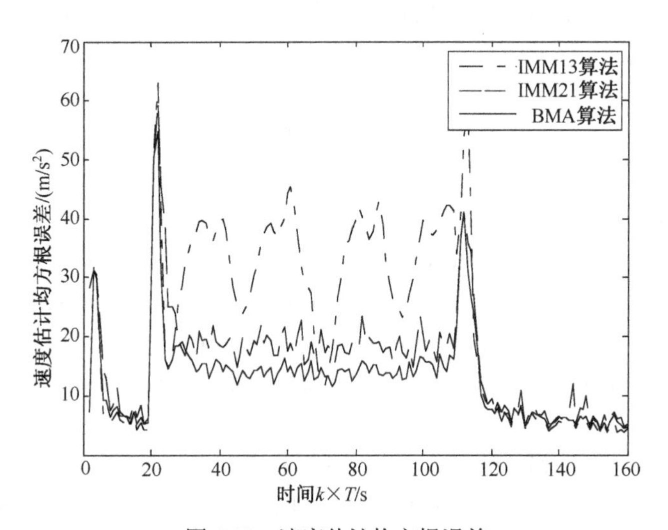

图 5.13　速度估计均方根误差

表 5.3　算法相对计算量对比

IMM13	IMM21	BMA
1	2.082	1.451

事实上，BMA 算法是 EMA 算法的一种通用化方法，因为：①这两个估计器属于同一类 VSMM 算法；②EMA 算法仅针对参数不同的模型集合，而 BMA 可处理包括参数和结构均不相同的模型集合，这是因为 EMA 算法采用基于固定模型集合的 MMSE（最小均方误差）模式估计扩展基本模型集，而 BMA 算法则采用使得 KL 准则最小的最优模型来扩展基本模型集；③对于参数不同模型的仿真实验验证了这两类模型实际上的等价性。

5.3 小　结

本章首先介绍了目标跟踪中的建模方法：常用的动态模型（CV 模型、CA 模型、CT 模型、Singer 模型、“当前”统计模型和基于参考加速度的自适应机动目标模型）和在不同坐标系（传感器坐标系、笛卡儿坐标系和混合坐标系）下的量测模型。针对非线性量测模型，介绍了一种线性化方法。然后着重介绍了目标跟踪中的多模型方法，包括 AMM、CMM 和 VSMM。针对变结构多模型估计，给出了两种不同的 MSA 算法——EMA 和 BMA。

本章仿真了 4 种采用参数和结构不同模型集合的机动目标跟踪场景，并在这些场景中将 BMA 算法与其他的一些 IMM 和 EMA 多模型算法进行了比较。仿真结果验证了不同算法的计算和性能有效性。关于多模型估计算法的最新研究，包括基于二阶马尔可夫链的多模型算法和属于变结构多模型方法的等价模型扩展算法可分别参考文献[59]和文献[60]。

参 考 文 献

[1] Li X R, Jilkov V P. Survey of maneuvering target tracking-part I: Dynamic models. IEEE Transactions on Aerospace and Electronic Systems, 2003, 30(4): 1333-1364.

[2] Singer R A. Estimating optimal tracking filter performance for manned maneuvering targets. IEEE Transactions on Aerospace and Electronic Systems, 1970, 6(4): 473-483.

[3] Bryan R S. Cooperative estimation of targets by multiple aircraft. Air Force Institute of Technology, 1980.

[4] Maybeck P S. Stochastic Models, Estimation and Control. New York: Academic Press, 1982.

[5] Watson G A, Blair W D. IMM algorithm for tracking targets that maneuver through coordinated turns. Proceedings of Signal and Data Processing for Small Targets, 1992, 1698: 236-247.

[6] Li X R, Bar-Shalom Y. Design of an interacting multiple model algorithm for air traffic control tracking. IEEE Transactions on Control Systems Technology, 1993, 1(3): 186-194.

[7] Bar-Shalom Y, Li X R. Multitarget-Multisensor Tracking: Principles and Techniques. CT: YBS Publishing, 1995.

[8] Dufour F, Mariton M. Tracking a 3D maneuvering target with passive sensors. IEEE Transactions on Aerospace and Electronic Systems, 1991, 27(4): 725-739.

[9] Sworder D D, Kent M, Vojak R, et al. Renewal models for maneuvering targets. IEEE Transactions on Aerospace and Electronic Systems, 1995, 31(1): 138-149.

[10] Zhou H, Kumar K S P. A “current” statistical model and adaptive algorithm for estimating maneuvering targets. AIAA Journal of Guidance, 1984, 7(5): 596-602.

[11] 兰剑, 慕春棣. 基于参考加速度的机动目标跟踪模型. 清华大学学报 (自然科学版), 2008, 48(10): 1553-1556.
[12] Chang C B, Tabaczynski J. Application of state estimation to target tracking. IEEE Transactions on Automatic Control, 1984, AC-29(2): 98-109.
[13] Brookner E. Tracking and Kalman Filtering Made Easy. New York: John Wiley&Sons, 1989.
[14] Blair W D, Keel B M. Radar systems modeling for tracking. Multitarget-multisensor tracking: applications and advances, 2000, 3: 321-393.
[15] Mehra R K. A comparison of several nonlinear filters for reentry vehicle tracking. IEEE Transactions on Automatic Control, 1971, AC-16: 307-319.
[16] Daum F E, Fitzgerald R J. Decoupled Kalman filters for phased array radar tracking. IEEE Transactions on Automatic Control, 1983, AC-28: 269-282.
[17] Singer R A, Benhke K W. Real-time tracking filter evaluation and selection for tactical applications. IEEE Transactions on Aerospace and Electronic Systems, 1971, AES-7: 100-110.
[18] Anderson B D O, Moore J B. Optimal Filtering. New Jersey: Prentice-Hall, 1979.
[19] Lawton J A, Jesionowski R J, Zarchan P. Comparison of four filtering options for a radar tracking problem. AIAA Journal of Guidance, Control and Dynamics, 1998, 21(4): 618-623.
[20] Singer R A. Estimating optimal tracking filter performance for manned maneuvering targets. IEEE Transactions on Aerospace and Electronic Systems, 1970, AES-6: 473-483.
[21] Mcaulay R J, Denlinger E J. A decision-directed adaptive tracker. IEEE Transactions on Aerospace and Electronic Systems, 1973, AES-9(2): 229-236.
[22] Gholson N H, Moose R L. Maneuvering target tracking using adaptive state estimation. IEEE Transactions on Aerospace and Electronic Systems, 1977, AES-13: 310-317.
[23] Demirbas K. Maneuvering target tracking with hypothesis testing. IEEE Transactions on Aerospace and Electronic Systems, 1987, AES-23: 757-766.
[24] Kalman R E. A new approach to linear filtering and prediction problems. Journal of Basic Engineering, 1960, 82(1): 35-45.
[25] Kerr T H. Streamlining measurement iteration for EKF target tracking. IEEE Transactions on Aerospace and Electronic Systems, 1991, 27(2): 408-421.
[26] Julier S J, Uhlmann J K. A new approach for filtering nonlinear systems. Proceedings of American Control Conference, Seattle, 1995: 1628-1632.
[27] Julier S J, Uhlmann J K, Durrant-Whyte H F. A new method for nonlinear transformation of means and covariances in filters and estimators. IEEE Transactions on Automatic Control, 2000, 45(3): 477-482.
[28] Schei T S. A finite-difference method for linearization in nonlinear estimation algorithms. Automatica, 1997, 33(11): 2053-2058.
[29] Nørgaard M, Poulsen N K, Ravn O. New developments in state estimation for nonlinear systems. Automatica, 2000, 36(11): 1627-1638.

[30] Ito K, Xiong K. Gaussian filters for nonlinear filtering problems. IEEE Transactions on Automatic Control, 2000, 45(5): 910-927.

[31] Doucet A, Godsill S, Andrieu C. On sequential Monte Carlo methods for bayesian filtering. Statistics and Computing, 2000, 10 (3): 197-208.

[32] Doucet A, de Freitas N, Gordon N J. Sequential Monte Carlo Methods in Practice. Berlin: Springer, 2000.

[33] Li X R. Multiple-model estimation with variable structure-part II: Model-set adaptation. IEEE Transactions on Automatic Control, 2000, 45(11): 2047-2060.

[34] Li X R, Jilkov V P. Survey of maneuvering target tracking-part V: Multiple-model methods. IEEE Transactions on Aerospace and Electronic Systems, 2005, 41(4): 1255-1321.

[35] Magill D T. Optimal adaptive estimation of sampled stochastic processes. IEEE Transactions on Automatic Control, 1965, 10(4): 434-439.

[36] Drummond O E, Li X R, He C. Comparison of various static multiple-model estimation algorithms. Proceedings of the SPIE Conference on Signal and Data Processing of Small Targets, 1998, 3373: 510-527.

[37] Lainiotis D G. Optimal adaptive estimation: structure and parameter adaptation. IEEE Transactions on Automatic Control, 1971, 16(2): 160-170.

[38] Averbuch A, Itzikowitz S, Kapon T. Parallel implementation of multiple model tracking algorithms. IEEE Transactions on Parallel and Distributed Systems, 1991, 2(2): 242-252.

[39] Bar-Shalom Y, Li X R. Estimation and Tracking: Principles, Techniques, and Software. Boston: Artech House, 1993.

[40] Oshman Y, Shinar J, Weizman S A. Using a multiple model adaptive estimator in a random evasion missile/aircraft encounter. AIAA Journal of Guidance, Control, and Dynamics, 2001, 24(6): 1176-1186.

[41] Jaffer A G, Gupta S C. On estimation of discrete processes under multiplicative and additive noise conditions. Information Science, 1971, 3: 267.

[42] Blom H A P, Bar-Shalom Y. The interacting multiple model algorithm for systems with Markovian switching coefficients. IEEE Transactions on Automatic Control, 1988, 33(8): 780-783.

[43] Bar-Shalom Y, Chang K C, Blom H A P. Tracking a maneuvering target using input estimation versus the interacting multiple model algorithm. IEEE Transactions on Aerospace and Electronic Systems, 1989, 25(2): 296-300.

[44] Ristic B, Arulampalam M S. Tracking a maneuvering target using angle-only measurements: Algorithms and performance. Signal Processing, 2003, 83(6): 1223-1238.

[45] Li X R, Bar-Shalom Y. Multiple-model estimation with variable structure. Transactions on Automatic Control, 1996, 41(4): 478-493.

[46] Li X R, Zhi X R, Zhang Y M. Multiple-model estimation with variable structure-part III: Model-group switching algorithm. IEEE Transactions on Aerospace and Electronic Systems, 1999, 35(1): 225-241.

[47] Li X R, Zhang Y M, Zhi X R. Multiple-model estimation with variable structure-part IV: Design and

evaluation of model-group switching algorithm. IEEE Transactions on Aerospace and Electronic Systems, 1999, 35(1): 242-254.

[48] Li X R, Zhang Y M. Multiple-model estimation with variable structure-part V: Likely-model set algorithm. IEEE Transactions on Aerospace and Electronic Systems, 2000, 36(2): 448-466.

[49] Li X R, Jilkov V P, Ru J. Multiple-model estimation with variable structure-part VI: Expected-mode augmentation. IEEE Transactions on Aerospace and Electronic Systems, 2005, 41(3): 853-867.

[50] Wang X, Challa S, Evans R, et al. Minimal submodel-set algorithm for maneuvering target tracking. IEEE Transactions on Aerospace and Electronic Systems, 2003, 39(4): 1218-1231.

[51] Efe M, Atherton D P. Maneuvering target tracking using adaptive turn rate models in the interacting multiple model algorithm. Proceedings of the 35th IEEE Conference on Decision and Control, Kobe, 1996, 3: 3151-3156.

[52] Li X R. Model-set sequence conditioned estimation in multiple-model estimation with variable structure. Proceedings of SPIE Conference on Signal and Data Processing of Small Targets, Orlando, 1998, 3373: 546-558.

[53] Li X R. Engineer's guide to variable-structure multiple-model estimation for tracking, in multitarget-multisensor tracking. Applications and Advances, 2000, 3(10): 499-567.

[54] Jilkov V P, Angelova D S, Semerdjiev T A. Mode-set adaptive IMM for maneuvering target tracking. IEEE Transactions on Aerospace and Electronic Systems, 1999, 35(1): 343-350.

[55] Semerdjiev E, Mihaylova L, Li X R. Variable- and fixed-structure augmented IMM algorithm using coordinate turn model. Proceedings of International Conference on Information Fusion, Paris, 2000, 1(1): MoD2.25-MoD2.32.

[56] Fisher K A, Maybeck P S. Multiple model adaptive estimation with filtering spawning. IEEE Transactions on Aerospace and Electronic Systems, 2002, 38(3): 755-768.

[57] 兰剑. 机动目标建模及多模型状态估计理论研究. 北京: 清华大学, 2010.

[58] Lan J, Li X R, Mu C. Best-model augmentation for variable-structure multiple-model estimation. IEEE Transactions on Aerospace and Electronic Systems, 2011, 47(3): 2008-2025.

[59] Lan J, Li X R, Jilkov V P, et al. Second-order Markov chain based multiple-model algorithms for maneuvering target tracking. IEEE Transactions on Aerospace and Electronic Systems, 2013, 49(1): 3-19.

[60] Lan J, Li X R. Equivalent-model augmentation for variable-structure multiple-model estimation. IEEE Transactions on Aerospace and Electronic Systems, 2013, 49(4): 2615-2630.

第 6 章　随机有限集框架下的多目标跟踪

6.1　随机有限集基础

6.1.1　随机有限集

随机有限集是一个取值为无序有限集的随机变量，即随机有限集中随机变量的个数和分布均是随机的，直观上讲，随机有限集是一个随机的空间点模式。随机有限集变量 $\boldsymbol{X}$ 可以由它的势分布和一类对称联合分布来描述，其中，势分布描述了点个数的分布，对称联合分布描述了随机有限集的元素在状态空间的分布。本质上讲，随机有限集就是一个有限集值变量，出于完整性，下面给出随机有限集的定义。

随机有限集 $\boldsymbol{X}$ 定义为从 Ω 到 $\mathcal{F}(\mathcal{X})$ 的可测映射[1-3]，即

$$\boldsymbol{X}:\Omega \to \mathcal{F}(\mathcal{X})$$

式中，Ω 表示一个样本空间，它的概率测度 P 定义在事件 $\sigma(\Omega)$ 的 σ-代数上；$\mathcal{F}(\mathcal{X})$ 是 $\mathcal{X}$ 的有限子集的空间，并且具有 Myopic[4]或 Matheron 拓扑[5]。

6.1.2　随机有限集的统计描述

1）随机有限集的概率密度

和随机变量类似，随机有限集的概率密度是对随机有限集的有效描述符，尤其在滤波和估计中，因为它包含了关于随机有限集的个数和状态的所有相关信息。文献[6]根据测度论给出了随机有限集概率密度的一种描述，文献[6]提到，由于 $\mathcal{X}$ 上的所有有限集的空间 $\mathcal{F}(\mathcal{X})$ 没有继承基本的欧氏距离密度的概念，所以空间 $\mathcal{F}(\mathcal{X})$ 上的概率密度需要通过随机有限集或者点过程理论来获得。密度的概念与测度和积分的概念紧密相连，直观上，任意空间 $\mathcal{Y}$ 上的测度确定了 $\mathcal{Y}$ 的子集的“大小”，如长度、面积、体积、概率等。

在随机有限集理论中，参考测度的选择是无量纲的测度，对于空间 $\mathcal{F}(\mathcal{X})$ 的任意子集 $\mathcal{T}$，其测度可表示为

$$\mu(\mathcal{T}) = \sum_{r=0}^{\infty} \frac{\lambda^r(\chi^{-1}(\mathcal{T}) \cap \mathcal{X}^r)}{r!} \tag{6.1}$$

式中，$\mathcal{X}^r$ 为 $\mathcal{X}$ 的第 r 个笛卡儿积，并约定 $\mathcal{X}^0 = \{\varnothing\}$；$\lambda^r$ 为 $\mathcal{X}^r$ 上的第 r 个无量纲的勒

贝格测度；$\chi(\boldsymbol{x}_1,\cdots,\boldsymbol{x}_r)=\{\boldsymbol{x}_1,\cdots,\boldsymbol{x}_r\}$ 为向量到集合的映射。空间 $\mathcal{F}(\mathcal{X})$ 的子集$\mathcal{T}$关于μ的函数f：$\mathcal{F}(\mathcal{X})\to\mathbb{R}$ 的积分可以表示为

$$\int_{\mathcal{T}} f(\boldsymbol{X})\mu(\mathrm{d}\boldsymbol{X})=\sum_{r=0}^{\infty}\frac{1}{r!}\int 1_{\mathcal{T}}(\chi(\boldsymbol{x}_1,\cdots,\boldsymbol{x}_r))f(\{\boldsymbol{x}_1,\cdots,\boldsymbol{x}_r\})\lambda^r(\mathrm{d}\boldsymbol{x}_1\cdots\mathrm{d}\boldsymbol{x}_r) \tag{6.2}$$

式中，$1_{\mathcal{T}}(\cdot)$ 为$\mathcal{T}$的指示函数。

注意，符号 $\mathrm{d}\boldsymbol{x}$ 是欧几里得空间的标准积分，而 $\lambda\mathrm{d}\boldsymbol{x}$ 是关于$\mathcal{X}$上无量纲测度的积分。

给定$\mathcal{X}$上的一个随机有限集 $\boldsymbol{X}$，关于测度μ的概率密度π满足

$$P(\boldsymbol{X}\in\mathcal{T})=\int_{\mathcal{T}}\pi(\boldsymbol{X})\mu(\mathrm{d}\boldsymbol{X}) \tag{6.3}$$

式中，$\mathcal{T}$为 $\mathcal{F}(\mathcal{X})$ 上的任一子集。

注意，欧几里得空间的概率密度在每个单位超体积内有概率的物理维数，而π是无量纲的，这是由于参考测度是无量纲的。

文献[7]和文献[8]根据随机有限集统计（Finite Set Statistics，FISST）理论定义了随机有限集的另一种概率密度，即 FISST 密度。

FISST 密度为给定一个随机有限集变量，即

$$\boldsymbol{X}=\{\boldsymbol{x}_1,\cdots,\boldsymbol{x}_n\} \tag{6.4}$$

则随机有限集变量 $\boldsymbol{X}$ 的 FISST 密度可以唯一地由势分布 $\rho(n)$ 和一个对称的联合分布 $p_n(\boldsymbol{x}_1,\cdots,\boldsymbol{x}_n)$ 来表示，即

$$p(\boldsymbol{X})=p(\{\boldsymbol{x}_1,\cdots,\boldsymbol{x}_n\})=n!\rho(n)p_n(\boldsymbol{x}_1,\cdots,\boldsymbol{x}_n) \tag{6.5}$$

式中，阶乘项 $n!$ 表示联合分布中的所有排列，$n\in\mathbf{N}$，FISST 密度的积分可以定义为

$$\int p(\boldsymbol{X})\delta\boldsymbol{X}=p(\varnothing)+\sum_{n=1}^{\infty}\frac{1}{n!}\int p(\{\boldsymbol{x}_1,\cdots,\boldsymbol{x}_n\})\mathrm{d}\boldsymbol{x}_1\cdots\mathrm{d}\boldsymbol{x}_n \tag{6.6}$$

很容易验证 $p(\boldsymbol{X})$ 的积分为 1，即

$$\begin{aligned}\int p(\boldsymbol{X})\delta\boldsymbol{X}&=\rho(0)+\sum_{n=1}^{\infty}\frac{1}{n!}n!\rho(n)\underbrace{\int p_n(\boldsymbol{x}_1,\cdots,\boldsymbol{x}_n)\mathrm{d}\boldsymbol{x}_1\cdots\mathrm{d}\boldsymbol{x}_n}_{\text{标准概率密度函数，等于1}}\\&=\sum_{n=0}^{\infty}\rho(n)=1\end{aligned} \tag{6.7}$$

这也说明了 FISST 密度 $p(\boldsymbol{X})$ 是概率密度函数。随机有限集变量 $\boldsymbol{X}$ 的势分布 $\rho(n)$ 可以从概率密度函数 $p(\boldsymbol{X})$ 得到，即

$$\rho(n)=\frac{1}{n!}\int p(\{\boldsymbol{x}_1,\cdots,\boldsymbol{x}_n\})\mathrm{d}\boldsymbol{x}_1\cdots\mathrm{d}\boldsymbol{x}_n \tag{6.8}$$

随机有限集的概率密度 $\pi(\boldsymbol{X})$ 与 FISST 密度 $p(\boldsymbol{X})$ 的关系，文献[6]指出，FISST 密度 $p(\boldsymbol{X})$ 和概率密度 $\pi(\boldsymbol{X})$ 是相关联的，即

$$\pi(\boldsymbol{X}) = K^{|\boldsymbol{X}|} p(\boldsymbol{X}) \tag{6.9}$$

式中，$|\boldsymbol{X}|$表示 $\boldsymbol{X}$ 的势（个数）；K 表示单位。

注意，式（6.9）也表明 FISST 密度等同于关于参考测度的概率密度，在本书中，将不区分 FISST 密度与概率密度，也称 FISST 密度为概率密度。

2）信度质量函数

信度质量函数是随机有限集的另一种描述符[8]，它是多目标贝叶斯建模的核心，特别是在分别从多目标运动模型和多目标量测模型构建多目标转移密度函数和多目标似然函数过程中，信度质量函数是至关重要的，随机有限集的信度质量函数是随机变量中概率质量函数的自然推广。

信度质量函数：假如 $\boldsymbol{X}$ 是$\mathcal{X}$上的一个随机有限集，对于所有的闭集 $\boldsymbol{S}\subseteq\mathcal{X}$，则 $\boldsymbol{X}$ 的信度质量函数可表示为

$$\beta(\boldsymbol{S}) = P(\boldsymbol{X} \subseteq \boldsymbol{S}) \tag{6.10}$$

对于多目标系统的建模，信度质量函数要比概率分布方便得多，这是由于信度质量函数处理的是$\mathcal{X}$的闭式子集，而概率分布处理的是 $\mathcal{F}(\mathcal{X})$ 的子集，信度质量函数是定义在单目标运动空间和单目标量测空间的封闭子集，它可以描述分别由单目标运动模型和量测模型构建的多目标运动模型和量测模型。

由于信度质量函数不是测度，所以标准密度的测度理论概念不再适用，FISST 理论通过构造集值积分和集值微分为信度质量函数提供了 FISST 密度的概念。随机有限集的 FISST 密度 p 可通过求信度质量函数的 FISST 集合导数获得，换句话说，在一个闭式集合 $\boldsymbol{S}\subseteq\mathcal{X}$上的 FISST 密度 p 的集合积分为信度质量函数。FISST 密度和信度质量函数的关系可表示为

$$\int_{\boldsymbol{S}} p(\boldsymbol{X}) \delta \boldsymbol{X} = \beta(\boldsymbol{S}) \tag{6.11}$$

或

$$p(\boldsymbol{X}) = \frac{\delta \beta}{\delta \boldsymbol{X}}(\varnothing) \tag{6.12}$$

利用 FISST 理论，可以将多目标密度构建转化为计算信度质量的集合导数。

3）概率生成泛函

在多目标滤波中，概率生成泛函是随机有限集的第三种基本通用的描述符[8]，这是由于概率生成泛函通常可以将复杂的数学问题转化为简单的问题。随机有限集的概率生成泛函是离散随机变量中概率生成函数概念的推广。

随机有限集 $\boldsymbol{X}$ 的概率生成泛函可定义为

$$G[h] = \mathrm{E}[h^{X}] \tag{6.13}$$

式中，h 是$\mathcal{X}$上的任意实值函数，如 $0 \leqslant h(\boldsymbol{x}) \leqslant 1$ 是一个测试函数，即

$$h^{X}=\begin{cases}1, & X=\varnothing \\ \prod_{x\in X} h(x), & \text{其他}\end{cases} \tag{6.14}$$

随机有限集的概率生成泛函与概率密度的关系：如果随机有限集 X 的概率密度为 $p(X)$，则它的概率生成泛函为

$$\begin{aligned}G[h]&=\int h^{X}p(X)\delta X\\&=p(\varnothing)+\int h(x)p(\{x\})\mathrm{d}x+\frac{1}{2}\int h(x_1)h(x_2)p(\{x_1,x_2\})\mathrm{d}x_1\mathrm{d}x_2+\cdots\end{aligned} \tag{6.15}$$

对于$\mathcal{X}$和$\mathcal{Z}$上的两个随机有限集 X 和 Y，它们的联合概率生成泛函定义为

$$G[l,h]=\mathrm{E}[l^{X}h^{Y}] \tag{6.16}$$

式中，l、h 为任意的实值函数，$0\leqslant l(x)\leqslant 1$，$0\leqslant h(x)\leqslant 1$，对于有限个数的随机有限集，它们的联合概率生成泛函可以用相似的方法来定义。

6.1.3　常用的随机有限集

1）泊松随机有限集

泊松随机有限集可以由它的强度函数 v 来描述，它的势服从均值为 $N=\int v(x)\mathrm{d}x$ 的泊松分布，并且对于给定的势，随机有限集 X 的元素 x 是服从概率密度为 $p(x)=v(x)/N$ 分布的独立同分布变量。泊松随机有限集的势分布可表示为

$$\rho(n)=\frac{\mathrm{e}^{-\lambda}\lambda^{n}}{n!},\quad n=0,1,2,\cdots \tag{6.17}$$

泊松随机有限集的概率密度可表示为

$$\pi(X)=\mathrm{e}^{-N}\prod_{i=1}^{n}v(x_i) \tag{6.18}$$

泊松随机有限集的概率生成泛函为

$$G[h]=\mathrm{e}^{\langle v,h-1\rangle} \tag{6.19}$$

式中，$\langle\cdot,\cdot\rangle$ 表示内积，即 $\langle v,h\rangle=\int v(x)h(x)\mathrm{d}x$。

2）独立同分布的簇随机有限集

独立同分布的簇随机有限集由势分布 $\rho(\cdot)$ 和相应的强度函数 $v(\cdot)$ 来描述。独立同分布的簇随机有限集的势分布满足 $N=\sum_{n=0}^{\infty}n\rho(n)=\int v(x)\mathrm{d}x$，并且对于给定的势，随机有限集 X 中的元素 x 是服从概率密度为 $p(x)=v(x)/N$ 分布的独立同分布变量。独立同分布的簇随机有限集的概率密度为

$$\pi(\boldsymbol{X}) = n!\rho(n)\prod_{i=1}^{n}\frac{v(\boldsymbol{x}_i)}{N} \tag{6.20}$$

独立同分布的簇随机有限集的概率生成泛函为

$$G[h] = G_\rho\left(\langle v,h\rangle / N\right) \tag{6.21}$$

式中，$G_\rho(\cdot)$ 是势分布 $\rho(\cdot)$ 的概率生成函数。

注意，泊松随机有限集是独立同分布簇随机有限集的特例。

3）伯努利随机有限集

伯努利随机有限集可以由存在概率 r 和概率密度分布 $p(\cdot)$ 来描述。伯努利随机有限集为空集的概率是 $1-r$，为单元素集合的概率是 r，并且单元素的概率密度分布为 $p(\cdot)$。伯努利随机有限集的势分布是服从 r 的伯努利分布，它的概率密度函数可表示为

$$\pi(\boldsymbol{X}) = \begin{cases} 1-r, & \boldsymbol{X} = \varnothing \\ rp(\boldsymbol{x}), & \boldsymbol{X} = \{\boldsymbol{x}\} \\ 0, & \text{其他} \end{cases} \tag{6.22}$$

伯努利随机有限集的概率生成泛函为

$$G[h] = 1 - r + r\langle p,h\rangle \tag{6.23}$$

4）多伯努利随机有限集

多伯努利随机有限集是固定数量独立的伯努利随机有限集的并集，其中，每个伯努利随机有限集 $\boldsymbol{X}^{(i)}$ 的存在概率为 $r^{(i)} \in (0,1)$，概率密度为 $p^{(i)}(\cdot)$。对于 $i = 1,\cdots,M$，多伯努利随机有限集可表示为

$$\boldsymbol{X} = \bigcup_{i=1}^{M}\boldsymbol{X}^{(i)} \tag{6.24}$$

多伯努利随机有限集可以完全由多伯努利参数集表示，即 $\{(r^{(i)}, p^{(i)})\}_{i=1}^{M}$。多伯努利随机有限集的平均势为 $\sum_{i=1}^{M} r^{(i)}$，它的概率密度为

$$\pi(\boldsymbol{X}) = \begin{cases} \prod_{j=1}^{M}(1-r^{(j)}), & n = 0 \\ \prod_{j=1}^{M}(1-r^{(j)}), \sum_{1\leqslant i_1 \neq \cdots \neq i_n \leqslant M}\prod_{j=1}^{n}\frac{r^{(i_j)}p^{(i_j)}(x_j)}{1-r^{(i_j)}}, & n \leqslant m \\ 0, & n > m \end{cases} \tag{6.25}$$

多伯努利随机有限集的概率生成泛函为

$$G[h] = \prod_{i=1}^{M}\left(1 - r^{(i)} + r^{(i)}\left\langle p^{(i)},h\right\rangle\right) \tag{6.26}$$

6.2 随机有限集框架下的多目标跟踪

多目标跟踪是从一系列量测中同时估计出未知时变的目标数和目标的状态，目前有两种主流的方法处理多目标跟踪问题，第一种方法是传统的多目标跟踪方法，即首先通过量测-目标关联，然后利用贝叶斯滤波方法将多目标跟踪问题转化为多个单目标跟踪问题，典型的算法包括全局最近邻（Global Nearest Neighbour，GNN）算法[9]，联合概率数据关联（Joint Probabilistic Data Association，JPDA）算法[10]，多假设跟踪（Multiple Hypothesis Tracking，MHT）算法[11，12]，传统多目标跟踪方法的关键是数据关联；另一种方法是随机有限集框架下的多目标跟踪方法[8]，随机有限集多目标跟踪方法将所有的目标状态和量测看做随机有限集，然后利用多目标贝叶斯滤波技术同时估计出目标的个数和状态。

近年来，随机有限集框架下的多目标跟踪技术受到了极大的关注，洛克希德马丁公司的学者 Mahler 在随机有限集多目标滤波理论方面进行了开拓性的研究，澳大利亚的学者 Ba-Ngu Vo 和 Ba-Tuong Vo 在随机有限集框架下多目标跟踪算法的实现方法上作出了突出的贡献。基于随机有限集的多目标滤波方法和标准的单目标滤波方法相似，也是利用贝叶斯法则来传播多目标的概率密度的，不同之处在于随机有限集框架下的积分为集值积分，由于集值积分通常是无法求解的，许多近似的多目标滤波方法被提出，例如，基于一阶统计矩近似的概率假设密度（Probability Hypothesized Density，PHD）滤波器[7]，基于一阶统计矩和势近似的势概率假设密度（Cardinalized PHD，CPHD）滤波器[13]和基于随机有限集密度近似的多目标多伯努利（Multi-Target Multi-Bernoulli，MeMBer）滤波器[8]及其改进形式的势均衡多目标多伯努利（Cardinality Balanced MeMBer，CBMeMBer）滤波器[14]。

本章主要介绍随机有限集框架下的多目标滤波算法和它们的实现方法，如 PHD 滤波器、CPHD 滤波器、CBMeMBer 滤波器和它们的高斯混合（Gaussian Mixture，GM）和序贯蒙特卡洛（Sequential Monte Carlo，SMC）实现。

6.2.1 多目标系统模型

随机有限集框架下的多目标滤波方法利用随机有限集对多目标的状态和量测进行建模，假如在 k 时刻有 $N(k)$ 个目标 $\boldsymbol{x}_{k,1},\cdots,\boldsymbol{x}_{k,N(k)}\in\mathcal{X}$ 和 $M(k)$ 个量测 $z_{k,1},\cdots,z_{k,M(k)}\in\mathcal{Z}$，其中 $\mathcal{X}\in\mathbb{R}^{n_x}$，$\mathcal{Z}\in\mathbb{R}^{n_z}$，随机有限集方法将所有的目标状态和目标量测表示为有限集，如

$$\boldsymbol{X}_k=\{\boldsymbol{x}_{k1},\cdots,\boldsymbol{x}_{k,N(k)}\}\in\mathcal{F}(\mathcal{X}) \tag{6.27}$$

$$\boldsymbol{Z}_k=\{\boldsymbol{z}_{k1},\cdots,\boldsymbol{z}_{k,N(k)}\}\in\mathcal{F}(\mathcal{Z}) \tag{6.28}$$

式中，$\mathcal{F}(\mathcal{X})$ 和 $\mathcal{F}(\mathcal{Z})$ 分别为$\mathcal{X}$和$\mathcal{Z}$空间的有限子集，并且目标的状态和量测在有限集中是无序的。

1）多目标运动模型

对于给定的 $k-1$ 时刻的多目标状态 $\boldsymbol{X}_{k-1}$，每个目标状态 $x_{k-1}\in\boldsymbol{X}_{k-1}$ 或者以概率 $p_{S,k-1}(\boldsymbol{x}_{k-1})$ 转移到新的状态 $\boldsymbol{x}_k$，或者以概率 $1-p_{S,k-1}(\boldsymbol{x}_{k-1})$ 消失，因此，对于给定 $k-1$ 时刻的状态 $x_{k-1}\in\boldsymbol{X}_{k-1}$，下一时刻的状态可以用随机有限集来表示，即 $\boldsymbol{S}_{k|k-1}(\boldsymbol{x}_{k-1})$，当目标继续存在时，$\boldsymbol{S}_{k|k-1}(\boldsymbol{x}_{k-1})$ 为 $\{x_k\}$，当目标消失时，$\boldsymbol{S}_{k|k-1}(x_{k-1})$ 为空集。另外，在 k 时刻可能出现新的目标或者由前一时刻的目标催生新的目标，所以给定 $k-1$ 时刻的多目标状态 $\boldsymbol{X}_{k-1}$，k 时刻的多目标状态 $\boldsymbol{X}_k$ 则由继续生存的目标、催生的目标和新生的目标构成，即

$$\boldsymbol{X}_k=\left[\bigcup_{\zeta\in\boldsymbol{X}_{k-1}}\boldsymbol{S}_{k|k-1}(\zeta)\right]\cup\left[\bigcup_{\zeta\in\boldsymbol{X}_{k-1}}\boldsymbol{B}_{k|k-1}(\zeta)\right]\cup\boldsymbol{\varGamma}_k \tag{6.29}$$

式中，$\boldsymbol{\varGamma}_k$ 为 k 时刻新生目标的随机有限集；$\boldsymbol{B}_{k|k-1}(\zeta)$ 为 k 时刻从前一时刻目标状态催生目标的随机有限集，并且假设式（6.29）所包含的各项相互独立。

2）多目标量测模型

对于给定的目标 $\boldsymbol{x}_k\in\boldsymbol{X}_k$ 或者以概率 $p_{D,k}(\boldsymbol{x}_k)$ 被检测，或者以概率 $1-p_{D,k}(\boldsymbol{x}_k)$ 未被检测，当目标被检测到时，从 $\boldsymbol{x}_k$ 获得的量测 $\boldsymbol{z}_k$ 的概率密度为 $g_k(\boldsymbol{z}_k\mid\boldsymbol{x}_k)$，所以在 k 时刻，每个状态 $\boldsymbol{x}_k\in\boldsymbol{X}_k$ 产生一个随机有限集，即 $\boldsymbol{\varTheta}_k(\boldsymbol{x}_k)$，当目标被检测到时，$\boldsymbol{\varTheta}_k(\boldsymbol{x}_k)$ 为 $\{\boldsymbol{z}_k\}$，当目标未被检测到时 $\boldsymbol{\varTheta}_k(\boldsymbol{x}_k)$ 为空集。另外，除了来自目标的量测，传感器也可能接收到虚警或者杂波构成的集合 $\boldsymbol{K}_k$，所以在给定 k 时刻多目标的状态 $\boldsymbol{X}_k$，多目标的量测 $\boldsymbol{Z}_k$ 由目标产生的量测和杂波构成，即

$$\boldsymbol{Z}_k=\boldsymbol{K}_k\cup\left[\bigcup_{\boldsymbol{x}\in\boldsymbol{X}_k}\boldsymbol{\varTheta}_k(\boldsymbol{x})\right] \tag{6.30}$$

式中，构成 $\boldsymbol{Z}_k$ 的各个部分是相互独立的。图 6.1 给出了多目标系统模型示意图。

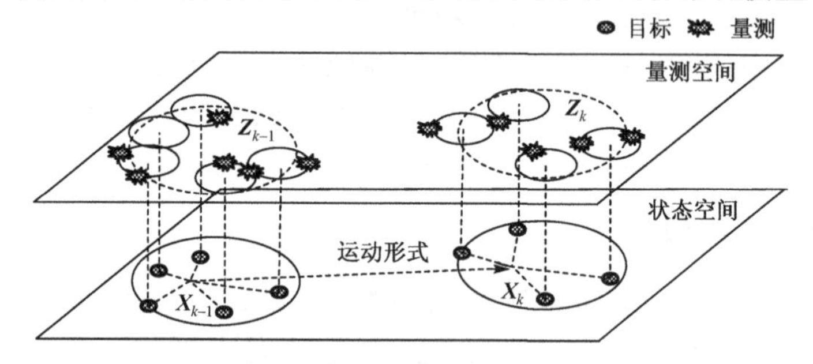

图 6.1　多目标系统模型示意图

6.2.2　多目标贝叶斯滤波器

多目标贝叶斯滤波器的递推公式可表示为[8]

$$\pi_{k|k-1}(\boldsymbol{X}_k\mid\boldsymbol{Z}_{1:k-1})=\int f_{k|k-1}(\boldsymbol{X}_k\mid\boldsymbol{X}_{k-1})\pi_{k-1}(\boldsymbol{X}_{k-1}\mid\boldsymbol{Z}_{1:k-1})\delta\boldsymbol{X}_{k-1} \tag{6.31}$$

$$\pi_k(\boldsymbol{X}_k \mid \boldsymbol{Z}_{1:k}) = \frac{g_k(\boldsymbol{Z}_k \mid \boldsymbol{X}_k)\pi_{k|k-1}(\boldsymbol{X}_k \mid \boldsymbol{Z}_{1:k-1})}{\int g_k(\boldsymbol{Z}_k \mid \boldsymbol{X}_k)\pi_{k|k-1}(\boldsymbol{X}_k \mid \boldsymbol{Z}_{1:k-1})\delta \boldsymbol{X}_k} \tag{6.32}$$

其中，式（6.31）和式（6.32）中的积分均为集值积分，$\pi(\cdot \mid \boldsymbol{Z}_{1:k})$ 为多目标的概率密度，$f_{k|k-1}(\cdot|\cdot)$ 表示多目标的转移密度，$g_k(\cdot|\cdot)$ 表示多目标的似然。从上述递推可以看出，多目标贝叶斯滤波器递推类似于单目标贝叶斯滤波器递推，主要区别在于多目标贝叶斯滤波器递推中的积分为集值积分，而单目标贝叶斯滤波器递推的积分为变量积分。由于集值积分通常是无法求解的，所以在实际的应用中需要寻求次优的方法来近似多目标贝叶斯滤波器。

6.3　概率假设密度滤波器

利用 FISST 理论，Mahler 推导出了 PHD 滤波器的递推方程，PHD 滤波器将多目标状态空间的操作转换到单目标状态空间并且避免了数据关联过程。在线性高斯条件下，文献[15]给出了 PHD 滤波器的 GM 实现，并利用线性化方法和无迹变换方法将 GM-PHD 滤波器扩展到非线性不严重的模型；文献[16]给出了 GM-PHD 滤波器的收敛性分析；文献[17]将 GM-PHD 滤波器用于跳马尔可夫系统模型，实现了多机动目标的跟踪；文献[18]在 GM-PHD 滤波器的基础上利用有效的轨迹管理技术给出了多目标的轨迹信息；文献[19]将 GM-PHD 滤波器扩展到多扩展目标跟踪。

在非线性条件下，文献[6]利用 SMC 思想给出了 PHD 滤波器的 SMC 实现，并指出在只有一个目标且没有目标的出现和消失，不存在漏警和虚警的情况下，SMC-PHD 滤波器将转变为标准的 SMC 滤波器；文献[6]和文献[20]给出了 SMC-PHD 滤波器的收敛性分析；针对出生强度未知的情形，文献[21]推导出了新的 PHD 滤波器的递推公式并给出了其 SMC 实现；文献[22]提出了辅助 SMC-PHD 滤波器，改进了多目标滤波的精度；文献[23]利用标签法给出了 SMC-PHD 滤波器的连续轨迹；文献[24]利用多模型方法，提出了用于多机动目标跟踪的多模型 SMC-PHD 滤波器。

注意，文献[25]基于物理模型推导出了工程上易于理解的 PHD 滤波器的新的递推方程，感兴趣的读者可参考文献[25]了解更多的细节，本章不再详述。

PHD 也称为强度函数，是多目标密度的一阶统计矩近似。PHD 是定义在单目标状态空间的函数，可表示为

$$v(\boldsymbol{x}) = \int \delta_{\boldsymbol{X}}(\boldsymbol{x})\pi(\boldsymbol{X})\delta \boldsymbol{X} \tag{6.33}$$

式中，$\delta_{\boldsymbol{X}}(\boldsymbol{x}) = \sum_{w \in \boldsymbol{X}} \delta_w(\boldsymbol{x})$ 为集值狄拉克 δ 函数，$\delta_w(\boldsymbol{x})$ 为标准的狄拉克 δ 函数。对于任一区域 $\boldsymbol{S}$，PHD 的集值积分可表示为

$$\int_{\boldsymbol{S}} v(\boldsymbol{x})\mathrm{d}\boldsymbol{x} = \int |\boldsymbol{X} \cap \boldsymbol{S}| \pi(\boldsymbol{X})\delta \boldsymbol{X} \tag{6.34}$$

PHD 在某一区域的积分并不为 1，而为包含在区域 $\boldsymbol{S}$ 内目标的个数，图 6.2 给出了 PHD 的示意图。

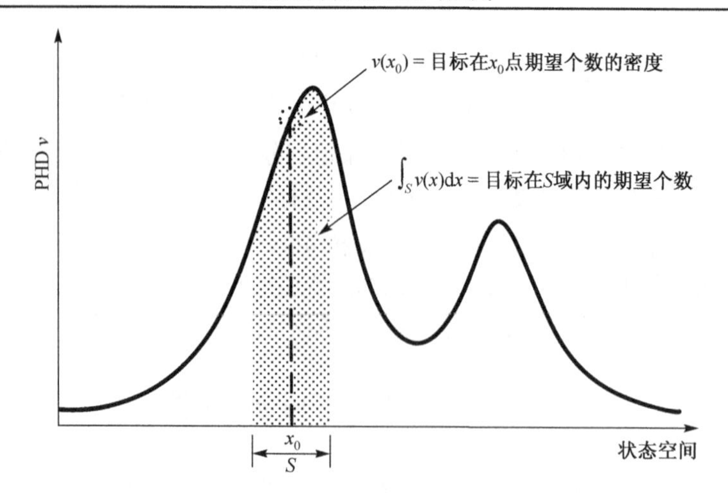

图 6.2　PHD 的示意图

注意，PHD 不是概率密度函数。

PHD 滤波器是一种近似的多目标贝叶斯滤波方法，在递推过程中 PHD 滤波器不用传播多目标的密度，而只需传播多目标的 PHD。多目标贝叶斯递推过程与 PHD 滤波器递推过程的关系可表示如下：

$$\cdots \to \pi_{k-1}(\boldsymbol{X}_{k-1} \mid \boldsymbol{Z}_{1:k-1}) \xrightarrow{\text{预测}} \pi_{k|k-1}(\boldsymbol{X}_k \mid \boldsymbol{Z}_{1:k-1}) \xrightarrow{\text{更新}} \pi_k(\boldsymbol{X}_k \mid \boldsymbol{Z}_{1:k}) \to \cdots$$

$$\cdots \to v_{k-1}(\boldsymbol{x}_{k-1} \mid \boldsymbol{Z}_{1:k-1}) \xrightarrow{\text{PHD预测}} v_{k|k-1}(\boldsymbol{x}_k \mid \boldsymbol{Z}_{1:k-1}) \xrightarrow{\text{PHD更新}} v_k(\boldsymbol{x}_k \mid \boldsymbol{Z}_{1:k}) \to \cdots$$

PHD 滤波器基于以下假设。

（1）每个目标的运动与其产生的量测是相互独立的。

（2）新生目标的随机有限集和生存目标的随机有限集是相互独立的。

（3）杂波随机有限集服从泊松分布，并且和目标产生的量测相互独立。

（4）先验和预测的多目标随机有限集均服从泊松分布。

基于以上假设，PHD 滤波器的递推过程可表示如下。

（1）预测部分。

假设给定 $k-1$ 时刻的后验强度 v_{k-1}，则预测的强度可表示为

$$v_{k|k-1}(\boldsymbol{x}) = \int p_{S,k}(\boldsymbol{\zeta}) f_{k|k-1}(\boldsymbol{x} \mid \boldsymbol{\zeta}) v_{k-1}(\boldsymbol{\zeta}) \mathrm{d}\boldsymbol{\zeta} + \gamma_k(\boldsymbol{x}) \tag{6.35}$$

式中，$p_{S,k}(\boldsymbol{\zeta})$ 为目标在 k 时刻的生存概率；$f_{k|k-1}(\cdot \mid \boldsymbol{\zeta})$ 为 k 时刻单目标的转移概率密度；$\gamma_k(\cdot)$ 为 k 时刻新生目标有限集 $\boldsymbol{\Gamma}_k$ 的强度。

（2）更新部分。

假设给定 k 时刻的预测强度 $v_{k|k-1}$ 和量测集 $\boldsymbol{Z}_k$，则更新的强度可表示为

$$v_k(\boldsymbol{x}) = \left[1 - p_{D,k}(\boldsymbol{x})\right] v_{k|k-1}(\boldsymbol{x}) + \sum_{z \in \boldsymbol{Z}_k} \frac{p_{D,k}(\boldsymbol{x}) g_k(\boldsymbol{z} \mid \boldsymbol{x}) v_{k|k-1}(\boldsymbol{x})}{\kappa_k(\boldsymbol{z}) + \int p_{D,k}(\boldsymbol{\zeta}) g_k(\boldsymbol{z} \mid \boldsymbol{\zeta}) v_{k|k-1}(\boldsymbol{\zeta}) \mathrm{d}\boldsymbol{\zeta}} \tag{6.36}$$

式中，$p_{D,k}(\boldsymbol{x})$ 表示 k 时刻给定状态 $\boldsymbol{x}$ 时的检测概率；$g_k(\cdot|x)$ 表示 k 时刻给定状态 $\boldsymbol{x}$ 时的似然；$\kappa_k(\cdot)$ 表示 k 时刻杂波有限集 $\boldsymbol{K}_k$ 的强度。

注意，本节没有考虑含催生目标的情形，关于含有催生目标 PHD 滤波器的递推方程，感兴趣的读者可以参考文献[7]。

6.3.1　高斯混合概率假设密度滤波器

从上述 PHD 滤波器的递推过程可以看出，PHD 滤波器包含了多重积分运算，无法得到解析解，文献[15]在线性高斯模型假设条件下给出了 PHD 滤波器的 GM 实现。

GM-PHD 滤波器假设条件如下。

（1）每个目标的运动模型和量测模型均为线性高斯的，即

$$f_{k|k-1}(\boldsymbol{x}|\boldsymbol{\zeta})=\mathcal{N}(\boldsymbol{x};\boldsymbol{F}_{k-1}\boldsymbol{\zeta},\boldsymbol{Q}_{k-1}) \tag{6.37}$$

$$g_k(z|\boldsymbol{x})=\mathcal{N}(z;\boldsymbol{H}_k\boldsymbol{x},\boldsymbol{R}_k) \tag{6.38}$$

式中，$\mathcal{N}(\cdot;\boldsymbol{m},\boldsymbol{P})$ 表示一个均值为 $\boldsymbol{m}$、协方差为 $\boldsymbol{P}$ 的高斯概率密度函数；$\boldsymbol{F}_{k-1}$ 为状态转移矩阵；$\boldsymbol{Q}_{k-1}$ 为过程噪声的协方差矩阵；$\boldsymbol{H}_k$ 为量测矩阵；$\boldsymbol{R}_k$ 为量测噪声的协方差矩阵。

（2）目标的生存概率和检测概率与目标状态相互独立，即

$$p_{S,k}(\boldsymbol{x})=p_{S,k} \tag{6.39}$$

$$p_{D,k}(\boldsymbol{x})=p_{D,k} \tag{6.40}$$

（3）新生目标随机有限集的强度为高斯混合形式，即

$$\gamma_k(\boldsymbol{x})=\sum_{i=1}^{J_{\gamma,k}}w_{\gamma,k}^{(i)}\mathcal{N}(\boldsymbol{x};\boldsymbol{m}_{\gamma,k}^{(i)},\boldsymbol{P}_{\gamma,k}^{(i)}) \tag{6.41}$$

式中，$J_{\gamma,k}$，$w_{\gamma,k}^{(i)}$，$\boldsymbol{m}_{\gamma,k}^{(i)}$，$\boldsymbol{P}_{\gamma,k}^{(i)}$，$i=1,\cdots,J_{\gamma,k}$ 为给定的新生目标强度的参数。

基于以上假设，PHD 滤波器可以得到解析解，GM-PHD 滤波器的递推过程可表示如下。

1）预测步

假设 $k-1$ 时刻的后验强度为高斯混合形式的，即

$$v_{k-1}(\boldsymbol{x})=\sum_{i=1}^{J_{k-1}}w_{k-1}^{(i)}\mathcal{N}(\boldsymbol{x};\boldsymbol{m}_{k-1}^{(i)},\boldsymbol{P}_{k-1}^{(i)}) \tag{6.42}$$

则 k 时刻的预测强度也是高斯混合形式的，可表示为

$$v_{k|k-1}(\boldsymbol{x})=p_{S,k}\sum_{i=1}^{J_{k-1}}w_{k-1}^{(i)}\mathcal{N}(\boldsymbol{x};\boldsymbol{m}_{S,k|k-1}^{(i)},\boldsymbol{P}_{S,k|k-1}^{(i)})+\gamma_k(\boldsymbol{x}) \tag{6.43}$$

式中

$$\boldsymbol{m}_{S,k|k-1}^{(i)}=\boldsymbol{F}_{k-1}\boldsymbol{m}_{k-1}^{(i)} \tag{6.44}$$

$$\boldsymbol{P}_{S,k|k-1}^{(i)}=\boldsymbol{Q}_{k-1}+\boldsymbol{F}_{k-1}\boldsymbol{P}_{k-1}^{(i)}\boldsymbol{F}_{k-1}^{\mathrm{T}} \tag{6.45}$$

$\gamma_k(x)$ 由式（6.41）表示。

2）更新步

假设 k 时刻的预测强度为高斯混合形式的，即

$$v_{k|k-1}(\boldsymbol{x}) = \sum_{i=1}^{J_{k|k-1}} w_{k|k-1}^{(i)} \mathcal{N}(\boldsymbol{x}; \boldsymbol{m}_{k|k-1}^{(i)}, \boldsymbol{P}_{k|k-1}^{(i)}) \tag{6.46}$$

则 k 时刻的后验强度也是高斯混合形式的，可表示为

$$v_k(\boldsymbol{x}) = (1 - p_{D,k}) v_{k|k-1}(\boldsymbol{x}) + \sum_{\boldsymbol{z} \in Z_k} \sum_{i=1}^{J_{k|k-1}} w_k^{(i)}(\boldsymbol{z}) \mathcal{N}(\boldsymbol{x}; \boldsymbol{m}_k^{(i)}(\boldsymbol{z}), \boldsymbol{P}_k^{(i)}(\boldsymbol{z})) \tag{6.47}$$

式中

$$w_k^{(i)}(\boldsymbol{z}) = \frac{p_{D,k} w_{k|k-1}^{(i)} q_k^{(i)}(\boldsymbol{z})}{\kappa_k(\boldsymbol{z}) + p_{D,k} \sum_{l=1}^{J_{k|k-1}} w_{k|k-1}^{(l)} q_k^{(l)}(\boldsymbol{z})} \tag{6.48}$$

$$q_k^{(i)}(\boldsymbol{z}) = \mathcal{N}(\boldsymbol{z}; \boldsymbol{\eta}_{k|k-1}^{(i)}, \boldsymbol{S}_{k|k-1}^{(i)}) \tag{6.49}$$

$$\boldsymbol{\eta}_{k|k-1}^{(i)} = \boldsymbol{H}_k \boldsymbol{m}_{k|k-1}^{(i)} \tag{6.50}$$

$$\boldsymbol{S}_{k|k-1}^{(i)} = \boldsymbol{H}_k \boldsymbol{P}_{k|k-1}^{(i)} \boldsymbol{H}_k^{\mathrm{T}} + \boldsymbol{R}_k \tag{6.51}$$

$$\boldsymbol{m}_k^{(i)}(\boldsymbol{z}) = \boldsymbol{m}_{k|k-1}^{(i)} + \boldsymbol{K}_k^{(i)}(\boldsymbol{z} - \boldsymbol{H}_k \boldsymbol{m}_{k|k-1}^{(i)}) \tag{6.52}$$

$$\boldsymbol{P}_k^{(i)}(\boldsymbol{z}) = [\boldsymbol{I} - \boldsymbol{K}_k^{(i)} \boldsymbol{H}_k] \boldsymbol{P}_{k|k-1}^{(i)} \tag{6.53}$$

$$\boldsymbol{K}_k^{(i)} = \boldsymbol{P}_{k|k-1}^{(i)} \boldsymbol{H}_k^T \left[\boldsymbol{S}_{k|k-1}^{(i)} \right]^{-1} \tag{6.54}$$

3）高斯部分的修剪与融合

类似于高斯和滤波器，GM-PHD 滤波器的高斯混合项随着时间不断增加。假如 $k-1$ 时刻有 J_{k-1} 个高斯混合项，则 k 时刻的高斯混合项的个数为

$$(J_{k-1} + J_{\gamma,k})(1 + |\boldsymbol{Z}_k|) = O(J_{k-1} |\boldsymbol{Z}_k|) \tag{6.55}$$

式中，$|\boldsymbol{Z}_k|$为量测的个数。这意味着后验强度中高斯项的个数将无限增加，文献[15]给出了启发式的修剪融合算法来有效地减少高斯混合项的个数，该算法的主要思想如下。

（1）保留权重较大的高斯项，删除权重较小的高斯项。

（2）合并相近的高斯项。

具体实现步骤见算法 6.1。

算法 6.1　GM-PHD 滤波器的高斯项修剪融合算法

输入：高斯项 $\{w_k^{(i)}, \boldsymbol{m}_k^{(i)}, \boldsymbol{P}_k^{(i)}\}_{i=1}^{J_k}$，删除门限 T，融合门限 U，最大高斯项个数 $J_{\max}$

删除步：$I = \{i = 1, \cdots, J_k \mid w_k^{(i)} > T\}$

合并步：令 l=0

While　$(I \neq \varnothing)$

$l = l + 1$

$$j = \arg\max_{i \in I} w_k^{(i)}$$

$$L = \{i \in I \mid (\boldsymbol{m}_k^{(i)} - \boldsymbol{m}_k^{(j)})^{\mathrm{T}} (\boldsymbol{P}_k^{(i)})^{-1} (\boldsymbol{m}_k^{(i)} - \boldsymbol{m}_k^{(j)}) \leqslant U\}$$

$$\tilde{w}_k^{(l)} = \sum_{i \in L} w_k^{(i)}$$

$$\tilde{\boldsymbol{m}}_k^{(l)} = \frac{1}{\tilde{w}_k^{(l)}} \sum_{i \in L} w_k^{(i)} \boldsymbol{m}_k^{(i)}$$

$$\tilde{\boldsymbol{P}}_k^{(l)} = \frac{1}{\tilde{w}_k^{(l)}} \sum_{i \in L} w_k^{(i)} (\boldsymbol{P}_k^{(i)} + (\tilde{\boldsymbol{m}}_k^{(l)} - \boldsymbol{m}_k^{(i)})(\tilde{\boldsymbol{m}}_k^{(l)} - \boldsymbol{m}_k^{(i)})^{\mathrm{T}})$$

$$I = I - L$$

End

若 $l > J_{\max}$，则从 $\{\tilde{w}_k^{(i)}, \tilde{\boldsymbol{m}}_k^{(i)}, \tilde{\boldsymbol{P}}_k^{(i)}\}_{i=1}^{l}$ 选择权重最大的 $J_{\max}$ 个高斯项

输出：修剪后的高斯项 $\{\tilde{w}_k^{(i)}, \tilde{\boldsymbol{m}}_k^{(i)}, \tilde{\boldsymbol{P}}_k^{(i)}\}_{i=1}^{l}$

4）多目标状态提取

由于每个高斯项的均值对应于后验强度的一个局部极值点，权重表示该高斯项对目标个数期望的贡献，所以多目标状态的估计可以根据高斯混合项的权重获得，具体步骤见算法 6.2。

算法 6.2　GM-PHD 滤波器的状态提取方法

输入：高斯项 $\{\tilde{w}_k^{(i)}, \tilde{\boldsymbol{m}}_k^{(i)}, \tilde{\boldsymbol{P}}_k^{(i)}\}_{i=1}^{l}$

令 $\hat{\boldsymbol{X}}_k = \varnothing$

For $i = 1, \cdots, l$

　If $\tilde{w}_k^{(i)} > 0.5$

　　For $j = 1, \cdots, \mathrm{round}(\tilde{w}_k^{(i)})$

　　　更新目标状态：$\hat{\boldsymbol{X}}_k = [\hat{\boldsymbol{X}}_k, \tilde{\boldsymbol{m}}_k^{(i)}]$

　　End

　End

End

输出：多目标状态集合 $\hat{\boldsymbol{X}}_k$

5）扩展到非线性模型

虽然 GM-PHD 滤波器是在线性高斯条件下推导得出的，但是在非线性模型不严重的情况下，可采用第 3 章的非线性滤波算法如扩展卡尔曼滤波、无迹滤波和容积滤波等滤波方法来处理非线性模型问题。

6.3.2　序贯蒙特卡洛概率假设密度滤波器

针对非线性模型，文献[6]利用 SMC 思想给出了 PHD 滤波器的 SMC 的实现，

SMC-PHD 滤波器的基本思想是在递推过程中传播用来表示后验强度的权重和粒子集合。

SMC-PHD 滤波器的递推过程包括预测步和更新步。

1）预测步

假设给定 $k-1$ 时刻的后验强度 v_{k-1}，即

$$v_{k-1}(\boldsymbol{x})=\sum_{i=1}^{L_{k-1}} w_{k-1}^{(i)}\delta(\boldsymbol{x}-\boldsymbol{x}_{k-1}^{(i)}) \tag{6.56}$$

则预测的强度 $v_{k|k-1}$ 可表示为

$$v_{k|k-1}(\boldsymbol{x})=\sum_{i=1}^{L_{k-1}} w_{P,k|k-1}^{(i)}\delta(\boldsymbol{x}-\boldsymbol{x}_{P,k|k-1}^{(i)})+\sum_{i=1}^{L_{\gamma,k}} w_{\gamma,k}^{(i)}\delta(\boldsymbol{x}-\boldsymbol{x}_{\gamma,k}^{(i)}) \tag{6.57}$$

式中

$$\boldsymbol{x}_{P,k|k-1}^{(i)}\sim q_k(\cdot\,|\,\boldsymbol{x}_{k-1}^{(i)},\boldsymbol{Z}_k),\quad i=1,\cdots,L_{k-1} \tag{6.58}$$

$$w_{P,k|k-1}^{(i)}=\frac{w_{k-1}^{(i)}p_{S,k}(\boldsymbol{x}_{k-1}^{(i)})f_{k|k-1}(\boldsymbol{x}_{P,k|k-1}^{(i)}\,|\,\boldsymbol{x}_{k-1}^{(i)})}{q_k(\boldsymbol{x}_{P,k|k-1}^{(i)}\,|\,\boldsymbol{x}_{k-1}^{(i)},\boldsymbol{Z}_k)} \tag{6.59}$$

$$\boldsymbol{x}_{\gamma,k}^{(i)}\sim b_k(\cdot\,|\,\boldsymbol{Z}_k),\quad i=1,\cdots,L_{\gamma,k} \tag{6.60}$$

$$w_{\gamma,k}^{(i)}=\frac{\gamma_k(\boldsymbol{x}_{\gamma,k}^{(i)})}{L_{\gamma,k}b_k(\boldsymbol{x}_{\gamma,k}^{(i)}\,|\,\boldsymbol{Z}_k)} \tag{6.61}$$

$q_k(\cdot\,|\,\boldsymbol{x}_{k-1}^{(i)},\boldsymbol{Z}_k)$ 为生存目标的建议分布（重要性采样函数）；$b_k(\cdot\,|\,Z_k)$ 为新生目标的建议分布。

2）更新步

假设给定 k 时刻的预测强度 $v_{k|k-1}$，即

$$v_{k|k-1}(\boldsymbol{x})=\sum_{i=1}^{L_{k|k-1}} w_{k|k-1}^{(i)}\delta(\boldsymbol{x}-\boldsymbol{x}_{k|k-1}^{(i)}) \tag{6.62}$$

则更新的强度 v_k 可表示为

$$v_k(\boldsymbol{x})=\sum_{i=1}^{L_{k|k-1}} w_k^{(i)}\delta(\boldsymbol{x}-\boldsymbol{x}_k^{(i)}) \tag{6.63}$$

式中

$$w_k^{(i)}=\left[1-p_{D,k}(\boldsymbol{x}_k^{(i)})+\sum_{z\in\boldsymbol{Z}_k}\frac{\psi_{k,z}(\boldsymbol{x}_k^{(i)})}{\kappa_k(z)+C_k(z)}\right]w_{k|k-1}^{(i)} \tag{6.64}$$

$$C_k(z)=\sum_{i=1}^{L_{k|k-1}}\psi_{k,z}(\boldsymbol{x}_k^{(i)})w_{k|k-1}^{(i)} \tag{6.65}$$

$$\psi_{k,z}(\boldsymbol{x}_k^{(i)})=p_{D,k}(\boldsymbol{x}_k^{(i)})g_k(z\,|\,\boldsymbol{x}_k^{(i)}) \tag{6.66}$$

3）重采样

和标准 SMC 滤波算法类似，SMC-PHD 滤波器同样存在粒子退化问题，为了降低粒子

退化问题的影响，需要对所有的粒子进行重采样。根据后验强度的粒子集合$\left\{\dfrac{w_k^{(i)}}{\hat{T}_k}, \boldsymbol{x}_k^{(i)}\right\}_{i=1}^{L_{k|k-1}}$更新重采样后的粒子集合$\left\{\dfrac{\hat{T}_k}{N_k}, \boldsymbol{x}_k^{(i)}\right\}_{i=1}^{L_k}$，其中，$\hat{T}_k = \sum_{i=1}^{L_{k|k-1}} w_k^{(i)}$，$N_k = N \cdot \text{int}(\hat{T}_k)$，$L_k = N_k$，$N$为每个目标给定的粒子个数。

粒子个数选择：预测过程中每个新生目标的分配粒子个数为$w_{\Gamma,k}^{(i)} \cdot N$，重采样部分的粒子个数为$N \cdot \text{int}\left(\sum_{i=1}^{L_{k|k-1}} w_k^{(i)}\right)$。

4）多目标状态提取

（1）类似于 GM-CHD 滤波器，首先估计出目标的个数$\hat{N}_k$。

（2）然后，根据估计的目标个数$\hat{N}_k$提取多目标的状态。

由于k时刻重采样后的粒子集合$\{w_k^{(i)}, \boldsymbol{x}_k^{(i)}\}_{i=1}^{L_k}$描述了多目标的后验分布，为了获取$k$时刻的多目标状态估计，需要对重采样后的粒子集进行聚类，常用的聚类算法有 k-means 和 EM（Expectation Maximization）算法，文献[23]指出，在多目标状态提取过程中 k-means 算法要优于 EM 算法，所以，本书建议选择 k-means 算法来对多目标状态进行聚类。采用聚类算法将粒子集聚成$\hat{N}_k$个类，然后计算每个聚类状态的均值作为多目标状态的估计值，具体的状态提取方法可参见算法 6.3。

算法 6.3　SMC-PHD 状态提取方法

输入：重采样后的粒子集合$\{w_k^{(i)}, \boldsymbol{x}_k^{(i)}\}_{i=1}^{L_k}$

估计目标的个数：$\hat{N}_k = \text{sum}(w_k^{(i)})$　or　$\hat{N}_k = \text{sum}(w_k^{(i)} \geqslant 0.5)$

　　k-means 聚类：$[\sim, \text{centers}] = \text{kmeans}((\boldsymbol{x}_k^{(1:L_k)})^{\mathrm{T}}, \hat{N}_k, \cdots)$

　　计算多目标状态：$\hat{\boldsymbol{X}}_k = \text{centers}^{\mathrm{T}}$

输出：多目标状态$\hat{\boldsymbol{X}}_k$

6.4　势概率假设密度滤波器

由于 PHD 滤波器是对多目标密度的一阶矩近似，从而丢失了高阶信息，这会导致低信噪比环境下的不稳定的目标数估计；另一方面，PHD 滤波器只用一个参数来传播目标的势信息，并由一个泊松分布来近似未知的势分布，由于泊松分布的均值和协方差是相等的，当目标数比较大时，PHD 滤波器的目标数估计的协方差将相应变大。针对上述问题，Mahler 放松目标数均值服从泊松分布的假设并推导出了 CPHD 滤波器。CPHD 滤波器传播多目标的强度函数同时传播多目标的势分布信息，因此，相比于 PHD 滤波器，CPHD 滤波器可以获得更精确的目标数估计。

文献[26]在线性高斯模型假设条件下给出了 CPHD 滤波器的 GM 实现；针对杂波强度和检测概率未知的情形，文献[27]推导出了新的 CPHD 滤波器递推公式，并给出了其 GM 实现；文献[28]推导出了带有催生目标模型的 CPHD 滤波器，并给出了其 GM 实现；文献[29]利用多模型方法，给出了用于多机动目标跟踪的多模型 GM-CPHD 滤波方法；文献[30]推导出了用于扩展目标跟踪的 CPHD 递推公式并给出了其 GM 实现；文献[31]实现了 GM-CPHD 滤波器对地面动目标的跟踪；文献[3]给出了 CPHD 滤波器的 SMC 实现。

注意，文献[25]基于物理模型推导出了工程上易于理解的 CPHD 滤波器的新的递推公式，感兴趣的读者可参考文献[25]了解更多的细节，本章不再详述。

多目标贝叶斯递推和 CPHD 滤波器递推关系表示如下：

$$\begin{array}{ccccccc}
\cdots\to\pi_{k-1}(\boldsymbol{X}_{k-1}\mid\boldsymbol{Z}_{1:k-1}) & \xrightarrow{\text{预测}} & \pi_{k|k-1}(\boldsymbol{X}_k\mid\boldsymbol{Z}_{1:k-1}) & \xrightarrow{\text{更新}} & \pi_k(\boldsymbol{X}_k\mid\boldsymbol{Z}_{1:k})\to\cdots \\
\downarrow & & \downarrow & & \downarrow \\
\cdots\to v_{k-1}(\boldsymbol{x}_{k-1}\mid\boldsymbol{Z}_{1:k-1}) & \xrightarrow{\text{PHD预测}} & v_{k|k-1}(\boldsymbol{x}_k\mid\boldsymbol{Z}_{1:k-1}) & \xrightarrow{\text{PHD更新}} & v_k(\boldsymbol{x}_k\mid\boldsymbol{Z}_{1:k})\to\cdots \\
\cdots\to\rho_{k-1}(n\mid\boldsymbol{Z}_{1:k-1}) & \xrightarrow{\text{势预测}} & \rho_{k|k-1}(n\mid\boldsymbol{Z}_{1:k-1}) & \xrightarrow{\text{势更新}} & \rho_k(n\mid\boldsymbol{Z}_{1:k})\to\cdots
\end{array}$$

CPHD 滤波器基于以下假设：

（1）每个目标的运动与其产生的量测是相互独立的；

（2）新生目标的随机有限集是独立同分布的簇随机有限集，并且与生存目标的随机有限集相互独立；

（3）杂波随机有限集是独立同分布的簇随机有限集，并且同目标产生的量测集相互独立；

（4）预测和后验的多目标随机有限集均近似为独立同分布的簇随机有限集。

为了方便描述，首先进行如下定义，C_j^ℓ 为二项式系数，其表示为

$$C_j^\ell=\frac{\ell!}{j!(\ell-j)!} \tag{6.67}$$

P_j^n 为排列系数，其表示为

$$P_j^n=\frac{n!}{(n-j)!} \tag{6.68}$$

$\langle\cdot,\cdot\rangle$ 表示两个函数的内积，给定两个实值函数 α 和 β，定义

$$\langle\alpha,\beta\rangle=\int\alpha(x)\beta(x)\mathrm{d}x \tag{6.69}$$

或者

$$\langle\alpha,\beta\rangle=\sum_{\ell=0}^{\infty}\alpha(\ell)\beta(\ell) \tag{6.70}$$

$e_j(\cdot)$ 表示有限实数集 $\boldsymbol{Z}$ 的 j 阶初等对称函数，即

$$e_j(\boldsymbol{Z})=\begin{cases}\sum\limits_{\boldsymbol{S}\subseteq\boldsymbol{Z},|\boldsymbol{S}|=j}\left(\prod\limits_{\zeta\in\boldsymbol{S}}\zeta\right), & j\neq 0\\ 1, & j=0\end{cases} \tag{6.71}$$

CPHD 滤波器的递推过程包括预测步和更新步。

1）预测步

假设给定 $k-1$ 时刻的后验强度 v_{k-1} 和后验势分布 ρ_{k-1}，则预测的强度 $v_{k|k-1}$ 和预测的势分布 $\rho_{k|k-1}$ 可表示为

$$v_{k|k-1}(\boldsymbol{x})=\int p_{S,k}(\boldsymbol{\zeta})f_{k|k-1}(\boldsymbol{x}\,|\,\boldsymbol{\zeta})v_{k-1}(\boldsymbol{\zeta})\mathrm{d}\boldsymbol{\zeta}+\gamma_k(\boldsymbol{x}) \tag{6.72}$$

$$\rho_{k|k-1}(\boldsymbol{x})=\sum_{j=0}^{n}\rho_{\Gamma,k}(n-j)\prod\nolimits_{k|k-1}[v_{k-1},\rho_{k-1}](j) \tag{6.73}$$

式中

$$\prod\nolimits_{k|k-1}[v,\rho](j)=\sum_{\ell=j}^{\infty}C_j^{\ell}\frac{\left\langle p_{S,k},v\right\rangle^{j}\left\langle 1-p_{S,k},v\right\rangle^{\ell-j}}{\left\langle 1,v\right\rangle^{\ell}}\rho(\ell) \tag{6.74}$$

$p_{S,k}(\zeta)$ 为目标在 k 时刻的生存概率；$f_{k|k-1}(\cdot\,|\,\zeta)$ 为 k 时刻单目标的转移概率密度；$\gamma_k(\cdot)$ 为 k 时刻新生目标 $\boldsymbol{\Gamma}_k$ 的强度；$\rho_{\Gamma,k}(\cdot)$ 为 k 时刻新生目标的势分布。

2）更新步

假设给定 k 时刻的预测强度 $v_{k|k-1}$ 和预测势分布 $\rho_{k|k-1}$，则更新的强度 v_k 和势分布 ρ_k 可表示为

$$\begin{aligned}v_k(\boldsymbol{x})=&(1-p_{D,k}(\boldsymbol{x}))\frac{\left\langle \Upsilon_k^1[v_{k|k-1};\boldsymbol{Z}_k],\rho_{k|k-1}\right\rangle}{\left\langle \Upsilon_k^0[v_{k|k-1};\boldsymbol{Z}_k],\rho_{k|k-1}\right\rangle}v_{k|k-1}(\boldsymbol{x})\\&+\sum_{z\in\boldsymbol{Z}_k}\psi_{k,z}(\boldsymbol{x})\frac{\left\langle \Upsilon_k^1[v_{k|k-1};\boldsymbol{Z}_k-\{z\}],\rho_{k|k-1}\right\rangle}{\left\langle \Upsilon_k^0[v_{k|k-1};\boldsymbol{Z}_k],\rho_{k|k-1}\right\rangle}v_{k|k-1}(\boldsymbol{x})\end{aligned} \tag{6.75}$$

$$\rho_k(n)=\frac{\Upsilon_k^0[v_{k|k-1};\boldsymbol{Z}_k](n)\rho_{k|k-1}(n)}{\left\langle \Upsilon_k^0[v_{k|k-1};\boldsymbol{Z}_k],\rho_{k|k-1}\right\rangle} \tag{6.76}$$

式中

$$\Upsilon_k^u[v,\boldsymbol{Z}](n)=\sum_{j=0}^{\min(|\boldsymbol{Z}|,n)}(|\boldsymbol{Z}|-j)!\,p_{\boldsymbol{K},k}(|\boldsymbol{Z}|-j)P_{j+u}^{n}\frac{\left\langle 1-p_{D,k},v\right\rangle^{n-(j+u)}}{\left\langle 1,v\right\rangle^{n}}e_j(\Lambda_k(v,\boldsymbol{Z})) \tag{6.77}$$

$$\psi_{k,z}(\boldsymbol{x})=\frac{\left\langle 1,\kappa_k\right\rangle}{\kappa_k(z)}g_k(z\,|\,\boldsymbol{x})p_{D,k}(\boldsymbol{x}) \tag{6.78}$$

$$\Lambda_k(v,\boldsymbol{Z})=\left\{\left\langle v,\psi_{k,z}\right\rangle : z\in\boldsymbol{Z}_k\right\} \tag{6.79}$$

$\boldsymbol{Z}_k$表示k时刻的量测集；$g_k(\cdot|\boldsymbol{x})$表示$k$时刻给定状态$\boldsymbol{x}$时的似然；$p_{D,k}(\boldsymbol{x})$表示$k$时刻给定状态$\boldsymbol{x}$时的检测概率；$\kappa_k(\cdot)$表示$k$时刻杂波$\boldsymbol{K}_k$的强度；$\rho_{\boldsymbol{K},k}(\cdot)$表示$k$时刻杂波的势分布。

6.4.1 高斯混合势概率假设密度滤波器

在线性高斯模型假设条件下，文献[26]给出了CPHD滤波器的GM实现，即GM-CPHD滤波器。

GM-CPHD滤波器的假设条件如下。

（1）每个目标的运动模型和量测模型均为线性高斯的，即

$$f_{k|k-1}(\boldsymbol{x}|\boldsymbol{\zeta})=\mathcal{N}(\boldsymbol{x};\boldsymbol{F}_{k-1}\boldsymbol{\zeta},\boldsymbol{Q}_{k-1}) \tag{6.80}$$

$$g_k(z|\boldsymbol{x})=\mathcal{N}(z;\boldsymbol{H}_k\boldsymbol{x},\boldsymbol{R}_k) \tag{6.81}$$

式中，$\mathcal{N}(\cdot;\boldsymbol{m},\boldsymbol{P})$表示一个均值为$\boldsymbol{m}$、协方差为$\boldsymbol{P}$的高斯概率密度函数；$\boldsymbol{F}_{k-1}$为状态转移矩阵；$\boldsymbol{Q}_{k-1}$为过程噪声的协方差矩阵；$\boldsymbol{H}_k$为量测矩阵；$\boldsymbol{R}_k$为量测噪声的协方差矩阵。

（2）目标的生存概率和检测概率与目标状态相互独立，即

$$p_{S,k}(\boldsymbol{x})=p_{S,k} \tag{6.82}$$

$$p_{D,k}(\boldsymbol{x})=p_{D,k} \tag{6.83}$$

（3）新生目标随机有限集的强度为高斯混合形式，即

$$\gamma_k(\boldsymbol{x})=\sum_{i=1}^{J_{\gamma,k}}w_{\gamma,k}^{(i)}\mathcal{N}(\boldsymbol{x};\boldsymbol{m}_{\gamma,k}^{(i)},\boldsymbol{P}_{\gamma,k}^{(i)}) \tag{6.84}$$

式中，$J_{\gamma,k}$，$w_{\gamma,k}^{(i)}$，$\boldsymbol{m}_{\gamma,k}^{(i)}$，$\boldsymbol{P}_{\gamma,k}^{(i)}$，$i=1,\cdots,J_{\gamma,k}$为给定的新生目标强度的参数。

基于以上假设，CPHD滤波器可以求得闭式递推方程，CPHD滤波器的递推过程可表示如下。

1）预测步

假设给定$k-1$时刻的后验强度v_{k-1}和后验势分布ρ_{k-1}，并且v_{k-1}是高斯混合的，即

$$v_{k-1}(\boldsymbol{x})=\sum_{i=1}^{J_{k-1}}w_{k-1}^{(i)}\mathcal{N}(\boldsymbol{x};\boldsymbol{m}_{k-1}^{(i)},\boldsymbol{P}_{k-1}^{(i)}) \tag{6.85}$$

则预测的强度$v_{k|k-1}$和预测的势分布$\rho_{k|k-1}$可表示为

$$v_{k|k-1}(\boldsymbol{x})=v_{S,k|k-1}(\boldsymbol{x})+\gamma_k(\boldsymbol{x}) \tag{6.86}$$

$$\rho_{k|k-1}(n)=\sum_{j=0}^{n}\rho_{\Gamma,k}(n-j)\sum_{\ell=j}^{\infty}C_j^{\ell}p_{k-1}(\ell)p_{S,k}^{j}(1-p_{S,k})^{\ell-j} \tag{6.87}$$

式中

$$v_{S,k|k-1}(\boldsymbol{x})=p_{S,k}\sum_{i=1}^{J_{k-1}}w_{k-1}^{(i)}\mathcal{N}(\boldsymbol{x};\boldsymbol{m}_{S,k|k-1}^{(i)},\boldsymbol{P}_{S,k|k-1}^{(i)}) \tag{6.88}$$

$$\boldsymbol{m}_{S,k|k-1}^{(i)} = \boldsymbol{F}_{k-1}\boldsymbol{m}_{k-1}^{(i)} \tag{6.89}$$

$$\boldsymbol{P}_{S,k|k-1}^{(i)} = \boldsymbol{F}_{k-1}\boldsymbol{P}_{k-1}^{(i)}\boldsymbol{F}_{k-1}^{\mathrm{T}} + \boldsymbol{Q}_{k-1} \tag{6.90}$$

$\gamma_k(x)$ 由式（6.84）表示。

2）更新步

假设给定 k 时刻的预测强度 $v_{k|k-1}$ 和预测势分布 $\rho_{k|k-1}$，并且 $v_{k|k-1}$ 是高斯混合形式的，即

$$v_{k|k-1}(\boldsymbol{x}) = \sum_{i=1}^{J_{k|k-1}} w_{k|k-1}^{(i)} \mathcal{N}(\boldsymbol{x}; \boldsymbol{m}_{k|k-1}^{(i)}, \boldsymbol{P}_{k|k-1}^{(i)}) \tag{6.91}$$

则更新的强度 v_k 和势分布 ρ_k 可表示为

$$\begin{aligned} v_k(\boldsymbol{x}) &= (1 - p_{D,k})\frac{\left\langle \Psi_k^1[w_{k|k-1}, \boldsymbol{Z}_k], \rho_{k|k-1} \right\rangle}{\left\langle \Psi_k^0[w_{k|k-1}, \boldsymbol{Z}_k], \rho_{k|k-1} \right\rangle} v_{k|k-1}(\boldsymbol{x}) \\ &\quad + \sum_{z \in \boldsymbol{Z}_k} \sum_{i=1}^{J_{k|k-1}} w_k^{(i)}(z) \mathcal{N}(\boldsymbol{x}; \boldsymbol{m}_k^{(i)}(z), \boldsymbol{P}_k^{(i)}(z)) \end{aligned} \tag{6.92}$$

$$\rho_k(n) = \frac{\Psi_k^0[w_{k|k-1}, \boldsymbol{Z}_k](n)\rho_{k|k-1}(n)}{\left\langle \Psi_k^0[w_{k|k-1}, \boldsymbol{Z}_k], \rho_{k|k-1} \right\rangle} \tag{6.93}$$

式中

$$\Psi_k^u[w, \boldsymbol{Z}](n) = \sum_{j=0}^{\min(|\boldsymbol{Z}|, n)} (|\boldsymbol{Z}| - j)!\, p_{\boldsymbol{K},k}(|\boldsymbol{Z}| - j) P_{j+u}^n \frac{(1 - p_{D,k})^{n-(j+u)}}{\langle 1, w \rangle^{j+u}} e_j(\Lambda_k(w, \boldsymbol{Z})) \tag{6.94}$$

$$\Lambda_k(w, \boldsymbol{Z}) = \left\{ \frac{\langle 1, \kappa_k \rangle}{\kappa_k(z)} p_{D,k} w^{\mathrm{T}} q_k(z) : z \in \boldsymbol{Z}_k \right\} \tag{6.95}$$

$$\boldsymbol{w}_{k|k-1} = \left[w_{k|k-1}^{(1)}, \cdots, w_{k|k-1}^{(J_{k|k-1})} \right]^{\mathrm{T}} \tag{6.96}$$

$$\boldsymbol{q}_k(z) = \left[q_k^{(1)}(z), \cdots, q_k^{(J_{k|k-1})}(z) \right]^{\mathrm{T}} \tag{6.97}$$

$$q_k^{(i)}(z) = \mathcal{N}(z; \boldsymbol{\eta}_{k|k-1}^{(i)}, \boldsymbol{S}_{k|k-1}^{(i)}) \tag{6.98}$$

$$\boldsymbol{\eta}_{k|k-1}^{(i)} = \boldsymbol{H}_k \boldsymbol{m}_{k|k-1}^{(i)} \tag{6.99}$$

$$\boldsymbol{S}_{k|k-1}^{(i)} = \boldsymbol{H}_k \boldsymbol{P}_{k|k-1}^{(i)} \boldsymbol{H}_k^{\mathrm{T}} + \boldsymbol{R}_k \tag{6.100}$$

$$w_k^{(i)}(z) = p_{D,k} w_{k|k-1}^{(i)} q_k^{(i)}(z) \frac{\left\langle \Psi_k^1[w_{k|k-1}, \boldsymbol{Z}_k - \{z\}], \rho_{k|k-1} \right\rangle}{\left\langle \Psi_k^0[w_{k|k-1}, \boldsymbol{Z}_k], \rho_{k|k-1} \right\rangle} \frac{\langle 1, \kappa_k \rangle}{\kappa_k(z)} \tag{6.101}$$

$$\boldsymbol{m}_k^{(i)}(z) = \boldsymbol{m}_{k|k-1}^{(i)} + \boldsymbol{K}_k^{(i)}(z - \boldsymbol{\eta}_{k|k-1}^{(i)}) \tag{6.102}$$

$$\boldsymbol{P}_k^{(i)}(z) = [\boldsymbol{I} - \boldsymbol{K}_k^{(i)}\boldsymbol{H}_k]\boldsymbol{P}_{k|k-1}^{(i)} \tag{6.103}$$

$$\boldsymbol{K}_k^{(i)} = \boldsymbol{P}_{k|k-1}^{(i)}\boldsymbol{H}_k^{\mathrm{T}}[\boldsymbol{S}_{k|k-1}^{(i)}]^{-1} \tag{6.104}$$

3）修剪和融合

和 GM-PHD 滤波器类似，GM-CPHD 的高斯项个数随着时间将无限增长，需要采用 6.3.1 节中的修剪和融合策略来减少高斯项个数。

4）多目标状态的提取

和 GM-PHD 滤波器类似，在估计多目标状态的时候，可采取如下两步。

（1）根据 EAP（Expected A Posterior）或 MAP（Maximum A Posterior）方法估计出目标的个数。

EAP 方法：$\hat{N}_k = \sum_{n=0}^{\infty} n\rho_k(n)$。

MAP 方法：$\hat{N}_k = \arg\max_n \rho_k(n)$。

注意，在低信噪比（Signal to Noise Ratio，SNR）环境下，EAP 方法在估计目标个数时浮动较大、不稳定，而 MAP 方法更稳定。

（2）根据估计的目标数 $\hat{N}_k$ 提取多目标状态，具体步骤参考算法 6.4。

算法 6.4　GM-CPHD 滤波器的状态提取方法

输入：目标估计数 $\hat{N}_k$，$\left\{w_k^{(i)}, \boldsymbol{m}_k^{(i)}\right\}_{i=1}^{J_k}$

　　令：$\hat{\boldsymbol{X}}_k = \varnothing$

　　权重排序：$[\sim, i\mathrm{d}x] = \mathrm{sort}(w_k^{(1:J_k)}, \text{'descend'})$

　　For　$i = 1, \cdots, \hat{N}_k$

　　　　更新目标状态：$\hat{\boldsymbol{X}}_k = [\hat{\boldsymbol{X}}_k, \boldsymbol{m}_k^{(i\mathrm{dx}(i))}]$

　　End

输出：多目标状态 $\hat{\boldsymbol{X}}_k$

5）GM-CPHD 滤波器实现要点

从式（6.87）和式（6.93）可以看出，在 GM-CPHD 滤波器实现过程中需要传播多目标的势分布，然而在传播过程中如果传播整个后验势分布通常是不可能的，因为这需要传播无限个数目来表示势分布。因此，在实际实现过程中需要对势分布进行有效裁剪，例如，可以取 $n = N_{\max}$，这样在传播过程中只需传播势分布的有限个数目，即 $\{\rho_k(n)\}_{n=0}^{N_{\max}}$。在 $N_{\max}$ 远远大于目标个数的情况下，上述近似是合理的。

另一个实现要点是如何计算初等对称函数的问题，直接按照初等对称函数的定义计算初等对称函数将是很烦琐的事情，文献[26]利用组合论的基本结论韦达定理给出了初等对称函数的计算步骤：如果 $u_1, u_2, \cdots, u_M$，为多项式 $\alpha_M x^M + \alpha_{M-1}x^{M-1} + \cdots + \alpha_1 x + \alpha_0$ 的相异根，那么对于阶数 $j = 0, \cdots, M$，初等对称函数 $e_j(u_1, u_2, \cdots, u_M) = (-1)^j \alpha_{M-j} / \alpha_M$。

6.4.2 序贯蒙特卡洛势概率假设密度滤波器

在非线性非高斯条件下，文献[3]给出了 CPHD 滤波器的 SMC 实现，SMC-CPHD 滤波器的递推过程可表示如下。

1）预测步

假设给定 $k-1$ 时刻的后验强度 v_{k-1} 和后验势分布 ρ_{k-1}，即

$$v_{k-1}(\boldsymbol{x}) = \sum_{i=1}^{L_{k-1}} w_{k-1}^{(i)} \delta(\boldsymbol{x} - \boldsymbol{x}_{k-1}^{(i)}) \tag{6.105}$$

则预测的强度 $v_{k|k-1}$ 和预测的势分布 $\rho_{k|k-1}$ 可表示为

$$v_{k|k-1}(\boldsymbol{x}) = \sum_{i=1}^{L_{k-1}} w_{P,k|k-1}^{(i)} \delta(\boldsymbol{x} - \boldsymbol{x}_{P,k|k-1}^{(i)}) + \sum_{i=1}^{L_{\gamma,k}} w_{\gamma,k}^{(i)} \delta(\boldsymbol{x} - \boldsymbol{x}_{\gamma,k}^{(i)}) \tag{6.106}$$

$$\rho_{k|k-1}(n) = \sum_{j=0}^{n} \rho_{\Gamma,k}(n-j) \sum_{\ell=j}^{\infty} C_j^{\ell} \frac{\left\langle p_{S,k}^{(1:L_{k-1})}, w_{k-1} \right\rangle^j \left\langle 1 - p_{S,k}^{(1:L_{k-1})}, w_{k-1} \right\rangle^{\ell-j}}{\left\langle 1, w_{k-1} \right\rangle} \rho_{k-1}(\ell) \tag{6.107}$$

式中

$$\boldsymbol{x}_{P,k|k-1}^{(i)} \sim q_k(\cdot \mid \boldsymbol{x}_{k-1}^{(i)}, \boldsymbol{Z}_k), \quad i = 1, \cdots, L_{k-1} \tag{6.108}$$

$$w_{P,k|k-1}^{(i)} = \frac{w_{k-1}^{(i)} p_{S,k}(\boldsymbol{x}_{k-1}^{(i)}) f_{k|k-1}(\boldsymbol{x}_{P,k|k-1}^{(i)} \mid \boldsymbol{x}_{k-1}^{(i)})}{q_k(\boldsymbol{x}_{P,k|k-1}^{(i)} \mid \boldsymbol{x}_{k-1}^{(i)}, \boldsymbol{Z}_k)} \tag{6.109}$$

$$\boldsymbol{x}_{\gamma,k}^{(i)} \sim b_k(\cdot \mid \boldsymbol{Z}_k), \quad i = 1, \cdots, L_{\gamma,k} \tag{6.110}$$

$$w_{\gamma,k}^{(i)} = \frac{\gamma_k(\boldsymbol{x}_{\gamma,k}^{(i)})}{L_{\gamma,k} b_k(\boldsymbol{x}_{\gamma,k}^{(i)} \mid \boldsymbol{Z}_k)} \tag{6.111}$$

$$\boldsymbol{w}_{k-1} = \left[w_{k-1}^{(1)}, \cdots, w_{k-1}^{(L_{k-1})} \right]^{\mathrm{T}} \tag{6.112}$$

$$\boldsymbol{p}_{S,k}^{(1:L_{k-1})} = \left[p_{s,k}(\boldsymbol{x}_{k-1}^{(1)}), \cdots, p_{s,k}(\boldsymbol{x}_{k-1}^{(L_{k-1})}) \right]^{\mathrm{T}} \tag{6.113}$$

2）更新步

假设给定 k 时刻的预测强度 $v_{k|k-1}$ 和预测势分布 $\rho_{k|k-1}$，即

$$v_{k|k-1}(\boldsymbol{x}) = \sum_{i=1}^{L_{k|k-1}} w_{k|k-1}^{(i)} \delta(\boldsymbol{x} - \boldsymbol{x}_{k|k-1}^{(i)}) \tag{6.114}$$

则更新的强度 v_k 和势分布ρ_k可表示为

$$v_k(\boldsymbol{x}) = \sum_{i=1}^{L_{k|k-1}} w_k^{(i)} \delta(\boldsymbol{x} - \boldsymbol{x}_k^{(i)}) \tag{6.115}$$

$$\rho_k(n)=\frac{\Psi_k^0\left[w_{k|k-1},\boldsymbol{Z}_k\right](n)\rho_{k|k-1}(n)}{\left\langle\Psi_k^0\left[w_{k|k-1},\boldsymbol{Z}_k\right],\rho_{k|k-1}\right\rangle} \tag{6.116}$$

式中

$$\begin{aligned}w_k^{(i)}&=w_{k|k-1}^{(i)}(1-p_{D,k}(\boldsymbol{x}_k^{(i)}))\frac{\left\langle\Psi_k^1[w_{k|k-1},\boldsymbol{Z}_k],\rho_{k|k-1}\right\rangle}{\left\langle\Psi_k^0[w_{k|k-1},\boldsymbol{Z}_k],\rho_{k|k-1}\right\rangle}\\&\quad+w_{k|k-1}^{(i)}\sum_{z\in\boldsymbol{Z}_k}g_k(z\mid\boldsymbol{x}_k^{(i)})p_{D,k}(\boldsymbol{x}_k^{(i)})\frac{\langle 1,\kappa_k\rangle}{\kappa_k(z)}\frac{\left\langle\Psi_k^1[w_{k|k-1},\boldsymbol{Z}_k-\{z\}],\rho_{k|k-1}\right\rangle}{\left\langle\Psi_k^0[w_{k|k-1},\boldsymbol{Z}_k],\rho_{k|k-1}\right\rangle}\end{aligned} \tag{6.117}$$

$$\Psi_k^u[w,\boldsymbol{Z}](n)=\sum_{j=0}^{\min(|\boldsymbol{Z}|,n)}(|\boldsymbol{Z}|-j)!\,p_{\boldsymbol{K},k}(|\boldsymbol{Z}|-j)P_{j+u}^n\frac{(1-p_{D,k}^{(1:L_{k|k-1})},w)^{n-(j+u)}}{\langle 1,w\rangle^n}e_j(\Lambda_k(w,\boldsymbol{Z})) \tag{6.118}$$

$$\Lambda_k(w,\boldsymbol{Z})=\left\{\left\langle w,\psi_{k,z}^{(1:L_{k|k-1})}\right\rangle:z\in\boldsymbol{Z}_k\right\} \tag{6.119}$$

$$\boldsymbol{w}_{k|k-1}=\left[w_{k|k-1}^{(1)},\cdots,w_{k|k-1}^{(L_{k|k-1})}\right]^{\mathrm{T}} \tag{6.120}$$

$$p_{D,k}^{(1:L_{k|k-1})}=\left[p_{D,k}(\boldsymbol{x}_k^{(1)}),\cdots,p_{D,k}(\boldsymbol{x}_k^{(L_{k|k-1})})\right]^{\mathrm{T}} \tag{6.121}$$

$$\psi_{k,z}^{(1:L_{k|k-1})}=\frac{\langle 1,\kappa_k\rangle}{\kappa_k(z)}\left[g_k(z\mid\boldsymbol{x}_k^{(1)})p_{D,k}(\boldsymbol{x}_k^{(1)}),\cdots,g_k(z\mid\boldsymbol{x}_k^{(L_{k|k-1})})p_{D,k}(\boldsymbol{x}_k^{(L_{k|k-1})})\right]^{\mathrm{T}} \tag{6.122}$$

3）重采样

SMC-CPHD 滤波器同样存在粒子退化问题，为了降低粒子退化问题的影响，需要对所有的粒子进行重采样，具体重采样步骤可参考 SMC-PHD 滤波器的重采样部分。

4）多目标状态提取

类似于 SMC-PHD 滤波器，SMC-CPHD 滤波器在提取多目标状态的时候也需要聚类算法，SMC-CPHD 滤波器多目标状态估计分为两步。

（1）首先，利用 EAP 或 MAP 方法估计目标的个数。

（2）然后，根据估计的目标数对粒子集聚类，提取出多目标状态的具体步骤可参考 SMC-PHD 滤波器的多目标状态提取方法。

6.5　多伯努利滤波器

除了 6.3 节和 6.4 节提到的 PHD 和 CPHD 滤波器，Mahler 还提出了 MeMBer 滤波器来近似多目标贝叶斯滤波，但是 Mahler 提出的 MeMBer 滤波器会过估目标的个数，文献[14]在其基础上改进了 Mahler 的 MeMBer 滤波器，提出了 CBMeMBer 滤波器并给出了其 GM 和 SMC 实现。不同于 PHD 和 CPHD 滤波器在递推过程中传播多目标有限集的一阶统一矩和势分布，CBMeMBer 滤波器通过传播一个多伯努利有限集参数来近似多目标密度。基于 MB 近似，文献[32]利用图像信息提出了基于随机有限集的多目标检测前（Track Before Detect，TBD）跟踪方法；文献[33]提出了多模型 CBMeMBer 滤波器来处理多机动目标跟踪问题，并给出了其 GM 和 SMC 实现；针对杂波强度和检测概率未知的情况，文献[34]提出了鲁棒多伯努利滤波器；文献[35]和文献[36]提出了泛化的带标记的多伯努利滤波器可以估计出多目标的轨迹。本章简称 CBMeMBer 滤波器为多伯努利（Multi-Bernoulli，MB）滤波器。

MB 滤波器是基于多目标密度近似的多目标滤波器，在递推过程中传播有限时变的假设轨迹，其中每一个假设的轨迹由目标的存在概率和概率密度表示。多目标贝叶斯递推和 MB 滤波器的递推关系可表示如下：

$$\begin{array}{ccccccc}\cdots\to\pi_{k-1}(\boldsymbol{X}_{k-1}\,|\,\boldsymbol{Z}_{1:k-1}) & \xrightarrow{\text{预测}} & \pi_{k|k-1}(\boldsymbol{X}_k\,|\,\boldsymbol{Z}_{1:k-1}) & \xrightarrow{\text{更新}} & \pi_k(\boldsymbol{X}_k\,|\,\boldsymbol{Z}_{1:k})\to\cdots \\ \downarrow & & \downarrow & & \downarrow \\ \cdots\to\{(r_{k-1}^{(i)},p_{k-1}^{(i)})\}_{i=1}^{M_{k-1}} & \xrightarrow{\text{MB预测}} & \{(r_{k|k-1}^{(i)},p_{k|k-1}^{(i)})\}_{i=1}^{M_{k|k-1}} & \xrightarrow{\text{MB更新}} & \{(r_k^{(i)},p_k^{(i)})\}_{i=1}^{M_k}\to\cdots\end{array}$$

MB 滤波器的假设条件如下。

（1）每个目标的运动与其产生的量测是相互独立的。

（2）新生目标的随机有限集是一个 MB 随机有限集，并且与生存目标的随机有限集相互独立。

（3）杂波模型为一个泊松随机有限集，并且与目标产生的量测随机有限集相互独立。

（4）后验多目标密度由一个 MB 随机有限集来近似。

基于上述假设，MB 滤波器的递推过程可表示如下。

1）预测步

假设 $k-1$ 时刻的多目标密度是 MB 形式的，即

$$\pi_{k-1}=\{(r_{k-1}^{(i)},p_{k-1}^{(i)})\}_{i=1}^{M_{k-1}} \tag{6.123}$$

则预测的多目标密度也是 MB 形式的，即

$$\pi_{k|k-1}=\{(r_{P,k|k-1}^{(i)},p_{P,k|k-1}^{(i)})\}_{i=1}^{M_{k-1}}\cup\{(r_{\Gamma,k}^{(i)},p_{\Gamma,k}^{(i)})\}_{i=1}^{M_{\Gamma,k}} \tag{6.124}$$

式中

$$r_{P,k|k-1}^{(i)}=r_{k-1}^{(i)}\left\langle p_{k-1}^{(i)},p_{S,k}\right\rangle \tag{6.125}$$

$$p_{P,k|k-1}^{(i)}(\boldsymbol{x})=\frac{\left\langle f_{k|k-1}(\boldsymbol{x}\,|\,\cdot),p_{k-1}^{(i)}p_{S,k}\right\rangle}{\left\langle p_{k-1}^{(i)},p_{S,k}\right\rangle} \tag{6.126}$$

$f_{k|k-1}(\cdot\,|\,\zeta)$ 表示 k 时刻单个目标的转移密度；$p_{S,k}(\zeta)$ 表示 k 时刻目标的生存概率；$\{(r_{\Gamma,k}^{(i)},p_{\Gamma,k}^{(i)})\}_{i=1}^{M_{\Gamma,k}}$ 表示 k 时刻新生目标随机有限集参数。

2）更新步

假如 k 时刻预测的多目标密度是 MB 形式的，即

$$\pi_{k|k-1}=\{(r_{k|k-1}^{(i)},p_{k|k-1}^{(i)})\}_{i=1}^{M_{k|k-1}} \tag{6.127}$$

则后验的多目标密度可以由MB参数来近似，即

$$\pi_{k|k-1}\approx\{(r_{L,k}^{(i)},p_{L,k}^{(i)})\}_{i=1}^{M_{k|k-1}}\cup\{(r_{U,k}(\boldsymbol{z}),p_{U,k}(\cdot;\boldsymbol{z}))\}_{\boldsymbol{z}\in\boldsymbol{Z}_k} \tag{6.128}$$

式中

$$r_{L,k}^{(i)}=r_{k|k-1}^{(i)}\frac{1-\left\langle p_{k|k-1}^{(i)},p_{D,k}\right\rangle}{1-r_{k|k-1}^{(i)}\left\langle p_{k|k-1}^{(i)},p_{D,k}\right\rangle} \tag{6.129}$$

$$p_{L,k}^{(i)}(\boldsymbol{x})=p_{k|k-1}^{(i)}(\boldsymbol{x})\frac{1-p_{D,k}(\boldsymbol{x})}{1-\left\langle p_{k|k-1}^{(i)},p_{D,k}\right\rangle} \tag{6.130}$$

$$r_{U,k}(\boldsymbol{z})=\frac{\displaystyle\sum_{i=1}^{M_{k|k-1}}\frac{r_{k|k-1}^{(i)}(1-r_{k|k-1}^{(i)})\left\langle p_{k|k-1}^{(i)},\psi_{k,z}\right\rangle}{\left(1-r_{k|k-1}^{(i)}\left\langle p_{k|k-1}^{(i)},p_{D,k}\right\rangle\right)^2}}{\displaystyle\kappa_k(\boldsymbol{z})+\sum_{i=1}^{M_{k|k-1}}\frac{r_{k|k-1}^{(i)}\left\langle p_{k|k-1}^{(j)},\psi_{k,z}\right\rangle}{1-r_{k|k-1}^{(i)}\left\langle p_{k|k-1}^{(i)},p_{D,k}\right\rangle}} \tag{6.131}$$

$$p_{U,k}(\boldsymbol{x};\boldsymbol{z})=\frac{\displaystyle\sum_{i=1}^{M_{k|k-1}}\frac{r_{k|k-1}^{(i)}}{1-r_{k|k-1}^{(i)}}p_{k|k-1}^{(i)}(\boldsymbol{x})\psi_{k,z}(\boldsymbol{x})}{\displaystyle\sum_{i=1}^{M_{k|k-1}}\frac{r_{k|k-1}^{(i)}}{1-r_{k|k-1}^{(i)}}\left\langle p_{k|k-1}^{(i)},\psi_{k,z}\right\rangle} \tag{6.132}$$

$$\psi_{k,z}(\boldsymbol{x})=g_k(\boldsymbol{z}\mid\boldsymbol{x})p_{D,k}(\boldsymbol{x}) \tag{6.133}$$

$\boldsymbol{Z}_k$表示k时刻的量测集；$g_k(\cdot\mid\boldsymbol{x})$表示$k$时刻单个目标的似然；$p_{D,k}(\boldsymbol{x})$表示$k$时刻目标的检测概率；$\kappa_k(\cdot)$为$k$时刻杂波的强度。

6.5.1 高斯混合多伯努利滤波器

在线性高斯模型假设条件下，MB滤波器可以得到闭式递推公式，即GM-MB滤波器[14]，GM-MB滤波器基于以下假设。

（1）每个目标的运动模型和量测模型均为线性高斯的，即

$$f_{k|k-1}(\boldsymbol{x}\mid\boldsymbol{\zeta})=\mathcal{N}(\boldsymbol{x};\boldsymbol{F}_{k-1}\boldsymbol{\zeta},\boldsymbol{Q}_{k-1}) \tag{6.134}$$

$$g_k(\boldsymbol{z}\mid\boldsymbol{x})=\mathcal{N}(\boldsymbol{z};\boldsymbol{H}_k\boldsymbol{x},\boldsymbol{R}_k) \tag{6.135}$$

式中，$\mathcal{N}(\cdot;\boldsymbol{m},\boldsymbol{P})$表示一个均值为$\boldsymbol{m}$、协方差为$\boldsymbol{P}$的高斯概率密度函数；$\boldsymbol{F}_{k-1}$为状态转移矩阵；$\boldsymbol{Q}_{k-1}$为过程噪声的协方差矩阵；$\boldsymbol{H}_k$为量测矩阵；$\boldsymbol{R}_k$为量测噪声的协方差矩阵。

（2）目标的生存概率和检测概率与目标状态相互独立，即

$$p_{S,k}(\boldsymbol{x})=p_{S,k} \tag{6.136}$$

$$p_{D,k}(\boldsymbol{x}) = p_{D,k} \tag{6.137}$$

（3）新生目标模型是一个 MB 随机有限集 $\{(r_{\Gamma,k}^{(i)}, p_{\Gamma,k}^{(i)})\}_{i=1}^{M_{\Gamma,k}}$ ，其中 $p_{\Gamma,k}^{(i)}$ 是高斯混合形式的，即

$$p_{\Gamma,k}^{(i)}(\boldsymbol{x}) = \sum_{j=1}^{J_{\Gamma,k}^{(i)}} w_{\Gamma,k}^{(i,j)} \mathcal{N}(\boldsymbol{x}; \boldsymbol{m}_{\Gamma,k}^{(i,j)}, \boldsymbol{P}_{\Gamma,k}^{(i,j)}) \tag{6.138}$$

式中，$w_{\Gamma,k}^{(i,j)}$、$\boldsymbol{m}_{\Gamma,k}^{(i,j)}$、$\boldsymbol{P}_{\Gamma,k}^{(i,j)}$ 分别表示第 i 个假设轨迹的第 j 个部分的权重、均值和协方差。

基于以上假设，GM-MB 滤波器的递推过程可表示如下。

1）预测步

假设 $k-1$ 时刻给定后验多目标密度为

$$\pi_{k-1} = \{(r_{k-1}^{(i)}, p_{k-1}^{(i)})\}_{i=1}^{M_{k-1}} \tag{6.139}$$

并且每个概率密度 $p_{k-1}^{(i)}$ ， $i=1,\cdots,M_{k-1}$ ，是高斯混合形式的，即

$$p_{k-1}^{(i)}(\boldsymbol{x}) = \sum_{j=1}^{J_{k-1}^{(i)}} w_{k-1}^{(i,j)} \mathcal{N}(\boldsymbol{x}; \boldsymbol{m}_{k-1}^{(i,j)}, \boldsymbol{P}_{k-1}^{(i,j)}) \tag{6.140}$$

则预测的多目标密度为

$$\pi_{k|k-1} = \{(r_{P,k|k-1}^{(i)}, p_{P,k|k-1}^{(i)})\}_{i=1}^{M_{k-1}} \cup \{(r_{\Gamma,k}^{(i)}, p_{\Gamma,k}^{(i)})\}_{i=1}^{M_{\Gamma,k}} \tag{6.141}$$

计算如下：

$$r_{P,k|k-1}^{(i)} = r_{k-1}^{(i)} p_{S,k} \tag{6.142}$$

$$p_{P,k|k-1}^{(i)}(\boldsymbol{x}) = \sum_{j=1}^{J_{k-1}^{(i)}} w_{k|k-1}^{(i,j)} \mathcal{N}(\boldsymbol{x}; \boldsymbol{m}_{P,k|k-1}^{(i,j)}, \boldsymbol{P}_{P,k|k-1}^{(i,j)}) \tag{6.143}$$

$\{(r_{\Gamma,k}^{(i)}, p_{\Gamma,k}^{(i)})\}_{i=1}^{M_{\Gamma,k}}$ 为出生目标的强度，可由式（6.138）表示。

式中

$$\boldsymbol{m}_{P,k|k-1}^{(i,j)} = \boldsymbol{F}_{k-1} \boldsymbol{m}_{k-1}^{(i,j)} \tag{6.144}$$

$$\boldsymbol{P}_{P,k|k-1}^{(i,j)} = \boldsymbol{F}_{k-1} \boldsymbol{P}_{k-1}^{(i,j)} \boldsymbol{F}_{k-1}^{\mathrm{T}} + \boldsymbol{Q}_{k-1} \tag{6.145}$$

2）更新步

假设 k 时刻给定预测的多目标密度为

$$\pi_{k|k-1} = \{(r_{k|k-1}^{(i)}, p_{k|k-1}^{(i)})\}_{i=1}^{M_{k|k-1}} \tag{6.146}$$

并且每个概率密度 $p_{k|k-1}^{(i)}$ ， $i=1,\cdots,M_{k|k-1}$ ，是高斯混合形式的，即

$$p_{k|k-1}^{(i)}(\boldsymbol{x})=\sum_{j=1}^{J_{k|k-1}^{(i)}} w_{k|k-1}^{(i,j)}\mathcal{N}(\boldsymbol{x};\boldsymbol{m}_{k|k-1}^{(i,j)},\boldsymbol{P}_{k|k-1}^{(i,j)}) \tag{6.147}$$

则更新的多目标密度为

$$\pi_k=\{(r_{L,k}^{(i)},p_{L,k}^{(i)})\}_{i=1}^{M_{k|k-1}}\cup\{(r_{U,k}(z),p_{U,k}(\cdot;z))\}_{z\in \boldsymbol{Z}_k} \tag{6.148}$$

可计算如下：

$$r_{L,k}^{(i)}=r_{k|k-1}^{(i)}\frac{1-p_{D,k}}{1-r_{k|k-1}^{(i)}p_{D,k}} \tag{6.149}$$

$$p_{L,k}^{(i)}(\boldsymbol{x})=p_{k|k-1}^{(i)}(\boldsymbol{x}) \tag{6.150}$$

$$r_{U,k}(z)=\frac{\displaystyle\sum_{i=1}^{M_{k|k-1}}\frac{r_{k|k-1}^{(i)}(1-r_{k|k-1}^{(i)})\Lambda_{U,k}^{(i)}(z)}{(1-r_{k|k-1}^{(i)}p_{D,k})^2}}{\displaystyle\kappa_k(z)+\sum_{i=1}^{M_{k|k-1}}\frac{r_{k|k-1}^{(i)}\Lambda_{U,k}^{(i)}(z)}{1-r_{k|k-1}^{(i)}p_{D,k}}} \tag{6.151}$$

$$p_{U,k}(\cdot;z)=\frac{\displaystyle\sum_{i=1}^{M_{k|k-1}}\sum_{j=1}^{J_{k-1}^{(i)}} w_{U,k}^{(i,j)}(z)\mathcal{N}(\boldsymbol{x};\boldsymbol{m}_{U,k}^{(i,j)}(z),\boldsymbol{P}_{U,k}^{(i,j)}(z))}{\displaystyle\sum_{i=1}^{M_{k|k-1}}\sum_{j=1}^{J_{k-1}^{(i)}} w_{U,k}^{(i,j)}(z)} \tag{6.152}$$

式中

$$\Lambda_{U,k}^{(i)}(z)=p_{D,k}\sum_{j=1}^{J_{k-1}^{(i)}} w_{k|k-1}^{(i,j)}q_k^{(i,j)}(z) \tag{6.153}$$

$$q_k^{(i,j)}(z)=\mathcal{N}(z;\boldsymbol{\eta}_{U,k|k-1}^{(i,j)},\boldsymbol{S}_{U,k}^{(i,j)}) \tag{6.154}$$

$$w_{U,k}^{(i,j)}(z)=\frac{r_{k|k-1}^{(i)}}{1-r_{k|k-1}^{(i)}}P_{D,k}w_{k|k-1}^{(i,j)}q_k^{(i,j)}(z) \tag{6.155}$$

$$\boldsymbol{\eta}_{U,k|k-1}^{(i,j)}=\boldsymbol{H}_k\boldsymbol{m}_{k|k-1}^{(i,j)} \tag{6.156}$$

$$\boldsymbol{S}_{U,k}^{(i,j)}=\boldsymbol{H}_k\boldsymbol{P}_{k|k-1}^{(i,j)}\boldsymbol{H}_k^{\mathrm{T}}+\boldsymbol{R}_k \tag{6.157}$$

$$\boldsymbol{m}_{U,k}^{(i,j)}(z)=\boldsymbol{m}_{k|k-1}^{(i,j)}+\boldsymbol{K}_{U,k}^{(i,j)}(z-\boldsymbol{\eta}_{U,k|k-1}^{(i,j)}) \tag{6.158}$$

$$\boldsymbol{P}_{U,k}^{(i,j)}(z)=[\boldsymbol{I}-\boldsymbol{K}_{U,k}^{(i,j)}\boldsymbol{H}_k]\boldsymbol{P}_{k|k-1}^{(i,j)} \tag{6.159}$$

$$\boldsymbol{K}_{U,k}^{(i,j)}=\boldsymbol{P}_{k|k-1}^{(i,j)}\boldsymbol{H}_k^{\mathrm{T}}[\boldsymbol{S}_{U,k}^{(i,j)}]^{-1} \tag{6.160}$$

3）修剪与融合

从 GM-MB 滤波器的递推过程可以看出，用来表示 MB 后验密度的高斯项的个数随着时间增加将无限增长，为了减少高斯项的个数，需要对假设轨迹进行修剪和融合，GM-MB 滤波器的修剪和融合策略可表示如下。

（1）删除存在概率低于门限值的假设轨迹。

（2）对于保留的假设轨迹，采用 GM-PHD 滤波器的修剪融合策略来管理每个假设轨迹的高斯项。

4）多目标状态提取

在 GM-MB 滤波器中，存在概率 $r_k^{(i)}$ 表示第 i 个假设轨迹是真实轨迹的概率，后验密度 $p_k^{(i)}$ 表示第 i 个假设轨迹的估计状态，所以 GM-MB 滤波器的状态提取比较容易，多目标提取过程可表示如下。

（1）首先，根据后验势分布来估计目标的个数。

方法一：计算均值，即 $\hat{N}_k = \sum_{i=1}^{M_k} r_k^{(i)}$ 。

方法二：计算众数，即 $\hat{N}_k = \left| r_k^{(i)} \geqslant 0.5 \right|$。

文献[14]指出方法二在估计目标个数时更稳定。

（2）然后，根据估计的目标数 $\hat{N}_k$ ，采用计算相应后验轨迹密度的均值或众数法提取多目标的状态，具体的方法如算法 6.5 和 6.6 所示。

算法 6.5　GM-MB 滤波器多目标状态提取-均值法

输入：修剪后的 MB 参数 $\left\{ r_k^{(i)}, \left\{ \boldsymbol{w}_k^{(i,j)}, \boldsymbol{m}_k^{(i,j)}, \boldsymbol{P}_k^{(i,j)} \right\}_{j=1}^{J_k^{(i)}} \right\}_{i=1}^{M_k}$

计算目标数：$\hat{N}_k = \mathrm{sum}(r_k^{(i)})$　or　$\hat{N}_k = \mathrm{sum}(r_k^{(i)} \geqslant 0.5)$

令 $\hat{\boldsymbol{X}}_k = \varnothing$

存在概率排序：$[\sim, i\mathrm{dx}] = \mathrm{sort}(r_k^{(1:M_k)}, \text{'descend'})$

For　$i = 1, \cdots, \hat{N}_k$

令：$\hat{\boldsymbol{x}} = 0$

For　$j = 1, \cdots, J_k^{(i\mathrm{dx}(i))}$

计算目标状态均值：$\hat{\boldsymbol{x}} = \hat{\boldsymbol{x}} + \boldsymbol{w}_k^{(i\mathrm{dx}(i),j)} \cdot \boldsymbol{m}_k^{(i\mathrm{dx}(i),j)}$

End

更新多目标状态：$\hat{\boldsymbol{X}}_k = [\hat{\boldsymbol{X}}_k, \hat{\boldsymbol{x}}]$

End

输出：多目标的状态 $\hat{\boldsymbol{X}}_k$

算法 6.6　GM-MB 滤波器多目标状态提取-众数法

输入：修剪后的 MB 参数 $\left\{ r_k^{(i)}, \left\{ \boldsymbol{w}_k^{(i,j)}, \boldsymbol{m}_k^{(i,j)}, \boldsymbol{P}_k^{(i,j)} \right\}_{j=1}^{J_k^{(i)}} \right\}_{i=1}^{M_k}$

计算目标数： $\hat{N}_k = \text{sum}(r_k^{(i)})$ or $\hat{N}_k = \text{sum}(r_k^{(i)} \geqslant 0.5)$

令 $\hat{\boldsymbol{X}}_k = \varnothing$

存在概率排序：$[\sim, i\text{dx}] = \text{sort}(r_k^{(1:M_k)}, \text{'descend'})$

For $i = 1, \cdots, \hat{N}_k$

$[\sim, j\text{dx}] = \max(\boldsymbol{w}_k^{(i\text{dx}(i),:)})$

更新多目标状态： $\hat{\boldsymbol{X}}_k = [\hat{\boldsymbol{X}}_k, \boldsymbol{m}_k^{(i\text{dx}(i), j\text{dx})}]$

End

输出：多目标的状态 $\hat{\boldsymbol{X}}_k$

5）扩展到非线性模型

虽然 GM-MB 滤波器是在线性高斯条件下推导得出的，但是在非线性模型不严重的情况下，可采用第 3 章的非线性滤波算法如扩展卡尔曼滤波、无迹滤波和容积滤波等非线性滤波方法来处理非线性模型问题。文献[37]比较了 EK-GM-MB、UK-GM-MB、CK-GM-MB 和 6.5.2 节中的 SMC-MB 滤波方法在非线性模型中的应用。

6.5.2 序贯蒙特卡洛多伯努利滤波器

针对非线性模型，文献[3]给出了 MB 滤波器的 SMC 实现，即 SMC-MB 滤波器。SMC-MB 滤波器的基本思想是递推包含权重和粒子的多个集合，其中每个集合表示一个假设轨迹，SMC-MB 滤波器的递推过程可描述如下。

1）预测步

假设 $k-1$ 时刻给定后验多目标密度为

$$\pi_{k-1} = \{(r_{k-1}^{(i)}, p_{k-1}^{(i)})\}_{i=1}^{M_{k-1}} \tag{6.161}$$

并且每个概率密度 $p_{k-1}^{(i)}$， $i = 1, \cdots, M_{k-1}$，可表示为

$$p_{k-1}^{(i)}(\boldsymbol{x}) = \sum_{j=1}^{L_{k-1}^{(i)}} \boldsymbol{w}_{k-1}^{(i,j)} \delta(\boldsymbol{x} - \boldsymbol{x}_{k-1}^{(i,j)}) \tag{6.162}$$

则预测的多目标密度为

$$\pi_{k|k-1} = \{(r_{P,k|k-1}^{(i)}, p_{P,k|k-1}^{(i)})\}_{i=1}^{M_{k-1}} \cup \{(r_{\Gamma,k}^{(i)}, p_{\Gamma,k}^{(i)})\}_{i=1}^{M_{\Gamma,k}} \tag{6.163}$$

计算如下：

$$r_{P,k|k-1}^{(i)} = r_{k-1}^{(i)} \sum_{j=1}^{L_{k-1}^{(i)}} w_{k-1}^{(i,j)} p_{S,k}(\boldsymbol{x}_{k-1}^{(i,j)}) \tag{6.164}$$

$$p_{P,k|k-1}^{(i)}(\boldsymbol{x}) = \sum_{j=1}^{L_{k-1}^{(i)}} w_{P,k|k-1}^{(i,j)} \delta(\boldsymbol{x} - \boldsymbol{x}_{P,k|k-1}^{(i,j)}) \tag{6.165}$$

$$p_{\Gamma,k}^{(i)}(\boldsymbol{x}) = \sum_{j=1}^{L_{\Gamma,k}^{(i)}} w_{\Gamma,k}^{(i,j)} \delta(\boldsymbol{x} - \boldsymbol{x}_{\Gamma,k}^{(i,j)}) \tag{6.166}$$

式中

$$\boldsymbol{x}_{P,k|k-1}^{(i,j)} \sim q_k^{(i)}(\cdot \mid \boldsymbol{x}_{k-1}^{(i,j)}, \boldsymbol{Z}_k), \quad j = 1, \cdots, L_{k-1}^{(i)} \tag{6.167}$$

$$\tilde{w}_{P,k|k-1}^{(i,j)} = \frac{w_{k-1}^{(i,j)} f_{k|k-1}(\boldsymbol{x}_{P,k|k-1}^{(i,j)} \mid \boldsymbol{x}_{k-1}^{(i,j)}) p_{S,k}(\boldsymbol{x}_{k-1}^{(i,j)})}{q_k^{(i)}(\boldsymbol{x}_{P,k|k-1}^{(i,j)} \mid \boldsymbol{x}_{k-1}^{(i,j)}, \boldsymbol{Z}_k)} \tag{6.168}$$

$$w_{P,k|k-1}^{(i,j)} = \frac{\tilde{w}_{P,k|k-1}^{(i,j)}}{\sum_{j=1}^{L_{k-1}^{(i)}} \tilde{w}_{P,k|k-1}^{(i,j)}} \tag{6.169}$$

$$\boldsymbol{x}_{\Gamma,k}^{(i,j)} \sim b_k^{(i)}(\cdot \mid \boldsymbol{Z}_k), \quad j = 1, \cdots, L_{\Gamma,k}^{(i)} \tag{6.170}$$

$$\tilde{w}_{\Gamma,k}^{(i,j)} = \frac{p_{\Gamma,k}(\boldsymbol{x}_{\Gamma,k}^{(i,j)})}{b_k^{(i)}(\boldsymbol{x}_{\Gamma,k}^{(i,j)} \mid \boldsymbol{Z}_k)} \tag{6.171}$$

$$w_{\Gamma,k}^{(i,j)} = \frac{\tilde{w}_{\Gamma,k}^{(i,j)}}{\sum_{j=1}^{L_{\Gamma,k}^{(i)}} \tilde{w}_{\Gamma,k}^{(i,j)}} \tag{6.172}$$

$q_k^{(i)}(\cdot \mid \boldsymbol{x}_{k-1}^{(i,j)}, \boldsymbol{Z}_k)$ 为生存目标的重要性采样函数；$b_k^{(i)}(\cdot \mid \boldsymbol{Z}_k)$ 为新生目标的重要性采样函数；$r_{\Gamma,k}^{(i)}$ 新生目标模型参数。

2）更新步

假设 k 时刻给定预测的多目标密度为

$$\pi_{k|k-1} = \{(r_{k|k-1}^{(i)}, p_{k|k-1}^{(i)})\}_{i=1}^{M_{k|k-1}} \tag{6.173}$$

并且每个概率密度 $p_{k|k-1}^{(i)}$，$i = 1, \cdots, M_{k|k-1}$，可表示为

$$p_{k|k-1}^{(i)} = \sum_{j=1}^{L_{k|k-1}^{(i)}} w_{k|k-1}^{(i,j)} \delta(\boldsymbol{x} - \boldsymbol{x}_{k|k-1}^{(i,j)}) \tag{6.174}$$

则更新的多目标密度为

$$\pi_k = \{(r_{L,k}^{(i)}, p_{L,k}^{(i)})\}_{i=1}^{M_{k|k-1}} \cup \{(r_{U,k}(\boldsymbol{z}), p_{U,k}(\cdot; \boldsymbol{z}))\}_{\boldsymbol{z} \in \boldsymbol{Z}_k} \tag{6.175}$$

可计算如下：

$$r_{L,k}^{(i)} = r_{k|k-1}^{(i)} \frac{1 - \vartheta_{L,k}^{(i)}}{1 - r_{k|k-1}^{(i)} \vartheta_{L,k}^{(i)}} \tag{6.176}$$

$$p_{L,k}^{(i)}(\boldsymbol{x}) = \sum_{j=1}^{L_{k|k-1}^{(i)}} w_{L,k}^{(i,j)} \delta(\boldsymbol{x} - \boldsymbol{x}_{k|k-1}^{(i,j)}) \tag{6.177}$$

$$r_{U,k}(z)=\frac{\sum_{i=1}^{M_{k|k-1}}\frac{r_{k|k-1}^{(i)}(1-r_{k|k-1}^{(i)})\vartheta_{U,k}^{(i)}(z)}{(1-r_{k|k-1}^{(i)}\vartheta_{L,k}^{(i)})^2}}{\kappa_k(z)+\sum_{i=1}^{M_{k|k-1}}\frac{r_{k|k-1}^{(i)}\vartheta_{U,k}^{(i)}(z)}{1-r_{k|k-1}^{(i)}\vartheta_{L,k}^{(i)}}} \tag{6.178}$$

$$p_{U,k}(\boldsymbol{x};z)=\sum_{i=1}^{M_{k|k-1}}\sum_{j=1}^{L_{k|k-1}^{(i)}}w_{U,k}^{(i,j)}(z)\delta(\boldsymbol{x}-\boldsymbol{x}_{k|k-1}^{(i,j)}) \tag{6.179}$$

式中

$$\vartheta_{L,k}^{(i)}=\sum_{j=1}^{L_{k|k-1}^{(i)}}w_{k|k-1}^{(i,j)}p_{D,k}(\boldsymbol{x}_{k|k-1}^{(i,j)}) \tag{6.180}$$

$$\tilde{w}_{L,k}^{(i,j)}=w_{k|k-1}^{(i,j)}(1-p_{D,k}(\boldsymbol{x}_{k|k-1}^{(i,j)})) \tag{6.181}$$

$$w_{L,k}^{(i,j)}=\frac{\tilde{w}_{L,k}^{(i,j)}}{\sum_{j=1}^{L_{k|k-1}^{(i)}}\tilde{w}_{L,k}^{(i,j)}} \tag{6.182}$$

$$\vartheta_{U,k}^{(i)}(z)=\sum_{j=1}^{L_{k|k-1}^{(i)}}w_{k|k-1}^{(i,j)}\psi_{k,z}(\boldsymbol{x}_{k|k-1}^{(i,j)}) \tag{6.183}$$

$$\tilde{w}_{U,k}^{(i,j)}(z)=w_{k|k-1}^{(i,j)}\frac{r_{k|k-1}^{(i)}}{1-r_{k|k-1}^{(i)}}\psi_{k,z}(\boldsymbol{x}_{k|k-1}^{(i,j)}) \tag{6.184}$$

$$w_{U,k}^{(i,j)}(z)=\frac{\tilde{w}_{U,k}^{(i,j)}(z)}{\sum_{i=1}^{M_{k|k-1}}\sum_{j=1}^{L_{k|k-1}^{(i)}}\tilde{w}_{U,k}^{(i,j)}(z)} \tag{6.185}$$

3）轨迹修剪与重采样

由于用来表示后验多目标密度的粒子随着时间会无限增长，为了减少粒子数，需要删除存在概率小于一定门限的假设轨迹。另外，和标准粒子算法一样，粒子的退化无法避免，为了减少粒子的退化问题，需要对修剪后的假设轨迹的粒子进行重采样，重采样算法可参考标准粒子滤波算法的重采样算法。

粒子个数的选择：在每个递推时刻，分配给每个假设轨迹的粒子个数和假设轨迹的存在概率成比例，例如，为第 i 个新生目标分配的粒子个数为 $L_{\Gamma,k}^{(i)}=r_{\Gamma,k}^{(i)}L_{\max}$，在重采样阶段为修剪后的第 i 个更新轨迹分配的粒子个数为 $L_k^{(i)}=\max(r_k^{(i)}L_{\max},L_{\min})$，其中，$L_{\max}$ 与 $L_{\min}$ 分别为每个假设轨迹给定的最大粒子个数和最小粒子个数。

4）多目标状态提取

同 GM-MB 滤波方法类似，可采用计算均值或众数法提取目标的个数，然后根据估计的目标数，采用计算后验轨迹状态的均值方法提取多目标的状态，具体算法参见算法 6.7。

算法 6.7　SMC-MB 滤波器多目标状态提取方法

输入：重采样后的 MB 参数 $\left\{r_k^{(i)},\left\{w_k^{(i,j)},\boldsymbol{m}_k^{(i,j)}\right\}_{j=1}^{L_k^{(i)}}\right\}_{i=1}^{M_k}$

　　计算目标数：　$\hat{N}_k=\text{sum}(r_k^{(i)})$　or　$\hat{N}_k=\text{sum}(r_k^{(i)}\geqslant 0.5)$

　　令 $\hat{\boldsymbol{X}}_k=\varnothing$

　　存在概率排序：$[\sim,idx]=\text{sort}(r_k^{(1:M_k)},\text{'descend'})$

　　For　$i=1,\cdots,\hat{N}_k$

　　　计算目标状态的均值：$\hat{\boldsymbol{x}}=\text{mean}(\boldsymbol{m}_k^{(\text{idx}(i),:)},2)$

　　　更新多目标状态：$\hat{\boldsymbol{X}}_k=[\hat{\boldsymbol{X}}_k,\hat{\boldsymbol{x}}]$

　　End

输出：多目标的状态 $\hat{\boldsymbol{X}}_k$

6.6　多目标跟踪性能评价指标

多目标跟踪性能评价指标是多目标跟踪算法中非常重要的组成部分，是衡量多目标跟踪算法性能优劣的指标，对滤波算法的选择、分析和评估起着重要的作用。由于基于随机集的多目标跟踪算法避免了数据关联，不能形成目标的航迹，这就无法将多目标跟踪的评价标准转为多个单目标的评价；另一方面，在跟踪目标个数比较大的情况下，单个目标的跟踪性能指标也被弱化了，换句话说，此处更关注对整体目标的跟踪性能评价[38]。考虑到随机有限集框架下的多目标跟踪的特点，传统的多目标跟踪评价指标体系不再适用于评价随机有限集框架下的多目标滤波算法的性能，这就需要选择新的合适的评价指标来评价多目标滤波算法的性能。从本质上讲，多目标滤波算法的评价指标归结为如何合理地度量两个随机有限集之间的距离。

目前，用于评价多目标滤波算法的性能指标主要有三种[39]。

1）Hausdorff 距离

对于有限非空子集 $\boldsymbol{X}$ 和 $\boldsymbol{Y}$，Hausdorff 距离定义为[40]

$$d_H(\boldsymbol{X},\boldsymbol{Y})=\max\left\{\max_{x\in X}\min_{y\in Y}d(\boldsymbol{x},\boldsymbol{y}),\max_{y\in Y}\min_{x\in X}d(\boldsymbol{x},\boldsymbol{y})\right\}\tag{6.186}$$

式中，$d(\boldsymbol{x},\boldsymbol{y})=\|\boldsymbol{x}-\boldsymbol{y}\|$，$\|\cdot\|$表示 2 范数。

Hausdorff 距离是数学中常用的度量两个集合之间距离的方法。Hausdorff 距离的优势在于能够反映出估计结果的局部性能，但是，当两个集合中的一个或两个集合为空集时，Hausdorff 距离并没有给出合理的定义。另外，Hausdorff 距离对异常值的惩罚较重，而且对多个集合间势大小的差异也不敏感，当多个集合的势差不相同时，Hausdorff 距离无法获得满意的性能评价。

2）Wasserstein 距离

Hoffman 和 Mahler 建议采用统计学中的 Wasserstein 距离来度量两个集合间的距离，对于$1 \leqslant p < \infty$和两个有限非空子集$\boldsymbol{X} = \{\boldsymbol{x}_1, \cdots, \boldsymbol{x}_m\}$和$\boldsymbol{Y} = \{\boldsymbol{y}_1, \cdots, \boldsymbol{y}_n\}$，Wasserstein 距离定义为[40]

$$d_p(\boldsymbol{X}, \boldsymbol{Y}) = \min_{\boldsymbol{C}} \left(\sum_{i=1}^{m} \sum_{j=1}^{n} \boldsymbol{C}_{i,j} d(\boldsymbol{x}_i, \boldsymbol{y}_j)^p \right)^{\frac{1}{p}} \tag{6.187}$$

$$d_\infty(\boldsymbol{X}, \boldsymbol{Y}) = \min_{\boldsymbol{C}} \max_{1 \leqslant i \leqslant m, 1 \leqslant j \leqslant n} \tilde{\boldsymbol{C}}_{i,j} d(\boldsymbol{x}_i, \boldsymbol{y}_j) \tag{6.188}$$

式中，$\boldsymbol{C}$表示传输矩阵，传输矩阵中的元素$\boldsymbol{C}_{i,j}$和$\tilde{\boldsymbol{C}}_{i,j}$满足以下条件。

（1）$\boldsymbol{C}_{i,j} \geqslant 0$。

（2）对于$1 \leqslant i \leqslant m$，$\sum_{j=1}^{n} \boldsymbol{C}_{i,j} = \dfrac{1}{m}$；对于$1 \leqslant j \leqslant n$，$\sum_{i=1}^{m} \boldsymbol{C}_{i,j} = \dfrac{1}{n}$。

（3）$\tilde{\boldsymbol{C}}_{i,j} = \begin{cases} 1, & \boldsymbol{C}_{i,j} \neq 0 \\ 0, & \boldsymbol{C}_{i,j} = 0 \end{cases}$。

当两个集合中的势大小相同时，Wasserstein 距离为最优关联下的距离，然而和 Hausdorff 距离一样，当两个集合中存在一个或一个以上为空集时，Wasserstein 距离没有定义。另外，Wasserstein 距离对两个集合的势比较敏感，它对目标个数估计出现错误时惩罚过重。

3）OSPA（Optimal Subpattern Assignment）距离

OSPA 距离是一种用来衡量集合之间差异程度的误差距离，该距离在 Wasserstein 距离的基础上对 Wasserstein 距离进行了改进，OSPA 距离定义为[39]

$$\bar{d}_p^{(c)}(\boldsymbol{X}, \boldsymbol{Y}) = \begin{cases} 0, & m = n = 0 \\ \left(\dfrac{1}{n} \left(\min\limits_{\pi \in \Pi_n} \sum\limits_{i=1}^{m} d^{(c)}(\boldsymbol{x}_i, \boldsymbol{y}_{\pi(i)})^p + c^p (n - m) \right) \right)^{\frac{1}{p}}, & m \leqslant n \\ \bar{d}_p^{(c)}(\boldsymbol{Y}, \boldsymbol{X}), & m > n \end{cases} \tag{6.189}$$

$$\bar{d}_\infty^{(c)}(\boldsymbol{X}, \boldsymbol{Y}) = \begin{cases} 0, & m = n = 0 \\ \min\limits_{\pi \in \Pi_n} \max\limits_{1 \leqslant i \leqslant n} d^{(c)}(\boldsymbol{x}_i, \boldsymbol{y}_{\pi(i)}), & m = n \\ c & m \neq n \end{cases} \tag{6.190}$$

式中，$d^{(c)}(\boldsymbol{x}, \boldsymbol{y}) = \min(c, \| \boldsymbol{x} - \boldsymbol{y} \|)$，$c$为截断距离；$\Pi_n$表示集合$\{1, 2, \cdots, n\}$上的所有排列，$n \in \mathbf{N}_+$。

对于$p < \infty$，OSPA 距离可以分解为两部分来分别表示定位误差部分和势误差部分，即

$$\overline{e}_{p,\mathrm{loc}}^{(c)}(\boldsymbol{X},\boldsymbol{Y})=\begin{cases}\left(\dfrac{1}{n}\left(\min\limits_{\pi\in\Pi_n}\sum\limits_{i=1}^{m}d^{(c)}(\boldsymbol{x}_i,\boldsymbol{y}_{\pi(i)})^p\right)\right)^{\frac{1}{p}}, & m\leqslant n\\ \overline{e}_{p,\mathrm{loc}}^{(c)}(\boldsymbol{Y},\boldsymbol{X}), & m>n\end{cases} \tag{6.191}$$

$$\overline{e}_{p,\mathrm{card}}^{(c)}(\boldsymbol{X},\boldsymbol{Y})=\begin{cases}\left(\dfrac{c^p(n-m)}{n}\right)^{\frac{1}{p}}, & m\leqslant n\\ \overline{e}_{p,\mathrm{card}}^{(c)}(\boldsymbol{Y},\boldsymbol{X}), & m>n\end{cases} \tag{6.192}$$

由于定位误差和势误差提供了额外的有用信息，所以可以更全面地评价多目标滤波的性能。

即使两个集合中有一个或两个集合均为空集，OSPA 距离仍有定义，并有一定的物理解释。关于参数 c 和 p 的值的选择问题，文献[39]给出了一定的指导方法，参数 c 决定了势误差部分和定位误差部分的相对权重，也就是说较大的 c 值强调势误差部分而弱化定位误差部分，较小的 c 值强调定位误差部分而弱化势误差部分；参数 p 决定了对异常值的敏感性[39, 41]。总的来说，OSPA 距离是目前比较认可的多目标滤波评价指标。

6.7 仿真结果与分析

6.7.1 线性高斯模型仿真结果与分析

1）仿真场景

在二维平面内，监视区域大小为[−1000,1000]m×[−1000,1000]m，最大 5 个目标出现在监视区域，目标的出现和消失是随机的，目标的运动轨迹如图 6.3 所示。

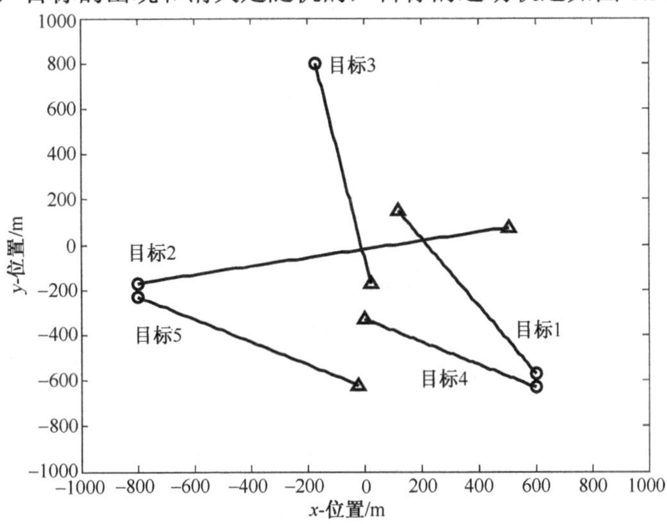

图 6.3 x-y 平面内目标的真实轨迹（每个目标的起始和结束位置分别表示为“○/△”）

每个目标的运动形式为 CV 模型[42]，即

$$\boldsymbol{x}_k = \boldsymbol{F}_k \boldsymbol{x}_{k-1} + \boldsymbol{w}_{k-1} \tag{6.193}$$

式中，过程噪声 $\boldsymbol{w}_{k-1}$ 服从均值为零，协方差为 $\boldsymbol{Q}_{k-1}$ 的高斯分布；目标的状态 $x_k = [p_{x,k}, \dot{p}_{x,k}, p_{y,k}, \dot{p}_{y,k}]^{\mathrm{T}}$ 由位置部分 $(p_{x,k}, p_{y,k})$ 和速度部分 $(\dot{p}_{x,k}, \dot{p}_{y,k})$ 构成；转移矩阵 $\boldsymbol{F}_k$ 和过程噪声协方差矩阵 $\boldsymbol{Q}_{k-1}$ 分别表示为

$$\boldsymbol{F}_k = \begin{bmatrix} 1 & T & 0 & 0 \\ 0 & 1 & 0 & 0 \\ 0 & 0 & 1 & T \\ 0 & 0 & 0 & 1 \end{bmatrix} \tag{6.194}$$

$$\boldsymbol{Q}_{k-1} = \sigma_w^2 \begin{bmatrix} \dfrac{T^3}{3} & \dfrac{T^2}{2} & 0 & 0 \\ \dfrac{T^2}{2} & T & 0 & 0 \\ 0 & 0 & \dfrac{T^3}{3} & \dfrac{T^2}{2} \\ 0 & 0 & \dfrac{T^2}{2} & T \end{bmatrix} \tag{6.195}$$

式中，T 为采样周期；σ_w 为过程噪声的标准差。

每个目标的量测模型是线性的，即

$$\boldsymbol{z}_k = \boldsymbol{H}_k \boldsymbol{x}_k + \boldsymbol{v}_k \tag{6.196}$$

式中，量测噪声 $\boldsymbol{v}_k$ 服从均值为零、协方差为 $\boldsymbol{R}_k$ 的高斯分布，即

$$\boldsymbol{H}_k = \begin{bmatrix} 1 & 0 & 0 & 0 \\ 0 & 0 & 1 & 0 \end{bmatrix} \tag{6.197}$$

$$\boldsymbol{R}_k = \sigma_v^2 \begin{bmatrix} 1 & 0 \\ 0 & 1 \end{bmatrix} \tag{6.198}$$

式中，σ_v 为量测噪声的标准差。

杂波模型是强度为 κ_k 的泊松有限集[15]，即

$$\kappa_k = \lambda_c V u(\boldsymbol{z}) \tag{6.199}$$

式中，$u(\cdot)$ 表示监视区域内的均匀概率分布；λ_c 为杂波强度；V 为监视区域的面积。

2）参数设置

GM-PHD 和 GM-CPHD 滤波器的出生过程为强度为 γ_k 的泊松有限集，即

$$\gamma_k = \sum_{i=1}^{3} w_\gamma^{(i)} \mathcal{N}(\boldsymbol{x}; \boldsymbol{m}_\gamma^{(i)}, \boldsymbol{P}_\gamma^{(i)}) \tag{6.200}$$

式中

$$w_{\gamma}^{(1)} = w_{\gamma}^{(2)} = w_{\gamma}^{(3)} = 0.03$$

$$\boldsymbol{m}_{\gamma}^{(1)} = [600, 0, -600, 0]^{\mathrm{T}}$$

$$\boldsymbol{m}_{\gamma}^{(2)} = [-800, 0, -200, 0]^{\mathrm{T}}$$

$$\boldsymbol{m}_{\gamma}^{(3)} = [-200, 0, 800, 0]^{\mathrm{T}}$$

$$\boldsymbol{P}_{\gamma}^{(1)} = \boldsymbol{P}_{\gamma}^{(2)} = \boldsymbol{P}_{\gamma}^{(3)} = \mathrm{diag}\{10, 10, 10, 10\}^2$$

GM-MB 滤波器的出生过程为强度为π_{Γ}的 MB 有限集，即

$$\pi_{\Gamma} = \{(r_{\Gamma}^{(i)}, p_{\Gamma}^{(i)})\}_{i=1}^{3} \tag{6.201}$$

式中

$$r_{\Gamma}^{(1)} = r_{\Gamma}^{(2)} = r_{\Gamma}^{(3)} = 0.03$$

$$p_{\Gamma}^{(i)} = \mathcal{N}(\boldsymbol{x}; \boldsymbol{m}_{\Gamma}^{(i)}, \boldsymbol{P}_{\Gamma}^{(i)})$$

$$\boldsymbol{m}_{\Gamma}^{(1)} = [600, 0, -600, 0]^{\mathrm{T}}$$

$$\boldsymbol{m}_{\Gamma}^{(2)} = [-800, 0, -200, 0]^{\mathrm{T}}$$

$$\boldsymbol{m}_{\Gamma}^{(3)} = [-200, 0, 800, 0]^{\mathrm{T}}$$

$$\boldsymbol{P}_{\Gamma}^{(1)} = \boldsymbol{P}_{\Gamma}^{(2)} = \boldsymbol{P}_{\Gamma}^{(3)} = \mathrm{diag}\{10, 10, 10, 10\}^2$$

PHD、CPHD 和 MB 滤波器 GM 实现的具体参数如表 6.1 所示。

表 6.1　GM 实现的参数设置

采样周期 T	1s
过程噪声标准差 σ_w	$5\mathrm{m/s^2}$
量测噪声标准差 σ_v	10m
生存概率 $p_{S,k}$	0.99
检测概率 $p_{D,k}$	0.98
杂波强度 λ_c	$2.5\times10^{-6}\mathrm{m}^{-2}$（平均 10 个杂波）
修剪权重门限 T'	10^{-5}
融合门限 U'	4m
最大高斯项个数 $J_{\max}$	100
假设轨迹修剪门限 T''	10^{-3}
最大假设轨迹数 $N_{\max}$	100

3）蒙特卡洛仿真结果与分析

为了验证 GM-PHD、GM-CPHD 和 GM-MB 三种滤波器的滤波特性，本节进行了 500 次蒙特卡洛仿真，每次蒙特卡洛仿真中，目标的轨迹不变，量测值（包括源于目标和杂波的量测）独立产生，并采用 OSPA 距离和 OSPA 距离中的定位误差和势误差来评价三种滤波器的滤波特性。

图 6.4～图 6.6 分别为单次仿真时 GM-PHD、GM-CPHD 和 GM-MB 滤波器的估计结果，从图 6.4～图 6.6 可以看出，GM-PHD、GM-CPHD 和 GM-MB 滤波器均能正确地估计出目标的出生、运动和终结，虽然偶尔会产生异常的估计，但是错误的估计会

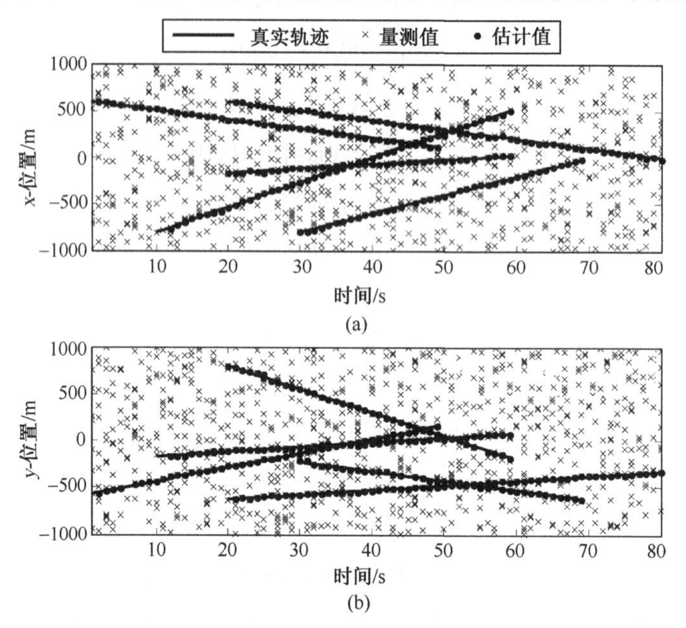

图 6.4　x-y 坐标平面内的真实轨迹，量测值和 GM-PHD 滤波器的估计值

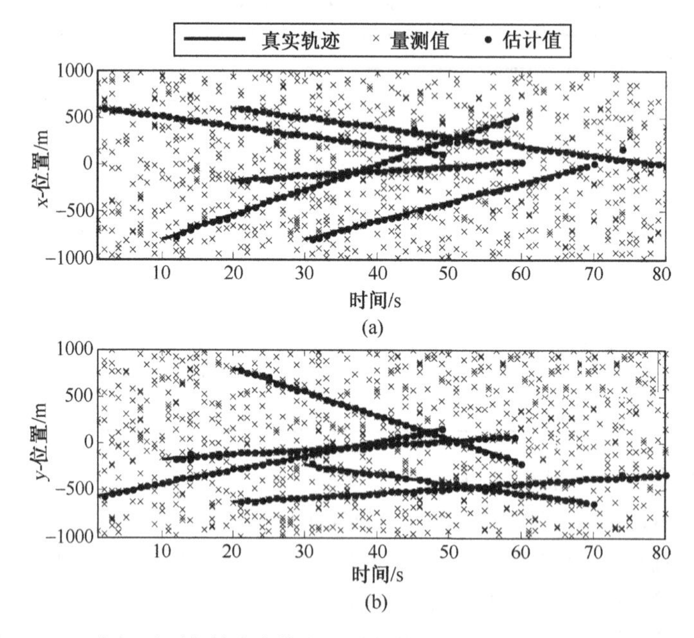

图 6.5　x-y 坐标平面内的真实轨迹，量测值和 GM-CPHD 滤波器的估计值

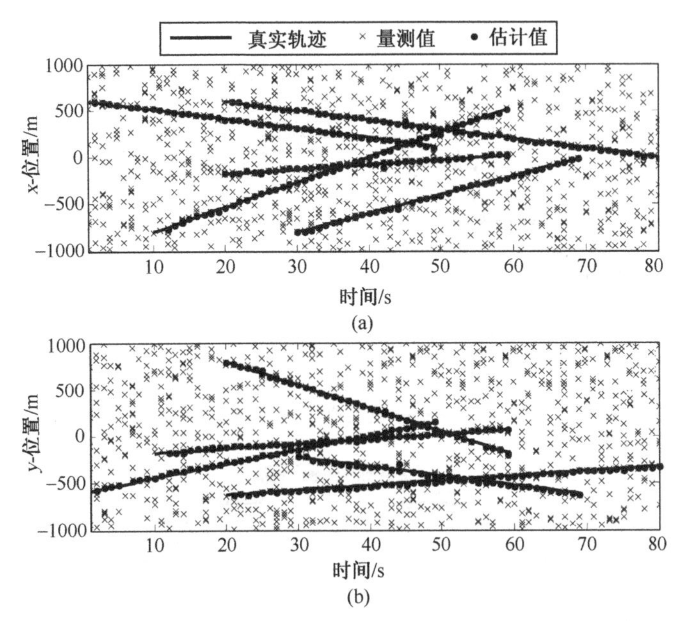

图 6.6　x-y 坐标平面内的真实轨迹，量测值和 GM-MB 滤波器的估计值

很快消失。图 6.7 给出了 500 次蒙特卡洛仿真的势统计对比，从图 6.7 可以看出，三种滤波器的势统计的均值均收敛于真实的目标个数，并且 GM-PHD 滤波器的势统计标准差和 GM-MB 滤波器的势统计标准差基本相同，GM-CPHD 滤波器的势统计标准差最小，这也说明 GM-CPHD 滤波器的目标数估计更稳定。图 6.8～图 6.10 给出了 OSPA 距离（$p=2, c=200$）和 OSPA 距离中的定位误差和势误差，从图 6.8 可以看出，GM-PHD 滤波器与 GM-MB 滤波器的 OSPA 距离相近，这也说明 GM-PHD 滤波器和 GM-MB 滤波器有着相似的滤波特性，GM-CPHD 滤波器的 OSPA 距离最小；从图 6.8 可以看出在目标个数出现变化的时候 GM-CPHD 滤波器会出现较大的峰值，即 GM-CPHD 滤波器对目标个数发生变化时响应速度较慢，在目标个数平稳阶段，GM-CPHD 滤波器的 OSPA 距离更小。从图 6.9 看出，GM-PHD、GM-CPHD 与 GM-MB 滤波器的定位精度相似，GM-PHD 与 GM-CPHD 滤波器略优于 GM-MB 滤波器；从图 6.10 看出，GM-PHD 与 GM-MB 滤波器的势误差基本相同，GM-CPHD 滤波器的势误差最小，但是在目标个数发生变化（如目标出现或消失）时，GM-CPHD 滤波器将产生更大的势误差，在目标个数平稳（没有目标出现和消失）时，GM-CPHD 滤波器的势误差更小。

6.7.2　非线性模型仿真结果与分析

1）仿真场景

在二维平面内，监视区域大小为 $[0,\pi/2]\text{rad}\times[0,2000]\text{m}$，最大 8 个目标出现在监视区域，目标的出现和消失是随机的，目标的运动轨迹如图 6.11 所示。

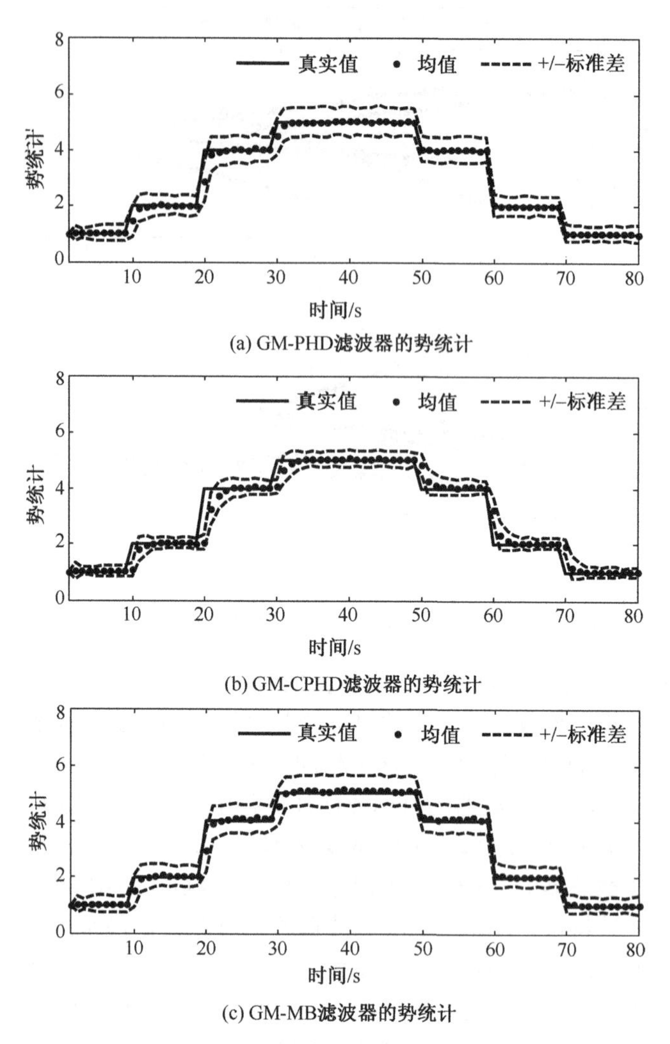

(a) GM-PHD滤波器的势统计

(b) GM-CPHD滤波器的势统计

(c) GM-MB滤波器的势统计

图 6.7　500 次蒙特卡洛仿真的势统计对比

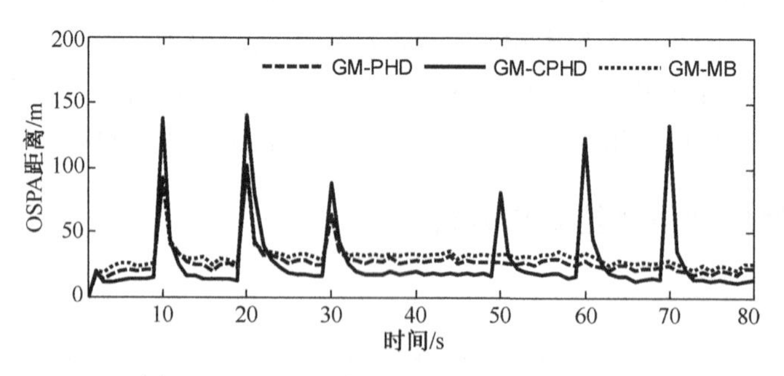

图 6.8　OSPA 距离（$p=2$，$c=200$）对比

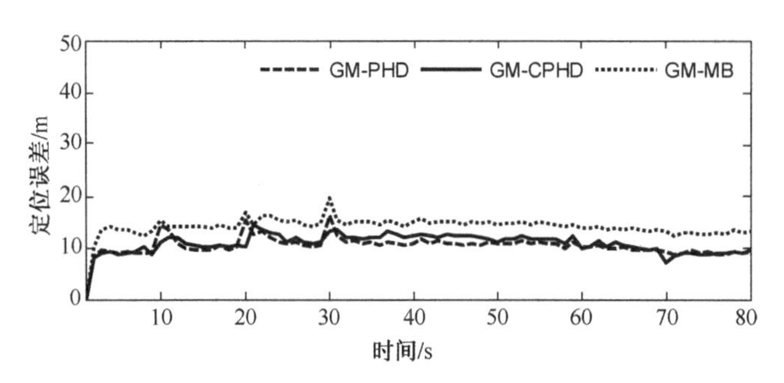

图 6.9　OSPA 距离中的定位误差对比

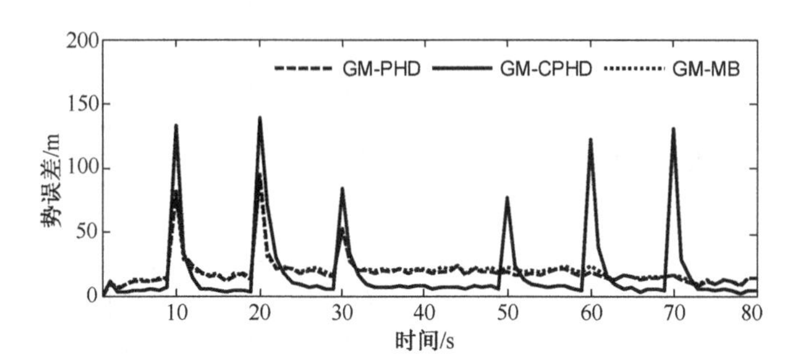

图 6.10　OSPA 距离中的势误差对比

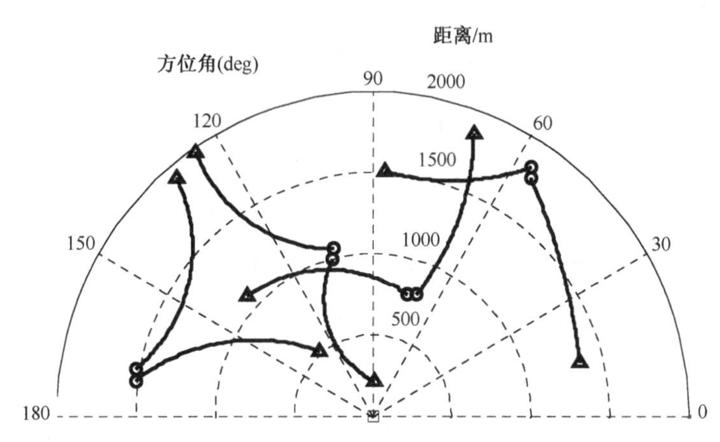

图 6.11　r-θ 平面内目标的真实轨迹
每个目标的起始和结束位置分别用“○/△”表示，传感器的位置坐标用“□”表示

每个目标的运动形式为 CT 模型[42]，即

$$\boldsymbol{x}_k = \boldsymbol{F}(\omega_{k-1})\boldsymbol{x}_{k-1} + \boldsymbol{w}_{k-1} \tag{6.202}$$

式中

$$
\boldsymbol{F}(\omega_{k-1})=\begin{bmatrix}1 & \dfrac{\sin\omega_{k-1}T}{\omega_{k-1}} & 0 & -\dfrac{1-\cos\omega_{k-1}T}{\omega_{k-1}} & 0\\ 0 & \cos\omega_{k-1}T & 0 & -\sin\omega_{k-1}T & 0\\ 0 & \dfrac{1-\cos\omega_{k-1}T}{\omega_{k-1}} & 1 & -\sin\omega_{k-1}T & 0\\ 0 & \sin\omega_{k-1}T & 0 & \cos\omega_{k-1}T & 0\\ 0 & 0 & 0 & 0 & 1\end{bmatrix} \tag{6.203}
$$

式中，过程噪声 $\boldsymbol{w}_{k-1}$ 服从均值为零、协方差为 $\boldsymbol{Q}_{k-1}$ 的高斯分布，即

$$
\boldsymbol{Q}_{k-1}=\begin{bmatrix}\dfrac{T^3}{3}\sigma_w^2 & \dfrac{T^2}{2}\sigma_w^2 & 0 & 0 & 0\\ \dfrac{T^2}{2}\sigma_w^2 & T\sigma_w^2 & 0 & 0 & 0\\ 0 & 0 & \dfrac{T^3}{3}\sigma_w^2 & \dfrac{T^2}{2}\sigma_w^2 & 0\\ 0 & 0 & \dfrac{T^2}{2}\sigma_w^2 & T\sigma_w^2 & 0\\ 0 & 0 & 0 & 0 & T\sigma_\omega^2\end{bmatrix} \tag{6.204}
$$

σ_w 和 σ_ω 为过程噪声的标准差，目标的状态 $\boldsymbol{x}_k=[p_{x,k},\dot{p}_{x,k},p_{y,k},\dot{p}_{y,k},\omega_k]^{\mathrm{T}}$ 由位置部分 $(p_{x,k},p_{y,k})$、速度部分 $(\dot{p}_{x,k},\dot{p}_{y,k})$ 和角速度部分 ω_k 构成。

目标的量测模型为带噪声的方位角和距离向量，即

$$
\boldsymbol{z}_k=\begin{bmatrix}\arctan\left(\dfrac{p_{x,k}-p_{\mathrm{Se},x}}{p_{y,k}-p_{\mathrm{Se},y}}\right)\\ \sqrt{(p_{x,k}-p_{\mathrm{Se},x})^2+(p_{y,k}-p_{\mathrm{Se},y})^2}\end{bmatrix}+\boldsymbol{v}_k \tag{6.205}
$$

式中，$(p_{\mathrm{Se},x},p_{\mathrm{Se},y})$ 为传感器的坐标位置；量测噪声 v_k 服从均值为零、协方差为 $\boldsymbol{R}_k$ 的高斯分布。$\boldsymbol{R}_k=\mathrm{diag}\{\sigma_\theta^2,\sigma_r^2\}$，$\sigma_\theta$ 和 σ_r 为量测噪声的标准差，杂波模型为泊松有限集，由式（6.199）表示。

2）参数设置

在 SMC-PHD 和 SMC-CPHD 滤波器的实现过程中，目标的出生过程模型为泊松有限集，即

$$
\gamma_k=\sum_{i=1}^{4}w_\gamma^{(i)}\mathcal{N}(\boldsymbol{x};\boldsymbol{m}_\gamma^{(i)},\boldsymbol{P}_\gamma^{(i)}) \tag{6.206}
$$

式中

$$
w_\gamma^{(1)}=w_\gamma^{(2)}=w_\gamma^{(3)}=w_\gamma^{(4)}=0.03
$$

$$\boldsymbol{m}_{\gamma}^{(1)}=[-1500,0,250,0,0]^{\mathrm{T}}$$

$$\boldsymbol{m}_{\gamma}^{(2)}=[-250,0,1000,0]^{\mathrm{T}}$$

$$\boldsymbol{m}_{\gamma}^{(3)}=[250,0,750,0,0]^{\mathrm{T}}$$

$$\boldsymbol{m}_{\gamma}^{(4)}=[1000,0,1500,0,0]^{\mathrm{T}}$$

$$\boldsymbol{P}_{\gamma}^{(1)}=\boldsymbol{P}_{\gamma}^{(2)}=\boldsymbol{P}_{\gamma}^{(3)}=\boldsymbol{P}_{\gamma}^{(4)}=\mathrm{diag}\{30,30,30,30,3(\pi/180)\}^{2}$$

在 SMC-MB 滤波器实现过程中，目标的出生过程模型为 MB 有限集，即

$$\pi_{\Gamma}=\{(r_{\Gamma}^{(i)},p_{\Gamma}^{(i)})\}_{i=1}^{4} \tag{6.207}$$

式中

$$r_{\Gamma}^{(1)}=r_{\Gamma}^{(2)}=r_{\Gamma}^{(3)}=r_{\Gamma}^{(4)}=0.03$$

$$p_{\Gamma}^{(i)}=\mathcal{N}(\boldsymbol{x};\boldsymbol{m}_{\Gamma}^{(i)},\boldsymbol{P}_{\Gamma}^{(i)})$$

$$\boldsymbol{m}_{\Gamma}^{(1)}=[-1500,0,250,0,0]^{\mathrm{T}}$$

$$\boldsymbol{m}_{\Gamma}^{(2)}=[-250,0,1000,0,0]^{\mathrm{T}}$$

$$\boldsymbol{m}_{\Gamma}^{(3)}=[250,0,750,0,0]^{\mathrm{T}}$$

$$\boldsymbol{m}_{\Gamma}^{(4)}=[1000,0,1500,0,0]^{\mathrm{T}}$$

$$\boldsymbol{P}_{\Gamma}^{(1)}=\boldsymbol{P}_{\Gamma}^{(2)}=\boldsymbol{P}_{\Gamma}^{(3)}=\boldsymbol{P}_{\Gamma}^{(4)}=\mathrm{diag}\{30,30,30,30,3(\pi/180)\}^{2}$$

PHD、CPHD 和 MB 滤波器 SMC 实现的具体参数如表 6.2 所示。

表 6.2　SMC 实现的参数设置

传感器位置 $(p_{\mathrm{Se},x},p_{\mathrm{Se},y})$	(0,0)
采样周期 T	1s
过程噪声标准差 σ_w	5m/s^2
过程噪声标准差 σ_ϖ	π /180 rad/s
量测噪声标准差 σ_r	5m
量测噪声标准差 σ_θ	π /180 rad
生存概率 $p_{S,k}$	0.99
检测概率 $p_{D,k}$	0.98
杂波强度 λ_c	1.6×10^{-3}/(rad·m)（平均 10 个杂波）

在 SMC-PHD 和 SMC-CPHD 滤波器实现过程中，重采样过程为每个目标分配 1000 个粒子。在 SMC-MB 滤波器实现过程中，每个假设轨迹的最小粒子个数 $L_{\min}$=300，最大粒子个数 $L_{\max}$=1000，重采样过程中每个假设轨迹的粒子个数和存在概率成正比，由于预测部分目标的出生和更新部分的假设轨迹，用来表示后验多目标密度的粒子个数将无限增长，为了减少粒子个数，每时刻需要删除存在概率低于门限的轨迹。在此，存在概率门限值 $T''=10^{-3}$，并假设最大假设轨迹的个数 $T_{\max}=100$。

3）蒙特卡洛仿真结果与分析

为了验证 SMC-PHD、SMC-CPHD 和 SMC-MB 三种滤波器的滤波特性，进行了

500 次蒙特卡洛仿真，每次蒙特卡洛仿真中，目标的轨迹不变，量测值（包括源于目标和杂波的量测）独立产生，并采用 OSPA 距离和 OSPA 距离中的定位误差和势误差来评价三种滤波器的滤波特性。

图 6.12～图 6.14 分别为单次仿真时 SMC-PHD、SMC-CPHD 和 SMC-MB 滤波器

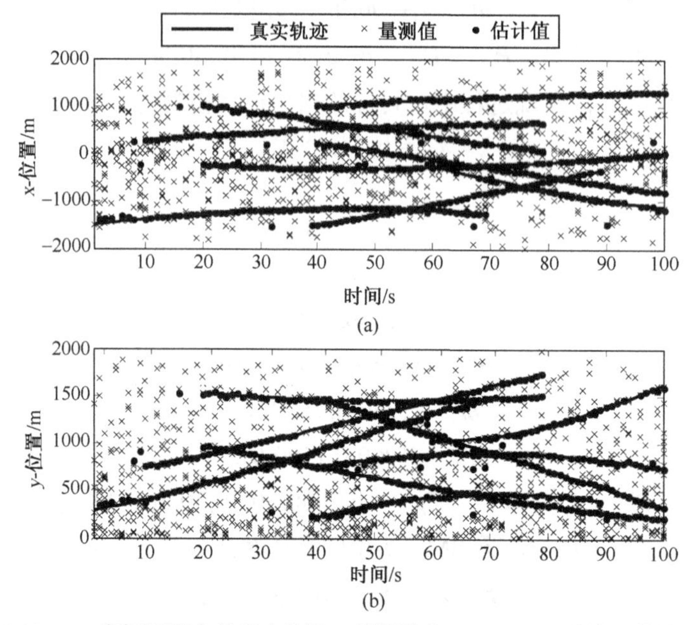

图 6.12　x-y 坐标平面内的真实轨迹、量测值和 SMC-PHD 滤波器的估计值

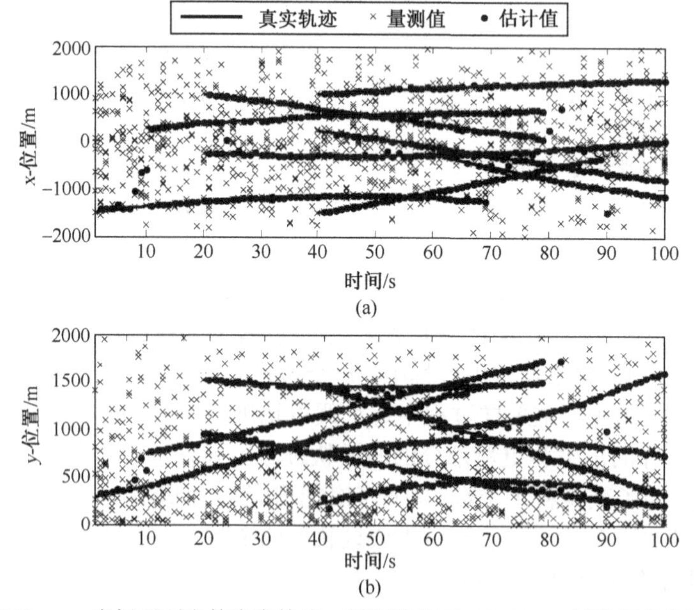

图 6.13　x-y 坐标平面内的真实轨迹、量测值和 SMC-CPHD 滤波器的估计值

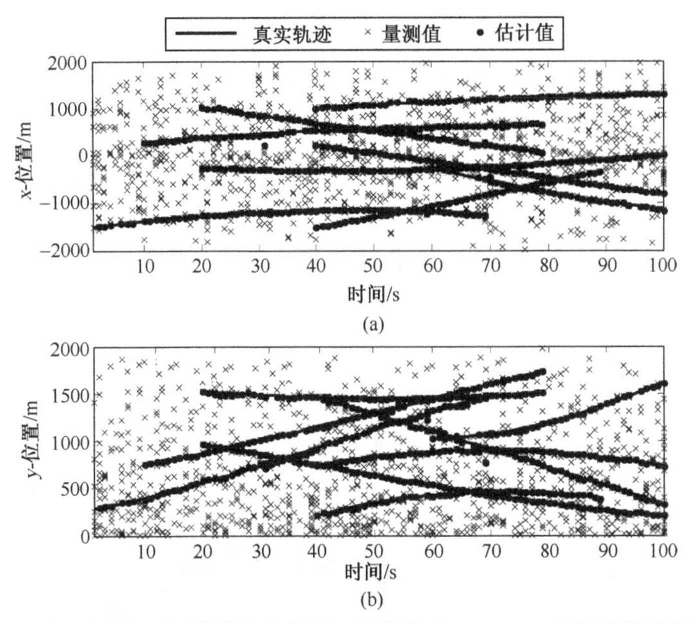

图 6.14　x-y 坐标平面内的真实轨迹、量测值和 SMC-MB 滤波器的估计值

的估计结果，从图 6.12～图 6.14 可以看出，SMC-PHD、SMC-CPHD 和 SMC-MB 滤波器均能正确地估计出目标的出生、运动和终结，虽然偶尔会产生异常的估计，但是错误的估计会很快消失，从图 6.12～图 6.13 可以看出，SMC-PHD 和 SMC-CPHD 滤波器错误估计点的个数较多，这是由于在 SMC-PHD 和 SMC-CPHD 滤波器的状态提取过程中需要额外的聚类算法，而聚类算法会导致目标状态的估计不稳定，而 SMC-MB 滤波器在状态提取过程中不需要额外的聚类算法，目标的状态估计更稳定。图 6.15 给出了 500 次蒙特卡洛仿真的势统计对比，从图 6.15 可以看出，三种滤波器的势统计均值均收敛于真实的目标个数，SMC-MB 滤波器的势统计标准差和 SMC-PHD 滤波器的势统计标准差相似，SMC-CPHD 滤波器的势统计标准差最小，这也说明 SMC-CPHD 滤波器的目标数估计更稳定。图 6.16～图 6.18 给出了 OSPA 距离（$p=2$，$c=200$）和 OSPA 距离的定位误差部分和势误差部分对比，从图 6.16 可以看出，SMC-CPHD 滤波器的 OSPA 距离小于 SMC-PHD 滤波器的 OSPA 距离，SMC-MB 滤波器的 OSPA 距离最小，从图 6.16 可以看出在目标个数出现变化的时候，SMC-CPHD 滤波器的 OSPA 距离会出现较大的峰值，这也表明 SMC-CPHD 滤波器对目标个数发生变化时的响应速度较慢，在目标个数平稳阶段，SMC-CPHD 滤波器要略优于 SMC-PHD 滤波，从图 6.17 可以看出，SMC-PHD 与 SMC-CPHD 滤波器的定位精度很接近，并且定位误差较大，特别是在 40～80s 阶段，目标个数多时误差就更大，这是由于 SMC-PHD 和 SMC-CPHD 在多目标状态提取过程中需要聚类算法，从而导致目标状态估计不稳定，而 SMC-MB 滤波器的定位误差比较平稳，且精度较高，这是由于 SMC-MB 滤波器在状态提取过程中不需要额外的聚类算法，从图 6.18 可以看出，SMC-CPHD 滤波器的势估计误差是最小的，这是由于 SMC-CPHD 滤波器在递推的过程中同时传播目标的势分布，SMC-MB

滤波器的势误差略优于 SMC-PHD 滤波器，但是在目标个数发生变化（如目标出现或消失）时 SMC-CPHD 滤波器仍然产生较大的势误差，在目标个数平稳（没有目标出现和消失）阶段，SMC-CPHD 滤波器的势误差更小。

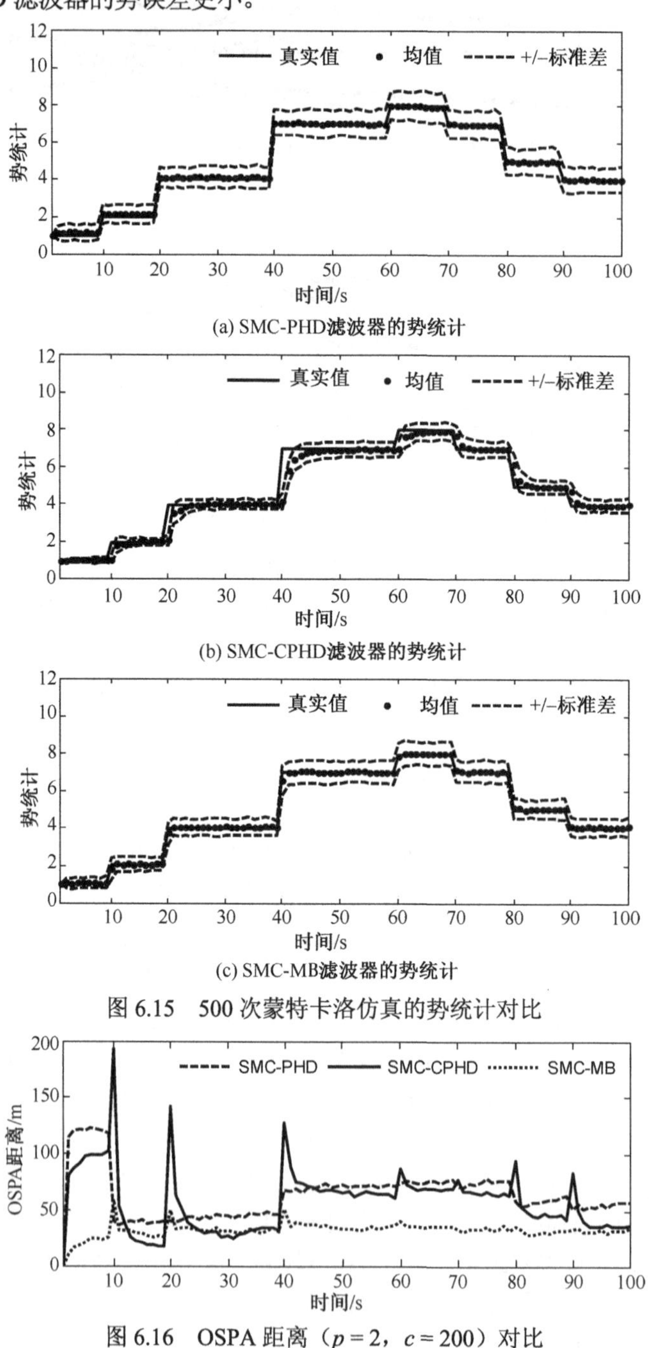

(a) SMC-PHD滤波器的势统计

(b) SMC-CPHD滤波器的势统计

(c) SMC-MB滤波器的势统计

图 6.15　500 次蒙特卡洛仿真的势统计对比

图 6.16　OSPA 距离（$p=2$，$c=200$）对比

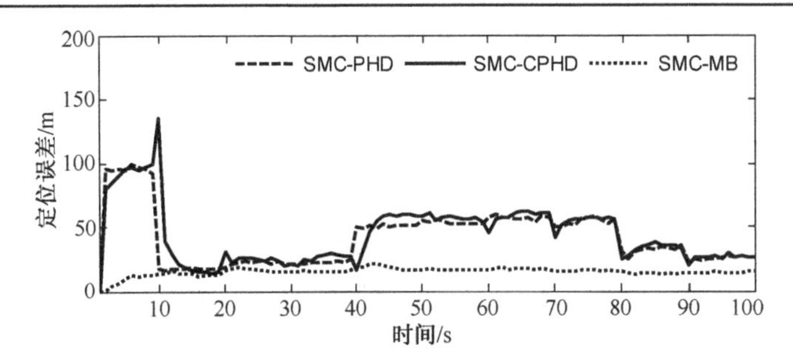

图 6.17　OSPA 距离中的定位误差对比

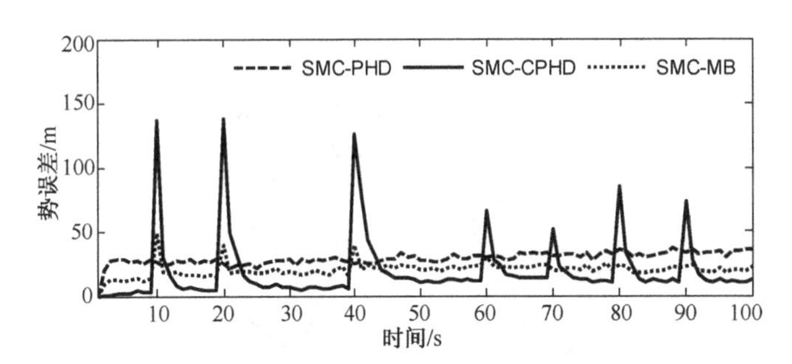

图 6.18　OSPA 距离中的势误差对比

6.7.3　非线性多模型仿真结果与分析

针对多机动目标情形，文献[33]基于 MB 滤波器提出了 MM-MB（Multiple Model MB）滤波方法，并分别针对线性高斯模型和非线性模型提出了 GM 和 SMC 实现。但在 SMC 实现过程中有两点不足。

（1）和标准的 MM-SMC 滤波器类似，粒子个数和模型的概率成正比，当模型概率比较小时，只有很少一部分粒子在模型中，这可能导致目标丢失，一种解决办法是增加粒子的个数，然而粒子个数的增加会大大增加算法的计算量，这也在一定程度上限制了算法的实时性。

（2）虽然重采样方法可以降低粒子的退化问题，但是这也会导致粒子失去多样性，这是由于经过重采样步骤后，大量的粒子包含了许多重复的点，特别当过程噪声很小的时候，这种现象会更加明显。

对于非线性模型不严重的情况，可以采用第 3 章的非线性处理方法来处理，本节采用 CK 滤波近似方法来处理非线性模型问题，另外注意到在设计容积点的时候，需要保证每个假设轨迹的协方差矩阵是正定的。实际上，由于计算机算术运算导致的误差，每个假设轨迹的协方差矩阵不一定是正定的，这会导致数值计算问题，虽然这种情况发生的概率很低，但是为了增加算法的鲁棒性和数值稳定性，接下来，采用均方根 CK（Square-root CK，SCK）滤波近似算法来处理非线性问题。这样在实现过程中，

MM-SCK-GM-MB 方法直接传播每个假设轨迹的协方差的均方根，而不用传播协方差矩阵，这就避免了协方差矩阵的求根运算，具体的实现算法可参考文献[43]。

1）仿真场景

在二维平面内，监视区域大小为$[0,\pi/2]\text{rad}\times[0,2000]\text{m}$，最大 10 个机动目标出现在监视区域，目标的出现和消失是随机的，目标的运动轨迹如图 6.19 所示。对于 CT 模型，假设转弯速率未知，此时 CT 模型是非线性的。这里采用两个运动模型，模型 1，即转弯速率为零的 CT 模型；模型 2，即转弯速率未知的 CT 模型。

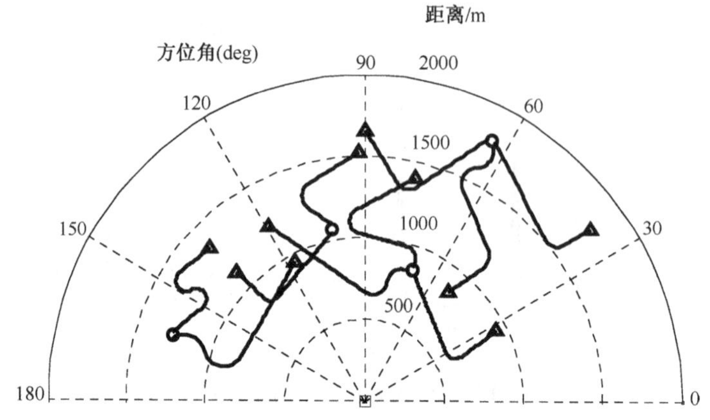

图 6.19　r-θ 平面内机动目标的真实轨迹

每个目标的起始和结束位置分别用“○/△”表示，传感器的位置坐标用“□”表示

2）参数设置

模型 1 的过程噪声$\sigma_{w1}=0.5\text{m/s}^2$，模型 2 的过程噪声为$\sigma_{w2}=0.5\text{m/s}^2$，$\sigma_{w2}=0.2\text{rad/s}$，模型的转移概率设置为

$$\boldsymbol{t}_{k|k-1}(s_k\mid s_{k-1})=\begin{bmatrix}0.8 & 0.2\\0.2 & 0.8\end{bmatrix} \tag{6.208}$$

式中，s_k表示k时刻的模型。

量测模型仍为角度和距离量测，由式（6.205）表示，量测噪声参数同仿真例子 2。目标的出生过程模型为多伯努利有限集，即

$$\pi_{\Gamma,k}=\left\{(r_{\Gamma,k}^{(i)},p_{\Gamma,k}^{(i)}(\boldsymbol{x}_k,s_k))\right\}_{i=1}^{4} \tag{6.209}$$

式中，$r_{\Gamma,k}^{(1)}=r_{\Gamma,k}^{(2)}=0.02$；$r_{\Gamma,k}^{(3)}=r_{\Gamma,k}^{(4)}=0.03$。

$$p_{\Gamma,k}^{(i)}(\boldsymbol{x}_k,s_k)=t_{\Gamma,k}^{(i)}(s_k)\mathcal{N}(\boldsymbol{x}_k;\boldsymbol{m}_{\Gamma,k}^{(i)},\boldsymbol{P}_{\Gamma,k}^{(i)}) \tag{6.210}$$

出生模型的分布设置为

$$t_{\Gamma,k}^{(i)}(s_k)=[0.8,0.2] \tag{6.211}$$

$$\boldsymbol{m}_{\Gamma,k}^{(1)}=[-1200,0,400,0,0]^{\mathrm{T}}$$

$$\boldsymbol{m}_{\Gamma,k}^{(2)}=[-200,0,1050,0,0]^{\mathrm{T}}$$

$$\boldsymbol{m}_{\Gamma,k}^{(3)} = [300, 0, 800, 0, 0]^{\mathrm{T}}$$

$$\boldsymbol{m}_{\Gamma,k}^{(4)} = [800, 0, 1600, 0, 0]^{\mathrm{T}}$$

$$\boldsymbol{P}_{\Gamma,k}^{(1)} = \boldsymbol{P}_{\Gamma,k}^{(2)} = \boldsymbol{P}_{\Gamma,k}^{(3)} = \boldsymbol{P}_{\Gamma,k}^{(4)} = \mathrm{diag}\{20, 20, 20, 20, 2(\pi/180)\}^2$$

杂波强度由式（6.199）表示，在这里，杂波强度设置为 $\lambda_c = 1.6\times10^{-3}/(\mathrm{rad}\cdot\mathrm{m})$（平均 10 个杂波）。在 MM-CK-GM-MB 和 MM-SCK-GM-MB 实现过程中需要对每个假设轨迹进行修剪和融合，具体参数同仿真例子 1。为了比较不同粒子个数对滤波性能的影响，每个假设轨迹中采用两组不同的粒子，MM-SMC-MB1 方法：最大粒子个数 $L_{\max} = 10000$，最小粒子个数 $L_{\min} = 3000$。MM-SMC-MB2 方法：最大粒子个数 $L_{\max} = 5000$，最小粒子个数 $L_{\min} = 1000$。

3）蒙特卡洛仿真结果与分析

为了验证不同方法的滤波特性，进行了 200 次蒙特卡洛仿真，每次蒙特卡洛仿真中，目标的轨迹不变，量测值（包括源于目标和杂波的量测）独立产生，并采用 OSPA 距离和 OSPA 距离中的定位误差和势误差来评价不同方法的滤波特性。

图 6.20 为单次仿真时 MM-SCK-GM-MB 方法的估计结果，可以看出，MM-SCK-GM-MB 方法可以正确地估计出目标的出生、运动和终结，虽然偶尔会产生异常的估计，但是错误的估计会很快消失。图 6.21 给出了四种方法的 200 次蒙特卡洛仿真的势统计对比，可以看出，MM-SCK-GM-MB、MM-CK-GM-MB 和 MM-SMC-MB1 方法的势统计的均值均收敛于真实的目标个数，并且三种方法的势统计标准差基本相同，而 MM-SMC-MB2 方法出现了势统计的均值小于真实值的情况，这说明在滤波过程中，出现了目标丢失的

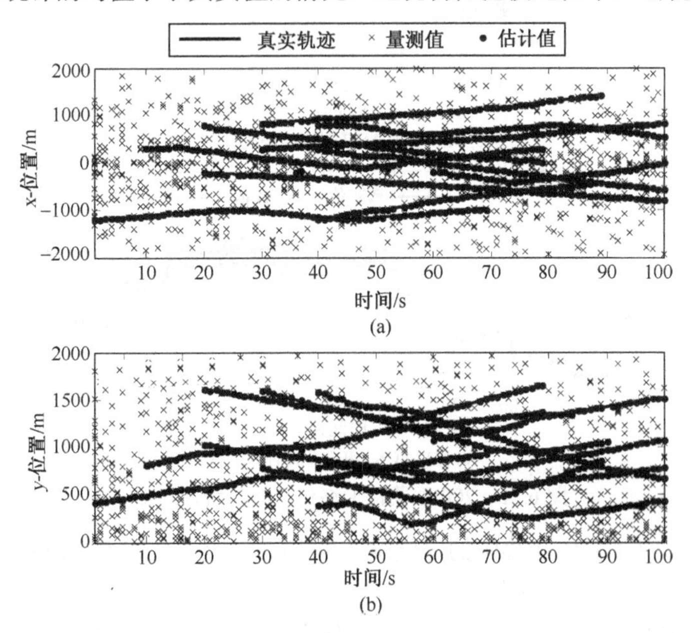

图 6.20　*x-y* 坐标平面内的真实轨迹、量测值和 MM-SCK-GM-MB 方法的估计值

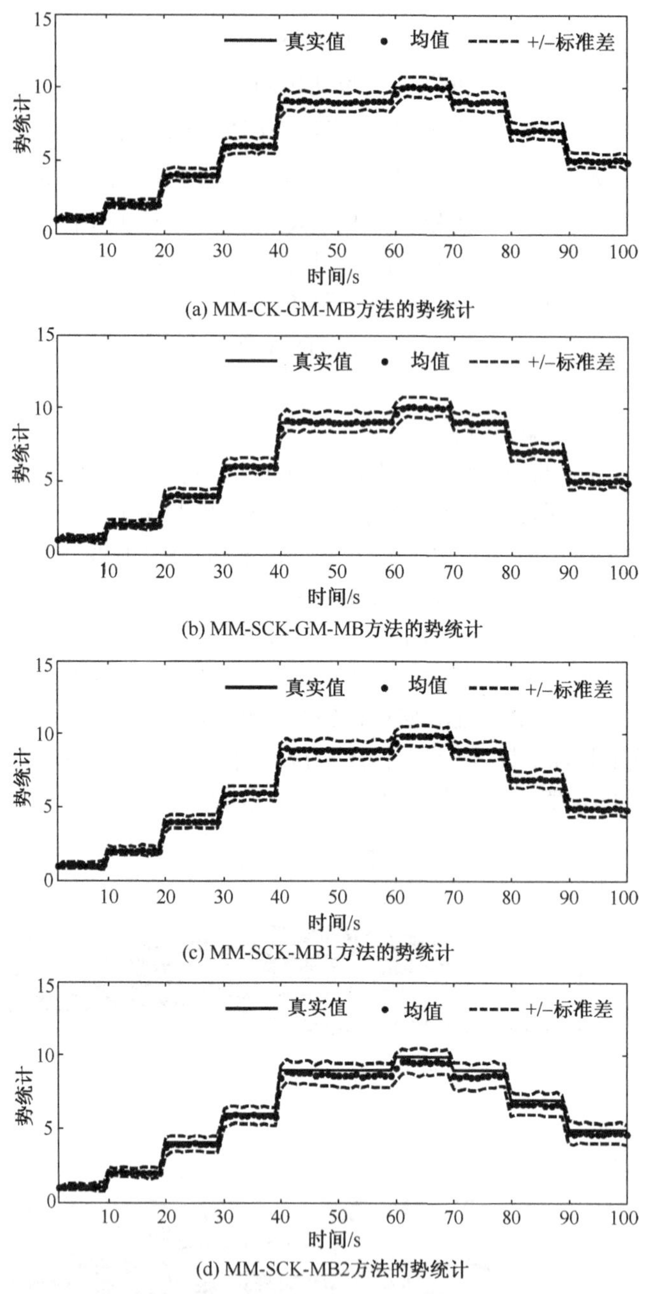

(a) MM-CK-GM-MB方法的势统计

(b) MM-SCK-GM-MB方法的势统计

(c) MM-SCK-MB1方法的势统计

(d) MM-SCK-MB2方法的势统计

图 6.21　200 次蒙特卡洛仿真的势统计对比

情况。图 6.22 给出了 OSPA 距离中的定位误差和势误差对比，可以看出，MM-SCK-GM-MB 和 MM-CK-GM-MB 方法的定位误差和势误差曲线完全重合，并且和 MM-SMC-MB1 方法的定位误差和势误差相近，而 MM-SMC-MB2 方法的定位误差和势误差较大，这是由于出现了目标丢失的情况。图 6.23 给出了 OSPA 距离对比，可以看出，MM-SCK-GM-MB 和 MM-CK-GM-MB 方法的 OSPA 曲线完全重合，这也说明 MM-SCK-GM-MB 和 MM-CK-GM-MB 方法的滤波特性一样，MM-SMC-MB1 方法的 OSPA 距离和 MM-SCK-GM-MB、MM-CK-GM-MB 方法的 OSPA 距离相似，而 MM-SMC-MB2 方法的 OSPA 较大，说明 MM-SMC-MB2 的滤波性能较差。

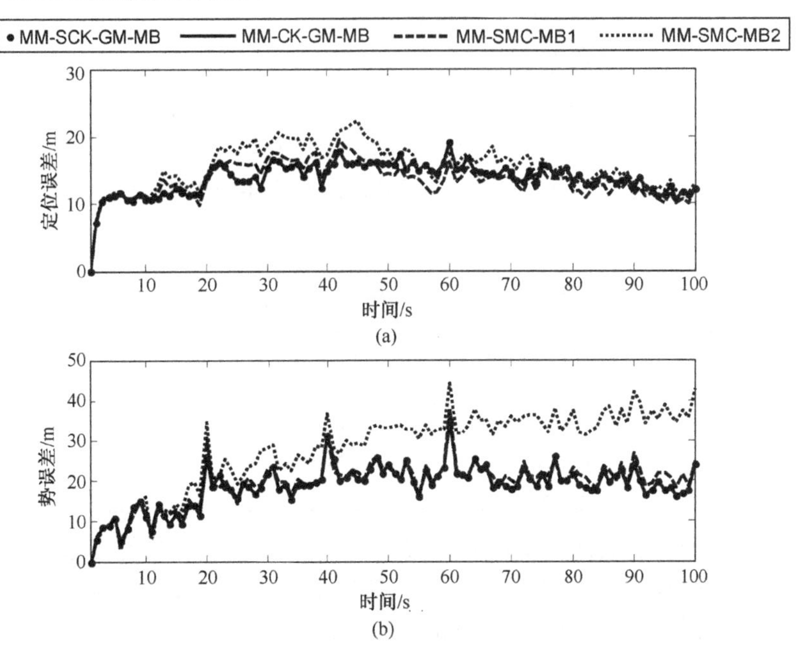

图 6.22　OSPA 距离（$p=2$，$c=200$）中的定位误差和势误差对比

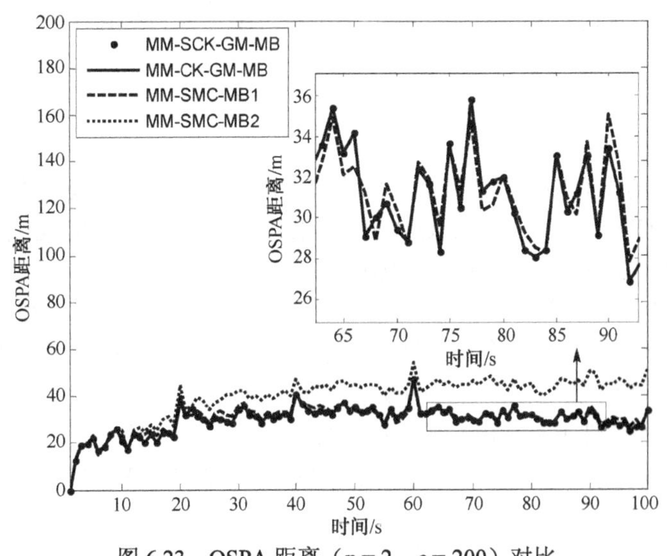

图 6.23　OSPA 距离（$p=2$，$c=200$）对比

表6.3给出了四种方法滤波性能的具体参数，从表6.3可以看出，MM-SCK-GM-MB和MM-CK-GM-MB方法的定位误差、势误差和OSPA距离完全一致，这是显而易见的，因为MM-SCK-GM-MB方法在实现的过程中直接传播每个假设轨迹的协方差矩阵的平方根，这也等同于间接传播每个假设轨迹的协方差，所以MM-SCK-GM-MB和MM-CK-GM-MB方法的滤波性能完全一致，但是和MM-CK-GM-MB方法相比，MM-SCK-GM-MB方法具有更高的鲁棒性和数值稳定性。从表6.3可以看出，MM-SMC-MB方法的滤波性能依赖粒子个数的选择，当粒子个数不够的时候会出现滤波发散，即出现目标丢失的情况，当粒子个数增加的时候，MM-SMC-MB方法的滤波精度会增加，但是大量的粒子个数意味着大量的计算量，这也限制了算法的实时性，所以当模型非线性不是很严重的情况时，MM-SCK-GM-MB和MM-CK-GM-MB方法也是很好的选择。

表6.3　不同方法的滤波性能对比

算　法	时间平均OSPA/m	时间平均定位误差/m	时间平均势误差/m
MM-SCK-GM-MB	29.5174	13.6435	18.5751
MM-CK-GM-MB	29.5174	13.6435	18.5751
MM-SMC-MB1	30.0660	13.3420	19.3835
MM-SMC-MB2	39.3583	15.3206	28.1463

注意，对于严重非线性模型，MM-SMC-MB方法仍旧是最好的选择，例如，在TBD跟踪中，量测模型是高度非线性的，依然采用SMC-MB滤波方法。为了改进MM-SMC-MB方法，在MM-SMC-MB实现过程中可以增加马尔可夫链蒙特卡洛（Markov Chain Monte Carlo，MCMC）移动步[44]来增加粒子的多样性；另外，为了减少粒子的个数，在MM-SMC-MB实现过程中可以考虑非点的粒子，如盒子粒子[45]。

6.8　小　　结

本章介绍了随机有限集框架下的PHD、CPHD和MB滤波器及它们的GM和SMC实现，在GM-PHD、GM-CPHD、GM-MB、SMC-PHD、SMC-CPHD和SMC-MB滤波器实现过程方面，介绍了具体的实现步骤和实现要点。

虽然SMC-PHD滤波器适用于非线性模型，但是在提取多目标状态的过程中需要额外的聚类算法，而聚类算法也会导致目标状态估计的不稳定；另一方面，在SMC实现过程中，需要大量的粒子去近似多目标的概率密度，这也会大大增加计算量。虽然GM-PHD是在线性高斯模型条件下推导出来的，但也适用于非线性模型，在非线性不严重的情况下，可结合第3章中的非线性滤波算法来处理非线性模型，如EK-GM-PHD、UK-GM-PHD和CK-GM-PHD滤波算法。

CPHD滤波器的目标数估计更精确和稳定，目标数的协方差小于PHD滤波器，在泊松随机有限集假设下，CPHD 滤波器将简化为 PHD 滤波器，但是，CPHD 滤波器的更新步骤更复杂、计算量更大，CPHD 滤波器的计算复杂度为 $O(m^3n)$，而 PHD 滤波器的计算复杂度为 $O(mn)$，其中，m 为量测的个数，n 为目标个数。

在 SMC-CPHD 滤波器多目标状态提取过程中同样需要聚类算法，虽然，CPHD 滤波器的目标个数估计得到了改善，但是利用聚类算法提取多目标状态是不稳定的，在非线性不严重的情况下，也同样可结合第 3 章中的非线性滤波算法来处理非线性模型，如 EK-GM-CPHD、UK-GM-CPHD 和 CK-GM-CPHD 滤波算法。

MB 滤波器是基于多目标密度近似的滤波器，与 PHD 滤波器有着相似的计算复杂度，MB 滤波器的计算量随量测个数线性增加。相比于 SMC-PHD 和 SMC-CPHD 滤波器，SMC-MB 滤波器在多目标状态提取过程中更容易、稳定，这是由于 SMC-MB 滤波器在提取多目标状态的时候不需要额外的聚类算法，聚类算法可能导致目标状态的提取不稳定。然而，MB 滤波器最大的不足是其适用于信噪比比较高的场景。

本章给出三个仿真实例来验证基于随机有限集的滤波器，前两个仿真例子分别比较 PHD、CPHD 和 MB 滤波器的滤波特性，仿真结果表明，在 SMC 实现方面，MB 滤波器要优于 PHD 和 CPHD 滤波器。在 GM 实现方面，MB 滤波器和 PHD 滤波器的滤波特性相似，CPHD 滤波器要优于 MB 和 PHD 滤波器。第三个仿真实例利用多模型方法验证了非线性多机动目标的滤波性能，仿真结果表明，在模型非线性不严重的情况下，第 3 章的非线性处理方法也是一个很好的选择。

随机框架下的多目标跟踪方法得到了大量的关注，并出现了很多优秀的文献，但是，从目前的文献来看，还没有应用实际工程的报道。在多目标滤波器实现过程中需要很多的先验参数，如目标的出生强度信息、杂波参数、检测概率和修剪参数等，这些参数的选择会影响多目标滤波的性能，在 SMC 实现过程中，重要性函数和粒子个数的选择也会影响多目标滤波的性能。总的来说，基于随机有限集的多目标跟踪方法为多目标跟踪提供了另一种研究思路。

参 考 文 献

[1] Goodman I, Mahler R, Nguyen H. Mathematics of Data Fusion. Boston: Kluwer Academic Publishing, 1997.
[2] Nguyen H T. An Introduction to Random Sets. New York: Chapman & Hall/CRC, 2006.
[3] Vo B T. Random Finite Sets in Multi-Object Filtering. Australia: The University of Western Australia, 2008.
[4] Molchanov I. Theory of Random Sets. London: Springer, 2005.
[5] Matheron G. Random Sets and Integral Geometry. New York: Wiley, 1975.
[6] Vo B N, Singh S, Doucet A. Sequential Monte Carlo methods for multi-target filtering with random finite sets. IEEE Transactions on Aerospace and Electronic Systems, 2005, 41(4): 1224-1245.
[7] Mahler R. Multitarget Bayes filtering via first-order multitarget moments. IEEE Transactions on

Aerospace and Electronic Systems, 2003, 39(4): 1152-1178.
[8] Mahler R. Statistical Multisource-Multitarget Information Fusion. London: Artech House, 2007.
[9] Bar-Shalom Y, Li X R. Multitarget-Multisensor Tracking: Principles, Techniques. Storrs: YBS Publishing, 1995.
[10] Bar-Shalom Y, Fortmann T E. Tracking and Data Association. San Diego: Academic Press, 1988.
[11] Blackman S. Multiple hypothesis tracking for multiple target tracking. IEEE Aerospace and Electronic Systems Magazine, 2004, 19(1): 5-18.
[12] Blackman S, Popoli R. Design and Analysis of Modern Tracking Systems. New York: Artech House, 1999.
[13] Mahler R. PHD filters of higher order in target number. IEEE Transactions on Aerospace and Electronic Systems, 2007, 43(4): 1523-1543.
[14] Vo B T, Vo B N, Cantoni A. The cardinality balanced multi-target multi-Bernoulli filter and its implementations. IEEE Transactions on Signal Processing, 2009, 57(2): 409-423.
[15] Vo B N, Ma W K. The Gaussian mixture probability hypothesis density filter. IEEE Transactions on Signal Processing, 2006, 54(11): 4091-4104.
[16] Clark D, Vo B N. Convergence analysis of the Gaussian mixture PHD filter. IEEE Transactions on Signal Processing, 2007, 55(4): 1204-1212.
[17] Pasha S, Vo B N, Tuan H, et al. A Gaussian mixture PHD filter for jump Markov system models. IEEE Transactions on Aerospace and Electronic Systems, 2009, 45(3): 919-936.
[18] Panta K, Clark D, Vo B N. Data association and track management for the Gaussian mixture probability Hypothesis density filter. IEEE Transactions on Aerospace and Electronic Systems, 2007, 45(3): 1003-1016.
[19] Granstrom K, Lundquist C, Orguner U. Extended target tracking using a Gaussian mixture PHD filter. IEEE Transactions on Aerospace and Electronic Systems, 2012, 48(4): 3268-3286.
[20] Clark D, Bell J. Convergence results for the particle PHD filter. IEEE Transactions on Signal Processing, 2006, 54(7): 2652-2661.
[21] Ristic B, Clark D, Vo B N, et al. Adaptive target birth intensity in PHD and CPHD filters. IEEE Transactions on Aerospace and Electronic Systems, 2012, 48(2): 1656-1668.
[22] Whiteley N, Singh S, Godsill S. Auxiliary particle implementation of probability hypothesis density filter. IEEE Transactions on Aerospace and Electronic Systems, 2010, 46(3): 1437-1454.
[23] Clark D, Bell J. Multi-target state estimation and track continuity for the particle PHD filter. IEEE Transactions on Aerospace and Electronic Systems, 2007, 43(4): 1441-1453.
[24] Punithakumar K, Kirubarajan T, Sinha A. Multiple-model probability Hypothesis density filter for tracking maneuvering targets. IEEE Transactions on Aerospace and Electronic Systems, 2008, 44(1): 87-98.
[25] Erdinc O, Willett P, Bar-Shalom Y. The bin-occupancy filter and its connection to the PHD filters. IEEE Transactions on Signal Processing, 2009, 57(11): 4232-4246.
[26] Vo B T, Vo B N, Cantoni A. Analytic implementations of the cardinalized probability hypothesis density filter. IEEE Transactions on Signal Processing, 2007, 55(7): 3553-3567.

[27] Mahler R, Vo B T, Vo B N. CPHD filtering with unknown clutter rate and detection profile. IEEE Transactions on Signal Processing, 2011, 59(8): 3497-3513.

[28] Lundgren M, Svensson L, Hammarstrand L. A CPHD filter tracking with spawning models. IEEE Journal of Selected Topics in Signal Processing, 2013, 7(3): 496-507.

[29] Georgescu R, Willett P. The multiple model CPHD tracker. IEEE Transactions on Signal Processing, 2012, 60(4): 1741-1751.

[30] Lundquist C, Granstrom K, Orguner U. An extended target CPHD filter and a Gamma Gaussian inverse Wishart implementation. IEEE Journal of Selected Topics in Signal Processing, 2013, 7(3): 472-483.

[31] Ulmke M, Erdinc O, Willett P. GMTI tracking via the Gaussian mixture cardinalized probability hypothesis density filter. IEEE Transactions on Aerospace and Electronic Systems, 2010, 46(4): 1821-1833.

[32] Vo B N, Vo B T, Pham N T, et al. Joint detection and estimation of multiple objects from image observations. IEEE Transactions on Signal Processing, 2010, 58(10): 5129-5241.

[33] Dunne D, Kirubarajan T. Multiple model multi-bernoulli filters for maneuvering target. IEEE Transactions on Aerospace and Electronic Systems, 2013, 49(4): 2679-2692.

[34] Vo B T, Vo B N, Hoseinnezhad R, et al. Robust multi-Bernoulli filtering. IEEE Journal of Selected Topics in Signal Processing, 2013, 7(3): 399-409.

[35] Vo B T, Vo B N. Labeled random finite sets and multi-object conjugate priors. IEEE Transactions on Signal Processing, 2013, 61(13): 3460-3475.

[36] Reuter S, Vo B T, Vo B N, et al. The labeled multi-Bernoulli filter. IEEE Transactions on Signal Processing, 2014, 62(12): 3246-3260.

[37] Liu M Q, Jiang T Y, Wang X, et al. Performance comparison of several nonlinear multi-Bernoulli filters for multi-target filtering. Proceedings of the 17th International Conference on Information Fusion, 2014: 1-7.

[38] 刘伟峰, 文成林. 随机集多目标跟踪性能评价指标比较与分析. 光电工程, 2010, 37(9): 14-20.

[39] Schuhmacher D, Vo B T, Vo B N. A consistent metric for performance evaluation of multi-object filters. IEEE Transactions on Signal Processing, 2008, 56(8): 3447-3457.

[40] Hoffman J, Mahler R. Multitarget miss distance via optimal assignment. IEEE Transactions on Systems, Man, and Cybernetics-Part A: Systems and Humans, 2005, 34(3): 327-336.

[41] Ristic B. Particle Filters for Random Set Models. New York: Springer, 2013.

[42] Bar-Shalom Y, Willett P, Tian X. Tracking and Data Fusion: A Handbook of Algorithms. New York: Yaakov Bar-Shalom, 2011.

[43] Jiang T Y, Liu M Q, Lan J, et al. Square-root cubature Kalman multi-Bernoulli filters for multi-target filtering. Submitted to Science China Information Sciences, 2014.

[44] Robert C P, Casella G. Monte Carlo Statistical Methods. New York: Springer, 2004.

[45] Gning A, Ristic B, Mihaylova L, et al. An introduction to box particle filtering. IEEE Signal Processing Magazine, 2013, 30(4): 166-171.

第 7 章　扩展目标跟踪

传统的目标跟踪一般将运动体视为点目标，并基于传感器量测点数据对其运动状态进行估计。作为信息融合理论的重要构成部分，机动点目标跟踪建模和状态估计理论与技术得到了广泛的重视和大量的研究，并在空中交通监控、制导、反导、卫星测控和智能交通系统等军事和民用高科技领域得到了广泛的应用。

近年来，现代先进传感器（如相控阵雷达和逆合成孔径雷达等）技术取得了长足的进步。新型传感器可对运动体上多个观测点（散射点）提供多个测量值，如图 7.1 所示。

图 7.1　扩展目标及其测量值

而实际受限的分辨率又使得这些观测点是部分可分辨的。即便如此，同一时刻多个测量值也为观测者提供了更加丰富的信息，不仅包括目标的运动信息，也包括目标的形状信息。这种情形下，运动体通常被建模为扩展目标（extended object）。扩展目标由运动状态（位置、速度和加速度等）和扩展形态（大小、形状和朝向）共同表征。

广义上讲，间距较小的聚合运动目标群也可视为扩展目标。这类群目标由于间距较小，运动模式具有一定的一致性，整体上，这类目标群具有与扩展目标类似的特征，即具有整体运动状态和扩展形态。因此，对扩展目标的相关研究也可通用于分析群目标的性能。

传感器技术的进步对目标跟踪系统提出了更高的要求，将运动体视为点目标的传统跟踪理论与技术很大程度上已不能满足现代信息系统的需要。因此，扩展目标跟踪技术应运而生。扩展目标跟踪就是基于传感器信息，运用相应的信号处理技术，对扩展目标的运动状态与扩展形态进行精确估计的过程。扩展目标跟踪系统可提供精确的目标运动和形态信息，使其在机器人识别及定位、车辆编队跟踪和人群跟踪等民用领域[1-4]，以及海面大型舰船识别及跟踪、战斗机编队跟踪和战场态势及威胁评估等军事领域[5, 6]具有巨大的应用价值。

扩展目标跟踪问题最早由 Drummond 等[2]提出，继而引起了诸多学者的广泛重视和大量的研究[1-13]。现有相关研究主要分为两类：①将传统目标跟踪技术直接推广，并应用于解决扩展目标跟踪问题[7-10, 12-18]；②建立新的理论框架以期解决扩展目标跟踪问题。

第一类方法主要通过建模技术，将扩展形态转化为扩维状态（随机向量）[7-10]，或者将聚合目标群跟踪问题转化为目标数目未知的多目标跟踪问题[12-15]，继而运用基于状态空间模型的传统点目标或多目标跟踪技术进行估计。通过这类方法可直接利用已有的估计理论研究成果，因此，相关研究的重点即在于如何将目标的形状和运动状态进行状态空间建模。然而，这类方法本质上难以处理状态与形态的耦合问题和观测扭曲性等扩展目标跟踪中的特殊性问题。这类处理方法还会导致状态空间模型具有极强的非线性，因而使得相关算法具有较高的计算复杂度且难以求得目标状态和形态的最优估计。

第二类方法以基于随机矩阵的方法[3]为代表。为避免上述复杂的建模和估计问题，Koch 引入对称正定（Symmetric Positive Definite，SPD）的随机矩阵[3]来直接表征扩展形态，进而建立相应模型并得到了简洁的状态与形态的贝叶斯估计。这类方法[3, 5, 6]为解决扩展目标跟踪问题提供了全新的角度。然而，一个对称正定矩阵仅能描述一个椭球形的目标，因此难以完全刻画具有丰富形状的实际运动体，如飞机、舰船等。为了解决这些问题，文献[19]提出了基于随机矩阵的机动非椭形目标跟踪框架，并给出了具体的理论和方法。

7.1　椭形扩展目标跟踪

现有基于随机矩阵的建模方式将扩展目标用质心运动状态（位置、速度和加速度）和扩展形态（大小、形状和朝向）刻画，二者分别用随机向量 $x_k \in \mathbb{R}^n$ 和 $d \times d$ 维对称正定的随机矩阵 $\boldsymbol{X}_k$ 表征（k 时刻，d 维空间）。几何上二者刻画的形状是规则椭圆（球），定义为

$$(\boldsymbol{y}-\tilde{\boldsymbol{H}}_k\boldsymbol{x}_k)^{\mathrm{T}}\boldsymbol{X}_k^{-1}(\boldsymbol{y}-\tilde{\boldsymbol{H}}_k\boldsymbol{x}_k)=1 \tag{7.1}$$

式中，变量 $\boldsymbol{y}$ 代表目标表面上的点；$\tilde{\boldsymbol{H}}_k$ 为将状态向量转化为位置向量的量测矩阵；T 表示转置。式中，$\tilde{\boldsymbol{H}}_k\boldsymbol{x}_k$ 为目标的质心位置，$\boldsymbol{X}_k$ 可直接表示目标的大小、形状和朝向。

7.1.1　椭形扩展目标跟踪模型

1. 质心运动模型

不同于点目标模型，椭形扩展目标的动态模型刻画了两方面的动态变化：质心的运动状态和扩展形态随时间的演化。一般而言，运动状态的动态模型可描述为[3]

$$\boldsymbol{x}_k=\boldsymbol{\Phi}_k\boldsymbol{x}_{k-1}+\boldsymbol{w}_k,\quad \boldsymbol{w}_k\sim\mathcal{N}(\boldsymbol{0},\boldsymbol{D}_k\otimes\boldsymbol{X}_k) \tag{7.2}$$

式中，$\boldsymbol{x}_k\in\mathbb{R}^{sd\times 1}$ 为质心状态向量，包含了 d 维（2 维或者 3 维空间）物理空间各方向上目标的位置、速度与/或加速度（s 维）；状态转移矩阵 $\boldsymbol{\Phi}_k=\boldsymbol{F}_k\otimes\boldsymbol{I}_d$，$\boldsymbol{F}_k\in\mathbb{R}^{s\times s}$ 为一维物理空间上的状态 $\boldsymbol{I}$ 转移矩阵，$\boldsymbol{I}_d\in\mathbb{R}^{d\times d}$ 为单位矩阵；$\otimes$ 为克罗内克积运算符号；$\boldsymbol{w}_k$ 为过程噪声；$\mathcal{N}(\boldsymbol{\mu},\boldsymbol{\Sigma})$ 表示均值为 $\boldsymbol{\mu}$、方差为 $\boldsymbol{\Sigma}$ 的高斯分布；$\boldsymbol{D}_k=\sigma_k^2\breve{\boldsymbol{D}}_k$ 为一维物

理空间模型中过程噪声的协方差矩阵；σ_k^2 为单维方向上加速度的方差，$\breve{\boldsymbol{D}}_k \in \mathbb{R}^{s\times s}$ 为参数矩阵。

具体而言，关于该模型说明如下（$d=3$ 维物理空间且同时考虑目标的位置、速度和加速度）。

（1）克罗内克积"⊗"的运算为

$$\boldsymbol{U}\otimes\boldsymbol{V}=\begin{bmatrix} u_{11}\boldsymbol{V} & u_{12}\boldsymbol{V} & \cdots \\ u_{21}\boldsymbol{V} & u_{22}\boldsymbol{V} & \cdots \\ \vdots & \vdots & \ddots \end{bmatrix} \tag{7.3}$$

（2）质心状态 $\boldsymbol{x}_k$ 的具体排列为（考虑位置、速度和加速度）

$$\boldsymbol{x}_k=[p_x,p_y,p_z,v_x,v_y,v_z,a_x,a_y,a_z]^{\mathrm{T}} \tag{7.4}$$

式中，p_x、v_x 和 a_x 分别表示物理空间 x 方向上目标的质心位置、速度和加速度。y 和 z 方向相应符号具有类似的物理意义。因此，此时 $s=3$，$\boldsymbol{x}_k$ 为 $s\times d=9$ 维向量。

（3）以文献[3]中的模型为例，$\boldsymbol{F}_k$ 矩阵可写为

$$\boldsymbol{F}_k=\begin{bmatrix} 1 & T & T^2/2 \\ 0 & 1 & T \\ 0 & 0 & \mathrm{e}^{-T/\theta} \end{bmatrix} \tag{7.5}$$

式中，T 为采样周期；θ 为机动相关时间常数，其值越大，可视为相邻时刻间机动加速度相关度越高，当 $\theta\to\infty$ 时，$\boldsymbol{F}_k$ 趋于匀加速直线运动模型。类似地，$\boldsymbol{D}_k$ 矩阵可写为

$$\breve{\boldsymbol{D}}_k=(1-\mathrm{e}^{-2T/\theta})\begin{bmatrix} 0 & 0 & 0 \\ 0 & 0 & 0 \\ 0 & 0 & 1 \end{bmatrix} \tag{7.6}$$

式（7.5）和式（7.6）两个矩阵也可直接套用单位物理空间里 Singer 模型的对应项。

（4）结合式（7.3）和式（7.4）的定义可知，$\boldsymbol{\Phi}_k=\boldsymbol{F}_k\otimes\boldsymbol{I}_d$ 表达的意思为 3 维物理方向上，目标具有相同的状态转移矩阵。在没有进一步信息的情况下，该假设是合理的。

（5）式（7.2）中过程噪声的协方差矩阵 $\boldsymbol{D}_k\otimes\boldsymbol{X}_k$ 表明，目标的质心运动状态依赖于扩展形态 $\boldsymbol{X}_k$。其依赖关系可描述为：质心运动状态的不确定性取决于目标扩展形态，包括大小、形状和朝向。例如，目标的形态越大，其质心状态的不确定性也越大。

2. 形态演化模型

形态演化模型描述了目标的形态随着时间的演化。由于扩展目标的特性，该演化模型应当描述其大小、形状和朝向随时间的变化。文献[18]和文献[19]给出了可精确刻画上述过程的演化模型为

$$p[\boldsymbol{X}_k\mid\boldsymbol{X}_{k-1}]=\mathcal{W}(\boldsymbol{X}_k;\delta_k,\boldsymbol{A}_k\boldsymbol{X}_{k-1}\boldsymbol{A}_k^{\mathrm{T}}) \tag{7.7}$$

式中，$p[\boldsymbol{X}_k \mid \boldsymbol{X}_{k-1}]$ 为给定 $\boldsymbol{X}_{k-1}$ 时，$\boldsymbol{X}_k$ 的条件概率密度，刻画了从形态 $\boldsymbol{X}_{k-1}$ 到 $\boldsymbol{X}_k$ 的变化规律；标量 δ_k 为演化分布的自由度；$\boldsymbol{A}_k$ 定义为形态演化矩阵。

对称正定随机矩阵的 Wishart 分布 $\mathcal{W}(\boldsymbol{Y};a,\boldsymbol{C})$ 定义为

$$\mathcal{W}(\boldsymbol{Y};a,\boldsymbol{C}) = c^{-1}\left|\boldsymbol{C}\right|^{-a/2}\left|\boldsymbol{Y}\right|^{(a-d-1)/2}\operatorname{etr}(-\boldsymbol{C}^{-1}\boldsymbol{Y}/2) \tag{7.8}$$

式中，$\boldsymbol{Y}\in\mathbb{R}^{d\times d}$ 为对称正定矩阵变量；d 为空间维数；$a>d-1$ 为自由度；$\boldsymbol{C}\in\mathbb{R}^{d\times d}$ 为矩阵参数；$\operatorname{etr}(\cdot)$ 为 $\mathrm{e}^{\operatorname{trace}(\cdot)}$ 运算的缩写；c 为归一化因子（本章内所有 c 或 c_k 均表示归一化因子）。

具体而言，对于该模型的说明如下。

（1）由 Wishart 分布的性质可知，$\boldsymbol{X}_k$ 的条件均值（期望）为

$$E[\boldsymbol{X}_k \mid \boldsymbol{X}_{k-1}] = \delta_k \boldsymbol{A}_k \boldsymbol{X}_{k-1} \boldsymbol{A}_k^{\mathrm{T}} \tag{7.9}$$

因此，由式（7.9）可知：①δ_k 不仅可描述演化模型的不确定性，也可描述目标的大小随时间的变化；②矩阵 $\boldsymbol{A}_k$ 刻画了目标的三方面的演化，即大小，如果 $\boldsymbol{A}_k=\alpha\boldsymbol{I}_d$，此时 α 可刻画从 $\boldsymbol{X}_{k-1}$ 到 $\boldsymbol{X}_k$ 的放大倍数；朝向，$\boldsymbol{A}_k$ 为旋转矩阵；形状，$\boldsymbol{A}_k$ 为其他形式的矩阵。

（2）作为自由度，δ_k 又刻画了上述演化的不确定性。其值越大，上述演化的不确定性越小（若取 $\boldsymbol{A}_k=\boldsymbol{A}_d/\sqrt{\delta_k}$，其中 $\boldsymbol{A}_d$ 为 d 维旋转矩阵）。

（3）式（7.7）涵盖了文献[3]中的模型。令 $\boldsymbol{A}_k=\boldsymbol{I}_d/\sqrt{\delta_k}$，式（7.7）退化到文献[3]中的形态演化模型。

3. 量测模型

量测模型描述了各时刻多个量测值的产生机制。在扩展目标跟踪中，量测模型建立了质心状态和扩展形态与多个量测值之间的关系。该模型往往最重要但却最难以建立。各种扩展目标跟踪算法的区别主要体现在量测模型上。

设 k 时刻的量测值集合 $\boldsymbol{Z}_k=\{\boldsymbol{z}_k^r\}_{r=1}^{n_k}$，$n_k$ 为 k 时刻量测值的个数。在随机矩阵的框架下，文献[3]和文献[19]给出了如下的量测模型结构：

$$\boldsymbol{z}_k^r = \tilde{\boldsymbol{H}}_k \boldsymbol{x}_k + \boldsymbol{v}_k^r,\ r=1,\cdots,n_k \tag{7.10}$$

式中，$\tilde{\boldsymbol{H}}_k=\boldsymbol{H}_k\otimes\boldsymbol{I}_d$ 为量测矩阵，$\boldsymbol{H}_k\in\mathbb{R}^{1\times s}$ 为单维物理空间中将状态向量转化为位置的线性矩阵。例如，若 x 方向上的状态向量为 $[p_x \quad v_x \quad a_x]^{\mathrm{T}}$，则

$$\boldsymbol{H}_k=[1\quad 0\quad 0] \tag{7.11}$$

式（7.10）中，$\boldsymbol{v}_k^r$ 为量测噪声，且 $\boldsymbol{v}_k^r$ 与 $\boldsymbol{v}_k^s$ 独立同高斯分布，其分布为[18, 19]

$$\boldsymbol{v}_k^r \sim \mathcal{N}(\boldsymbol{0},\boldsymbol{B}_k\boldsymbol{X}_k\boldsymbol{B}_k^{\mathrm{T}}) \tag{7.12}$$

式中，$\boldsymbol{B}_k$ 为形态观测矩阵。

关于该模型的说明如下。

（1）由式（7.10）可知，该模型假设所有的量测点都是由质心产生的，而形态 $\boldsymbol{X}_k$ 通过测量噪声的方差，刻画测量值在质心位置周围的散布情况。

（2）$\boldsymbol{B}_k$ 刻画了形态的观测扭曲性。由于扩展目标具有形状和观测的角度不同，导致观测到的目标形状与真实的目标形态之间有一定的扭曲性。这种扭曲性包括三方面：大小、朝向和形状。$\boldsymbol{B}_k$ 分别对应 $\boldsymbol{B}_k=\beta\boldsymbol{I}_d$、旋转矩阵（正交矩阵）和其他矩阵。

（3）若 $\boldsymbol{B}_k=\boldsymbol{I}_d$，式（7.12）退化到文献[3]提出的模型形式，即

$$\boldsymbol{v}_k^r \sim \mathcal{N}(\boldsymbol{0},\boldsymbol{X}_k) \tag{7.13}$$

（4）为描述观测噪声的影响，文献[6]给出了另外一种模型形式为

$$\boldsymbol{v}_k^r \sim \mathcal{N}(\boldsymbol{0},\lambda\boldsymbol{X}_k+\boldsymbol{R}_k) \tag{7.14}$$

式中，λ 刻画了形态对方差的作用；$\boldsymbol{R}_k$ 为真正的量测噪声的方差。注意到此时 $\boldsymbol{v}_k^r$ 事实上为假设的量测噪声。式（7.14）意味着实测数据的散布程度受形态和实际观测噪声两方面共同影响。因此，式（7.14）相对于文献[3]中的式（7.13）更具有合理性，并且如果目标的散射点在形态上是均匀分布的，文献[6]指出 λ 应设为 1/4。

然而，在式（7.13）的假设下，可通过推导得到贝叶斯最优估计器，而如果采用式（7.14）的假设，无法获得最优的估计器，导致文献[6]中相应的算法为启发式的算法，难以在贝叶斯框架下推导得出，因此难以从理论上判断其估计算法的有效性和最优性。而采用式（7.12）的模型，如后面所述，可在贝叶斯框架下推导得到相应的估计器。事实上，式（7.12）也可以涵盖式（7.14），即

$$\lambda\boldsymbol{X}_k+\boldsymbol{R}_k=(\lambda\boldsymbol{X}_k+\boldsymbol{R}_k)^{1/2}\boldsymbol{X}_k^{-1/2}\boldsymbol{X}_k\boldsymbol{X}_k^{-\mathrm{T}/2}(\lambda\boldsymbol{X}_k+\boldsymbol{R}_k)^{\mathrm{T}/2}=\boldsymbol{B}_k^*\boldsymbol{X}_k(\boldsymbol{B}_k^*)^{\mathrm{T}}\approx\boldsymbol{B}_k\boldsymbol{X}_k\boldsymbol{B}_k^{\mathrm{T}} \tag{7.15}$$

式中，$\boldsymbol{B}_k^*=(\lambda\boldsymbol{X}_k+\boldsymbol{R}_k)^{1/2}\boldsymbol{X}_k^{-1/2}$，且

$$\boldsymbol{B}_k \overset{\mathrm{def}}{=\!=} (\lambda\bar{\boldsymbol{X}}_{k|k-1}+\boldsymbol{R}_k)^{1/2}\bar{\boldsymbol{X}}_{k|k-1}^{-1/2} \tag{7.16}$$

即在 $\boldsymbol{B}_k$ 中，采用了 $\bar{\boldsymbol{X}}_{k|k-1}$ 来逼近 $\boldsymbol{X}_k$，正如文献[6]采用的近似一样。此处有

$$\bar{\boldsymbol{X}}_{k|k-1}=E[\boldsymbol{X}_k\mid\boldsymbol{Z}^{k-1}],\quad \boldsymbol{Z}^{k-1}=\{\boldsymbol{Z}_1,\cdots,\boldsymbol{Z}_{k-1}\} \tag{7.17}$$

为关于形态的一步预测的均值，在本章后面式（7.30）中给出。

因此，如果量测传感器不精确，式（7.12）中的 $\boldsymbol{B}_k$ 应采用式（7.16）给出的形式，以刻画真实观测噪声的方差 $\boldsymbol{R}_k$ 的影响。

4. 总体模型

将式（7.2）、式（7.7）、式（7.10）联立，则可得到椭形扩展目标的总体模型，即[19]

$$\begin{cases}\boldsymbol{x}_k=\boldsymbol{\Phi}_k\boldsymbol{x}_{k-1}+\boldsymbol{w}_k, \quad \boldsymbol{w}_k\sim\mathcal{N}(\boldsymbol{0},\boldsymbol{D}_k\otimes\boldsymbol{X}_k)\\ p[\boldsymbol{X}_k\mid\boldsymbol{X}_{k-1}]=\mathcal{W}(\boldsymbol{X}_k;\delta_k,\boldsymbol{A}_k\boldsymbol{X}_{k-1}\boldsymbol{A}_k^{\mathrm{T}})\\ \boldsymbol{z}_k^r=\tilde{\boldsymbol{H}}_k\boldsymbol{x}_k+\boldsymbol{v}_k^r, \quad \boldsymbol{v}_k^r\sim\mathcal{N}(\boldsymbol{0},\boldsymbol{B}_k\boldsymbol{X}_k\boldsymbol{B}_k^{\mathrm{T}})\end{cases} \tag{7.18}$$

7.1.2　椭形扩展目标跟踪算法

总体而言，扩展目标跟踪算法就是基于式（7.18），获得关于状态 $\boldsymbol{x}_k$ 和形态 $\boldsymbol{X}_k$ 的联合估计，即获取其联合后验分布为

$$p[\boldsymbol{x}_k,\boldsymbol{X}_k \mid \boldsymbol{Z}^k]=p[\boldsymbol{x}_k \mid \boldsymbol{X}_k,\boldsymbol{Z}^k]p[\boldsymbol{X}_k \mid \boldsymbol{Z}^k] \tag{7.19}$$

式中，$\boldsymbol{Z}^k=\{\boldsymbol{Z}_1,\cdots,\boldsymbol{Z}_k\}$ 为 1～k 时刻所有的量测数据。

对于目标跟踪，一般期望跟踪算法需要较小的存储量并且具有较小的计算复杂度。因此，一个较好的跟踪算法应当具有递推的形式，即算法可直接基于前一个时刻的估计结果，结合当前时刻的数据，获得当前时刻的估计值。具体而言，即跟踪算法需要在贝叶斯框架下，基于 $p[\boldsymbol{x}_{k-1},\boldsymbol{X}_{k-1} \mid \boldsymbol{Z}^{k-1}]$ 并结合 $\boldsymbol{Z}_k$ 以获取 $p[\boldsymbol{x}_k,\boldsymbol{X}_k \mid \boldsymbol{Z}^k]$。

在随机矩阵的框架下，假设

$$\begin{aligned}p[\boldsymbol{x}_{k-1},\boldsymbol{X}_{k-1} \mid \boldsymbol{Z}^{k-1}]&=p[\boldsymbol{x}_{k-1} \mid \boldsymbol{X}_{k-1},\boldsymbol{Z}^{k-1}]p[\boldsymbol{X}_{k-1} \mid \boldsymbol{Z}^{k-1}]\\&=\mathcal{N}(\boldsymbol{x}_{k-1};\hat{\boldsymbol{x}}_{k-1},\boldsymbol{P}_{k-1}\otimes\boldsymbol{X}_{k-1})\mathcal{IW}(\boldsymbol{X}_{k-1};\hat{\boldsymbol{v}}_{k-1},\hat{\boldsymbol{X}}_{k-1})\end{aligned} \tag{7.20}$$

式中

$$\begin{aligned}p[\boldsymbol{x}_{k-1} \mid \boldsymbol{X}_{k-1},\boldsymbol{Z}^{k-1}]&=\mathcal{N}(\boldsymbol{x}_{k-1};\hat{\boldsymbol{x}}_{k-1},\boldsymbol{P}_{k-1}\otimes\boldsymbol{X}_{k-1})\\p[\boldsymbol{X}_{k-1} \mid \boldsymbol{Z}^{k-1}]&=\mathcal{IW}(\boldsymbol{X}_{k-1};\hat{\boldsymbol{v}}_{k-1},\hat{\boldsymbol{X}}_{k-1})\end{aligned} \tag{7.21}$$

式中，$\mathcal{IW}(\boldsymbol{Y};a,\boldsymbol{C})$ 为 IW（Inverse Wishart）分布函数，其定义为

$$\mathcal{IW}(\boldsymbol{Y};a,\boldsymbol{C})=c^{-1}\left|\boldsymbol{C}\right|^{(a-d-1)/2}\left|\boldsymbol{Y}\right|^{-a/2}\operatorname{etr}(-\boldsymbol{C}\boldsymbol{Y}^{-1}/2) \tag{7.22}$$

式中，对称正定矩阵 $\boldsymbol{Y}\in\mathbb{R}^{d\times d}$ 为随机变量矩阵；a 为自由度；$\boldsymbol{C}$ 为参量矩阵。IW 分布的均值为

$$E[\boldsymbol{Y}]=\mathbf{C}/(a-2d-2),\quad a-2d-2>0 \tag{7.23}$$

于是，式(7.20)中的联合分布 $p[\boldsymbol{x}_{k-1},\boldsymbol{X}_{k-1} \mid \boldsymbol{Z}^{k-1}]$ 由如下四个参数确定：$\hat{\boldsymbol{x}}_{k-1}\in\mathbb{R}^{s\times1}$、$\boldsymbol{P}_{k-1}\in\mathbb{R}^{s\times s}$、$\hat{\boldsymbol{v}}_{k-1}\in\mathbb{R}^{1\times1}$、$\hat{\boldsymbol{X}}_{k-1}\in\mathbb{R}^{d\times d}$。在式（7.20）的假设下，结合式（7.18），在贝叶斯框架下可推导得出，k 时刻的后验分布也具有与式（7.20）类似的结构，即

$$\begin{aligned}p[\boldsymbol{x}_k,\boldsymbol{X}_k \mid \boldsymbol{Z}^k]&=p[\boldsymbol{x}_k \mid \boldsymbol{X}_k,\boldsymbol{Z}^k]p[\boldsymbol{X}_{k-1} \mid \boldsymbol{Z}^k]\\&=\mathcal{N}(\boldsymbol{x}_k;\hat{\boldsymbol{x}}_k,\boldsymbol{P}_k\otimes\boldsymbol{X}_k)\mathcal{IW}(\boldsymbol{X}_k;\hat{\boldsymbol{v}}_k,\hat{\boldsymbol{X}}_k)\end{aligned} \tag{7.24}$$

即联合分布 $p[\boldsymbol{x}_{k-1},\boldsymbol{X}_{k-1} \mid \boldsymbol{Z}^{k-1}]$ 也由如下四个参数确定：$\hat{\boldsymbol{x}}_k$、$\boldsymbol{P}_k$、$\hat{\boldsymbol{v}}_k$、$\hat{\boldsymbol{X}}_k$。

因此，在获取当前量测 $\boldsymbol{Z}_k$ 联合分布 $p[\boldsymbol{x}_{k-1},\boldsymbol{X}_{k-1} \mid \boldsymbol{Z}^{k-1}]$ 到 $p[\boldsymbol{x}_k,\boldsymbol{X}_k \mid \boldsymbol{Z}^k]$ 的递推可直接退化到上述四个参数的递推。在进一步阐述推导过程之前，为清晰起见，此处首先给出相应的贝叶斯递推状态和形态联合估计器，如表 7.1 所示。

如表 7.1 所示，状态估计部分的结构与卡尔曼滤波器类似，注意到 $\boldsymbol{P}_k$ 的维数仅为 $s\times s$，而状态的维数为 $s\times d$，因此，状态估计部分的计算量远小于估计同维数状态的标准卡尔曼滤波器。总体而言，表 7.1 给出的椭形扩展目标跟踪算法在单个时刻的计

算量与标准卡尔曼滤波器的计算量相当。因此，即使需要同时估计扩展目标的运动状态和扩展形态，表 7.1 给出的贝叶斯递推算法也非常简单并且易于实时应用。

表 7.1　贝叶斯递推状态和形态联合估计器[18, 19]

	$\{\hat{x}_{k-1}, P_{k-1}, \hat{v}_{k-1}, \hat{X}_{k-1}\} \to \{\hat{x}_k, P_k, \hat{v}_k, \hat{X}_k\}$
状态估计	$\hat{x}_{k\|k-1} = (F_k \otimes I_d)\hat{x}_{k-1}$　$P_{k\|k-1} = F_k P_{k-1} F_k^{\mathrm{T}} + D_k$ $\hat{x}_k = \hat{x}_{k\|k-1} + (K_k \otimes I_d) G_k$　$P_k = P_{k\|k-1} - K_k S_k K_k^{\mathrm{T}}$ $K_k = P_{k\|k-1} H_k^{\mathrm{T}} S_k^{-1}$　$S_k = H_k P_{k\|k-1} H_k^{\mathrm{T}} + \|B_k\|^{2/d} / n_k$ $G_k \overset{\mathrm{def}}{=} \bar{z}_k - (H_k \otimes I_d)\hat{x}_{k\|k-1}$ 状态估计后验均值：$E[x_k \mid Z^k] = \hat{x}_k$
形态估计	$\hat{X}_{k\|k-1} = \delta_k \lambda_{k-1}^{-1} (\hat{v}_{k\|k-1} - 2d - 2) A_k \hat{X}_{k-1} A_k^{\mathrm{T}}$，$\lambda_{k-1} = \hat{v}_{k-1} - 2d - 2$ $\hat{v}_{k\|k-1} = 2\delta_k (\lambda_{k-1}+1)(\lambda_{k-1}-1)(\lambda_{k-1}-2)\lambda_{k-1}^{-2}(\lambda_{k-1}+\delta_k)^{-1} + 2d + 4$ $\hat{X}_k = \hat{X}_{k\|k-1} + N_k + B_k^{-1} \bar{Z}_k B_k^{-\mathrm{T}}$，　$N_k = S_k^{-1} G_k G_k^{\mathrm{T}}$ $\hat{v}_k = \hat{v}_{k\|k-1} + n_k$ 形态估计后验均值：$E[X_k \mid Z^k] = \hat{X}_k / (\hat{v}_k - 2d - 2)$
	$\bar{z}_k = \frac{1}{n_k}\sum_{r=1}^{n_k} z_k^r$，　$\bar{Z}_k = \sum_{r=1}^{n_k}(z_k^r - \bar{z}_k)(z_k^r - \bar{z}_k)^{\mathrm{T}}$

7.1.3　贝叶斯框架下椭形扩展目标跟踪算法的推导

如前面所述，贝叶斯估计可完全由后验条件分布 $p[x_k, X_k \mid Z^k]$ 刻画，因此，此处从分布的角度推导表 7.1 所示的估计器。由贝叶斯公式可知

$$p[x_k, X_k \mid Z^k] = \frac{1}{c_k} p[Z_k \mid x_k, X_k, Z^{k-1}] p[x_k, X_k \mid Z^{k-1}] \tag{7.25}$$

式中，$p[Z_k \mid x_k, X_k, Z^{k-1}]$ 为似然函数；$p[x_k, X_k \mid Z^{k-1}]$ 为一步预测的概率密度函数。

基于式（7.18）和 k–1 时刻的分布假设，即式（7.20），$p[x_k, X_k \mid Z^k]$ 可通过如下步骤推导得出。

1. 预测

预测步骤主要计算式(7.25)中表示一步预测的联合概率密度函数 $p[x_k, X_k \mid Z^{k-1}]$。一步预测的密度函数可分解为

$$p[x_k, X_k \mid Z^{k-1}] = p[x_k \mid X_k, Z^{k-1}] p[X_k \mid Z^{k-1}] \tag{7.26}$$

式中，由全概率公式，有

$$\begin{cases} p[X_k \mid Z^{k-1}] = \int p[X_k \mid X_{k-1}] p[X_{k-1} \mid Z^{k-1}] \mathrm{d}X_{k-1} \\ p[x_k \mid X_k, Z^{k-1}] = \int p[x_k \mid X_k, x_{k-1}] p[x_{k-1} \mid X_{k-1}, Z^{k-1}] \mathrm{d}x_{k-1} \end{cases} \tag{7.27}$$

式中，第一个方程为形态预测概率密度函数；第二个方程为状态预测概率密度函数。以下分别进行讨论。

1）形态部分

基于式（7.7）和式（7.21），式（7.27）中的形态预测概率密度函数可积分为

$$\begin{aligned} p[\boldsymbol{X}_k \mid \boldsymbol{Z}^{k-1}] &= \int p[\boldsymbol{X}_k \mid \boldsymbol{X}_{k-1}] p[\boldsymbol{X}_{k-1} \mid \boldsymbol{Z}^{k-1}] \mathrm{d}\boldsymbol{X}_{k-1} \\ &= \int \mathcal{W}(\boldsymbol{X}_k; \boldsymbol{\delta}_k, \boldsymbol{A}_k \boldsymbol{X}_{k-1} \boldsymbol{A}_k^{\mathrm{T}}) \mathcal{IW}(\boldsymbol{X}_{k-1}; \hat{\boldsymbol{v}}_{k-1}, \hat{\boldsymbol{X}}_{k-1}) \mathrm{d}\boldsymbol{X}_{k-1} \\ &= \mathcal{GB}_d^{\mathrm{II}}(\boldsymbol{X}_k; \boldsymbol{\delta}_k / 2, (\hat{\boldsymbol{v}}_{k-1} - d - 1)/2; \boldsymbol{A}_k \hat{\boldsymbol{X}}_{k-1} \boldsymbol{A}_k^{\mathrm{T}}, 0) \end{aligned} \tag{7.28}$$

式中，$\mathcal{GB}_d^{\mathrm{II}}(\cdot)$ 为 Generalized Beta Type II（GBII）分布函数。为了获得递推的估计结果，需要将该分布通过矩匹配（匹配 $\mathcal{GB}_d^{\mathrm{II}}(\cdot)$ 分布和 IW 分布的第一、二阶矩）的方法采用 IW 分布逼近为

$$p[\boldsymbol{X}_k \mid \boldsymbol{Z}^{k-1}] \approx \mathcal{IW}(\boldsymbol{X}_k; \hat{\boldsymbol{v}}_{k|k-1}, \hat{\boldsymbol{X}}_{k|k-1}) \tag{7.29}$$

式中，$\hat{\boldsymbol{v}}_{k|k-1}$ 和 $\hat{\boldsymbol{X}}_{k|k-1}$ 如表 7.1 中给出。此时，根据 IW 分布的性质，即式（7.23），$\boldsymbol{X}_k$ 的一步预测均值为

$$\bar{\boldsymbol{X}}_{k|k-1} \stackrel{\text{def}}{=} E[\boldsymbol{X}_k \mid \boldsymbol{Z}^{k-1}] = \hat{\boldsymbol{X}}_{k|k-1} / (\hat{\boldsymbol{v}}_{k|k-1} - 2d - 2) \tag{7.30}$$

该 $\bar{\boldsymbol{X}}_{k|k-1}$ 用于获取真实量测噪声存在时式（7.16）给定的 $\boldsymbol{B}_k$。式（7.28）的推导如下。

分别给定 $p[\boldsymbol{X}_k \mid \boldsymbol{X}_{k-1}] = \mathcal{W}(\boldsymbol{X}_k; \boldsymbol{\delta}_k, \boldsymbol{A}_k \boldsymbol{X}_{k-1} \boldsymbol{A}_k^{\mathrm{T}})$ 和 $p[\boldsymbol{X}_{k-1} \mid \boldsymbol{Z}^{k-1}] = \mathcal{IW}(\boldsymbol{X}_{k-1}; \hat{\boldsymbol{v}}_{k-1}, \hat{\boldsymbol{X}}_{k-1})$，一步预测的形态概率密度函数 $p[\boldsymbol{X}_k \mid \boldsymbol{Z}^{k-1}]$ 可通过如下公式计算：

$$\begin{aligned} p[\boldsymbol{X}_k \mid \boldsymbol{Z}^{k-1}] &= \int p[\boldsymbol{X}_k \mid \boldsymbol{X}_{k-1}] p[\boldsymbol{X}_{k-1} \mid \boldsymbol{Z}^{k-1}] \mathrm{d}\boldsymbol{X}_{k-1} \\ &= \int \mathcal{W}(\boldsymbol{X}_k; \boldsymbol{\delta}_k, \boldsymbol{A}_k \boldsymbol{X}_{k-1} \boldsymbol{A}_k^{\mathrm{T}}) \mathcal{IW}(\boldsymbol{X}_{k-1}; \hat{\boldsymbol{v}}_{k-1}, \hat{\boldsymbol{X}}_{k-1}) \mathrm{d}\boldsymbol{X}_{k-1} \\ &= \int [2^{\frac{1}{2}\delta_k d} \boldsymbol{\Gamma}_d\left(\frac{1}{2}\boldsymbol{\delta}_k\right) \left|\boldsymbol{A}_k \boldsymbol{X}_{k-1} \boldsymbol{A}_k^{\mathrm{T}}\right|^{\frac{1}{2}\delta_k}]^{-1} \left|\boldsymbol{X}_k\right|^{\frac{1}{2}(\delta_k - d - 1)} \\ &\quad \times \operatorname{etr}\left(-\frac{1}{2}(\boldsymbol{A}_k \boldsymbol{X}_{k-1} \boldsymbol{A}_k^{\mathrm{T}})^{-1} \boldsymbol{X}_k\right) \operatorname{etr}\left(-\frac{1}{2}\boldsymbol{X}_{k-1} \hat{\boldsymbol{X}}_{k-1}\right) \\ &\quad \times \frac{2^{-\frac{1}{2}(\hat{v}_{k-1} - d - 1)d} \left|\hat{\boldsymbol{X}}_{k-1}\right|^{\frac{1}{2}(\hat{v}_{k-1} - d - 1)}}{\boldsymbol{\Gamma}_d\left[\frac{1}{2}(\hat{\boldsymbol{v}}_{k-1} - d - 1)\right] \left|\boldsymbol{X}_{k-1}\right|^{\frac{1}{2}\hat{v}_{k-1}}} \mathrm{d}\boldsymbol{X}_{k-1} \\ &= \int \mathcal{GB}_d^{\mathrm{II}}\left(\boldsymbol{X}_k; \frac{1}{2}\boldsymbol{\delta}_k, \frac{1}{2}(\hat{\boldsymbol{v}}_{k-1} - d - 1); \boldsymbol{A}_k \hat{\boldsymbol{X}}_{k-1} \boldsymbol{A}_k^{\mathrm{T}}, 0\right) \\ &\quad \times \mathcal{IW}(\boldsymbol{X}_{k-1}; \hat{\boldsymbol{v}}_{k-1} + \boldsymbol{\delta}_k, \hat{\boldsymbol{X}}_{k-1} + \boldsymbol{A}_k^{-1} \boldsymbol{X}_k \boldsymbol{A}_k^{-\mathrm{T}}) \mathrm{d}\boldsymbol{X}_{k-1} \\ &= \mathcal{GB}_d^{\mathrm{II}}\left(\boldsymbol{X}_k; \frac{1}{2}\boldsymbol{\delta}_k, \frac{1}{2}(\hat{\boldsymbol{v}}_{k-1} - d - 1); \boldsymbol{A}_k \hat{\boldsymbol{X}}_{k-1} \boldsymbol{A}_k^{\mathrm{T}}, 0\right) \end{aligned} \tag{7.31}$$

2）状态部分

式（7.27）中第二个方程给出了状态预测的概率密度函数 $p[\boldsymbol{x}_k \mid \boldsymbol{X}_k, \boldsymbol{Z}^{k-1}]$，其中 $p[\boldsymbol{x}_k \mid \boldsymbol{X}_k, \boldsymbol{x}_{k-1}]$ 就是高斯线性模型，即式（7.2），并且根据式（7.21）可知，$p[\boldsymbol{x}_{k-1} \mid \boldsymbol{X}_{k-1}, \boldsymbol{Z}^{k-1}] = \mathcal{N}(\boldsymbol{x}_{k-1}; \hat{\boldsymbol{x}}_{k-1}, \boldsymbol{P}_{k-1} \otimes \boldsymbol{X}_{k-1})$ 也为高斯分布。因此，$p[\boldsymbol{x}_k \mid \boldsymbol{X}_k, \boldsymbol{Z}^{k-1}]$ 也为高斯分布，记为 $\mathcal{N}(\boldsymbol{x}_k; \hat{\boldsymbol{x}}_{k|k-1}, \hat{\boldsymbol{P}}_{k|k-1})$，在假设 $p[\boldsymbol{x}_{k-1} \mid \boldsymbol{X}_k, \boldsymbol{Z}^{k-1}] = p[\boldsymbol{x}_{k-1} \mid \boldsymbol{X}_{k-1}, \boldsymbol{Z}^{k-1}]$（文献[3]采用的假设）下有

$$\begin{cases} \hat{\boldsymbol{x}}_{k|k-1} = \boldsymbol{\Phi}_k \hat{\boldsymbol{x}}_{k-1} \\ \hat{\boldsymbol{P}}_{k|k-1} = \boldsymbol{\Phi}_k (\boldsymbol{P}_{k-1} \otimes \boldsymbol{X}_k) \boldsymbol{\Phi}_k + \boldsymbol{D}_k \otimes \boldsymbol{X}_k \\ \qquad = (\boldsymbol{F}_k \otimes \boldsymbol{I}_d)(\boldsymbol{P}_{k-1} \otimes \boldsymbol{X}_k)(\boldsymbol{F}_k \otimes \boldsymbol{I}_d) + \boldsymbol{D}_k \otimes \boldsymbol{X}_k \\ \qquad = (\boldsymbol{F}_k \boldsymbol{P}_{k-1} \boldsymbol{F}_k^{\mathrm{T}}) \otimes \boldsymbol{X}_k + \boldsymbol{D}_k \otimes \boldsymbol{X}_k \\ \qquad = (\boldsymbol{F}_k \boldsymbol{P}_{k-1} \boldsymbol{F}_k^{\mathrm{T}} + \boldsymbol{D}_k) \otimes \boldsymbol{X}_k \end{cases} \tag{7.32}$$

于是有

$$p[\boldsymbol{x}_k \mid \boldsymbol{X}_k, \boldsymbol{Z}^{k-1}] = \mathcal{N}(\boldsymbol{x}_k; \hat{\boldsymbol{x}}_{k|k-1}, \boldsymbol{P}_{k|k-1} \otimes \boldsymbol{X}_k) \tag{7.33}$$

式中，$\hat{\boldsymbol{x}}_{k|k-1} = \boldsymbol{\Phi}_k \hat{\boldsymbol{x}}_{k-1}$；$\boldsymbol{P}_{k|k-1} = \boldsymbol{F}_k \boldsymbol{P}_{k-1} \boldsymbol{F}_k^{\mathrm{T}} + \boldsymbol{D}_k$，如表 7.1 所示。

于是，综合式（7.26）、式（7.29）、式（7.33）有

$$p[\boldsymbol{x}_k, \boldsymbol{X}_k \mid \boldsymbol{Z}^{k-1}] = \mathcal{N}(\boldsymbol{x}_k; \hat{\boldsymbol{x}}_{k|k-1}, \boldsymbol{P}_{k|k-1} \otimes \boldsymbol{X}_k)\, \mathcal{IW}(\boldsymbol{X}_k; \hat{v}_{k|k-1}, \hat{\boldsymbol{X}}_{k|k-1}) \tag{7.34}$$

2. 更新

给定 k 时刻数据的个数 n_k，式（7.25）中的似然函数 $p[\boldsymbol{Z}_k \mid \boldsymbol{x}_k, \boldsymbol{X}_k, \boldsymbol{Z}^{k-1}]$ 可写为

$$\begin{aligned} p[\boldsymbol{Z}_k \mid n_k, \boldsymbol{x}_k, \boldsymbol{X}_k] &= \prod_{r=1}^{n_k} \mathcal{N}(\boldsymbol{z}_k^r; \tilde{\boldsymbol{H}}_k \boldsymbol{x}_k, \boldsymbol{B}_k \boldsymbol{X}_k \boldsymbol{B}_k^{\mathrm{T}}) \\ &\propto \mathcal{N}(\bar{\boldsymbol{z}}_k; \tilde{\boldsymbol{H}}_k \boldsymbol{x}_k, \boldsymbol{B}_k \boldsymbol{X}_k \boldsymbol{B}_k^{\mathrm{T}} / n_k) \mathcal{W}(\bar{\boldsymbol{Z}}_k; n_k - 1, \boldsymbol{B}_k \boldsymbol{X}_k \boldsymbol{B}_k^{\mathrm{T}}) \end{aligned} \tag{7.35}$$

式中

$$\bar{\boldsymbol{z}}_k = \frac{1}{n_k} \sum_{r=1}^{n_k} \boldsymbol{z}_k^r, \quad \bar{\boldsymbol{Z}}_k = \sum_{r=1}^{n_k} (\boldsymbol{z}_k^r - \bar{\boldsymbol{z}}_k)(\boldsymbol{z}_k^r - \bar{\boldsymbol{z}}_k)^{\mathrm{T}} \tag{7.36}$$

即总体似然函数可以写成式（7.35）给出的分离形式，而该分离形式是进行贝叶斯估计的关键。这也是基于量测模型，即式（7.14）难以在贝叶斯框架下推导的原因，因为基于该模型难以获得具有如式（7.35）类似的分离形式。

将式（7.35）和式（7.34）代入式（7.25）中，有

$$\begin{aligned} p[\boldsymbol{x}_k, \boldsymbol{X}_k \mid \boldsymbol{Z}^k] &= p[\boldsymbol{Z}_k \mid \boldsymbol{x}_k, \boldsymbol{X}_k, \boldsymbol{Z}^{k-1}] p[\boldsymbol{x}_k, \boldsymbol{X}_k \mid \boldsymbol{Z}^{k-1}] / c_k \\ &\propto \mathcal{N}(\bar{\boldsymbol{z}}_k; \tilde{\boldsymbol{H}}_k \boldsymbol{x}_k, \boldsymbol{B}_k \boldsymbol{X}_k \boldsymbol{B}_k^{\mathrm{T}} / n_k) \mathcal{W}(\bar{\boldsymbol{Z}}_k; n_k - 1, \boldsymbol{B}_k \boldsymbol{X}_k \boldsymbol{B}_k^{\mathrm{T}}) \\ &\quad \times \mathcal{N}(\boldsymbol{x}_k; \hat{\boldsymbol{x}}_{k|k-1}, \boldsymbol{P}_{k|k-1} \otimes \boldsymbol{X}_k) \mathcal{IW}(\boldsymbol{X}_k; \hat{v}_{k|k-1}, \hat{\boldsymbol{X}}_{k|k-1}) \end{aligned} \tag{7.37}$$

其最终的形式可以通过将式（7.37）进行整理得到。

1）状态部分

参考基于高斯概率密度函数的卡尔曼滤波器的推导过程，式（7.37）中的两个高斯概率密度函数可直接因式分解为

$$\begin{aligned}&\mathcal{N}(\overline{z}_k;\tilde{\boldsymbol{H}}_k x_k,\boldsymbol{B}_k\boldsymbol{X}_k\boldsymbol{B}_k^{\mathrm{T}}/n_k)\mathcal{N}(\boldsymbol{x}_k;\hat{\boldsymbol{x}}_{k|k-1},\boldsymbol{P}_{k|k-1}\otimes\boldsymbol{X}_k)\\&=\mathcal{N}(\overline{z}_k;\tilde{\boldsymbol{H}}_k\hat{\boldsymbol{x}}_{k|k-1},\boldsymbol{S}_k\boldsymbol{X}_k)\mathcal{N}(\boldsymbol{x}_k;\hat{\boldsymbol{x}}_k,\boldsymbol{P}_k\otimes\boldsymbol{X}_k)\end{aligned}\tag{7.38}$$

其中的各项参数可推导如下。

将 $\overline{z}_k$ 当做量测，$\tilde{\boldsymbol{H}}_k=\boldsymbol{H}_k\otimes\boldsymbol{I}_d$ 当做量测矩阵，$\boldsymbol{B}_k\boldsymbol{X}_k\boldsymbol{B}_k^{\mathrm{T}}/n_k$ 当做量测噪声，$\hat{\boldsymbol{x}}_{k|k-1}$ 当做一步预测的均值，$\boldsymbol{P}_{k|k-1}\otimes\boldsymbol{X}_k$ 当做一步预测的协方差矩阵。于是，在卡尔曼滤波框架下，$\hat{\boldsymbol{x}}_k$ 可计算为

$$\begin{cases}\hat{\boldsymbol{x}}_k=\hat{\boldsymbol{x}}_{k|k-1}+\tilde{\boldsymbol{K}}_k(\overline{z}_k-\tilde{\boldsymbol{H}}_k\hat{\boldsymbol{x}}_{k|k-1})\\\tilde{\boldsymbol{K}}_k=[(\boldsymbol{P}_{k|k-1}\boldsymbol{H}_k^{\mathrm{T}})\otimes\boldsymbol{X}_k]\tilde{\boldsymbol{S}}_k^{-1}\\\tilde{\boldsymbol{S}}_k=(\boldsymbol{H}_k\boldsymbol{P}_{k|k-1}\boldsymbol{H}_k^{\mathrm{T}})\otimes\boldsymbol{X}_k+\boldsymbol{B}_k\boldsymbol{X}_k\boldsymbol{B}_k^{\mathrm{T}}/n_k\end{cases}\tag{7.39}$$

为简化状态估计，假设

$$\boldsymbol{B}_k\boldsymbol{X}_k\boldsymbol{B}_k^{\mathrm{T}}\approx\gamma_k\boldsymbol{X}_k\tag{7.40}$$

式中，γ_k 为标量且可通过使得式（7.40）两边的行列式相等计算为

$$\left|\boldsymbol{B}_k\boldsymbol{X}_k\boldsymbol{B}_k^{\mathrm{T}}\right|=\left|\gamma_k\boldsymbol{X}_k\right|\Rightarrow\gamma_k=\left|\boldsymbol{B}_k\boldsymbol{B}_k^{\mathrm{T}}\right|^{1/d}=\left|\boldsymbol{B}_k\right|^{2/d}\tag{7.41}$$

将式（7.41）代入式（7.39）中，可得

$$\tilde{\boldsymbol{K}}_k\approx\boldsymbol{K}_k\otimes\boldsymbol{I}_d\tag{7.42}$$

且

$$\begin{cases}\boldsymbol{K}_k=\boldsymbol{P}_{k|k-1}\boldsymbol{H}_k^{\mathrm{T}}\boldsymbol{S}_k^{-1}\\\boldsymbol{S}_k=\boldsymbol{H}_k\boldsymbol{P}_{k|k-1}\boldsymbol{H}_k^{\mathrm{T}}+\gamma_k/n_k\end{cases}\tag{7.43}$$

在给定了式（7.42）之后，$\hat{\boldsymbol{x}}_k$ 的误差协方差矩阵可计算得

$$\begin{aligned}\tilde{\boldsymbol{P}}_k&=\boldsymbol{P}_{k|k-1}\otimes\boldsymbol{X}_k-\tilde{\boldsymbol{K}}_k(\boldsymbol{S}_k\otimes\boldsymbol{X}_k)\tilde{\boldsymbol{K}}_k^{\mathrm{T}}\\&=\boldsymbol{P}_{k|k-1}\otimes\boldsymbol{X}_k-(\boldsymbol{K}_k\otimes\boldsymbol{I}_d)(\boldsymbol{S}_k\otimes\boldsymbol{X}_k)(\boldsymbol{K}_k\otimes\boldsymbol{I}_d)^{\mathrm{T}}\\&=(\boldsymbol{P}_{k|k-1}-\boldsymbol{K}_k\boldsymbol{S}_k\boldsymbol{K}_k^{\mathrm{T}})\otimes\boldsymbol{X}_k\\&=\boldsymbol{P}_k\otimes\boldsymbol{X}_k\end{aligned}\tag{7.44}$$

式中

$$\boldsymbol{P}_k\overset{\text{def}}{=\!=}\boldsymbol{P}_{k|k-1}-\boldsymbol{K}_k\boldsymbol{S}_k\boldsymbol{K}_k^{\mathrm{T}}\tag{7.45}$$

至此，式（7.38）中的各项参数计算完毕。

2）形态部分

将式（7.38）代入式（7.37）可得

$$\begin{aligned} p[\boldsymbol{x}_k, \boldsymbol{X}_k \mid \boldsymbol{Z}^k] &\propto \mathcal{N}(\boldsymbol{x}_k; \hat{\boldsymbol{x}}_k, \boldsymbol{P}_k \otimes \boldsymbol{X}_k)\mathcal{N}(\overline{\boldsymbol{z}}_k; \tilde{\boldsymbol{H}}_k \hat{\boldsymbol{x}}_{k|k-1}, \boldsymbol{S}_k \boldsymbol{X}_k) \\ &\quad \times \mathcal{W}(\overline{\boldsymbol{Z}}_k; n_k - 1, \boldsymbol{B}_k \boldsymbol{X}_k \boldsymbol{B}_k^{\mathrm{T}})\mathcal{IW}(\boldsymbol{X}_k; \hat{\boldsymbol{v}}_{k|k-1}, \hat{\boldsymbol{X}}_{k|k-1}) \\ &= \mathcal{N}(\boldsymbol{x}_k; \hat{\boldsymbol{x}}_k, \boldsymbol{P}_k \otimes \boldsymbol{X}_k)\mathcal{IW}(\boldsymbol{X}_k; \hat{\boldsymbol{v}}_k, \hat{\boldsymbol{X}}_k) \end{aligned} \tag{7.46}$$

式中，$\hat{\boldsymbol{v}}_k$ 和 $\hat{\boldsymbol{X}}_k$ 可推导得出，即

$$\begin{cases} \hat{\boldsymbol{v}}_k = \hat{\boldsymbol{v}}_{k|k-1} + n_k \\ \hat{\boldsymbol{X}}_k = \hat{\boldsymbol{X}}_{k|k-1} + \boldsymbol{N}_k + \boldsymbol{B}_k^{-1} \overline{\boldsymbol{Z}}_k \boldsymbol{B}_k^{-\mathrm{T}} \\ \boldsymbol{N}_k = \boldsymbol{S}_k^{-1} (\overline{\boldsymbol{z}}_k - \tilde{\boldsymbol{H}}_k \hat{\boldsymbol{x}}_{k|k-1})(\overline{\boldsymbol{z}}_k - \tilde{\boldsymbol{H}}_k \hat{\boldsymbol{x}}_{k|k-1})^{\mathrm{T}} \end{cases} \tag{7.47}$$

相关推导如下。

将式（7.46）中第一、第二行最后三个概率密度函数之积进行因式分解，即

$$\begin{aligned} &\mathcal{N}(\overline{\boldsymbol{z}}_k; \tilde{\boldsymbol{H}}_k \hat{\boldsymbol{x}}_{k|k-1}, \boldsymbol{S}_k \boldsymbol{X}_k)\mathcal{W}(\overline{\boldsymbol{Z}}_k; n_k - 1, \boldsymbol{B}_k \boldsymbol{X}_k \boldsymbol{B}_k^{\mathrm{T}})\mathcal{IW}(\boldsymbol{X}_k; \hat{\boldsymbol{v}}_{k|k-1}, \hat{\boldsymbol{X}}_{k|k-1}) \\ &\propto \left|\boldsymbol{X}_k\right|^{-\frac{1}{2}} \mathrm{etr}(-\frac{1}{2} \boldsymbol{N}_k \boldsymbol{X}_k^{-1}) \left|\boldsymbol{B}_k \boldsymbol{X}_k \boldsymbol{B}_k^{\mathrm{T}}\right|^{-\frac{n_k - 1}{2}} \\ &\times \mathrm{etr}[-\frac{1}{2} (\boldsymbol{B}_k \boldsymbol{X}_k \boldsymbol{B}_k^{\mathrm{T}})^{-1} \overline{\boldsymbol{Z}}_k] \left|\boldsymbol{X}_k\right|^{-\frac{\hat{v}_{k|k-1}}{2}} \mathrm{etr}(-\frac{1}{2} \boldsymbol{X}_k^{-1} \hat{\boldsymbol{X}}_{k|k-1}) \\ &\propto \left|\boldsymbol{X}_k\right|^{-\frac{1}{2}(\hat{v}_{k|k-1} + n_k)} \times \mathrm{etr}[-\frac{1}{2} (\hat{\boldsymbol{X}}_{k|k-1} + \boldsymbol{N}_k + \boldsymbol{B}_k^{-1} \overline{\boldsymbol{Z}}_k \boldsymbol{B}_k^{-\mathrm{T}}) \boldsymbol{X}_k^{-1}] \\ &\propto \mathcal{IW}(\boldsymbol{X}_k; \hat{\boldsymbol{v}}_k, \hat{\boldsymbol{X}}_k) \end{aligned} \tag{7.48}$$

式中，$\hat{\boldsymbol{v}}_k$，$\hat{\boldsymbol{X}}_k$ 和 $\boldsymbol{N}_k$ 如式（7.47）给出的。

至此，从 $k-1$ 到 k 时刻的递推步骤推导完毕，获得如表 7.1 所示的贝叶斯估计器，相关说明如下。

（1）如果如式（7.14），该估计器应采用式（7.16）给出的 $\boldsymbol{B}_k$ 以包含真实噪声的方差。此时，表 7.1 中的 $\boldsymbol{S}_k$ 可写成

$$\boldsymbol{S}_k = \boldsymbol{H}_k \boldsymbol{P}_{k|k-1} \boldsymbol{H}_k^{\mathrm{T}} + |\boldsymbol{B}_k|^{2/d} / n_k = \boldsymbol{H}_k \boldsymbol{b}_{k|k-1} \boldsymbol{H}_k^{\mathrm{T}} + |\lambda \boldsymbol{I}_d + \boldsymbol{R}_k \overline{\boldsymbol{X}}_{k|k-1}^{-1}|^{1/d} / n_k \tag{7.49}$$

当真实的量测噪声相对于目标形态可忽略时，即 $\boldsymbol{R}_k \ll \boldsymbol{X}_k \approx \overline{\boldsymbol{X}}_{k|k-1}$，$\boldsymbol{R}_k \overline{\boldsymbol{X}}_{k|k-1}^{-1}$ 趋于 0。此时 $\boldsymbol{S}_k = \boldsymbol{H}_k \boldsymbol{P}_{k|k-1} \boldsymbol{H}_k^{\mathrm{T}} + \lambda / n_k$。若 $\lambda = 1$，式（7.49）中的 $\boldsymbol{S}_k$ 成为文献[3]中的对应项，而此时式（7.47）也成为文献[3]中给出的对应项。而文献[3]中的估计器为假设噪声可忽略时的贝叶斯最优估计器，因此上述分析验证了表 7.1 算法的有效性。

（2）当真实噪声存在并采用 $\boldsymbol{B}_k = (\lambda \overline{\boldsymbol{X}}_{k|k-1} + \boldsymbol{R}_k)^{1/2} \overline{\boldsymbol{X}}_{k|k-1}^{-1/2}$ 时，式（7.49）中的 $\boldsymbol{S}_k$ 包含了真实的噪声的方差信息 $\boldsymbol{R}_k$。采用该信息，表 7.1 中的目标状态估计器可从噪声污染的量测值中精确地估计出目标的质心状态。类似地，形态 $\boldsymbol{X}_k$ 也可从带噪声的量测值中精确估计，因为 $\boldsymbol{R}_k$ 的信息通过 $\boldsymbol{B}_k$ 被形态估计器充分加以利用了，即 $\hat{\boldsymbol{X}}_k = \hat{\boldsymbol{X}}_{k|k-1} + \boldsymbol{N}_k + \boldsymbol{B}_k^{-1} \overline{\boldsymbol{Z}}_k \boldsymbol{B}_k^{-\mathrm{T}}$。

7.2　机动椭形扩展目标跟踪

当扩展目标发生机动时，目标的运动状态和扩展形态均可能发生突变。此时，为描述这种动态过程，目前最好的描述方式就是混杂系统描述，即将目标的状态和形态的典型机动过程刻画为一个个模型，而模型的动态切换对应着目标的实际机动。这样的话，整个系统包含两类变量：连续的状态及形态变量和离散的模型变量，于是整个系统为混杂系统。对于混杂系统，现有最为有效的连续变量估计方法为多模型算法。因此，为解决机动椭形扩展目标跟踪问题，本节介绍基于随机矩阵的多模型估计算法。

基于 7.1 节的总体模型，即式（7.18），椭形扩展目标的实际运动过程可描述为如下的混杂系统，即[18, 19]

$$\begin{cases} \boldsymbol{x}_k = \boldsymbol{\Phi}_k^j \boldsymbol{x}_{k-1} + \boldsymbol{\omega}_k^j,\ \boldsymbol{\omega}_k^j \sim \mathcal{N}(\boldsymbol{0}, \boldsymbol{D}_k^j \otimes \boldsymbol{X}_k) \\ p[\boldsymbol{X}_k \mid \boldsymbol{X}_{k-1}] = \mathcal{W}(\boldsymbol{X}_k; \boldsymbol{\delta}_k^j, \boldsymbol{A}_k^j \boldsymbol{X}_{k-1} (\boldsymbol{A}_k^j)^{\mathrm{T}}) \\ \boldsymbol{z}_k^r = \tilde{\boldsymbol{H}}_k^j \boldsymbol{x}_k + \boldsymbol{v}_k^{r,j},\ \boldsymbol{v}_k^{r,j} \sim \mathcal{N}(\boldsymbol{0}, \boldsymbol{B}_k^j \boldsymbol{X}_k (\boldsymbol{B}_k^j)^{\mathrm{T}}) \end{cases} \tag{7.50}$$

式中，$\boldsymbol{\Phi}_k^j = \boldsymbol{F}_k^j \otimes \boldsymbol{I}_d$；$\tilde{\boldsymbol{H}}_k^j = \boldsymbol{H}_k^j \otimes \boldsymbol{I}_d$，$j \in \{1, \cdots, N\}$ 为模型 j 的标号（索引），N 为模型个数，$r \in \{1, \cdots, n_k\}$，n_k 为 k 时刻的量测数目。在本章后续部分，将采用 $\boldsymbol{m}_k^j$ 表示 k 时刻模型 j 为有效模型这样一个随机事件。一般而言，假设模型切换过程为一阶马尔可夫过程，且其先验已知切换概率为

$$P\{\boldsymbol{m}_k^j \mid \boldsymbol{m}_{k-1}^i\} = \boldsymbol{\pi}_{j|i}, i, j = 1, \cdots, N \tag{7.51}$$

事实上，$\boldsymbol{\pi}_{j|i}$ 的大小刻画了模型切换的剧烈程度，对应着实际目标机动模式的切换剧烈程度。

如前面所述，后验分布 $p[\boldsymbol{x}_k, \boldsymbol{X}_k \mid \boldsymbol{Z}^k]$ 包含了所有的目标跟踪所需的信息，因此，此处依然考虑获取基于式（7.50）和量测值计算该密度函数。该密度函数可以用全概率公式展开为

$$p[\boldsymbol{x}_k, \boldsymbol{X}_k \mid \boldsymbol{Z}^k] = \sum_{j=1}^{N} p[\boldsymbol{x}_k, \boldsymbol{X}_k \mid \boldsymbol{m}_k^j, \boldsymbol{Z}^k] P\{\boldsymbol{m}_k^j \mid \boldsymbol{Z}^k\} \tag{7.52}$$

式中，$P\{\boldsymbol{m}_k^j \mid \boldsymbol{Z}^k\}$ 为模型的后验概率，且根据贝叶斯公式，有

$$p[\boldsymbol{x}_k, \boldsymbol{X}_k \mid \boldsymbol{m}_k^j, \boldsymbol{Z}^k] = (c_k)^{-1} p[\boldsymbol{Z}_k \mid \boldsymbol{x}_k, \boldsymbol{X}_k, \boldsymbol{m}_k^j, \boldsymbol{Z}^{k-1}] p[\boldsymbol{x}_k, \boldsymbol{X}_k \mid \boldsymbol{m}_k^j, \boldsymbol{Z}^{k-1}] \tag{7.53}$$

基于式（7.52）和式（7.53），可推导适用于机动椭形扩展目标跟踪的多模型算法，步骤如 7.2.1 节所示。

7.2.1　基于随机矩阵的交互多模型算法

此处考虑同时利用 $k-1$ 时刻的估计结果和 k 时刻的数据，推导 k 时刻的估计算法。因此所得的算法具有递推的结构。

1. 重初始化（交互）

根据全概率公式，式（7.53）中一步预测的概率密度函数可写为

$$p[\boldsymbol{x}_k,\boldsymbol{X}_k|\boldsymbol{m}_k^j,\boldsymbol{Z}^{k-1}]=\int p[\boldsymbol{x}_k,\boldsymbol{X}_k|\boldsymbol{x}_{k-1},\boldsymbol{X}_{k-1},\boldsymbol{m}_k^j,\boldsymbol{Z}^{k-1}]p[\boldsymbol{x}_{k-1},\boldsymbol{X}_{k-1}|\boldsymbol{m}_k^j,\boldsymbol{Z}^{k-1}]\mathrm{d}\boldsymbol{x}_{k-1}\mathrm{d}\boldsymbol{X}_{k-1} \quad (7.54)$$

继续运用全概率公式，有

$$\begin{aligned} p[\boldsymbol{x}_{k-1},\boldsymbol{X}_{k-1}\mid \boldsymbol{m}_k^j,\boldsymbol{Z}^{k-1}] &= \sum_i p[\boldsymbol{x}_{k-1},\boldsymbol{X}_{k-1}\mid \boldsymbol{m}_{k-1}^i,\boldsymbol{Z}^{k-1}]\lambda_k^{i|j} \\ &\approx \mathcal{N}(\boldsymbol{x}_{k-1};\hat{\boldsymbol{x}}_{k-1}^{j,0},\boldsymbol{P}_{k-1}^{j,0}\otimes \boldsymbol{X}_{k-1})\mathcal{IW}(\boldsymbol{X}_{k-1};\hat{\boldsymbol{v}}_{k-1}^{j,0},\hat{\boldsymbol{X}}_{k-1}^{j,0}) \end{aligned} \quad (7.55)$$

式中

$$\begin{cases} p[\boldsymbol{x}_{k-1},\boldsymbol{X}_{k-1}\mid \boldsymbol{m}_{k-1}^i,\boldsymbol{Z}^{k-1}] = \mathcal{N}(\boldsymbol{x}_{k-1};\hat{\boldsymbol{x}}_{k-1}^i,\boldsymbol{P}_{k-1}^i\otimes \boldsymbol{X}_{k-1})\mathcal{IW}(\boldsymbol{X}_{k-1};\hat{v}_{k-1}^i,\hat{\boldsymbol{X}}_{k-1}^i) \\ \lambda_k^{i|j} \overset{\text{def}}{=} P\{\boldsymbol{m}_{k-1}^i\mid \boldsymbol{m}_k^j,\boldsymbol{Z}^{k-1}\} = c^{-1}P\{\boldsymbol{m}_k^j\mid \boldsymbol{m}_{k-1}^i\}P\{\boldsymbol{m}_{k-1}^i\mid \boldsymbol{Z}^{k-1}\} = c^{-1}\pi_{j|i}\mu_{k-1}^i \end{cases} \quad (7.56)$$

式中，第一式由 $k-1$ 时刻得出；第二式中，$c=P\{\boldsymbol{m}_k^j\mid \boldsymbol{Z}^{k-1}\}$ 为归一化因子，由式（7.60）算得，$\pi_{j|i}$ 由式（7.51）给出，$\mu_{k-1}^i \overset{\text{def}}{=} P\{\boldsymbol{m}_{k-1}^i\mid \boldsymbol{Z}^{k-1}\}$ 为 $k-1$ 时刻模型 i 的后验概率，仍由 $k-1$ 时刻得出。

式（7.55）中，“≈”意味着采用一个高斯 IW 分布来逼近一个高斯 IW 混合分布，该逼近过程就是基于随机矩阵的矩匹配方法，该方法将在 7.2.2 节给出。通过式（7.55）即可获得四个参数：$\hat{\boldsymbol{x}}_{k-1}^{j,0},\boldsymbol{P}_{k-1}^{j,0},\hat{\boldsymbol{v}}_{k-1}^{j,0},\hat{\boldsymbol{X}}_{k-1}^{j,0}$。这四个参数即成为 k 时刻模型 j 的初始化参数。因此，上述过程也称为重初始化。

2. 滤波

通过上述重初始化过程，得到各模型 k 时刻的初始参数，基于式（7.50）和表 7.1 给出的单模型贝叶斯估计器，即可计算获得 k 时刻单个模型的估计结果，即获得

$$p[\boldsymbol{x}_k,\boldsymbol{X}_k\mid \boldsymbol{m}_k^j,\boldsymbol{Z}^k] = \mathcal{N}(\boldsymbol{x}_k;\hat{\boldsymbol{x}}_k^j,\boldsymbol{P}_k^j\otimes \boldsymbol{X}_k)\mathcal{IW}(\boldsymbol{X}_k;\hat{\boldsymbol{v}}_k^j,\hat{\boldsymbol{X}}_k^j) \quad (7.57)$$

等价地，得到了如下刻画该后验分布的四类参数：

$$\{\hat{\boldsymbol{x}}_k^j,\boldsymbol{P}_k^j,\hat{\boldsymbol{v}}_k^j,\hat{\boldsymbol{X}}_k^j\}_{j=1}^N \quad (7.58)$$

3. 概率更新

本步骤的目的在于计算 k 时刻各个模型的概率，过程如下。

由贝叶斯公式，有

$$\mu_k^j \overset{\text{def}}{=} P\{\boldsymbol{m}_k^j\mid \boldsymbol{Z}^k\} = c_k^{-1}\Lambda_k^j P\{\boldsymbol{m}_k^j\mid \boldsymbol{Z}^{k-1}\} \quad (7.59)$$

其中一步预测概率为

$$P\{\boldsymbol{m}_k^j\mid \boldsymbol{Z}^{k-1}\} = \sum_{i=1}^N P\{\boldsymbol{m}_k^j\mid \boldsymbol{m}_{k-1}^i\}P\{\boldsymbol{m}_{k-1}^i\mid \boldsymbol{Z}^{k-1}\} = \sum_{i=1}^N \pi^{j|i}\mu_{k-1}^i \quad (7.60)$$

似然函数为

$$\begin{aligned}\Lambda_k^j &\stackrel{\text{def}}{=} p[\boldsymbol{Z}_k \mid \boldsymbol{m}_k^j, \boldsymbol{Z}^{k-1}] \\ &= \pi^{-\frac{n_k d}{2}} n_k^{-\frac{d}{2}} \boldsymbol{\Gamma}_d\left[\frac{a_k^j+n_k}{2}\right]\boldsymbol{\Gamma}_d^{-1}\left[\frac{a_k^j}{2}\right]\left|\boldsymbol{B}_k^j(\boldsymbol{B}_k^j)^{\mathrm{T}}\right|^{\frac{1-n_k}{2}}\left|\boldsymbol{S}_k^j\right|^{-\frac{d}{2}}\left|\hat{\boldsymbol{X}}_{k|k-1}^j\right|^{\frac{a_k^j}{2}}\left|\hat{\boldsymbol{X}}_k^j\right|^{\frac{-a_k^j-n_k}{2}}\end{aligned} \tag{7.61}$$

式中，$a_k^j = \hat{\boldsymbol{v}}_{k|k-1}^j - d - 1$；$\boldsymbol{\Gamma}_d[\cdot]$为多维 Gamma 函数（Multivariate Gamma Function）；其他带上标j的各项，均由第二步计算模型j对应估计量的过程获得。

式（7.61）的简要推导过程为

$$\begin{aligned}\Lambda_k^j &= \int p[\boldsymbol{Z}_k \mid \boldsymbol{x}_k, \boldsymbol{X}_k, \boldsymbol{m}_k^j, \boldsymbol{Z}^{k-1}]p[\boldsymbol{x}_k, \boldsymbol{X}_k \mid \boldsymbol{m}_k^j, \boldsymbol{Z}^{k-1}]\mathrm{d}\boldsymbol{x}_k\mathrm{d}\boldsymbol{X}_k \\ &= \alpha_k \int \mathcal{N}(\overline{z}_k; \tilde{\boldsymbol{H}}_k^j \hat{\boldsymbol{x}}_{k|k-1}^j, \boldsymbol{S}_k^j \boldsymbol{X}_k)\mathcal{N}(\boldsymbol{x}_k; \hat{\boldsymbol{x}}_k^j, \boldsymbol{P}_k^j \otimes \boldsymbol{X}_k) \\ &\quad \times \mathcal{W}(\overline{\boldsymbol{Z}}_k; n_k-1, \boldsymbol{B}_k^j \boldsymbol{X}_k (\boldsymbol{B}_k^j)^{\mathrm{T}})\mathcal{IW}(\boldsymbol{X}_k; \hat{\boldsymbol{v}}_{k|k-1}^j, \hat{\boldsymbol{X}}_{k|k-1}^j)\mathrm{d}\boldsymbol{x}_k\mathrm{d}\boldsymbol{X}_k \\ &= \alpha_k \int \beta_k^j \mathcal{N}(\boldsymbol{x}_k; \hat{\boldsymbol{x}}_k, \boldsymbol{P}_k^j \otimes \boldsymbol{X}_k)\mathcal{IW}(\boldsymbol{X}_k; \hat{\boldsymbol{v}}_k^j, \hat{\boldsymbol{X}}_k)\mathrm{d}\boldsymbol{x}_k\mathrm{d}\boldsymbol{X}_k \\ &= \alpha_k \beta_k^j \\ &= \pi^{-\frac{n_k d}{2}} n_k^{-\frac{d}{2}} \boldsymbol{\Gamma}_d\left[\frac{a_k^j+n_k}{2}\right]\boldsymbol{\Gamma}_d^{-1}\left[\frac{a_k^j}{2}\right]\left|\boldsymbol{B}_k^j(\boldsymbol{B}_k^j)^{\mathrm{T}}\right|^{\frac{1-n_k}{2}}\left|\boldsymbol{S}_k^j\right|^{-\frac{d}{2}}\left|\hat{\boldsymbol{X}}_{k|k-1}^j\right|^{\frac{a_k^j}{2}}\left|\hat{\boldsymbol{X}}_k\right|^{-\frac{a_k^j+n_k}{2}}\end{aligned} \tag{7.62}$$

式中，$\alpha_k = \pi^{-(n_k-1)d/2}(n_k)^{-d/2}\boldsymbol{\Gamma}_d[(n_k-1)/2]|\overline{\boldsymbol{Z}}_k|^{-(n_k-d-2)/2}$；$a_k^j = \hat{\boldsymbol{v}}_{k|k-1} - d - 1$。

4．融合

至此，式（7.52）右边各项均通过前述步骤获得：$p[\boldsymbol{x}_k, \boldsymbol{X}_k \mid \boldsymbol{m}_k^j, \boldsymbol{Z}^k]$由式（7.57）计算，$P\{\boldsymbol{m}_k^j \mid \boldsymbol{Z}^k\}$由式（7.59）算得。融合步骤即基于式（7.52）计算椭形目标的总体状态和形态估计。而该过程也可视为直接计算式（7.52）右边高斯 IW 混合分布的一阶和二阶矩，该过程为基于随机矩阵的矩匹配方法的关键步骤之一，因此也在 7.2.2 节中表 7.2 给出。此处直接给出融合后的状态和形态估计为

$$\begin{cases}\hat{\boldsymbol{x}}_k = \sum_{j=1}^{N} \hat{\boldsymbol{x}}_k^j \mu_k^j \\ \overline{\boldsymbol{X}}_k^m = \sum_{j=1}^{N} \overline{\boldsymbol{X}}_k^j \mu_k^j,\ \overline{\boldsymbol{X}}_k^j = \hat{\boldsymbol{X}}_k^j / (\hat{\boldsymbol{v}}_k^j - 2d - 2)\end{cases} \tag{7.63}$$

7.2.2　基于随机矩阵的多模型估计矩匹配方法

矩匹配方法在多模型估计中起着非常重要的作用，例如，上述多模型方法的重初始化步骤和融合步骤均需要应用相关的技术。一般而言，矩匹配方法为如下的近似提供了一个简单而高效的解决方案，即

$$\sum_{j=1}^{N} \mathcal{N}(\boldsymbol{x}_k; \hat{\boldsymbol{x}}_k^j, \boldsymbol{P}_k^j \otimes \boldsymbol{X}_k)\mathcal{IW}(\boldsymbol{X}_k; \hat{\boldsymbol{v}}_k^j, \hat{\boldsymbol{X}}_k^j)\mu_k^j \approx \mathcal{N}(\boldsymbol{x}_k; \hat{\boldsymbol{x}}_k, \boldsymbol{P}_k \otimes \boldsymbol{X}_k)\mathcal{IW}(\boldsymbol{X}_k; \hat{\boldsymbol{v}}_k, \hat{\boldsymbol{X}}_k) \tag{7.64}$$

式中，$\hat{\boldsymbol{x}}_k$、$\boldsymbol{P}_k$、$\hat{\boldsymbol{v}}_k$ 和 $\hat{\boldsymbol{X}}_k$ 就是矩匹配方法需要求解的量。

总体而言，矩匹配方法的总体步骤如下。

（1）计算式（7.64）等式左边的混合分布的一、二阶矩（均值和方差）。

（2）计算式（7.64）等式右边分布的一、二阶矩（均值和方差）。

（3）令上述分别算出的一、二阶矩对应相等，列出方程，求解计算出等式右边的四个变量。

相对于针对变量为随机向量的高斯混合分布的矩匹配方法，基于随机矩阵的上述矩匹配方法的最大难点之一就是如何定义双重变量 $\boldsymbol{x}_k$ 和 $\boldsymbol{X}_k$ 的矩。为解决该问题，文献[18]和文献[19]中，定义了扩维矩阵 $\boldsymbol{X}_k^e$ 为

$$\boldsymbol{X}_k^e \overset{\text{def}}{=\!=} \begin{bmatrix} \boldsymbol{x}_k^e \\ \boldsymbol{X}_k \end{bmatrix}, \boldsymbol{x}_k^e \overset{\text{def}}{=\!=} [\boldsymbol{x}_k, \boldsymbol{0}_{(sd)\times(d-1)}] \tag{7.65}$$

式中，s 为单维物理空间上状态的维数；d 为目标跟踪的物理空间的维数；$\overset{\text{def}}{=\!=}$ 表示定义为。因此，$\boldsymbol{x}_k \in \mathbb{R}^{sd\times 1}$。于是，式（7.64）两边的分布都可视为扩维随机矩阵 $\boldsymbol{X}_k^e$ 的分布，因此原始的矩匹配问题可转化为相对于随机矩阵 $\boldsymbol{X}_k^e$ 的矩匹配问题，后者可以直接求解。

由于求解过程比较复杂，此处仅给出相应的结果，如表 7.2 所示，具体推导过程可参考文献[18]和文献[19]。

表 7.2 基于随机矩阵的矩匹配方法[18, 19]

$\sum_{j=1}^{N} \mathcal{N}(\boldsymbol{x}_k;\hat{\boldsymbol{x}}_k^j, \boldsymbol{P}_k^j \otimes \boldsymbol{X}_k)\mathcal{IW}(\boldsymbol{X}_k;\hat{\boldsymbol{v}}_k^j,\hat{\boldsymbol{X}}_k^j)\mu_k^j \Rightarrow \mathcal{N}(\boldsymbol{x}_k;\hat{\boldsymbol{x}}_k,\boldsymbol{P}_k \otimes \boldsymbol{X}_k)\mathcal{IW}(\boldsymbol{X}_k;\hat{\boldsymbol{v}}_k,\hat{\boldsymbol{X}}_k)$	
状态	$\hat{\boldsymbol{x}}_k = \hat{\boldsymbol{x}}_k^m = \sum_{j=1}^{N}\hat{\boldsymbol{x}}_k^j \mu_k^j$，$m$ 表示混合分布 $\boldsymbol{P}_k = [p_{i,j}]^{s\times s}([p_{i,j}]^{s\times s})^{\mathrm{T}}$
	$p_{i,j} = \frac{1}{d}\sum_{l=1}^{d} q_{(i-1)d+l,(j-1)d+l}$，$[q_{l,h}]^{sd\times sd} = [\bar{\boldsymbol{v}}_k(\boldsymbol{I}_s \otimes \hat{\boldsymbol{X}}_k^{\frac{-1}{2}})\boldsymbol{P}_k^{x,m}(\boldsymbol{I}_s \otimes \hat{\boldsymbol{X}}_k^{\frac{-1}{2}})]^{\frac{1}{2}}$ $\boldsymbol{P}_k^{x,m} = \sum_{j=1}^{N}\mu_k^j[\boldsymbol{P}_k^{x,j} + (\hat{\boldsymbol{x}}_k^j - \hat{\boldsymbol{x}}_k^m)(\cdot)^{\mathrm{T}}]$，$\boldsymbol{P}_k^{x,j} = (\boldsymbol{P}_k^j \otimes \hat{\boldsymbol{X}}_k^j)/(\hat{\boldsymbol{v}}_k^j + \boldsymbol{b}_k^{\mathrm{MSE}})$ $\bar{\boldsymbol{v}}_k = \hat{\boldsymbol{v}}_k + \boldsymbol{b}_k^{\mathrm{MSE}}$，$\boldsymbol{b}_k^{\mathrm{MSE}} = s - d - sd - 3$
形态	$\hat{\boldsymbol{v}}_k = \frac{1}{2}(\hat{a}_k + \sqrt{\hat{a}_k^2 - 8(\hat{b}_k + 2)}) + 2d$ $\hat{\boldsymbol{X}}_k = (\hat{\boldsymbol{v}}_k - 2d - 2)\bar{\boldsymbol{X}}_k^m$
	$\bar{\boldsymbol{X}}_k^m = \sum_{j=1}^{N}\bar{\boldsymbol{X}}_k^j\mu_k^j, \bar{\boldsymbol{X}}_k^j = \hat{\boldsymbol{X}}_k^j/(\hat{\boldsymbol{v}}_k^j - 2d - 2)$ $\boldsymbol{P}_k^{X,m} = \sum_{j=1}^{N}\mu_k^j[\boldsymbol{P}_k^{X,j} + (\bar{\boldsymbol{X}}_k^j - \bar{\boldsymbol{X}}_k^{\mathrm{m}})(\cdot)^{\mathrm{T}}]$ $\boldsymbol{P}_k^{X,j} = \frac{(\hat{\boldsymbol{v}}_k^j - 2d - 2)\mathrm{tr}(\bar{\boldsymbol{X}}_k^j)\bar{\boldsymbol{X}}_k^j + (\hat{\boldsymbol{v}}_k^j - 2d)(\bar{\boldsymbol{X}}_k^j)^2}{(\hat{\boldsymbol{v}}_k^j - 2d - 1)(\hat{\boldsymbol{v}}_k^j - 2d - 4)}$ $\hat{a}_k = \hat{b}_k + \hat{c}_k + 5$，$\hat{b}_k = [\mathrm{tr}(\bar{\boldsymbol{X}}_k^m)]^2/\mathrm{tr}(\boldsymbol{P}_k^{X,m})$，$\hat{c}_k = \mathrm{tr}[(\bar{\boldsymbol{X}}_k^m)^2]/\mathrm{tr}(\boldsymbol{P}_k^{X,m})$

7.2.3　仿真结果与分析

本节中，上述椭形目标跟踪算法将和文献[3]及文献[6]的方法进行仿真比较分析。分两个场景进行仿真验证：S1——群目标跟踪，S2——扩展目标跟踪。这两个场景均与文献[6]中的场景相同。

1. 群目标跟踪

场景 S1 中，假定一个由 5 个等距排列点目标组成的群在平面运动（因此 $d=2$），如图 7.2 所示。该场景采用如下参数：开始时目标的间距为 500m；真实量测噪声 $\boldsymbol{v}_k$ 的分布为 $\mathcal{N}(\mathbf{0},\boldsymbol{R}_k)$ 且 $\boldsymbol{R}_k=\mathrm{diag}([\sigma_x^2,\sigma_y^2]),\sigma_x=500\mathrm{m},\sigma_y=100\mathrm{m}$；采样周期 $T=10\mathrm{s}$。假定一个点目标仅产生一个量测值，并且检测概率 $P_d=0.8$。

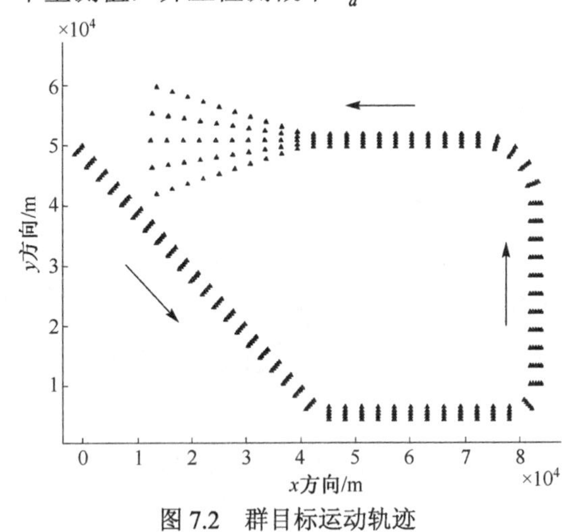

图 7.2　群目标运动轨迹

比较的跟踪器采用如下参数设计。

（1）在 Koch 的方法中，$\tau=8T$ 且其他参数与文献[3]一致。

（2）Feldmann 的多模型算法采用文献[6]中的三个模型：m^1 采用小的过程噪声（小 $\boldsymbol{D}_k$）、小的形态敏捷度（大 τ）；m^2 采用大的过程噪声（大 $\boldsymbol{D}_k$）、大的形态敏捷度（小 τ）；m^3 采用中等过程噪声（中 $\boldsymbol{D}_k$）、大的形态敏捷度（小 τ）。

（3）本节给出的多模型算法——配置 1（MM1）：采用三个模型，三个模型与 Feldmann 的方法一致，并且采用如下的参数，$\boldsymbol{A}_k=I_d/\delta_k^{1/2}$、$\boldsymbol{B}_k=(\lambda\bar{\boldsymbol{X}}_{k|k-1}+\boldsymbol{R}_k)^{1/2}\bar{\boldsymbol{X}}_{k|k-1}^{-1/2}$，其中 $\lambda=1/4$，以刻画散射点均匀分布的扩展（群）目标。

（4）本节给出的多模型算法——配置 2（MM2）：采用三个模型，m^1 和 m^3 与 MM1 一致；m^2 的形态演化矩阵 $\boldsymbol{A}_k$ 采用如下的形式（$\theta=20\pi/180\,\mathrm{rad}$）：

$$\boldsymbol{A}_k=\delta_k^{-1/2}\begin{bmatrix}\cos\theta & -\sin\theta\\ \sin\theta & \cos\theta\end{bmatrix}\tag{7.66}$$

仿真结果为图 7.3 展示的 500 次蒙特卡洛仿真的平均估计，其中形态通过如下的椭圆的方式描述：

$$(\boldsymbol{y}-\hat{\boldsymbol{x}}_k)^{\mathrm{T}}\bar{\boldsymbol{X}}_k^{-1}(\boldsymbol{y}-\hat{\boldsymbol{x}}_k)=1,\quad \bar{\boldsymbol{X}}_k=E[\boldsymbol{X}_k\,|\,\boldsymbol{Z}^k]=\hat{\boldsymbol{X}}_k/(\hat{v}_k-2d-2) \tag{7.67}$$

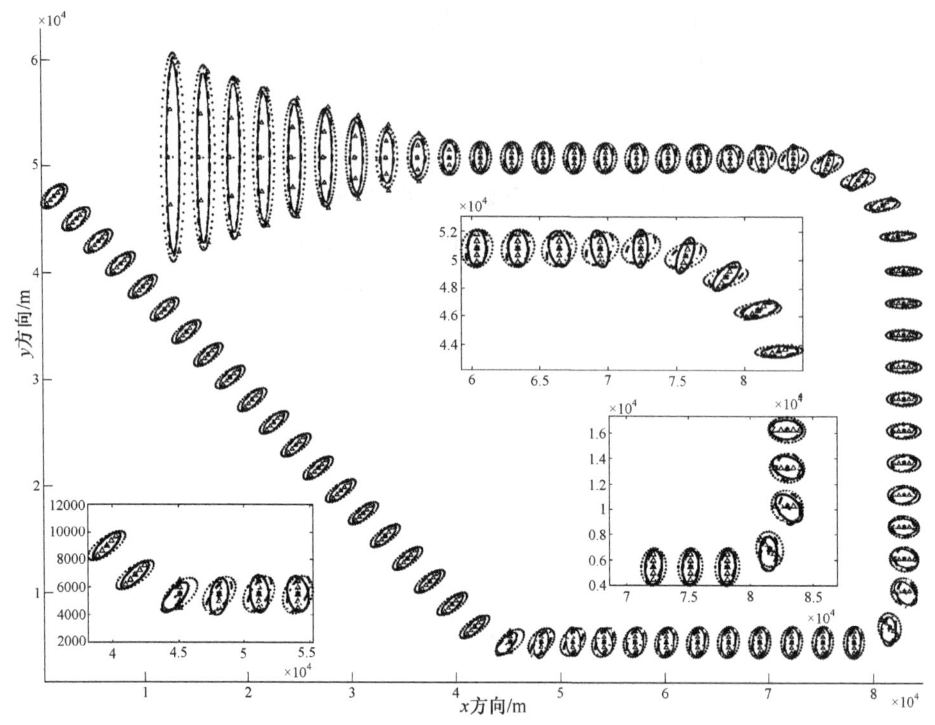

图 7.3　S1 场景中算法的整体估计结果

点“……”为 Koch 的估计结果；虚线“---”为 Feldmann 的估计结果；点划线“—•—”为 MM1 的估计结果；实线“—”为 MM2 的估计结果；三角形“△”表示目标

如图 7.3 所示，三种多模型方法均比 Koch 的单模型算法效果更好。MM1 与 Feldmann 的方法具有类似的效果（几乎重合），其根本原因在于这两种方法采用了性能一致的模型集。MM2 具有最好的估计性能，尤其是在最后一次转弯机动发生时，MM2 的优势更加明显。其主要原因在于 MM2 采用的模型集中包含了式（7.66）给出的刻画形态转弯的模型。上述仿真结果至少说明了如下几点，在本群目标跟踪场景中：①本节给出的形态演化是有效的；②当真实噪声较大时式（7.16）给出的扭曲矩阵是有效的；③本节给出的单模型和多模型贝叶斯估计方法是有效的。

2. 扩展目标跟踪

扩展目标跟踪的场景 S2 中，假设真实的扩展目标是个以长轴为 340m、短轴为 80m 的椭圆（这个大小与尼米兹级航空母舰的大小一致）。目标的运动轨迹如图 7.4 所示，其运动速率假定为 27 节（将近 50km/h）。

假设目标的散射中心在真实目标的形态 $\boldsymbol{X}_k$ 内均匀分布，并且真实的量测噪声为

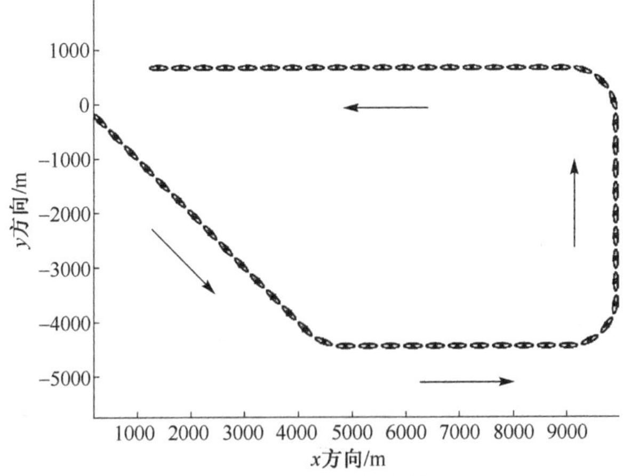

图 7.4　扩展目标运动轨迹

零均值高斯分布且其方差矩阵 $\boldsymbol{R}_k = \text{diag}([50^2, 50^2])\text{m}^2$ 。因此，随机矩阵模型应采用的假定的量测噪声分布为 $\mathcal{N}(\boldsymbol{v}_k^r; \boldsymbol{0}, \lambda \boldsymbol{X}_k + \boldsymbol{R}_k)$ 且 $\lambda = 1/4$ 。每个采样时刻的量测值个数假定为均值为 20 的泊松分布。所比较的算法与 S1 中一样，除了在 MM2 中，模型 m^2 和 m^3 均采用式（7.66）给出的形态演化矩阵，这两个模型的区别在于 m^2 中 $\theta = 10\pi/180$ rad 而 m^3 中 $\theta = -10\pi/180$ rad。比较的结果是 $N_s = 500$ 次蒙特卡洛仿真下的均方根误差（Root-Mean-Square Error，RMSE）。此处形态估计的均方根误差为

$$\text{RMSE}_X = \left(\frac{1}{N_s} \sum_{l=1}^{N_s} \text{tr}[(\bar{\boldsymbol{X}}_k^l - \boldsymbol{X}_k)^2] \right)^{1/2} \tag{7.68}$$

式中，tr[·] 表示[·] 的迹；上标 l 表征第 l 次仿真对应的值。

仿真结果如图 7.5～图 7.8 所示。

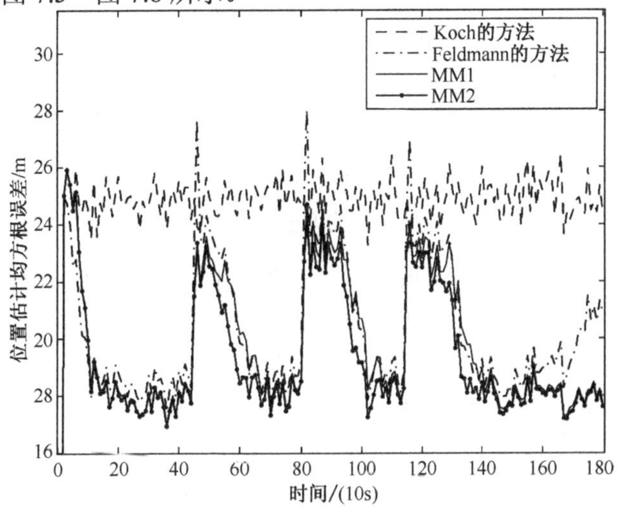

图 7.5　位置估计均方根误差（S2 场景）

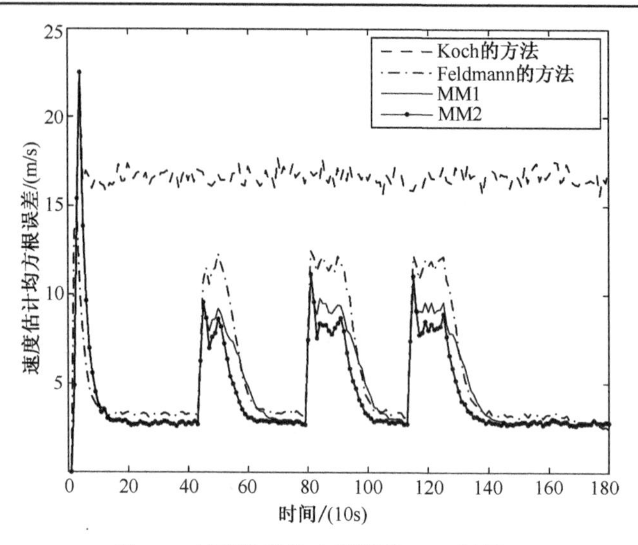

图 7.6　速度估计均方根误差（S2 场景）

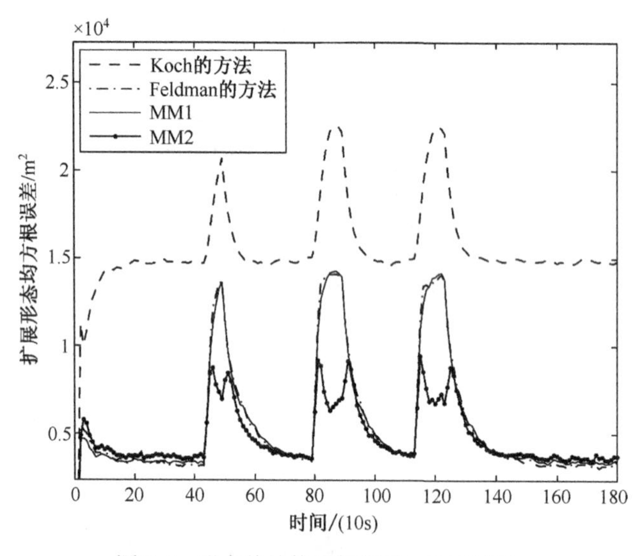

图 7.7　形态估计均方根误差（S2 场景）

从 S2 场景的仿真结果图中可以看出，本节给出的多模型算法（MM1、MM2）比其他算法具有更好的估计性能，尤其是在形态估计方面。由于不考虑真实的量测噪声，Koch 的方法估计给出的形态大于真实形态。从这个角度来说，本节给出的方法可充分利用先验已知的噪声方差信息。与 Feldmann 的方法相比，本节给出的跟踪算法在质心运动状态和扩展形态估计方面性能更优。尤其在机动过程中，MM2 在所有算法中具有最好的位置、速度和形态估计精度。以上的仿真结果验证了本节给出的基于随机矩阵的椭形扩展目标建模、贝叶斯单模型和多模型估计器的有效性。

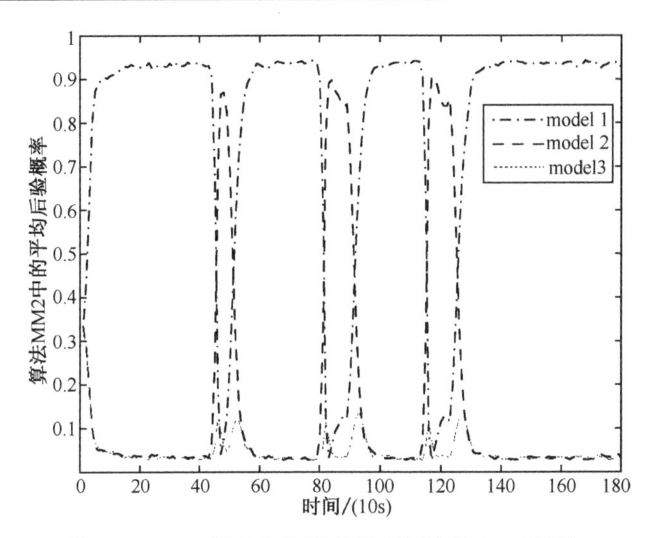

图 7.8　MM2 算法中各模型的平均概率（S2 场景）

总体而言，上述建模和估计方法的主要优点在于针对具有复杂动态过程的扩展目标的跟踪问题，提供了一个统一、简单而有效的建模和估计框架。

7.3　机动非椭形扩展目标跟踪

基于随机矩阵的椭形扩展目标跟踪算法可充分描述和跟踪能被椭球充分描述的扩展目标，并且该算法简单高效，具有广泛的应用前景。然而，对于具有较复杂形状特征的非椭形扩展目标（Non-Ellipsoidal Extended Object，NEO）[19]，直接采用椭球进行逼近可能损失大量的有用信息，其估计结果可能难以供识别和分类算法应用。以波音 747 客机为例，如图 7.9（a）所示，若直接用椭圆对图中的扩展目标进行逼近，获得的接近圆的结果无法体现目标的细节，包括形状和朝向等信息均无法从估计结果辨识出来，无法达到扩展目标跟踪技术形态估计的目的。

鉴于基于随机矩阵方法本身的高效性，本节主要考虑在随机矩阵框架下的非椭形机动扩展目标的跟踪（Maneuvering NEO Tracking，MNEOT）问题。事实上，一种直接的做法就是将非椭形目标用多个椭形子目标逼近，如图 7.9（b）和图 7.9（c）所示，每个椭形子目标均采用一个随机向量和一个对称正定随机矩阵分别描述其运动状态和扩展形态[19]。于是，非椭形扩展目标跟踪就转化为首先联合估计各子目标的状态和形态，而后将估计结果进行组合即可。

为达到上述目的，首先应在随机矩阵的框架下对非椭形目标进行建模，然后基于模型在贝叶斯框架下对各子目标的状态和形态进行联合估计，以下分别予以阐述。

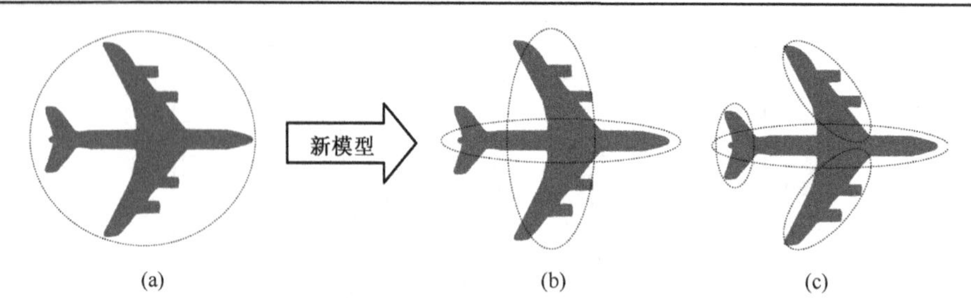

图 7.9　采用单个和多个椭圆描述不规则扩展目标（波音 747 飞机）[19]

7.3.1　非椭形扩展目标建模

为采用多个椭形子目标对非椭形扩展目标建模，此处给出如下假设[19]。

1）A1 为子目标个数已知

设 n_k^s 为用于逼近一个非椭形扩展目标的椭形子目标的个数。n_k^s 越大，跟踪算法就可能需要更多的量测值来精确估计子目标。设计 n_k^s 一般来说比较容易，例如，在图 7.9（c）中，4 个子目标对于一般的分类器，可能足以将客机和战斗机区分开。事实上，如果该参数难以先验给定，n_k^s 也可以通过软决策（计算概率）和硬决策（如序贯概率比检测器）在线给定。

2）A2 为子目标具有相同的运动动态特性但是不同的形态演化模型

子目标具有相同的运动动态特性才能使所有的子目标刻画同一个非椭形目标，并使子目标一起运动。而形态演化模型的不同主要是由子目标的形态本身不同、刻画的部分不同和模型的精确程度不同等导致的。

假设模型 m_k^s 为 k 时刻子目标 s 的模型。令 $\boldsymbol{x}_k^s$ 与 $\boldsymbol{X}_k^s$ 分别描述子目标 s 的运动状态和扩展形态。基于式（7.50），m_k^s 可表述为

$$\begin{cases}\boldsymbol{x}_k^s=\boldsymbol{\Phi}_k^s\boldsymbol{x}_{k-1}^s+\boldsymbol{w}_k^s,\boldsymbol{w}_k^s\sim\mathcal{N}(\boldsymbol{0},\boldsymbol{D}_k^s\otimes\boldsymbol{X}_k^s)\\ p[\boldsymbol{X}_k^s\mid\boldsymbol{X}_{k-1}^s]=\mathcal{W}(\boldsymbol{X}_k^s;\delta_k^s,\boldsymbol{A}_k^s\boldsymbol{X}_{k-1}^s(\boldsymbol{A}_k^s)^{\mathrm{T}})\\ \boldsymbol{z}_k^r=\tilde{\boldsymbol{H}}_k^s\boldsymbol{x}_k^s+\boldsymbol{v}_k^{r,s},\boldsymbol{v}_k^{r,s}\sim\mathcal{N}(\boldsymbol{0},\boldsymbol{B}_k^s\boldsymbol{X}_k^s(\boldsymbol{B}_k^s)^{\mathrm{T}})\end{cases}\tag{7.69}$$

式中，s 表示第 s 个子目标；$\boldsymbol{\Phi}_k^s=\boldsymbol{F}_k^s\otimes\boldsymbol{I}_d$；$\tilde{\boldsymbol{H}}_k^s=\boldsymbol{H}_k^s\otimes\boldsymbol{I}_d$；$\boldsymbol{D}_k^s=(\sigma_k^s)^2\breve{\boldsymbol{D}}_k^s$；$r\in\{1,\cdots,n_k\}$，其他符号的定义与式（7.50）一致。

该假设可进一步解释如下。不同子目标的形态演化模型各不相同，每个演化模型事实上由 $\boldsymbol{\delta}_k^s$ 和 $\boldsymbol{A}_k^s$ 表征。在实际跟踪系统中，在没有任何附加信息的情况下，不同的子目标只能初始化为同样的形状（如二维目标跟踪时的圆形）。在这种情况下，又因为不同的子目标将对应非椭形目标的不同部分，因此同样的初始化会使得子目标具有不同的演化不确定性。而这种不确定性恰好是由 $\boldsymbol{\delta}_k^s$ 刻画的，因此子目标具有不同的 $\boldsymbol{\delta}_k^s$ 故而具有不同的演化模型。此外，如果真实的量测误差存在，由式（7.16）可知对于子目标 s 有

$$B_k^s \stackrel{\text{def}}{=} (\lambda \bar{X}_{k|k-1}^s + R_k)^{1/2} (\bar{X}_{k|k-1}^s)^{-1/2} \tag{7.70}$$

因此，在这种意义上，模型中 B_k^s 与 B_k^t 不同（$t \neq s$）。

另一方面，子目标由于属于同一个非椭形目标，它们也具有共同的动态特性。这也保证了它们一起运动，而当非椭形目标机动时，子目标也需要同时机动。这点将在本章后面讨论。

若每个子目标均采用相同的模型，那么它们应该具有不同的初始化参数使得算法能够自动区分每个子目标。

3）A3 为无任何信息的情况下，数据与子目标之间的关联事件发生概率均等

由于非椭形目标的量测源可能部分可分辨，在此假设没有任何可利用的关于子目标与量测值之间对应关系的信息。也就是说，任何一个量测值可以来自于任何一个可能的子目标。因此，k 时刻 n_k^s 个子目标与 n_k 个量测值之间共存在 $n_k^{\mathrm{E}} = (n_k^s)^{n_k}$ 种关联可能性。

令 $E_k^l, l \in \{1, \cdots, n_k^E\}$ 表示一个可能的关联事件。在没有任何进一步信息的情况下，这些事件假设以等概率发生，即

$$P\{E_k^l\} = 1 / n_k^{\mathrm{E}} \tag{7.71}$$

式中，$l = 1, \cdots, n_k^{\mathrm{E}}$。事实上，如果 n_k^s 或 n_k 较大，$(n_k^s)^{n_k}$ 可变得非常大以至于导致算法计算不可行。为解决该问题，本章后面部分将探讨 n_k^{E} 的约减问题，并给出相应的理论结果。

总而言之，上述三个假设可简要总结为：A1 为子目标个数为 n_k^s；A2 为子目标 s 由模型 m_k^s，即式（7.69）表征；A3 为量测与子目标之间的关联事件先验均匀分布，其概率由式（7.71）给出。

7.3.2　非椭形扩展目标贝叶斯跟踪算法

在假设 A1、A2 和 A3 下，每个子目标的运动状态和扩展形态均可在贝叶斯框架下联合估计。事实上，后验分布 $p[x_k^s, X_k^s \mid Z^k]$ 包含了 k 时刻给定量测集合 Z^k 时子目标 s 的所有信息。求取了该密度函数即在线获取了所有子目标的状态和形态信息。

根据全概率公式，该概率密度函数可展开为

$$p[x_k^s, X_k^s \mid Z^k] = \sum_{l=1}^{n_k^{\mathrm{E}}} p[x_k^s, X_k^s \mid E_k^l, Z^k] \mu_k^l \tag{7.72}$$

式中，$\mu_k^l \stackrel{\text{def}}{=} P\{E_k^l \mid Z^k\}$ 且有

$$\begin{cases} \mu_k^l = (c_k^l)^{-1} p[Z_k \mid E_k^l, Z^{k-1}] P\{E_k^l \mid Z^{k-1}\} \\ p[Z_k \mid E_k^l, Z^{k-1}] = \prod_{h=1}^{n_k^s} p[Z_k^h \mid E_k^l, Z^{k-1}] = \prod_{h=1}^{n_k^s} \Lambda_k^{h|l} \end{cases} \tag{7.73}$$

式中，$P\{E_k^l \mid \boldsymbol{Z}^{k-1}\} = 1/n_k^{\mathrm{E}}$，由式（7.71）给出；归一化因子 $c_k^l = \sum_{l=1}^{n_k^{\mathrm{E}}} p[\boldsymbol{Z}_k \mid E_k^l, \boldsymbol{Z}^{k-1}]/n_k^E$；$\boldsymbol{Z}_k^h$ 为与子目标 h 关联的所有量测构成的集合，似然函数 $\Lambda_k^{h|l}$ 为

$$\Lambda_k^{h|l} \overset{\text{def}}{=} p[\boldsymbol{Z}_k^h \mid E_k^l, \boldsymbol{Z}^{k-1}] = \pi^{-\frac{n_k^{h|l} d}{2}} (n_k^{h|l})^{-\frac{d}{2}} \Gamma_d[(a_k^h + n_k^{h|l})/2] \Gamma_d^{-1}[a_k^h/2]$$
$$\times (|\boldsymbol{B}_k^h (\boldsymbol{B}_k^h)^{\mathrm{T}}|^{1-n_k^{h|l}} |\boldsymbol{S}_{k|k-1}^{h|l}|^{-1} |\hat{\boldsymbol{X}}_{k|k-1}^h|^{a_k^h} |\hat{\boldsymbol{X}}_k^{h|l}|^{-a_k^h - n_k^{h|l}})^{1/2} \quad (7.74)$$

式中，$n_k^{h|l}$ 为集合 $\boldsymbol{Z}_k^h$ 中关联事件 E_k^l 下的量测值数目；$\boldsymbol{B}_k^h$ 为模型 $\boldsymbol{m}_k^h$ 的形态观测矩阵；$a_k^h = \hat{v}_{k|k-1}^h - d - 1$，且在给定事件 E_k^l 时对于子目标 h 可采用表 7.1 中的算法联合估计参数 $\{\hat{v}_{k|k-1}^h, \boldsymbol{S}_{k|k-1}^{h|l}, \hat{\boldsymbol{X}}_{k|k-1}^h, \hat{\boldsymbol{X}}_k^{h|l}\}$。式（7.74）的推导类似于式（7.62），因此此处即省略了。

类似地，给定测量值 $\boldsymbol{Z}_k^s$ 时，式（7.72）中的后验分布可通过表 7.1 中的贝叶斯算法计算，且如前面所示：

$$p[\boldsymbol{x}_k^s, \boldsymbol{X}_k^s \mid E_k^l, \boldsymbol{Z}^k] = \mathcal{N}(\boldsymbol{x}_k^s; \hat{\boldsymbol{x}}_k^{s|l}, \boldsymbol{P}_k^{s|l} \otimes \boldsymbol{X}_k^s) \mathcal{IW}(\boldsymbol{X}_k^s; \hat{v}_k^{s|l}, \hat{\boldsymbol{X}}_k^{s|l})$$

因此式（7.72）即成为

$$p[\boldsymbol{x}_k^s, \boldsymbol{X}_k^s \mid \boldsymbol{Z}^k] = \sum_{l=1}^{n_k^{\mathrm{E}}} \mathcal{N}(\boldsymbol{x}_k^s; \hat{\boldsymbol{x}}_k^{s|l}, \boldsymbol{P}_k^{s|l} \otimes \boldsymbol{X}_k^s) \mathcal{IW}(\boldsymbol{X}_k^s; \hat{v}_k^{s|l}, \hat{\boldsymbol{X}}_k^{s|l}) \mu_k^l \quad (7.75)$$

为保证算法的递推性，$\boldsymbol{x}_k^s$ 和 $\boldsymbol{X}_k^s$ 的联合后验分布需要具有高斯 IW 分布的形式：$\mathcal{N}(\boldsymbol{x}_k; \hat{\boldsymbol{x}}_k^s, \boldsymbol{P}_k^s \otimes \boldsymbol{X}_k) \mathcal{IW}(\boldsymbol{X}_k; \hat{v}_k^s, \hat{\boldsymbol{X}}_k^s)$。这意味着需要采用 $\mathcal{N}(\boldsymbol{x}_k; \hat{\boldsymbol{x}}_k^s, \boldsymbol{P}_k^s \otimes \boldsymbol{X}_k)$ $\mathcal{IW}(\boldsymbol{X}_k; \hat{v}_k^s, \hat{\boldsymbol{X}}_k^s)$ 来逼近式（7.75）中的混合分布以使得递推顺利进行（获得参数 $\hat{\boldsymbol{x}}_k^s, \boldsymbol{P}_k^s, \hat{v}_k^s, \hat{\boldsymbol{X}}_k^s$）。该逼近过程为典型的矩匹配过程，可参见第 3.2.2 节或直接采用表 7.2 中的计算公式。

于是，通过上述过程，即获得了所有子目标的估计参数。具体而言，对于子目标 $s(s = 1, \cdots, n_k^s)$，其运动状态和扩展形态的后验估计为

$$\begin{cases} E[\boldsymbol{x}_k^s \mid \boldsymbol{Z}^k] = \hat{\boldsymbol{x}}_k^s \\ E[\boldsymbol{X}_k^s \mid \boldsymbol{Z}^k] = \hat{\boldsymbol{X}}_k^s / (\hat{v}_k^s - 2d - 2) \end{cases} \quad (7.76)$$

通过上述过程，可直接获得如式（7.76）所示的各子目标的状态和形态估计，也就是说，获得了非椭形扩展目标的整体估计（由多个子目标构成）。在此过程中，子目标 s 的特征模型 $\boldsymbol{m}_k^s$ 可使得各子目标在贝叶斯框架下自动相互区分并联合逼近非椭形目标的总体形态。事实上，各特征模型只需设置不同的 δ_k^s 即可满足上述需求。这种设计方式将在本章后续的仿真实例中验证。

7.3.3 机动非椭形扩展目标跟踪多模型算法

7.3.2 节给出了非椭形扩展目标贝叶斯跟踪算法。该算法在非椭形目标无机动时是有效的，然而，当非椭形目标机动时，直接应用该算法可能导致不可接受的估计结果。

在机动时，非椭形目标的整体动态特性可发生突变（如突然转弯和朝向转换），而此时 7.3.2 节采用的表征各子目标的非机动模型可能与真实的运动模式失配。又由于整体的估计形态为基于各子目标失配模型的估计结果的组合，上述失配将进而导致整体的估计形态的突变使其大幅偏离真实的形态[19]。这种现象将在仿真例子中予以展示说明。

事实上，机动非椭形目标这种运动突变的现象可通过混杂系统进行描述，而多模型算法为这类系统的状态估计提供了一种很好的解决方案，正如本章机动椭形目标跟踪中所阐述的那样。

为刻画机动非椭形目标的运动过程中的各种机动模式，定义一个模型集为

$$\bar{M}_k = \{\bar{m}_k^j, j = 1, \cdots, N_k\} \tag{7.77}$$

式中，$\bar{m}_k^j$ 表示 k 时刻非椭形扩展目标的模型 j 或者模型 j 在 k 时刻为有效模型这样一个随机事件；N_k 为模型个数。对于机动非椭形跟踪，可直接假设量测值仅依赖于目标真实的状态和形态，即真实量测是由目标的状态和形态直接产生的，而与这二者随时间的变化无直接关系。因此，此处仅需建立机动非椭形目标的动态模型即可充分刻画机动非椭形目标。基于式（7.50），$\bar{m}_k^j$ 的动态演化方程可定义为

$$\begin{cases} \boldsymbol{x}_k = \bar{\boldsymbol{\Phi}}_k^j \boldsymbol{x}_{k-1} + \bar{\boldsymbol{w}}_k^j, \bar{\boldsymbol{w}}_k^j \sim \mathcal{N}(\boldsymbol{0}, \bar{\boldsymbol{D}}_k^j \otimes \boldsymbol{X}_k) \\ p[\boldsymbol{X}_k \mid \boldsymbol{X}_{k-1}] = \mathcal{W}(\boldsymbol{X}_k; \bar{\delta}_k^j, \bar{\boldsymbol{A}}_k^j \boldsymbol{X}_{k-1} (\bar{\boldsymbol{A}}_k^j)^{\mathrm{T}}) \end{cases} \tag{7.78}$$

式中，$\boldsymbol{x}_k$ 和 $\boldsymbol{X}_k$ 可视为非椭形目标的（虚拟）总体运动状态和扩展形态；$\bar{\boldsymbol{\Phi}}_k^j = \bar{\boldsymbol{F}}_k^j \otimes \boldsymbol{I}_d$；$\bar{\boldsymbol{D}}_k^j = (\bar{\sigma}_k^j)^2 \breve{\boldsymbol{D}}_k^j$。这些模型刻画了非椭形目标的机动模式。而模型序列（时间上）假设为一阶齐次马尔可夫链且其先验转移概率为

$$\pi^{j|i} = P\{\bar{m}_k^j \mid \bar{m}_{k-1}^i\} \tag{7.79}$$

1. 机动非椭形目标联合建模技术[19]

由于所有子目标均属于同一个非椭形目标，它们应当具备一些共同的动态特性，尤其是当目标发生机动时。在这种情况下，假设 A2 可能无法充分描述每个子目标的动态特性。因此，应在联合考虑目标的共性和个性动态的基础上，综合建立机动非椭形目标的动态模型。

7.3.1 节中，假设 A2 定义了子目标 s 的特征模型 m_k^s，且其动态部分与式（7.78）具有类似的结构。事实上，非椭形目标的总体动态特性会直接影响各子目标的动态特性，因此也就影响了各子目标的动态模型。具体而言，当 $\bar{m}_k^j$ 有效时，每个子目标 s 将由一个新的模型 $m_k^{j|s}$ 来表征，该新模型为模型 m_k^s 和模型 $\bar{m}_k^j$ 的联合以体现上述总体动态与局部动态的关系。

一般而言，模型 m_k^s 和 $\bar{m}_k^j$ 具有如下性质。

（1）同一个扩展目标的子目标具有同样的运动模型。所有模型 m_k^s 具有相同的 $\bar{\boldsymbol{\Phi}}_k^s$、$\sigma_k^s$ 和 $\breve{\boldsymbol{D}}_k^s$，以及不同的模型演化方程（由 $\{\delta_k^s, \boldsymbol{A}_k^s\}$ 刻画）。该性质由 A2 给出。

（2）特征模型 m_k^s 与非椭形目标的总体动态模型 $\bar{m}_k^j$ 具有相同的运动状态转移矩阵，也就是说，$\boldsymbol{\Phi}_k^s = \bar{\boldsymbol{\Phi}}_k^j$，$\forall s \in \{1,\cdots,n_k^s\}$，$\forall j \in \{1,\cdots,N_k\}$。为简化问题，假设当旋转机动发生时，子目标间运动状态特性之间的不同可以通过设计大的过程噪声方差描述（覆盖）。

（3）在机动扩展目标跟踪中，模型 $\bar{m}_k^j$ 由 $\{\bar{\boldsymbol{D}}_k^j, \bar{\delta}_k^j, \bar{\boldsymbol{A}}_k^j\}$ 刻画，因为采用这些参数足以满足整个机动扩展目标跟踪的需要（注意到 $\bar{\boldsymbol{D}}_k^j = (\bar{\sigma}_k^j)^2 \breve{\boldsymbol{D}}_k^j$，且各模型动态方程的参数矩阵 $\breve{\boldsymbol{D}}_k^j$ 相同）。这点将在本章仿真部分进一步举例说明。因此 $\bar{m}_k^j$ 事实上由 $\{\bar{\sigma}_k^j, \bar{\delta}_k^j, \bar{\boldsymbol{A}}_k^j\}$ 表征。

因此，$m_k^{j|s}$ 的给定即转化为在给定模型 $\bar{m}_k^j$ 的参数 $\{\bar{\sigma}_k^j, \bar{\delta}_k^j, \bar{A}_k^j\}$ 和模型 m_k^s 的参数 $\{\sigma_k^s, \delta_k^s, A_k^s\}$ 的条件下，给定刻画 $m_k^{j|s}$ 的参数 $\{\sigma_k^{j|s}, \delta_k^{j|s}, A_k^{j|s}\}$。

鉴于此，首先给出如下综合模型（假设非机动模型为 $\bar{m}_k^1 \in \bar{M}_k$，于是 $\bar{\boldsymbol{A}}_k^1 = \lambda \boldsymbol{I}_d$），对模型 $\bar{m}_k^j$ 和子目标 $s(m_k^s)$，有[19]

$$\sigma_k^{j|s} = \sigma_k^s \frac{\bar{\sigma}_k^j}{\bar{\sigma}_k^1}, \quad \delta_k^{j|s} = \delta_k^s \frac{\bar{\delta}_k^j}{\bar{\delta}_k^1}, \quad \boldsymbol{A}_k^{j|s} = \bar{\boldsymbol{A}}_k^j (\bar{\boldsymbol{A}}_k^1)^{-1} \boldsymbol{A}_k^s \tag{7.80}$$

式（7.80）的说明如下。

（1）当 $\bar{m}_k^1 (j=1)$ 起作用时，根据式（7.80），$\{\sigma_k^{j|s}, \delta_k^{j|s}, \boldsymbol{A}_k^{j|s}\}$ 自然退化到 $\{\sigma_k^s, \delta_k^s, \boldsymbol{A}_k^s\}$。也就是说，当总体目标无机动时，$m_k^{j|s}$ 退化到子目标 s 的特征模型 m_k^s（此时 $m_k^{j|s} = m_k^s$）。

（2）当机动发生时，因为 $\bar{\sigma}_k^j > \bar{\sigma}_k^1$，式（7.80）中的 $\sigma_k^{j|s}$ 自动增大以刻画由于机动造成的模型不确定性。

（3）矩阵 $\boldsymbol{A}_k^{j|s}$ 事实上刻画了如下的过程：如果整体目标发生 $\bar{\boldsymbol{A}}_k^j$ 刻画的旋转，子目标首先局部旋转 $\boldsymbol{A}_k^s$，然后再全局旋转 $\bar{\boldsymbol{A}}_k^j$（注意到 $\bar{\boldsymbol{A}}_k^1 = \lambda \boldsymbol{I}_d$）。该过程刻画了典型的全局旋转机动与局部旋转机动之间的关系。

（4）机动发生时，因为 $\bar{\delta}_k^j < \bar{\delta}_k^1$，$\delta_k^{j|s}$ 也自动减小以刻画由于机动造成的形态演化模型的不确定性。并且式（7.80）也保证了一个扩展目标中非常重要的性质：在没有任何其他先验信息的实际应用中，目标形态演化不能改变该目标的平均体积。由于一般的扩展目标均为刚体，所以该性质在大量的应用中均应成立。而式（7.80）给出的联合模型则可保证这条性质。为了对此进行说明，不失一般性，令分布 $p[\boldsymbol{X}_k \mid \boldsymbol{X}_{k-1}] = \mathcal{W}(\boldsymbol{X}_k; \delta_k, \boldsymbol{A}_k \boldsymbol{X}_{k-1} (\boldsymbol{A}_k)^{\mathrm{T}})$ 统一表示式（7.69）和式（7.78）中的形态演化部分。于是，上述性质可表述为（假设 $\det(\boldsymbol{A}_k) \neq 0$，给定 $\boldsymbol{X}_{k-1}$ 且 $\det(\boldsymbol{X}_{k-1}) \neq 0$）

$$\begin{aligned}
&\det(E[\boldsymbol{X}_k \mid \boldsymbol{X}_{k-1}]) = \det(\boldsymbol{X}_{k-1}) \\
\Leftrightarrow &\det(\delta_k \times \boldsymbol{A}_k \boldsymbol{X}_{k-1} (\boldsymbol{A}_k)^{\mathrm{T}}) = \det(\boldsymbol{X}_{k-1}) \\
\Leftrightarrow &\det(\delta_k \times \boldsymbol{A}_k (\boldsymbol{A}_k)^{\mathrm{T}}) = 1
\end{aligned} \tag{7.81}$$

式（7.81）中，由于 $E[\boldsymbol{X}_k \mid \boldsymbol{X}_{k-1}] = \delta_k \times \boldsymbol{A}_k \boldsymbol{X}_{k-1} (\boldsymbol{A}_k)^{\mathrm{T}}$，所以等式 1 与等式 2 等价；而 $\delta_k > 0$、$\det(\boldsymbol{X}_{k-1}) \neq 0$ 和 $\det(\boldsymbol{A}_k) \neq 0$ 又保证了等式 2 与等式 3 等价。如果总体模型 $\bar{m}_k^j$ 与特征模型 m_k^s 都满足前述性质（两个模型均满足式（7.81）），那么由式（7.80）给出的联合模

型也可保证该性质。也就是说，如果式（7.78）中的 $\bar{\delta}_k^j$ 和 $\bar{\boldsymbol{A}}_k^j$ 和式（7.69）中的 δ_k^s 和 $\boldsymbol{A}_k^s$ 均满足式（7.81），由式（7.80）给出的 $\delta_k^{j|s}$ 和 $\boldsymbol{A}_k^{j|s}$ 均满足式（7.81），或者等价地说，式（7.81）的等式 3 对于采用式（7.80）所给出参数的 $m_k^{j|s}$ 依然成立。

因此，式（7.80）可通用于给定联合模型 $m_k^{j|s}$。

2. 多模型机动非椭形扩展目标跟踪

由于一个非椭形扩展目标由多个子目标构成，所以目标的整体机动过程依赖于子目标与总体目标之间的关系。实际中，整体机动过程至少可分为如下两种情况（假设）[19]。

H1　所有子目标均同时进行同样的机动。该假设对于刚体非椭形扩展目标成立。

H2　各子目标进行不同的机动。该假设对于非椭形群目标或多椭形扩展目标成立。

因此，在这两种不同的假设下可得到两种不同的多模型算法，而它们都是为了计算后验分布：

$$p[\boldsymbol{x}_k^s,\boldsymbol{X}_k^s \mid \boldsymbol{Z}^k]=\sum_{j=1}^{N_k} p[\boldsymbol{x}_k^s,\boldsymbol{X}_k^s \mid m_k^{j|s},\boldsymbol{Z}^k]P\{m_k^{j|s} \mid \boldsymbol{Z}^k\},\quad \forall s\in\{1,\cdots,n_k^s\} \tag{7.82}$$

多模型机动非椭形扩展目标跟踪算法可推导如下。

1）基于模型的估计

基于各联合模型的估计可由如下的后验概率密度函数刻画：

$$p[\boldsymbol{x}_k^s,\boldsymbol{X}_k^s \mid m_k^{j|s},\boldsymbol{Z}^k]=\sum_{l=1}^{n_k^{\mathrm{E}}} p[\boldsymbol{x}_k^s,\boldsymbol{X}_k^s \mid m_k^{j|s},E_k^l,\boldsymbol{Z}^k]P\{E_k^l \mid m_k^{j|s},\boldsymbol{Z}^k\} \tag{7.83}$$

基于子目标 s 的模型 $m_k^{j|s}$，并采用 7.3.2 节中多模型算法重初始化步骤式（7.55）给出的初始化参数，式（7.83）中的 $p[\boldsymbol{x}_k^s,\boldsymbol{X}_k^s \mid m_k^{j|s},E_k^l,\boldsymbol{Z}^k]$ 可由表 7.1 中的算法计算获得。

2）计算事件 E_k^l 的后验概率

该概率可推导为

$$P\{E_k^l \mid m_k^{j|s},\boldsymbol{Z}^k\}=(c_k^2)^{-1}p[\boldsymbol{Z}_k \mid m_k^{j|s},E_k^l,\boldsymbol{Z}^{k-1}]P\{E_k^l \mid m_k^{j|s},\boldsymbol{Z}^{k-1}\} \tag{7.84}$$

式中，由假设 A3 知 $P\{E_k^l \mid \bar{m}_k^{j|s},\boldsymbol{Z}^{k-1}\}=1/n_k^{\mathrm{E}}$；并且归一化因子 $c_k^2=\sum_{l=1}^{n_k^{\mathrm{E}}} p[\boldsymbol{Z}_k \mid m_k^{j|s},E_k^l,\boldsymbol{Z}^{k-1}]/n_k^{\mathrm{E}}$。而似然函数在 H1 和 H2 下分别具有不同的形式。

在假设 H1 下，总体模型 $\bar{m}_k^j$ 应同时对所有子目标有效，因此有

$$p[\boldsymbol{Z}_k \mid m_k^{j|s},E_k^l,\boldsymbol{Z}^{k-1}]=p[\boldsymbol{Z}_k \mid \bar{m}_k^j,E_k^l,\boldsymbol{Z}^{k-1}]=\prod_{h=1}^{n_k^s} p[\boldsymbol{Z}_k^h \mid \bar{m}_k^j,E_k^l,\boldsymbol{Z}^{k-1}] \tag{7.85}$$

在假设 H2 下，$\bar{m}_k^j$ 对子目标 s 有效并不代表同时对子目标 $h(h\neq s)$ 有效，因此有

$$\begin{cases} p[\boldsymbol{Z}_k \mid m_k^{j|s},E_k^l,\boldsymbol{Z}^{k-1}]=p[\boldsymbol{Z}_k^s \mid m_k^{j|s},E_k^l,Z^{k-1}]\prod\limits_{h\neq s} p[\boldsymbol{Z}_k^h \mid E_k^l,\boldsymbol{Z}^{k-1}] \\ p[\boldsymbol{Z}_k^h \mid E_k^l,\boldsymbol{Z}^{k-1}]=\sum\limits_{j=1}^{N_k} p[\boldsymbol{Z}_k^h \mid m_k^{j|h},E_k^l,\boldsymbol{Z}^{k-1}]P\{m_k^{j|h} \mid E_k^l,\boldsymbol{Z}^{k-1}\} \end{cases} \tag{7.86}$$

式中，先验概率 $P\{m_k^{j|h} \mid E_k^l, \boldsymbol{Z}^{k-1}\}$ 由 $k-1$ 时刻联合模型 $m_k^{j|h}$ 的概率和从 $k-1$ 时刻到 k 时刻的转移概率共同计算获得。

式（7.85）中的 $p[Z_k^h \mid \bar{m}_k^j, E_k^l, \boldsymbol{Z}^{k-1}]$ 和式（7.86）中的 $p[\boldsymbol{Z}_k^h \mid m_k^{j|h}, E_k^l, \boldsymbol{Z}^{k-1}]$ 可由类似式（7.74）的算式计算。具体的计算步骤参考文献[19]中的附录。

3）计算联合模型 $m_k^{j|s}$ 的后验概率

该概率可展开为

$$P\{m_k^{j|s} \mid \boldsymbol{Z}^k\} = p[\boldsymbol{Z}_k \mid m_k^{j|s}, \boldsymbol{Z}^{k-1}]P\{m_k^{j|s} \mid \boldsymbol{Z}^{k-1}\} / c_k^3 \tag{7.87}$$

式中，$c_k^3 = \sum_{j=1}^{N_k} p[\boldsymbol{Z}_k \mid m_k^{j|s}, \boldsymbol{Z}^{k-1}]P\{m_k^{j|s} \mid \boldsymbol{Z}^{k-1}\}$ 且

$$p[\boldsymbol{Z}_k \mid m_k^{j|s}, \boldsymbol{Z}^{k-1}] = \sum_{l=1}^{n_k^{\mathrm{E}}} p[\boldsymbol{Z}_k \mid m_k^{j|s}, E_k^l, \boldsymbol{Z}^{k-1}]P\{E_k^l \mid m_k^{j|s}, \boldsymbol{Z}^{k-1}\} \tag{7.88}$$

式中，$p[\boldsymbol{Z}_k \mid m_k^{j|s}, E_k^l, \boldsymbol{Z}^{k-1}]$ 在假设 H1 下由式（7.85）计算，在假设 H2 下则由式（7.86）计算，且在假设 A3 下 $P\{E_k^l \mid m_k^{j|s}, \boldsymbol{Z}^{k-1}\} = 1/n_k^{\mathrm{E}}$ 。

在假设 H2 下，由式（7.87）计算模型 $m_k^{j|s}$ 的概率时需要考虑所有可能的联合模型，如式（7.88）所示。因此该假设下总共需要计算 $(N_k)^{n_k^s}$ 个概率（或者说似然函数）。

然而，在假设 H1 下，该计算过程得到了大幅度简化，因为 $\bar{m}_k^j$ 同时对所有子目标有效，所以有 $P\{m_k^{j|s} \mid \boldsymbol{Z}^k\} = P\{\bar{m}_k^j \mid \boldsymbol{Z}^k\}$ 。于是该假设下总共仅需计算 N_k 个总体机动模型 $\bar{m}_k^j$ 的概率。

4）融合

总体的后验分布 $p[\boldsymbol{x}_k^s, \boldsymbol{X}_k^s \mid \boldsymbol{Z}^k]$ 则可直接由式（7.82）和式（7.83）计算，从而可得到后验估计 $E[\boldsymbol{x}_k^s \mid \boldsymbol{Z}^k]$ 和 $E[\boldsymbol{X}_k^s \mid \boldsymbol{Z}^k]$ 。相关算式可见表 7.2。

上述多模型算法的具体细节和计算步骤可进一步参考文献[19]的附录部分。

7.3.4　非椭形扩展目标跟踪的简化技术

如假设 A3 中所述，在贝叶斯非椭形扩展目标跟踪中总共需要考虑 $(n_k^s)^{n_k}$ 个关联事件。当 n_k^s 或 n_k 较大时，实际应用中该跟踪算法可能是计算不可行的。为简化计算，本节给出三种简化技术[19]。

1. 门限法（gating method）

门限法是杂波环境中目标跟踪算法常用的技术。就非椭形扩展目标跟踪而言，考虑通过门限法为每个子目标确认应当关联的量测数据。换句话说，对于仅落在某子目标的跟踪门中的数据，它们不需要同其他子目标发生关联，这样即可大幅减少关联事件的个数从而达到降低计算量的目的。

为此，文献[19]提出，对于基于随机矩阵的扩展目标跟踪算法，各子目标（或单

独的椭形目标）的波门应定义为

$$G_k^{z,s}=\{z:(z-\hat{z}_{k|k-1}^s)^{\mathrm{T}}(S_{k|k-1}^s\hat{X}_{k|k-1}^s)^{-1}(z-\hat{z}_{k|k-1}^s)\leqslant\gamma^2\} \tag{7.89}$$

基于模型 m_k^s 并令 $n_k=1$，式（7.89）中的 $\hat{z}_{k|k-1}^s=(H_k\otimes I_d)\hat{x}_{k|k-1}^s$、$\hat{x}_{k|k-1}^s$、$S_{k|k-1}^s$（标量）和 $\hat{X}_{k|k-1}^s$ 通过表 7.1 中的贝叶斯算法算得。

式（7.89）中的门限大小 γ^2 由门限概率 P_G 给定，即

$$\begin{cases}\int_{z\in G_k^{z,s}}p[z\mid m_k^s,Z^{k-1}]\mathrm{d}z=P_G\\ p[z\mid m_k^s,Z^{k-1}]=\alpha_k\mid S_{k|k-1}^s\mid^{-1/2}\mid\hat{X}_{k|k-1}^s\mid^{a_k^s/2}\mid\hat{X}_k^s\mid^{-(a_k^s+1)/2}\end{cases} \tag{7.90}$$

式中

$$\begin{cases}\alpha_k\overset{\text{def}}{=\!=}\pi^{-\frac{d}{2}}\Gamma_d\left[\dfrac{a_k^s+1}{2}\right]\left(\Gamma_d\left[\dfrac{a_k^s}{2}\right]\right)^{-1}\\ \hat{X}_k^s=\hat{X}_{k|k-1}^s+(S_{k|k-1}^s)^{-1}G_k^s(G_k^s)^{\mathrm{T}}\\ G_k^s=z-\hat{z}_{k|k-1}^s,\ \hat{z}_{k|k-1}^s=(H_k\otimes I_d)\hat{x}_{k|k-1}\\ a_k^s=\hat{v}_{k|k-1}^s-d-1\end{cases} \tag{7.91}$$

相关参数 $\hat{x}_{k|k-1}^s$、$S_{k|k-1}^s$、$\hat{v}_{k|k-1}^s$ 和 $\hat{X}_{k|k-1}^s$ 同样通过表 7.1 中的贝叶斯算法算得（基于模型 m_k^s 并令 $n_k=1$）。

令 $y=(S_{k|k-1}^s\hat{X}_{k|k-1}^s)^{-1/2}(z-\hat{z}_{k|k-1}^s)$，式（7.90）可转化为

$$\begin{cases}\int_{y\in G_k^{y,s}}p[y\mid m_k^s,Z^{k-1}]\mathrm{d}y=P_G\\ p[y\mid m_k^s,Z^{k-1}]=\alpha_k\mid I_d+yy^{\mathrm{T}}\mid^{-(a_k^s+1)/2}=\alpha_k(1+y^{\mathrm{T}}y)^{-(a_k^s+1)/2}\end{cases} \tag{7.92}$$

式中，集合 $G_k^{y,s}=\{y:y^{\mathrm{T}}y\leqslant\gamma^2\}$，并且式（7.92）中的第二个等式由 Sylvester 行列式定理（Sylvester’s Determinant Theorem）算得。

对于二维（$d=2$）物理空间的目标跟踪算法，有 $\alpha_k=(a_k^s-1)/(2\pi)$。于是通过变量替换法（将直角坐标转化为极坐标），式（7.92）中的定积分具有解析形式，使得该式成为

$$\begin{aligned}&1-(1+\gamma^2)^{(1-a_k^s)/2}=P_G\\ &\Rightarrow\gamma^2=(1-P_G)^{2/(1-a_k^s)}-1\end{aligned} \tag{7.93}$$

也就是说，二维空间（如海平面扩展目标跟踪）门限大小具有如式（7.93）给出的简单的解析形式。

对于三维（$d=3$）物理空间的扩展目标跟踪算法，上述解析解不存在。此时可通过数值算法求解或者直接采用式（7.93）给出的解析解作为此时的近似门限大小。

2. 伪似然法（pseudo-likelihood method）

实际中，上述门限法得到的关联个数随量测情况和预测量本身动态变化，因此该

方法并不能保证减小关联数目。一种直观的办法就是考虑选定概率最大的η个关联事件，并仅对这些大概率事件进行处理。只要η选取合适即可满足实际需求。然而，这种做法又需要计算所有可能的关联事件的概率及其似然函数，而这正是跟踪算法中计算量最大的部分。所以，直接采用该方法并不能使得整个算法的计算量大幅下降。

既然计算概率的最大计算量即在于计算各关联事件对应的似然函数，在挑选η个大概率关联事件时考虑对各事件对应的似然函数$p[\boldsymbol{Z}_k \mid E_k^l, \boldsymbol{Z}^{k-1}]$进行简化近似。事实上，由于所有量测值在给定子目标及其真实的状态和形态时条件独立，可考虑对式（7.73）中计算$p[\boldsymbol{Z}_k \mid E_k^l, \boldsymbol{Z}^{k-1}]$时所需的$p[\boldsymbol{Z}_k^h \mid E_k^l, \boldsymbol{Z}^{k-1}]$进行如下近似：

$$p[\boldsymbol{Z}_k^h \mid E_k^l, \boldsymbol{Z}^{k-1}] \approx \hat{p}[\boldsymbol{Z}_k^h \mid E_k^l, \boldsymbol{Z}^{k-1}] \stackrel{\text{def}}{=} \prod_{z_k^g \in Z_k^h} p[z_k^g \mid E_k^l, m_k^h, \boldsymbol{Z}^{k-1}] = \prod_{z_k^g \in Z_k^h} p[z_k^g \mid m_k^h, \boldsymbol{Z}^{k-1}] \quad (7.94)$$

条件m_k^h明确给出的原因在于符号$\boldsymbol{Z}_k^h$意味着所有量测值$z_k^g \in \mathrm{Z}_k^h$已经和子目标h关联，而量测个数为1时的似然函数$p[z_k^g \mid m_k^h, \boldsymbol{Z}^{k-1}]$恰好由式（7.90）和式（7.91）基于$m_k^h$和$z_k^g$给出。

有了上述近似，随机事件E_k^l的似然函数即可给定为

$$\begin{aligned} p[\boldsymbol{Z}_k \mid E_k^l, \boldsymbol{Z}^{k-1}] &= \prod_{h=1}^{n_k^s} p[\boldsymbol{Z}_k^h \mid E_k^l, \boldsymbol{Z}^{k-1}] \\ &\approx \hat{p}[\boldsymbol{Z}_k \mid E_k^l, \boldsymbol{Z}^{k-1}] \stackrel{\text{def}}{=} \prod_{h=1}^{n_k^s} \hat{p}[\boldsymbol{Z}_k^h \mid E_k^l, \boldsymbol{Z}^{k-1}] \end{aligned} \quad (7.95)$$

此处，包含由式（7.94）定义的$\hat{p}[\boldsymbol{Z}_k^h \mid E_k^l, \boldsymbol{Z}^{k-1}]$的函数$\hat{p}[\boldsymbol{Z}_k \mid E_k^l, \boldsymbol{Z}^{k-1}]$也称为伪似然函数。

于是，可直接挑选n_k^{E}个伪似然函数值最大的关联事件进行处理，即可大幅降低计算量。而正如式（7.94）和式（7.95）所示，伪似然函数根本上由$p[z_k^g \mid m_k^h, \boldsymbol{Z}^{k-1}]$构成。于是，即使计算所有的伪似然函数，本质上也只需计算$n_k \times n_k^s$个似然函数$p[z_k^g \mid m_k^h, \boldsymbol{Z}^{k-1}]$（共只有$n_k \times n_k^s$个）。因此，这种计算方法的计算量远远小于计算$(n_k)^{n_k^s}$个真实的似然函数所需的计算量。

上述基于伪似然函数来挑选n_k^{E}个关联事件的方法称为伪似然法[19]。

3. 聚类法（clustering method）

当量测值较多时，聚类技术也可用于简化关联过程。若把n_k个量测值聚类（如K-均值算法等）成$\bar{n}_k\ (\bar{n}_k \ll n_k)$个量测集合，并将每个集合当成整体看待，则总共仅需要考虑$n_k^{\mathrm{E}} = (\bar{n}_k)^{n_k^s}$个关联事件即可，因此也可大幅降低关联事件的个数从而大幅降低计算量。

事实上，由于聚类法仅依赖于数据本身，所以该方法在各种情况下均可使用。不仅如此，门限法和伪似然法也可在前述的机动非椭形目标跟踪多模型方法中使用以简化计算。对于这两种方法，如果在单模型算法中使用，其所需的与子目标s相关度的参数（两种方法分别在式（7.89）和式（7.94）中使用），包括$\hat{\boldsymbol{x}}_{k|k-1}^s$、$\boldsymbol{P}_{k|k-1}^s$、$\hat{\boldsymbol{v}}_{k|k-1}^s$和$\hat{\boldsymbol{X}}_{k|k-1}^s$等均可由表7.1中的贝叶斯算法直接获得。

在多模型算法中，有如下的展开形式

$$p[\boldsymbol{x}_k^s, \boldsymbol{X}_k^s \mid \boldsymbol{Z}^{k-1}] = \sum_{j=1}^{N_k} p[\boldsymbol{x}_k^s, X_k^s \mid m_k^{j|s}, \boldsymbol{Z}^{k-1}] P\{m_k^{j|s} \mid \boldsymbol{Z}^{k-1}\}$$

$$\approx \mathcal{N}(\boldsymbol{x}_k^s; \hat{\boldsymbol{x}}_{k|k-1}^s, \boldsymbol{P}_{k|k-1}^s \otimes \boldsymbol{X}_k^s) \times \mathcal{IW}(\boldsymbol{X}_k^s; \hat{\boldsymbol{v}}_{k|k-1}^s, \hat{\boldsymbol{X}}_{k|k-1}^s) \quad (7.96)$$

式中，$P\{m_k^{j|s} \mid \boldsymbol{Z}^{k-1}\}$ 为多模型算法中可直接计算的参数（模型的一步预测概率），并且单模型对应的后验分布 $p[\boldsymbol{x}_k^s, \boldsymbol{X}_k^s \mid m_k^{j|s}, \boldsymbol{Z}^{k-1}] = \mathcal{N}(\boldsymbol{x}_k^s; \hat{\boldsymbol{x}}_{k|k-1}^{j|s}, \boldsymbol{P}_{k|k-1}^{j|s} \otimes \boldsymbol{X}_k^s)\mathcal{IW}(\boldsymbol{X}_k^s; \hat{\boldsymbol{v}}_{k|k-1}^{j|s}, \hat{\boldsymbol{X}}_{k|k-1}^{j|s})$ 且相关参数可由表 7.1 给出的单模型贝叶斯估计器给出。因而“≈”式就是典型的随机矩阵的矩匹配方法，其相关参数 $\hat{\boldsymbol{x}}_{k|k-1}^s$、$\boldsymbol{P}_{k|k-1}^s$、$\hat{\boldsymbol{v}}_{k|k-1}^s$ 和 $\hat{\boldsymbol{X}}_{k|k-1}^s$ 由表 7.2 中的矩匹配方法具体算式计算而得。一旦算得这些参数，门限法和伪似然法即可直接用于多模型算法中以大幅减小计算量。

在实际中，上述三种方法可联合运用以有效降低算法的计算复杂度。

7.3.5　仿真结果与分析

本节通过仿真比较了四种目前最新的扩展目标跟踪算法，四种算法如下。

（1）星凸法（the star-convex approach），由文献[9]提出。

（2）7.2 节给出的椭形扩展目标跟踪算法（the Ellipsoidal object Tracking Approach，ETA），该方法总结在表 7.1 中。

（3）非机动非椭形扩展目标跟踪算法（the Non-ellipsoidal object Tracking Approach，NTA），该方法在 7.3.2 节给出。

（4）机动非椭形扩展目标跟踪算法。共两个多模型算法（MM1 和 MM2 分别对应 7.3.3 节中的 H1 假设和 H2 假设下的多模型算法）。

注意到，ETA 算法（7.2 节内容）已经在 7.2 节中与其他的流行算法予以比较，因此，此处不再将其他椭形目标跟踪算法作为比较对象。上述四种算法均采用 7.3.4 节给出的简化方法。

比较中仿真了两个场景：S1——单次非椭形扩展目标跟踪场景；S2——非椭形扩展目标跟踪。比较的跟踪结果为 300 次蒙特卡洛仿真的均方根误差（RMSE）。

1. 仿真场景

S1 中，扩展目标由几个点代替，如图 7.10（a）所示。其大小和形状与波音 747 客机类似。假设目标进行匀速直线运动。其运动轨迹与仿真结果一同显示在图 7.11 中。生成数据时采用如下参数：假设目标从状态 $\boldsymbol{x}_0 = [0, 10^4\,\text{m}, 260\text{m/s}, 0, 0, 0]^{\text{T}}$ 出发且进行无过程噪声的匀速直线（CV）运动，采样周期为 $T = 0.4\text{s}$。真实的量测噪声为高斯分布 $\mathcal{N}(0, \boldsymbol{R}_k)$ 且方差 $\boldsymbol{R}_k = \text{diag}([9,9])\text{m}^2$。每个点在每个采样时刻仅产生一个测量值，因此，每时刻共获得 9 个采样值。

S2 中，扩展目标由三个椭圆构成，如图 7.10（b）所示。该场景采用如下参数生成数据：目标从状态 $\boldsymbol{x}_0=[0,0,-260/\sqrt{2}\text{m/s},260/\sqrt{2}\text{m/s},0,0]^{\mathrm{T}}$ 出发且无过程噪声，采样周期为 $T=0.3\text{s}$ 。目标一直进行匀速直线运动，除了在采样时刻 $k=18\sim23$ 进行匀转弯速率（转弯速率为 $\pi/6\,\text{rad/s}$ ）。在 k 时刻，共产生 50 个量测值，对应的散射中心均匀分布在整个非椭形形态范围内，每个量测值为对应的散射中心位置叠加一个从高斯分布 $\mathcal{N}(0,\boldsymbol{R}_k)$ 产生的真实噪声，噪声方差 $\boldsymbol{R}_k=\text{diag}([1,1])\text{m}^2$ 。

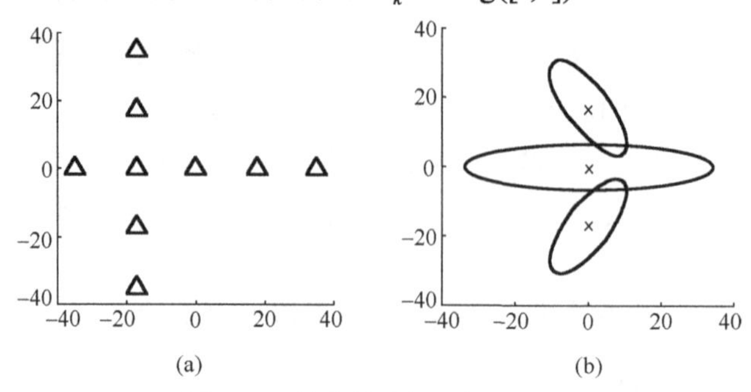

图 7.10 简化的非椭形扩展目标

2. 比较的算法

S1 中比较了星凸法、ETA 和两个多模型算法（MM1 和 MM2）。在星凸法中，采用匀速直线运动模型描述目标运动并且采用一个度数 $N_F=11$ 傅里叶展开[9]。ETA 初始化采用如下参数： $\bar{\boldsymbol{X}}_0=\text{diag}([25^2,25^2])\text{m}^2$ 、 $\hat{v}_0=10$ 、 $\hat{\boldsymbol{x}}_0=[0,10^4\text{m},260\text{m/s},0,0,0]^{\mathrm{T}}$ 且 $\boldsymbol{P}_0=\text{diag}([10^2\text{m}^2,10^2\text{m}^2/\text{s}^2,0.1^2\text{m}^2/\text{s}^4])$ 。在 NTA 中，两个子目标的模型 $\{m_k^s\}_{s=1}^2$ 如表 7.3 和表 7.4 所示（ $\sigma^s=1$ ）。第一个版本的 NTA 算法（NTA1）考虑所有 2^9 个关联事件，第二个版本的 NTA 算法（NTA2）采用 7.3.4 节中的门限法（ $P_G=0.99$ ）减少关联事件数。为充分对比算法性能，共考虑两个不同的具体情境：情境 1——NTA1 与 NTA2 中两个子目标的初始化参数均与 ETA 相同；情境 2——与情境 1 参数一致，除了所有算法的初始化参数换成 $\hat{\boldsymbol{x}}_0=[-35/2\text{m},10^4\text{m},260\text{m/s},0,0,0]^{\mathrm{T}}$ 。

表 7.3 特征模型

	$\sigma_k^s/(\text{m/s}^2)$	δ_k^s	$\boldsymbol{A}_k^s$
m_k^1	σ^s	20	$\boldsymbol{I}_d/\sqrt{20}$
m_k^2	σ^s	2	$\boldsymbol{I}_d/\sqrt{2}$

表 7.4 总体模型

	$\bar{\sigma}_k^j/(\text{m/s}^2)$	$\bar{\delta}_k^j$	$\bar{\boldsymbol{A}}_k^j$
$\bar{m}_k^1$	1	2	$\boldsymbol{I}_d/\sqrt{2}$
$\bar{m}_k^2$	$10/\sigma^s$	2	$\boldsymbol{A}_r^2/\sqrt{2}$
$\bar{m}_k^3$	$10/\sigma^s$	2	$\boldsymbol{A}_r^3/\sqrt{2}$

表 7.3 和表 7.4 中， $\sigma^s=1$ 和 10 分别表征低和高的过程噪声水平， $\boldsymbol{A}_r^j=\begin{bmatrix}\cos\theta^j & -\sin\theta^j\\ \sin\theta^j & \cos\theta^j\end{bmatrix}$ 且 $\begin{bmatrix}\theta^2=10\pi/180\,\text{rad}\\ \theta^3=-10\pi/180\,\text{rad}\end{bmatrix}$ 。

S2 中比较了 NTA、MM1 和 MM2 三种算法。根据场景，所有可能的关联事件的个数

为 $(n_k^s)^{n_k}=3^{50}$。三种算法均首先使用 K-均值算法将数据集合 $\boldsymbol{Z}_k$ 分成 9 组，继而采用伪似然法进行简化并挑选 $n_k^{\mathrm{E}}=100$ 个关联事件。NTA 采用初始化不同的 3 个子目标 $\{m_k^s\}_{s=1}^3$，其中 m_k^1 和 m_k^2 于表 7.3 中给出，并且 $m_k^3=m_k^2$。采用较低的过程噪声水平时，NTA 算法可能发散。而该发散现象又有可能通过增大过程噪声来避免。因此，为了更公平地比较，此处同时考虑了如表 7.3 所示的高（$\sigma^s=10$）、低（$\sigma^s=1$）两种噪声水平。对于机动不规则扩展目标跟踪，MM1 和 MM2 采用表 7.4 给出的三个总体模型 $\{\bar{m}_k^j\}_{j=1}^3$，其中 $\bar{m}_k^2$ 和 $\bar{m}_k^3$ 用于刻画两种机动模式。由式（7.79）定义的模型 $\{\bar{m}_k^j\}_{j=1}^3$ 转移概率 $\pi^{j|i}(i,j=1,2,3)$ 设计为 $\pi^{j|j}=0.95$ 和 $\pi^{j|i}=0.025(j\neq i),\forall i,j=1,2,3$。根据式（7.80），子目标的联合模型可给定如表 7.5 所示。

表 7.5　机动非椭形目标跟踪联合模型

	$S=1$			$S=2,3$		
	$\sigma_k^{j\|1}/(\mathrm{m/s^2})$	$\delta_k^{j\|1}$	$A_k^{j\|1}$	$\sigma_k^{j\|2}/(\mathrm{m/s^2})$	$\delta_k^{j\|s}$	$A_k^{j\|s}$
$m_k^{1\|s}$	σ^s	20	$\boldsymbol{I}_d/\sqrt{20}$	σ^s	2	$\boldsymbol{I}_d/\sqrt{2}$
$m_k^{2\|s}$	10	20	$\boldsymbol{A}_r^2/\sqrt{20}$	10	2	$\boldsymbol{A}_r^2/\sqrt{2}$
$m_k^{3\|s}$	10	20	$\boldsymbol{A}_r^3/\sqrt{20}$	10	2	$\boldsymbol{A}_r^3/\sqrt{2}$

NTA 采用 $\bar{\boldsymbol{X}}_0^1=\bar{\boldsymbol{X}}_0$、$\boldsymbol{P}_0^1=\boldsymbol{P}_0$（$\bar{\boldsymbol{X}}_0$ 和 $\boldsymbol{P}_0$ 与 ETA 一致）、$\hat{v}_0^1=9$ 和 $\hat{\boldsymbol{x}}_0^1=[0,0,260/\sqrt{2}\mathrm{m/s},-260/\sqrt{2}\mathrm{m/s},0,0]^{\mathrm{T}}$ 来初始化 m_k^1，并采用同样的参数来初始化 m_k^2 和 m_k^3，除了这两个模型采用不同的如下初始运动状态：$\hat{\boldsymbol{x}}_0^2=[10\mathrm{m},10\mathrm{m},260/\sqrt{2}\mathrm{m/s},-260/\sqrt{2}\mathrm{m/s},0,0]^{\mathrm{T}}$ 和 $\hat{\boldsymbol{x}}_0^3=[-10\mathrm{m},-10\mathrm{m},260/\sqrt{2}\mathrm{m/s},-260/\sqrt{2}\mathrm{m/s},0,0]^{\mathrm{T}}$。MM1 和 MM2 采用与 NTA 一致的子目标。各子目标的联合模型 $\{m^{j|s}\}_{j=1}^3$ 采用 NTA 中的初始化参数：$\{\hat{\boldsymbol{x}}_0^s,\boldsymbol{P}_0^s,\bar{\boldsymbol{X}}_0^s,\hat{v}_0^s\}$，$\forall s=1,2,3$。

3. 仿真结果

S1 中，两种情景（情景 1 和情景 2）仿真结果分别如图 7.11（a）和图 7.11（b）所示。本节所给出的算法给出的估计结果在图 7.11 中以椭圆表示，椭圆方程定义如下

$$(\boldsymbol{y}-\tilde{\boldsymbol{H}}_k^s\hat{\boldsymbol{x}}_k^s)^{\mathrm{T}}(\bar{\boldsymbol{X}}_k^s)^{-1}(\boldsymbol{y}-\tilde{\boldsymbol{H}}_k^s\hat{\boldsymbol{x}}_k^s)=1 \tag{7.97}$$

式中，y 表示椭圆边界上的点；$\tilde{\boldsymbol{H}}_k^s$ 为式（7.69）中给出的量测矩阵；$\hat{\boldsymbol{x}}_k^s$ 和 $\bar{\boldsymbol{X}}_k^s$ 为算法给出的子目标 s 运动状态和扩展形态的后验估计。

S1 中，当所有子目标均采用相同的圆初始化时，ETA 和 NTA 均可精确估计运动状态，然而，NTA 可自动且精确地逼近非椭形目标而 ETA 则不能。因此，NTA 比 ETA 更适用于非椭形扩展目标跟踪。而 NTA1 和 NTA2 表现几乎一致。与星凸法相比，NTA 方法具有更好的性能，尤其是在情景 1 中更是如此。

NTA1 需要考虑 $n^{\mathrm{E}}=2^9$ 个关联事件，NTA2 采用门限法减少关联事件以降低计算复杂度。NTA2 中采用门限法之后的关联事件数目变化情况如图 7.12 所示。由于图 7.11

所示的NTA1与NTA2具有几乎一致的估计性能，图7.12表明的关联事件数的大幅减少（最终减至32个，远小于2^9）表明了门限法的有效性。图7.12还表明，随着形态估计精度的提高，关联事件数将大幅减少，这说明了门限法更适用于形态估计较好时的稳定跟踪阶段。

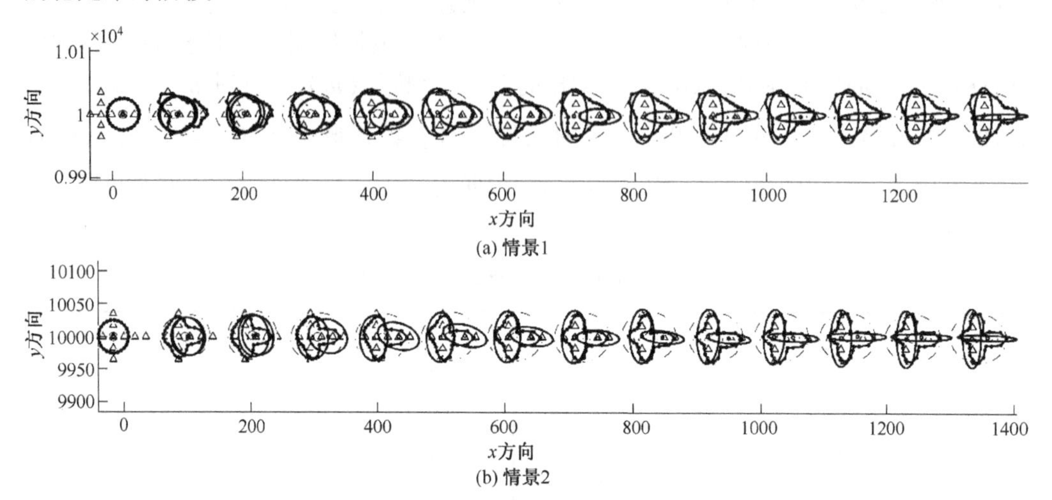

图7.11　S1中的仿真结果

点划线“-·-”表征ETA的估计，实线“—”表征NTA1的估计，虚线“---”表示NTA2的估计，点线“—●—”表征星凸法的估计

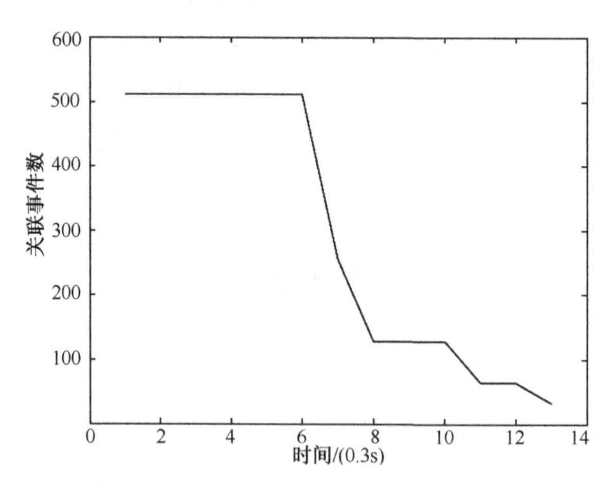

图7.12　S1中NTA2采用的关联事件个数随时间变化图（情景2）

S2中，真实的形态由三个椭圆构成，如图7.10（b）所示。为了验证被比较的算法，此处采用如下的指标。既然估计出的三个子目标形态与真实的三个形态的对应关系先验未知，评估时则需要先找到三个估计的最优排列使得总体估计形态能最好地匹配真实形态。最优排列可计算为

$$\hat{f}_k^l = \arg\min_{f_k} \sum_{s=1}^{n_k^s} \mathrm{tr}[((\bar{\boldsymbol{X}}_k^{f_k(s)})^l - (\boldsymbol{X}_k^s)^l)^2] \tag{7.98}$$

式中，$\hat{f}_k^l$ 为第 l 次蒙特卡洛仿真 k 时刻对于 $1,\cdots,n_k^s$ 的最优排列；$f_k(s)\in\{1,\cdots,n_k^s\}$ 为排列向量的第 s 个元素，因此 $f_k(s)$ 为 s 的函数。总体比较结果为 $N_s=300$ 次蒙特卡洛仿真实验下的均方根误差。给定 $\hat{f}_k^l$ 后，这些误差计算为

$$\begin{cases} \mathrm{RMSE}_p = \left[\dfrac{1}{N_s}\displaystyle\sum_{l=1}^{N_s}\sum_{s=1}^{n_k^s}[(\hat{p}_k^{\hat{f}_k^l(s)} - (p_k^s)^l)^{\mathrm{T}}(\hat{p}_k^{\hat{f}_k^l(s)} - (p_k^s)^l)\right]^{\frac{1}{2}} \\ \mathrm{RMSE}_v = \left[\dfrac{1}{N_s}\displaystyle\sum_{l=1}^{N_s}\sum_{s=1}^{n_k^s}[(\hat{v}_k^{\hat{f}_k^l(s)} - (v_k^s)^l)^{\mathrm{T}}(\hat{v}_k^{\hat{f}_k^l(s)} - (v_k^s)^l)\right]^{\frac{1}{2}} \\ \mathrm{RMSE}_X = \left(\dfrac{1}{N_s}\displaystyle\sum_{l=1}^{N_s}\sum_{s=1}^{n_k^s}\mathrm{tr}[(\bar{\boldsymbol{X}}_k^{\hat{f}_k^l(s)} - (\boldsymbol{X}_k)^l)^2]\right)^{\frac{1}{2}} \end{cases} \tag{7.99}$$

式中，RMSE_p、RMSE_v 和 RMSE_X 分别表示位置、速度和形态估计的均方根误差；上标 l 标志第 l 次仿真对应的量；p_k^s 和 v_k^s 为 k 时刻子目标 s 的位置和速度向量；上标 $\hat{f}_k^l(s)$（由式（7.98）给出）标志第 l 次仿真中与子目标 s 对应的量。

S2 场景的仿真结果如图 7.13～图 7.16 所示。可以看出，MM1 和 MM2 性能大幅优于 NTA，尤其是在机动发生时（$k=18$）和发生后表现得尤为明显。图 7.13 表明，采用过程噪声 $\sigma^s=1$ 时的 NTA 算法在机动发生时将会发散（$k=18$～23），其原因是在一些蒙特卡洛仿真过程中，NTA 估计出的三个子目标在转弯机动发生时会分裂开，

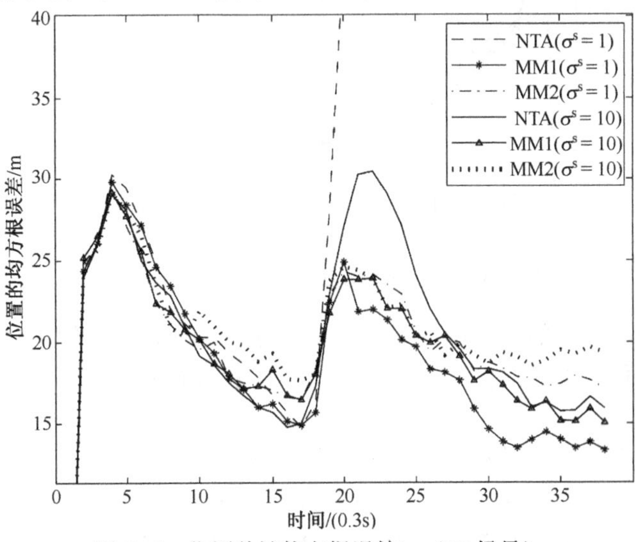

图 7.13　位置估计均方根误差/m（S2 场景）

NTA($\sigma^s=1$) 在 $k=18$ 之后发散，因此其结果的剩余部分被省略

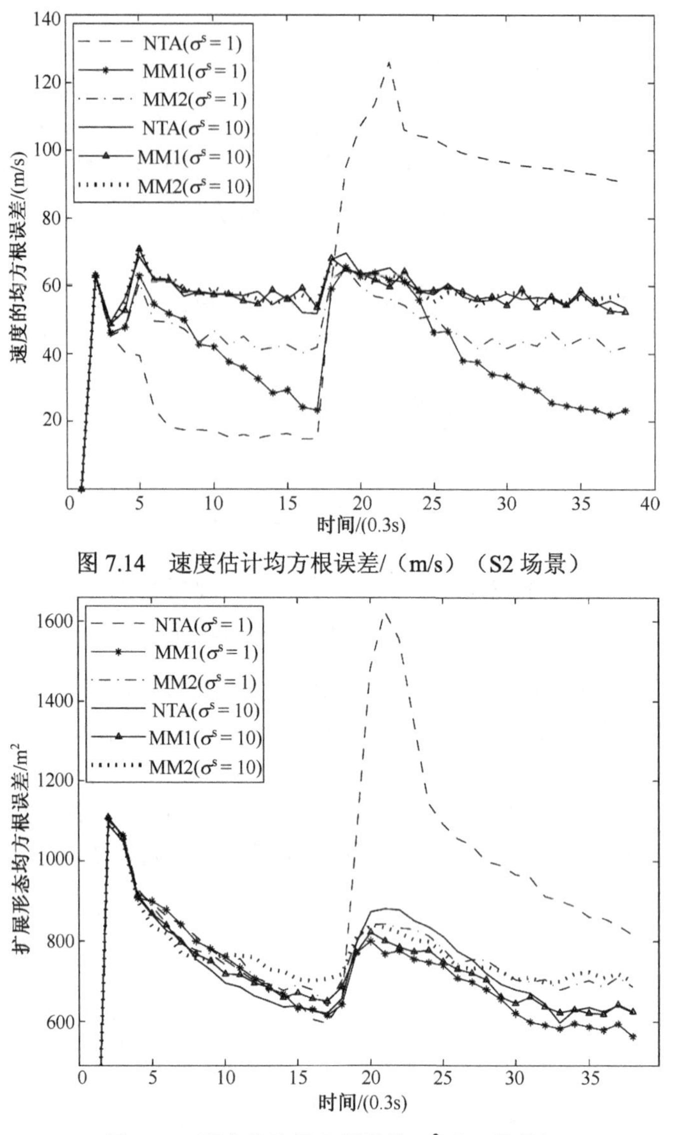

图 7.14　速度估计均方根误差/（m/s）（S2 场景）

图 7.15　形态估计均方根误差/m^2（S2 场景）

导致整体估计偏离真实的非椭形目标。而采用同样过程噪声水平的 MM1 和 MM2 算法完全避免了这种现象的发生。不仅如此，MM1 和 MM2 在位置、速度和形态估计方面均优于 NTA 算法。

增大过程噪声水平可以避免上述发散现象，如图 7.13 中给出的 NTA($\sigma^s=10$) 算法对应的仿真结果所示。尽管如此，在机动过程中的位置和形态估计方面，采用同样高过程噪声水平的两种多模型算法（MM1 和 MM2）依然优于 NTA 算法。由于过程噪声水平较高，三种算法的速度估计方面具有可比的估计性能。

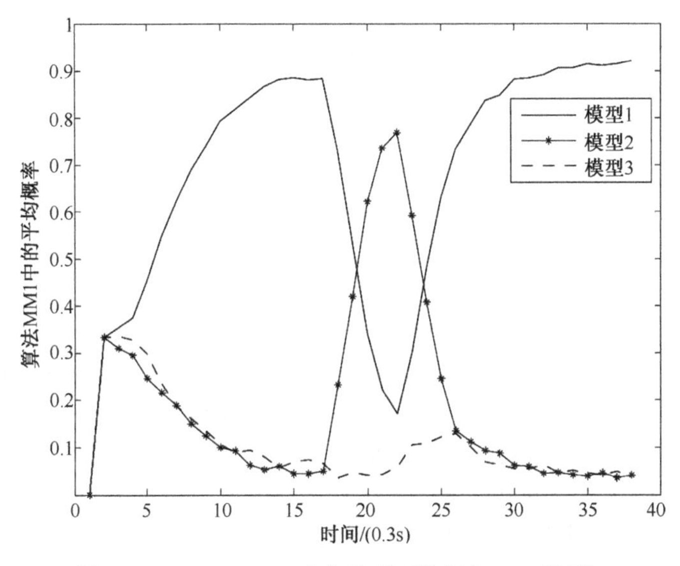

图 7.16　MM1($\sigma^s=1$) 中各模型平均概率（S2 场景）

增大过程噪声水平虽然可以在某种程度上避免单模型 NTA 算法的发散，但是会带来一些负面作用，尤其是在稳态（非机动模式下）估计方面。由图 7.13～图 7.15 可知，采用 $\sigma^s=1$ 的 MM1 算法在稳态估计（尤其是速度估计）方面明显优于采用 $\sigma^s=10$ 的 NTA、MM1 和 MM2 算法。不仅如此，采用 $\sigma^s=1$ 的 MM1 算法与其他所有算法相比均具有更好的估计性能。这个现象说明本节给出的多模型算法可以同时保证机动和非机动模式下的非椭形目标的跟踪性能。

总体上，图 7.16 所示的 MM1 的平均概率反映了真实运动过程，也验证了 MM1 算法的有效性。在 $k=18$～23 期间，总体模型 $\bar{m}_k^2$（模型 2）为真实情况的最佳匹配，这也是图 7.16 中模型 2 的概率在此期间概率最大的原因。进一步说，MM1 比 MM2 性能更优的原因即在于 MM1 将目标当做整体看待，而 MM2 不是这样。

以上的仿真比较说明了在机动非椭形目标跟踪中考虑子目标共同动态特性的重要性，而这恰恰是非椭形目标跟踪与直接的多目标跟踪的关键区别之一。同时，以上仿真结果也验证了三种简化方法（门限法、伪似然法和聚类法）的有效性。

总之，本节提出了在目标跟踪中，采用多个椭球在逼近一个非椭形扩展目标的建模和贝叶斯估计方法。当采用多个椭形子目标逼近一个非椭形目标时，子目标的共同动态特性和自身特有的动态特性应当联合考虑，这是跟踪成功的关键。而本节也给出了联合建模方法。继而推导给出了两种多模型机动非椭形目标跟踪算法。最后通过仿真验证了给出算法的有效性。

总体而言，本节给出的建模和估计方法为解决一大类非椭形机动扩展目标的建模、估计和跟踪提供了一个灵活而有效的框架。

7.4 距离像量测扩展目标跟踪

7.4.1 引论

随着现代传感器分辨率的不断增强，在一些跟踪场景中目标不再被认为是个点源，因为除了基本的运动量测，高分辨率雷达还能提供目标的部分特征信息。这些特征信息有助于提高目标跟踪和识别的精度。例如，在足够大的信噪比条件下，通过使用高距离分辨率（High Range Resolution，HRR）雷达来对目标进行检测，目标的特征反射在雷达视线上所产生的一维投影，就是纵向距离像（down range extent）[20]。相似地，红外成像雷达可以提供目标的横向距离像（cross range extent）。上述这些高精度雷达不但可以通过回波获取目标的径向距离、速度和俯仰角等运动量测信息，而且能测量出目标的宽度或大小等形状信息。

在此背景下，现有的方法主要集中在目标扩展形状的建模上。在文献[4]和文献[16]中，目标形态被建模成椭圆形，如图 7.17 所示。

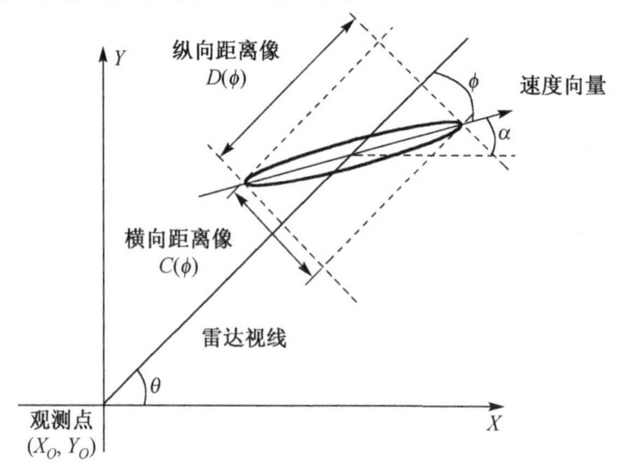

图 7.17　椭形扩展目标

在此场景中，高精度雷达除了提供运动量测（目标距离与方位角），还提供了目标的距离像量测，其纵向距离像与横向距离像分别为

$$D(\phi_k)=l\sqrt{\cos^2\phi_k+\gamma^2\sin^2\phi_k} \tag{7.100}$$

$$C(\phi_k)=l\sqrt{\sin^2\phi_k+\gamma^2\cos^2\phi_k} \tag{7.101}$$

式中，l 为椭圆长轴的长度；k 表示时间；$\gamma=b/a$ 表示椭形目标的纵横比，其中 a 和 b 分别是椭圆的长半轴与短半轴长度；ϕ 为椭圆长轴与视线方向的夹角，用公式表示为

$$\tan\phi_k=\frac{\dot{x}_k(y_k-Y_O)-\dot{y}_k(x_k-X_O)}{\dot{x}_k(x_k-X_O)+\dot{y}_k(y_k-Y_O)} \tag{7.102}$$

式中，(x_k, y_k) 与 $(\dot{x}_k, \dot{y}_k)$ 分别为笛卡儿坐标系下的目标位置与速度；(X_O, Y_O) 是雷达所在位置。

除此之外，大部分地面目标，如坦克、货车、校车等都可以看做一个长方体。假设目标在平面上运动，则它的扩展形态可以被建模成一个矩形[21, 22, 23]（图 7.18）。矩形参数包含目标的长度 a 和宽度 b。对于矩形目标，它的纵向距离像可用公式表示为

$$D(\phi_k) = a_k \cos\phi_k + b_k \sin\phi_k \tag{7.103}$$

式中，ϕ 为椭圆主轴与视线方向的夹角，用公式表示为

$$\cos\phi_k = \frac{1}{r_k u_k}\left|\dot{x}_k(x_k - X_O) + \dot{y}_k(y_k - Y_O)\right| \tag{7.104}$$

$$\sin\phi_k = \frac{1}{r_k u_k}\left|\dot{x}_k(y_k - Y_O) - \dot{y}_k(x_k - X_O)\right| \tag{7.105}$$

目标中心与雷达直接的距离为 $r_k = \sqrt{(x_k - X_O)^2 + (y_k - Y_O)^2}$，$(X_O, Y_O)$ 表示雷达的位置。目标的实际速率为 $u_k = \sqrt{\dot{x}_k^{\ 2} + \dot{y}_k^{\ 2}}$。

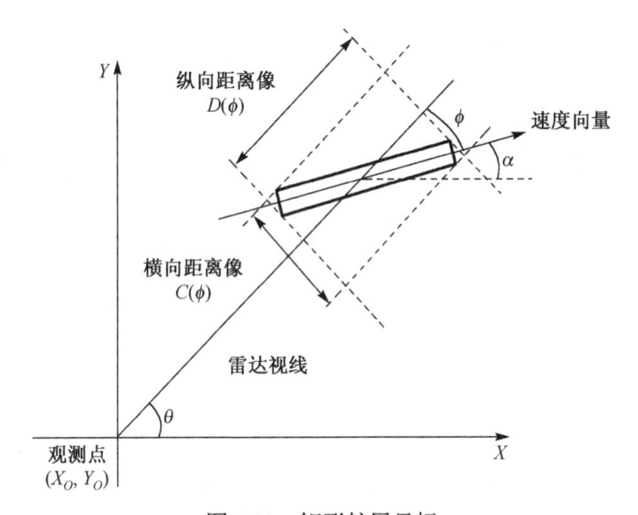

图 7.18　矩形扩展目标

然而上述这些方法只能解决椭形目标与矩形目标的建模问题，并且需要假设目标朝向与其速度方向一致。然而在实际应用中，此假设未必得以满足。考虑到上述方法存在的问题，文献[21]提出了基于支撑函数[17, 24-26]与扩展高斯映射[27]的两种方法。这两种方法能够充分利用不同目标具有的形态特征来对如椭圆与矩形等光滑、非光滑目标进行建模。相比于之前的其他方法，基于支撑函数与扩展高斯映射的方法不但能简化整个建模过程，而且不需要假设目标朝向与其速度方向一致。接下来，将对基于支撑函数与扩展高斯映射的两类扩展目标建模方法分别进行详细介绍。

7.4.2　基于支撑函数的扩展目标跟踪模型

支撑函数（support function）通常用来描述光滑凸体，因为任意一个非空闭合凸体 K 都能被其支撑函数H唯一确定[24]。若K是欧式空间$\mathcal{R}^2$中的某一凸体，并且$\boldsymbol{v}=[\cos\theta,\sin\theta]^{\mathrm{T}}$表示视线方向的单位向量，那么$K$的支撑函数$H_K(\theta)$可用公式表示为

$$H_K(\theta)=\sup_{x\in K}\boldsymbol{x}^{\mathrm{T}}\boldsymbol{v} \tag{7.106}$$

式中，$H_K(\theta)$表示某一固定参考点O与其支撑线之间的距离，该支撑线$L_s(\theta)$可用公式表示为

$$L_s(\theta)=\{\boldsymbol{x}\in\mathcal{R}^2\mid\boldsymbol{x}^{\mathrm{T}}\boldsymbol{v}=H_K(\theta),\quad\theta\in[0,2\pi]\} \tag{7.107}$$

针对纵向距离像与横向距离像量测下的扩展目标跟踪问题，文献[21]所提出的基于支撑函数的方法能够很容易地对目标扩展形态进行建模。支撑函数不仅能对目标形态进行描述，而且更重要的是目标纵向距离像与横向距离像能够由支撑函数来表征。以图 7.19 中的椭形目标为例，它的纵向距离像$D(\theta)$是垂直于视线方向角θ的两条支撑线$L_s(\theta)$与$L_s(\theta+\pi)$之间的距离，即支撑函数$H(\theta)$与$H(\theta+\pi)$的加和。

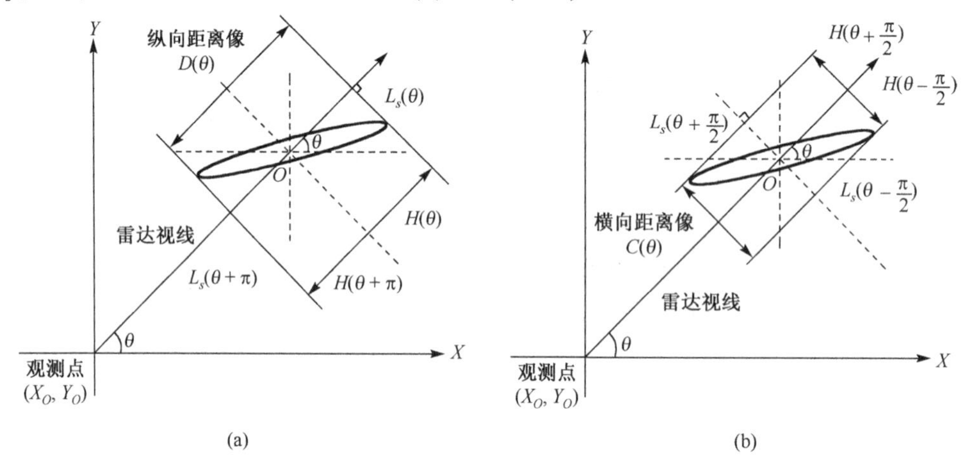

图 7.19　纵向距离像与横向距离像

用公式表示为

$$D(\theta)=H(\theta)+H(\theta+\pi) \tag{7.108}$$

式中，$H(\theta)$与$H(\theta+\pi)$分别表示目标质心到支撑线$L_s(\theta)$与$L_s(\theta+\pi)$的距离。横向距离像$C(\theta)$是平行于视线方向角θ的两条支撑线$L_s\left(\theta-\dfrac{\pi}{2}\right)$和$L_s\left(\theta+\dfrac{\pi}{2}\right)$之间的距离，用公式表示为

$$C(\theta)=H\left(\theta+\frac{\pi}{2}\right)+H\left(\theta-\frac{\pi}{2}\right) \tag{7.109}$$

在此背景下，纵向距离像 $D(\theta)$ 与横向距离像 $C(\theta)$ 可以由支撑函数直接进行表征。

不同于点目标，扩展目标跟踪的目的是要同时估计出目标运动状态及其扩展形态。因此考虑如下的系统模型：

$$\begin{cases} \boldsymbol{x}_k = \boldsymbol{f}(\boldsymbol{x}_{k-1}, \boldsymbol{w}_{k-1}) \\ \boldsymbol{z}_k = \boldsymbol{h}(\boldsymbol{x}_k, \boldsymbol{v}_k) \end{cases} \tag{7.110}$$

式（7.110）分别是目标状态演化方程和量测方程，其中 $\boldsymbol{x}_k$ 为目标状态向量，$\boldsymbol{f}$ 是状态转移函数，$\boldsymbol{z}_k$ 是量测向量，$\boldsymbol{h}$ 为量测函数，$\boldsymbol{w}_{k-1} \sim \mathcal{N}(0, \boldsymbol{Q}_{k-1})$ 与 $\boldsymbol{v}_k \sim \mathcal{N}(0, \boldsymbol{R}_k)$ 分别表示系统过程噪声与量测噪声。扩展目标的状态向量由两部分构成，即

$$\boldsymbol{x}_k = [(\boldsymbol{x}_k^c)^{\mathrm{T}}, (\boldsymbol{x}_k^s)^{\mathrm{T}}]^{\mathrm{T}} \tag{7.111}$$

式中，$\boldsymbol{x}_k^s$ 是目标形态参数；$\boldsymbol{x}_k^c = [x_k, \dot{x}_k, y_k, \dot{y}_k]^{\mathrm{T}}$ 表示质心运动状态；(x_k, y_k) 与 $(\dot{x}_k, \dot{y}_k)$ 分别是笛卡儿坐标下的位置与速度。

如前面所述，基于支撑函数的方法可以对光滑目标形态建模，然而其目标形态需要合适的参数表示形式。例如，椭形目标的形态可以用一个 2×2 对称半正定矩阵来近似表示，即

$$\boldsymbol{E}_k = \begin{bmatrix} E_k^{(1)} & E_k^{(2)} \\ E_k^{(2)} & E_k^{(3)} \end{bmatrix} \tag{7.112}$$

那么该椭圆的支撑函数可表示为[17]

$$H(\theta_k) = (\boldsymbol{v}_k^{\mathrm{T}} \boldsymbol{E}_k \boldsymbol{v}_k)^{1/2} = ([\cos\theta_k, \sin\theta_k] \boldsymbol{E}_k [\cos\theta_k, \sin\theta_k]^{\mathrm{T}})^{1/2} \tag{7.113}$$

式中，$\boldsymbol{v}_k = [\cos\theta_k, \sin\theta_k]^{\mathrm{T}}$。由于椭圆中心对称，所以

$$H(\theta_k) = H(\theta_k + \pi) \tag{7.114}$$

$$H\left(\theta_k + \frac{\pi}{2}\right) = H\left(\theta_k - \frac{\pi}{2}\right) \tag{7.115}$$

因此，可由式（7.108）与式（7.109）得到椭形目标的纵向距离像 $D(\theta)$ 与横向距离像 $C(\theta)$，用公式表示为

$$D(\theta_k) = 2H(\theta_k) = 2([\cos\theta_k, \sin\theta_k] \boldsymbol{E}_k [\cos\theta_k, \sin\theta_k]^{\mathrm{T}})^{1/2} \tag{7.116}$$

$$C(\theta_k) = 2H(\theta_k + \frac{\pi}{2}) = 2([-\sin\theta_k, \cos\theta_k] \boldsymbol{E}_k [-\sin\theta_k, \cos\theta_k]^{\mathrm{T}})^{1/2} \tag{7.117}$$

相应地，矩阵 $\boldsymbol{E}_k$ 中的三个元素 $E_k^{(1)}$、$E_k^{(2)}$、$E_k^{(3)}$ 可以认为是椭形目标形状参数，因此整个目标的状态向量为

$$\boldsymbol{x}_k = [x_k, \dot{x}_k, y_k, \dot{y}_k, E_k^{(1)}, E_k^{(2)}, E_k^{(3)}]^{\mathrm{T}} \tag{7.118}$$

然而，基于此模型所估计出的形态参数有可能会导致 E_k 失去对称正定性。因此，这里考虑通过利用 Cholesky 分解 $\boldsymbol{E}_k = \boldsymbol{L}_k \boldsymbol{L}_k^{\mathrm{T}}$ 来解决此问题，其中

$$\boldsymbol{L}_k=\begin{bmatrix} L_k^{(1)} & 0 \\ L_k^{(2)} & L_k^{(3)} \end{bmatrix} \tag{7.119}$$

相应地，式（7.113）、式（7.116）与式（7.117）可分别重写为

$$H(\theta_k)=([\cos\theta_k,\sin\theta_k]\boldsymbol{L}_k\boldsymbol{L}_k^{\mathrm{T}}[\cos\theta_k,\sin\theta_k]^{\mathrm{T}})^{1/2} \tag{7.120}$$

$$D(\theta_k)=2([\cos\theta_k,\sin\theta_k]\boldsymbol{L}_k\boldsymbol{L}_k^{\mathrm{T}}[\cos\theta_k,\sin\theta_k]^{\mathrm{T}})^{1/2} \tag{7.121}$$

$$C(\theta_k)=2([-\sin\theta_k,\cos\theta_k]\boldsymbol{L}_k\boldsymbol{L}_k^{\mathrm{T}}[-\sin\theta_k,\cos\theta_k]^{\mathrm{T}})^{1/2} \tag{7.122}$$

那么椭形目标的状态向量变为

$$\boldsymbol{x}_k=[x_k,\dot{x}_k,y_k,\dot{y}_k,L_k^{(1)},L_k^{(2)},L_k^{(3)}]^{\mathrm{T}} \tag{7.123}$$

假设该椭形目标在平面内进行近似匀速运动[28]，那么其状态方程可表示为

$$\boldsymbol{x}_k=\boldsymbol{F}_{k-1}^{\mathrm{CV}}\boldsymbol{x}_{k-1}+\boldsymbol{\Gamma}_{k-1}\boldsymbol{w}_{k-1} \tag{7.124}$$

式中

$$\boldsymbol{F}_k^{\mathrm{CV}}=\mathrm{diag}(\boldsymbol{I}_3,\boldsymbol{F},\boldsymbol{F}),\quad \boldsymbol{\Gamma}_{k-1}=\mathrm{diag}(T\boldsymbol{I}_3,\boldsymbol{\Gamma},\boldsymbol{\Gamma})$$

$$\boldsymbol{I}_3=\begin{bmatrix} 1 & 0 & 0 \\ 0 & 1 & 0 \\ 0 & 0 & 1 \end{bmatrix},\quad \boldsymbol{F}=\begin{bmatrix} 1 & T \\ 0 & 1 \end{bmatrix},\quad \boldsymbol{\Gamma}=\begin{bmatrix} T^2/2 \\ T \end{bmatrix}$$

在此场景下，高精度雷达可以提供目标距离 r，方位角 β 和目标的距离像量测。因此，量测 $\boldsymbol{z}_k=[r_k,\beta_k,D_k,C_k]^{\mathrm{T}}$ 所对应的量测方程为

$$\boldsymbol{z}_k=\begin{pmatrix} \sqrt{(x_k-X_0)^2+(y_k-Y_0)^2} \\ \arctan\dfrac{(y_k-Y_0)}{(x_k-X_0)} \\ 2([\cos\theta_k,\sin\theta_k]\boldsymbol{L}_k\boldsymbol{L}_k^{\mathrm{T}}[\cos\theta_k,\sin\theta_k]^{\mathrm{T}})^{1/2} \\ 2([-\sin\theta_k,\cos\theta_k]\boldsymbol{L}_k\boldsymbol{L}_k^{\mathrm{T}}[-\sin\theta_k,\cos\theta_k]^{\mathrm{T}})^{1/2} \end{pmatrix}+\boldsymbol{v}_k \tag{7.125}$$

式中，$\boldsymbol{v}_k\sim\mathcal{N}(0,\boldsymbol{R}_k)$ 为量测噪声，其协方差为

$$\boldsymbol{C}_{\boldsymbol{v}_k}=\boldsymbol{R}_k=\mathrm{diag}[R_k^r,R_k^\beta,R_k^D,R_k^C] \tag{7.126}$$

如果目标朝向与其速度方向一致（其中 α_k 为速度方向角），式（7.113）变为

$$\begin{aligned} H(\theta_k)&=\left(\begin{bmatrix} \cos\theta_k \\ \sin\theta_k \end{bmatrix}^{\mathrm{T}}\hat{\boldsymbol{R}}_k\begin{bmatrix} a_k^2 & 0 \\ 0 & b_k^2 \end{bmatrix}\hat{\boldsymbol{R}}_k^{\mathrm{T}}\begin{bmatrix} \cos\theta_k \\ \sin\theta_k \end{bmatrix}\right)^{1/2} \\ &=(a_k^2\cos^2(\theta_k-\alpha_k)+b_k^2\sin^2(\theta_k-\alpha_k))^{1/2} \end{aligned} \tag{7.127}$$

式中，$\hat{\boldsymbol{R}}_k$ 为旋转矩阵；a_k 与 b_k 分别表示椭形目标的长半轴与短半轴长度。在二维情况下，任意的旋转矩阵都具有以下的形式：

$$\hat{\boldsymbol{R}}_k = \begin{bmatrix} \cos\alpha_k & -\sin\alpha_k \\ \sin\alpha_k & \cos\alpha_k \end{bmatrix} \tag{7.128}$$

因为 $\phi_k = \theta_k - \alpha_k$，所以

$$\begin{aligned} H(\theta_k) &= (a_k^2 \cos^2\phi_k + b_k^2 \sin^2\phi_k)^{1/2} \\ &= \frac{l_k}{2}(\cos^2\phi_k + \gamma_k^2 \sin^2\phi_k)^{1/2} \end{aligned} \tag{7.129}$$

相应地，目标的纵向距离像与横向距离像可重写为

$$D(\theta_k) = l_k \sqrt{\cos^2\phi_k + \gamma_k^2 \sin^2\phi_k} \tag{7.130}$$

$$C(\theta_k) = l_k \sqrt{\sin^2\phi_k + \gamma_k^2 \cos^2\phi_k} \tag{7.131}$$

在此假设条件下，式（7.130）与式（7.131）分别退化成式（7.100）与式（7.101），那么文献[4]和文献[16]提出的椭形模型可以认为是基于支撑函数椭形模型的一个特例。因此，基于支撑函数的扩展目标建模方法可以解决更大的问题。

需要注意的是上述方法并不能直接应用到如矩形等非光滑目标形状建模上，因此文献中又提出了一种基于扩展高斯映射的方法来解决此问题。

7.4.3 基于扩展高斯映射的扩展目标跟踪模型

对于非光滑扩展目标建模，使用扩展高斯映射（Extended Gaussian image，EGI）[27]可以很容易地对其形态进行描述。例如，当目标体 K 是一个 N 条边的凸多边形时，如图 7.20 所示，其中每条边的长度为 $l_j (j = 1,2,\cdots,N)$，外法向量为 $\boldsymbol{u}_j = [\cos\alpha_j, \sin\alpha_j]^{\mathrm{T}}$，它的扩展高斯映射可以由 N 维向量 $l_j \boldsymbol{u}_j$ 来表示，那么 $\{l_1,\cdots,l_N,\alpha_1,\cdots,\alpha_N\}$ 即被认为是该多边形的扩展高斯映射参数[25]。需要特别注意的是，如果某一凸目标体的扩展高斯映射参数已知，那么就能唯一确定其形状，并且很容易地分别通过下面两式得到目标的纵向距离像与横向距离像[21]

$$D(\theta) = \sum_{j=1}^{N} l_j \,|\sin(\theta - \alpha_j)| \tag{7.132}$$

$$C(\theta) = \sum_{j=1}^{N} l_j \,|\cos(\theta - \alpha_j)| \tag{7.133}$$

式中，θ 为目标观测视线角；而 $l_j\,|\cos(\theta - \alpha_j)|$ 表示第 j 条边在 θ 角方向上的投影。显然，凸多边形非光滑目标的纵向距离像 $D(\theta)$ 与横向距离像 $C(\theta)$ 可通过使用其扩展高斯映射参数 $\{l_1,\cdots,l_N,\alpha_1,\cdots,\alpha_N\}$ 并根据式（7.132）与式（7.133）计算得到。下面以矩形目标为例，简要介绍其建模过程。

若 $\{l_1,\cdots,l_4,\alpha_1,\cdots,\alpha_4\}$ 表示一个矩形扩展目标的扩展高斯映射参数，由其所具有的几何特性可知

$$l_1 = l_3,\quad l_2 = l_4 \tag{7.134}$$

$$\alpha_j = \alpha_1 + \frac{(j-1)\pi}{2},\quad j = 2,3,4 \tag{7.135}$$

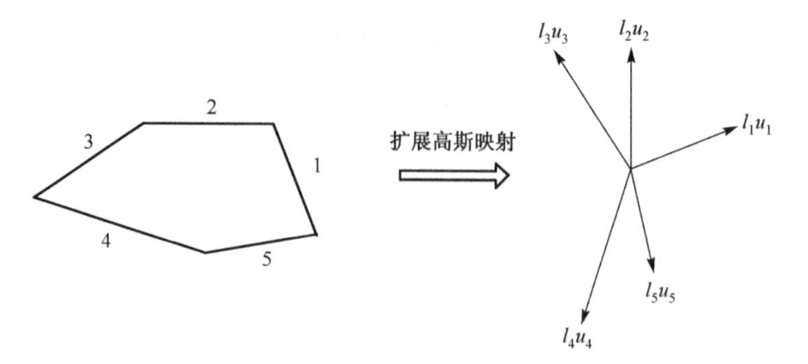

图 7.20　扩展高斯映射

那么其扩展高斯映射参数变为$\left\{l_1,l_2,l_1,l_2,\alpha,\alpha+\frac{\pi}{2},\alpha+\pi,\alpha+\frac{3\pi}{2}\right\}$。相应地，该矩形目标的参数向量$\boldsymbol{x}_k^s=[l_{k,1},l_{k,2},\alpha_k]^{\mathrm{T}}$被扩维到$\boldsymbol{x}_k=[(\boldsymbol{x}_k^c)^{\mathrm{T}},l_{k,1},l_{k,2},\alpha_k]^{\mathrm{T}}$并作为其状态向量。由式（7.132）与式（7.133）可得矩形目标的距离像为

$$\begin{aligned} D(\theta_k) &= \frac{1}{2}\sum_{j=1}^{4} l_{k,j}\left|\cos\left(\theta_k-\alpha_k-\frac{(j-1)\pi}{2}\right)\right| \\ &= l_{k,1}\,|\cos(\theta_k-\alpha_k)| + l_{k,2}\,|\sin(\theta_k-\alpha_k)| \end{aligned} \tag{7.136}$$

$$\begin{aligned} C(\theta_k) &= \frac{1}{2}\sum_{j=1}^{4} l_{k,j}\left|\sin\left(\theta_k-\alpha_k-\frac{(j-1)\pi}{2}\right)\right| \\ &= l_{k,1}\,|\sin(\theta_k-\alpha_k)| + l_{k,2}\,|\cos(\theta_k-\alpha_k)| \end{aligned} \tag{7.137}$$

那么量测$\boldsymbol{z}_k=[r_k,\beta_k,D_k,C_k]^{\mathrm{T}}$所对应的量测方程，可用公式表示为

$$\boldsymbol{z}_k = \begin{pmatrix} \sqrt{(x_k-X_0)^2+(y_k-Y_0)^2} \\ \arctan\dfrac{(y_k-Y_0)}{(x_k-X_0)} \\ l_{k,1}\,|\cos(\theta_k-\alpha_k)|+l_{k,2}\,|\sin(\theta_k-\alpha_k)| \\ l_{k,1}\,|\sin(\theta_k-\alpha_k)|+l_{k,2}\,|\cos(\theta_k-\alpha_k)| \end{pmatrix} + \boldsymbol{v}_k \tag{7.138}$$

与基于支撑函数的建模方法类似，基于扩展高斯映射的建模方法并不需要假设目标朝向与其速度方向一致。如果假设目标朝向与其速度方向一致，现有的矩形模型可以认为是基于扩展高斯映射模型的一个特例。因为$\phi_k=\theta_k-\alpha_k$，所以矩形目标的纵向距离像与横向距离像可用公式表示为

$$D(\theta_k) = l_{k,1} |\cos\phi_k| + l_{k,2} |\sin\phi_k| \tag{7.139}$$

$$C(\theta_k) = l_{k,1} |\sin\phi_k| + l_{k,2} |\cos\phi_k| \tag{7.140}$$

显然在此情况下，式（7.139）可以退化到式（7.103）。除此之外，上述方法还能应用到其他非光滑目标形状的建模上。

因此，文献[21]中基于支撑函数与扩展高斯映射的两种方法可以充分利用不同目标所具有的形态特征来对如椭圆与矩形等光滑、非光滑目标进行建模，不仅能够解决现有方法存在的不足，而且能够拓展到更广的实际应用中。

7.4.4　距离像量测扩展目标跟踪算法

目标距离像量测下的扩展目标跟踪的主要目的是要同时估计出目标运动状态 $\boldsymbol{x}_k^c$ 及其扩展形态参数 x_k^s，因此考虑如下的系统模型：

$$\begin{cases} \boldsymbol{x}_k = \boldsymbol{f}(\boldsymbol{x}_{k-1}, \boldsymbol{w}_{k-1}) \\ \boldsymbol{z}_k = \boldsymbol{h}(\boldsymbol{x}_k, \boldsymbol{v}_k) \end{cases} \tag{7.141}$$

由于量测方程高度非线性，可以通过使用扩展卡尔曼滤波（Extended Kalman Filter，EKF）算法或者无迹滤波（Unscented Filter，UF）算法来解决此状态估计问题。然而文献[4]指出：对于扩展目标跟踪，扩展卡尔曼滤波算法相比于无迹滤波算法容易出现滤波发散等问题。因此无迹滤波算法更适合解决上述状态估计问题，其中非线性部分可以通过无迹变换（Unscented Transformation，UT）[29, 30]来解决，其余线性部分的滤波运算可直接在卡尔曼滤波（Kalman Filter，KF）框架内进行。以椭形目标为例，若动态方程是线性的（见式（7.124）），那么目标状态的一步预测与预测误差的协方差可用公式表示为

$$\hat{\boldsymbol{x}}_{k|k-1} = \boldsymbol{F}_{k-1}\hat{\boldsymbol{x}}_{k|k-1} + \bar{\boldsymbol{w}}_{k-1} \tag{7.142}$$

$$\boldsymbol{P}_{k|k-1} = \boldsymbol{F}_{k-1}\boldsymbol{P}_{k|k-1}\boldsymbol{F}_{k-1}^{\mathrm{T}} + \boldsymbol{Q}_{k-1} \tag{7.143}$$

式中，$\boldsymbol{F}_{k-1}$ 为系统状态转移矩阵。而针对量测方程（见式（7.125））所具有的非线性估计问题，可通过下面的无迹变换，即

$$\begin{aligned} (\hat{\boldsymbol{z}}_{k|k-1}, \boldsymbol{S}_k) &= \mathrm{UT}[\boldsymbol{h}(\boldsymbol{x}_k), (\hat{\boldsymbol{x}}_{k|k-1})^{\mathrm{T}}, \boldsymbol{P}_{k|k-1}] \\ &= \mathrm{UT}[\boldsymbol{h}(\boldsymbol{x}_k, \boldsymbol{v}_k), [(\hat{\boldsymbol{x}}_k)^{\mathrm{T}}, \bar{\boldsymbol{v}}_k^{\mathrm{T}}]^{\mathrm{T}}, \mathrm{diag}(\boldsymbol{P}_{k|k-1}, \boldsymbol{R}_k)] \end{aligned} \tag{7.144}$$

来解决（式（7.144）中的 $\bar{\boldsymbol{v}}_k$ 表示量测噪声的均值），即通过设计一系列 sigma 点 $\boldsymbol{x}_k^i$ 来计算经过非线性量测方程 $\boldsymbol{h}(\cdot)$ 传播所得到的量测预测及其误差协方差，用公式表示为

$$\hat{\boldsymbol{z}}_{k|k-1} = \sum_{i=0}^{N} a^i \boldsymbol{z}_k^i,\ \boldsymbol{z}_k^i = \boldsymbol{h}(\boldsymbol{x}_k^i) \tag{7.145}$$

$$\boldsymbol{S}_k = \sum_{i}^{n} \alpha^i (\boldsymbol{z}_k^i - \hat{\boldsymbol{z}}_{k|k-1})(\boldsymbol{z}_k^i - \hat{\boldsymbol{z}}_{k|k-1})^{\mathrm{T}} \tag{7.146}$$

式中，α^i 表示每个 sigma 点所对应的权系数。同样还可以相应得到量测与状态向量的互协方差，用公式表示为

$$\boldsymbol{C}_{\tilde{\boldsymbol{x}}_{k|k-1}\tilde{\boldsymbol{z}}_k}=\sum_{i=0}^{N}\alpha^i(\boldsymbol{x}_k^i-\hat{\boldsymbol{x}}_{k|k-1})(\boldsymbol{z}_k^i-\hat{\boldsymbol{z}}_{k|k-1})^{\mathrm{T}} \tag{7.147}$$

若 k 时刻所得到新的量测为 $\boldsymbol{z}_k$，那么滤波后的状态更新及其误差协方差为

$$\boldsymbol{K}_k=\boldsymbol{C}_{\tilde{\boldsymbol{x}}_{k|k-1}\tilde{\boldsymbol{z}}_k}\boldsymbol{S}_k^{-1} \tag{7.148}$$

$$\hat{\boldsymbol{x}}_{k|k}=\hat{\boldsymbol{x}}_{k|k-1}+\boldsymbol{K}_k(\boldsymbol{z}_k-\hat{\boldsymbol{z}}_{k|k-1}) \tag{7.149}$$

$$\boldsymbol{P}_{k|k}=\boldsymbol{P}_{k|k-1}-\boldsymbol{K}_k\boldsymbol{S}_k\boldsymbol{K}_k^{\mathrm{T}} \tag{7.150}$$

式中，$\hat{\boldsymbol{x}}_{k|k}$ 与 $\boldsymbol{P}_{k|k}$ 分别表示滤波更新值与相应的滤波误差协方差。

7.4.5 仿真结果与分析

假设在这样一个场景中，所跟踪的椭圆形与矩形扩展目标在二维笛卡儿坐标平面内进行近似匀速直接运动，其初始运动状态都为 $\boldsymbol{x}_0^c=[1000,45,3000,60]^{\mathrm{T}}$。矩形目标的初始形态参数为 $\boldsymbol{x}_0^s=[10,50,\pi/3]^{\mathrm{T}}$。而对于椭形目标，其初始形态参数为矩阵的 Cholesky 分解项，即 $\boldsymbol{x}_0^s=[L_k^{(1)},L_k^{(2)},L_k^{(3)}]^{\mathrm{T}}=[21.79,11.92,5.74]^{\mathrm{T}}$。高分辨率雷达观测点位于笛卡儿坐标平面的原点 $(0,0)$，它提供目标的运动量测（径向距离、方位角）和纵向距离像长度与横向距离像量测，其中量测各个分量的标准差分别为 $\sigma_r=5$，$\sigma_\beta=0.6^\circ$，$\sigma_D=5$，$\sigma_C=5$，采样周期 $T=2$。

考虑到无迹滤波器比扩展卡尔曼滤波器能取得更精确的估计结果，因此仿真中采用无迹滤波器来对目标运动状态与扩展形态进行估计，并且通过 $N=100$ 次蒙特卡洛仿真来比较不同量测情况下上述这两类方法的性能。

（1）UF（D，C，K）：使用目标的径向距离、方位角、纵向距离像和横向距离像量测的无迹滤波器。

（2）UF（C，K）：使用目标的径向距离、方位角、横向距离像量测的无迹滤波器。

（3）UF（D，K）：使用目标的径向距离、方位角、纵向距离像量测的无迹滤波器。

（4）UF（K）：只使用目标的径向距离，方位角量测的无迹滤波器。

需要特别指出的是，对于扩展目标跟踪，仅使用运动量测是很难估计出目标形态的。因此这里 UF（K）只用来进行目标位置、速度的运动状态性能评估。

此场景中的扩展目标跟踪的仿真结果和性能评估对比如图 7.21 与图 7.22 所示，其中图 7.21（a）与图 7.22（a）分别给出了椭形目标与矩形目标的跟踪轨迹。选取均方根误差，即

$$\mathrm{RMSE}(\hat{\boldsymbol{x}})=\left(\frac{1}{M}\sum_{i=1}^{M}\|\boldsymbol{x}_i\|^2\right)^{1/2} \tag{7.151}$$

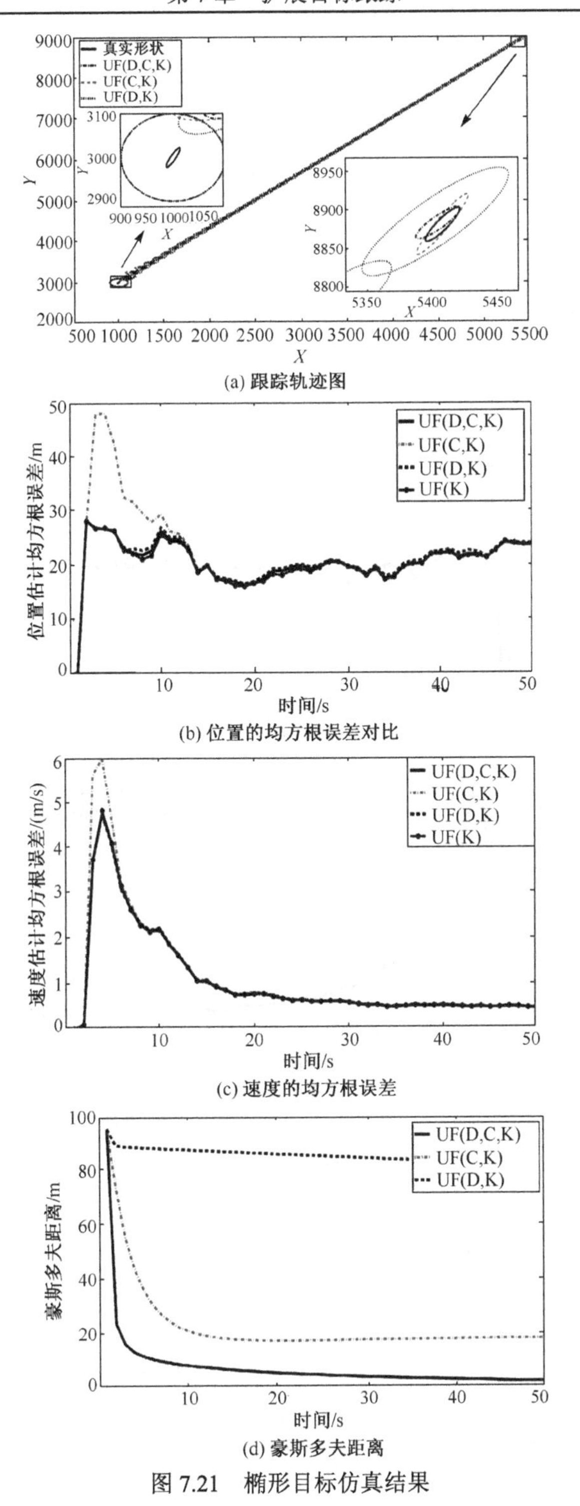

图 7.21　椭形目标仿真结果

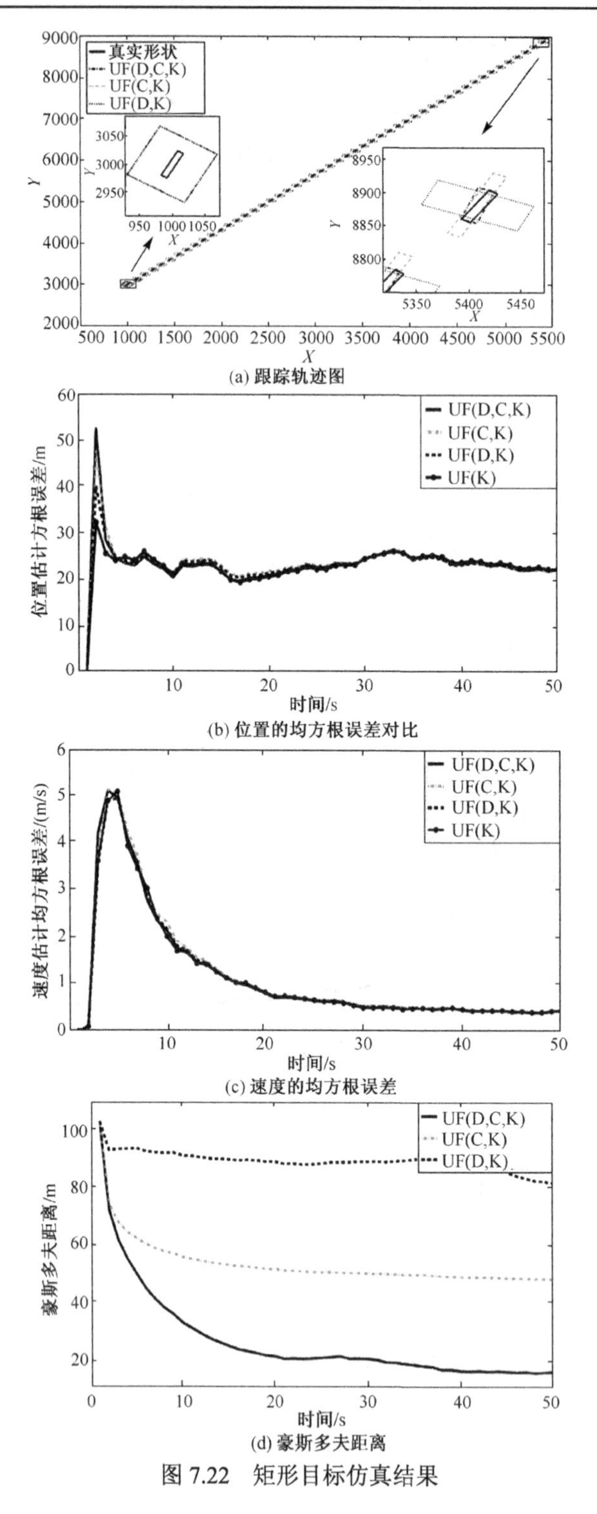

(a) 跟踪轨迹图

(b) 位置的均方根误差对比

(c) 速度的均方根误差

(d) 豪斯多夫距离

图 7.22　矩形目标仿真结果

作为评估指标来比较四种不同滤波器的运动状态估计，其性能对比分别如图 7.21（b）和图 7.21（c）与图 7.22（b）和图 7.22（c）所示。从仿真比较结果可以看出，利用目标距离像长度量测有助于提高状态估计性能，更重要的是能通过它们有效地估计出目标扩展形态。

扩展目标的形态估计评估可以认为是目标形态的匹配问题，因此在仿真中引入豪斯多夫距离（Hausdorff distance）来度量所估计出目标形态与真实目标形态的匹配程度。如前面所述，任意一个非空闭合凸体 K 都能被其支撑函数 H 唯一确定，那么此情况下的豪斯多夫距离可通过支撑函数来定义，用公式表示为[26]

$$d_H(A,B)=\|H_A-H_B\|_\infty=\sup_{\theta\in[0,2\pi]}\left|H_A(\theta)-H_B(\theta)\right| \tag{7.152}$$

式中，$\|\cdot\|_\infty$ 用来表示函数的无穷范数；sup 表示上确界或最小上界。从式（7.152）可以看出，豪斯多夫距离 $d_H(A,B)$ 用来计算两个凸体 A 和 B 之间的距离。如图 7.21（d）与图 7.22（d）所示，豪斯多夫距离的对比结果表明目标扩展形态所取得的精确估计结果得益于目标距离像量测信息的帮助。需要特别注意的是：豪斯多夫距离越小，就表示所估计出的目标形态越接近真实目标形态。因此，豪斯多夫距离可以作为一种有效的度量指标来对扩展目标形态估计性能进行评估。

基于支撑函数与扩展高斯映射的方法能够充分利用目标扩展形态所具有的不同几何特征，来分别对光滑形状与非光滑形状的扩展目标进行建模，并且不需要假设目标朝向与其速度方向一致。这两种新型建模方法不仅可以对椭圆、矩形等基本目标形状进行建模，而且可以将此方法推广到具有复杂几何形状的扩展目标上。除此之外，这两种扩展建模方法能够非常便利地推导出相应的目标跟踪算法，进而可以将建模与跟踪算法一起整合到扩展目标跟踪框架，以便有效地对目标的运动状态及其扩展形态进行联合估计。随后的仿真实验也验证了此两种目标建模及其跟踪算法的有效性，这对于推动扩展目标跟踪技术的进一步发展有着很强的现实意义。

7.5　小　　结

扩展目标跟踪是随着现代传感器技术进步应运而生的新的研究领域，代表了未来目标跟踪的发展方向之一。因此，对扩展目标跟踪的研究具有重要的意义。本章首先介绍了扩展目标跟踪问题产生的原因及其与传统的点目标跟踪的区别，继而针对典型的点集量测下的扩展跟踪问题，本章提出了基于随机矩阵的机动椭形和非椭形扩展目标建模和跟踪算法。针对高精度距离像量测下的扩展目标跟踪问题，给出了两种目标跟踪建模方法和相应的跟踪算法。上述模型和算法均通过仿真比较现有流行的其他扩展目标跟踪方法，验证了它们的有效性。总之，由于不同于传统的点目标跟踪，扩展目标跟踪需要建立新的建模和估计理论，对这方面的研究将具有重要的理论和应用价值。

参 考 文 献

[1] Waxmann M J, Drummond O E. A bibliography of cluster (group) tracking. Proceedings of SPIE, 2004, 5428: 551-560.

[2] Drummond O E, Blackman S S, Petrisor G C. Tracking clusters and extended objects with multiple sensors. Proceedings of SPIE International Conference on Signal and Data Processing of Small Targets, SPIE, Orlando, FL, 1990, 1305: 362-371.

[3] Koch W. Bayesian approach to extended object and cluster tracking using random matrices. IEEE Transactions on Aerospace and Electronic Systems, 2008, 44(3): 1042-1059.

[4] Salmond D J, Parr M C. Track maintenance using measurements of target extent. IEEE Proceedings on Radar, Sonar & Navigation, 2003, 150(6): 389-395.

[5] Feldmann M, Franken D. Advances on tracking of extended objects and group targets using random matrices. Proceedings of International Conference on Information Fusion (FUSION 2009), Seattle, 2009: 1029-1036.

[6] Feldmann M, Franken D, Koch W. Tracking of extended objects and group targets using random matrices. IEEE Transactions on Signal Processing, 2011, 59(4): 1409-1420.

[7] Baum M, Hanebeck U D. Random hypersurface models for extended object tracking. Proceedings of the 9th IEEE International Symposium on Signal Processing and Information Technology, Ajman, 2009: 178-183.

[8] Baum M, Noack B, Hanebeck U D. Extended object and group tracking with elliptic random hypersurface models. Proceedings of the 13th International Conference on Information Fusion, Edinburgh, 2010: 1-8.

[9] Baum M, Hanebeck U D. Shape tracking of extended objects and group targets with star-convex RHMs. Proceedings of the 14th International Conference on Information Fusion, Chicago, 2011: 338-345.

[10] Dezert J. Tracking maneuvering and bending extended target in cluttered environment. Proceedings of the SPIE Conference on Signal and Data Processing of Small Targets, Orlando, 1998, 3373: 283-294.

[11] Lan J, Li X R. State estimation with nonlinear inequality constraints based on unscented transformation. Proceedings of the 14th International Conference on Information Fusion (FUSION 2011), Chicago, 2011: 33-40.

[12] Mahler R P S. Multitarget bayes filtering via first-order multitarget moments. IEEE Transactions on Aerospace and Electronic Systems, 2003, 39(4): 1152-1178.

[13] Vo B T, Vo B N, Cantoni A. Bayesian filtering with random finite set observations. IEEE Transactions on Signal Processing, 2008, 56(4): 1313-1326.

[14] Clark D, Godsill S. Group target tracking with the Gaussian mixture probability hypothesis density filter. Proceedings of the 3rd International Conference on Intelligent Sensors, Sensor Networks and Information, Melbourne, 2007: 149-154.

[15] Mahler R. PHD filters for nonstandard targets-I: extended targets. Proceedings of the 12th International Conference on Information Fusion, Seattle, 2009: 915-921.

[16] Angelova D, Mihaylova L. Extended object tracking using Monte Carlo methods. IEEE Transactions on Signal Processing, 2008, 56 (2): 825-832.

[17] Li X R, Jilkov V P. Survey of maneuvering target tracking-part I: Dynamic models. IEEE Transactions on Aerospace and Electronic Systems, 2003, 30(4): 1333-1364.

[18] Lan J, Li X R. Tracking of extended object or target group using random matrix-part I: New model and approach. Proceedings of the 15th International Conference on Information Fusion (FUSION 2012), Singapore, 2012: 2177-2184.

[19] Lan J, Li X R. Tracking of maneuvering Non-Ellipsoidal extended object or target group using random matrix. IEEE Transactions on Signal Processing, 2014, 62(9): 2450-2463.

[20] Wehner D. High Resolution Radar. 2nd ed. London: Artech House, 1994.

[21] Sun L, Li X R, Lan J. Modeling of extended object based on support functions and extended Gaussian images for target tracking. IEEE Transactions on Aerospace and Electronic Systems, 2014, 50(4).

[22] Xu L, Li X R. Hybrid Cramer-Rao lower bound on tracking ground moving extended target. Proceedings of the 12th International Conference on Information Fusion (Fusion 2009), Seattle, 2009: 1037-1044.

[23] Schmitz J, Greenewald J. Model-based range extent for feature aided tracking. IEEE International Radar Conference, 2000: 166-171.

[24] Gardner R J. Geometric Tomography. Cambridge: University of Cambridge, 1995.

[25] Poonawala A, Milanfar P, Gardner R J. Shape estimation from support and diameter functions. Journal of Mathematical Imaging and Vision, 2006, 24(2): 229-244.

[26] Gardner R J, Kiderlen M, Milanfar P. Convergence of algorithms for reconstructing convex bodies and directional measures. The Annals of Statistics, 2006, 34(3): 1331-1374.

[27] Horn B. Extended Gaussian images. Proceedings of the IEEE, 1984, 72(12): 1671-1686.

[28] Karl W C, Verghese G C, Willsky A S. Reconstructing ellipsoids from projections. CVGIP: Graphical Models and Image Processing, 1994, 56(2): 124-139.

[29] Julier S J, Uhlmann J K. A new method for the nonlinear transformation of means and covariances in filters and estimators. IEEE Transactions on Automatic Control, 2000, 45(6): 477-482.

[30] Li X R, Jilkov V P. Survey of maneuvering target tracking-part VI: Approximation techniques for nonlinear filtering. Proceedings of the 2004 SPIE Conference on Signal and Data Processing of Small Targcts, 2004, 5428: 537-550.

第 8 章　水下目标跟踪

8.1　水下目标跟踪介绍

8.1.1　水下目标跟踪的意义

海洋是人类维持生存繁衍和社会实现可持续发展的重要基地。开发海洋、发展海洋经济是整个人类生存和社会发展极为现实的必由之路[1, 2]。目前世界各国对海洋权益日益重视，开发利用海洋的热潮正在全球兴起，水下目标定位与跟踪作为海洋开发的一个重要组成部分，正在成为一个新的研究热点[3-5]。

水下目标跟踪理论在军事和民用方面均有着重要的作用[6]。首先，水下运动目标的定位跟踪是水下防御系统必不可少的组成部分。在现代作战条件中，无论防御敌方鱼雷[7-8]的攻击，还是打击敌方水下目标，对如何尽可能更准确、更多地获得水下敌方目标包括运动轨迹、外形特征等信息的问题的研究，仍是目前国内外众多学者关注的热点。此外，在民用方面，水下目标跟踪在水下打捞、搜救、物种跟踪探测等领域也能起到十分重要的作用。总之，水下目标跟踪技术的发展，对认识海洋、开发海洋、利用海洋有着巨大的实际作用，并且随着科学技术的不断发展，水下目标跟踪理论的作用将会日渐凸显。

本章介绍的水下目标跟踪基于水下无线传感器网络（Underwater Wireless Sensor Network，UWSN），在传统水下跟踪理论的基础上，结合水下无线传感器网络的特点和优势[9, 10]，致力于改进现有的目标跟踪方法，解决水下环境恶劣、水声通信制约和网络节点随机移动等关键问题，发挥基于无线传感器网络的水下跟踪精度高、可靠性好和适用范围广等优点。

8.1.2　水下目标跟踪发展现状

水下运动目标的自动跟踪技术的应用与研究始于 20 世纪 70 年代，但直到 90 年代才逐渐成为各国科研机构和公司大力研究的热点。随着海洋开发和水下作战越来越受到全世界的关注，水下目标跟踪研究也越发受到追捧[11, 12]。水下目标跟踪是指使用一个或多个探测器，对水下或水面一个或多个检测目标的运动状态进行跟踪[13]。目前，国内外有很多研究机构和人员进行水下目标跟踪技术的研究。

英国赫瑞瓦特大学电子和计算机工程系的海洋系统实验室[14-16]（Ocean Systems

Laboratory）对基于前视声纳图像的目标跟踪技术展开研究；加拿大的 El-Hawary 等在文献[17]中提出了一种鲁棒扩展卡尔曼滤波方法，应用于水下目标跟踪；美国卡耐基·梅隆大学的 Marcelo 等[18]根据贝叶斯法则建立新的模型完成声纳和雷达图像上的目标跟踪。国内水下目标跟踪方面的研究相对较少，在 1991 年，哈尔滨工程大学水声工程系研究的“声纳高速目标跟踪定位和导引系统”获得国家科技进步一等奖；海军航空工程学院的张林琳等[19]研究了非线性滤波方法在水下目标跟踪中的应用；西北工业大学的杨瑜波等[20]提出了一种用于水下系统目标跟踪的新型粒子滤波算法。

基于声纳阵列的水下目标跟踪技术日趋成熟，但这种水下目标跟踪技术，由于需要将声纳安装或者拖运在船舶、潜艇或水下机器人上，所以在一些苛刻的环境条件下可能无法使用。针对这种情况，随着近年来 UWSN[21-23]概念的提出，基于 UWSN 的目标跟踪也紧接着被提出，并越来越受到关注。水下无线传感器网络具有如下优点[24，25]：传感器网络是由密集型、成本低、随机分布的节点组成的，自组织性和容错能力使其不会因为某些节点在恶意攻击中的损坏而导致整个系统的崩溃；分布节点的多角度和多方位的信息融合可以提高数据收集效率并获得更准确的信息；传感网络使用与目标近距离的传感器节点，从而提高了接收信号的信噪比，因此能提高系统的检测性能；节点中多种传感器的混合应用使搜集到的信息更加全面地反映目标的特征，有利于提高系统定位跟踪的性能；传感器网络扩展了系统的空间和时间的覆盖能力；借助于个别具有移动能力的节点对网络的拓扑结构的调整能力可以有效地消除探测区域内的阴影和盲点。由于水下无线传感器网络的这些特点，相对于基于声纳阵列的目标跟踪，利用水下无线传感网络进行目标跟踪，除了不需要船舶、潜艇或水下机器人等大型设备的拖运，还可以克服水下苛刻环境的限制。

基于 UWSN 的目标跟踪的研究才刚刚起步，从事这项工作的机构和人员还相对较少，其中美国康涅狄格大学的崔军红领导的水下实验室在这方面进行了研究，他们在文献[26]中提出了一种基于水下多节点单程广播信息的方法来实现水下目标的定位跟踪，并通过仿真和实际实验证明了这种方法的有效性。但是，由于研究时间还相对较短，并且受到 UWSN 本身发展的限制，很多研究的难点仍没有克服[27]。例如，由于水下环境和水声通信方式造成的水下信息传输高延时、低带宽、高能耗等问题，传统的传感器网络目标跟踪算法并不能够直接应用到水下传感网络的目标跟踪中，而需要对其进行改进；水下传感网络的传感器节点受到水流、生物等因素影响，会产生不可预测的移动，这对目标跟踪是一个巨大的挑战。

综上所述，水下目标跟踪问题具有重要的研究意义与实际应用价值，本章在传统水下跟踪理论的基础上，研究基于等梯度声速剖面的水下目标定位与跟踪，结合水下无线传感器网络的特点和优势[9，10]，研究节点拓扑结构对目标跟踪性能的影响；研究水下机动目标跟踪自适应节点调度问题；研究基于局部信息的节点选择方案。

8.2 基于等梯度声速的水下目标定位与跟踪

8.2.1 引论

声音在水下介质中的传播速度并不是定值，而是随着水的深度、温度、盐度等因素的改变而改变的。这导致了声音传播距离和传播时间为非线性关系，使得传统的基于距离的目标定位算法不能直接适用于水下环境。本节介绍一种在深度相关等梯度声速条件下基于声波传播时间（Time of Flight，ToF）量测信息的目标定位和跟踪算法[28]。本节先从数学上解析了两个节点的位置与它们之间声音传播时间的关系，在得到足够的量测信息后，运用高斯-牛顿迭代法对固定节点进行定位，并结合扩展卡尔曼算法对移动目标进行跟踪。

8.2.2 水下节点间的声波传播轨迹

本节考虑基于等梯度声速的水下两个节点（如锚节点和目标）间的声波轨迹问题。等梯度声速仅依赖于深度，其数学形式为

$$C(z)=b+az \tag{8.1}$$

式中，z 是深度；b 是水面的声速；a 是一个依赖于水下环境的常数。不失一般性，在研究两个节点间声波轨迹追踪问题时，假设 z 坐标轴穿过锚节点。因此，可以将三维的声波轨迹追踪问题转化到如图 8.1 所示的包含节点和 z 轴的平面上。r^T-r^A 表示两个节点的水平距离，即

$$r^T-r^A=\sqrt{(x^T-x^A)^2+(y^T-y^A)^2} \tag{8.2}$$

式中，x^T、y^T、x^A 和 y^A 表示与 A 点和 T 点对应的 x 和 y 坐标。

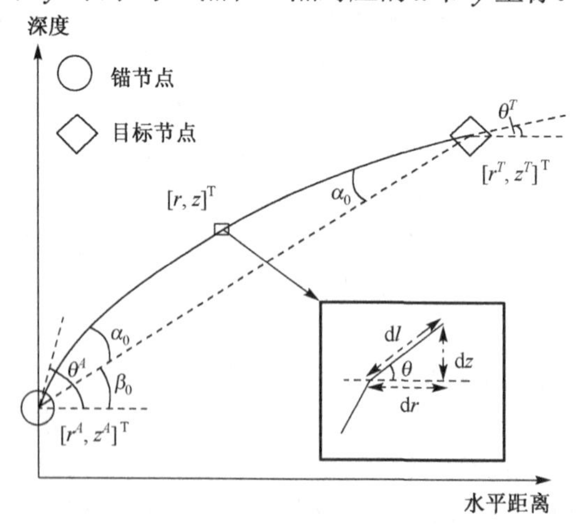

图 8.1 目标节点和锚节点间的声波轨迹

声波轨迹遵循斯涅尔折射定律[29]，即

$$\frac{\cos\theta}{C(z)}=\frac{\cos\theta^A}{C(z^A)}=\frac{\cos\theta^T}{C(z^T)}=k_0,\quad \theta\in\left[\frac{-\pi}{2},\frac{\pi}{2}\right] \tag{8.3}$$

式中，θ^T 和 θ^A 是声波在目标节点和锚节点处的角度；z^A 和 z^T 则是锚节点和目标节点所处的深度。参照图 8.1，可以得到

$$\partial r=\frac{\partial z}{\tan\theta} \tag{8.4a}$$

$$\partial l=\frac{\partial z}{\sin\theta} \tag{8.4b}$$

$$\partial t=\frac{\partial l}{C(z)} \tag{8.4c}$$

式中，l 是两个节点间声波的弧形长度；t 是相应的传播时间。根据式（8.1）和式（8.3），并对 z 和 θ 求微分可以得到

$$\partial z=\partial\left[\frac{C(z)-b}{a}\right]=\partial\left[\frac{\cos\theta}{ak_0}\right]=-\frac{1}{ak_0}\sin\theta\partial\theta \tag{8.5}$$

1. 节点位置与传播时间

接下来分析两点间声波传播时间与它们位置的关系。把式（8.5）代入式（8.4a）中可以得到水平距离，即

$$r^T-r^A=-\frac{1}{ak_0}(\sin\theta^T-\sin\theta^A) \tag{8.6}$$

和垂直距离，即

$$z^T-z^A=\frac{1}{ak_0}(\cos\theta^T-\cos\theta^A) \tag{8.7}$$

式（8.7）除以式（8.6）可以得到

$$\frac{z^T-z^A}{r^T-r^A}=-\frac{\cos\theta^T-\cos\theta^A}{\sin\theta^T-\sin\theta^A},\quad r^T\neq r^A \tag{8.8}$$

然后，把式（8.1）代入式（8.3）可以再得到一个等式，即

$$\frac{b+az^T}{b+az^A}=\frac{\cos\theta^T}{\cos\theta^A} \tag{8.9}$$

通过变量替换 $\theta^A=\beta_0+\alpha_0$，$\theta^T=\beta_0-\alpha_0$，式（8.8）和式（8.9）可以改写为

$$\frac{z^T-z^A}{r^T-r^A}=\tan\beta_0,\quad r^T\neq r^A \tag{8.10}$$

$$\frac{b+az^T}{b+az^A}=\frac{1-\tan\beta_0\tan\alpha_0}{1+\tan\beta_0\tan\alpha_0} \tag{8.11}$$

式中，β_0和α_0分别是两个节点间的直线的角度和声波射线离开直线的角度，参照图8.1。当$z^A=z^T$时，式（8.11）需要修改为

$$\tan\alpha_0=\frac{1}{2}\frac{a(r^T-r^A)}{b+az^T},\quad z^T=z^A \tag{8.12}$$

通过式（8.4c）对θ进行积分可以得到声波的ToF计算式，即

$$\begin{aligned}\partial t&=-\frac{1}{a\cos\theta}\partial\theta\\ t&=-\frac{1}{a}\left(\ln\frac{1+\sin\theta^T}{\cos\theta^T}-\ln\frac{1+\sin\theta^A}{\cos\theta^A}\right)\end{aligned} \tag{8.13}$$

当出现$r^A=r^T$的特殊情况时，ToF可以计算为

$$t=\begin{cases}-\dfrac{1}{a}\ln\dfrac{C(z^T)}{C(z^A)}, & z^T<z^A\\[2ex] -\dfrac{1}{a}\ln\dfrac{C(z^A)}{C(z^T)}, & z^T>z^A\end{cases} \tag{8.14}$$

通过以上式（8.10）～式（8.14）便可以计算声波在两节点间的TOF。因为需要利用高斯-牛顿迭代法进行静态的目标定位和利用扩展卡尔曼滤波进行目标跟踪，所以除了计算ToF，还需要获得ToF在目标位置处的微分。对式（8.13）进行偏微分运算可以得到

$$\frac{\partial t}{\partial r^T}=-\frac{1}{a}\left(\frac{1}{\cos\theta^T}\frac{\partial\theta^T}{\partial r^T}-\frac{1}{\cos\theta^A}\frac{\partial\theta^A}{\partial r^T}\right) \tag{8.15a}$$

$$\frac{\partial t}{\partial z^T}=-\frac{1}{a}\left(\frac{1}{\cos\theta^T}\frac{\partial\theta^T}{\partial z^T}-\frac{1}{\cos\theta^A}\frac{\partial\theta^A}{\partial z^T}\right) \tag{8.15b}$$

式中，$\frac{\partial\theta^T}{\partial r^T}$、$\frac{\partial\theta^A}{\partial r^T}$、$\frac{\partial\theta^T}{\partial z^T}$和$\frac{\partial\theta^A}{\partial z^T}$可以通过解下列由式（8.8）和式（8.9）进行偏微分运算得到的方程组得到，即

$$\frac{\partial\theta^T}{\partial r^T}+\frac{\partial\theta^A}{\partial r^T}=-\frac{z^T-z^A}{(r^T-r^A)^2}\frac{(\sin\theta^T-\sin\theta^A)^2}{1-\cos(\theta^T-\theta^A)} \tag{8.16a}$$

$$\frac{\partial\theta^T}{\partial r^T}-\frac{b+az^T}{b+az^A}\frac{\sin\theta^A}{\sin\theta^T}\frac{\partial\theta^A}{\partial r^T} \tag{8.16b}$$

$$\frac{\partial\theta^T}{\partial z^T}+\frac{\partial\theta^A}{\partial z^T}=-\frac{1}{r^T-r^A}\frac{(\sin\theta^T-\sin\theta^A)^2}{1-\cos(\theta^T-\theta^A)} \tag{8.17a}$$

$$\frac{\partial\theta^T}{\partial z^T}-\frac{b+az^T}{b+az^A}\frac{\sin\theta^A}{\sin\theta^T}\frac{\partial\theta^A}{\partial z^T}=-\frac{a}{b+az^A}\frac{\cos\theta^A}{\sin\theta^T} \tag{8.17b}$$

其中，式（8.16a）和式（8.17a）是从式（8.8）计算而来的，式（8.16b）和式（8.17b）是从式（8.9）计算而来的。最后，$\frac{\partial t}{\partial x^T}$和$\frac{\partial t}{\partial y^T}$可以计算为

$$\frac{\partial t}{\partial x^T}=\frac{\partial t}{\partial r^T}\frac{x^T-x^A}{r^T-r^A} \tag{8.18a}$$

$$\frac{\partial t}{\partial y^T}=\frac{\partial t}{\partial r^T}\frac{y^T-y^A}{r^T-r^A} \tag{8.18b}$$

2. 节点位置与声波长度

正如前面所说，在水下环境中，声波在两个节点间传播的长度与它们之间的距离是不相等的。通过把式（8.5）代入式（8.4b）可以得到声波长度的微分形式，再对θ积分，便可以得到

$$l=-(az^T+b)\frac{\theta^T-\theta^A}{a\cos\theta^T} \tag{8.19}$$

为了计算声波长度对目标位置的偏微分，先计算声波长度对r^T和z^T的偏微分，即

$$\frac{\partial l}{\partial r^T}=-\frac{az^T+b}{a\cos\theta^T}\left[(1+(\theta^T-\theta^A)\tan\theta^T)\frac{\partial\theta^T}{\partial r^T}-\frac{\partial\theta^A}{\partial r^T}\right] \tag{8.20a}$$

$$\frac{\partial l}{\partial z^T}=-\frac{az^T+b}{a\cos\theta^T}\left[(1+(\theta^T-\theta^A)\tan\theta^T)\frac{\partial\theta^T}{\partial z^T}-\frac{\partial\theta^A}{\partial z^T}\right]-\frac{\theta^T-\theta^A}{\cos\theta^T} \tag{8.20b}$$

式中，$\frac{\partial\theta^T}{\partial r^T}$、$\frac{\partial\theta^A}{\partial r^T}$、$\frac{\partial\theta^T}{\partial z^T}$和$\frac{\partial\theta^A}{\partial z^T}$可以通过式（8.16）和式（8.17）得到。然后类似计算ToF对x^T和y^T的偏微分，$\frac{\partial l}{\partial x^T}$和$\frac{\partial l}{\partial y^T}$可以计算为

$$\frac{\partial l}{\partial x^T}=\frac{\partial l}{\partial r^T}\frac{x^T-x^A}{r^T-r^A} \tag{8.21a}$$

$$\frac{\partial l}{\partial y^T}=\frac{\partial l}{\partial r^T}\frac{y^T-y^A}{r^T-r^A} \tag{8.21b}$$

3. 利用深度信息的距离估计

水下传感器节点可以装备压力传感器以估计它们的深度。利用深度信息和式（8.8）～式（8.13），目标节点可以计算自身到任意锚节点的水平距离，再利用文献[30]中的传统的基于距离的无线传感器网络（Wireless Sensor Network，WSN）定位算法进行定位。

但是，考虑到计算的复杂度，有时候更倾向于把水下环境近似为均匀的介质。通过把水下环境近似为均匀的介质，声波将沿直线传播，ToF 可以计算为

$$t_{\mathrm{sl}}=\int_{z^A}^{z^T}\frac{1}{\sin(\beta_0)}\frac{\mathrm{d}z}{C(z)}=-\frac{1}{a\sin(\beta_0)}\ln\left(\frac{v^T}{v^A}\right) \tag{8.22}$$

式中，β_0 是两节点连线和水平坐标轴的角度。因此，平均声速为

$$\overline{v}_{\mathrm{sl}}=\frac{\left\|x^T-x^A\right\|}{t_{\mathrm{sl}}}=\frac{v^T-v^A}{\ln\left(\dfrac{v^T}{v^A}\right)} \tag{8.23}$$

式中，$\left\|x^T-x^A\right\|$ 是两个节点间的距离，它和节点深度的关系为

$$\left\|x^T-x^A\right\|=\frac{z^T-z^A}{\sin\beta_0} \tag{8.24}$$

从式（8.23）可以看出，在此假设下，平均声速仅和节点所处深度的声速相关。由近似为平均声速导致的距离估计误差为

$$E_r=t\overline{v}-\left\|x^T-x^A\right\| \tag{8.25}$$

式中，t 是两个节点间实际的 ToF；$\overline{v}$ 是假设的平均声速。这对于声波沿直线传播的情况同样成立，即 $\overline{v}=\overline{v}_{\mathrm{sl}}$。

8.2.3　基于声波传播时间的目标定位

此处考虑单目标节点根据多个锚节点的信息进行定位。当然，这也可以很容易地扩展到多目标定位。通常可以通过两种方式进行定位：①锚节点作为发送器，目标节点作为接收器，然后目标节点可以获得到每一个锚节点的 ToF 量测并定位自己的位置；②目标节点作为发送器，锚节点作为接收器，在这种情况下，如果有多个目标节点同时发送信号会给定位算法带来许多不确定信息。因此，假设同一时刻只有一个目标节点发送信息。

在实际环境中，可能只知道声速与深度的线性关系，即 $C(z)=az+b$，但不知道参数 a 和 b 的值。另外，由于盐度和温度变化造成的水下环境特性的改变是一个缓慢的过程。既然知道锚节点的位置，可以通过锚节点间互相通信来估计参数 a 和 b 的值，N 个锚节点两两通信可以获得 $N(N-1)/2$ 个 ToF 量测信息，进而根据式（8.10）、式（8.11）和式（8.13）估计 a 和 b 的值。

1. 静态网络模型

考虑一个包含 $N\geqslant 4$ 个位置已知的锚节点和一个固定的目标节点的三维水下传感器网络模型。假设 ToF 量测受到高斯分布噪声的影响为

$$\tilde{\boldsymbol{t}}=\boldsymbol{f}(\boldsymbol{x})+\boldsymbol{v} \tag{8.26}$$

式中，$\boldsymbol{f}(\cdot)=[f_1(\cdot),f_2(\cdot),\cdots,f_N(\cdot)]^{\mathrm{T}}$ 是到目标位置 $\boldsymbol{x}=[x,y,z]^{\mathrm{T}}$ 实际的 ToF 值；$\tilde{\boldsymbol{t}}=[\tilde{t}_1,\tilde{t}_2,\cdots,\tilde{t}_N]^{\mathrm{T}}$ 是目标节点到每一个锚节点的 ToF 量测信息；$\boldsymbol{v}$ 是量测噪声。假设噪声是相互独立的，因此量测噪声的协方差阵为

$$\boldsymbol{R}_v=\mathrm{diag}(\sigma_1^2,\sigma_2^2,\cdots,\sigma_N^2) \tag{8.27}$$

式中，$\sigma_n^2,n=1,2,\cdots,N$ 为到第 n 个锚节点的 ToF 量测噪声的方差。因此，不同锚节点的 ToF 量测误差是互不相关的，对于 $\boldsymbol{x}=[x,y,z]^{\mathrm{T}}$ 的最大似然解为

$$\arg\min_{\boldsymbol{x}}\left\|\boldsymbol{f}(\boldsymbol{x})-\tilde{\boldsymbol{t}}\right\|^2 \tag{8.28}$$

2. 定位算法

式（8.28）中的最优化问题对于变量 x 是非线性的，因此难以得到解析解。此处采用数值求解器如高斯-牛顿迭代法（Gauss-Newton Algorithm，GNA）来获得数值解。这种算法从一个猜测的初始点开始运行，通过递归提高估计的精度，算法详述如下。

以一个猜测的位置为算法的起始点

设定 $k=1$，并为 E 赋一个较大的值

While $k\leqslant K$ and $E\geqslant\varepsilon$ do

$\boldsymbol{x}^{(k+1)}=\boldsymbol{x}^{(k)}-$

$(\nabla\boldsymbol{f}(\boldsymbol{x}^{(k)})^{\mathrm{T}}\nabla\boldsymbol{f}(\boldsymbol{x}^{(k)}))^{-1}\nabla\boldsymbol{f}(\boldsymbol{x}^{(k)})^{\mathrm{T}}(\nabla\boldsymbol{f}(\boldsymbol{x}^{(k)})-\tilde{\boldsymbol{t}})$

$E=\left\|\boldsymbol{x}^{(k+1)}-\boldsymbol{x}^{(k)}\right\|$

$k=k+1$

End While

$\hat{\boldsymbol{x}}=\boldsymbol{x}^{(k)}$

在这个算法中，$\nabla\boldsymbol{f}(\boldsymbol{x}^{(k)})=\left[\dfrac{\partial f_1}{\partial\boldsymbol{x}},\dfrac{\partial f_2}{\partial\boldsymbol{x}},\cdots,\dfrac{\partial f_N}{\partial\boldsymbol{x}}\right]^{\mathrm{T}}_{\boldsymbol{x}=\boldsymbol{x}^{(k)}}$ 代表向量 $\boldsymbol{f}$ 关于变量 $\boldsymbol{x}$ 在 $\boldsymbol{x}^{(k)}$ 处的梯度，其中，$\boldsymbol{x}^{(k)}$ 是第 k 次迭代后的估计值，可以通过式（8.15）和式（8.18）计算得到。$\dfrac{\partial f_i}{\partial\boldsymbol{x}}=\left[\dfrac{\partial f_i}{\partial x},\dfrac{\partial f_i}{\partial y},\dfrac{\partial f_i}{\partial z}\right]^{\mathrm{T}},i=1,2,\cdots,N$。$K$ 和 ε 分别是自定义的最大迭代次数和精度要求。通常情况下，K 是一个比较小的正整数，如 $K=7$ 甚至更小。

3. 位置估计的克拉美罗界

克拉美罗界（Cramer Rao Bound，CRB）描述了对一个确定参数的无偏估计的方差下界。本部分讨论针对两种不同特性噪声的克拉美罗界：距离不相关噪声（Distance-Independent Noise，DIN）和距离相关噪声（Distance-Dependent Noise，DDN）。它们的区别在于噪声与两个节点间的距离是否相关。因为 ToF 的量测精度受到接收器接收到的信号功率大小的影

响，所以 DDN 比 DIN 更符合实际。对于一个受到独立高斯噪声影响的系统的费舍尔信息矩阵（Fisher Information Matrix，FIM），可以计算为[31]

$$\boldsymbol{I}(x)_{i,j}=\frac{\partial \boldsymbol{f}}{\partial x_i}^{\mathrm{T}}\boldsymbol{R}_v^{-1}\frac{\partial \boldsymbol{f}}{\partial x_j}+\frac{1}{2}\mathrm{tr}\left[\boldsymbol{R}_v^{-1}\frac{\partial \boldsymbol{R}_v}{\partial x_i}\boldsymbol{R}_v^{-1}\frac{\partial \boldsymbol{R}_v}{\partial x_j}\right] \tag{8.29}$$

式中

$$\frac{\partial \boldsymbol{f}}{\partial x_i}=\left[\frac{\partial f_1}{\partial x_i},\frac{\partial f_2}{\partial x_i},\cdots,\frac{\partial f_N}{\partial x_i}\right]^{\mathrm{T}} \tag{8.30}$$

$$\frac{\partial \boldsymbol{R}_v}{\partial x_i}=\mathrm{diag}\left(\frac{\partial[\boldsymbol{R}_v]_{11}}{\partial x_i},\frac{\partial[\boldsymbol{R}_v]_{22}}{\partial x_i},\cdots,\frac{\partial[\boldsymbol{R}_v]_{NN}}{\partial x_i}\right) \tag{8.31}$$

x_i 是向量 $\boldsymbol{x}$ 的第 i 个元素。一旦 FIM 计算好了，估计误差的方差下界便可以按照 $\mathrm{CRB}=\sum_{i=1}^{3}\mathrm{CRB}x_i$ 来计算。其中，$\mathrm{CRB}x_i$ 是第 i 个元素的估计误差的方差下界，即

$$\mathrm{CRB}x_i=[\boldsymbol{I}^{-1}(\boldsymbol{x})]_{i,i} \tag{8.32}$$

对于 DIN，噪声的协方差阵是固定的，这意味着式（8.29）中的第二项为 0。对于 DDN，噪声的协方差阵依赖于声波在两个节点间的传播距离，即

$$\sigma_n^2=K_E A(l_n,f) \tag{8.33}$$

式中，K_E 是一个依赖于发送功率和环境噪声层次的常数；$A(l_n,f)$ 是整体的路径损耗，定义为[32]

$$A(l_n,f)=\left(\frac{l_n}{l_0}\right)^{\beta}L(f)^{l_n-l_0} \tag{8.34}$$

式中，f 是信号的频率；l_n 是以 l_0 为参考的声波传播距离。路径损耗的指数 β 代表传播损耗，通常为 1～2。吸收系数 $L(f)$ 可以通过一个经验式子获得[32]。式（8.31）中的 $\frac{\partial[\boldsymbol{R}_v]_{nn}}{\partial x_i}$ 需要先计算偏微分，即

$$\frac{\partial\sigma_n^2}{\partial x_i}=K_E\frac{l_n^{\beta-1}}{l_0^{\beta}}L(f)^{l_n-l_0}[\beta+l_n\ln L(f)]\frac{\partial l_n}{\partial x_i},\quad i=1,2,3 \tag{8.35}$$

一旦式（8.35）计算好了，便可以计算对每一个 x_i 的 $\frac{\partial \boldsymbol{R}_v}{\partial x_i}$，再计算 FIM 和 CRB。

4. 带深度量测的节点定位

早些的定位算法并没有引入深度信息，此处将分析引入深度量测后最优模型的变化。正如前面所说，水下节点可以通过安装一个压力传感器来获得自身的深度信息，

并将这些信息发送到中心以提高定位的精度。此情境下，量测函数 $\boldsymbol{f}(\boldsymbol{x})$，量测向量 $\tilde{\boldsymbol{t}}$ 和噪声向量的协方差矩阵 $\boldsymbol{R}_v$ 要修改为

$$\boldsymbol{f}(\cdot)=[f_1(\cdot),f_2(\cdot),\cdots,f_N(\cdot),f_z(\cdot)]^{\mathrm{T}} \tag{8.36a}$$

$$\tilde{\boldsymbol{t}}=[\tilde{t}_1,\tilde{t}_2,\cdots,\tilde{t}_N,\tilde{z}]^{\mathrm{T}} \tag{8.36b}$$

$$\boldsymbol{R}_v=\mathrm{diag}(\sigma_1^2,\sigma_2^2,\cdots,\sigma_N^2,\sigma_z^2) \tag{8.36c}$$

式中，$f_z(\boldsymbol{x})=z$；$\tilde{z}$ 是带噪声的深度量测；σ_z^2 是相应的方差。与 ToF 量测相似，此处假设深度信息也受到高斯噪声的影响并且与到锚节点的距离无关。对 $\boldsymbol{x}=[x,y,z]^{\mathrm{T}}$ 的极大似然解与式（8.28）相同。GNA 和 CRB 也可以通过式（8.36）进行扩展，此处不再延伸。

8.2.4　基于声波传播时间的目标跟踪

1. 动态网络模型

为了能跟踪一个移动的目标，本节采用扩展卡尔曼滤波对目标位置进行估计和跟踪。令 $\boldsymbol{x}_k=[x_k,y_k,z_k]^{\mathrm{T}}$ 表示 k 时刻目标的位置，并且对应扩展卡尔曼滤波的相应的状态向量为 $\boldsymbol{s}_k=[\boldsymbol{x}_k{}^{\mathrm{T}},\dot{\boldsymbol{x}}_k{}^{\mathrm{T}}]^{\mathrm{T}}$。通常，一个离散的线性动态过程模型可以描述为

$$\boldsymbol{s}_k=\boldsymbol{\phi}\boldsymbol{s}_{k-1}+\boldsymbol{w}_k \tag{8.37}$$

式中，$\boldsymbol{\phi}$ 为状态转移矩阵；$\boldsymbol{w}_k$ 为方差阵为 $\boldsymbol{Q}_k$ 的过程噪声。

显然，加入深度信息量测可以提高定位的精度。但是，为了利用深度信息，目标需要向每一个锚节点发送自身的深度信息，考虑到水下信道的带宽有限，假设目标每 ρ 个传输帧向锚节点发送一次自身的深度信息。换句话说，移动的目标自身需要锚节点协助定位。尽管速度量测可以协助提高定位的精度，实际上这需要加入多普勒传感器，进而提高实现损耗和计算复杂度。因此，可以避免测量速度信息。最后的量测模型可以描述为

$$\tilde{\boldsymbol{t}}_k=\boldsymbol{h}(\boldsymbol{s}_k)+\boldsymbol{v}_k \tag{8.38}$$

$$\tilde{z}_k=z_k+v_k \tag{8.39}$$

式中，$\boldsymbol{h}(\cdot)=[h_1(\cdot),h_2(\cdot),\cdots,h_N(\cdot)]^{\mathrm{T}}$ 是关于移动目标状态的量测函数（$\boldsymbol{h}(\boldsymbol{s}_k)$ 等效于式（8.26）中的 $\boldsymbol{f}(\boldsymbol{x}_k)$）；$\boldsymbol{v}_k$ 和 v_k 为独立同分布的高斯噪声并且协方差矩阵分别为 $\sigma_t^2\boldsymbol{I}_N$ 和 σ_z^2。下面介绍如何用扩展卡尔曼滤波跟踪水下移动目标。

2. 扩展卡尔曼滤波

基于以上情境的具体的扩展卡尔曼滤波的算法如下。

以一个猜测的位置为算法的起始点

For $k=1$ 到 K do

一步预测：$\hat{\boldsymbol{s}}_{k|k-1}=\boldsymbol{\phi}\hat{\boldsymbol{s}}_{k-1}$

一步预测的误差协方差：$\boldsymbol{P}_{k|k-1}=\boldsymbol{\phi}\boldsymbol{P}_{k-1}\boldsymbol{\phi}^{\mathrm{T}}+\boldsymbol{Q}_k$

If 深度信息 z 是不可知的：then

计算卡尔曼增益：$\boldsymbol{K}_k=\boldsymbol{P}_{k|k-1}\boldsymbol{H}_k^{\mathrm{T}}(\boldsymbol{H}_k\boldsymbol{P}_{k|k-1}\boldsymbol{H}_k^{\mathrm{T}}+\boldsymbol{R})^{-1}$

状态更新：$\hat{\boldsymbol{s}}_k=\hat{\boldsymbol{s}}_{k|k-1}+\boldsymbol{K}_k(\tilde{\boldsymbol{t}}_k-\boldsymbol{h}(\hat{\boldsymbol{s}}_{k|k-1}))$

误差协方差：$\boldsymbol{P}_k=(\boldsymbol{I}-\boldsymbol{K}_k\boldsymbol{H}_k)\boldsymbol{P}_{k|k-1}$

Else

计算卡尔曼增益：$\breve{\boldsymbol{K}}_k=\boldsymbol{P}_{k|k-1}\breve{\boldsymbol{H}}_k^{\mathrm{T}}(\breve{\boldsymbol{H}}_k\boldsymbol{P}_{k|k-1}\breve{\boldsymbol{H}}_k^{\mathrm{T}}+\breve{\boldsymbol{R}})^{-1}$

状态更新：$\hat{\boldsymbol{s}}_k=\hat{\boldsymbol{s}}_{k|k-1}+\breve{\boldsymbol{K}}_k([\tilde{\boldsymbol{t}}_k^{\mathrm{T}},\tilde{z}_k]^{\mathrm{T}}-[\boldsymbol{h}(\hat{\boldsymbol{s}}_{k|k-1})^{\mathrm{T}},\hat{z}_{k|k-1}]^{\mathrm{T}})$

误差协方差：$\boldsymbol{P}_k=(\boldsymbol{I}-\breve{\boldsymbol{K}}_k\breve{\boldsymbol{H}}_k)\boldsymbol{P}_{k|k-1}$

End If

End For

算法中，$\boldsymbol{P}_k$、$\boldsymbol{R}=\sigma_t^2\boldsymbol{I}_N$ 和 $\boldsymbol{Q}_k$ 分别是状态估计误差、量测噪声和过程噪声的协方差矩阵。为了得到线性化的量测函数，可以计算 $\boldsymbol{h}(\cdot)$ 的梯度 $\boldsymbol{H}=\nabla\boldsymbol{h}(\boldsymbol{s})=\left[\dfrac{\partial h_1}{\partial\boldsymbol{s}},\cdots,\dfrac{\partial h_N}{\partial\boldsymbol{s}}\right]^{\mathrm{T}}$，其中 $\dfrac{\partial h_i}{\partial\boldsymbol{s}}=\left[\dfrac{\partial h_i}{\partial\boldsymbol{x}}^{\mathrm{T}},\dfrac{\partial h_i}{\partial\dot{\boldsymbol{x}}}^{\mathrm{T}}\right]^{\mathrm{T}}$，$\dfrac{\partial h_i}{\partial\dot{\boldsymbol{x}}}=\boldsymbol{O}_{3\times1}$。当深度信息 z 可知时，$\boldsymbol{H}_k$ 和 $\boldsymbol{R}$ 应当修改为 $\breve{\boldsymbol{H}}_k$ 和 $\breve{\boldsymbol{R}}$，即

$$\begin{cases}\breve{\boldsymbol{H}}_k=\begin{bmatrix}\boldsymbol{H}_k\\0\quad 0\quad 1\quad 0\quad 0\quad 0\end{bmatrix}\\ \breve{\boldsymbol{R}}=\begin{bmatrix}\boldsymbol{R} & \boldsymbol{O}_{N\times1}\\ \boldsymbol{O}_{N\times1}^{\mathrm{T}} & \sigma_z^2\end{bmatrix}=\begin{bmatrix}\sigma_t^2\boldsymbol{I} & \boldsymbol{O}_{N\times1}\\ \boldsymbol{O}_{N\times1}^{\mathrm{T}} & \sigma_z^2\end{bmatrix}\end{cases}\tag{8.40}$$

式中，$\boldsymbol{O}_{m\times n}$ 表示 $m\times n$ 维的全 0 矩阵。

3. 后验克拉美罗下界

对于离散系统滤波估计的均方根误差下界，都可以通过后验克拉美罗下界（Posterior Cramer Rao Low Bound，PCRLB）计算。文献[33]提出的递归式 PCRLB 公式给出了后验 FIM 序列 $\boldsymbol{J}_k$ 从一个时刻到下一个时刻的更新公式，即

$$\boldsymbol{J}_k=(\boldsymbol{Q}_k+\boldsymbol{\phi}\boldsymbol{J}_{k-1}^{-1}\boldsymbol{\phi}^{\mathrm{T}})^{-1}+\bar{\boldsymbol{H}}_k^{\mathrm{T}}\boldsymbol{R}_k^{-1}\bar{\boldsymbol{H}}_k\tag{8.41}$$

式中，$\bar{\boldsymbol{H}}_k$ 是量测函数在目标 k 时刻的实际位置处的梯度。由于主要估计的是目标的

位置而不是速度，所以定位估计的 PCRLB 对应于 $\boldsymbol{J}_k^{-1}$ 的前三个对角元素的和，即

$$\text{PCRLB}_k = \sum_{i=1}^{3}[\boldsymbol{J}_k^{-1}]_{ii} \tag{8.42}$$

状态 $\boldsymbol{s}$ 的第 i 个元素的估计的 PCRLB 对应于 $\boldsymbol{J}_k^{-1}$ 的第 i 个对角元素。

8.3　基于传感节点最优拓扑的水下目标跟踪

锚节点的拓扑结构对 UWSN 的节点定位具有重要影响，例如，在设计节点定位算法时会尽量避免四个锚节点位于同一平面的情景。由于节点为目标跟踪提供测量，可以推测节点的拓扑结构对目标跟踪也有影响，本节研究节点拓扑结构对目标跟踪的影响。8.3.1 节从水下目标跟踪系统和多传感器粒子滤波算法方面来阐述本节要解决的问题；8.3.2 节列举了几种常见的拓扑结构，并从几何学的角度定性分析拓扑结构对目标跟踪的影响，为了对任意拓扑结构进行定性分析，该节还推导了 PCRLB 与节点拓扑结构的关系[34, 35]；在 8.3.2 节的基础上，8.3.3 节设计了基于最优拓扑选择的水下目标跟踪算法；8.3.4 节利用 MATLAB 仿真软件对本节设计的水下目标跟踪算法进行仿真，验证了该算法的有效性。

8.3.1　引论

本节将从两方面阐述基于 UWSN 水下目标跟踪问题，这两方面包括：水下目标跟踪系统和多传感器粒子滤波算法。

1. 系统描述

本节假设水下目标为在三维空间移动的点目标，该点目标的运行模型为常速（CV）模型，即

$$\boldsymbol{x}_k = \boldsymbol{\varPhi}_{k-1}\boldsymbol{x}_{k-1} + \boldsymbol{\varGamma}_{k-1}\boldsymbol{w}_{k-1} \tag{8.43}$$

式中，$\boldsymbol{x}_k = [x \quad \dot{x} \quad y \quad \dot{y} \quad z \quad \dot{z}]^{\mathrm{T}}$ 为目标在 k 时刻的运动状态；(x, y, z) 为目标的坐标；$\dot{x}, \dot{y}, \dot{z}$ 分别为目标在 x 方向、y 方向和 z 方向的速度，$\boldsymbol{w}_{k-1}$ 为零均值的高斯白噪声，其协方差矩阵为 $\boldsymbol{Q}_{k-1}$；$\boldsymbol{\varPhi}_{k-1}$ 和 $\boldsymbol{\varGamma}_{k-1}$ 分别为状态转移矩阵和过程噪声矩阵，即

$$\boldsymbol{\varPhi}_{k-1} = \begin{bmatrix} 1 & T & 0 & 0 & 0 & 0 \\ 0 & 1 & 0 & 0 & 0 & 0 \\ 0 & 0 & 1 & T & 0 & 0 \\ 0 & 0 & 0 & 1 & 0 & 0 \\ 0 & 0 & 0 & 0 & 1 & T \\ 0 & 0 & 0 & 0 & 0 & 1 \end{bmatrix} \tag{8.44}$$

$$\boldsymbol{\Gamma}_{k-1}=\begin{bmatrix}\frac{T^2}{2} & 0 & 0\\ T & 0 & 0\\ 0 & \frac{T^2}{2} & 0\\ 0 & T & 0\\ 0 & 0 & \frac{T^2}{2}\\ 0 & 0 & T\end{bmatrix} \tag{8.45}$$

对于测量模型，本节采用到达时间（Time of Arrival，ToA）量测。ToA 乘以水声速度可以得到节点到目标的距离，即

$$z_k^n = h_k^n(\boldsymbol{x}_k)+v_k^n \tag{8.46}$$

式中，$h_k^n(\boldsymbol{x}_k)=\sqrt{(x_k-x_n)^2+(y_k-y_n)^2+(z_k-z_n)^2}$ 为节点到目标的实际距离；(x_k,y_k,z_k) 和 (x_n,y_n,z_n) 分别为目标和第 n 个传感器的坐标；v_k^n 为零均值的高斯白噪声，即

$$v_k^n \sim \mathcal{N}(0,R_k^n) \tag{8.47}$$

2. 多传感器粒子滤波算法

粒子滤波是一种能够有效解决非线性非高斯问题的滤波算法，文献[36]和文献[37]详细地介绍了粒子滤波算法的推导过程，这里仅对多传感器粒子滤波进行简要总结。假设在每个采样点有 N_s 个节点对目标进行测量，并将测量发送到融合中心。接收到来自 N_s 个传感器节点的测量后，融合中心计算联合似然函数（joint likelihood function）：

$$p(\boldsymbol{z}_k\mid\boldsymbol{x}_k^i)=\prod_{n=1}^{N_s}p(z_k^n\mid\boldsymbol{x}_k^i) \tag{8.48}$$

式中

$$p(z_k^n\mid\boldsymbol{x}_k^i)=\frac{\exp[-0.5(z_k^n-h_k^n(\boldsymbol{x}_k^i))^{\mathrm{T}}(R_k^n)^{-1}(z_k^n-h_k^n(x_k^i))]}{\sqrt{2\pi R_k^n}} \tag{8.49}$$

为关于第 n 个传感器测量的似然函数；$\boldsymbol{z}_k$ 为 k 时刻来自 N_s 个传感器的测量集合；$\boldsymbol{x}_k^i$ 为 k 时刻第 i 个粒子。采用先验转移密度 $p(\boldsymbol{x}_k\mid\boldsymbol{x}_{k-1})$ 作为建议分布，粒子的重要性权值更新公式为

$$w_k=w_{k-1}p(z_k\mid\boldsymbol{x}_k^i) \tag{8.50}$$

多传感器粒子滤波算法的伪代码如下。

If $k=0$ then

（1）粒子初始化。

For $i=1,2,\cdots,N$ do

从目标状态的先验概率密度 $p(\boldsymbol{x}_0)$ 采样粒子 $\boldsymbol{x}_k^i$；

End For

End If

For $k = 1, 2, \cdots$ do

（2）重要性采样。

For $i = 1, 2, \cdots, N$ do

从先验转移密度采样 $\boldsymbol{x}_k^i \sim p(\boldsymbol{x}_k \mid \boldsymbol{x}_{k-1}^i)$；

End For

For $i = 1, 2, \cdots, N$ do

按公式 （8.48），（8.49）和（8.50）更新粒子重要性权值；

End For

For $i = 1, 2, \cdots, N$ do

权值归一化处理 $\tilde{w}_k^i = \dfrac{w_k^i}{\left(\sum_{j=1}^{N} w_k^j\right)}$；

End For

（3）重采样。

For $i = 1, 2, \cdots, N$ do

根据重要性权值对粒子重采样；

重新设置权值 $w_k^i = \tilde{w}_k^i = \dfrac{1}{N}$；

End For

（4）输出估计结果。

$$\hat{\boldsymbol{x}}_k = \sum_{i=1}^{N} w_k^i \boldsymbol{x}_k^i, \quad \boldsymbol{C}_k = \sum_{i=1}^{N} w_k^i (\boldsymbol{x}_k^i - \hat{\boldsymbol{x}}_k)(\boldsymbol{x}_k^i - \hat{\boldsymbol{x}}_k)^{\mathrm{T}}；$$

End For

// 输出估计结果

式（8.48）、式（8.49）和式（8.50）表明传感器的测量对权值的更新有重要影响，进而影响跟踪算法的性能。那么，传感器节点之间的位置关系（拓扑结构）对跟踪算法的性能是否有影响，有什么样的影响？8.3.2 节将对这一问题展开研究。

8.3.2　节点拓扑对目标跟踪性能的影响

为了回答上面的两个问题，本节研究节点拓扑结构对水下目标跟踪的影响。首先，本节列举了四种典型拓扑结构，并分别分析其对目标跟踪的影响。然后，为了对任意拓扑结构进行评估，本节推导了 PCRLB 与节点拓扑结构的关系。

1. 四种典型节点拓扑结构及其影响

假设节点 A、B、C 和 D 在 k 时刻的位置分别为 (x_a, y_a, z_a)、(x_b, y_b, z_b)、(x_c, y_c, z_c)

和(x_d, y_d, z_d)；目标的位置为(x_k, y_k, z_k)。基于 ToA 测量，有

$$\begin{cases} d_k^{at} = \sqrt{(x_a - x_k)^2 + (y_a - y_k)^2 + (z_a - z_k)^2} \\ d_k^{bt} = \sqrt{(x_b - x_k)^2 + (y_b - y_k)^2 + (z_b - z_k)^2} \\ d_k^{ct} = \sqrt{(x_c - x_k)^2 + (y_c - y_k)^2 + (z_c - z_k)^2} \\ d_k^{dt} = \sqrt{(x_d - x_k)^2 + (y_d - y_k)^2 + (z_d - z_k)^2} \end{cases} \tag{8.51}$$

式中，d_k^{at}、d_k^{bt}、d_k^{ct}、d_k^{dt} 分别为节点 A、B、C 和 D 到目标的距离。式（8.51）为典型拓扑结构的分析提供了理论基础。

（1）拓扑结构 1：四个节点构成正方形。如图 8.2 所示，当四个节点构成正方形时，如果真实目标满足式（8.51），那么真实目标关于正方形平面的对称点也满足式（8.51）（该点称为虚假目标。），换言之，该拓扑结构无法唯一确定目标的位置，因此四个节点构成正方形不是一个好的拓扑结构。

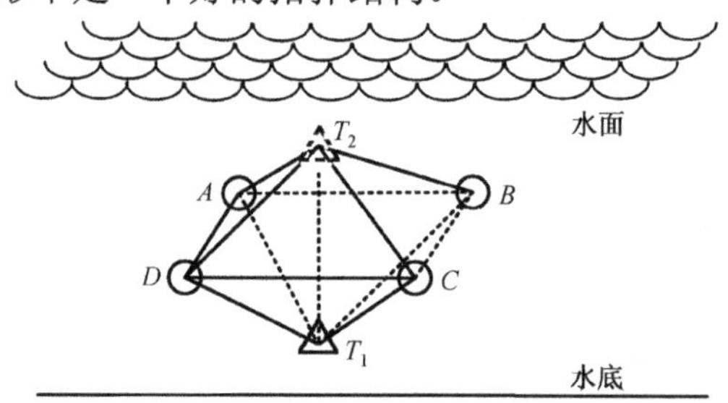

图 8.2　四个节点构成正方形

圆表示传感器节点，实三角形表示真实目标，虚三角形表示虚假目标

（2）拓扑结构 2：四个节点共线。如图 8.3 所示，当四个节点共线时，如果真实目标满足式（8.51），那么真实目标所在的以该直线为对称轴的圆均满足式（8.51），这种情况下有无数个虚假目标，因此四个节点共线是更坏的拓扑结构。

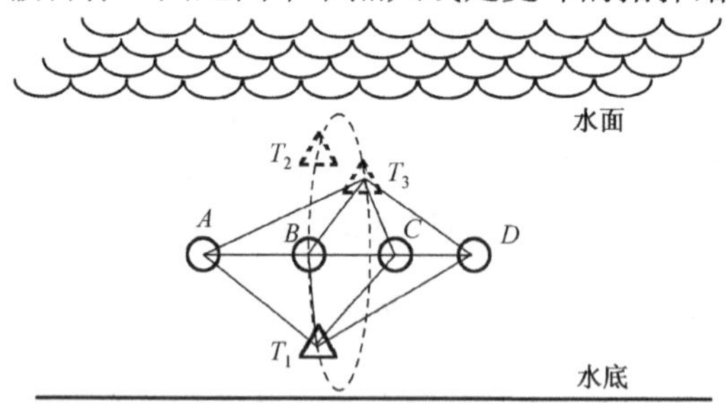

图 8.3　四个节点共线

圆表示传感器节点，实三角形表示真实目标，虚三角形表示虚假目标

（3）拓扑结构 3：四个节点互相靠近。如图 8.4 所示，当四个节点靠近时（本节考虑四个节点重合的情况），如果真实目标满足式（8.51），那么真实目标所在的以节点为球心的球也满足式（8.51），这种情况下有无数个虚假目标，因此四个节点靠近可

能是最坏的拓扑结构。

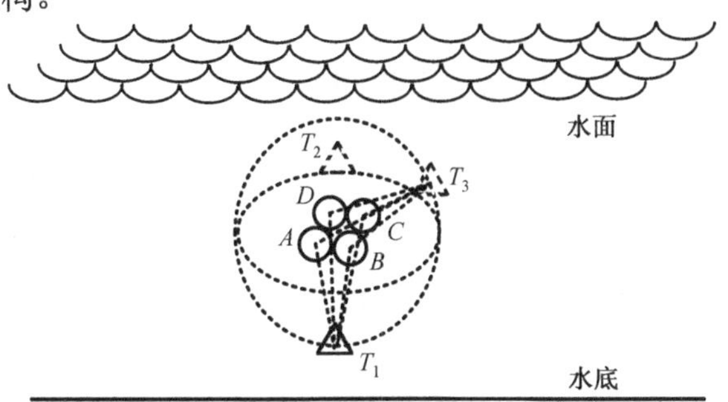

图 8.4　四个节点靠近
圆表示传感器节点，实三角形表示真实目标，虚三角形表示虚假目标

（4）拓扑结构 4：四个节点形成正四面体。如图 8.5 所示，当四个节点构成正四面体时，只有真实目标满足式（8.51），该拓扑结构可以唯一确定真实目标的位置，因此四个节点构成正四面体是好的拓扑结构。

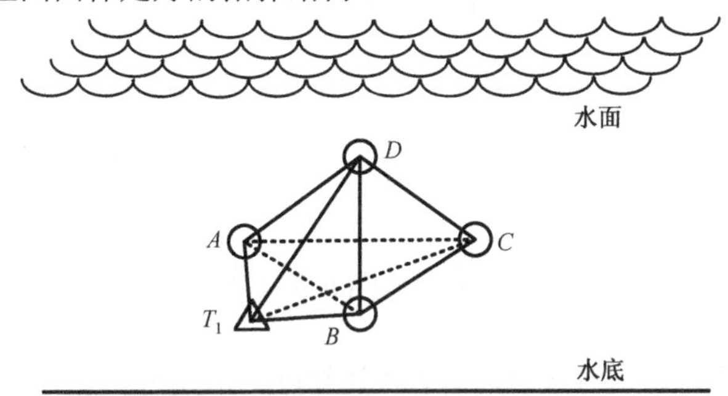

图 8.5　四个节点构成正四面体
圆表示传感器节点，实三角形表示真实目标，虚三角形表示虚假目标

2. 后验克拉美罗下界与节点拓扑结构的关系

上面的分析表明节点拓扑确实对目标跟踪有影响。然而，这些分析是定性的，并且仅限于四种典型的拓扑结构。为了对任意拓扑结构进行定量分析，本节将推导 PCRLB 与节点拓扑结构的关系。

PCRLB 定义为费舍尔信息矩阵的逆矩阵，它给出了目标状态估计均方差的下界。PCRLB 与状态估计误差协方差矩阵的关系为

$$E\{[\hat{\boldsymbol{x}}_k - \boldsymbol{x}_k][\hat{\boldsymbol{x}}_k - \boldsymbol{x}_k]^{\mathrm{T}}\} \geqslant \boldsymbol{J}_k^{-1} \tag{8.52}$$

式中，$\boldsymbol{J}_k$ 为 k 时刻的费舍尔信息矩阵，$\mathrm{PCRLB} = \boldsymbol{J}_K^{-1}$。文献[38]给出了求解费舍尔信息矩阵的递归形式，即

$$\boldsymbol{J}_k = \boldsymbol{D}_{k-1}^{22} - \boldsymbol{D}_{k-1}^{21}(\boldsymbol{J}_{k-1} + \boldsymbol{D}_{k-1}^{11})^{-1}\boldsymbol{D}_{k-1}^{12} \tag{8.53}$$

式中

$$\boldsymbol{D}_{k-1}^{11} = E\{[-\nabla_{\boldsymbol{x}_{k-1}}\nabla_{\boldsymbol{x}_{k-1}}^{\mathrm{T}} \ln p(\boldsymbol{x}_k \mid \boldsymbol{x}_{k-1})]\} \tag{8.54}$$

$$\boldsymbol{D}_{k-1}^{12} = E\{[-\nabla_{\boldsymbol{x}_k}\nabla_{\boldsymbol{x}_{k-1}}^{\mathrm{T}} \ln p(\boldsymbol{x}_k \mid \boldsymbol{x}_{k-1})]\} \tag{8.55}$$

$$\boldsymbol{D}_{k-1}^{21} = E\{[-\nabla_{\boldsymbol{x}_{k-1}}\nabla_{\boldsymbol{x}_k}^{\mathrm{T}} \ln p(\boldsymbol{x}_k \mid \boldsymbol{x}_{k-1})]\} = (\boldsymbol{D}_{k-1}^{12})^{\mathrm{T}} \tag{8.56}$$

$$\boldsymbol{D}_{k-1}^{22} = E\{[-\nabla_{\boldsymbol{x}_k}\nabla_{\boldsymbol{x}_k}^{\mathrm{T}} \ln p(\boldsymbol{x}_k \mid \boldsymbol{x}_{k-1})]\} + E\{[-\nabla_{\boldsymbol{x}_k}\nabla_{\boldsymbol{x}_k}^{\mathrm{T}} \ln p(\boldsymbol{z}_k \mid \boldsymbol{x}_k)]\} \tag{8.57}$$

式（8.53）的初始值为$\boldsymbol{J}_0 = E\{[-\nabla_{\boldsymbol{x}_0}\nabla_{\boldsymbol{x}_0}^{\mathrm{T}} \ln p(\boldsymbol{x}_0)]\}$，其中$p(\boldsymbol{x}_0)$为目标状态的先验概率密度函数。式（8.54）、式（8.55）、式（8.56）和式（8.57）的前半部分给出了目标运动模型对 PCRLB 的贡献。对于 CV 运动模型，通过定义$\bar{\boldsymbol{Q}}_{k-1} = \boldsymbol{\Gamma}_{k-1}\boldsymbol{Q}_{k-1}\boldsymbol{\Gamma}_{k-1}^{\mathrm{T}}$可以获得

$$\boldsymbol{D}_{k-1}^{11} = \boldsymbol{\Phi}_{k-1}^{\mathrm{T}}\bar{\boldsymbol{Q}}_{k-1}^{-1}\boldsymbol{\Phi}_{k-1} \tag{8.58}$$

$$\boldsymbol{D}_{k-1}^{12} = -\boldsymbol{\Phi}_{k-1}^{\mathrm{T}}\bar{\boldsymbol{Q}}_{k-1}^{-1} \tag{8.59}$$

$$\boldsymbol{D}_{k-1}^{21} = -\bar{\boldsymbol{Q}}_{k-1}^{-1}\boldsymbol{\Phi}_{k-1}^{\mathrm{T}} \tag{8.60}$$

$$\boldsymbol{D}_{k-1}^{22} = \bar{\boldsymbol{Q}}_{k-1}^{-1} + \boldsymbol{\Lambda}_k \tag{8.61}$$

$$\boldsymbol{\Lambda}_k = E\{[-\nabla_{\boldsymbol{x}_k}\nabla_{\boldsymbol{x}_k}^{\mathrm{T}} \ln p(\boldsymbol{z}_k \mid \boldsymbol{x}_k)]\} \tag{8.62}$$

式（8.62）给出了测量对 PCRLB 的贡献，该式可能包含节点的拓扑结构信息。本节采用蒙特卡洛方法近似$\boldsymbol{\Lambda}_k$[39]，即

$$\boldsymbol{\Lambda}_k \approx \sum_{n=1}^{N_s}(\hat{\boldsymbol{H}}_k^n)^{\mathrm{T}}(\boldsymbol{R}_k^n)^{-1}(\hat{\boldsymbol{H}}_k^n) \tag{8.63}$$

式中，$\hat{\boldsymbol{H}}_k^n$为第n个传感器测量对应的雅可比矩阵，形式为

$$\hat{\boldsymbol{H}}_k^n = \begin{bmatrix} \dfrac{(\hat{x}_{k|k-1} - x_k^n)}{d_k^{np}} & 0 & \dfrac{(\hat{y}_{k|k-1} - y_k^n)}{d_k^{np}} & 0 & \dfrac{(\hat{z}_{k|k-1} - z_k^n)}{d_k^{np}} & 0 \end{bmatrix} \tag{8.64}$$

式中

$$d_k^{np} = \sqrt{(\hat{x}_{k|k-1} - x_k^n)^2 + (\hat{y}_{k|k-1} - y_k^n)^2 + (\hat{z}_{k|k-1} - z_k^n)^2} \tag{8.65}$$

为第n个传感器与目标的一步预测的位置的距离；(x_k^n, y_k^n, z_k^n)为k时刻第n个传感器的坐标；$(\hat{x}_{k|k-1}, \hat{y}_{k|k-1}, \hat{z}_{k|k-1})$为目标一步预测的坐标，可以由下式给出：

$$\begin{cases} \hat{x}_{k|k-1} = \dfrac{1}{N}\left(\displaystyle\sum_{i=1}^{N} x_{k|k-1}^i\right), & i = 1,2,\cdots,N \\ \hat{y}_{k|k-1} = \dfrac{1}{N}\left(\displaystyle\sum_{i=1}^{N} y_{k|k-1}^i\right), & i = 1,2,\cdots,N \\ \hat{z}_{k|k-1} = \dfrac{1}{N}\left(\displaystyle\sum_{i=1}^{N} z_{k|k-1}^i\right), & i = 1,2,\cdots,N \end{cases} \tag{8.66}$$

式中，N 为粒子数；$(x_{k|k-1}^{i}, y_{k|k-1}^{i}, z_{k|k-1}^{i})$ 为第 i 个粒子对应的目标预测位置。将式（8.64）、式（8.65）和式（8.66）代入式（8.63），$\boldsymbol{\Lambda}_k$ 为

$$\boldsymbol{\Lambda}_k \approx \begin{bmatrix} \tau_k^{11} & 0 & \tau_k^{13} & 0 & \tau_k^{15} & 0 \\ 0 & 0 & 0 & 0 & 0 & 0 \\ \tau_k^{31} & 0 & \tau_k^{33} & 0 & \tau_k^{35} & 0 \\ 0 & 0 & 0 & 0 & 0 & 0 \\ \tau_k^{51} & 0 & \tau_k^{53} & 0 & \tau_k^{55} & 0 \\ 0 & 0 & 0 & 0 & 0 & 0 \end{bmatrix} \tag{8.67}$$

式中，$\tau_k^{13} = \tau_k^{31}, \tau_k^{15} = \tau_k^{51}, \tau_k^{35} = \tau_k^{53}$。

$$\tau_k^{11} = \sum_{n=1}^{N_s} \frac{\left[\frac{1}{N}\left(\sum_{i=1}^{N} x_{k|k-1}^{i}\right) - x_k^n\right]^2}{R_k^n (d_k^{np})^2} \tag{8.68}$$

$$\tau_k^{33} = \sum_{n=1}^{N_s} \frac{\left[\frac{1}{N}\left(\sum_{i=1}^{N} y_{k|k-1}^{i}\right) - y_k^n\right]^2}{R_k^n (d_k^{np})^2} \tag{8.69}$$

$$\tau_k^{55} = \sum_{n=1}^{N_s} \frac{\left[\frac{1}{N}\left(\sum_{i=1}^{N} z_{k|k-1}^{i}\right) - z_k^n\right]^2}{R_k^n (d_k^{np})^2} \tag{8.70}$$

$$\tau_k^{13} = \sum_{n=1}^{N_s} \frac{\left[\frac{1}{N}\left(\sum_{i=1}^{N} x_{k|k-1}^{i}\right) - x_k^n\right]\left[\frac{1}{N}\left(\sum_{i=1}^{N} y_{k|k-1}^{i}\right) - y_k^n\right]}{R_k^n (d_k^{np})^2} \tag{8.71}$$

$$\tau_k^{15} = \sum_{n=1}^{N_s} \frac{\left[\frac{1}{N}\left(\sum_{i=1}^{N} x_{k|k-1}^{i}\right) - x_k^n\right]\left[\frac{1}{N}\left(\sum_{i=1}^{N} z_{k|k-1}^{i}\right) - z_k^n\right]}{R_k^n (d_k^{np})^2} \tag{8.72}$$

$$\tau_k^{35} = \sum_{n=1}^{N_s} \frac{\left[\frac{1}{N}\left(\sum_{i=1}^{N} y_{k|k-1}^{i}\right) - y_k^n\right]\left[\frac{1}{N}\left(\sum_{i=1}^{N} z_{k|k-1}^{i}\right) - z_k^n\right]}{R_k^n (d_k^{np})^2} \tag{8.73}$$

到此本节完成了 PCRLB 的推导。

由于PCRLB与传感器节点的位置有关，所以PCRLB可以用来评估任意拓扑结构。具体来说，使 PCRLB 最小的拓扑为最优拓扑；使 PCRLB 最大的拓扑为最差拓扑。需要指出的是，计算 PCRLB 不需要传感器节点的测量信息，因此可以用 PCRLB 来选择最优节点参与目标跟踪。

8.3.3　基于传感节点最优拓扑的水下目标跟踪算法

1. 最优拓扑结构选择

最优拓扑结构选择的基本思想如图 8.6 所示。$k-1$ 时刻融合中心根据 CV 模型对目标状态进行预测，可以根据式(8.65)计算 d_k^{np}，同时也可以计算第 n 个传感器与 $k-1$ 时刻融合中心的距离，即

$$d_{k-1}^{nf}=\sqrt{(x_{k-1}^f-x_k^n)^2+(y_{k-1}^f-y_k^n)^2+(z_{k-1}^f-z_k^n)^2} \tag{8.74}$$

式中，$(x_{k-1}^f,y_{k-1}^f,z_{k-1}^f)$ 为 $k-1$ 时刻融合中心的位置。将有资格参与目标跟踪的节点称为合格节点，合格节点需满足

$$d_k^{np}\leqslant r,\quad d_{k-1}^{nf}\leqslant R \tag{8.75}$$

用 N_q 表示 k 时刻合格节点的个数，C_k 表示 N_s 个节点组成的拓扑。如果 $N_q\geqslant N_s$，那么目标是从 N_q 个合格节点中选择最优的拓扑 C_k^{opt}。显然，C_k^{opt} 可由下式获得：

$$C_k^{\text{opt}}=\arg\min(\boldsymbol{J}_k^{-1}(1,1)+\boldsymbol{J}_k^{-1}(3,3)+\boldsymbol{J}_k^{-1}(5,5)) \tag{8.76}$$

式中，$\boldsymbol{J}_k^{-1}$ 为 k 时刻费舍尔信息矩阵的逆矩阵。

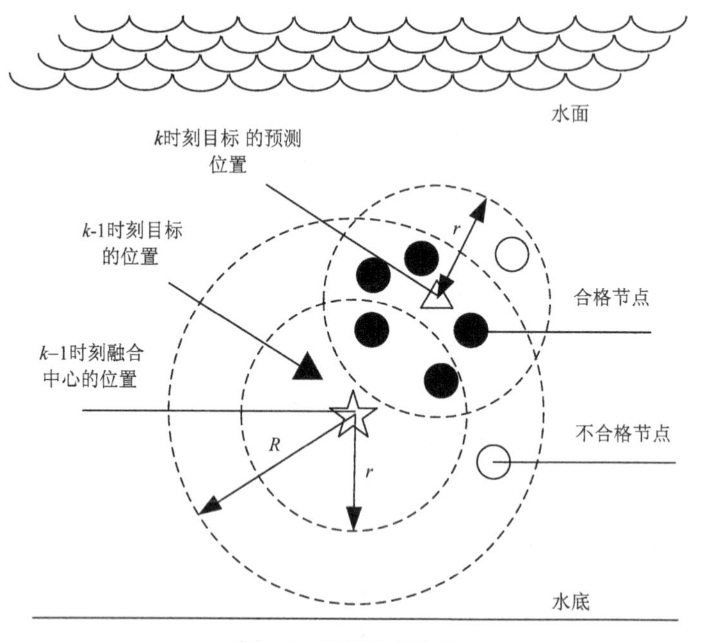

图 8.6　最优节点选择

实心圆表示合格的节点，空心圆表示不合格的节点，五角星表示 $k-1$ 时刻的融合中心，实心三角表示 $k-1$ 时刻目标的位置，空心三角表示目标的预测位置，R 和 r 分别为传感器的通信距离和感知距离

2. 最优融合中心的选择

融合中心主要负责选择最优拓扑结构、融合测量数据、估计目标状态、选择新的融合中心、将状态估计结果传送给新的融合中心等任务。由于融合中心在目标跟踪中起着重要作用，所以每个时刻需要从 C_k^{opt} 选择新的融合中心。由于 UWSN 能量资源有限[40]，所以选择新融合中心的准则为能量最小化。

为了表示数据传输带来的能量消耗，本节采用文献[41]给出的能量耗散模型。假设两个节点相距 dm，从一个节点发送 $b$bit 的数据包到另一个节点，发送节点能耗为

$$E_s(b,d) = bP_0A(d) \tag{8.77}$$

为了接收这个数据包，接收节点的能耗为

$$E_r(b) = bP_r \tag{8.78}$$

式中，P_0 为接收节点需要的功率；P_r 为与接收节点相关的常数；$A(d)$ 为衰减因子，即

$$A(d) = d^m a^d \tag{8.79}$$

式中，m 为能量扩散因子；$a = 10^{\alpha(f)/10}$ 为与频率相关的项，其中

$$\alpha(f) = \frac{0.11f^2}{1+f^2} + \frac{44f^2}{4100+f^2} + 2.75\times10^{-4}f^2 + 0.003 \tag{8.80}$$

假设 FC_{k-1} 为 $k-1$ 时刻的融合中心，FC_k 为 k 时刻新的融合中心；s_m、s_e 和 s_c 分别为测量数据包比特数、估计结果比特数和唤醒命令比特数；d_k^{nf} 为第 n 个传感器到新的融合中心的距离；d_{k-1}^{nf} 为第 n 个传感器到前一时刻的融合中心的距离；d_k^{ff} 为两个融合中心之间的距离。显然，能量消耗与 FC_k 有关，即

$$\mathrm{Energy}(\mathrm{FC}_k) = \begin{cases} s_m\left[P_0\sum_{n=1}^{N_s-1}A(d_k^{nf}) + P_r(N_s-1)\right] + s_c\left[P_0\sum_{n=1}^{N_s-1}A(d_{k-1}^{nf}) + P_r(N_s-1)\right], & \mathrm{FC}_k \equiv \mathrm{FC}_{k-1} \\ s_m\left[P_0\sum_{n=1}^{N_s-1}A(d_k^{nf}) + P_r(N_s-1)\right] + s_c\left[P_0\sum_{n=1}^{N_s-1}A(d_{k-1}^{nf}) + P_r(N_s-1)\right] \\ \quad +s_e[P_0A(d_k^{ff}) + P_r], & \mathrm{FC}_k \neq \mathrm{FC}_{k-1} \end{cases} \tag{8.81}$$

在此，目标是从 C_k^{opt} 中选择最优的融合中心 F_k^{opt}，显然 F_k^{opt} 可由下式决定：

$$\mathrm{FC}_k^{\mathrm{opt}} = \arg\min \mathrm{Energy}(\mathrm{FC}_k) \tag{8.82}$$

3. 基于最优拓扑的目标跟踪

将最优拓扑选择算法、最优融合中心选择算法和多传感器粒子滤波算法结合，可以设计基于 UWSN 最优拓扑结构的水下目标跟踪算法，该算法的伪代码如下。

（1）初始融合中心 FC^a 负责。

If $k=0$ then

① 粒子初始化。

For $i=1,2,\cdots,N$ do

从目标状态的先验概率密度 $p(\boldsymbol{x}_0)$ 采样粒子 $\boldsymbol{x}_{k-1}^i$；

End For

End If

For $k=1,2,\cdots$ do

② 重要性采样。

For $i=1,2,\cdots,N$ do

从先验转移密度采样 $\boldsymbol{x}_k^i \sim p(\boldsymbol{x}_k \mid \boldsymbol{x}_{k-1}^i)$；

End For

根据式（8.34）选择最优的拓扑结构；

根据式（8.40）选择最优的融合中心；

If 新的融合中心与前一时刻融合中心相同 then

从 N_s 个传感器节点获取测量；

For $i=1,2,\cdots,N$ do

按式（8.6）、式（8.7）和式（8.8）更新粒子重要性权值；

End For

For $i=1,2,\cdots,N$ do

权值归一化处理 $\tilde{w}_k^i = \dfrac{w_k^i}{\left(\sum_{j=1}^{N} w_k^j\right)}$；

End For

③ 重采样。

For $i=1,2,\cdots,N$ do

根据重要性权值对粒子重采样；

重新设置权值 $w_k^i = \tilde{w}_k^i = \dfrac{1}{N}$；

End For

④ 输出估计结果。

$$\hat{\boldsymbol{x}}_k^a = \sum_{i=1}^{N} w_k^i \boldsymbol{x}_k^i, \quad \boldsymbol{C}_k^a = \sum_{i=1}^{N} w_k^i (\boldsymbol{x}_k^i - \hat{\boldsymbol{x}}_k)(\boldsymbol{x}_k^i - \hat{\boldsymbol{x}}_k)^{\mathrm{T}};$$

Else

将 $\hat{\boldsymbol{x}}_k^a$ 和 $\boldsymbol{C}_k^a$ 发送给新的融合中心 FC^b；

（2）新融合中心 FC^a 负责。

For $i=1,2,\cdots,N$ do

产生粒子 $\boldsymbol{x}_k^i \sim N(\hat{\boldsymbol{x}}_k^a, \boldsymbol{C}_k^a)$；

End For

重复上一个融合中心的步骤;

End If

End For

8.3.4 仿真结果与分析

为了验证算法的有效性，本节利用 MATLAB 仿真平台对设计的水下目标跟踪算法进行仿真。

1. 仿真设置

仿真场景如图 8.7 所示，目标在 1000m×1000m×1000m 的三维空间运动。目标的初始状态为 $\boldsymbol{x}_0=[0\quad 5\quad 0\quad 5\quad 0\quad 5]^{\mathrm{T}}$，初始估计为 $\hat{\boldsymbol{x}}_0=[5\quad 5\quad 5\quad 5\quad 5\quad 5]^{\mathrm{T}}$，初始协方差矩阵为 $\boldsymbol{M}_0=\boldsymbol{I}_{6\times 6}$，初始费舍尔信息矩阵 $\boldsymbol{J}_0=\boldsymbol{M}_0^{-1}$，测量噪声协方差 $\boldsymbol{R}=5^2$，采样时间 $T=1$s，粒子数目 $N=500$，蒙特卡洛仿真次数 $M=100$，$s_m=32$bit，$s_e=64$bit，$s_c=8$bit，$P_0=P_r=10^{-9}$J，$m=1.5$，$f=15$kHz，$R=400$m，$r=200$m。

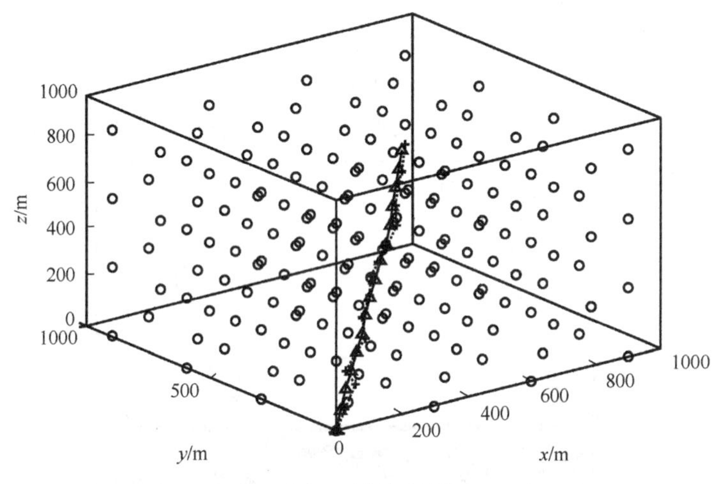

图 8.7　仿真场景

空心圆表示传感器节点，三角形表示真实的目标轨迹，十字表示估计的目标轨迹

为了评估目标跟踪算法的性能，本节采用三个性能指标：跟踪误差、能量消耗和通信量。本节利用均方根误差来描述跟踪误差，即

$$\mathrm{Err}(k)=\sqrt{\sum_{i=1}^{M}\frac{(x_{k,i}-\hat{x}_{k,i})^2+(y_{k,i}-\hat{y}_{k,i})^2+(z_{k,i}-\hat{z}_{k,i})^2}{M}} \tag{8.83}$$

式中，$(x_{k,i},y_{k,i},z_{k,i})$ 和 $(\hat{x}_{k,i},\hat{y}_{k,i},\hat{z}_{k,i})$ 分别为第 i 次仿真目标的真实位置和估计位置。能量消耗主要包括发送数据包的能耗和接收数据包的能耗，可根据式（8.81）计算。通信量定义为传送数据包的总量，可根据下式计算：

$$\mathrm{Com}(k)=\begin{cases}(s_m+s_c)(N_s-1), & \mathrm{FC}_k\equiv \mathrm{FC}_{k-1}\\ (s_m+s_c)(N_s-1)+s_e, & \mathrm{FC}_k\neq \mathrm{FC}_{k-1}\end{cases} \tag{8.84}$$

2. 仿真结果

除了跟踪算法（Min），还仿真了四近邻算法（4NN）和最大 PCRLB 算法（Max）。除了拓扑结构选择算法不同，4NN 和 Max 与本书的算法相同。4NN 选择与目标预测位置最近的四个节点参与目标跟踪，而 Max 算法选择使得 PCRLB 最大的四个节点参与目标跟踪。

图 8.8、图 8.9 和图 8.10 分别为跟踪误差、能量消耗和通信量的仿真结果。图 8.8 显示了与其他两个跟踪方案的比较，本书的方案跟踪误差最小，这主要是因为本书的跟踪方案通过最小化 PCRLB 选择最优的节点参与目标跟踪，最优节点能提供最有用的测量信息。由于 Max 方案选择最差的拓扑参与目标跟踪，所以该方案的跟踪误差最大。4NN 方案选择的拓扑不是最优的也不是最差的，因此该方案的跟踪误差介于本书的方案和 Max 方案之间。表 8.1 显示，本书的方案的跟踪误差为 Max 方案的 30%，4NN 方案的 56%。图 8.9 显示 4NN 方案的能耗最小，这主要是因为 4NN 选择的四个节点互相靠近，这样式（8.39）的 d_k^{nf} 较小，因此 4NN 能耗最小。表 8.1 显示 4NN 方案的能耗为本书的方案的 60%，Max 方案的 57%。图 8.10 显示本书的方案的通信量高于其他两个方案，这是因为为了寻找最优拓扑本书的方案选择的拓扑经常变换，这样融合中心也经常变化，式（8.42）显示融合中心变换越频繁，通信量越大。表 8.1 显示 4NN 方案的通信量为本书的方案的 83%，Max 方案的 99%。

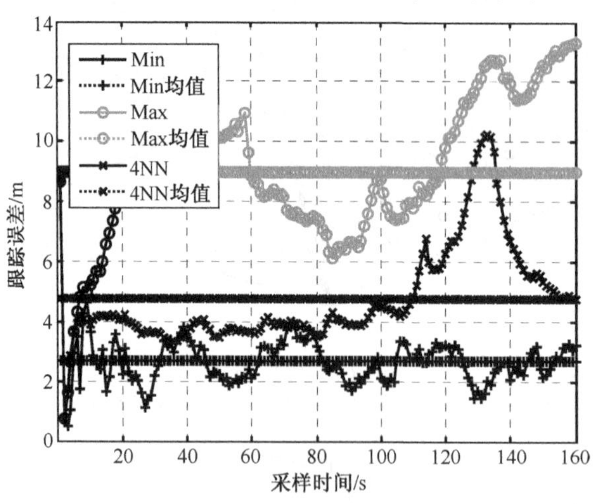

图 8.8　跟踪误差

表 8.1　平均性能指标

	跟踪误差/m	能量消耗/mJ	通信量/bit
Min 方案	2.67	0.48	149.65
Max 方案	9.00	0.51	125.25
4NN 方案	4.75	0.29	124.66

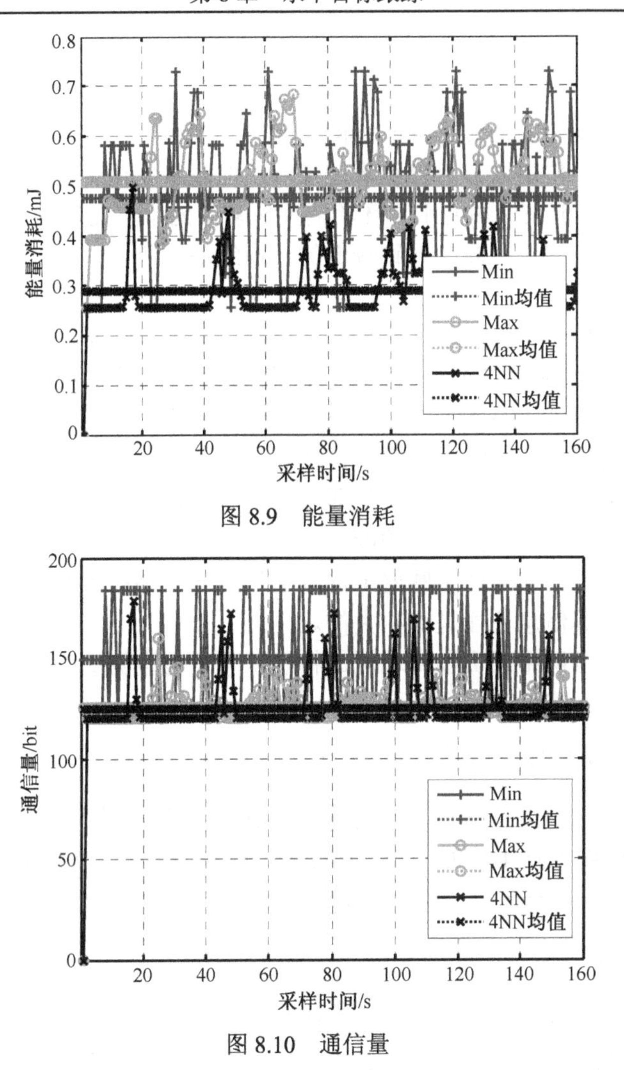

图 8.9 能量消耗

图 8.10 通信量

8.4 基于节点自适应调度的水下机动目标跟踪

8.4.1 引论

前面介绍的目标跟踪算法涉及的采样周期是固定的，本节将介绍一种采样周期自适应的目标跟踪。主要思想为：当跟踪精度满足要求时，增加采样周期，降低能耗；当跟踪误差过大时，减小采样周期，迅速提高跟踪精度。本节主要包括三方面：最优节点组的选择、自适应采样间隔和最优融合中心的选取。由于 8.3.3 节已经介绍了最优融合中心的选取，这里不再赘述。

1. UWSN 的特性

水下传感器网络和陆地传感器网络的主要区别如下[42]。

（1）价格。陆地传感器节点将越来越廉价，但是水下传感器节点目前依然是昂贵的设备。这主要是由于在极端的水下环境需要更复杂的水下发送器和硬件保护。而且，只有很少的相关设备的供应商，导致较低的规模经济，所以，水下传感器的一大特点是价格高。

（2）部署。陆地传感器网络部署稠密，而水下的部署通常是比较稀疏的。

（3）功率。因为不同的物理层技术（水下传感器使用声波而陆地传感器使用无线电波），更远的通信距离和接收端需要更为复杂的信号处理技术以补偿信道衰落，用声波的水下通信所需的功率比陆地无线通信要高。

（4）存储。陆地传感器的存储容量通常非常有限，而水下传感器由于其信道可能的不连续性需要具有一些数据缓存的能力。

（5）空间相关性。从陆地传感器中读取的信息通常是相关的，而水下传感器节点之间的距离较大，其信息往往是不相关的。

针对水下传感器网络昂贵和高功耗的特性，本节内容侧重于通过权衡节点能耗与跟踪精度延长整个网络的寿命。

2. UWSN 机动目标跟踪模型

文献[43]中已经指出在一个三维传感器网络中，需要同时使用 4 个节点恰好能对目标进行定位。当节点数多于 4 个时，跟踪精度的提升并不明显，这意味着考虑能量消耗的情况下，使用的节点超过 4 个是不值的。所以，在每一个跟踪时刻，需要从候选的节点中选出 4 个最优的节点收集目标的信息完成跟踪任务。当然，如果候选节点少于等于 4 个，所有的候选节点都会晋升为任务节点。图 8.11 给出了 UWSN 机动目标跟踪的一个示例。方形的 4 个节点是 k 时刻的任务节点，跟踪完成后，融合中心更新估计结果为目标位于图 8.11 中 A 处并且预测 $k+1$ 时刻目标将运动到图 8.11 中 B 处。显然，$k+1$ 时刻的任务节点和融合中心都需要重新选定，这一工作将由 k 时刻的融合中心来完成。那些在 k 时刻的融合中心的通信范围内并且在 $k+1$ 时刻能够感知到目标的节点将成为候选节点。图 8.11 中 $k+1$ 时刻的候选节点有 6 个，显然可以组成 15 组候选节点组，在通过本节的节点选择算法后，黑色的两个节点被舍弃，菱形的 4 个节点被选为 $k+1$ 时刻的任务节

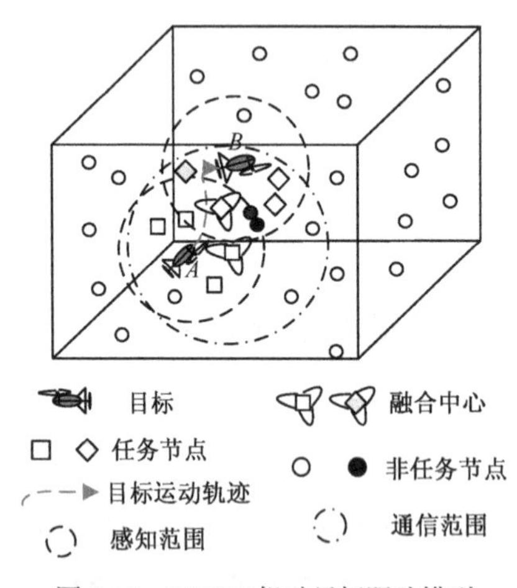

图 8.11 UWSN 机动目标跟踪模型

图中描述了两个时刻的跟踪过程，方形是 k 时刻，菱形是 $k+1$ 时刻

点。然后通过前面介绍的融合中心选择算法从 4 个任务节点中确定新的融合中心。如此便完成了一次两个时刻的任务节点与融合中心的交接。

3. 交互式多模型扩展卡尔曼滤波（IMM-EKF）算法

IMM 算法能够获取目标的机动特性并且计算每个模型的概率，因此 IMM 非常适用于机动目标的跟踪。传统的 IMM 算法用的是卡尔曼滤波器，因此只能处理线性量测的情况。而式（8.46）中说明水下传感器的量测模型是非线性的，所以可以用扩展卡尔曼滤波器替换传统模型中的卡尔曼滤波器得到 IMM-EKF 作为目标跟踪的滤波算法。

扩展卡尔曼滤波算法的内容已经在 3.2 节中详细叙述过了，在此仅写出其算法流程。假设已经得到 k 时刻的量测 $\boldsymbol{z}_k$，状态估计 $\boldsymbol{x}_k$ 及其协方差 $\boldsymbol{P}_k$，则 $k+1$ 时刻的一步预测状态及其协方差为

$$\hat{\boldsymbol{x}}_{k+1|k} = \boldsymbol{F}_k\hat{\boldsymbol{x}}_k \tag{8.85}$$

$$\boldsymbol{P}_{k+1|k} = \boldsymbol{F}_k\boldsymbol{P}_k\boldsymbol{F}_k^{\mathrm{T}} + \boldsymbol{Q}_k \tag{8.86}$$

一步预测的量测为

$$\hat{\boldsymbol{z}}_{k+1|k} = h(\hat{\boldsymbol{x}}_{k+1|k}) \tag{8.87}$$

然后可以计算真实量测与预测量测的残差和协方差，即

$$\boldsymbol{\gamma}_{k+1} = \boldsymbol{z}_{k+1} - \hat{\boldsymbol{z}}_{k+1|k} \tag{8.88}$$

$$\boldsymbol{S}_{k+1} = \boldsymbol{H}_{k+1}\boldsymbol{P}_{k+1|k}\boldsymbol{H}_{k+1}^{\mathrm{T}} + \boldsymbol{R}_{k+1} \tag{8.89}$$

式中，$\boldsymbol{H}_{k+1}$ 是量测方程 $h_i(\hat{\boldsymbol{x}}_{k+1|k})$ 的雅可比矩阵。扩展卡尔曼滤波增益为

$$\boldsymbol{K}_{k+1} = \boldsymbol{P}_{k+1|k}\boldsymbol{H}_{k+1}^{\mathrm{T}}\boldsymbol{S}_{k+1}^{-1} \tag{8.90}$$

最后，$k+1$ 时刻的状态估计和相应的协方差矩阵为

$$\hat{\boldsymbol{x}}_{k+1} = \hat{\boldsymbol{x}}_{k+1|k} + \boldsymbol{K}_{k+1}\boldsymbol{\gamma}_{k+1} \tag{8.91}$$

$$\boldsymbol{P}_{k+1} = \boldsymbol{P}_{k+1|k} - \boldsymbol{K}_{k+1}\boldsymbol{S}_{k+1}\boldsymbol{K}_{k+1}^{\mathrm{T}} \tag{8.92}$$

IMM 的详细内容已经在 5.2 节中介绍过了，在此同样仅给出 IMM-EKF 算法的一个循环的流程。

（1）计算混合概率，即

$$\begin{cases} c_j = \sum_{i=1}^{r}\pi_{j|i}\mu_k^i, \quad j=1,2,\cdots,r \\ \mu_k^{ij} = \dfrac{1}{c_j}\pi_{j|i}\mu_k^i \end{cases} \tag{8.93}$$

式中，c_j 是归一化常数；r 是模型个数；$\pi_{j|i}$ 是模型转移概率，μ_k^i 是模型概率；μ_k^{ij} 是混合概率。

（2）输入交互，即

$$\begin{cases}\hat{\boldsymbol{x}}_k^{0j}=\sum_{i=1}^{r}\hat{\boldsymbol{x}}_k^{j}\mu_k^{ij}, \quad j=1,2,\cdots,r\\ \boldsymbol{P}_k^{0j}=\sum_{i=1}^{r}\mu_k^{ij}\{\boldsymbol{P}_k^{i}+(\hat{\boldsymbol{x}}_k^{i}-\hat{\boldsymbol{x}}_k^{j})(\hat{\boldsymbol{x}}_k^{i}-\hat{\boldsymbol{x}}_k^{j})^{\mathrm{T}}\}\end{cases} \tag{8.94}$$

（3）按照式（8.91）和式（8.92）计算每个模型相应的 $\hat{\boldsymbol{x}}_k^j$ 和 $\boldsymbol{P}_k^j$，每个模型的似然函数近似计算为

$$\Lambda_{k+1}^j=\exp\{-((\boldsymbol{\gamma}_{k+1}^j)^{\mathrm{T}}(\boldsymbol{S}_{k+1}^j)^{-1}\boldsymbol{\gamma}_{k+1}^j)^2/2\}/\sqrt{2\pi\left|\boldsymbol{S}_{k+1}^j\right|}, \quad j=1,\cdots,r \tag{8.95}$$

式中，$\boldsymbol{\gamma}_{k+1}^j$ 和 $\boldsymbol{S}_{k+1}^j$ 可以按照式（8.88）和式（8.89）计算。

（4）模型概率更新为

$$\mu_{k+1}^j=\Lambda_{k+1}^j c_j\Big/\sum_{j=1}^{r}\Lambda_{k+1}^j c_j \tag{8.96}$$

（5）状态估计和协方差融合，即

$$\begin{cases}\hat{\boldsymbol{x}}_{k+1}=\sum_{j=1}^{r}\hat{\boldsymbol{x}}_{k+1}^{j}\mu_{k+1}^{j}\\ \boldsymbol{P}_{k+1}=\sum_{j=1}^{r}\mu_{k+1}^{j}\{\boldsymbol{P}_{k+1}^{j}+(\hat{\boldsymbol{x}}_{k+1}^{j}-\hat{\boldsymbol{x}}_{k+1})(\hat{\boldsymbol{x}}_{k+1}^{j}-\hat{\boldsymbol{x}}_{k+1})^{\mathrm{T}}\}\end{cases} \tag{8.97}$$

8.4.2 精度优先的节点组自适应调度方案

本节将介绍节点组选择方案。假设已经得到了 k 时刻的 $\hat{\boldsymbol{x}}_k$、$\hat{\boldsymbol{x}}_k^j$、$\hat{\boldsymbol{P}}_k$、$\hat{\boldsymbol{P}}_k^j$ 和 μ_k^j。然后根据 IMM-EKF 算法得到目标的一步预测状态及其协方差，即

$$\begin{cases}\hat{\boldsymbol{x}}_{k+1|k}=\sum_{j=1}^{r}\mu_k^j\boldsymbol{F}^j\hat{\boldsymbol{x}}_k^j\\ \boldsymbol{P}_{k+1|k}=\sum_{j=1}^{r}\mu_k^j[\boldsymbol{F}^j\boldsymbol{P}_k^j(\boldsymbol{F}^j)^{\mathrm{T}}+\boldsymbol{Q}^j]\end{cases} \tag{8.98}$$

定义式（8.92）中 $\boldsymbol{P}_{k+1}$ 的迹为预测的跟踪误差，在 IMM-EKF 算法中，预测跟踪误差可以计算为

$$\hat{\Phi}_{k+1}=\mathrm{tr}\left(\sum_{j=1}^{r}\mu_k^j\boldsymbol{P}_{k+1}^j\right)=\mathrm{tr}(\hat{\boldsymbol{P}}_{k+1}) \tag{8.99}$$

通过如下融合公式[44]得到不同传感器节点融合后的预测跟踪误差，即

$$\begin{aligned}\hat{\Phi}_{\mathrm{fusion}(k+1)}&=\mathrm{tr}(\hat{\boldsymbol{P}}_{\mathrm{fusion}(k+1)})\\ &=\mathrm{tr}\left\{\left[\sum_{i=1}^{N}(\hat{\boldsymbol{P}}_{k+1}^i)^{-1}-(N-1)(\hat{\boldsymbol{P}}_{k+1|k})^{-1}\right]^{-1}\right\}\end{aligned} \tag{8.100}$$

式中，i 是候选节点组内的节点序号；N 是候选节点组内的节点个数。

$$\hat{\boldsymbol{P}}_{k+1|k} = \sum_{j=1}^{r} \mu_k^j \boldsymbol{P}_{k+1|k}^j \tag{8.101}$$

通过式（8.100）可以遍历计算不同候选节点组成的候选节点组的 $\hat{\varPhi}_{\text{fusion}(k+1)}$ 值，所有候选节点组中，$\min(\hat{\varPhi}_{\text{fusion}(k+1)})$ 对应的那组节点将被选为任务节点。

8.4.3 采样间隔自适应调度方案

假设 E_k 是 k 时刻跟踪任务的能耗，并且整个跟踪任务持续时间为 t，采样间隔为 T。那么整个跟踪任务的能耗可以计算为

$$E_{\text{sum}} = \sum_{i=1}^{n} E_k, \quad n = \frac{t}{T} \tag{8.102}$$

考虑式（8.102），如果提高采样间隔 T，那么 t 不变时时间步数 n 就会减少，进而减少总能耗 E_{sum}。但是采样间隔增大会导致跟踪精度下降，所以需要寻找一个指标来选择能够兼顾跟踪精度和能耗的最优采样间隔。图 8.12 给出了一个例子来表明在上述的算法中，跟踪误差和采样间隔的关系。图 8.12 中 T 的取值范围是 $[T_{\min}, T_{\max}]$，$\varPhi_0$ 是预先给定的跟踪误差界限。假设已经得到了 k 时刻的跟踪误差 $\varPhi_k$，在选择下一时刻的最优采样间隔时要分两种情况讨论。

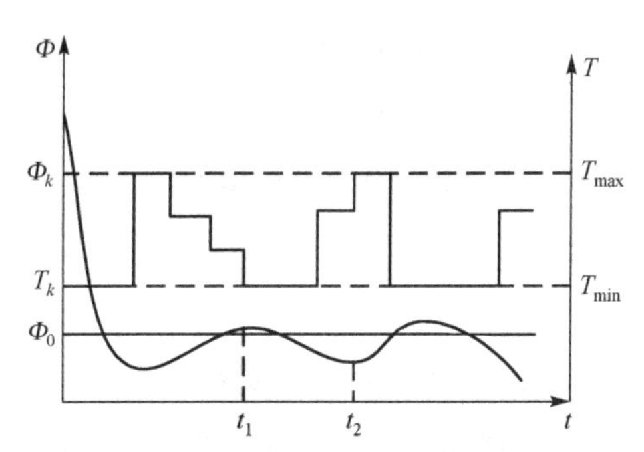

图 8.12 跟踪误差和采样间隔的关系

曲线线代表跟踪任务执行过程中的跟踪误差，折线代表跟踪任务执行过程中的采样间隔变化

（1）$\varPhi_k \geqslant \varPhi_0$，以图 8.12 中的 t_1 为例。此时跟踪精度是不满足要求的，为了符合精度优先的原则，T_{k+1} 将被设定为 $T_{\min}$。

（2）$\varPhi_k < \varPhi_0$，以图 8.12 中的 t_2 为例。此时跟踪精度能满足要求，选择采样间隔时尽量考虑能耗，并兼顾下一时刻预测的跟踪误差不要超过 $\varPhi_0$。

$$T_{k+1} = \underset{T \in [T_{\min}, T_{\max}]}{\arg\max} \left\{ \left| \hat{\varPhi}_{\text{fusion}(k+1)}(T) \leqslant \varPhi_0 \right. \right\} \tag{8.103}$$

具体的能量模型请参考 8.3.3 节中的内容，此处不再赘述。

8.4.4 仿真结果与分析

1. 仿真设置

为了验证和证明上述自适应节点调度方案的有效性，下面将通过 MATLAB 仿真用上述的算法完成对一个假想目标的跟踪。目标在一个三维笛卡儿坐标系中进行机动运动。被检测的区域是 $100 \times 100 \times 100$ 并且传感器节点按照 $7 \times 7 \times 7$ 的标准网格部署（即在网格的交点处布置节点）。这些传感器节点可以测量与目标的距离，并且坐标位置存储在自身和邻节点中。目标运动的轨迹如图 8.13 所示。

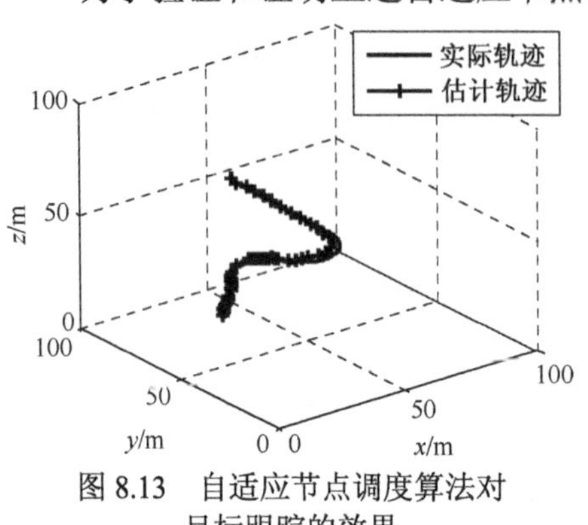

图 8.13　自适应节点调度算法对目标跟踪的效果

为了跟踪目标，IMM-EKF 模型集合包括一个 CV 模型和两个不同角速度的 CT 模型（$\omega_1 = 1.22\text{rad/s}$，$\omega_2 = -1.22\text{rad/s}$）。传感器节点的感知半径假设为 25m，通信半径设为 35m，测量误差的方差设为 1m，不同模型间的转移概率为

$$\boldsymbol{\Pi} = \begin{bmatrix} 0.90 & 0.05 & 0.05 \\ 0.05 & 0.90 & 0.05 \\ 0.05 & 0.05 & 0.90 \end{bmatrix} \tag{8.104}$$

采样间隔的可选择范围为 $T \in \{0.1\text{s}, 0.2\text{s}, 0.3\text{s}, 0.4\text{s}, 0.5\text{s}\}$，跟踪误差的界限为 $\Phi_0 = 3\text{m}$，蒙特卡洛仿真次数为 100 次。

2. 仿真结果

通过上述的跟踪算法得到的估计轨迹也在图 8.13 中，证明其在跟踪机动目标时的有效性。图 8.14 比较了自适应采样间隔和固定采样间隔在跟踪时的误差和能耗的区别。相较于固定的采样间隔，即 0.1s，自适应算法的采样间隔提升到 0.2695s，并且牺牲了 46.99%的跟踪精度，但节约了 62.23%的能耗。当然，在跟踪精度能满足要求的情况下，更乐于减少节点的能耗。图 8.15 比较了最优节点组与最差节点组的跟踪效果。相较于最差的节点组，最优节点组可以提高 69.79%的跟踪精度而且不会有额外的能量消耗。因此，通过上述的算法找出最优节点组可以大幅提高跟踪精度，使采样间隔可以取得更大，进而减少网络的能量消耗。图 8.16 比较了最优融合中心和最差融合中心的跟踪效果。相较于最差的融合中心，最优融合中心可以节约 12.20%的能量消耗，而只损失 2.77%的跟踪精度。因此，寻找最优融合中心是有意义的。

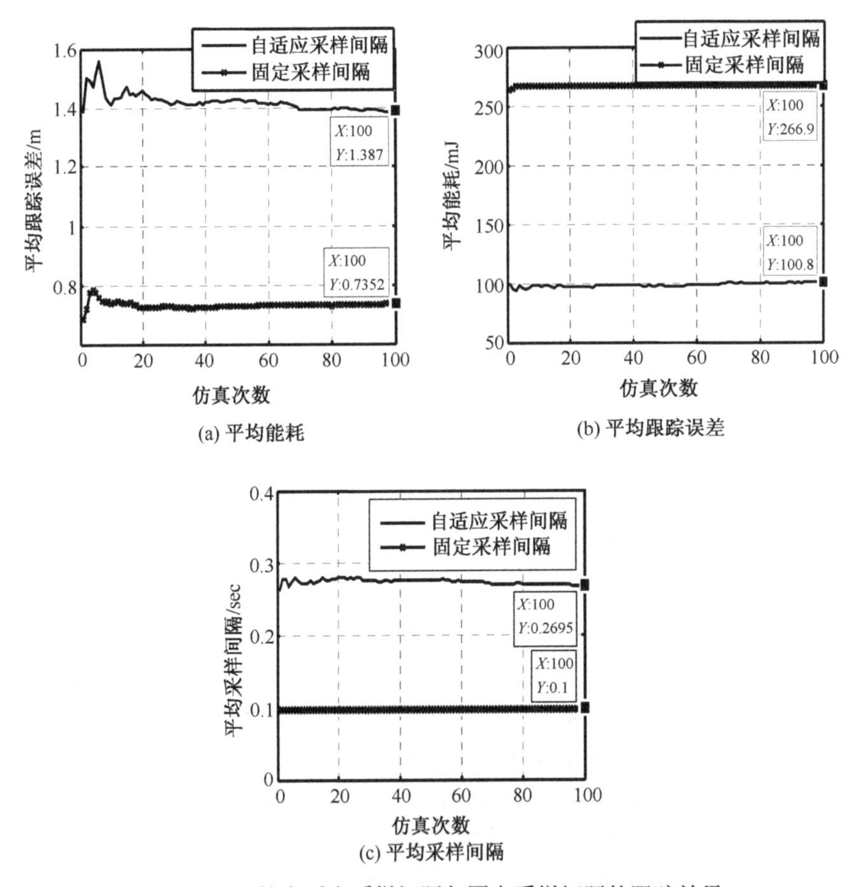

(a) 平均能耗　(b) 平均跟踪误差

(c) 平均采样间隔

图 8.14　比较自适应采样间隔与固定采样间隔的跟踪效果

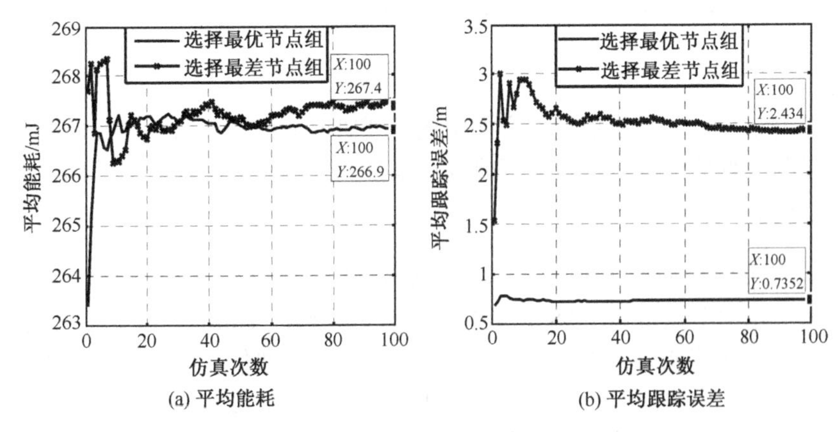

(a) 平均能耗　(b) 平均跟踪误差

图 8.15　比较最优节点组和最差节点组的跟踪效果

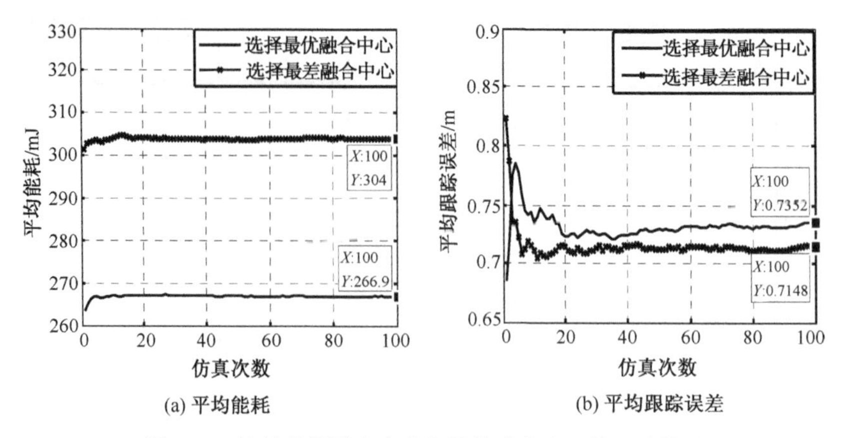

(a) 平均能耗　　(b) 平均跟踪误差

图 8.16　比较最优融合中心和最差融合中心的跟踪效果

8.5　基于局部节点信息的水下目标跟踪

8.3 节和 8.4 节涉及的节点选择任务由融合中心完成，它要求融合中心知道网络其他节点的位置信息，这种节点选择称为基于全局信息的节点选择（Global Node Selection，GNS）[45]，为了保证 GNS 正常运行，在网络初始化时所有节点要广播自己的位置信息，这需要网络具有较强的通信能力和较大的存储空间，而 UWSN 很难满足该要求。针对该问题，本节研究基于局部信息的节点选择（Local Node Selection，LNS），LNS 只要求节点知道自己的位置信息，而 UWSN 的定位算法很容易满足该要求。8.5.1 节从网络模型和系统模型两方面阐述了本节要研究的问题；8.5.2 节设计基于 LNS 的水下目标跟踪方案，并从理论上对 LNS 和 GNS 进行了比较；8.5.3 节从跟踪低速目标和跟踪高速目标两种情况对本书设计的方案进行了仿真，证实了该算法的有效性。

8.5.1　引论

本节从网络模型和系统模型两方面阐述了要研究的问题。为了便于研究，首先研究测量模型为线性的情况，然后再把研究结果推广到测量模型为非线性的情况。

1. 网络模型

UWSN 的网络模型如图 8.17 所示，该网络包括三种节点：水面浮标、锚节点和常规节点。其中水面节点带有 GPS 定位装置，它可以通过 GPS 定位系统获得自己的位置信息；锚节点通信能力很强，它可以和水面浮标直接通信获得自己的位置信息；常规节点的通信能力有限，它只能和锚节点通信获得自己的位置信息。目前已有很多文献介绍 UWSN 节点定位方案[46-48]，因此本节只考虑水下目标跟踪问题，而不研究水下节点定位问题。

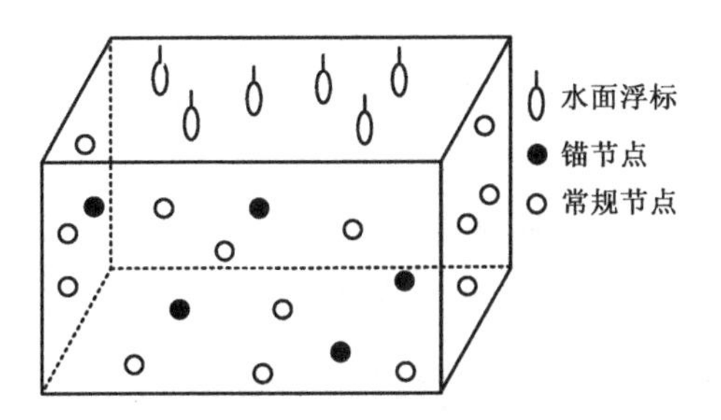

图 8.17　UWSN 的网络模型

2. 目标运动模型和线性测量模型

假设水下目标为在三维空间移动的点目标，该点目标的运行模型为恒速度（CV）模型，即

$$\boldsymbol{x}_{k+1} = \boldsymbol{F}_k \boldsymbol{x}_k + \boldsymbol{\Gamma}_k \boldsymbol{w}_k \tag{8.105}$$

式中，$\boldsymbol{x}_k = [x_k \quad \dot{x}_k \quad y_k \quad \dot{y}_k \quad z_k \quad \dot{z}_k]^{\mathrm{T}}$ 为目标在 k 时刻的运动状态；$\boldsymbol{w}_k$ 为零均值的高斯白噪声，其协方差矩阵为 $\boldsymbol{Q}_k$；$\boldsymbol{\Phi}$ 和 $\boldsymbol{\Gamma}$ 分别为状态转移矩阵和过程噪声矩阵。

$$\boldsymbol{F}_k = \begin{bmatrix} 1 & T & 0 & 0 & 0 & 0 \\ 0 & 1 & 0 & 0 & 0 & 0 \\ 0 & 0 & 1 & T & 0 & 0 \\ 0 & 0 & 0 & 1 & 0 & 0 \\ 0 & 0 & 0 & 0 & 1 & T \\ 0 & 0 & 0 & 0 & 0 & 1 \end{bmatrix} \tag{8.106}$$

$$\boldsymbol{\Gamma}_k = \begin{bmatrix} \frac{T^2}{2} & 0 & 0 \\ T & 0 & 0 \\ 0 & \frac{T^2}{2} & 0 \\ 0 & T & 0 \\ 0 & 0 & \frac{T^2}{2} \\ 0 & 0 & T \end{bmatrix} \tag{8.107}$$

第 i 个传感器的线性测量模型为

$$\boldsymbol{Z}_k^i = \boldsymbol{H}^i \boldsymbol{x}_k + \boldsymbol{v}_k^i \tag{8.108}$$

式中，$\boldsymbol{Z}_k^i$ 为第 i 个传感器在 k 时刻的测量；$\boldsymbol{H}^i$ 为第 i 个传感器的测量函数，即

$$\boldsymbol{H}^i=\begin{bmatrix}1&0&0&0&0&0\\0&0&1&0&0&0\\0&0&0&0&1&0\end{bmatrix} \tag{8.109}$$

$\boldsymbol{v}_k^i$ 为第 i 个传感器的零均值的高斯测量噪声，即

$$\boldsymbol{v}_k^i\sim\mathcal{N}(0,\boldsymbol{R}_k^i) \tag{8.110}$$

8.5.2　基于局部节点信息的水下目标跟踪算法

水下目标跟踪的基本思想如图 8.18 所示，基于融合中心的预测信息，每个传感器节点利用 LNS 机制决定自己是否被唤醒；被唤醒的节点利用卡尔曼滤波估计目标的状态，并把估计结果发送到融合中心；接收到各个传感器的估计结果后，融合中心利用带反馈的分布式融合算法对目标状态融合估计，并对目标的状态进行一步预测，如此往复下去直到跟踪任务结束。

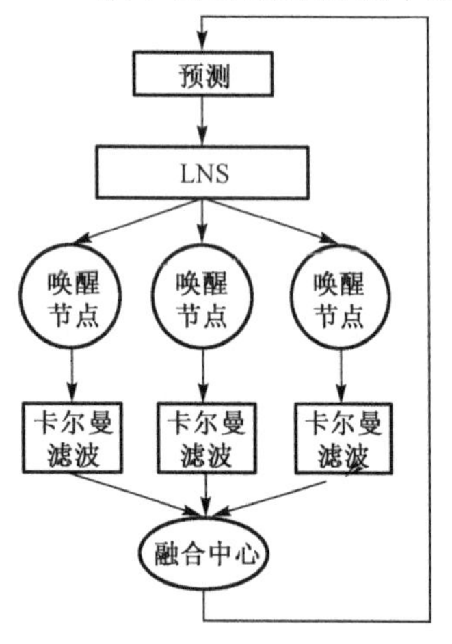

图 8.18　基于线性模型的水下目标跟踪方法

1. 卡尔曼滤波及其带反馈的分布式融合算法

卡尔曼滤波及其带反馈的分布式融合算法如图 8.19 所示，卡尔曼滤波是一种针对线性高斯系统的经典滤波算法，感兴趣的读者可以参考本书第 3 章第 3.1 节，这里重点介绍带反馈的分布式融合算法。

假设在 $k+1$ 时刻有 N 个被唤醒的节点参与目标跟踪，融合后的估计误差的协方差矩阵为

$$\boldsymbol{P}_{\text{fusion}(k+1)}^{-1}=\boldsymbol{P}_{\text{fusion}(k+1|k)}^{-1}+\sum_{i=1}^{N}[(\boldsymbol{P}_{k+1}^i)^{-1}-\boldsymbol{P}_{\text{fusion}(k+1|k)}^{-1}] \tag{8.111}$$

式中，$\boldsymbol{P}_{\text{fusion}(k+1)}$ 为融合后的更新协方差矩阵；$\boldsymbol{P}_{\text{fusion}(k+1|k)}$ 为融合后的预测协方差；$\boldsymbol{P}_{k+1}^i$ 为第 i 个传感器更新的协方差矩阵。

$$\boldsymbol{P}_{\text{fusion}(k+1|k)}=\boldsymbol{F}\boldsymbol{P}_{\text{fusion}(k)}\boldsymbol{F}^{\mathrm{T}}+\boldsymbol{\Gamma}\boldsymbol{Q}_k\boldsymbol{\Gamma}^{\mathrm{T}} \tag{8.112}$$

融合后的更新状态估计为

$$\begin{aligned}&\boldsymbol{P}_{\mathit{fusion}(k+1)}^{-1}\hat{\boldsymbol{x}}_{\text{fusion}(k+1)}\\&=\sum_{i=1}^{N}(\boldsymbol{P}_{k+1}^i)^{-1}\hat{\boldsymbol{x}}_{k+1}^i-(N-1)\boldsymbol{P}_{\text{fusion}(k+1|k)}^{-1}\hat{\boldsymbol{x}}_{\text{fusion}(k+1|k)}\end{aligned} \tag{8.113}$$

式中，$\hat{\boldsymbol{x}}_{\text{fusion}(k+1)}$ 为融合后的更新状态；$\hat{\boldsymbol{x}}_{\text{fusion}(k+1|k)}$ 为融合后的状态预测；$\hat{\boldsymbol{x}}_{k+1}^i$ 为第 i 个传感器更新的状态；融合后的状态预测为

$$\hat{\boldsymbol{x}}_{\text{fusion}(k+1|k)}=\boldsymbol{F}\hat{\boldsymbol{x}}_{\text{fusion}(k)} \tag{8.114}$$

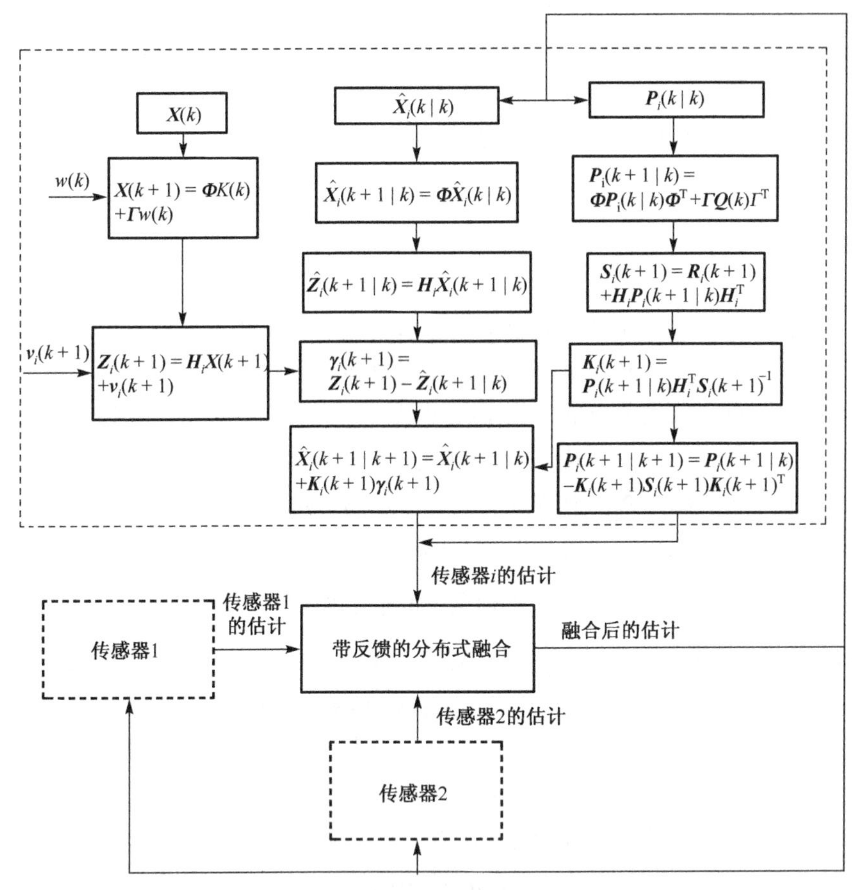

图 8.19　卡尔曼滤波及其带反馈的分布式融合算法

2. 基于局部信息的节点选择方案

LNS 的基本思路如图 8.20 所示，图中五角星表示 k 时刻的融合中心；正方形表示

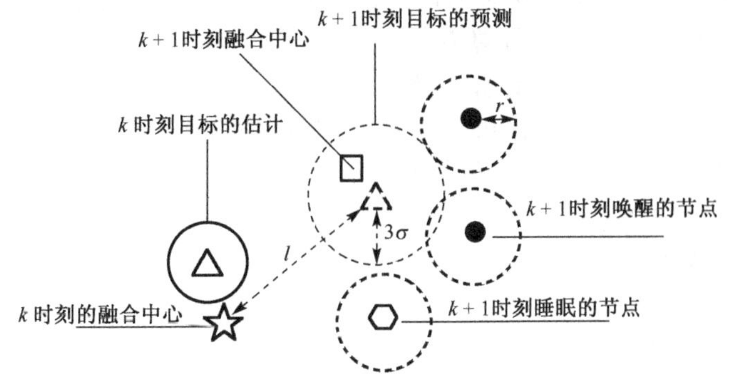

图 8.20　基于 LNS 方案

$k+1$ 时刻的融合中心；黑色的实心圆表示 $k+1$ 时刻被唤醒的节点；正六边形表示 $k+1$ 时刻的睡眠节点；实线的圆表示 k 时刻融合后的更新估计；虚线的圆表示 $k+1$ 时刻融合后的一步预测估计；σ 为融合后的一步预测标准差；r 为传感器节点的感知半径；l 为 k 时刻的融合中心与目标预测位置的距离，即

$$l=\sqrt{(\mathrm{FC}_{k,x}-\hat{\boldsymbol{x}}_{x(k+1|k)})^2+(\mathrm{FC}_{k,y}-\hat{\boldsymbol{x}}_{y(k+1|k)})^2+(\mathrm{FC}_{k,z}-\hat{\boldsymbol{x}}_{z(k+1|k)})^2} \tag{8.115}$$

式中，$(\mathrm{FC}_{k,x},\mathrm{FC}_{k,y},\mathrm{FC}_{k,z})$ 为 k 时刻融合中心的位置坐标；$(\hat{\boldsymbol{x}}_{x(k+1|k)},\hat{\boldsymbol{x}}_{y(k+1|k)},\hat{\boldsymbol{x}}_{z(k+1|k)})$ 为目标一步预测的位置。

k 时刻的融合中心更新目标的状态估计后，对目标的状态进行一步预测（形成预测圆，圆的半径为 3σ），然后融合中心将 k 时刻更新的状态估计和一步预测的结果广播给它的邻居节点。假设节点的广播半径可以自动调节，并可以计算为

$$R_{\mathrm{real}}=\min\{R_{\max},r+3\sigma+l\} \tag{8.116}$$

式中，R_{real} 为广播半径；$R_{\max}$ 为节点最大通信距离。接收到融合中心的广播信息后，每个节点计算其与目标预测位置的距离，即

$$d^i=\sqrt{(S_x^i-\hat{\boldsymbol{x}}_{x(k+1|k)})^2+(S_y^i-\hat{\boldsymbol{x}}_{y(k+1|k)})^2+(S_z^i-\hat{\boldsymbol{x}}_{z(k+1|k)})^2} \tag{8.117}$$

式中，(S_x^i,S_y^i,S_z^i) 为第 i 个节点的位置；$(\hat{\boldsymbol{x}}_{x(k+1|k)},\hat{\boldsymbol{x}}_{y(k+1|k)},\hat{\boldsymbol{x}}_{z(k+1|k)})$ 为目标一步预测的位置。如果第 i 个节点的监测区域与目标状态一步预测的 3σ 圆重叠，那么该节点被唤醒，否则该节点继续睡眠。第 i 个节点的监测区域与目标状态一步预测的 3σ 圆重叠的判断依据为

$$d^i\leqslant r+3\sigma \tag{8.118}$$

最小 d_i 对应的节点被选为新的融合中心，即

$$\min\{d_1,d_2,\cdots,d_N\} \tag{8.119}$$

需要注意的是，LNS 和融合中心确定只要求节点知道自己的位置信息，不要求节点知道其他节点的位置信息，从这个角度而言，LNS 显然比 GNS 更适合 UWSN。LNS 的伪代码如下。

基于 k 时刻融合后的更新状态估计，融合中心对目标的状态进行一步预测；
融合中心根据式（8.115）计算 l；
融合中心根据式（8.116）计算广播半径 R_{real}；
融合中心将 k 时刻状态估计和一步预测结果广播给它的邻居节点；
每个传感器根据式（8.117）计算 d^i；
If d^i 满足式（8.118）
　　节点 i 被唤醒
Else
　　节点 i 继续睡眠；
End If

根据式（8.118）确定新的融合中心

3. LNS 与 GNS 跟踪精度比较

从能耗和通信量的角度看，LNS 比 GNS 更适合 UWSN，接下来将比较 LNS 和 GNS 的跟踪精度。

定理 8.1　如果 $\boldsymbol{P}_{\mathrm{GNS}(k)}$ 表示 GNS 估计误差的协方差，$\boldsymbol{P}_{\mathrm{LNS}(k)}$ 表示 LNS 估计误差的协方差，那么 $\boldsymbol{P}_{\mathrm{GNS}(k)} \leqslant \boldsymbol{P}_{\mathrm{LNS}(k)}$。

证明　假设 N 表示 GNS 唤醒节点的数目，M 表示 LNS 唤醒节点的数目。如图 8.12 所示，当水下目标移动速度较大时，l 可能很大以至于融合中心不能和所有感知到目标的节点直接通信，这种情况下 $N > M$；当水下目标移动速度较小时，l 很小以至于融合中心可以和所有感知到目标的节点直接通信，这种情况下 $N = M$。因此有

$$N \geqslant M \tag{8.120}$$

当 $k=0$ 时，对于 LNS 有

$$\boldsymbol{P}_{\mathrm{LNS}(0)}^{-1} = \boldsymbol{P}_{0|-1}{}^{-1} + \sum_{i=1}^{M} \boldsymbol{H}_{(0)}^{i}{}^{\mathrm{T}} (\boldsymbol{R}^{i})^{-1} \boldsymbol{H}_{(0)}^{i} \tag{8.121}$$

对于 GNS 有

$$\boldsymbol{P}_{\mathrm{GNS}(0)}^{-1} = \boldsymbol{P}_{(0|-1)}{}^{-1} + \sum_{i=1}^{N} (\boldsymbol{H}_{0}^{i})^{\mathrm{T}} (\boldsymbol{R}^{i})^{-1} \boldsymbol{H}_{(0)}^{i} \tag{8.122}$$

由于 $N \geqslant M$ 且 $\boldsymbol{H}_{(0)}^{i}{}^{T} (\boldsymbol{R}^{i})^{-1} \boldsymbol{H}_{(0)}^{i}$ 为正定的，有

$$\boldsymbol{P}_{\mathrm{GNS}(0)} \leqslant \boldsymbol{P}_{\mathrm{LNS}(0)} \tag{8.123}$$

当 k 等于任意正整数 n 时，假设

$$\boldsymbol{P}_{\mathrm{GNS}(n)} \leqslant \boldsymbol{P}_{\mathrm{LNS}(n)} \tag{8.124}$$

当 $k = n+1$ 时，对于 GNS 有

$$\boldsymbol{P}_{\mathrm{GNS}(n+1)}^{-1} = \boldsymbol{P}_{\mathrm{GNS}(n+1|n)}^{-1} + \sum_{i=1}^{N} (\boldsymbol{H}_{n+1}^{i})^{\mathrm{T}} (\boldsymbol{R}_{n+1}^{i})^{-1} \boldsymbol{H}_{n+1}^{i} \tag{8.125}$$

对于 LNS 有

$$\boldsymbol{P}_{\mathrm{LNS}(n+1)}^{-1} = \boldsymbol{P}_{\mathrm{LNS}(n+1|n)}^{-1} + \sum_{i=1}^{M} (\boldsymbol{H}_{n+1}^{i})^{\mathrm{T}} (\boldsymbol{R}_{n+1}^{i})^{-1} \boldsymbol{H}_{n+1}^{i} \tag{8.126}$$

根据式（8.112）可得到

$$\boldsymbol{P}_{\mathrm{LNS}(n+1|n)} = \boldsymbol{F}_{n+1} [\boldsymbol{P}_{\mathrm{LNS}(n|n)} - \boldsymbol{P}_{\mathrm{GNS}(n|n)}] \boldsymbol{F}_{n+1}^{\mathrm{T}} \tag{8.127}$$

由于 $\boldsymbol{P}_{\mathrm{GNS}}(n|n) \leqslant \boldsymbol{P}_{\mathrm{LNS}}(n|n)$，有

$$\boldsymbol{P}_{\mathrm{LNS}(n+1|n)}^{-1} \leqslant \boldsymbol{P}_{\mathrm{GNS}(n+1|n)}^{-1} \tag{8.128}$$

根据式（8.120）、式（8.125）、式（8.126）和式（8.128），有

$$\boldsymbol{P}_{\mathrm{GNS}(n+1)} \leqslant \boldsymbol{P}_{\mathrm{LNS}(n+1)} \tag{8.129}$$

证明完毕。

定理 8.1 说明 LNS 能耗和通信量的降低是以损失部分跟踪精度为代价的，考虑到 UWSN 有限的能量和通信能力，损失部分精度也许是完全值得的。

4. 扩展到非线性量测的情况

UWSN 至少需要四个节点才能唯一确定目标的位置[49]，而前面提到的线性测量模型假设单个节点可以确定目标的位置，显然线性测量模型不适合于 UWSN 目标跟踪。而传感器节点可以利用 ToA 技术测量其与目标的距离，因此本节采用纯距离（range-only）测量模型，即

$$Z_k^i = \sqrt{(\boldsymbol{x}_{x_k} - S_x^i)^2 + (\boldsymbol{x}_{y_k} - S_y^i)^2 + (\boldsymbol{x}_{z_k} - S_z^i)^2} + v_k^i \tag{8.130}$$

式中，(S_x^i, S_y^i, S_z^i) 为第 i 个节点的位置；$(\boldsymbol{x}_{x_k}, \boldsymbol{x}_{y_k}, \boldsymbol{x}_{z_k})$ 为目标的位置；v_k^i 为零均值高斯白噪声。

为了处理非线性问题，本节采用扩展卡尔曼滤波[50]估计水下目标的状态，除了滤波算法不同，基于纯距离测量模型的水下目标跟踪方案与图 8.18 所示的方案相同，这里不再进行详细阐述。

8.5.3 仿真结果与分析

本书设计了两种仿真场景，分别为跟踪较低速目标和较高速目标。对于线性测量的情况，采用卡尔曼滤波算法，而对于非线性的情况，采用扩展卡尔曼滤波算法。为了说明分布式融合（distributed fusion）算法的有效性，本书仿真了相应的集中式融合（centralized fusion）算法，为了说明 LNS 的有效性，仿真了 GNS 方案。将均方根误差作为性能指标，即

$$\text{RMSE}_k = \sqrt{\frac{1}{L}\sum_{i=1}^{L}[(\boldsymbol{x}_{x_k} - \hat{\boldsymbol{x}}_{x_k}^i)^2 + (\boldsymbol{x}_{y_k} - \hat{\boldsymbol{x}}_{y_k}^i)^2 + (\boldsymbol{x}_{z_k} - \hat{\boldsymbol{x}}_{z_k}^i)^2]} \tag{8.131}$$

式中，$L = 500$ 为蒙特卡洛仿真次数；$(\boldsymbol{x}_{x_k}, \boldsymbol{x}_{y_k}, \boldsymbol{x}_{z_k})$ 为 k 时刻目标的实际位置；$(\hat{\boldsymbol{x}}_{x_k}^i, \hat{\boldsymbol{x}}_{y_k}^i, \hat{\boldsymbol{x}}_{z_k}^i)$ 为第 i 次仿真 k 时刻目标的估计位置。

1. 较低速水下目标跟踪

传感器节点均匀分布在 $2000\text{m} \times 2000\text{m} \times 2000\text{m}$ 的三维空间，节点坐标为 $(100i, 100j, 100k)$，其中 $i = 0,1,\cdots,200, j = 0,1,\cdots,200,\ k = 0,1,\cdots,200$。采样周期 T=1s，跟踪时间为 50s，测距误差协方差为 100，状态的初始实际值与估计值分别为

$$\boldsymbol{x}_0 = [10 \quad 40 \quad 10 \quad 40 \quad 10 \quad 40]^{\text{T}} \tag{8.132}$$

$$\hat{\boldsymbol{x}}_0 = [10 \quad 40 \quad 10 \quad 40 \quad 10 \quad 40]^{\text{T}} \tag{8.133}$$

线性测量的协方差矩阵为

$$\boldsymbol{R}_k = \begin{bmatrix} 64 & 0 & 0 \\ 0 & 64 & 0 \\ 0 & 0 & 64 \end{bmatrix} \tag{8.134}$$

初始估计的误差协方差矩阵为

$$\boldsymbol{P}_0 = \begin{bmatrix} 25 & 0 & 0 & 0 & 0 & 0 \\ 0 & 25 & 0 & 0 & 0 & 0 \\ 0 & 0 & 25 & 0 & 0 & 0 \\ 0 & 0 & 0 & 25 & 0 & 0 \\ 0 & 0 & 0 & 0 & 25 & 0 \\ 0 & 0 & 0 & 0 & 0 & 25 \end{bmatrix} \tag{8.135}$$

当水下目标移动较慢时，仿真结果如图 8.21 所示。图 8.21 显示分布式融合跟踪精度与集中式融合相同，即本书设计的分布式融合算法是最优的。另外，LNS 与 GNS 跟踪性能相同，这是因为当水下目标移动较慢时，融合中心的通信半径完全可以覆盖所有感知到目标的节点，此时 LNS 与 GNS 等价。

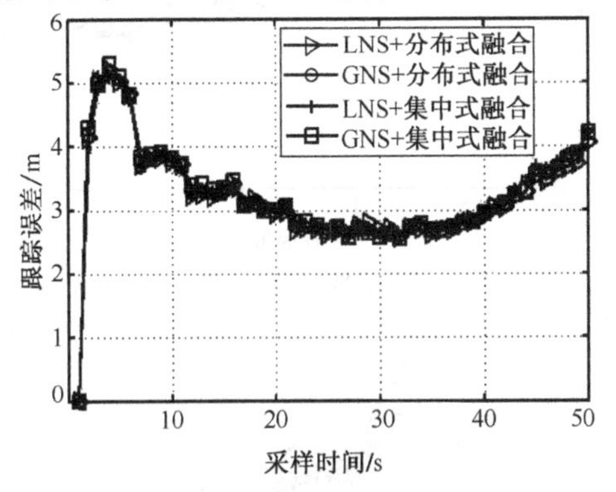

(a) 线性测量情况

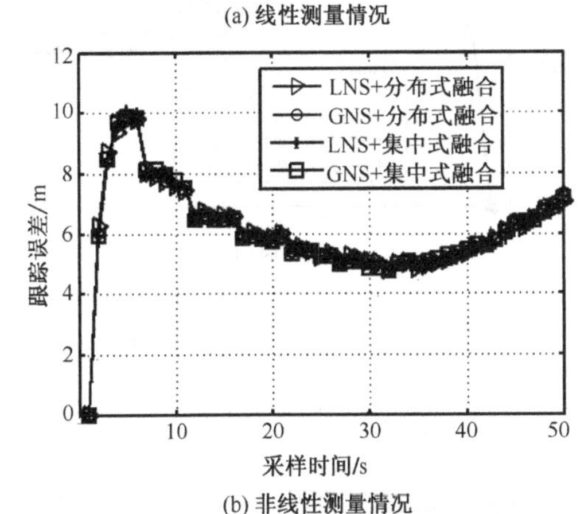

(b) 非线性测量情况

图 8.21　较低速水下目标跟踪误差

2. 较高速水下目标跟踪

当水下目标高速运动时，跟踪时间设为 25s，初始状态的实际值与估计值为

$$\boldsymbol{x}_0 = [10 \quad 80 \quad 10 \quad 80 \quad 10 \quad 80]^{\mathrm{T}} \tag{8.136}$$

$$\hat{\boldsymbol{x}}_0 = [10 \quad 80 \quad 10 \quad 80 \quad 10 \quad 80]^{\mathrm{T}} \tag{8.137}$$

仿真结果如图 8.22 所示。图 8.22 显示目标高速运动时，分布式融合跟踪精度与集中式融合相同，即本书设计的分布式融合算法是最优的。另外，LNS 的跟踪性能略差于 GNS，这是因为当水下目标移动较快时，融合中心的通信半径不能完全覆盖所有感知到目标的节点，此时 LNS 的唤醒节点数目小于 GNS 的唤醒节点数，即 LNS 通信量和能耗的降低是以损失部分跟踪精度为代价的。

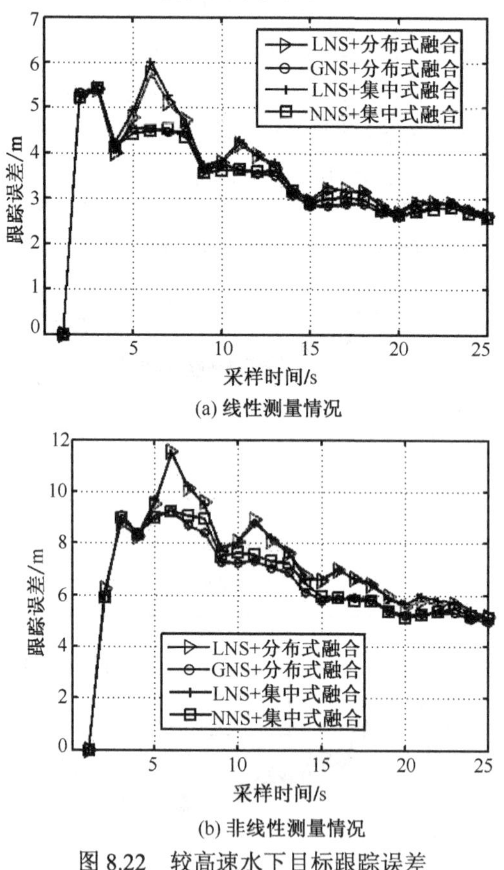

(a) 线性测量情况

(b) 非线性测量情况

图 8.22　较高速水下目标跟踪误差

8.6 小　　结

本章主要介绍了水下目标跟踪存在的难点和前沿理论。8.1 节介绍了水下目标跟踪的意义和发展现状，并指出在传统水下跟踪理论的基础上，结合水下无线传感器网

络的特点和优势是解决水下目标跟踪问题的趋势。8.2 节研究了基于水下声波的等梯度声速模型下的目标节点的定位和跟踪问题。根据声波在水中的传播速度与所处深度呈线性关系这一前提，得到了声波在水下传播轨迹的数学化描述，进而推导出声波在两个节点间的传播时间与节点位置的关系。然后结合 ToF 量测信息和深度量测信息，获得基于上述量测信息的节点定位方法，并给出了定位估计的误差下界计算公式。通过结合扩展卡尔曼滤波算法，给出针对移动目标节点的跟踪方法，同样给出了估计的误差下界的计算公式。具体数值仿真的例子，有兴趣的读者可以参考文献[28]。8.3 节研究了节点拓扑对水下目标跟踪性能的影响。该节首先列举四种典型拓扑结构，并利用几何学知识分析了典型拓扑结构对目标跟踪的影响。为了评估任意拓扑结构，该节推导了 PCRLB 与节点拓扑的关系，并在此基础上设计了基于最优拓扑结构的目标跟踪算法，仿真结果显示基于最优拓扑选择的目标跟踪方案精度最高。然而，基于最优拓扑选择的目标跟踪方案仅在跟踪精度意义下是最优的，因此本书的方案更适合于需要较高跟踪精度的场景。8.4 节主要介绍了一种精度优先，兼顾能耗的自适应节点调度方案。其核心思想是在保证跟踪精度满足要求的情况下，尽量减少能量消耗。通过选出最优的节点组来提高跟踪精度。通过选择最优融合中心和提高采样间隔来减少能量消耗。为了克服 UWSN 水下目标跟踪基于 GNS 方法的缺点，8.5 节提出了基于 LNS 的方案。与 GNS 相比，LNS 仅要求 UWSN 节点知道自己的位置信息，更适合 UWSN。为了降低计算复杂度，满足 UWSN 水下目标跟踪实时性要求，该节引入了带反馈的分布式融合算法。仿真结果显示，该分布式融合算法是最优的；跟踪低速目标时 LNS 的跟踪精度等价于 GNS，跟踪高速目标时 LNS 跟踪精度略差于 GNS。

参 考 文 献

[1] Zhou T T, Jing H L, Sun H. Reliability, Validity and development of ocean thermal energy conversion. World Automation Congress, 2012: 1-5.

[2] Wang T, Yuan P. Technological economic study for ocean energy development in China. Industrial Engineering and Engineering Management, 2011: 610-614.

[3] Xie P, Kang F, Wang S. Research for underwater target tracking by using multi-sonar. Image and Signal Processing (CISP), 2010, 9: 4249-4253.

[4] Ma H, Ng BW-H. Collaborative data and information processing for target tracking in wireless sensor networks. IEEE International Conference on Industrial Informatics, 2006: 647-652.

[5] Clark D E. Multiple Target Tracking with the Probability Hypothesis Density Filter. Edinburgh: Heriot-Watt University, 2006.

[6] 战和，杨日杰，周旭．基于被动声纳浮标投放法的水下目标跟踪．计算机工程, 2010, 36(2): 282-284.

[7] 孙轶，刘铭．国外鱼雷武器技术的发展．船舶电子工程, 2010(8): 12-16.

[8] 李本昌，刘春跃，郑援. 现代水声对抗装备发展及其对海战的影响. 鱼雷技术，2011，19(6): 468-472.

[9] Heidemann J, Li Y, Syed A, et al. Research challenges and applications for underwater sensor networking. IEEE Wireless Communications and Networking Conference, 2006: 228-235.

[10] Peng Z, Zhou Z, Cui J H, et al. Aqua-Net: An underwater sensor network architecture: design, implementation, and initial testing. 6th International ICST Conference on Communications and Networking in China, 2011: 1058-1063.

[11] 张林琳，杨日杰，杨春英. 水下机动目标跟踪技术研究. 声学技术，2011, 30(1): 68-73.

[12] Fei L, Zhang X Y, Wang Y. Real-time tracking of underwater moving target. 31st Chinese Control Conference, 2012: 3984-3988.

[13] 党建武. 水下多目标跟踪理论. 西安：西北工业大学出版社，2009.

[14] Fei L, Zhang X Y. Underwater target tracking based on particle filtcr. 7th International Conference on Computer Sciencc & Education, 2012: 36-40.

[15] Zetterberg V, Pettersson M I, Tegborg L, et al. Passive scattered array positioning method for underwater acoustic source. OCEANS, 2006: 1-6.

[16] Clark D, Vo B, Bell J. GM-PHD filter multitarget tracking in sonar images. Proceedings of SPIE, 2006: 6235-6242.

[17] El-Hawary F, Yang J. Robust regression-based EKF for tracking underwater targets. Engineering Profession, 1995, 20(1): 31-41.

[18] Bruno M G S, Moura J M F. Radar/Sonar multitarget tracking. IEEE International Conference on Ocean Engineering, 1998, 3: 1422-1426.

[19] 张林琳，杨日杰，熊华. 非线性滤波方法在水下目标跟踪中的应用.火力与指挥控制，2010, 35(8): 13-17.

[20] 杨瑜波，王慧刚. 新型粒子滤波理论用于水下系统目标跟踪. 水声工程，2011, 35(3): 47-54.

[21] Akyildiz I, Pompili D, Melodia T. Underwater acoustic sensor networks: Research challenges. Ad Hoc Network, 2005, 3(3): 257-279.

[22] Liang Q, Cheng X. Underwater acoustic sensor networks: target size detection and performance analysis. Ad Hoc Network, 2009, 7(4): 803-808.

[23] Liu L, Zhou S, Cui J H. Prospects and problems of wireless communication for underwater sensor networks. Wireless Communications & Mobile Computing, 2008, 8(8): 977-994.

[24] Zhou Z, Peng Z, Cui J H, et al. Scalable localization with mobility prediction for underwater sensor network. IEEE Transactions on Mobile Computing, 2011, 10(3): 335-348.

[25] Cui J H, Kong J, Gerla M, et al. Challenges: building scalable mobile underwater wireless sensor networks for aquatic applications. IEEE Network, Special Issue on Wireless Sensor Networking, 2006, 20(3): 12-18.

[26] Carroll P, Zhou S, Zhou H, et al. Localization and tracking of underwater physical systems. 6th

International ICST Conference on Communications and Networking in China, 2011: 1058-1063.

[27] Huang Y, Liang W, Yu H, et al. Target tracking based on distributed particle filter in underwater sensor networks. Wireless Communications and Mobile Computing, 2008, 8(8): 1023-1033.

[28] Ramezani H, Jamali-Rad H, Leus G. Target localization and tracking for an isogradient sound speed profile. IEEE Transactions on Signal Processing, 2013, 61(6): 1434-1446.

[29] Casalino G, Turetta A, Simetti E, et al. RT2: A real-time ray-tracing method for acoustic distance evaluations among cooperating AUVs. Proceedings of OCEANS 2010 IEEE, Sydney, 2010: 1-8.

[30] Cheng W, Thaeler A, Cheng X, et al. Time-synchronization free localization in large scale underwater acoustic sensor networks. Proceedings of 29th IEEE International Conference on Distributed Computing System. ICDCS Workshops, 2009: 80-87.

[31] Kay S M. Fundamentals of Statistical Signal Processing: Estimation Theory. NJ: Prentice-Hall, 1993.

[32] Stojanovic M, Preisig J. Underwater acoustic communication channels: propagation models and statistical characterization. IEEE Communications Magazine, 2009, 47(1): 84-89.

[33] Arienzo L, Longo M. Posterior Cramer-Rao bound for range-based target tracking in sensor networks. Proceedings of IEEE/SP 15th Workshop Statist. Signal Process, 2009: 541-544.

[34] Zhang Q, Liu M Q, Zhang S L, et al. Node topology effect on target tracking based on underwater wireless sensor networks. Proceedings of the 17th International Conference on Information Fusion, Salamanca, 2014: 1-8.

[35] Zhang Q, Zhang C J, Liu M Q, et al. Local node selection for target tracking based on underwater wireless sensor networks. International Journal of Systems Science, 2014.

[36] Arulampalam M S, Maskell S, Gordon N, et al. A tutorial on particle filters for online nonlinear/non-gaussian Bayesian tracking . IEEE Transactions on Signal Processing, 2002: 174-188.

[37] Gordon N, Salmond D, Smith A F M. Novel approach to nonlinear and non-gaussian Bayesian state estimation. Proceeding of IEE(F), 1993: 107-113.

[38] Tichavsky P, Muravchik C H, Nehorai A. Posterior Cramer-Rao bounds for discrete-time nonlinear filtering. IEEE Transactions on Signal Processing, 1998, 46(5): 1386-1396.

[39] Zhang X, Willett P, Bar-Shalom Y. Dynamic cramer-rao bound for target tracking in clutter. IEEE Transactions on Aerospace and Electronic Systems, 2005: 1154-1167.

[40] Faugstadmo J E. Underwater wireless sensor networks. Sensor Technologies and Applications, 2010: 422-427.

[41] Sozer E, Stojanovic M, Proakis J. Underwater acoustic networks. IEEE Journal of Oceanic Engineering, 2000: 72-83.

[42] Yang X. Underwater Acoustic Sensor Networks. New York: CRC Press, 2010.

[43] Isbitiiren G, Akan O B. Three-dimensional underwater target tracking with acoustic sensor networks IEEE Transactions on Vehicular Technology, 2011, 60(8): 3897-3906.

[44] Zhu Y M, You Z S, Zhao J, et al. The optimality for the distributed kalman filtering fusion w

feedback. Automatica, 2001, 37(9): 1489-1493.

[45] Kaplan L M. Global node selection for target localization in a distributed sensor networks. IEEE Transactions on Aerospace and Electronic Systems, 2006: 113-135.

[46] Han G J, Jiang J F, Shu L, et al. Localization algorithms of underwater wireless sensor networks: A survey. Sensors, 2012: 2026-2061.

[47] Ren Y J, Yu N, Zhang L R, et al. Set-membership localization algorithm based on adaptive error bounds for large-scalc underwater wireless sensor networks. Electronics Letters, 2013: 159-161.

[48] Watfa M K, Nsouli T, Ayach M E, et al. Reactive localization in underwater wireless sensor networks with self-healing. International Journal of Intelligent Systems Technologies and Applications, 2013, 12(1): 63-85.

[49] Cheng X, Shu H, Liang Q. Silent positioning in underwater acoustic sensor networks. IEEE Transactions on Vehicular Technology, 2008: 1756-1766.

[50] Emarashabaik H E, Lenodes C T. A note on the extended Kalman filter. Automatic, 1981, 17(2): 411-412.